国家科学技术学术著作出版基金资助出版

随机平均法及其应用
(下册)
Stochastic Averaging Method and Its Applications(Ⅱ)

朱位秋　邓茂林　蔡国强　著

科 学 出 版 社

北　京

内 容 简 介

随机平均法是研究非线性随机动力学最有效且应用最广泛的近似解析方法之一. 本书是国内外首本专门论述随机平均法的著作，介绍了随机平均法的基本原理，给出了多种随机激励（高斯白噪声、高斯和泊松白噪声、分数高斯噪声、色噪声、谐和与宽带噪声等）下多种类型非线性系统（拟哈密顿系统、拟广义哈密顿系统、含遗传效应力系统等）的随机平均法以及在自然科学和技术科学中的若干应用，主要是近 30 年来浙江大学朱位秋院士团队与美国佛罗里达大西洋大学 Y.K. Lin 院士和蔡国强教授关于随机平均法的研究成果的系统总结. 本书论述深入浅出，同时提供了必要的预备知识与众多算例，以利读者理解与掌握本书内容.

本书可供自然科学与技术科学众多学科，如物理学、化学、生物学、生态学、力学，以及航空航天、海洋、土木、机械、电力等工程领域的高校师生和科技人员阅读.

图书在版编目（CIP）数据

随机平均法及其应用. 下册 / 朱位秋，邓茂林，蔡国强著.—北京：科学出版社，2023.10

ISBN 978-7-03-074302-2

Ⅰ. ①随… Ⅱ. ①朱… ②邓… ③蔡… Ⅲ. ①非线性科学-动力学 Ⅳ. ①O316

中国版本图书馆 CIP 数据核字（2022）第 240354 号

责任编辑：赵敬伟 / 责任校对：彭珍珍
责任印制：张 伟 / 封面设计：无极书装

科学出版社 出版
北京东黄城根北街 16 号
邮政编码：100717
http://www.sciencep.com

涿州市般润文化传播有限公司 印刷

科学出版社发行 各地新华书店经销

*

2023 年 10 月第 一 版 开本：720×1000 B5
2023 年 10 月第一次印刷 印张：25 1/2
字数：514 000

定价：139.00 元

（如有印装质量问题，我社负责调换）

前　　言

非线性随机动力学系统广泛存在于自然科学、技术科学及社会科学中，对非线性随机动力学的研究始于 20 世纪 60 年代初，迄今正好一甲子，提出与发展了精确解法与多种近似解析方法及数值方法. 唯一的精确解法乃基于马尔可夫过程特别是扩散过程理论，通过建立与求解 Fokker-Planck-Kolmogrov（FPK）方程获得系统响应的概率与统计量. 鉴于求解 FPK 方程的困难，该法实际应用有限. 近似解析方法包括等效（统计）线性化、等效非线性系统法、矩方法及其截断方案、随机平均法等，数值方法包括 Monte Carlo 数值模拟、胞映射、路径积分等，这些方法各有优缺点. 相对来说，随机平均法是一种很有效且应用相当广泛的近似解析方法，该法以随机平均原理为其数学依据，不仅能简化系统、降低系统的维数，还能保留非线性系统的基本特性. 物理上，随机平均将对非线性随机系统的研究变成对系统或其子系统的振幅或（广义）能量的研究，而且关于振幅或能量的研究结果还可以反转为系统最关心的响应量的概率与统计结果. 随机平均法不仅可用于研究系统的响应，还可用于研究系统的稳定性和可靠性. 随机平均法与随机动态规划相结合用来研究非线性随机最优控制更具有许多优点.

本人于 1961～1964 年间在西北工业大学季文美教授指导下学习非线性振动，对博戈留波夫-米特罗波尔斯基的渐近法特别感兴趣，20 世纪 80 年代开始研究非线性随机振动，很自然地对斯特拉托诺维奇提出与哈斯敏斯基给出数学依据的随机平均法特别感兴趣. 本人在 1981～1983 年访问麻省理工学院(MIT)的 S.H. Crandall 院士期间，去 Frankfurt Oder 参加国际理论与应用力学联合会(IUTAM)关于随机振动与可靠性讨论会，发表的生平第一篇论文就是近 Lyapunov(即 Hamilton)系统的能量包线随机平均法. 1988 年与 1996 年两次应邀在美国机械工程师协会(ASME) Applied Mechanics Reviews 发表了关于随机平均法的综述论文. 20 世纪 80 年代中期本人曾与蔡国强教授合作研究随机平均法，90 年代初开始，本人提出并与合作者及学生一起发展拟哈密顿系统随机平均法，并推广应用于拟广义哈密顿系统与非高斯、非白噪声激励等. 与此同时，美国佛罗里达大西洋大学应用随机学研究中心 Y.K. Lin 院士与蔡国强教授重新推导了非光滑与光滑型随机平均方程，并应用于许多单自由度与二维非线性随机系统，特别是生态系统. 虽然上述研究成果都已经以论文形式发表，但为便于读者系统全面了解与掌握随机平均法的原理及应用步骤，并进一步发展随机平均法，本人提议将 20 世纪 90 年代以来上述关于随机平均法的研究成果整理成册，以飨读者. 书中第 2、3、4、11 章由蔡国强教授起草，其余除绪论外各章由邓茂林副教授起草，本人修改定稿. 本书分为上下两个分册. 第 1～7 章放入上册，第 8～13 章放入下册.

在本书即将出版之际，本人感谢国家自然科学基金多年来对我们研究工作的资助，感谢蔡国强教授、杨勇勤博士、黄志龙教授、应祖光教授、刘中华教授、陈林聪教授、宦荣华教授、邓茂林副教授、王永副教授、曾岩副教授、贾万涛副教授、吴勇军副研究员、吕强锋副研究员等在随机平均法及其应用研究中作出的贡献. 感谢黄志龙教授、徐伟教授、刘先斌教授阅读了本书全部手稿并提出宝贵的意见与建议. 感谢科学出版社的大力支持和帮助. 感谢国家科学技术学术著作出版基金和浙江大学力学学科为本书出版提供资助.

欢迎读者提出宝贵意见和建议.

朱位秋
于 杭州
2022 年 11 月

目　　录

第 8 章　色噪声激励的拟可积哈密顿系统随机平均法

白噪声因为有无穷大能量，在现实中并不存在，它只是一个理想化的数学模型，现实中的噪声都是色噪声. 色噪声的一类模型乃由高斯白噪声通过线性或非线性滤波器产生(见 2.6.1 节和 2.6.2 节). 由线性滤波器产生的噪声常称为有理噪声，因为其功率谱密度是频率的有理式. 分数高斯噪声实际上也是高斯白噪声通过一种特殊的滤波器产生的色噪声. 色噪声可为宽带噪声或窄带噪声. 色噪声也可以在某个频域内为宽带噪声，其余频域内为窄带噪声(见 2.5.3 节)，如分数高斯噪声. 窄带噪声也可由谐和加白噪声或宽带噪声合成，也可由谐和函数随机化形成(见 2.6.3 节). 本章论述四种情形色噪声激励的拟可积哈密顿系统随机平均法：平稳宽带噪声，宽带频域的分数高斯噪声，谐和加宽带噪声及窄带随机化谐和噪声.

8.1　平稳宽带噪声激励

考虑平稳宽带噪声激励的拟哈密顿系统(Deng and Zhu，2007)，其运动方程为

$$\begin{aligned}
&\dot{Q}_i=\frac{\partial H}{\partial P_i},\\
&\dot{P}_i=-\frac{\partial H}{\partial Q_i}-\varepsilon\sum_{j=1}^{n}c_{ij}(\boldsymbol{Q},\boldsymbol{P})\frac{\partial H}{\partial P_j}+\varepsilon^{1/2}\sum_{k=1}^{m}f_{ik}(\boldsymbol{Q},\boldsymbol{P})\xi_k(t),\\
&i=1,2,\cdots,n.
\end{aligned}\tag{8.1.1}$$

式中 $\boldsymbol{Q}=[Q_1,Q_2,\cdots,Q_n]^{\mathrm{T}}$ 为广义位移矢量，$\boldsymbol{P}=[P_1,P_2,\cdots,P_n]^{\mathrm{T}}$ 为广义动量矢量；$\xi_k(t)$ 是平稳宽带噪声，其相关函数为 $R_{kl}(\tau)$，功率谱密度为 $S_{kl}(\omega)$. $\varepsilon c_{ij}(\boldsymbol{Q},\boldsymbol{P})$ 是小的线性和/或非线性阻尼系数；$\varepsilon^{1/2}f_{ij}(\boldsymbol{Q},\boldsymbol{P})$ 是小的随机激励幅值. $H=H(\boldsymbol{q},\boldsymbol{p})$ 是与系统(8.1.1)相应的哈密顿系统的哈密顿函数，假设它是可分离的，即

$$H=\sum_{i=1}^{n}H_i(q_i,p_i).\tag{8.1.2}$$

对大多数动力学系统，可进一步假设

$$H_i(q_i,p_i)=p_i^2\big/2+U_i(q_i),\quad i=1,2,\cdots,n.\tag{8.1.3}$$

记$\partial H_i/\partial q_i = g_i(q_i)$，于是系统(8.1.1)可改写成

$$\begin{aligned}&\dot{Q}_i = P_i,\\&\dot{P}_i = -g_i(Q_i) - \varepsilon\sum_{j=1}^{n} c_{ij}(\boldsymbol{Q},\boldsymbol{P})P_j + \varepsilon^{1/2}\sum_{k=1}^{m} f_{ik}(\boldsymbol{Q},\boldsymbol{P})\xi_k(t),\\&i = 1,2,\cdots,n.\end{aligned} \tag{8.1.4}$$

式(8.1.4)描述平稳宽带噪声激励的拟可积哈密顿系统. 下面分单自由度与多自由度两种情形叙述利用广义谐和函数的平稳宽带噪声激励下拟可积哈密顿系统随机平均法.

8.1.1 单自由度系统

4.4 节中叙述了平稳宽带噪声激励的单自由度非线性系统的幅值包线随机平均法与能量包线随机平均法，此处给出了这种系统随机平均法的另一种推导. 考虑受平稳宽带噪声激励的单自由度拟哈密顿系统(Zhu et al.，2001)，其运动方程为

$$\begin{aligned}&\dot{Q} = P,\\&\dot{P} = -g(Q) - \varepsilon c(Q,P)P + \varepsilon^{1/2}\sum_{k=1}^{m} f_k(Q,P)\xi_k(t).\end{aligned} \tag{8.1.5}$$

$\varepsilon = 0$时，式(8.1.5)化为单自由度哈密顿系统. 假设函数$g(q)$与$U(q)$满足如下四个条件：① $g(b)=0$；②存在$q_r > b$，使得$g(q_r)\neq 0$且$U(q_r)>0$；③存在$q_l < b$，使得$g(q_l)\neq 0$且$U(q_l)=U(q_r)$；④对所有$q\in(q_l,q_r)$，有$U(q)<U(q_r)$. 则该哈密顿系统在平衡点(b，0)邻域V内有周期解族

$$\begin{gathered}q(t) = a\cos\phi(t) + b,\ p(t) = -a\nu(a,\phi)\sin\phi(t),\\ \phi(t) = \gamma(t) + \theta.\end{gathered} \tag{8.1.6}$$

式中a为幅值，

$$\nu(a,\phi) = \frac{\mathrm{d}\gamma}{\mathrm{d}t} = \sqrt{\frac{2[U(a+b) - U(a\cos\phi + b)]}{a^2\sin^2\phi}} \tag{8.1.7}$$

为瞬时频率，a，b与哈密顿函数之间关系为

$$U(a+b) = U(-a+b) = H. \tag{8.1.8}$$

由于频率ν依赖于a，ϕ，称$\sin\phi$和$\cos\phi$为广义谐和函数(Xu and Chung，1994). 将ν展成傅里叶级数

$$\nu(a,\phi) = \omega(a) + \sum_{r=1}^{\infty}\omega_r(a)\cos r\phi. \tag{8.1.9}$$

将上式对ϕ作平均得

$$\frac{1}{2\pi}\int_0^{2\pi} \nu(a,\phi)\mathrm{d}\phi = \omega(a). \tag{8.1.10}$$

上式表明，$\omega(a)$是平均频率. 在下面作随机平均时，将采用下列近似式

$$\phi(t) = \omega(a)t + \theta. \tag{8.1.11}$$

对拟线性系统，$\nu = \omega$为常数.

鉴于ε为小量，V域内系统(8.1.5)具有如下随机周期解族

$$Q(t) = A\cos\Phi(t) + B,\quad P(t) = -A\nu(A,\Phi)\sin\Phi(t),\quad \Phi(t) = \Gamma(t) + \Theta(t). \tag{8.1.12}$$

式中

$$\nu(A,\Phi) = \frac{\mathrm{d}\Gamma}{\mathrm{d}t} = \sqrt{\frac{2[U(A+B) - U(A\cos\Phi + B)]}{A^2\sin^2\Phi}}. \tag{8.1.13}$$

A,Φ,Γ,Θ皆为随机过程. 将式(8.1.12)看成从Q，P到A，Φ的广义范德堡变换，(8.1.12)中第一式对t求导减去第二式，得

$$\dot{A}(\cos\Phi + d) - \dot{\Theta}A\sin\Phi = 0. \tag{8.1.14}$$

式中

$$d = \frac{\mathrm{d}B}{\mathrm{d}A} = \frac{g(-A+B) + g(A+B)}{g(-A+B) - g(A+B)}. \tag{8.1.15}$$

(8.1.12)中的第二式对t求导后代入(8.1.5)第二式，得

$$\begin{aligned}
&\dot{A}\left\{\nu(A,\Phi)\sin\Phi + A\frac{\partial}{\partial A}[\nu(A,\Phi)\sin\Phi]\right\} + \dot{\Theta}A\frac{\partial}{\partial \Gamma}[\nu(A,\Phi)\sin\Phi] \\
&= \varepsilon c(A\cos\Phi + B, -A\nu(A,\Phi)\sin\Phi)(-A\nu(A,\Phi)\sin\Phi) \\
&\quad -\varepsilon^{1/2} f_k(A\cos\Phi + B, -A\nu(A,\Phi)\sin\Phi)\xi_k(t).
\end{aligned} \tag{8.1.16}$$

联立式(8.1.14)和式(8.1.16)，得

$$\begin{aligned}
\frac{\mathrm{d}A}{\mathrm{d}t} &= \varepsilon F_1(A,\Phi) + \varepsilon^{1/2}\sum_{k=1}^{m} G_{1k}(A,\Phi)\xi_k(t), \\
\frac{\mathrm{d}\Phi}{\mathrm{d}t} &= \nu(A,\Phi) + \varepsilon F_2(A,\Phi) + \varepsilon^{1/2}\sum_{k=1}^{m} G_{2k}(A,\Phi)\xi_k(t).
\end{aligned} \tag{8.1.17}$$

式中

$$\begin{aligned}
F_1(A,\Phi) &= \frac{-A^2}{g(A+B)(1+d)} c(A\cos\Phi + B, -A\nu(A,\Phi)\sin\Phi)\nu^2(A,\Phi)\sin^2\Phi, \\
F_2(A,\Phi) &= \frac{-A}{g(A+B)(1+d)} c(A\cos\Phi + B, -A\nu(A,\Phi)\sin\Phi)\nu^2(A,\Phi)(\cos\Phi + d)\sin\Phi,
\end{aligned}$$

$$\tag{8.1.18}$$

$$G_{1k}(A,\varPhi)=\frac{-A}{g(A+B)(1+d)}f_k(A\cos\varPhi+B,-A\nu(A,\varPhi)\sin\varPhi)\nu(A,\varPhi)\sin\varPhi,$$

$$G_{2k}(A,\varPhi)=\frac{-1}{g(A+B)(1+d)}f_k(A\cos\varPhi+B,-A\nu(A,\varPhi)\sin\varPhi)\nu(A,\varPhi)(\cos\varPhi+d).$$

由式(8.1.17)知，$\varPhi(t)$ 为快变过程，$A(t)$ 为慢变过程. 根据哈斯敏斯基定理(Khasminskii，1966；1968)，当 $\varepsilon\to 0$ 时，$A(t)$ 依概率收敛于一维马尔可夫扩散过程. 该极限过程可用下列形如(4.1.26)的平均伊藤随机微分方程描述

$$\mathrm{d}A=m(A)\mathrm{d}t+\sigma(A)\mathrm{d}B(t).\tag{8.1.19}$$

式中 $B(t)$ 为单位维纳过程. 按(4.1.27)和(4.1.28)，可得如下漂移系数与扩散系数

$$\begin{aligned}&m(A)=\varepsilon\left\langle F_1+\sum_{k,l=1}^{m}\int_{-\infty}^{0}\left(\frac{\partial G_{1k}}{\partial A}\bigg|_t G_{1l}\big|_{t+\tau}+\frac{\partial G_{1k}}{\partial\varPhi}\bigg|_t G_{2l}\big|_{t+\tau}\right)R_{kl}(\tau)\mathrm{d}\tau\right\rangle_t,\\&\sigma^2(A)=\varepsilon\left\langle\sum_{k,l=1}^{m}\int_{-\infty}^{\infty}G_{1k}\big|_t G_{1l}\big|_{t+\tau}R_{kl}(\tau)\mathrm{d}\tau\right\rangle_t.\end{aligned}\tag{8.1.20}$$

鉴于式(8.1.20)中被积函数对 $\varPhi$ 的周期性，式中的时间平均 $\langle[\bullet]\rangle_t$ 可代之以对 $\varPhi$ 的平均.

为得到 $m(A)$、$\sigma^2(A)$ 的显式，宜将 εF_i、$\varepsilon^{1/2}G_{ik}$ 展成傅里叶级数

$$\begin{aligned}&\varepsilon F_1(A,\varPhi)=F_{10}+\sum_{r=1}^{\infty}\left(F_{1r}^{(c)}\cos r\varPhi+F_{1r}^{(s)}\sin r\varPhi\right),\\&\varepsilon^{1/2}G_{jk}(A,\varPhi)=G_{jk0}+\sum_{r=1}^{\infty}\left(G_{jkr}^{(c)}\cos r\varPhi+G_{jkr}^{(s)}\sin r\varPhi\right),\\&\qquad j=1,2;\quad k=1,2,\cdots,m.\end{aligned}\tag{8.1.21}$$

式(8.1.21)中各系数均为 A 的函数. 式(8.1.21)代入(8.1.20)，完成对 τ 的积分与对 $\varPhi$ 平均后，得

$$\begin{aligned}m(A)=&F_{10}(A)+\pi\frac{\mathrm{d}G_{1k0}}{\mathrm{d}A}G_{1l0}S_{kl}(0)+\frac{\pi}{2}\sum_{r=1}^{\infty}\left\{\left[\frac{\mathrm{d}G_{1kr}^{(c)}}{\mathrm{d}A}G_{1lr}^{(c)}+\frac{\mathrm{d}G_{1kr}^{(s)}}{\mathrm{d}A}G_{1lr}^{(s)}+r(G_{1kr}^{(s)}G_{2lr}^{(c)}\right.\right.\\&\left.-G_{1kr}^{(c)}G_{2lr}^{(s)})\right]S_{kl}(r\omega(A))+\left[\frac{\mathrm{d}G_{1kr}^{(c)}}{\mathrm{d}A}G_{1lr}^{(s)}-\frac{\mathrm{d}G_{1kr}^{(s)}}{\mathrm{d}A}G_{1lr}^{(c)}+r(G_{1kr}^{(s)}G_{2lr}^{(s)}+G_{1kr}^{(c)}G_{2lr}^{(c)})\right]\\&\left.I_{kl}(r\omega(A))\right\}.\\\sigma^2(A)=&2\pi G_{1k0}G_{1l0}S_{kl}(0)+\pi\sum_{r=1}^{\infty}\left[\left(G_{1kr}^{(c)}G_{1lr}^{(c)}+G_{1kr}^{(s)}G_{1lr}^{(s)}\right)S_{kl}(r\omega(A))\right.\\&\left.+\left(G_{1kr}^{(c)}G_{1lr}^{(s)}-G_{1kr}^{(s)}G_{1lr}^{(c)}\right)I_{kl}(r\omega(A))\right].\end{aligned}\tag{8.1.22}$$

式中

$$S_{kl}(\omega)=\frac{1}{\pi}\int_{-\infty}^{0}R_{kl}(\tau)\cos\omega\tau\mathrm{d}\tau,\quad I_{kl}(\omega)=\frac{1}{\pi}\int_{-\infty}^{0}R_{kl}(\tau)\sin\omega\tau\mathrm{d}\tau. \tag{8.1.23}$$

与式(8.1.19)相应的平均 FPK 方程为

$$\frac{\partial p}{\partial t}=-\frac{\partial}{\partial a}\left[m(a)p\right]+\frac{1}{2}\frac{\partial^2}{\partial a^2}\left[\sigma^2(a)p\right]. \tag{8.1.24}$$

式中一、二阶导数矩为

$$m(a)=m(A)\big|_{A=a},\quad \sigma^2(a)=\sigma^2(A)\big|_{A=a}. \tag{8.1.25}$$

方程(8.1.24)中 $p=p(a,t\,|\,a_0)$ 为随机过程 $A(t)$ 的转移概率密度，其初始条件为

$$p(a,0\,|\,a_0)=\delta(a-a_0) \tag{8.1.26}$$

或 $p=p(a,t)$ 为随机过程 $A(t)$ 的概率密度，其初始条件为

$$p(a,0)=p(a_0). \tag{8.1.27}$$

式(8.1.24)的边界条件取决于域 V，若 V 为全相平面(q，p)，则边界条件为

$$p=\text{有限},\qquad a=0; \tag{8.1.28}$$

$$\partial p/\partial a\to 0,\quad a\to\infty. \tag{8.1.29}$$

若 V 为有限域，边界为 Σ，Σ 外哈密顿系统无周期解，例如软弹簧杜芬振子，则 Σ 为吸收壁，边界条件为

$$p=0,\quad a\in\Sigma. \tag{8.1.30}$$

式(8.1.24)在边界条件式(8.1.28)和(8.1.29)下的平稳解为

$$p(a)=\frac{C}{\sigma^2(a)}\exp\left[\int_0^a\frac{2m(u)}{\sigma^2(u)}\mathrm{d}u\right]. \tag{8.1.31}$$

而系统哈密顿过程 $H(t)$ 的平稳概率密度为

$$p(h)=p(a)\left|\frac{\mathrm{d}a}{\mathrm{d}h}\right|=\frac{p(a)}{g(a)(1+d)}\bigg|_{a=U^{-1}(h)-b}. \tag{8.1.32}$$

U^{-1} 为 U 的反函数. 类似于式(5.1.18)，原系统(8.1.5)广义位移与广义动量的近似平稳概率密度为

$$p(q,p)=\frac{p(h)}{T(h)}\bigg|_{h=p^2/2+U(q)}. \tag{8.1.33}$$

式中 $T(h)$ 是与系统(8.1.5)相应的哈密顿系统的周期，可表示为

$$T(h)=4\int_0^a \frac{\mathrm{d}q}{\sqrt{2h-2U(q)}}. \tag{8.1.34}$$

即 H 与 a 的关系(8.1.8)，可用伊藤微分公式由(8.1.19)导得关于哈密顿函数的平均伊藤随机微分方程

$$\mathrm{d}H=\bar{m}(H)\mathrm{d}t+\bar{\sigma}(H)\mathrm{d}B(t). \tag{8.1.35}$$

式中 $B(t)$ 为单位维纳过程，漂移系数和扩散系数为

$$\begin{aligned}
&\bar{m}(H)=g(A+B)(1+d)m(A)+\frac{\sigma^2(A)}{2}\frac{\mathrm{d}\left[g(A+B)(1+d)\right]}{\mathrm{d}A}\Bigg|_{A=U^{-1}(H)-B}, \\
&\bar{\sigma}^2(H)=g^2(A+B)(1+d)^2\sigma^2(A)\Big|_{A=U^{-1}(H)-B}.
\end{aligned} \tag{8.1.36}$$

可直接求解与(8.1.35)相应的平稳 FPK 方程，得式(8.1.32)中的 $p(h)$.

例 8.1.1 考虑平稳宽带噪声外激与参激的杜芬-范德堡振子(Zhu et al., 2001)，其运动方程为

$$\begin{aligned}
&\dot{Q}=P, \\
&\dot{P}=-\omega_0^2 Q-\alpha Q^3-\left(-\beta_1+\beta_2 Q^2\right)P+Q\xi_1(t)+\xi_2(t).
\end{aligned} \tag{8.1.37}$$

式中 $\omega_0,\alpha,\beta_1,\beta_2$ 为常数，分别表示退化线性系统固有频率、非线性强度、线性及非线性阻尼系数，$\xi_k(t)$ 为独立平稳二阶有理噪声，均值为零，功率谱密度为

$$S_k(\omega)=\frac{D_k}{\pi}\frac{1}{\left(\omega^2-\omega_k^2\right)^2+4\zeta_k^2\omega_k^2\omega^2}, \quad k=1,2. \tag{8.1.38}$$

式中 ζ_k,ω_k,D_k 为常数. 设 β_i,D_k 同为 ε 阶小量.

若 $d>0$，则与系统(8.1.37)相应的哈密顿系统在全相平面(q,p)上有周期解族，因此，可应用上述随机平均法. 对本例

$$\begin{aligned}
&g(q)=\omega_0^2 q+\alpha q^3, \quad U(q)=\omega_0^2 q^2/2+\alpha q^4/4, \quad b=d=0, \\
&\nu(a,\phi)=\left[\left(\omega_0^2+3\alpha a^2/4\right)\left(1+\eta\cos 2\phi\right)\right]^{1/2}, \quad \eta=\left(\alpha a^2/4\right)\Big/\left(\omega_0^2+3\alpha a^2/4\right)\leqslant 1/3.
\end{aligned} \tag{8.1.39}$$

$\nu(a,\phi)$ 可近似为以下有限项之和，其相对误差小于 0.03%，

$$\nu(a,\phi)=b_0(a)+b_2(a)\cos 2\phi+b_4(a)\cos 4\phi+b_6(a)\cos 6\phi, \tag{8.1.40}$$

式中

$$\begin{aligned}
&b_0(a)=\left(\omega_0^2+3\alpha a^2/4\right)^{1/2}\left(1-\eta^2/16\right), \quad b_2(a)=\left(\omega_0^2+3\alpha a^2/4\right)^{1/2}\left(\eta/2+3\eta^3/64\right), \\
&b\ (a)=\left(\omega_0^2+3\alpha a^2/4\right)^{1/2}\left(-\eta^2/16\right), \quad b_6(a)=\left(\omega_0^2+3\alpha a^2/4\right)^{1/2}\left(\eta^3/64\right).
\end{aligned} \tag{8.1.41}$$

平均频率为

$$\omega(a)=b_0(a) \tag{8.1.42}$$

作变换(8.1.12)，(8.1.37)变成

$$\begin{aligned}\frac{\mathrm{d}A}{\mathrm{d}t}&=\varepsilon F_1(A,\varPhi)+\varepsilon^{1/2}G_{11}(A,\varPhi)\xi_1(t)+\varepsilon^{1/2}G_{12}(A,\varPhi)\xi_2(t),\\ \frac{\mathrm{d}\varPhi}{\mathrm{d}t}&=\nu(A,\varPhi)+\varepsilon F_2(A,\varPhi)+\varepsilon^{1/2}G_{21}(A,\varPhi)\xi_1(t)+\varepsilon^{1/2}G_{22}(A,\varPhi)\xi_2(t).\end{aligned} \tag{8.1.43}$$

式中

$$\begin{aligned}&\varepsilon F_1(A,\varPhi)=-\frac{A^2}{g(A)}\left(-\beta_1+\beta_2A^2\cos^2\varPhi\right)\nu^2(A,\varPhi)\sin^2\varPhi,\\ &\varepsilon F_2(A,\varPhi)=-\frac{A}{g(A)}\left(-\beta_1+\beta_2A^2\cos^2\varPhi\right)\nu^2(A,\varPhi)\sin\varPhi\cos\varPhi,\\ &\varepsilon^{1/2}G_{11}(A,\varPhi)=-\frac{A^2}{g(A)}\nu^2(A,\varPhi)\sin\varPhi\cos\varPhi,\quad \varepsilon^{1/2}G_{12}(A,\varPhi)=-\frac{A}{g(A)}\nu(A,\varPhi)\sin\varPhi,\\ &\varepsilon^{1/2}G_{21}(A,\varPhi)=-\frac{A}{g(A)}\nu^2(A,\varPhi)\cos^2\varPhi,\quad \varepsilon^{1/2}G_{22}(A,\varPhi)=-\frac{1}{g(A)}\nu(A,\varPhi)\cos\varPhi.\end{aligned} \tag{8.1.44}$$

设噪声 $\xi_k(t)$ 的功率谱 $S_k(\omega)$ 在包含 $\omega(a)$ 及其倍数的较宽频带上缓慢变化，可对方程(8.1.43)应用宽带噪声激励的拟可积哈密顿系统随机平均法. 当 ε 很小时，$A(t)$ 弱收敛于一维马尔可夫扩散过程，其平均伊藤方程形如式(8.1.19)，平均 FPK 方程形如(8.1.24)，其中一、二阶导数矩按式(8.1.22)与(8.1.25)导得为

$$\begin{aligned}m(a)=&-\frac{a^2}{8g(a)}\left[-\beta_1(4\omega_0^2+5\alpha a^2/2)+\beta_2a^2(\omega_0^2+3\alpha a^2/4)\right]\\ &+\frac{\pi a^2}{32g(a)}\Bigg\{\left[2b_0(a)-b_4(a)\right]S_1(2\omega(a))\frac{\mathrm{d}}{\mathrm{d}a}\left[(2b_0(a)-b_4(a))\right.\\ &\left.\times\frac{a^2}{g(a)}\right]+\left[b_2(a)-b_4(a)\right]S_1(4\omega(a))\frac{\mathrm{d}}{\mathrm{d}a}\left[(b_2(a)-b_4(a))\frac{a^2}{g(a)}\right]\\ &+b_4(a)S_1(6\omega(a))\frac{\mathrm{d}}{\mathrm{d}a}\left[b_4(a)\frac{a^2}{g(a)}\right]+b_6(a)S_1(8\omega(a))\\ &\times\frac{\mathrm{d}}{\mathrm{d}a}\left[b_6(a)\frac{a^2}{g(a)}\right]\Bigg\}+\frac{\pi a^3}{16g^2(a)}\Big\{\left[2b_0(a)-b_4(a)\right]\left[2b_0(a)+2b_2(a)\right.\\ &\left.+b_4(a)\right]S_1(2\omega(a))+2\left[b_2(a)-b_6(a)\right]\left[b_2(a)+2b_4(a)+b_6(a)\right]\\ &\times S_1(4\omega(a))+3b_4(a)\left[b_4(a)+2b_6(a)\right]S_1(6\omega(a))\end{aligned}$$

$$
\begin{aligned}
&+4b_6^2(a)S_1(8\omega(a))\Big\}+\frac{\pi a}{8g(a)}\Big\{\big[2b_0(a)-b_2(a)\big]S_2(\omega(a))\\
&\times\frac{\mathrm{d}}{\mathrm{d}a}\left[(2b_0(a)-b_2(a))\frac{a}{g(a)}\right]+\big[b_2(a)-b_4(a)\big]S_2(3\omega(a))\\
&\times\frac{\mathrm{d}}{\mathrm{d}a}\left[(b_2(a)-b_4(a))\frac{a}{g(a)}\right]+\big[b_4(a)-b_6(a)\big]S_2(5\omega(a))\\
&\times\frac{\mathrm{d}}{\mathrm{d}a}\left[(b_4(a)-b_6(a))\frac{a}{g(a)}\right]+b_6(a)S_2(7\omega(a))\\
&\times\frac{\mathrm{d}}{\mathrm{d}a}\left[b_6(a)\frac{a}{g(a)}\right]\Bigg\}+\frac{\pi a}{8g^2(a)}\Big\{\big[4b_0^2(a)-b_2^2(a)\big]\\
&\times S_2(\omega(a))+3\big[b_2^2(a)-b_4^2(a)\big]S_2(3\omega(a))\\
&+5\big[b_4^2(a)-b_6^2(a)\big]S_2(5\omega(a))+7b_6^2(a)S_2(7\omega(a))\Big\}\\
&\sigma^2(a)=\frac{\pi a^4}{16g^2(a)}\Big\{\big[2b_0(a)-b_4(a)\big]^2S_1(2\omega(a))\\
&+\big[b_2(a)-b_6(a)\big]^2S_1(4\omega(a))+b_4^2(a)S_1(6\omega(a))\\
&+b_6^2(a)S_1(8\omega(a))\Big\}+\frac{\pi a^2}{4g^2(a)}\Big\{\big[2b_0(a)-b_2(a)\big]^2S_2(\omega(a))\\
&+\big[b_2(a)-b_4(a)\big]^2S_2(3\omega(a))+\big[b_4(a)-b_6(a)\big]^2S_2(5\omega(a))\\
&+b_6^2(a)S_2(7\omega(a))\Big\}.
\end{aligned}
\tag{8.1.45}
$$

式(8.1.37)的平稳响应概率密度 $p(a)$ 和 $p(q,p)$ 可按式(8.1.31)和(8.1.33)得到. 图 8.1.1 和图 8.1.2 显示了两组参数下 $p(a)$ 和 $p(q,p)$ 的随机平均法结果与数值模拟结果，可见两者颇为吻合.

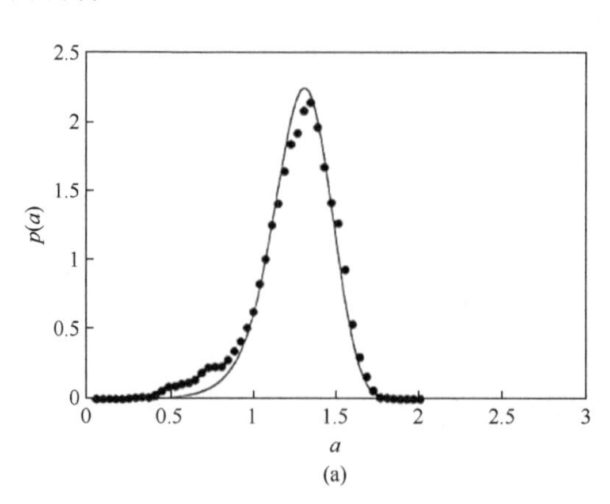

(a)

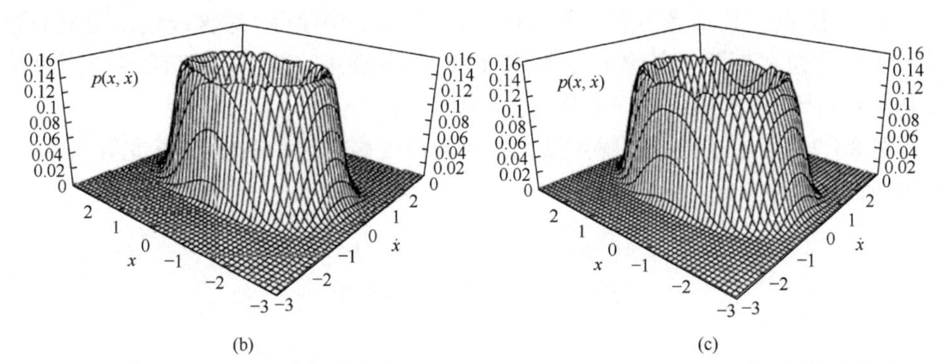

图 8.1.1　系统(8.1.37)的平稳概率密度 $p(a)$ 和 $p(x,\dot{x})$. (a) $p(a)$，—— 随机平均法结果，● 系统(8.1.37)的数值模拟结果；(b) $p(x,\dot{x})$，随机平均法结果；(c) $p(x,\dot{x})$，系统(8.1.37)的数值模拟结果；$\omega_0=1$，$\omega_1=\omega_2=2$，$\alpha=1$，$\beta_1=0.01$，$\beta_2=0.02$，$\xi_1=\xi_2=0.3$，$D_1=D_2=0.01$ (Zhu et al.，2001)

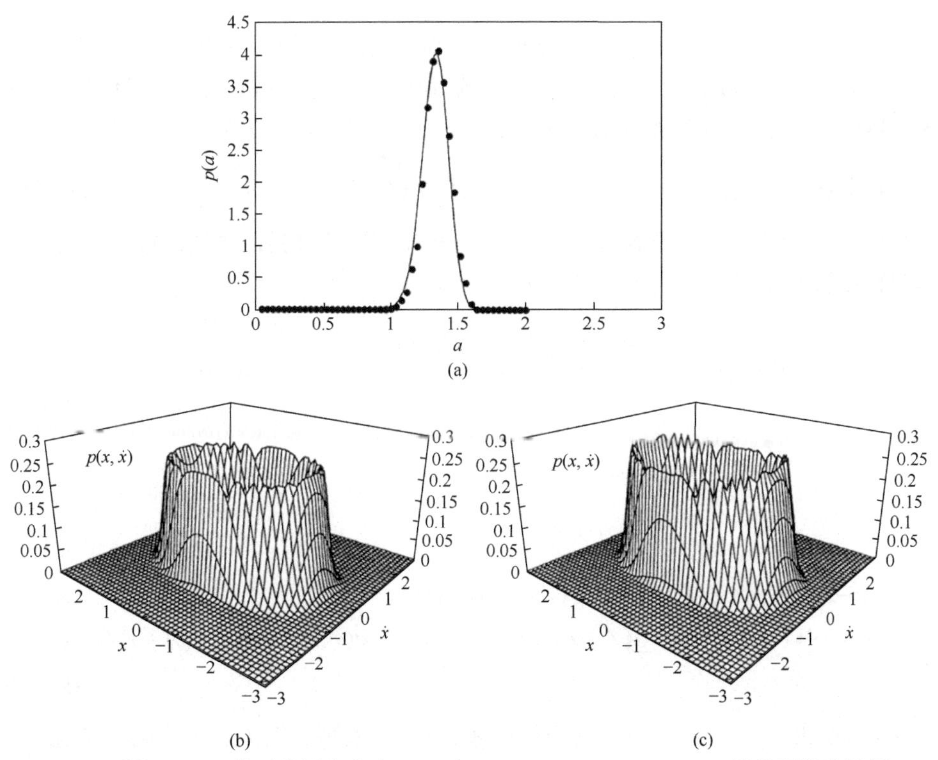

图 8.1.2　系统(8.1.37)的平稳概率密度 $p(a)$ 和 $p(x,\dot{x})$. (a) $p(a)$，—— 随机平均法结果，● 系统(8.1.37)的数值模拟结果；(b) $p(x,\dot{x})$，随机平均法结果；(c) $p(x,\dot{x})$，系统(8.1.37)数值模拟结果；ω_0=1，$\omega_1=\omega_2=5$，$\alpha=1$，$\beta_1=0.01$，$\beta_2=0.02$，$\xi_1=\xi_2=0.5$，$D_1=D_2=0.2$ (Zhu et al.，2001)

关于 H 的平均伊藤方程可按式(8.1.35)和(8.1.36)导得. 对含线性正阻尼的杜芬振子受平稳宽带随机外激，其平均 FPK 方程(8.1.24)的一、二阶导数矩可从式 (8.1.45)中令 β_1 为负，$\beta_2=0$ 及 $S_1(\omega)=0$ 得到.

例 8.1.2　考虑平稳有理噪声激励的单自由度碰撞振动系统(黄苏龙等, 2003)，其运动方程为

$$\begin{aligned}&\dot{Q}=P,\\&\dot{P}=-g(Q)-2\zeta\omega_0 P+\xi(t).\end{aligned}\tag{8.1.46}$$

式中

$$g(Q)=\begin{cases}\omega_0^2 Q-B_l(-Q-\delta_l)^{3/2}, & Q<-\delta_l,\\ \omega_0^2 Q, & -\delta_l<Q<\delta_r,\\ \omega_0^2 Q+B_r(Q-\delta_r)^{3/2}, & Q>\delta_r,\end{cases}\tag{8.1.47}$$

δ_l,δ_r 为质量块与左、右侧弹性壁之间的距离；B_l，B_r 是由 Hertz 接触定律得到的左右壁的刚度参数，依赖于质量与壁的几何形状及材料；$\xi(t)$ 为具有形如式(8.1.38)的功率谱密度的平稳有理噪声.

将 $U(Q)=\int_0^Q g(u)\mathrm{d}u$ 与变换(8.1.12)代入(8.1.13)得 $\nu(A,\Theta)$. 按式(8.1.14)～(8.1.25)推导可得平均伊藤随机微分方程与相应的平均 FPK 方程，按式(8.1.20)，其漂移系数与扩散系数可按下式计算

$$\begin{aligned}&m(A)=\left\langle F_1+\int_{-\infty}^{0}\left(\left.\frac{\partial G_{11}}{\partial A}\right|_t G_{11}\big|_{t+\tau}+\left.\frac{\partial G_{11}}{\partial \Phi}\right|_t G_{21}\big|_{t+\tau}\right)R(\tau)\mathrm{d}\tau\right\rangle_t,\\&\sigma^2(A)=\left\langle\int_{-\infty}^{\infty}G_{11}\big|_t\, G_{11}\big|_{t+\tau}\,R(\tau)\mathrm{d}\tau\right\rangle_t.\end{aligned}\tag{8.1.48}$$

式中

$$\begin{aligned}&F_1=-2\zeta\omega A^2\nu^2(A,\varPhi)\sin^2\varPhi\big/g(A+B)(1+d),\\&G_{11}=-A\nu(A,\varPhi)\sin\varPhi\big/g(A+B)(1+d),\quad G_{21}=-\nu(A,\varPhi)\cos\varPhi\big/g(A+B)(1+d).\end{aligned}\tag{8.1.49}$$

随着激励强度增大，质量与(或)壁距离减小及(或)壁刚度增大，碰撞振动系统是一个强非线性系统. 图 8.1.3 中随机平均法结果与数值模拟结果的比较表明，应用本节叙述的随机平均法可得很好的结果.

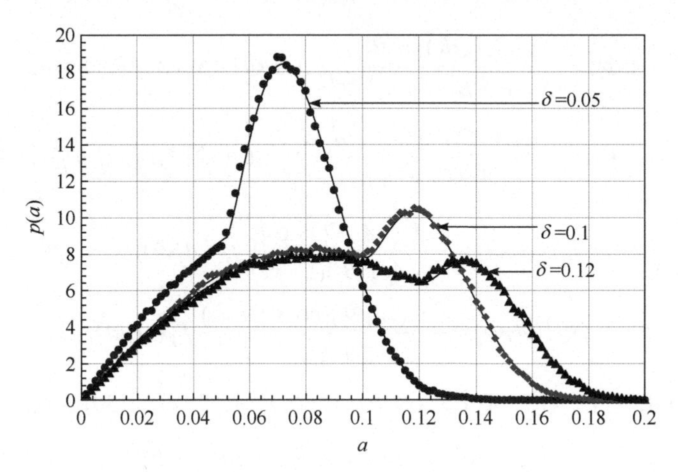

图 8.1.3　单自由度双侧壁碰撞振动系统位移幅值平稳概率密度 $p(a)$. —— 随机平均法结果，●▲■ 系统(8.1.46)数值模拟结果；$\omega_0=1.0$ ，$\zeta=0.1$ ，$\delta_l=\delta_r=\delta=0.05,0.1,0.12$ ，$B_l=B_r=50$ ，$D_1=0.8$ ，$\omega_1=5.0$ ，$\zeta_1=0.5$ (黄苏龙等，2003)

8.1.2　多自由度系统

回到系统(8.1.4)，设 $\varepsilon=0$ 时 n 个哈密顿子系统都满足式(8.1.5)下的四个条件，在平衡点的邻域 V_i 内有形如(8.1.6)的周期解族，于是(8.1.4)具有如下随机周期解族

$$
\begin{aligned}
&Q_i(t)=A_i\cos\Phi_i(t)+B_i,\quad P_i(t)=-A_i\nu_i(A_i,\Phi_i)\sin\Phi_i(t),\\
&\Phi_i(t)=\Gamma_i(t)+\Theta_i(t).
\end{aligned}
\tag{8.1.50}
$$

式中

$$
\nu_i(A_i,\Phi_i)=\frac{\mathrm{d}\Gamma_i}{\mathrm{d}t}=\sqrt{\frac{2[U_i(A_i+B_i)-U_i(A_i\cos\Phi_i+B_i)]}{A_i^2\sin^2\Phi_i}}.
\tag{8.1.51}
$$

A_i，B_i 与 H_i 之间关系为

$$
U_i(A_i+B_i)=U_i(-A_i+B_i)=H_i.
\tag{8.1.52}
$$

将式(8.1.50)看作从 Q_i,P_i 到 A_i,Φ_i 的广义范德堡变换，类似于式(8.1.14)～(8.1.18)的推导，可得 A_i,Φ_i 的随机微分方程

$$
\begin{aligned}
&\frac{\mathrm{d}A_i}{\mathrm{d}t}=\varepsilon F_i^{(1)}(\boldsymbol{A},\boldsymbol{\Phi})+\varepsilon^{1/2}\sum_{k=1}^{m}G_{ik}^{(1)}(\boldsymbol{A},\boldsymbol{\Phi})\xi_k(t),\\
&\frac{\mathrm{d}\Phi_i}{\mathrm{d}t}=\nu_i(A_i,\Phi_i)+\varepsilon F_i^{(2)}(\boldsymbol{A},\boldsymbol{\Phi})+\varepsilon^{1/2}\sum_{k=1}^{m}G_{ik}^{(2)}(\boldsymbol{A},\boldsymbol{\Phi})\xi_k(t),\\
&i=1,2,\cdots,n.
\end{aligned}
\tag{8.1.53}
$$

式中

$$
\begin{aligned}
F_i^{(1)}(\boldsymbol{A},\boldsymbol{\Phi}) &= \frac{-A_i v_i(A_i,\Phi_i)\sin\Phi_i}{g_i(A_i+B_i)(1+d_i)}\sum_{j=1}^{n} c_{ij}(\boldsymbol{A},\boldsymbol{\Phi})A_j v_j(A_j,\Phi_j)\sin\Phi_j,\\
F_i^{(2)}(\boldsymbol{A},\boldsymbol{\Phi}) &= \frac{-v_i(A_i,\Phi_i)(\cos\Phi_i+d_i)}{g_i(A_i+B_i)(1+d_i)}\sum_{j=1}^{n} c_{ij}(\boldsymbol{A},\boldsymbol{\Phi})A_j v_j(A_j,\Phi_j)\sin\Phi_j,\\
G_{ik}^{(1)}(\boldsymbol{A},\boldsymbol{\Phi}) &= \frac{-A_i v_i(A_i,\Phi_i)\sin\Phi_i}{g_i(A_i+B_i)(1+d_i)} f_{ik}(\boldsymbol{A},\boldsymbol{\Phi}),\\
G_{ik}^{(2)}(\boldsymbol{A},\boldsymbol{\Phi}) &= \frac{-v_i(A_i,\Phi_i)(\cos\Phi_i+d_i)}{g_i(A_i+B_i)(1+d_i)} f_{ik}(\boldsymbol{A},\boldsymbol{\Phi}).
\end{aligned}
\tag{8.1.54}
$$

$c_{ij}(\boldsymbol{A},\boldsymbol{\Phi}), f_{ik}(\boldsymbol{A},\boldsymbol{\Phi})$ 由式(8.1.4)中 $c_{ij}(\boldsymbol{Q},\boldsymbol{P}), f_{ik}(\boldsymbol{Q},\boldsymbol{P})$ 按变换(8.1.50)得到. 式(8.1.54)中

$$
d_i = \frac{\mathrm{d}B_i}{\mathrm{d}A_i} = \frac{g_i(-A_i+B_i)+g_i(A_i+B_i)}{g_i(-A_i+B_i)-g_i(A_i+B_i)}. \tag{8.1.55}
$$

由式(8.1.53)知，$\Phi_i(t)$ 为快变过程，$A_i(t)$ 为慢变过程. 平均方程的维数与形式取决于系统(8.1.4)是否存在内共振.

1. 非内共振情形

在非内共振情形，只有 $A_i \ (i=1,2,\cdots,n)$ 为慢变过程. 根据哈斯敏斯基定理(Khasminskii，1966；1968)，当 $\varepsilon \to 0$ 时，$A_i(t)\ (i=1,2,\cdots,n)$ 弱收敛于 n 维马尔可夫扩散过程，描述该极限过程的平均伊藤方程形为

$$
\begin{aligned}
&\mathrm{d}A_i = m_i(\boldsymbol{A})\mathrm{d}t + \sum_{k=1}^{m}\sigma_{ik}(\boldsymbol{A})\mathrm{d}B_k(t),\\
&i=1,2,\cdots,n.
\end{aligned}
\tag{8.1.56}
$$

式中 $B_k(t)$ 为独立单位维纳过程. 按式(4.1.27)和(4.1.28)，漂移系数与扩散系数可按下式得到

$$
\begin{aligned}
m_i(\boldsymbol{A}) &= \varepsilon\left\langle F_i^{(1)} + \sum_{k,l=1}^{m}\int_{-\infty}^{0}\sum_{j=1}^{n}\left(\left.\frac{\partial G_{ik}^{(1)}}{\partial A_j}\right|_t \left.G_{jl}^{(1)}\right|_{t+\tau} + \left.\frac{\partial G_{ik}^{(1)}}{\partial \Phi_j}\right|_t \left.G_{jl}^{(2)}\right|_{t+\tau}\right)R_{kl}(\tau)\mathrm{d}\tau\right\rangle_t,\\
b_{ij}(\boldsymbol{A}) &= \sum_{k=1}^{m}\sigma_{ik}(\boldsymbol{A})\sigma_{jk}(\boldsymbol{A}) = \varepsilon\left\langle \sum_{k,l=1}^{m}\int_{-\infty}^{\infty}\left(\left.G_{ik}^{(1)}\right|_t \left.G_{jl}^{(1)}\right|_{t+\tau}\right)R_{kl}(\tau)\mathrm{d}\tau\right\rangle_t.
\end{aligned}
\tag{8.1.57}
$$

$\langle[\bullet]\rangle_t$ 表示时间平均. 由于被平均的函数为 $\boldsymbol{\Phi}$ 的周期函数，时间平均可代之以对 $\boldsymbol{\Phi}$ 的平均. 为作平均，宜将式(8.1.54)中各函数展开成下列形式的傅里叶级数

$$
\varepsilon F(\boldsymbol{A},\boldsymbol{\Phi}) = F_0 + \sum_{r=1}^{\infty}\sum_{|\boldsymbol{s}|=r}^{\infty}\left(F_{\boldsymbol{s}}^{(c)}\cos(\boldsymbol{s},\boldsymbol{\Phi}) + F_{\boldsymbol{s}}^{(s)}\sin(\boldsymbol{s},\boldsymbol{\Phi})\right) \tag{8.1.58}
$$

式中各系数为 $\boldsymbol{A}$ 的函数；符号 F 代表 $F_i^{(1)}$、$F_i^{(2)}$、$G_{ik}^{(1)}$、$G_{ik}^{(2)}$ 等；$s=[s_1\, s_2 \ldots s_n]^{\mathrm{T}}$ 为整数矢量；$|\boldsymbol{s}|=\sum_{i=1}^{n}|s_i|$；$(\boldsymbol{s},\boldsymbol{\Phi})=\sum_{i=1}^{n}s_i\Phi_i$. 式(8.1.57)中各函数按(8.1.58)展开，完成对 τ 的积分与对 $\boldsymbol{\Phi}$ 的平均，可得式(8.1.57)的具体表达式.

与式(8.1.56)相应的平均 FPK 方程为

$$\frac{\partial p}{\partial t}=-\frac{\partial}{\partial a_i}\left[m_i(\boldsymbol{a})p\right]+\frac{1}{2}\sum_{i,j=1}^{n}\frac{\partial^2}{\partial a_i\partial a_j}\left[b_{ij}(\boldsymbol{a})p\right]. \tag{8.1.59}$$

式中一、二阶导数矩为

$$m_i(\boldsymbol{a})=m_i(\boldsymbol{A})\Big|_{\boldsymbol{A}=\boldsymbol{a}},\quad b_{ij}(\boldsymbol{a})=\sum_{k=1}^{m}\sigma_{ik}\sigma_{jk}(\boldsymbol{A})\Bigg|_{\boldsymbol{A}=\boldsymbol{a}}. \tag{8.1.60}$$

$p=p(\boldsymbol{a},t\,|\,\boldsymbol{a}_0)$，相应初始条件为

$$p(\boldsymbol{a},0\,|\,\boldsymbol{a}_0)=\delta(\boldsymbol{a}-\boldsymbol{a}_0) \tag{8.1.61}$$

或 $p=p(\boldsymbol{a},t)$，相应初始条件为

$$p(\boldsymbol{a},0)=p(\boldsymbol{a}_0). \tag{8.1.62}$$

式(8.1.59)的边界条件取决于域 V_i. 若 V_i 为全相平面(q_i，p_i)，则边界条件为

$$\begin{aligned}&p=\text{有限},\quad a_i=0,\\&p,\quad \partial p/\partial a_i\to 0,\quad |\boldsymbol{a}|\to\infty,\\&i=1,2,\cdots,n.\end{aligned} \tag{8.1.63}$$

式(8.1.59)中概率流只含概率势流而无概率环流，若有精确平稳解则属平稳势类，可按随机激励的耗散的哈密顿系统精确平稳解方法求其精确平稳解 $p(\boldsymbol{a})$ (朱位秋，2003).

在求得 FPK 方程(8.1.59)之平稳解 $p(\boldsymbol{a})$之后，$H(t)$的平稳概率密度为

$$p(\boldsymbol{h})=p(\boldsymbol{a})\left|\frac{\partial\boldsymbol{a}}{\partial\boldsymbol{h}}\right|=p(\boldsymbol{a})\prod_{i=1}^{n}\frac{\mathrm{d}a_i}{\mathrm{d}h_i}=\left[p(\boldsymbol{a})\Big/\prod_{i=1}^{n}g_i(a_i)(1+d_i)\right]\Bigg|_{a_i=U_i^{-1}(h_i)-b_i}. \tag{8.1.64}$$

类似于式(8.1.33)，系统式(8.1.4)的广义位移与广义动量的近似平稳概率密度为

$$p(\boldsymbol{q},\boldsymbol{p})=\frac{p(\boldsymbol{h})}{\prod_{i=1}^{n}T_i(h_i)}\Bigg|_{h_i=p_i^2/2+U_i(q_i)}. \tag{8.1.65}$$

式中

$$T_i(h_i) = 4\int_0^{a_i} \frac{\mathrm{d}q_i}{\sqrt{2h_i - 2U_i(q_i)}}. \tag{8.1.66}$$

利用式(8.1.52)与伊藤随机微分公式，还可从关于幅值 A_i 的平均伊藤方程(8.1.56)导得关于 H_i 的平均伊藤随机微分方程

$$\mathrm{d}H_i = \bar{m}_i(\boldsymbol{H})\mathrm{d}t + \sum_{k=1}^{m} \bar{\sigma}_{ik}(\boldsymbol{H})\mathrm{d}B_k(t), \quad i = 1,2,\cdots,n. \tag{8.1.67}$$

式中 $\boldsymbol{H}=[H_1, H_2, \cdots, H_n]^{\mathrm{T}}$，漂移系数与扩散系数为

$$\bar{m}_i(\boldsymbol{H}) = \left\{ g_i(A_i + B_i)(1+d_i)m_i(\boldsymbol{A}) + \frac{1}{2}\frac{\mathrm{d}\left[g_i(A_i+B_i)(1+d_i)\right]}{\mathrm{d}A}\sum_{k=1}^{m}\sigma_{ik}\sigma_{ik}(\boldsymbol{A}) \right\}\Bigg|_{A_i = U_i(H_i) - B_i},$$

$$\sum_{k=1}^{m}\bar{\sigma}_{ik}\bar{\sigma}_{jk}(\boldsymbol{H}) = g_i(A_i+B_i)g_j(A_j+B_j)(1+d_i)(1+d_j)\sum_{k=1}^{m}\sigma_{ik}\sigma_{jk}(\boldsymbol{A})\Bigg|_{A_i = U_i(H_i) - B_i}. \tag{8.1.68}$$

可从与式(8.1.67)相应的平均 FPK 方程求得平稳解(8.1.64).

2. 内共振情形

设各自由度振子的平均频率为 $\bar{\omega}_r(a_r) = \int_0^{2\pi} \nu_r(a_r,\phi_r)\mathrm{d}\phi_r / 2\pi$, $r = 1,2,\cdots,n$，存在形如(5.2.48)的内共振关系，即 $\sum\limits_{r=1}^{n} k_r^u \bar{\omega}_r = O_u(\varepsilon)$, $(u = 1,2,\cdots,\alpha)$，可引入 $\alpha(1 \leqslant \alpha \leqslant n-1)$ 个角变量组合 $\varPsi_u = \sum\limits_{r=1}^{n} k_r^u \varPhi_r$, $u = 1,2,\cdots,\alpha$. 由系统(8.1.53)可导出如下支配 $A_i, \varPsi_u, \varPhi_r$ 的随机微分方程

$$\begin{aligned}
&\frac{\mathrm{d}A_i}{\mathrm{d}t} = \varepsilon \bar{F}_i^{(1)}(\boldsymbol{A},\boldsymbol{\varPsi},\boldsymbol{\varPhi}_1) + \varepsilon^{1/2}\sum_{k=1}^{m}\bar{G}_{ik}^{(1)}(\boldsymbol{A},\boldsymbol{\varPsi},\boldsymbol{\varPhi}_1)\xi_k(t),\\
&\frac{\mathrm{d}\varPsi_u}{\mathrm{d}t} = \sum_{r=1}^{n}k_r^u\bar{\nu}_r(A_r,\varPhi_r) + \varepsilon\sum_{r=1}^{n}k_r^u\bar{F}_r^{(2)}(\boldsymbol{A},\boldsymbol{\varPsi},\boldsymbol{\varPhi}_1) + \varepsilon^{1/2}\sum_{r=1}^{n}\sum_{k=1}^{m}k_r^u\bar{G}_{rk}^{(2)}(\boldsymbol{A},\boldsymbol{\varPsi},\boldsymbol{\varPhi}_1)\xi_k(t),\\
&\frac{\mathrm{d}\varPhi_s}{\mathrm{d}t} = \bar{\nu}_s(A_r,\varPhi_r) + \varepsilon\bar{F}_s^{(2)}(\boldsymbol{A},\boldsymbol{\varPsi},\boldsymbol{\varPhi}_1) + \varepsilon^{1/2}\sum_{k=1}^{m}\bar{G}_{sk}^{(2)}(\boldsymbol{A},\boldsymbol{\varPsi},\boldsymbol{\varPhi}_1)\xi_k(t),\\
&i = 1,2,\cdots,n; \quad u = 1,2,\cdots,\alpha; \quad s = \alpha+1,\alpha+2,\cdots,n.
\end{aligned} \tag{8.1.69}$$

式中 $\boldsymbol{\varPsi}=[\varPsi_1,\varPsi_2,\cdots,\varPsi_\alpha]^{\mathrm{T}}$，$\boldsymbol{\varPhi}_1=[\varPhi_{\alpha+1},\varPhi_{\alpha+2},\cdots,\varPhi_n]^{\mathrm{T}}$，$\bar{F}_i^{(1)},\bar{F}_i^{(2)},\bar{G}_{ik}^{(1)},\bar{G}_{ik}^{(2)}$ 乃分别由 $F_i^{(1)}, F_i^{(2)},G_{ik}^{(1)},G_{ik}^{(2)}$ 中 α 个 $\varPhi_1,\varPhi_2,\cdots,\varPhi_\alpha$ 替换为 α 个 $\varPsi_1,\varPsi_2,\cdots,\varPsi_\alpha$ 而成. 系统(8.1.69)中 $(n-\alpha)$ 个 $\varPhi_r$ 为快变过程，而 n 个 A_i 与 α 个 $\varPsi_u$ 为慢变过程. 根据哈斯敏斯基定理(Khasminskii，1966；1968)，当 $\varepsilon \to 0$ 时，A_i $(i = 1,2,\cdots,n)$ 和

$\Psi_u\ (u=1,2,\cdots,\alpha)$ 收敛于 $(n+\alpha)$ 维马尔可夫扩散过程，描述该极限过程的平均伊藤随机微分方程为

$$\begin{aligned}
&\mathrm{d}A_i = m_i(\boldsymbol{A},\boldsymbol{\Psi})\mathrm{d}t + \sum_{k=1}^{m}\sigma_{ik}(\boldsymbol{A},\boldsymbol{\Psi})\mathrm{d}B_k(t),\\
&\mathrm{d}\Psi_u = \left[O_u(\varepsilon)+m_u^{\Psi}(\boldsymbol{A},\boldsymbol{\Psi})\right]\mathrm{d}t + \sum_{k=1}^{m}\sigma_{uk}^{\Psi}(\boldsymbol{A},\boldsymbol{\Psi})\mathrm{d}B_k(t),\\
&i=1,2,\cdots,n;\quad u=1,2,\cdots,\alpha.
\end{aligned}\tag{8.1.70}$$

式中 $B_k(t)$ 为独立单位维纳过程，按式(4.1.27)和(4.1.28)，漂移系数与扩散系数为

$$\begin{aligned}
m_i(\boldsymbol{A},\boldsymbol{\Psi}) &= \varepsilon\left\langle \bar{F}_i^{(1)} + \int_{-\infty}^{0}\sum_{k,l=1}^{m}\left[\sum_{j=1}^{n}\left(\frac{\partial \bar{G}_{ik}^{(1)}}{\partial A_j}\bigg|_t \bar{G}_{jl}^{(1)}\Big|_{t+\tau}\right)\right.\right.\\
&\quad\left.\left.+\sum_{u=1}^{\alpha}\sum_{r=1}^{n}\left(k_r^u\frac{\partial \bar{G}_{ik}^{(1)}}{\partial \Psi_u}\bigg|_t \bar{G}_{rl}^{(2)}\Big|_{t+\tau}\right)+\sum_{s=\alpha+1}^{n}\left(\frac{\partial \bar{G}_{ik}^{(1)}}{\partial \Phi_s}\bigg|_t \bar{G}_{sl}^{(2)}\Big|_{t+\tau}\right)\right]R_{kl}(\tau)\mathrm{d}\tau\right\rangle_t,\\
m_u^{\Psi}(\boldsymbol{A},\boldsymbol{\Psi}) &= \varepsilon\left\langle \sum_{r=1}^{n}k_r^u\bar{F}_r^{(2)} + \int_{-\infty}^{0}\sum_{k,l=1}^{m}\left[\sum_{k,l=1}^{m}\left(k_r^u\frac{\partial \bar{G}_{rk}^{(2)}}{\partial A_j}\bigg|_t \bar{G}_{jl}^{(1)}\Big|_{t+\tau}\right)\right.\right.\\
&\quad\left.\left.+\sum_{v=1}^{\alpha}\sum_{j,r=1}^{n}\left(k_r^u k_j^v\frac{\partial \bar{G}_{rk}^{(2)}}{\partial \Psi_v}\bigg|_t \bar{G}_{jl}^{(2)}\Big|_{t+\tau}\right)+\sum_{s=\alpha+1}^{n}\sum_{r=1}^{n}\left(k_r^u\frac{\partial \bar{G}_{rk}^{(2)}}{\partial \Phi_s}\bigg|_t \bar{G}_{sl}^{(2)}\Big|_{t+\tau}\right)\right]R_{kl}(\tau)\mathrm{d}\tau\right\rangle_t,\\
b_{ij}(\boldsymbol{A},\boldsymbol{\Psi}) &= \sum_{k=1}^{m}\sigma_{ik}\sigma_{jk} = \varepsilon\left\langle\int_{-\infty}^{\infty}\sum_{k,l=1}^{m}\left(\bar{G}_{ik}^{(1)}\Big|_t \bar{G}_{jl}^{(1)}\Big|_{t+\tau}\right)R_{kl}(\tau)\mathrm{d}\tau\right\rangle_t,\\
b_{uv}^{\Psi}(\boldsymbol{A},\boldsymbol{\Psi}) &= \sum_{k-1}^{m}\sigma_{uk}^{\Psi}\sigma_{vk}^{\Psi} = \varepsilon\left\langle\int_{-\infty}^{\infty}\sum_{k,l-1}^{m}\sum_{j,r-1}^{n}\left(k_r^u k_j^v\bar{G}_{jk}^{(2)}\Big|_t \bar{G}_{rl}^{(2)}\Big|_{t+\tau}\right)R_{kl}(\tau)\mathrm{d}\tau\right\rangle_t,\\
b_{iu}^{A\Psi}(\boldsymbol{A},\boldsymbol{\Psi}) &= \sum_{k=1}^{m}\sigma_{ik}\sigma_{uk}^{\Psi} = \varepsilon\left\langle\int_{-\infty}^{\infty}\sum_{k,l=1}^{m}\sum_{r=1}^{n}\left(k_r^u\bar{G}_{ik}^{(1)}\Big|_t \bar{G}_{rl}^{(2)}\Big|_{t+\tau}\right)R_{kl}(\tau)\mathrm{d}\tau\right\rangle_t,\\
&i,j=1,2,\cdots,n;\quad u,v=1,2,\cdots,\alpha.
\end{aligned}\tag{8.1.71}$$

鉴于上述可积内共振哈密顿系统在 $\boldsymbol{a},\boldsymbol{\psi}$ 为常数矢量的 $(n-\alpha)$ 维环面上遍历，式 (8.1.71)中的时间平均 $\langle[\bullet]\rangle_t$ 可代之以对 $\boldsymbol{\Phi}_1=[\Phi_{\alpha+1},\Phi_{\alpha+2},\cdots,\Phi_n]^{\mathrm{T}}$ 的平均.为了完成式(8.1.71)中的运算，宜先将式(8.1.54)中各函数展开成式(8.1.58)的形式，完成对 τ 的积分与对 $\boldsymbol{\Phi}_1$ 的平均后，即可得式(8.1.71)的具体表达式.

与式(8.1.70)相应的平均 FPK 方程为

$$\frac{\partial p}{\partial t}=-\sum_{i=1}^{n}\frac{\partial}{\partial a_i}\left[m_i(\boldsymbol{a},\boldsymbol{\psi})p\right]-\sum_{u=1}^{\alpha}\frac{\partial}{\partial\psi_u}\left[O_u(\varepsilon)+m_u^{\Psi}(\boldsymbol{a},\boldsymbol{\psi})p\right]+\frac{1}{2}\sum_{i,j=1}^{n}\frac{\partial^2}{\partial a_i\partial a_j}\left[b_{ij}(\boldsymbol{a},\boldsymbol{\psi})p\right]$$
$$+\sum_{i=1}^{n}\sum_{u=1}^{\alpha}\frac{\partial^2}{\partial a_i\partial\psi_u}\left[b_{iu}^{A\Psi}(\boldsymbol{a},\boldsymbol{\psi})p\right]+\frac{1}{2}\sum_{u,v=1}^{\alpha}\frac{\partial^2}{\partial\psi_u\partial\psi_v}\left[b_{uv}^{\Psi}(\boldsymbol{a},\boldsymbol{\psi})p\right]. \tag{8.1.72}$$

式中

$$\begin{aligned}&m_i(\boldsymbol{a},\boldsymbol{\psi})=m_i(\boldsymbol{A},\boldsymbol{\Psi})\big|_{\boldsymbol{A}=\boldsymbol{a},\,\boldsymbol{\Psi}=\boldsymbol{\psi}},\quad m_u^{\Psi}(\boldsymbol{a},\boldsymbol{\psi})=m_u^{\Psi}(\boldsymbol{A},\boldsymbol{\Psi})\big|_{\boldsymbol{A}=\boldsymbol{a},\,\boldsymbol{\Psi}=\boldsymbol{\psi}},\\&b_{ij}(\boldsymbol{a},\boldsymbol{\psi})=b_{ij}(\boldsymbol{A},\boldsymbol{\Psi})\big|_{\boldsymbol{A}=\boldsymbol{a},\,\boldsymbol{\Psi}=\boldsymbol{\psi}},\quad b_{iu}^{A\Psi}(\boldsymbol{a},\boldsymbol{\psi})=b_{iu}^{A\Psi}(\boldsymbol{A},\boldsymbol{\Psi})\big|_{\boldsymbol{A}=\boldsymbol{a},\,\boldsymbol{\Psi}=\boldsymbol{\psi}},\\&b_{uv}^{\Psi}(\boldsymbol{a},\boldsymbol{\psi})=b_{uv}^{\Psi}(\boldsymbol{A},\boldsymbol{\Psi})\big|_{\boldsymbol{A}=\boldsymbol{a},\,\boldsymbol{\Psi}=\boldsymbol{\psi}},\\&i,j=1,2,\cdots,n;\quad u,v=1,2,\cdots,\alpha.\end{aligned} \tag{8.1.73}$$

式(8.1.72)中 $p=p(\boldsymbol{a},\boldsymbol{\psi},t\,|\,\boldsymbol{a}_0,\boldsymbol{\psi}_0)$ 为 $[\boldsymbol{A}^{\mathrm{T}},\boldsymbol{\Psi}^{\mathrm{T}}]^{\mathrm{T}}$ 的转移概率密度，方程的初始条件为

$$p(\boldsymbol{a},\boldsymbol{\psi},0\,|\,\boldsymbol{a}_0,\boldsymbol{\psi}_0)=\delta(\boldsymbol{a}-\boldsymbol{a}_0)\delta(\boldsymbol{\psi}-\boldsymbol{\psi}_0). \tag{8.1.74}$$

或 $p=p(\boldsymbol{a},\boldsymbol{\psi},t)$ 为联合概率密度，其初始条件为

$$p(\boldsymbol{a},\boldsymbol{\psi},0)=p(\boldsymbol{a}_0,\boldsymbol{\psi}_0). \tag{8.1.75}$$

当 V_i 为全相平面时，方程(8.1.72)的边界条件为

$$\begin{aligned}&p=\text{有限},\quad \text{当}a_i=0,\\&p,\ \ \partial p/\partial a_i\to 0,\quad \text{当}|\boldsymbol{a}|\to\infty,\\&p(\boldsymbol{a},\psi_1,\psi_2,\cdots,\psi_u+2k\pi,\cdots,\psi_\alpha,t|\boldsymbol{a}_0,\boldsymbol{\psi}_0)=p(\boldsymbol{a},\psi_1,\psi_2,\cdots,\psi_u,\cdots,\psi_\alpha,t|\boldsymbol{a}_0,\boldsymbol{\psi}_0),\\&i=1,2,\cdots,n;\quad u=1,2,\cdots,\alpha;\quad k\text{为整数}.\end{aligned} \tag{8.1.76}$$

令式(8.1.72)中 $\partial p/\partial t=0$ 得简化平均 FPK 方程，当系统参数满足一定的相容条件时，可以得到精确平稳解(见例 8.1.4). 一般只能数值求解方程(8.1.72)得其平稳概率密度 $p(\boldsymbol{a},\boldsymbol{\psi})$.

在求得 $p(\boldsymbol{a},\boldsymbol{\psi})$ 之后，按下式可得到系统(8.1.4)广义位移与广义动量的近似平稳联合概率密度

$$\begin{aligned}p(\boldsymbol{q},\boldsymbol{p})&=p(\boldsymbol{a},\boldsymbol{\psi},\boldsymbol{\phi}_1)\left|\frac{\partial(\boldsymbol{a},\boldsymbol{\psi},\boldsymbol{\phi}_1)}{\partial(\boldsymbol{q},\boldsymbol{p})}\right|=p(\boldsymbol{\phi}_1|\boldsymbol{a},\boldsymbol{\psi})p(\boldsymbol{a},\boldsymbol{\psi})\left|\frac{\partial(\boldsymbol{a},\boldsymbol{\psi},\boldsymbol{\phi}_1)}{\partial(\boldsymbol{q},\boldsymbol{p})}\right|\\&=\frac{1}{(2\pi)^{n-\alpha}}p(\boldsymbol{a},\boldsymbol{\psi})\left|\frac{\partial(\boldsymbol{a},\boldsymbol{\psi},\boldsymbol{\phi}_1)}{\partial(\boldsymbol{q},\boldsymbol{p})}\right|.\end{aligned} \tag{8.1.77}$$

利用式(8.1.52)与伊藤微分公式，可从平均伊藤方程(8.1.70)导得关于各自由度哈密顿过程 $H_i(t)$ 与角变量组合 $\Psi_u(t)$ 的平均伊藤随机微分方程

$$
\begin{aligned}
&\mathrm{d}H_i = \bar{m}_i(\boldsymbol{H},\boldsymbol{\Psi})\mathrm{d}t + \sum_{k=1}^{m}\bar{\sigma}_{ik}(\boldsymbol{H},\boldsymbol{\Psi})\mathrm{d}B_k(t),\\
&\mathrm{d}\varPsi_u = \bar{m}_u^{\varPsi}(\boldsymbol{H},\boldsymbol{\Psi})\mathrm{d}t + \sum_{k=1}^{m}\bar{\sigma}_{uk}^{\varPsi}(\boldsymbol{H},\boldsymbol{\Psi})\mathrm{d}B_k(t),\\
&i=1,2,\cdots,n;\quad u=1,2,\cdots,\alpha.
\end{aligned}
\tag{8.1.78}
$$

式中 $\boldsymbol{H}=[H_1,H_2,\cdots,H_n]^{\mathrm{T}}$，漂移系数与扩散系数为

$$
\begin{aligned}
&\bar{m}_i(\boldsymbol{H},\boldsymbol{\Psi}) = \left\{ g_i(A_i+B_i)(1+d_i)m_i(\boldsymbol{A},\boldsymbol{\Psi}) + \frac{1}{2}\left[\frac{\mathrm{d}\left[g_i(A_i+B_i)(1+d_i)\right]}{\mathrm{d}A_i}\right]\sum_{k=1}^{m}(\sigma_{ik}\sigma_{ik})\right\}\Bigg|_{A_i=U_i^{-1}(H_i)-B_i},\\
&\bar{m}_u^{\varPsi} = m_u^{\varPsi}\Big|_{A_i=U_i^{-1}(H_i)-B_i},\\
&\sum_{k=1}^{m}[\bar{\sigma}_{ik}\bar{\sigma}_{jk}(\boldsymbol{H},\boldsymbol{\Psi})] = g_i(A_i+B_i)g_j(A_j+B_j)(1+d_i)(1+d_j)\sum_{k=1}^{m}(\sigma_{ik}\sigma_{ik})\Bigg|_{A_i=U_i^{-1}(H_i)-B_i},\\
&\sum_{k=1}^{m}[\bar{\sigma}_{uk}^{\varPsi}\bar{\sigma}_{vk}^{\varPsi}(\boldsymbol{H},\boldsymbol{\Psi})] = \sum_{k=1}^{m}(\sigma_{uk}^{\varPsi}\sigma_{vk}^{\varPsi})\Bigg|_{A_i=U_i^{-1}(H_i)-B_i},\\
&\sum_{k=1}^{m}[\bar{\sigma}_{ik}\bar{\sigma}_{uk}^{\varPsi}(\boldsymbol{H},\boldsymbol{\Psi})] = g_i(A_i+B_i)(1+d_i)\sum_{k=1}^{m}(\sigma_{ik}\sigma_{uk}^{\varPsi})\Bigg|_{A_i=U_i^{-1}(H_i)-B_i},\\
&i,j=1,2,\cdots,n;\quad u,v=1,2,\cdots,\alpha.
\end{aligned}
\tag{8.1.79}
$$

类似地，可建立并求解与式(8.1.78)相应的平均 FPK 方程，得转移概率密度 $p(\boldsymbol{h},\boldsymbol{\psi},t\,|\,\boldsymbol{h}_0,\boldsymbol{\psi}_0)$ 或平稳概率密度 $p(\boldsymbol{h},\boldsymbol{\psi})$. 类似于式(8.1.64)，后者也可借 A_i 与 H_i 之关系式(8.1.52)由 $p(\boldsymbol{a},\boldsymbol{\psi})$ 导得.

例 8.1.3　考虑受平稳有理噪声外激与参激的非线性阻尼耦合的两个杜芬-范德堡型振子，系统的运动方程为

$$
\begin{aligned}
\dot{Q}_1 &= P_1,\\
\dot{Q}_2 &= P_2,\\
\dot{P}_1 &= -\omega_1^2Q_1 - \alpha_1Q_1^3 - \left(\beta_{10}+\beta_{11}Q_1^2+\beta_{12}Q_2^2\right)P_1 + Q_1\xi_1(t) + \xi_2(t),\\
\dot{P}_2 &= -\omega_2^2Q_2 - \alpha_2Q_2^3 - \left(\beta_{20}+\beta_{21}Q_1^2+\beta_{22}Q_2^2\right)P_2 + Q_2\xi_3(t) + \xi_4(t).
\end{aligned}
\tag{8.1.80}
$$

式中 $\omega_i,\alpha_i,\beta_{ij}\ (i,j=1,2)$ 为常数；$\xi_k(t)$ 为独立平稳有理噪声，自相关系数为 $R_k(\tau)$，自功率谱密度为

$$
S_k(\omega) = \frac{D_k}{\pi(\omega^2+\varOmega_k^2)},\quad k=1,2,3,4. \tag{8.1.81}
$$

$D_k,\varOmega_k$ 为常数. 设 β_{ij} 与 D_k 同为 ε 阶小量. 类似于式(8.1.39)～(8.1.42)，可得

$$
\begin{aligned}
&g_i(q_i)=\omega_i^2 q_i+\alpha_i q_i^3,\quad U_i(q_i)=\omega_i^2 q_i^2/2+\alpha_i q_i^4/4,\quad b_i=d_i=0,\\
&\nu_i(a_i,\phi_i)=\left[\left(\omega_i^2+3\alpha_i a_i^2/4\right)\left(1+\eta_i\cos 2\phi_i\right)\right]^{1/2},\quad \eta_i=\left(\alpha_i a_i^2/4\right)\Big/\left(\omega_i^2+3\alpha_i a_i^2/4\right)\leqslant 1/3,\\
&\nu_i(a_i,\phi_i)=b_{0i}(a_i)/2+b_{2i}(a_i)\cos 2\phi_i+b_{4i}(a_i)\cos 4\phi_i+b_{6i}(a_i)\cos 6\phi_i,\\
&b_{0i}(a_i)=\left(\omega_i^2+3\alpha_i a_i^2/4\right)^{1/2}\left(1-\eta_i^2/16\right),\quad b_{2i}(a_i)=\left(\omega_i^2+3\alpha_i a_i^2/4\right)^{1/2}\left(\eta_i/2+3\eta_i^3/64\right),\\
&b_{4i}(a_i)=\left(\omega_i^2+3\alpha_i a_i^2/4\right)^{1/2}\left(-\eta_i^2/16\right),\quad b_{6i}(a_i)=\left(\omega_i^2+3\alpha_i a_i^2/4\right)^{1/2}\left(\eta_i^3/64\right),\\
&\bar{\omega}_i(a_i)=b_{0i}(a_i)/2.
\end{aligned}
\tag{8.1.82}
$$

按变换式(8.1.50)得(8.1.53)，按式(8.1.54)得到其系数

$$
\begin{aligned}
&\varepsilon F_i^{(1)}(\boldsymbol{A},\boldsymbol{\Phi})=-\frac{A_i^2}{g_i(A_i)}\left(\beta_{i0}+\beta_{i1}A_1^2\cos^2\Phi_1+\beta_{i2}A_2^2\cos^2\Phi_2\right)\nu_i^2(A_i,\Phi_i)\sin^2\Phi_i,\\
&\varepsilon F_i^{(2)}(\boldsymbol{A},\boldsymbol{\Phi})=-\frac{A_i}{g_i(A_i)}\left(\beta_{i0}+\beta_{i1}A_1^2\cos^2\Phi_1+\beta_{i2}A_2^2\cos^2\Phi_2\right)\nu_i^2(A_i,\Phi_i)\sin\Phi_i\cos\Phi_i,\\
&\varepsilon^{1/2}G_{i1}^{(1)}(\boldsymbol{A},\boldsymbol{\Phi})=-\frac{A_i^2}{g_i(A_i)}\nu_i^2(A_i,\Phi_i)\sin\Phi_i\cos\Phi_i,\quad \varepsilon^{1/2}G_{i2}^{(1)}(\boldsymbol{A},\boldsymbol{\Phi})=-\frac{A_i}{g_i(A_i)}\nu_i(A_i,\Phi_i)\sin\Phi_i,\\
&\varepsilon^{1/2}G_{i1}^{(2)}(\boldsymbol{A},\boldsymbol{\Phi})=-\frac{A_i}{g_i(A_i)}\nu_i^2(A_i,\Phi_i)\cos^2\Phi_i,\quad \varepsilon^{1/2}G_{i2}^{(2)}(\boldsymbol{A},\boldsymbol{\Phi})=-\frac{1}{g_i(A_i)}\nu_i(A_i,\Phi_i)\cos\Phi_i.
\end{aligned}
\tag{8.1.83}
$$

在非内共振情形，当α_1,α_2较大时，与式(8.1.80)相应的两个非线性哈密顿子系统发生共振的概率很小，平均伊藤随机微分方程形如(8.1.56)，按式(8.1.57)得漂移系数与扩散系数

$$
\begin{aligned}
m_i(\boldsymbol{A})=&\frac{-A_i^2}{8g_i(A_i)}\beta_{i0}\left(4\omega_i^2+\frac{5}{2}\alpha_i A_i^2\right)+\beta_{ii}A_i^2(\omega_i^2+\frac{3}{4}\alpha_i A_i^2)+\beta_{i,3-i}A_{3-i}^2(2\omega_i^2+\frac{5}{4}\alpha_i A_i^2)]\\
&\frac{\pi A_i}{32g_i(A_i)}\sum_{n=2,4,6,\cdots}^{\infty}\left\{A_i\left(b_{i,n-2}-b_{i,n+2}\right)\left[\frac{\mathrm{d}}{\mathrm{d}A_i}\left(\frac{A_i^2\left(b_{i,n-2}-b_{i,n+2}\right)}{g_i(A_i)}\right)\right.\right.\\
&\left.+\frac{nA_i}{g_i(A_i)}\left(b_{i,n-2}+2b_{i,n}+b_{i,n+2}\right)\right]S_{2i-1}(n\bar{\omega}_i)\\
&\left.+4\left(b_{i,n-2}-b_{i,n}\right)\left[\frac{\mathrm{d}}{\mathrm{d}A_i}\left(\frac{A_i\left(b_{i,n-2}-b_{i,n}\right)}{g_i(A_i)}\right)+\frac{n}{g_i(A_i)}\left(b_{i,n-2}+b_{i,n}\right)\right]S_{2i}((n-1)\bar{\omega}_i)\right\},\\
b_{ii}(\boldsymbol{A})=&\frac{\pi A_i^2}{16g_i^2(A_i)}\sum_{n=2,4,6,\cdots}^{\infty}\left\{A_i^2\left(b_{i,n-2}-b_{i,n+2}\right)^2S_{2i-1}(n\bar{\omega}_i)+4\left(b_{i,n-2}-b_{i,n}\right)^2S_{2i}((n-1)\bar{\omega}_i)\right\},\\
b_{12}(\boldsymbol{A})=&b_{21}(\boldsymbol{A})=0,\quad i=1,2.
\end{aligned}
\tag{8.1.84}
$$

由此可建立相应的平均 FPK 方程(8.1.59)，边界条件为(8.1.63). 一般需数值求解得到平稳解 $p(a_1,a_2)$，然后按式(8.1.64)和(8.1.65)求 $p\ (h_1,\ h_2)$与 $p(q_1,\ q_2,\ p_1,\ p_2)$.

给定系统参数$\omega_1=1$，$\omega_2=1.414$，$\alpha_1=0.3$，$\alpha_2=0.5$，$\beta_{10}=0.1$，$\beta_{11}=0.1$，$\beta_{12}=0.1$，$\beta_{20}=0.2$，$\beta_{21}=0.1$，$\beta_{22}=0.1$，$\Omega_1=\Omega_2=\Omega_3=\Omega_4=5$，$D_1=2.7$，$D_2=5.5$，$D_3=2.7$，$D_4=5.5$，图 8.1.4 至图 8.1.7 给了随机平均法结果与原系统(8.1.80)数值模拟结果的比较，可见两者甚为吻合.

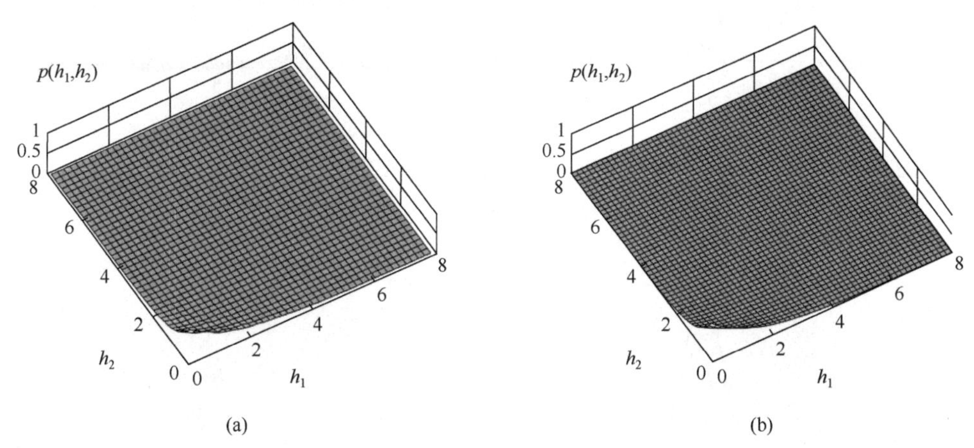

图 8.1.4　系统(8.1.80)哈密顿量 H_1,H_2 的平稳联合概率密度 $p(h_1,h_2)$，(a) 数值模拟结果；(b) 随机平均法结果

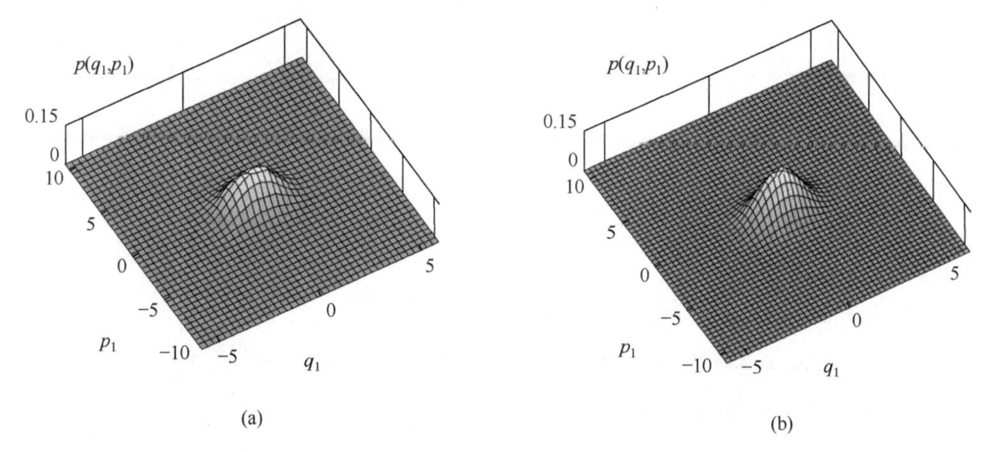

图 8.1.5　系统(8.1.80)广义位移 Q_1 与广义动量 P_1 的平稳概率密度 $p(q_1,p_1)$，(a) 数值模拟结果；(b) 随机平均法结果

例 8.1.4　考虑平稳宽带噪声激励下两个耦合的线性振子与两个范德堡型振子(Huang and Zhu，1997)，系统运动方程为

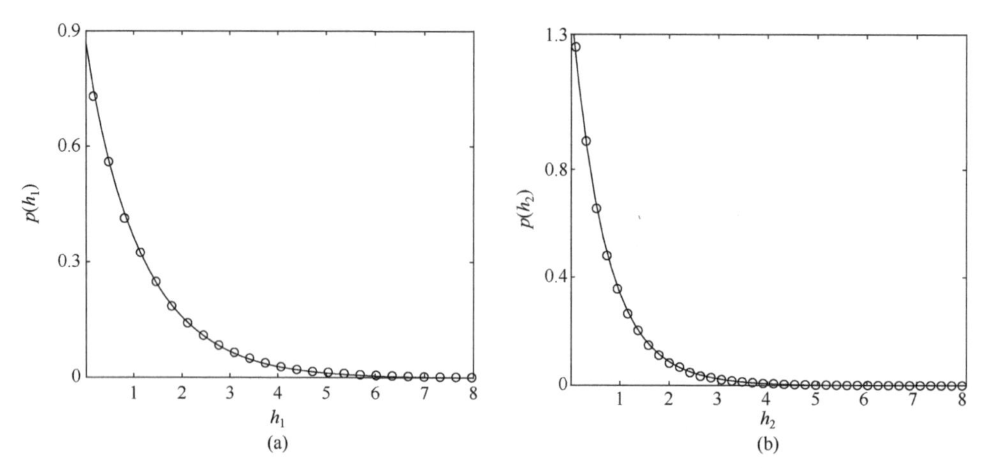

图 8.1.6　系统(8.1.80)哈密顿量 H_1, H_2 的平稳边缘概率密度，(a) $p(h_1)$；(b) $p(h_2)$；实线—随机平均法结果；符号 ○ 数值模拟结果

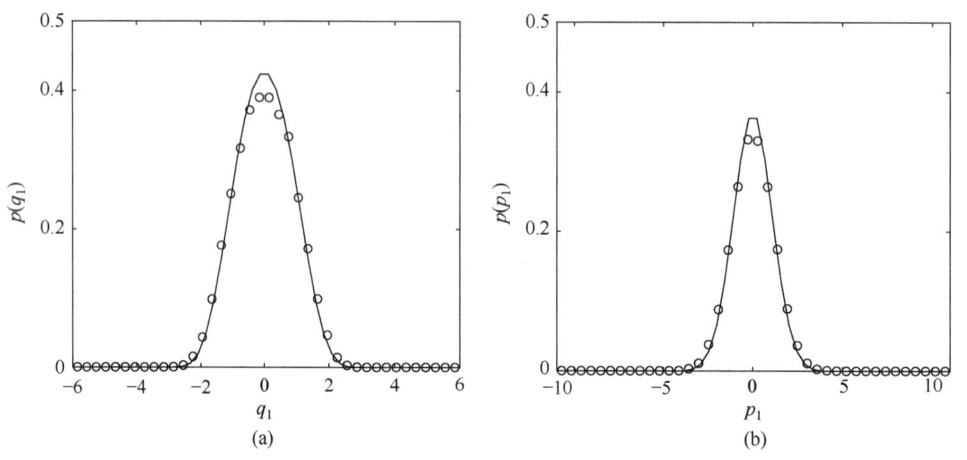

图 8.1.7　系统(8.1.80)广义位移 Q_1 和广义动量 P_1 的平稳边缘概率密度，(a) $p(q_1)$；(b) $p(p_1)$；实线 — 随机平均法结果；符号 ○ 数值模拟结果

$$
\begin{aligned}
&\dot{Q}_1 = P_1,\\
&\dot{P}_1 = -\omega_1^2 Q_1 - \beta_1 P_1 + \mu_1 Q_3 + \alpha_1 P_3 + \xi_1(t),\\
&\dot{Q}_2 = P_2,\\
&\dot{P}_2 = -\omega_2^2 Q_2 - \beta_2 P_2 + \mu_2 Q_4 + \alpha_2 P_4 + \xi_2(t),\\
&\dot{Q}_3 = P_3,\\
&\dot{P}_3 = -\omega_3^2 Q_3 - (-\beta_3 + \alpha_{33} P_3^2 + \alpha_{34} P_4^2) P_3 + \mu_3 Q_1 + \alpha_3 P_1 + \xi_3(t),\\
&\dot{Q}_4 = P_4,\\
&\dot{P}_4 = -\omega_4^2 Q_4 - (-\beta_4 + \alpha_{43} P_3^2 + \alpha_{44} P_4^2) P_4 + \mu_4 Q_2 + \alpha_4 P_2 + \xi_4(t).
\end{aligned}
\tag{8.1.85}
$$

前两个振子代表结构的两个相邻模态，后两个振子表示脱落的旋涡的影响. $\omega_3=\omega_4=1$，$\omega_1=1-\sigma_1$，$\omega_2=1-\sigma_2$. 设$\alpha_i,\beta_i,\mu_i,\alpha_{ij},\sigma_i$为$\varepsilon$阶小量，$\xi_k(t)$为独立平稳宽带噪声，均值为零，功率谱密度函数为$S_k(\omega)$，激励强度为$\varepsilon$阶小量.

系统发生内共振须两方面条件的配合：振子固有频率间的共振关系与振子间相应的相互耦合. 例如，系统(8.1.85)中，有共振关系$\omega_3-\omega_1=\sigma_1$，$\omega_4-\omega_2=\sigma_2$，$\omega_3-\omega_4=0$，同时振子 1 与 3，2 与 4 及 3 与 4 间有线性与非线性耦合，因此，振子 1 与 3，2 与 4 及 3 与 4 间有内共振. 应用前述平均步骤，可得如下平均伊藤随机微分方程

$$
\begin{aligned}
\mathrm{d}A_i&=(1/2)\left(-\beta_iA_i+\alpha_iA_{i+2}\cos\psi_i-\mu_iA_{i+2}\sin\psi_i+\pi K_i/A_i\right)\mathrm{d}t+\sqrt{2\pi K_i}\,\mathrm{d}B_i(t),\\
\mathrm{d}A_{i+2}&=(1/2)\left\{-\beta_{i+2}A_{i+2}+\alpha_{i+2}A_i\cos\psi_i+\mu_{i+2}A_i\sin\psi_i-\left(3\alpha_{i+2,i+2}/4\right)A_{i+2}^3\right.\\
&\quad\left.-\left(\alpha_{i+2,j+2}/4\right)\left[2+\cos2\psi_3\right]A_3^2A_4^2/A_{i+2}+\pi K_{i+2}/A_{i+2}\right\}\mathrm{d}t+\sqrt{2\pi K_{i+2}}\,\mathrm{d}B_{i+2}(t).\\
\mathrm{d}\psi_i&=(1/2)\left[-\sigma_i-\left(\alpha_iA_{i+2}/A_i+\alpha_{i+2}A_i/A_{i+2}\right)\sin\psi_i-\left(\mu_iA_{i+2}/A_i\right.\right.\\
&\quad\left.\left.-\mu_{i+2}A_i/A_{i+2}\right)\sin\psi_i+(-1)^{i+1}\left(\alpha_{i+2,j+2}/4\right)A_{5-i}^2\sin2\psi_3\right]\mathrm{d}t\\
&\quad+\left(\sqrt{2\pi K_i}/A_i\right)\mathrm{d}B_{i+4}(t)-\left(\sqrt{2\pi K_{i+2}}/A_{i+2}\right)\mathrm{d}B_{i+6}(t),\\
\mathrm{d}\psi_3&=(1/2)\left[\left(A_1/A_3\right)\left(-\alpha_3\sin\psi_1+\mu_3\cos\psi_1\right)+\left(A_2/A_4\right)\right.\\
&\quad\left.\times\left(-\alpha_4\sin\psi_2+\mu_4\cos\psi_2\right)+(1/4)\left(\alpha_{34}A_4^2+\alpha_{43}A_3^2\right)\cos2\psi_3\right]\mathrm{d}t\\
&\quad-\left(\sqrt{2\pi K_3}/A_3\right)\mathrm{d}B_7(t)+\left(\sqrt{2\pi K_4}/A_4\right)\mathrm{d}B_8(t),\\
&\quad i,j=1,2,\quad j\neq i.
\end{aligned}
\tag{8.1.86}
$$

式中

$$
\begin{aligned}
&\psi_i=\Phi_i-\Phi_{i+2},\quad i=1,2;\quad \psi_3=\Phi_4-\Phi_3\\
&K_k=S_k(1)/2,\quad k=1,2,3,4
\end{aligned}
\tag{8.1.87}
$$

注意到式(8.1.86)仅需要谱密度值$S_k(1)$，而功率谱密度$S_k(\omega)$的函数形式可以任意. 按式(8.1.71)至(8.1.73)，与平均伊藤方程(8.1.86)相应的简化平均 FPK 方程为

$$
\begin{aligned}
0=&-\sum_{i=1}^{4}\frac{\partial}{\partial a_i}(m_ip)-\sum_{u=1}^{3}\frac{\partial}{\partial\psi_u}(m_u^{\Psi}p)+\frac{1}{2}\sum_{i,j=1}^{4}\frac{\partial^2}{\partial a_i\partial a_j}(b_{ij}p)\\
&+\sum_{i=1}^{4}\sum_{u=1}^{3}\frac{\partial^2}{\partial a_i\partial\psi_u}(b_{iu}^{A\Psi}p)+\frac{1}{2}\sum_{u,v=1}^{3}\frac{\partial^2}{\partial\psi_u\partial\psi_v}(b_{uv}^{\Psi}p).
\end{aligned}
\tag{8.1.88}
$$

为求得式(8.1.88)的精确平稳解$p(\boldsymbol{a},\boldsymbol{\psi})$，假定其形为

$$
p(\boldsymbol{a},\boldsymbol{\psi})=C\exp[-\lambda(a_1,a_2,a_3,a_4,\psi_1,\psi_2,\psi_3)].
\tag{8.1.89}
$$

式中C为归一化常数，负指数函数形式保证了概率密度的非负性与可归一化. $\lambda(\boldsymbol{a},\boldsymbol{\psi})$称为概率势函数，可先获得$\lambda(\boldsymbol{a},\boldsymbol{\psi})$的解析表达式再得到精确平稳解$p(\boldsymbol{a},\boldsymbol{\psi})$.

为了获得 $\lambda(\boldsymbol{a},\boldsymbol{\psi})$ 的解析表达式，宜将其表示成 ψ_1,ψ_2,ψ_3 的傅里叶级数，即

$$\lambda(\boldsymbol{a},\boldsymbol{\psi})=\lambda_0(\boldsymbol{a})+\sum_{i=1}^{2}[\lambda_{1i}(\boldsymbol{a})\cos\psi_i+\bar{\lambda}_{1i}(\boldsymbol{a})\cos\psi_i]+\lambda_{23}(\boldsymbol{a})\cos 2\psi_3+\bar{\lambda}_{23}(\boldsymbol{a})\sin 2\psi_3. \tag{8.1.90}$$

将式(8.1.89)和(8.1.90)代入平稳 FPK 方程(8.1.88)，各系数函数 $m_i,m_u^{\Psi},b_{ij},b_{uv}^{\Psi},b_{iu}^{A\Psi}$ 也表示成傅里叶级数. 当系统参数满足条件

$$\frac{\alpha_{34}}{K_3}=\frac{\alpha_{43}}{K_4},\ \frac{\alpha_{i+2}}{\pi K_{i+2}}=\frac{\pi K_i\alpha_i+d_i\mu_i}{\pi^2K_i^2+d_i^2},\ \frac{-\mu_{i+2}}{\pi K_{i+2}}=\frac{\pi K_i\mu_i+d_i\alpha_i}{\pi^2K_i^2+d_i^2} \tag{8.1.91}$$

且 $d_i=2\pi K_i\sigma_i/\beta_i$ 时，可得 $\lambda_{1i},\bar{\lambda}_{1i},(i=1,2)$，$\lambda_{23}$，$\bar{\lambda}_{23}$ 的精确表达式，代入式(8.1.90)，再代入式(8.1.89)即得精确平稳解 $p(\boldsymbol{a},\boldsymbol{\psi})$. 用作用量 $(I_i=a_i^2/2)$ 表示的精确平稳解为

$$\begin{aligned}p(I_1,I_2,I_3,I_4,\psi_1,\psi_2,\psi_3)=C\exp\big[&-\zeta_1I_1-\zeta_2I_2+\zeta_3I_3+\zeta_4I_4+\zeta_5\sqrt{I_1I_2}\cos(\psi_1+\psi_{10})\\&+\zeta_6\sqrt{I_2I_4}\,\mathrm{os}(\psi_2+\psi_{20})-\zeta_7I_3^2-\zeta_8I_4^2-2\zeta_9I_3I_4\left(2+\cos 2\psi_3\right)\big].\end{aligned} \tag{8.1.92}$$

式中

$$\begin{aligned}&\zeta_i=\beta_i/2\pi K_i,(i=1,2,3,4),\quad \zeta_{5,6}=\sqrt{\alpha_{3,4}^2+\mu_{3,4}^2}\Big/2\pi K_{3,4},\\&\zeta_{7,8}=3\alpha_{33,44}/8\pi K_{33,44},\quad \zeta_9=\alpha_{34}/8\pi K_3,\\&\cos\psi_{u0}=\alpha_{u+2}\Big/\sqrt{\alpha_{u+2}^2+\mu_{u+2}^2},\quad \sin\psi_{u0}=-\mu_{u+2}\Big/\sqrt{\alpha_{u+2}^2+\mu_{u+2}^2}\quad (u=1,2).\end{aligned} \tag{8.1.93}$$

给定参数值 $\omega_i=1.0$，$\pi k_i=0.01$，$(i=1,2,3,4)$；$\alpha_i=\mu_i=0.04$，$\beta_i=0.06$，$(i=1,2)$；$\alpha_3=\alpha_4=-\mu_3=-\mu_4=0.04$；$\beta_3=\beta_4=\alpha_{33}=\alpha_{44}=0.05$；$\alpha_{34}=\alpha_{43}=0.02$，图 8.1.8 给出了随机平均法结果与原系统(8.1.85)数值模拟结果的比较，可见两者甚为吻合.

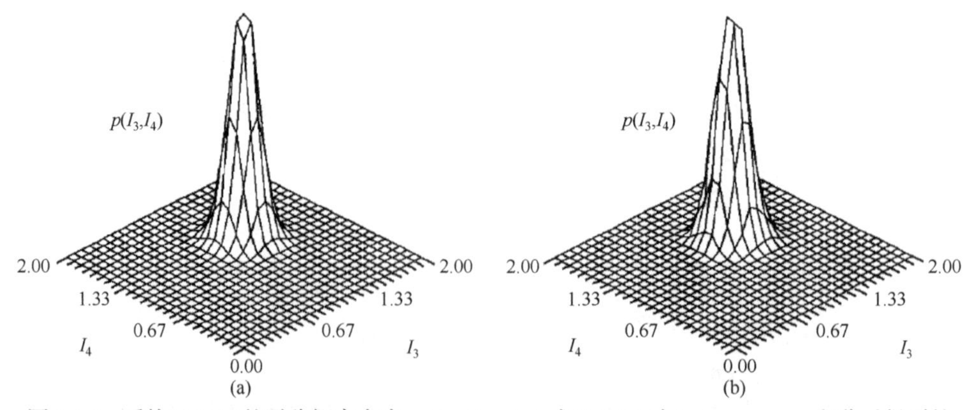

图 8.1.8　系统(8.1.85)的平稳概率密度 $p(I_3,I_4)$，(a) 式(8.1.92)对 $I_1,I_2,\psi_1,\psi_2,\psi_3$ 积分后得到的解析结果；(b) 对原系统(8.1.85)的数值模拟结果(Huang and Zhu，1997)

8.2　分数高斯噪声激励

第 7 章阐述了分数高斯噪声激励的拟哈密顿系统随机平均法. 由于系统响应不是马尔可夫过程，不能用 FPK 方程求解得到响应的解析表达式，因此，随机平均法的好处只是降低了系统的维数，减少了模拟计算量. 由上节知，平稳宽带噪声激励对拟可积哈密顿系统的效应主要体现在系统固有频率及其倍数频率上的功率谱密度之值. 由分数高斯噪声的功率谱密度曲线(图 2.5.2)可知，当频率大于某值之后，这些曲线变化很平缓，因此，如果拟可积哈密顿系统的固有频率落在该频率范围内，就可将分数高斯噪声视为平稳宽带高斯噪声，从而可应用上节描述的平稳宽带噪声激励的拟可积哈密顿系统随机平均法. 本节就实施这种应用，并考察应用的效果(邓茂林和朱位秋，2022；Lü et al.，2020a，2020b，2022).

考虑受分数高斯噪声激励的拟可积哈密顿系统

$$
\begin{aligned}
&\dot{Q}_i = P_i,\\
&\dot{P}_i = -g_i(Q_i) - \varepsilon\sum_{j=1}^{n} c_{ij}(\boldsymbol{Q},\boldsymbol{P})P_j + \varepsilon^{1/2}\sum_{k=1}^{m} f_{ik}(\boldsymbol{Q},\boldsymbol{P})W_{Hk}(t),\\
&i=1,2,\cdots,n.
\end{aligned}
\tag{8.2.1}
$$

式中 $\boldsymbol{Q},\boldsymbol{P},c_{ij},f_{ik},\varepsilon$ 与(8.1.4)中的意义相同；$W_{Hk}(t)\ (k=1,2,\cdots,m)$ 是赫斯特指数 $\mathcal{H}$ 在区间 $0.5<\mathcal{H}<1.0$ 内的独立单位分数高斯噪声，其自相关函数和功率谱密度函数分别为式(2.5.21)和(2.5.23)，此处取它可当作平稳宽带噪声那个频域的分数高斯噪声；$g_i(Q_i)\ (i=1,2,\cdots,n)$ 是 n 个恢复力，相应的势能为

$$
U_i(Q_i) = \int_0^{Q_i} g_i(u)\mathrm{d}u,\quad i=1,2,\cdots,n. \tag{8.2.2}
$$

设 $g_i(u)$ 和 $U_i(Q_i)$ 满足方程(8.1.5)下面所述的四个条件. 类似于式(8.1.50)，(8.2.1)具有下列随机周期解

$$
\begin{aligned}
&Q_i(t) = A_i\cos\varPhi_i(t) + B_i,\quad P_i(t) = -A_i\nu_i(A_i,\varPhi_i)\sin\varPhi_i(t),\\
&\varPhi_i(t) = \varGamma_i(t) + \varTheta_i(t).
\end{aligned}
\tag{8.2.3}
$$

式中

$$
\nu_i(A_i,\varPhi_i) = \frac{\sqrt{2[U_i(A_i+B_i) - U_i(A_i\cos\varPhi_i + B_i)]}}{|A_i\sin\varPhi_i|} \tag{8.2.4}
$$

式中 $A_i,B_i,\varPhi_i,\varGamma_i,\varTheta_i$ 都是随机过程；A_i 和 $\nu_i(A_i,\varPhi_i)$ 是第 i 个自由度振子的幅值和瞬时频率. 类似于式(8.1.10)，各个自由度振子的平均频率

$$
\bar{\omega}_i(A_i) = \frac{1}{2\pi}\int_0^{2\pi}\nu_i(A_i,\varPhi_i)\mathrm{d}\varPhi_i,\quad i=1,2,\cdots,n. \tag{8.2.5}
$$

在做随机平均时，将采用下列近似式

$$\Phi_i(t) = \bar{\omega}_i(A_i)t + \Theta_i(t), \quad i = 1,2,\cdots,n. \tag{8.2.6}$$

将式(8.2.3)看作从 Q_i ， P_i 到 A_i ， Φ_i 的变换，系统(8.2.1)变成

$$\begin{aligned}
\dot{A}_i &= \varepsilon F_i^A(\boldsymbol{A},\boldsymbol{\Phi}) + \varepsilon^{1/2}\sum_{k=1}^{m} G_{ik}^A(\boldsymbol{A},\boldsymbol{\Phi}) W_{Hk}(t),\\
\dot{\Phi} &= \nu_i(A_i,\Phi_i) + \varepsilon F_i^{\Phi}(\boldsymbol{A},\boldsymbol{\Phi}) + \varepsilon^{1/2}\sum_{k=1}^{m} G_{ik}^{\Phi}(\boldsymbol{A},\boldsymbol{\Phi}) W_{Hk}(t),\\
i &= 1,2,\cdots,n.
\end{aligned} \tag{8.2.7}$$

式中

$$\begin{aligned}
F_i^A &= \frac{-A_i}{g_i(A_i+B_i)(1+r_i)}\left[c_{ij}(\boldsymbol{A},\boldsymbol{\Phi})A_j\nu_j(A_j,\Phi_j)\sin\Phi_j\right]\nu_i(A_i,\Phi_i)\sin\Phi_i,\\
F_i^{\Phi} &= \frac{-1}{g_i(A_i+B_i)(1+r_i)}\left[c_{ij}(\boldsymbol{A},\boldsymbol{\Phi})A_j\nu_j(A_j,\Phi_j)\sin\Phi_j\right]\nu_i(A_i,\Phi_i)(\cos\Phi_i + r_i),\\
G_{ik}^A &= \frac{-A_i}{g_i(A_i+B_i)(1+r_i)} f_{ik}(\boldsymbol{A},\boldsymbol{\Phi})\nu_i(A_i,\Phi_i)\sin\Phi_i,\\
G_{ik}^{\Phi} &= \frac{-1}{g_i(A_i+B_i)(1+r_i)} f_{ik}(\boldsymbol{A},\boldsymbol{\Phi})\nu_i(A_i,\Phi_i)(\cos\Phi_i + r_i),\\
r_i &= \frac{g(-A_i+B_i)+g(A_i+B_i)}{g(-A_i+B_i)-g(A_i+B_i)}.
\end{aligned} \tag{8.2.8}$$

平均方程的维数与形式将取决于与系统(8.2.1)相应的拟可积哈密顿系统的共振性.

8.2.1 非内共振情形

类似于式(8.1.56)，在非内共振情形，随着 $\varepsilon \to 0$ ，振幅 $\boldsymbol{A} = [A_1, A_2, \cdots, A_n]^{\mathrm{T}}$ 弱收敛于 n 维矢量马尔可夫扩散过程，受下列平均伊藤随机微分方程支配

$$\mathrm{d}A_i = m_i(\boldsymbol{A})\mathrm{d}t + \sum_{k=1}^{m}\sigma_{ik}(\boldsymbol{A})\mathrm{d}B_k(t), \quad i = 1,2,\cdots,n. \tag{8.2.9}$$

式中 $B_k(t)$ 是独立单位维纳过程，漂移系数与扩散系数为

$$\begin{aligned}
m_i(\boldsymbol{A}) &= \varepsilon\left\langle F_i^A + \sum_{k=1}^{m}\int_{-\infty}^{0}\sum_{j=1}^{n}\left(\left.\frac{\partial G_{ik}^A}{\partial A_j}\right|_t \left.G_{jk}^A\right|_{t+\tau} + \left.\frac{\partial G_{ik}^A}{\partial \Phi_j}\right|_t \left.G_{jk}^{\Phi}\right|_{t+\tau}\right) R_k(\tau)\mathrm{d}\tau\right\rangle_t,\\
b_{ij}(\boldsymbol{A})\sum_{k=1}^{m}\sigma_{ik}\sigma_{jk}(\boldsymbol{A}) &= \varepsilon\left\langle\sum_{k=1}^{m}\int_{-\infty}^{\infty}\left(\left.G_{ik}^A\right|_t \left.G_{jk}^A\right|_{t+\tau}\right)R_k(\tau)\mathrm{d}\tau\right\rangle_t,\\
i,j &= 1,2,\cdots,n.
\end{aligned} \tag{8.2.10}$$

式中可以将对 $\Phi_1,\Phi_2,\cdots,\Phi_n$ 的平均代替为对时间 t 的平均，运用式(8.1.52)和伊藤微分规则，可由方程(8.2.9)导得如下支配各自由度哈密顿函数的平均伊藤随机微分方程

$$\mathrm{d}H_i = \bar{m}_i(\boldsymbol{H})\mathrm{d}t + \bar{\sigma}_{ik}(\boldsymbol{H})\mathrm{d}B_k(t), \quad i=1,2,\cdots,n; \quad k=1,2,\cdots,m \tag{8.2.11}$$

式中漂移系数和扩散系数与(8.2.10)中系数的关系为

$$\begin{gathered}\bar{m}_i(\boldsymbol{H}) = \left[g_i(A_i+B_i)(1+r_i)m_i(\boldsymbol{A}) + \frac{1}{2}\frac{\mathrm{d}}{\mathrm{d}A_i}[g_i(A_i+B_i)(1+r_i)]b_{ii}(\boldsymbol{A}) \right]\Bigg|_{A_i=U_i^{-1}(H_i)-B_i}, \\ \sum_{k=1}^{m}\bar{\sigma}_{ik}\bar{\sigma}_{jk}(\boldsymbol{H}) = \left[g_i(A_i+B_i)g_j(A_j+B_j)(1+r_i)(1+r_j)b_{ij}(\boldsymbol{A}) \right]\Big|_{A_i=U_i^{-1}(H_i)-B_i}.\end{gathered} \tag{8.2.12}$$

与式(8.2.11)相应的平均 FPK 方程为

$$\frac{\partial p}{\partial t} = -\sum_{i=1}^{n}\frac{\partial}{\partial h_i}\left[\bar{m}_i(\boldsymbol{h})p\right] + \frac{1}{2}\sum_{i,j=1}^{n}\frac{\partial^2}{\partial h_i \partial h_j}\left[\bar{b}_{ij}(\boldsymbol{h})p\right]. \tag{8.2.13}$$

式中

$$\bar{m}_i(\boldsymbol{h}) = \bar{m}_i(\boldsymbol{H})\big|_{\boldsymbol{H}=\boldsymbol{h}}, \quad \bar{b}_{ij}(\boldsymbol{h}) = \sum_{k=1}^{m}\bar{\sigma}_{ik}\bar{\sigma}_{jk}(\boldsymbol{H})\Bigg|_{\boldsymbol{H}=\boldsymbol{h}}. \tag{8.2.14}$$

式中 $p = p(\boldsymbol{h},t\,|\,\boldsymbol{h}_0)$ 为转移概率密度，初始条件为

$$p(\boldsymbol{h},0\,|\,\boldsymbol{h}_0) = \delta(\boldsymbol{h}-\boldsymbol{h}_0). \tag{8.2.15}$$

或 $p = p(\boldsymbol{h},t)$ 为概率密度，初始条件为

$$p(\boldsymbol{h},0) = p(\boldsymbol{h}_0). \tag{8.2.16}$$

式(8.2.13)的边界条件取决于系统的性态，例如，V_i 为全平面 (q_i,p_i) 时，形同式 (8.1.63).

若能求得平稳概率分布 $p(\boldsymbol{H})$，鉴于各哈密顿子系统的周期性，原系统(8.2.1)的近似平稳概率密度可按下式得到

$$p(\boldsymbol{q},\boldsymbol{p}) = \frac{p(\boldsymbol{h})}{\prod_{i=1}^{n}T_i(h_i)}\Bigg|_{h_i=H_i(q_i,p_i)}. \tag{8.2.17}$$

式中 $T_i(h_i)=4\int_0^a[2h_i-2U_i(q_i)]^{-1/2}\mathrm{d}q_i$ 为第 i 个振子的周期. 各自由度响应的边缘平稳概率密度 $p(q_i)$ 以及均方值 $E[Q_i^2]$，都可从式(8.2.17)导得.

例 8.2.1 考虑受四个分数高斯噪声激励的两个耦合的杜芬振子(Lü et al., 2020a)，系统的运动方程为

$$
\begin{aligned}
&\ddot{X}_1+\beta_{11}\dot{X}_1+\beta_{12}\dot{X}_2+\omega_1^2X_1+\alpha_1X_1^3=X_1\sqrt{2D_1}W_{H1}(t)+\sqrt{2D_2}W_{H2}(t),\\
&\ddot{X}_2+\beta_{21}\dot{X}_1+\beta_{22}\dot{X}_2+\omega_2^2X_2+\alpha_2X_2^3=X_2\sqrt{2D_3}W_{H3}(t)+\sqrt{2D_4}W_{H4}(t).
\end{aligned}
\tag{8.2.18}
$$

式中 β_{ij} ，ω_i ，α_i ，$(i=1,2)$ 为常数；$W_{Hk}(t)\,(k=1,2,3,4)$ 是赫斯特指数 $\mathcal{H}$ 在 $0.5<\mathcal{H}<1$ 之内，功率谱密度由式(2.5.23)确定的分数高斯噪声，$2D_k$ 是激励强度，β_{ij} 与 D_k 同为 ε 阶小量.

令 $X_1=Q_1$ ，$\dot{X}_1=P_1$ ，$X_2=Q_2$ ，$\dot{X}_2=P_2$ ，系统(8.2.18)可转换成类似于系统(8.2.1)的分数高斯噪声激励的拟可积哈密顿系统形式，其中的 $g_i(Q_i)=\omega_i^2Q_i+\alpha_iQ_i^3$ ，相应的哈密顿函数为

$$
\begin{aligned}
&H=H_1+H_2,\quad H_i=\frac{1}{2}P_i^2+U_i(Q_i),\\
&U_i(Q_i)=\frac{1}{2}\omega_i^2Q_i^2+\frac{1}{4}\alpha_iQ_i^4,\quad i=1,2.
\end{aligned}
\tag{8.2.19}
$$

当 $\alpha_1,\alpha_2>0$ 时，式(8.2.18)中两个杜芬振子在其整个相平面上都有围绕原点的周期解族，且 $B_i=h_i=0$.两振子的瞬时频率有如下表达式

$$
\begin{aligned}
&\nu_i(A_i,\Phi_i)=[(\omega_i^2+3\alpha_iA_i^2/4)(1+\lambda_i\cos2\Phi_i)]^{1/2},\\
&\lambda_i=(\alpha_iA_i^2/4)\big/(\omega_i^2+3\alpha_iA_i^2/4)\leqslant1/3.
\end{aligned}
\tag{8.2.20}
$$

ν_i 可表示成 Φ_i 的傅里叶级数，截断后可得

$$
\nu_i(A_i,\Phi_i)\approx c_{i,0}(A_i)/2+c_{i,2}(A_i)\cos2\Phi_i+c_{i,4}(A_i)\cos4\Phi_i+c_{i,6}(A_i)\cos6\Phi_i. \tag{8.2.21}
$$

式中

$$
\begin{aligned}
&c_{i,0}=(\omega_i^2+3\alpha_iA_i^2/4)^{1/2}(1-\lambda_i^2/16),\quad c_{i,2}=(\omega_i^2+3\alpha_iA_i^2/4)^{1/2}(\lambda_i/2+3\lambda_i^3/64),\\
&c_{i,4}=(\omega_i^2+3\alpha_iA_i^2/4)^{1/2}(-\lambda_i^2/16),\quad c_{i,6}=(\omega_i^2+3\alpha_iA_i^2/4)^{1/2}(\lambda_i^3/64).
\end{aligned}
\tag{8.2.22}
$$

平均频率为

$$
\bar{\omega}_i(A_i)=c_{i,0}(A_i)/2. \tag{8.2.23}
$$

仿照式(8.2.7)，可得幅值 A_i 与相角 Φ_i 的运动方程

$$\begin{aligned}
&\dot{A}_i = F_i^A + \sum_{k=1}^{4} G_{ik}^A W_{Hk}(t),\\
&\dot{\Phi}_i = \nu_i + F_i^{\Phi} + \sum_{k=1}^{4} G_{ik}^{\Phi} W_{Hk}(t),\\
&i = 1,2.
\end{aligned} \tag{8.2.24}$$

式中

$$\begin{aligned}
&F_i^A = -A_i \nu_i \sin\Phi_i \sum_{j=1}^{2}(\beta_{ij} A_j \nu_j \sin\Phi_j) \Big/ g_i,\quad F_i^{\Phi} = -\nu_i \cos\Phi_i \sum_{j=1}^{2}(\beta_{ij} A_j \nu_j \sin\Phi_j) \Big/ g_i,\\
&G_{11}^A = -\sqrt{2D_1} A_1^2 \nu_1 \sin\Phi_1 \cos\Phi_1 \big/ g_1,\quad G_{12}^A = -\sqrt{2D_2} A_1 \nu_1 \sin\Phi_1 \big/ g_1,\quad G_{13}^A = 0,\quad G_{14}^A = 0,\\
&G_{21}^A = 0,\quad G_{22}^A = 0,\quad G_{23}^A = -\sqrt{2D_3} A_2^2 \nu_2 \sin\Phi_2 \cos\Phi_2 \big/ g_2,\quad G_{24}^A = -\sqrt{2D_4} A_2 \nu_2 \sin\Phi_2 \big/ g_2,\\
&G_{11}^{\Phi} = -\sqrt{2D_1} A_1 \nu_1 \cos^2\Phi_1 \big/ g_1,\quad G_{12}^{\Phi} = -\sqrt{2D_2} \nu_1 \cos\Phi_1 \big/ g_1,\quad G_{13}^{\Phi} = 0,\quad G_{14}^{\Phi} = 0,\\
&G_{21}^{\Phi} = 0,\quad G_{22}^{\Phi} = 0,\quad G_{23}^{\Phi} = -\sqrt{2D_3} A_2 \nu_2 \cos^2\Phi_2 \big/ g_2,\quad G_{24}^{\Phi} = -\sqrt{2D_4} \nu_2 \cos\Phi_2 \big/ g_2.
\end{aligned} \tag{8.2.25}$$

由于系统(8.2.18)中两个非线性振子频率都随振幅随机变化，发生内共振的概率很小，下面只考虑非内共振情形.

对式(8.2.24)运用哈斯敏斯基定理(Khasminskii，1966；1968)，可建立支配幅值矢量过程 $\boldsymbol{A} = [A_1, A_2]^{\mathrm{T}}$ 的平均伊藤随机微分方程

$$\mathrm{d}A_i = m_i(\boldsymbol{A})\mathrm{d}t + \sum_{k=1}^{4} \sigma_{ik}(\boldsymbol{A})\mathrm{d}B_k(t),\quad i = 1,2. \tag{8.2.26}$$

按照式(8.2.10)，并以对 Φ_i 的平均代替时间平均，可得式(8.2.26)的漂移系数与扩散系数

$$\begin{aligned}
m_i(\boldsymbol{A}) = &\frac{-A_i^2}{8g_i}\beta_{ii}\left(4\omega_i^2 + \frac{5}{2}\alpha_i A_i^2\right) + \frac{\pi A_i}{32 g_i}\\
&\times \sum_{n=2}^{\infty}\left\{ A_i\left(c_{i,n-2} - c_{i,n+2}\right)\left[\frac{\mathrm{d}}{\mathrm{d}A_i}\left(\frac{A_i^2\left(c_{i,n-2} - c_{i,n+2}\right)}{g_i}\right) + \frac{nA_i}{g_i}\left(c_{i,n-2} + 2c_{i,n} + c_{i,n+2}\right)\right] S_{2i-1}\left(n\bar{\omega}_i\right)\right.\\
&\left. +4\left(c_{i,n-2} - c_{i,n}\right)\left[\frac{\mathrm{d}}{\mathrm{d}A_i}\left(\frac{A_i\left(c_{i,n-2} - c_{i,n}\right)}{g_i}\right) + \frac{n}{g_i}\left(c_{i,n-2} + c_{i,n}\right)\right] S_{2i}\left((n-1)\bar{\omega}_i\right)\right\}
\end{aligned}$$

$$\sum_{k=1}^{4}\sigma_{ik}\sigma_{ik}=\frac{\pi A_i^2}{16g_i^2}\sum_{n=2}^{\infty}\left\{A_i^2\left(c_{i,n-2}-c_{i,n+2}\right)^2 S_{2i-1}\left(n\bar{\omega}_i\right)+4\left(c_{i,n-2}-c_{i,n}\right)^2 S_{2i}\left((n-1)\bar{\omega}_i\right)\right\},$$
$$\sum_{k=1}^{4}\sigma_{1k}\sigma_{2k}=0,\quad \sum_{k=1}^{4}\sigma_{2k}\sigma_{1k}=0,\quad i=1,2;\quad n=2,4,6,\cdots \tag{8.2.27}$$

应用式(8.2.19)和伊藤微分规则，可由式(8.2.26)导出支配 $\boldsymbol{H}$ 的平均伊藤随机微分方程

$$\mathrm{d}H_i=\bar{m}_i(\boldsymbol{H})\mathrm{d}t+\sum_{k=1}^{4}\bar{\sigma}_{ik}(\boldsymbol{H})\mathrm{d}B_k(t). \tag{8.2.28}$$

按式(8.2.12)，可从式(8.2.27)得漂移系数和扩散系数为

$$\bar{m}_i(\boldsymbol{H})=\left[(\omega_i^2 A_i+\alpha_i A_i^3)m_i(\boldsymbol{A})+\frac{1}{2}(\omega_i^2+3\alpha_i A_i^2)\sum_{k=1}^{4}\sigma_{ik}\sigma_{ik}(\boldsymbol{A})\right]\Bigg|_{A_i=U_i^{-1}(H_i)},$$
$$\sum_{k=1}^{4}\bar{\sigma}_{ik}\bar{\sigma}_{ik}(\boldsymbol{H})=\left[(\omega_i^2 A_i+\alpha_i A_i^3)^2\sum_{k=1}^{4}\sigma_{ik}\sigma_{ik}(\boldsymbol{A})\right]\Bigg|_{A_i=U_i^{-1}(H_i)},$$
$$\sum_{k=1}^{4}\bar{\sigma}_{1k}\bar{\sigma}_{2k}(\boldsymbol{H})=0,\quad \sum_{k=1}^{4}\bar{\sigma}_{2k}\bar{\sigma}_{1k}(\boldsymbol{H})=0,\quad i=1,2. \tag{8.2.29}$$

相应的简化的 FPK 方程为

$$-\sum_{i=1}^{2}\frac{\partial}{\partial h_i}\left[\bar{m}_i(\boldsymbol{h})p\right]+\frac{1}{2}\sum_{i=1}^{2}\frac{\partial^2}{\partial h_i^2}\left[\bar{b}_{ii}(\boldsymbol{h})p\right]=0. \tag{8.2.30}$$

式中

$$\bar{m}_i(\boldsymbol{h})=\bar{m}_i(\boldsymbol{H})\big|_{\boldsymbol{H}=\boldsymbol{h}},\quad \bar{b}_{ii}(\boldsymbol{h})=\sum_{k=1}^{4}\bar{\sigma}_{ik}\bar{\sigma}_{ik}(\boldsymbol{H})\Bigg|_{\boldsymbol{H}=\boldsymbol{h}},\quad i=1,2. \tag{8.2.31}$$

边界条件为

$$\begin{aligned}&p(h_1,h_2\to 0)=\text{有限},\quad p(h_1\to 0,h_2)=\text{有限},\\&p(h_1,h_2\to\infty)=p(h_1\to\infty,h_2)=0.\end{aligned} \tag{8.2.32}$$

在求解方程(8.2.30)得到平稳概率密度 $p(h_1,h_2)$ 后，可根据式(8.2.17)得原系统(8.2.18)的广义位移与广义动量的近似联合平稳概率密度

$$p(q_1,q_2,p_1,p_2)=\frac{\bar{\omega}_1\bar{\omega}_2}{4\pi^2}p(h_1,h_2)\Bigg|_{h_i=\frac{1}{2}p_i^2+U_i(q_i)}. \tag{8.2.33}$$

式中 $\bar{\omega}_1$ 和 $\bar{\omega}_2$ 为式(8.2.18)两振子的平均频率.

边缘概率密度 $p(h_1)$，$p(q_1)$，$p(q_1,p_1)$ 和均值 $E[H_1]$ 及均方值 $E[Q_1^2]$ 可得到如下

$$p(h_1)=\int_0^{H_{c2}} p(h_1,h_2)\mathrm{d}h_2,\quad E[H_1]=\int_0^{H_{c1}} h_1 p(h_1)\mathrm{d}h_1,$$

$$p(q_1)=\int_{-\infty}^{\infty}\int_{-\infty}^{\infty}\int_{-\infty}^{\infty} p(q_1,q_2,p_1,p_2)\mathrm{d}p_1\mathrm{d}p_2\mathrm{d}q_2,\quad E[Q_1^2]=\int_{-\infty}^{\infty} q_1^2 p(q_1)\mathrm{d}q_1, \tag{8.2.34}$$

$$p(q_1,p_1)=\int_{-\infty}^{\infty}\int_{-\infty}^{\infty} p(q_1,q_2,p_1,p_2)\mathrm{d}q_2\mathrm{d}p_2$$

图 8.2.1 显示的是当系统固有频率 $\omega_1=1.414$, $\omega_2=1$时, 两个自由度振子能量均值和第一个自由度振子位移与速度均方响应随赫斯特指数的变化，可见在相当宽的 $\mathcal{H}$ 值范围内, 随机平均法给出很好的预测. 图 8.2.2 显示的是 $\mathcal{H}=0.7$ 时, 上述响应量随系统固有频率的变化情况. 可见，在固有频率比较小时，宽带噪声激励的拟可积哈密顿系统随机平均法不适用. 固有频率大于一定值(图中约 0.6)后，随机平均法结果与模拟结果颇为吻合. 图 8.2.3 显示了第一个振子的平稳概率密度 $p(q_1,p_1)$，进一步说明只要系统固有频率大于一定值，宽带激励的拟可积哈密顿系统随机平均法将给出较好的响应预测. 为了更准确地展示理论方法的适用性，图 8.2.4 显示了响应统计量预测式(8.2.34)的精度，从图中可以看出，在 $\mathcal{H}\in(0.5,1)$ 内，随着固有频率增大，预测的相对误差减小.

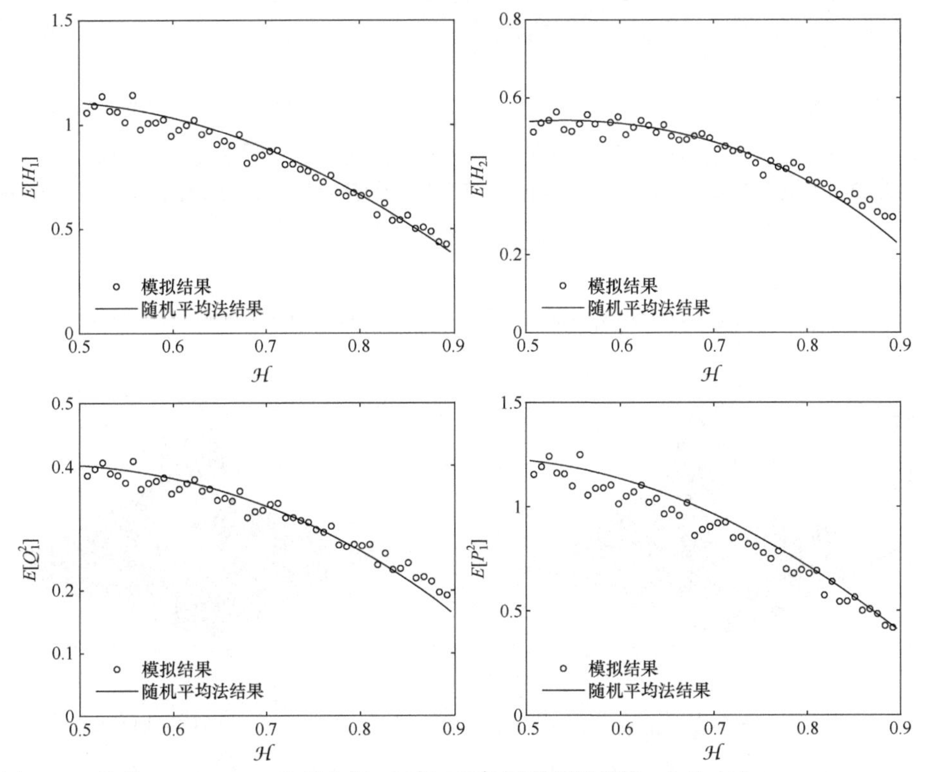

图 8.2.1　均值 $E[H_1],E[H_2]$ 和均方值 $E[Q_1^2],E[P_1^2]$ 随赫斯特指数 $\mathcal{H}$ 的变化(Lü et al., 2020a)

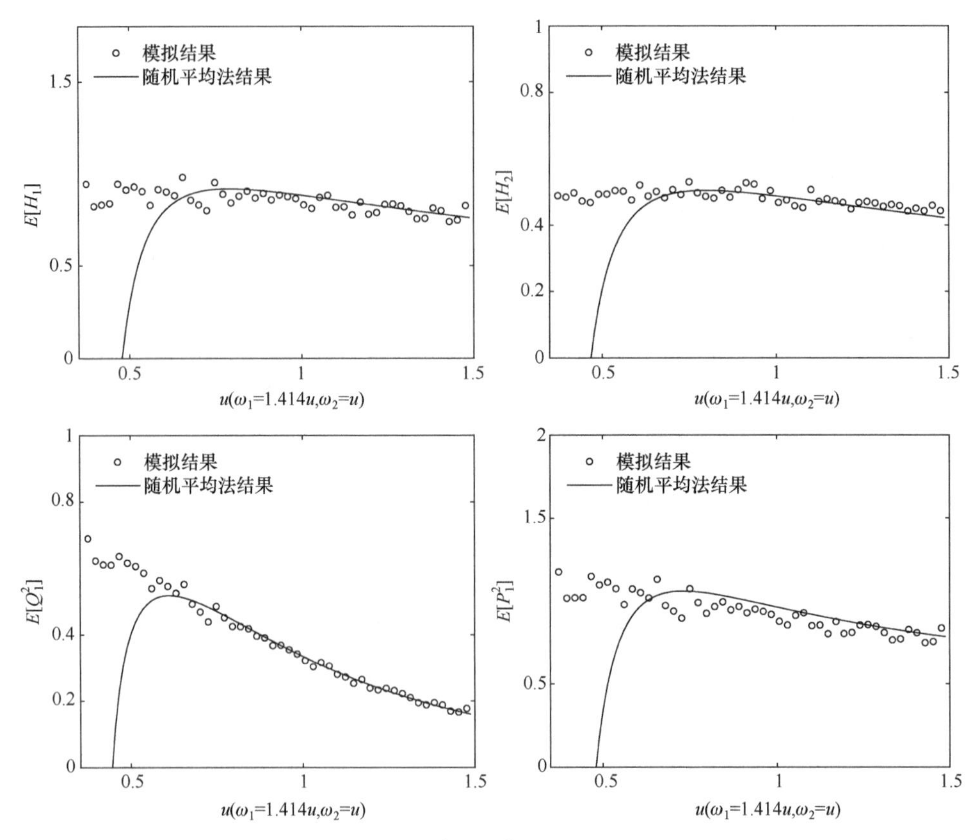

图 8.2.2　均值 $E[H_1],E[H_2]$ 和均方值 $E[Q_1^2],E[P_1^2]$ 随固有频率 ω_1,ω_2 的变化，$\mathcal{H}=0.7$ (Lü et al.，2020a)

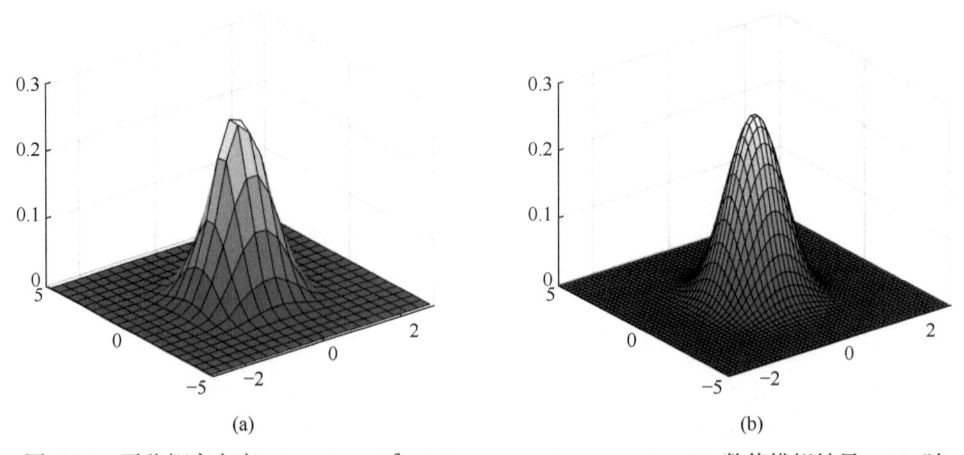

图 8.2.3　平稳概率密度 $p(q_1,p_1)$ ，$\mathcal{H}=0.7$ ，$\omega_1=1.414$, $\omega_2=1$; (a) 数值模拟结果；(b) 随机平均法结果(Lü et al.，2020a)

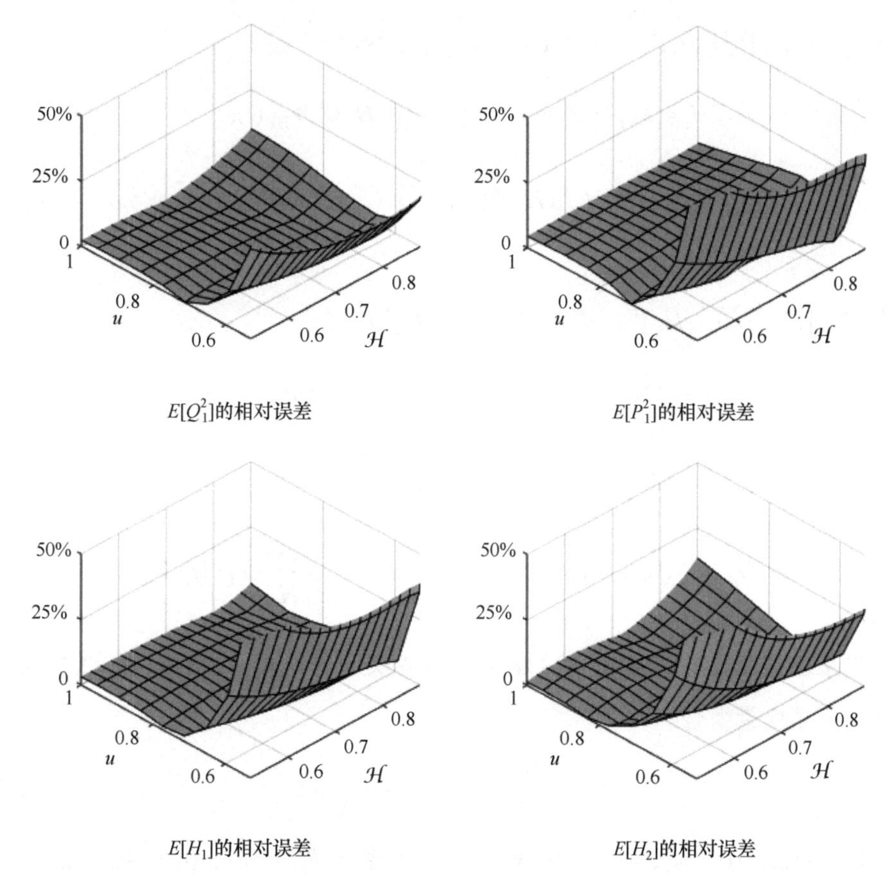

图 8.2.4　响应统计量预测式(8.2.34)的相对误差，$\omega_1 = 1.414u, \omega_2 = u$ (Lü et al.，2020a)

8.2.2　内共振情形

考虑分数高斯噪声激励拟可积哈密顿系统(8.2.1)，由于非线性刚度系统的固有频率随振幅而变，在随机振动中，振幅在随机变化，固有频率也在随机地变化，很难发生内共振，特别在非线性刚度较大时．因此，此处设各自由度振子固有频率 $\omega_i \ (i=1,2,\cdots,n)$ 为常数，系统的哈密顿函数可分离为

$$H(\boldsymbol{Q},\boldsymbol{P}) = \sum_{i=1}^{n} H_i(Q_i,P_i), \quad H_i(Q_i,P_i) = \frac{1}{2}P_i^2 + \frac{1}{2}\omega_i^2 Q_i^2. \tag{8.2.35}$$

H_i 是第 i 个振子的哈密顿函数．式(8.2.35)中各振子的哈密顿函数与幅值之间的关系为 $H_i = \omega_i^2 A_i^2/2$，式(8.2.3)可修改为

$$Q_i(t) = \frac{\sqrt{2H_i}}{\omega_i}\cos\Phi_i(t), \quad P_i(t) = -\sqrt{2H_i}\sin\Phi_i(t), \quad \Phi_i(t) = \omega_i t + \Theta_i(t). \tag{8.2.36}$$

将式(8.2.36)看作从$\boldsymbol{Q},\boldsymbol{P}$到$\boldsymbol{H},\boldsymbol{\Phi}$的变换，原系统(8.2.1)变为

$$
\begin{aligned}
&\dot{H}_i = \varepsilon F_i^H(\boldsymbol{H},\boldsymbol{\Phi}) + \varepsilon^{1/2}\sum_{k=1}^{m} G_{ik}^H(\boldsymbol{H},\boldsymbol{\Phi}) W_{Hk}(t),\\
&\dot{\Phi}_i = \omega_i + \varepsilon F_i^{\Phi}(\boldsymbol{H},\boldsymbol{\Phi}) + \varepsilon^{1/2}\sum_{k=1}^{m} G_{ik}^{\Phi}(\boldsymbol{H},\boldsymbol{\Phi}) W_{Hk}(t),\\
&i = 1,2,\cdots,n.
\end{aligned}
\tag{8.2.37}
$$

式中$\boldsymbol{H}=[H_1,H_2,\cdots,H_n]^{\mathrm{T}}$，$\boldsymbol{\Phi}=[\Phi_1,\Phi_2,\cdots,\Phi_n]^{\mathrm{T}}$，且

$$
\begin{aligned}
&F_i^H = -\sqrt{2H_i}\sin\Phi_i \sum_{j=1}^{n} c_{ij}(\boldsymbol{H},\boldsymbol{\Phi})\sqrt{2H_j}\sin\Phi_j,\\
&F_i^{\Phi} = \frac{-\cos\Phi_i}{\sqrt{2H_i}}\sum_{j=1}^{n} c_{ij}(\boldsymbol{H},\boldsymbol{\Phi})\sqrt{2H_j}\sin\Phi_j,\\
&G_{ik}^H = -\sqrt{2H_i}\sin\Phi_i f_{ik}(\boldsymbol{H},\boldsymbol{\Phi}),\quad G_{ik}^{\Phi} = \frac{-\cos\Phi_i}{\sqrt{2H_i}} f_{ik}(\boldsymbol{H},\boldsymbol{\Phi}).
\end{aligned}
\tag{8.2.38}
$$

设系统存在 5.2.2 节中所述的α个内共振关系 $\sum_{r=1}^{n} k_r^u\omega_r = O_u(\varepsilon),\ (u=1,2,\cdots,\alpha)$. 引入以下角变量组合

$$
\Psi_u = \sum_{i=1}^{n} k_i^u \Phi_i,\quad u=1,2,\cdots,\alpha.
\tag{8.2.39}
$$

把式(8.2.39)作为变换，以$\Psi_1,\Psi_2,\cdots,\Psi_\alpha$代替$\Phi_1,\Phi_2,\cdots,\Phi_\alpha$，由系统(8.2.37)可得$H_i,\Psi_u,\Phi_r$的运动方程

$$
\begin{aligned}
&\dot{H}_i = \varepsilon \bar{F}_i^H(\boldsymbol{H},\boldsymbol{\Psi},\boldsymbol{\Phi}_1) + \varepsilon^{1/2}\sum_{k=1}^{m} \bar{G}_{ik}^H(\boldsymbol{H},\boldsymbol{\Psi},\boldsymbol{\Phi}_1) W_{Hk}(t),\\
&\dot{\Psi}_u = O_u(\varepsilon) + \varepsilon\sum_{r=1}^{n} k_r^u \bar{F}_r^{\Phi}(\boldsymbol{H},\boldsymbol{\Psi},\boldsymbol{\Phi}_1) + \varepsilon^{1/2}\sum_{r=1}^{n}\sum_{k=1}^{m} k_r^u \bar{G}_{rk}^{\Phi}(\boldsymbol{H},\boldsymbol{\Psi},\boldsymbol{\Phi}_1) W_{Hk}(t),\\
&\dot{\Phi}_s = \omega_s + \varepsilon \bar{F}_s^{\Phi}(\boldsymbol{H},\boldsymbol{\Psi},\boldsymbol{\Phi}_1) + \varepsilon^{1/2}\sum_{k=1}^{m} \bar{G}_{sk}^{\Phi}(\boldsymbol{H},\boldsymbol{\Psi},\boldsymbol{\Phi}_1) W_{Hk}(t),\\
&i=1,2,\cdots,n;\quad u=1,2,\cdots,\alpha;\quad s=\alpha+1,\alpha+2,\cdots,n.
\end{aligned}
\tag{8.2.40}
$$

式中$\boldsymbol{\Psi}=[\Psi_1,\Psi_2,\cdots,\Psi_\alpha]^{\mathrm{T}}$，$\boldsymbol{\Phi}_1=[\Phi_{\alpha+1},\Phi_{\alpha+2},\cdots,\Phi_n]^{\mathrm{T}}$，$\bar{F}_i^H,\bar{F}_i^{\Phi},\bar{G}_{ik}^H,\bar{G}_{ik}^{\Phi}$乃分别由$F_i^H,F_i^{\Phi},G_{ik}^H,G_{ik}^{\Phi}$中$\alpha$个$\Phi_1,\Phi_2,\cdots,\Phi_\alpha$变换为$\alpha$个$\Psi_1,\Psi_2,\cdots,\Psi_\alpha$而成. 系统(8.2.40)中哈密顿过程矢量$\boldsymbol{H}$和角变量组合矢量$\boldsymbol{\Psi}$为慢变过程, 而相角矢量$\boldsymbol{\Phi}_1$为快变过程. 设$W_{H1},W_{H2},\cdots,W_{Hm}$是分数高斯噪声可视为宽带噪声，应用 8.1 节中宽带噪声激励下

拟可积哈密顿系统随机平均法. 在内共振情形，可导出如下 $(n+\alpha)$ 维矢量过程的平均随机微分方程

$$\begin{aligned}
&\mathrm{d}H_i = m_i(\boldsymbol{H},\boldsymbol{\Psi})\mathrm{d}t + \sum_{k=1}^{m}\sigma_{ik}(\boldsymbol{H},\boldsymbol{\Psi})\mathrm{d}B_k(t),\\
&\mathrm{d}\Psi_u = [O_u(\varepsilon) + m_u^{\Psi}(\boldsymbol{H},\boldsymbol{\Psi})]\mathrm{d}t + \sum_{k=1}^{m}\sigma_{uk}^{\Psi}(\boldsymbol{H},\boldsymbol{\Psi})\mathrm{d}B_k(t),\\
&i=1,2,\cdots,n;\quad u=1,2,\cdots,\alpha.
\end{aligned} \tag{8.2.41}$$

式中 $B_1(t),B_2(t),\cdots,B_m(t)$ 是独立的单位维纳过程. 式(8.2.41)的漂移系数和扩散系数可按下式计算

$$\begin{aligned}
m_i(\boldsymbol{H},\boldsymbol{\Psi}) &= \varepsilon\Bigg\langle \bar{F}_i^H + \int_{-\infty}^{0}\sum_{k,l=1}^{m}\Bigg[\sum_{j=1}^{n}\left(\frac{\partial\bar{G}_{ik}^H}{\partial H_j}\bigg|_t \bar{G}_{jl}^H\Big|_{t+\tau}\right)\\
&\quad + \sum_{u=1}^{\alpha}\sum_{r=1}^{n}\left(k_r^u\frac{\partial\bar{G}_{ik}^H}{\partial\Psi_u}\bigg|_t \bar{G}_{rl}^{\Phi}\Big|_{t+\tau}\right) + \sum_{s=\alpha+1}^{n}\left(\frac{\partial\bar{G}_{ik}^H}{\partial\Phi_s}\bigg|_t \bar{G}_{sl}^{\Phi}\Big|_{t+\tau}\right)\Bigg]R_{kl}(\tau)\mathrm{d}\tau\Bigg\rangle_t,\\
m_u^{\Psi}(\boldsymbol{H},\boldsymbol{\Psi}) &= \varepsilon\Bigg\langle \sum_{r=1}^{n}k_r^u\bar{F}_r^{\Phi} + \int_{-\infty}^{0}\sum_{k,l=1}^{m}\Bigg[\sum_{j,r=1}^{n}\left(k_r^u\frac{\partial\bar{G}_{rk}^{\Phi}}{\partial H_j}\bigg|_t \bar{G}_{jl}^H\Big|_{t+\tau}\right)\\
&\quad + \sum_{v=1}^{\alpha}\sum_{j,r=1}^{n}\left(k_r^u k_j^v\frac{\partial\bar{G}_{rk}^{\Phi}}{\partial\Psi_v}\bigg|_t \bar{G}_{jl}^{\Phi}\Big|_{t+\tau}\right) + \sum_{s=\alpha+1}^{n}\sum_{r=1}^{n}\left(k_r^u\frac{\partial\bar{G}_{rk}^{\Phi}}{\partial\Phi_s}\bigg|_t \bar{G}_{sl}^{\Phi}\Big|_{t+\tau}\right)\Bigg]R_{kl}(\tau)\mathrm{d}\tau\Bigg\rangle_t,\\
b_{ij}(\boldsymbol{H},\boldsymbol{\Psi}) &= \sum_{k=1}^{m}\sigma_{ik}\sigma_{jk} = \varepsilon\left\langle\int_{-\infty}^{\infty}\sum_{k,l=1}^{m}\left(\bar{G}_{ik}^H\Big|_t \bar{G}_{jl}^H\Big|_{t+\tau}\right)R_{kl}(\tau)\mathrm{d}\tau\right\rangle_t,\\
b_{uv}^{\Psi}(\boldsymbol{H},\boldsymbol{\Psi}) &= \sum_{k=1}^{m}\sigma_{uk}^{\Psi}\sigma_{vk}^{\Psi} = \varepsilon\left\langle\int_{-\infty}^{\infty}\sum_{k,l=1}^{m}\sum_{j,r=1}^{n}\left(k_r^u k_j^v\bar{G}_{rk}^{\Phi}\Big|_t \bar{G}_{jl}^{\Phi}\Big|_{t+\tau}\right)R_{kl}(\tau)\mathrm{d}\tau\right\rangle_t,\\
b_{iu}^{H\Psi}(\boldsymbol{H},\boldsymbol{\Psi}) &= \sum_{k=1}^{m}\sigma_{ik}\sigma_{uk}^{\Psi} = \varepsilon\left\langle\int_{-\infty}^{\infty}\sum_{k,l=1}^{m}\sum_{r=1}^{n}\left(k_r^u\bar{G}_{ik}^H\Big|_t \bar{G}_{rl}^{\Phi}\Big|_{t+\tau}\right)R_{kl}(\tau)\mathrm{d}\tau\right\rangle_t,\\
&i,j=1,2,\cdots,n;\quad u,v=1,2,\cdots,\alpha.
\end{aligned} \tag{8.2.42}$$

式中 $\Phi_i(t+\tau)$ 可用 $\Phi_i(t)+\omega_i\tau$ 代替，$\langle[\bullet]\rangle_t$ 表示时间平均，可用如下对相角的平均来代替

$$\langle[\bullet]\rangle_t = \frac{1}{(2\pi)^{n-\alpha}}\int_0^{2\pi}[\bullet]\mathrm{d}\boldsymbol{\Phi}_1. \tag{8.2.43}$$

分数高斯噪声的相关函数 $R_{kl}(\tau)$ 由式(2.5.21)给定. 为了得到式(8.2.42)中

$m_i, m_u^{\Psi}, b_{ij}, b_{uv}^{\Psi}, b_{iu}^{H\Psi}$ 的解析表达式，宜先将 $\overline{F}_i^H, \overline{F}_i^{\Phi}, \overline{G}_{ik}^H, \overline{G}_{ik}^{\Phi}$ 展开成 $\Phi_{\alpha+1}, \Phi_{\alpha+2}, \cdots, \Phi_n$ 的傅里叶级数，并将关于 $R_{kl}(\tau)$ 的积分转换成分数高斯噪声的功率谱密度 $S_{kl}(\omega)$ (见(8.1.23))，最后得到的漂移系数和扩散系数解析表达式中将含有一系列的谱密度值 $S_{kl}(\omega_i), S_{kl}(2\omega_i), \cdots$.

与伊藤方程(8.2.41)相应的 FPK 方程为

$$
\begin{aligned}
\frac{\partial p}{\partial t} = & -\sum_{i=1}^{n}\frac{\partial}{\partial h_i}\left[m_i(\boldsymbol{h},\boldsymbol{\psi})p\right] - \sum_{u=1}^{\alpha}\frac{\partial}{\partial \psi_u}\{[O_u(\varepsilon)+m_u^{\psi}(\boldsymbol{h},\boldsymbol{\psi})]p\} + \frac{1}{2}\sum_{i,j=1}^{n}\frac{\partial^2}{\partial h_i \partial h_j}\left[b_{ij}(\boldsymbol{h},\boldsymbol{\psi})p\right] \\
& + \sum_{i=1}^{n}\sum_{u=1}^{\alpha}\frac{\partial^2}{\partial h_i \partial \psi_u}\left[b_{iu}^{h\psi}(\boldsymbol{h},\boldsymbol{\psi})p\right] + \frac{1}{2}\sum_{u,v=1}^{\alpha}\frac{\partial^2}{\partial \psi_u \partial \psi_v}\left[b_{uv}^{\psi}(\boldsymbol{h},\boldsymbol{\psi})p\right].
\end{aligned}
\tag{8.2.44}
$$

式中一、二阶导数矩为

$$
\begin{aligned}
& m_i(\boldsymbol{h},\boldsymbol{\psi}) = m_i(\boldsymbol{H},\boldsymbol{\Psi})\Big|_{\boldsymbol{H}=\boldsymbol{h},\boldsymbol{\Psi}=\boldsymbol{\psi}}, \quad m_u^{\psi}(\boldsymbol{h},\boldsymbol{\psi}) = m_u^{\psi}(\boldsymbol{H},\boldsymbol{\Psi})\Big|_{\boldsymbol{H}=\boldsymbol{h},\boldsymbol{\Psi}=\boldsymbol{\psi}}, \\
& b_{ij}(\boldsymbol{h},\boldsymbol{\psi}) = b_{ij}(\boldsymbol{H},\boldsymbol{\Psi})\Big|_{\boldsymbol{H}=\boldsymbol{h},\boldsymbol{\Psi}=\boldsymbol{\psi}}, \quad b_{iu}^{h\psi}(\boldsymbol{h},\boldsymbol{\psi}) = b_{iu}^{h\psi}(\boldsymbol{H},\boldsymbol{\Psi})\Big|_{\boldsymbol{H}=\boldsymbol{h},\boldsymbol{\Psi}=\boldsymbol{\psi}}, \\
& b_{uv}^{\psi}(\boldsymbol{h},\boldsymbol{\psi}) = b_{uv}^{\psi}(\boldsymbol{H},\boldsymbol{\Psi})\Big|_{\boldsymbol{H}=\boldsymbol{h},\boldsymbol{\Psi}=\boldsymbol{\psi}}, \\
& i,j=1,2,\cdots,n; \quad u,v=1,2,\cdots,\alpha.
\end{aligned}
\tag{8.2.45}
$$

式(8.2.44)中的 $p = p(\boldsymbol{h},\boldsymbol{\psi},t\,|\,\boldsymbol{h}_0,\boldsymbol{\psi}_0)$ 是转移概率密度函数，方程的初始条件为

$$
p(\boldsymbol{h},\boldsymbol{\psi},0\,|\,\boldsymbol{h}_0,\boldsymbol{\psi}_0) = \delta(\boldsymbol{h}-\boldsymbol{h}_0)\delta(\boldsymbol{\psi}-\boldsymbol{\psi}_0). \tag{8.2.46}
$$

式(8.2.44)的边界条件为

$$
\begin{aligned}
& p = \text{有限}, \quad \text{当} h_i = 0, \\
& p, \ \partial p/\partial h \to 0, \quad \text{当}|\boldsymbol{h}| \to \infty, \\
& p(\boldsymbol{h},\psi_1,\psi_2,\cdots,\psi_u+2k\pi,\cdots,\psi_\alpha,t|\boldsymbol{h}_0,\boldsymbol{\psi}_0) = p(\boldsymbol{h},\psi_1,\psi_2,\cdots,\psi_u,\cdots,\psi_\alpha,t|\boldsymbol{h}_0,\boldsymbol{\psi}_0), \\
& i=1,2,\cdots,n; \quad u=1,2,\cdots,\alpha; \quad k\text{为整数}.
\end{aligned}
\tag{8.2.47}
$$

令式(8.2.44)中的 $\partial p/\partial t = 0$，方程即转化为简化平均 FPK 方程，其解 $p(\boldsymbol{h},\boldsymbol{\psi})$ 是平均系统的平稳概率密度. 系统满足一定条件时，可以得到简化平均 FPK 方程的精确解析解. 一般情形下，只能数值求解 FPK 方程(8.2.44). 按类似于式(8.1.77)的推导，原系统响应的近似平稳概率密度 $p(\boldsymbol{q},\boldsymbol{p})$ 可按下式得到

$$
p(\boldsymbol{q},\boldsymbol{p}) = \frac{1}{(2\pi)^{n-\alpha}}\, p(\boldsymbol{h},\boldsymbol{\psi})\left|\frac{\partial(\boldsymbol{h},\boldsymbol{\psi},\boldsymbol{\phi})}{\partial(\boldsymbol{q},\boldsymbol{p})}\right|. \tag{8.2.48}
$$

原系统(8.2.1)平稳响应的边缘概率密度和统计量可由 $p(\boldsymbol{q},\boldsymbol{p})$ 导得.

例 8.2.2　考虑受分数高斯噪声激励的两个耦合的瑞利振子(Lü et al., 2022),

其运动方程为

$$\begin{aligned}&\ddot{X}_1-\gamma_1\dot{X}_1+\gamma_2(\dot{X}_1^2+\dot{X}_2^2)\dot{X}_1+\omega^2X_1=\sqrt{2D_1}W_{H1}(t),\\&\ddot{X}_2-\gamma_1\dot{X}_2+\gamma_2(\dot{X}_1^2+\dot{X}_2^2)\dot{X}_2+\omega^2X_2=\sqrt{2D_2}W_{H2}(t).\end{aligned}\tag{8.2.49}$$

式中 $W_{H1}(t)$ 和 $W_{H2}(t)$ 是赫斯特指数为 $\mathcal{H}$ 在 $1/2<\mathcal{H}<1$ 内的独立单位分数高斯噪声.

令 $X_1=Q_1$， $\dot{X}_1=P_1$， $X_2=Q_2$， $\dot{X}_2=P_2$，系统(8.2.49)可转化为形如式(8.2.1)的受分数高斯噪声激励的拟可积哈密顿系统. 系统的哈密顿函数为

$$H=H_1+H_2,\quad H_i=P_i^2/2+\omega^2Q_i^2/2.\tag{8.2.50}$$

由于系统(8.2.49)中两振子的固有频率相同，满足内共振关系，可定义以下角变量组合

$$\varPsi=\varPhi_1-\varPhi_2=\tan^{-1}\left(\frac{P_1}{\omega Q_1}\right)-\tan^{-1}\left(\frac{P_2}{\omega Q_2}\right).\tag{8.2.51}$$

下面分别应用上章和本节叙述的两种随机平均法预测系统(8.2.49)的响应，首先应用 7.3.2 节介绍的分数高斯噪声激励的拟可积内共振哈密顿系统随机平均法，得到如下慢变过程的平均分数随机微分方程

$$\begin{aligned}&\mathrm{d}H_1=m_1(\boldsymbol{H},\varPsi)\mathrm{d}t+\sum_{k=1}^{2}\sigma_{1k}(\boldsymbol{H},\varPsi)\mathrm{d}B_{Hk}(t),\\&\mathrm{d}H_2=m_2(\boldsymbol{H},\varPsi)\mathrm{d}t+\sum_{k=1}^{2}\sigma_{2k}(\boldsymbol{H},\varPsi)\mathrm{d}B_{Hk}(t),\\&\mathrm{d}\varPsi=m_3(\boldsymbol{H},\varPsi)\mathrm{d}t+\sum_{k=1}^{2}\sigma_{3k}(\boldsymbol{H},\varPsi)\mathrm{d}B_{Hk}(t).\end{aligned}\tag{8.2.52}$$

式中漂移系数和扩散系数为

$$\begin{aligned}&m_1=\gamma_1H_1-\frac{3}{2}\gamma_2H_1^2-\gamma_2\left(1+\frac{1}{2}\cos2\varPsi\right)H_1H_2,\\&m_2=\gamma_1H_2-\frac{3}{2}\gamma_2H_2^2-\gamma_2\left(1+\frac{1}{2}\cos2\varPsi\right)H_1H_2,\\&m_3=\frac{1}{4}\gamma_2\sin2\varPsi(H_1+H_2),\\&b_{11}=\sum_{k=1}^{2}\sigma_{1k}\sigma_{1k}=2D_1H_1,\quad b_{22}=\sum_{k=1}^{2}\sigma_{2k}\sigma_{2k}=2D_2H_2,\\&b_{33}=\sum_{k=1}^{2}\sigma_{3k}\sigma_{3k}=\frac{1}{2}\left(\frac{D_1}{H_1}+\frac{D_2}{H_2}\right),\\&\sum_{k=1}^{2}\sigma_{1k}\sigma_{2k}=\sum_{k=1}^{2}\sigma_{1k}\sigma_{3k}=\sum_{k=1}^{2}\sigma_{2k}\sigma_{1k}=\sum_{k=1}^{2}\sigma_{2k}\sigma_{3k}=\sum_{k=1}^{2}\sigma_{3k}\sigma_{1k}=\sum_{k=1}^{2}\sigma_{3k}\sigma_{2k}=0.\end{aligned}\tag{8.2.53}$$

其次，将系统(8.2.49)中的分数高斯噪声 $W_{H1}(t)$ 和 $W_{H2}(t)$ 看成平稳宽带噪声，应用宽带噪声激励的拟可积共振哈密顿系统随机平均法，可以得到如下形如式(8.2.41)支配 $H_1, H_2, \varPsi$ 的平均伊藤随机微分方程

$$
\begin{aligned}
\mathrm{d}H_1 &= \bar{m}_1(\boldsymbol{H},\varPsi)\mathrm{d}t + \sum_{k=1}^{2}\bar{\sigma}_{1k}(\boldsymbol{H},\varPsi)\mathrm{d}B_k(t),\\
\mathrm{d}H_2 &= \bar{m}_2(\boldsymbol{H},\varPsi)\mathrm{d}t + \sum_{k=1}^{2}\bar{\sigma}_{2k}(\boldsymbol{H},\varPsi)\mathrm{d}B_k(t),\\
\mathrm{d}\varPsi &= \bar{m}_3(\boldsymbol{H},\varPsi)\mathrm{d}t + \sum_{k=1}^{2}\bar{\sigma}_{3k}(\boldsymbol{H},\varPsi)\mathrm{d}B_k(t).
\end{aligned}
\tag{8.2.54}
$$

按照式(8.2.42)，可导得如下式(8.2.54)的漂移系数和扩散系数

$$
\begin{aligned}
&\bar{m}_1(H_1,H_2,\varPsi) = \gamma_1 H_1 - \frac{3}{2}\gamma_2 H_1^2 - \gamma_2\left(1+\frac{1}{2}\cos 2\varPsi\right)H_1H_2 + 2\pi D_1 S(\omega),\\
&\bar{m}_2(H_1,H_2,\varPsi) = \gamma_1 H_2 - \frac{3}{2}\gamma_2 H_2^2 - \gamma_2\left(1+\frac{1}{2}\cos 2\varPsi\right)H_1H_2 + 2\pi D_2 S(\omega),\\
&\bar{m}_3(H_1,H_2,\varPsi) = \frac{1}{4}\gamma_2 \sin 2\varPsi (H_1 + H_2),\\
&\bar{b}_{11}(H_1,H_2,\varPsi) = \sum_{k=1}^{2}\bar{\sigma}_{1k}\bar{\sigma}_{1k} = 4\pi D_1 S(\omega) H_1, \quad \bar{b}_{22} = \sum_{k=1}^{2}\bar{\sigma}_{2k}\bar{\sigma}_{2k} = 4\pi D_1 S(\omega) H_2,\\
&\bar{b}_{33}(H_1,H_2,\varPsi) = \sum_{k=1}^{2}\bar{\sigma}_{3k}\bar{\sigma}_{3k} = \pi S(\omega)\left(\frac{D_1}{H_1}+\frac{D_2}{H_2}\right),\\
&\sum_{k=1}^{2}\bar{\sigma}_{1k}\bar{\sigma}_{2k} = \sum_{k=1}^{2}\bar{\sigma}_{1k}\bar{\sigma}_{3k} = \sum_{k=1}^{2}\bar{\sigma}_{2k}\bar{\sigma}_{1k} = \sum_{k=1}^{2}\bar{\sigma}_{2k}\bar{\sigma}_{3k} = \sum_{k=1}^{2}\bar{\sigma}_{3k}\bar{\sigma}_{1k} = \sum_{k=1}^{2}\bar{\sigma}_{3k}\bar{\sigma}_{2k} = 0.
\end{aligned}
\tag{8.2.55}
$$

式中 $S(\omega)$ 是由式(2.5.23)定义的分数高斯噪声 $W_{H1}(t)$和 $W_{H2}(t)$的功率谱密度. 与伊藤方程(8.2.54)相应的支配平稳概率密度 $p(h_1,h_2,\psi)$ 的简化平均 FPK 方程为

$$
-\frac{\partial(\bar{m}_1 p)}{\partial h_1} - \frac{\partial(\bar{m}_2 p)}{\partial h_2} - \frac{\partial(\bar{m}_3 p)}{\partial \psi} + \frac{1}{2}\frac{\partial^2(\bar{b}_{11}p)}{\partial h_1^2} + \frac{1}{2}\frac{\partial^2(\bar{b}_{22}p)}{\partial h_2^2} + \frac{1}{2}\frac{\partial^2(\bar{b}_{33}p)}{\partial \psi^2} = 0. \tag{8.2.56}
$$

方程中

$$
\begin{aligned}
&\bar{m}_i = \bar{m}_i(h_1,h_2,\psi) = \bar{m}_i(H_1,H_2,\varPsi)\big|_{H_1=h_1,\, H_2=h_2,\, \varPsi=\psi},\\
&\bar{b}_{ii} = \bar{b}_{ii}(h_1,h_2,\psi) = \bar{b}_{ii}(H_1,H_2,\varPsi)\big|_{H_1=h_1,\, H_2=h_2,\, \varPsi=\psi},\\
&i = 1,2,3.
\end{aligned}
\tag{8.2.57}
$$

方程的边界条件为

$$\begin{aligned}&p(h_1,h_2\to 0,\psi)=\text{有限},\quad p(h_1\to 0,h_2,\psi)=\text{有限},\\&p(h_1,h_2\to\infty,\psi)=p(h_1\to\infty,h_2,\psi)=0,\\&p(h_1,h_2,\psi=-\pi)=p(h_1,h_2,\psi=\pi).\end{aligned}\tag{8.2.58}$$

$D_1=D_2$ 时，简化平均 FPK 方程(8.2.56)有如下精确解

$$\begin{aligned}p(h_1,h_2,\psi)=C\exp\Bigg\{\frac{1}{2\pi D_1S(\omega)}\Bigg[&\gamma_1(h_1+h_2)\\&-\frac{3}{4}\gamma_2(h_1^2+h_2^2)-\gamma_2\left(1+\frac{1}{2}\cos 2\psi\right)h_1h_2\Bigg]\Bigg\}.\end{aligned}\tag{8.2.59}$$

原系统(8.2.49)的近似平稳联合概率密度可按式(8.2.48)由(8.2.59)得到如下

$$p(q_1,q_2,p_1,p_2)=C_2p(h_1,h_2,\psi)\Big|_{h_i=\frac{1}{2}p_i^2+\frac{1}{2}\omega^2q_i^2,\ \psi=\tan^{-1}\left(\frac{p_1}{\omega q_1}\right)-\tan^{-1}\left(\frac{p_2}{\omega q_2}\right)}.\tag{8.2.60}$$

原系统(8.2.49)的边缘概率密度和统计量，例如 $p(h_1)$， $p(\psi)$， $p(q_1,p_1)$， $p(q_1)$， $E[H_1]$ 和 $E[Q_1^2]$ 可按下式得到

$$\begin{aligned}&p(\psi)=\int_0^\infty\int_0^\infty p(h_1,h_2,\psi)\mathrm{d}h_2\mathrm{d}h_1,\\&p(h_1)=\int_0^\infty\int_{-\pi}^{\pi}p(h_1,h_2,\psi)\mathrm{d}h_2\mathrm{d}\psi,\quad E[H_1]=\int_0^\infty h_1p(h_1)\mathrm{d}h_1,\\&p(q_1,p_1)=\int_{-\infty}^{\infty}\int_{-\infty}^{\infty}p(q_1,q_2,p_1,p_2)\mathrm{d}q_2\mathrm{d}p_2,\quad E[Q_1^2]=\int_{-\infty}^{\infty}q_1^2p(q_1)\mathrm{d}q_1,\\&p(q_1)=\int_{-\infty}^{\infty}\int_{-\infty}^{\infty}\int_{-\infty}^{\infty}p(q_1,q_2,p_1,p_2)\mathrm{d}p_1\mathrm{d}p_2\mathrm{d}q_2.\end{aligned}\tag{8.2.61}$$

给定系统参数 $\gamma_1=1$， $\gamma_2=0.1$， $D_1=D_2=0.5$. 图 8.2.5 显示了系统(8.2.49)在三维空间 (H_1,H_2,Ψ) 中运动的 2000 个样本点，可大致知道概率密度 $p(h_1,h_2,\psi)$. 图 8.2.6 用切片图显示了由解析解(8.2.59)算得的平稳概率密度函数 $p(h_1,h_2,\psi)$. 图 8.2.7 和图 8.2.8 分别显示了用三种方法得到的系统(8.2.49)的平稳响应 $p(h_1)$, $p(h_2)$, $p(\psi)$. 图 8.2.9 至图 8.2.12 是解析解(8.2.61)与系统(8.2.49)模拟结果的比较，可见两者符合较好. 图 8.2.12 表明，当线性频率 $\omega>2$ 时，本节所述平均法结果与(8.2.49)模拟结果相当吻合. 图 8.2.13 显示了四个统计量的解析解(8.2.61)与(8.2.49)模拟结果相对误差随赫斯特指数 $\mathcal{H}$ 和频率 ω 的变化. 说明在参数平面 $(\mathcal{H},\omega)$ 的绝大部分区域上，本节所述的随机平均法都适用.

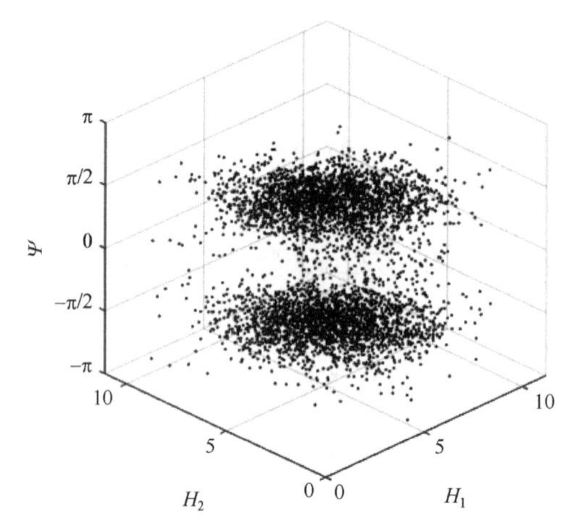

图 8.2.5　系统(8.2.49)在三维空间 (H_1, H_2, Ψ) 中做平稳运动的 2000 个样本点，$\mathcal{H}=0.7$，$\omega=4$ (Lü et al.，2022)

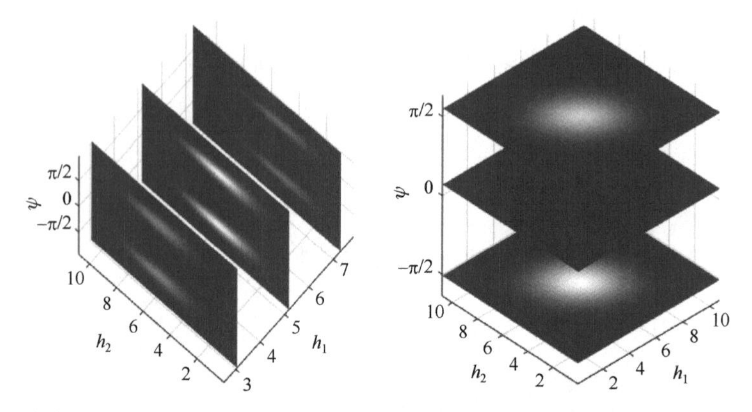

图 8.2.6　按解析解(8.2.59)算的系统(8.2.49)在三维空间 (h_1, h_2, ψ) 中的平稳概率密度 $p(h_1, h_2, \psi)$ 切片，$\mathcal{H}=0.7$，$\omega=4$ (Lü et al.，2022)

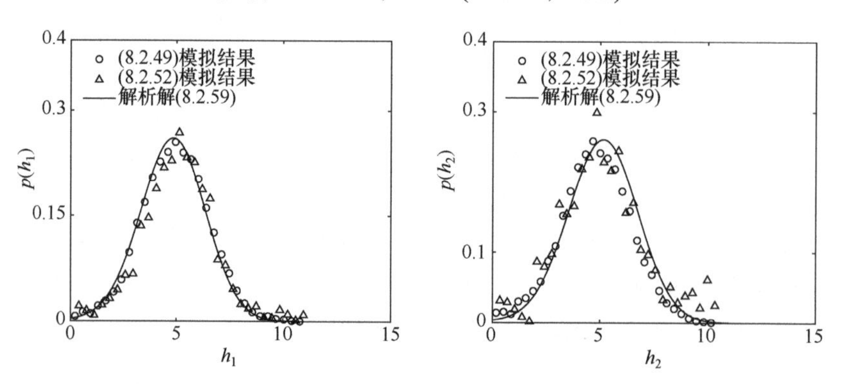

图 8.2.7　三种方法得到平稳概率密度 $p(h_1), p(h_2)$ 的比较(Lü et al.，2022)

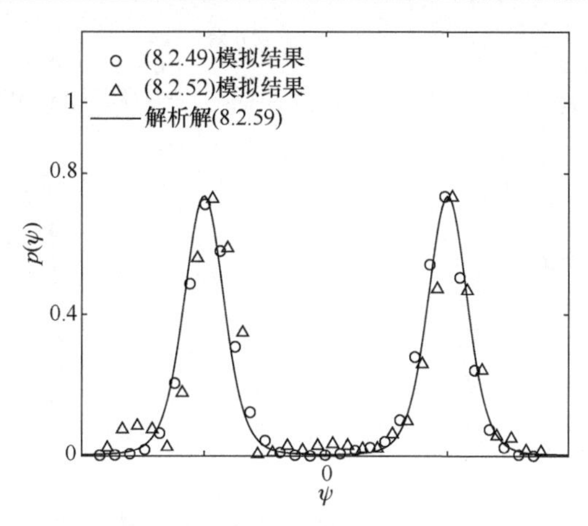

图 8.2.8　三种方法得到平稳概率密度 $p(\psi)$ 的比较(Lü et al.，2022)

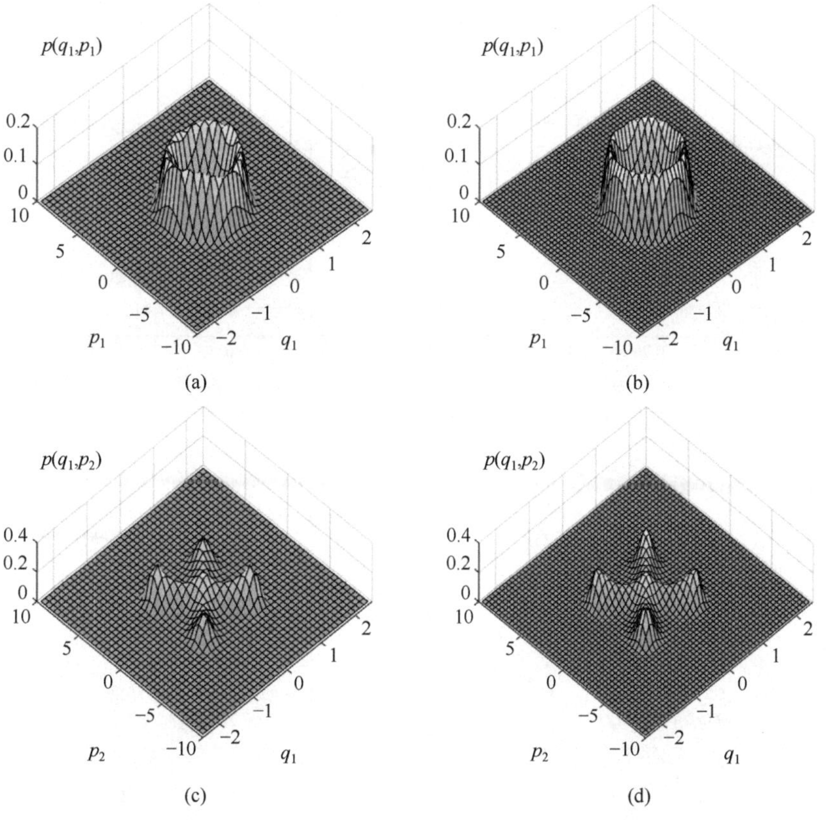

图 8.2.9　系统(8.2.49)的平稳联合概率密度，$\mathcal{H}=0.7$ ，$\omega=4$ ，(a)　$p(q_1,p_1)$ 模拟结果；(b)　$p(q_1,p_1)$ 解析结果；(c)　$p(q_1,p_2)$ 模拟结果；(d)　$p(q_1,p_2)$ 解析结果(Lü et al.，2022)

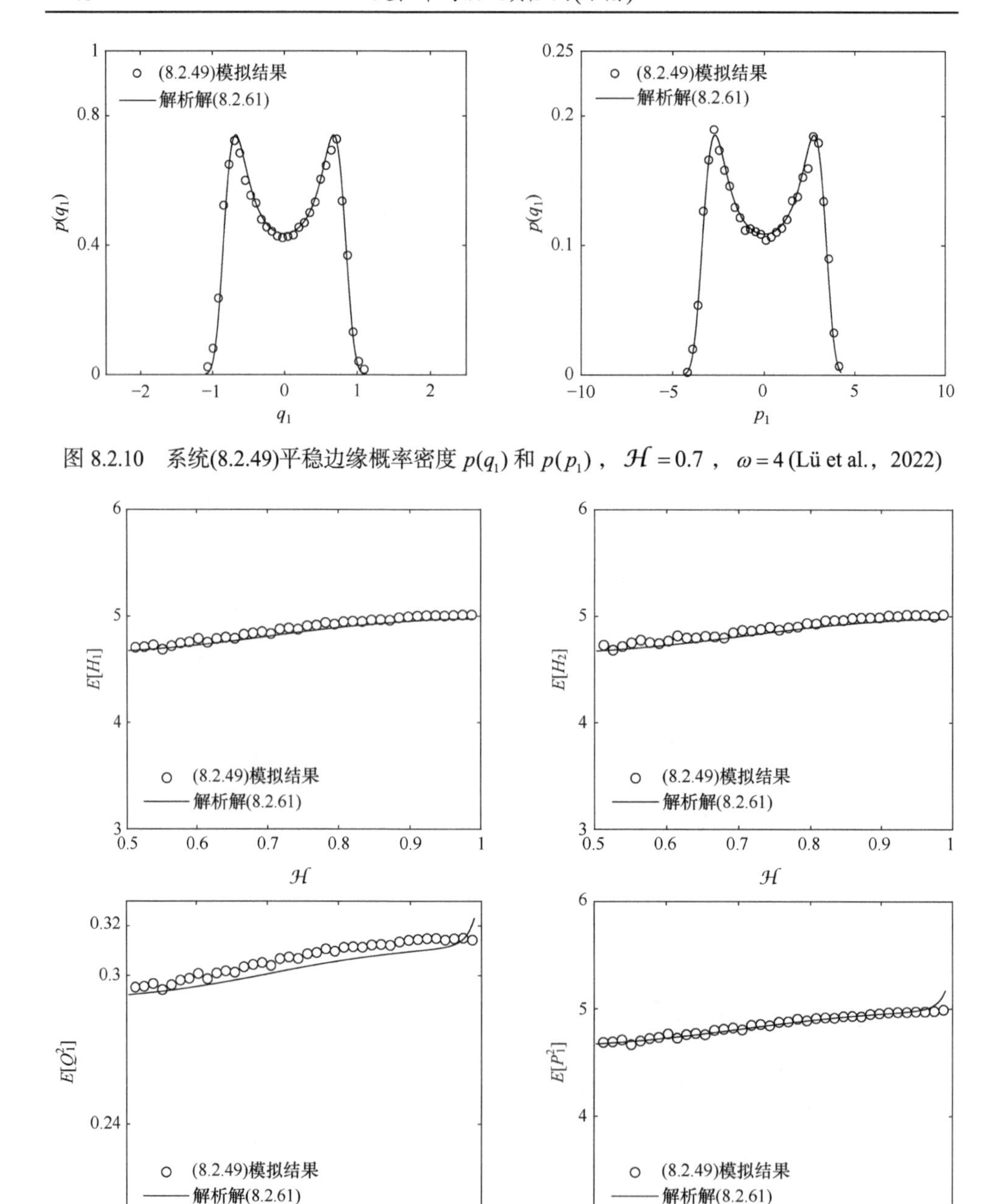

图 8.2.10　系统(8.2.49)平稳边缘概率密度 $p(q_1)$ 和 $p(p_1)$ ，$\mathcal{H}=0.7$ ，$\omega=4$ (Lü et al.，2022)

图 8.2.11　系统(8.2.49)均值 $E[H_1],E[H_2]$ 和均方值 $E[Q_1^2],E[P_1^2]$ 随赫斯特指数 $\mathcal{H}$ 的变化，$\omega=4$ (Lü et al.，2022)

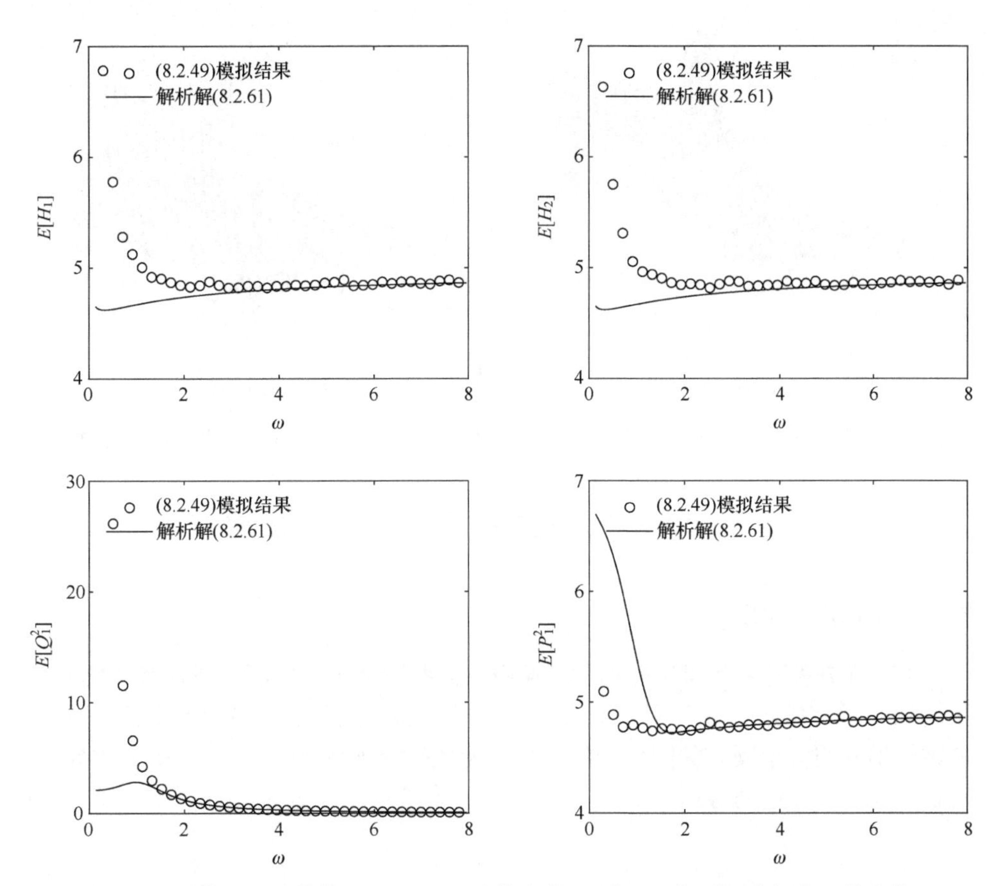

图 8.2.12　系统(8.2.49)均值 $E[H_1], E[H_2]$ 和均方值 $E[Q_1^2], E[P_1^2]$ 随固有频率 ω 的变化，$\mathcal{H}=0.7$ (Lü et al.，2022)

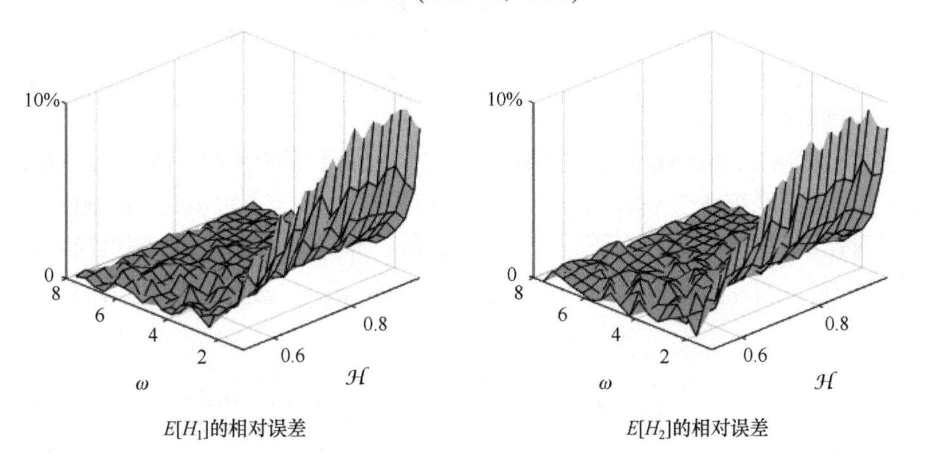

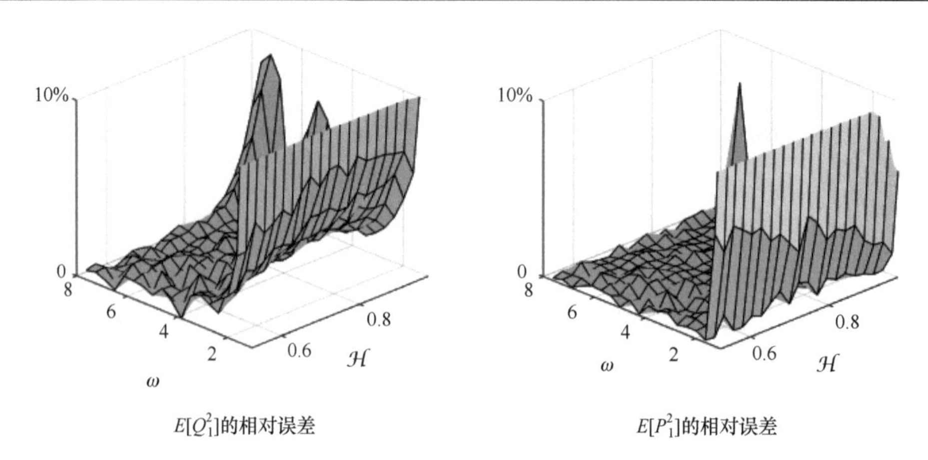

图 8.2.13 解析解(8.2.61)与系统(8.2.49)模拟结果的相对误差随 $\mathcal{H}, \omega$ 的变化(Lü et al., 2022)

8.3 谐和与平稳宽带噪声共同激励

8.3.1 单自由度系统

4.7 节中叙述了谐和与平稳宽带噪声共同激励下单自由度拟线性系统的随机平均法，本节推导谐和与平稳宽带噪声共同激励下强非线性系统的随机平均法. 考虑弱谐和与宽带噪声共同激励的单自由度拟哈密顿系统(吴勇军，2005；Wu and Zhu，2008)，其运动方程为

$$\begin{aligned} \dot{Q} &= P, \\ \dot{P} &= -g(Q) - \varepsilon c(Q,P)P + \varepsilon h(Q,P)\cos\Omega t + \varepsilon^{1/2}\sum_{k=1}^{m} f_k(Q,P)\xi_k(t). \end{aligned} \tag{8.3.1}$$

式中ε是小参数；εh 表示频率为Ω的弱周期外激或参激幅值；$\varepsilon^{1/2} f_k$ 表示宽带噪声外激或参激幅值；$\xi_k(t)$ $(k=1,2,\cdots,m)$ 是平稳宽带噪声，其互相关函数为 $R_{kl}(\tau)$，互功率谱密度为 $S_{kl}(\omega)$.

假设式(8.3.1)中函数 $g(q)$ 与 $U(q)$ 满足式(8.1.5)下面所述四个条件，$\varepsilon=0$ 时式(8.3.1)的退化系统在全平面 (q,p) 上有周期解族(8.1.6). 当 ε 很小时，系统(8.3.1)的解可看作周期解(8.1.6)在相平面上的随机扩散，即具有如下形式的随机周期解族

$$Q(t) = A\cos\Phi(t) + B, \quad P(t) = -A\nu(A,\Phi)\sin\Phi(t), \quad \Phi(t) = \Gamma(t) + \Theta(t). \tag{8.3.2}$$

式中

$$\nu(A,\Phi) = \frac{\mathrm{d}\Gamma}{\mathrm{d}t} = \sqrt{\frac{2[U(A+B) - U(A\cos\Phi + B)]}{A^2\sin^2\Phi}}. \tag{8.3.3}$$

这里的 A,Φ,Γ 以及 ν 均为随机过程；B 可通过关系式 $U(A+B)=U(A-B)=H$ 求得；$\omega(A)$ 为瞬时频率 $\nu(A,\Phi)$ 的平均值，称为平均频率. 式(8.3.2)可看作从 Q,P 到 A,Φ 的广义范德堡变换. 式(8.3.2)代入(8.3.1)，类似于式(8.1.14)～(8.1.16)的推导，可得关于 A,Φ 的随机微分方程

$$
\begin{aligned}
\frac{\mathrm{d}A}{\mathrm{d}t} &= \varepsilon F_1(A,\Phi,\Omega t)+\varepsilon^{1/2}\sum_{k=1}^{m}G_{1k}(A,\Phi)\xi_k(t),\\
\frac{\mathrm{d}\Phi}{\mathrm{d}t} &= \nu(A,\Phi)+\varepsilon F_2(A,\Phi,\Omega t)+\varepsilon^{1/2}\sum_{k=1}^{m}G_{2k}(A,\Phi)\xi_k(t).
\end{aligned}
\tag{8.3.4}
$$

式中

$$
\begin{aligned}
F_1 &= \frac{-A}{g(A+B)(1+d)}[c(A\cos\Phi+B,-A\nu\sin\Phi)A\nu\sin\Phi\\
&\quad +h(A\cos\Phi+B,-A\nu\sin\Phi)\cos\Omega t]\nu\sin\Phi,\\
F_2 &= \frac{-1}{g(A+B)(1+d)}[c(A\cos\Phi+B,-A\nu\sin\Phi)A\nu\sin\Phi\\
&\quad +h(A\cos\Phi+B,-A\nu\sin\Phi)\cos\Omega t]\nu(\cos\Phi+d),\\
G_{1k} &= \frac{-A}{g(A+B)(1+d)}f_k(A\cos\Phi+B,-A\nu\sin\Phi)\nu\sin\Phi,\\
G_{2k} &= \frac{-1}{g(A+B)(1+d)}f_k(A\cos\Phi+B,-A\nu\sin\Phi)\nu(\cos\Phi+d),\\
d &= \frac{\mathrm{d}B}{\mathrm{d}A}=\frac{g(-A+B)+g(A+B)}{g(-A+B)-g(A+B)}.
\end{aligned}
\tag{8.3.5}
$$

谐和与宽带共同激励相当于窄带随机激励，在非外共振情形，谐和激励在响应的一次近似中不起作用，可以忽略. 所以只需考虑外共振情形，即设谐和激励频率 Ω 与系统的平均频率 $\omega(A)$之间具有如下的共振关系

$$
\frac{\Omega}{\omega(A)}=\frac{s}{r}+\varepsilon\sigma. \tag{8.3.6}
$$

这里 s,r 为互质的正整数，σ 为解调参数. 方程(8.3.6)两边同时乘 t，再利用关系式(8.1.6)及其近似式(8.1.11)的随机形式 $\Phi=\Gamma(t)+\Theta\approx\omega(A)t+\Theta$，可得

$$
\Omega t=\frac{s}{r}(\Phi-\Theta)+\varepsilon\sigma\Gamma. \tag{8.3.7}
$$

引入新变量

$$
\varDelta=\Omega t-\frac{s}{r}\Phi \tag{8.3.8}
$$

$\varDelta$可看作是谐和激励相角 $\varOmega t$ 与系统响应倍数相角 $\varPhi s/r$ 之间相角差的度量，利用式(8.3.4), (8.3.5)和(8.3.8)得到关于 $A, \varDelta$ 的随机微分方程

$$\frac{\mathrm{d}A}{\mathrm{d}t}=\varepsilon F_1\left(A,\frac{r}{s}(\varOmega t-\varDelta),\varOmega t\right)+\varepsilon^{1/2}\sum_{k=1}^{m}G_{1k}\left(A,\frac{r}{s}(\varOmega t-\varDelta)\right)\xi_k(t),$$
$$\frac{\mathrm{d}\varDelta}{\mathrm{d}t}=\varOmega-\frac{s}{r}\nu\left(A,\frac{r}{s}(\varOmega t-\varDelta)\right)-\varepsilon\frac{s}{r}F_2\left(A,\frac{r}{s}(\varOmega t-\varDelta),\varOmega t\right)-\varepsilon^{1/2}\frac{s}{r}\sum_{k=1}^{m}G_{2k}\left(A,\frac{r}{s}(\varOmega t-\varDelta)\right)\xi_k(t).$$
$$(8.3.9)$$

按哈斯敏斯基定理（Khasminskii, 1966），当 $\varepsilon\to 0$ 时，$A,\varDelta$ 趋近于二维马尔可夫扩散过程. 由于方程系数显含 t，需对 $\varOmega t$ 作平均，得到如下光滑型平均伊藤随机微分方程

$$\begin{aligned}\mathrm{d}A&=m_1(A,\varDelta)\mathrm{d}t+\sum_{k=1}^{m}\sigma_{1k}(A)\mathrm{d}B_k(t),\\ \mathrm{d}\varDelta&=m_2(A,\varDelta)\mathrm{d}t+\sum_{k=1}^{m}\sigma_{2k}(A)\mathrm{d}B_k(t).\end{aligned}\tag{8.3.10}$$

式中

$$m_1(A,\varDelta)=\varepsilon\left\langle F_1\left(A,\frac{r}{s}(\varOmega t-\varDelta),\varOmega t\right)+\sum_{k,l=1}^{m}\int_{-\infty}^{0}\left(\frac{\partial G_{1k}}{\partial A}\bigg|_t G_{1l}\big|_{t+\tau}-\frac{s}{r}\frac{\partial G_{1k}}{\partial \varDelta}\bigg|_t G_{2l}\big|_{t+\tau}\right)R_{kl}(\tau)\mathrm{d}\tau\right\rangle_{\varOmega t},$$
$$m_2(A,\varDelta)=\varepsilon\left\langle\sigma\omega(A)-\frac{s}{r}F_2\left(A,\frac{r}{s}(\varOmega t-\varDelta),\varOmega t\right)\right.$$
$$\left.-\sum_{k,l=1}^{m}\int_{-\infty}^{0}\left(\frac{s}{r}\frac{\partial G_{2k}}{\partial A}\bigg|_t G_{1l}\big|_{t+\tau}+\frac{s^2}{r^2}\frac{\partial G_{2k}}{\partial \varDelta}\bigg|_t G_{2l}\big|_{t+\tau}\right)R_{kl}(\tau)\mathrm{d}\tau\right\rangle_{\varOmega t},$$
$$\sum_{k=1}^{m}\sigma_{1k}\sigma_{1k}=\varepsilon\left\langle\sum_{k,l=1}^{m}\int_{-\infty}^{\infty}G_{1k}\big|_t G_{1l}\big|_{t+\tau}R_{kl}(\tau)\mathrm{d}\tau\right\rangle_{\varOmega t},$$
$$\sum_{k=1}^{m}\sigma_{2k}\sigma_{2k}=\varepsilon\left\langle\sum_{k,l=1}^{m}\frac{s^2}{r^2}\int_{-\infty}^{\infty}G_{2k}\big|_t G_{2l}\big|_{t+\tau}R_{kl}(\tau)\mathrm{d}\tau\right\rangle_{\varOmega t},$$
$$\sum_{k=1}^{m}\sigma_{1k}\sigma_{2k}=\varepsilon\left\langle\sum_{k,l=1}^{m}\frac{s}{r}\int_{-\infty}^{\infty}G_{1k}\big|_t G_{2l}\big|_{t+\tau}R_{kl}(\tau)\mathrm{d}\tau\right\rangle_{\varOmega t},$$
$$\langle[\bullet]\rangle_{\varOmega t}=\frac{1}{2\pi}\int_0^{2\pi}[\bullet]\mathrm{d}\varOmega t.$$
$$(8.3.11)$$

为得到(8.3.11)的显式，宜将(8.3.5)中各函数展开为关于 $\varPhi$ 的傅里叶级数，再

利用 $\Phi = r(\Omega t - \Delta)/s$. 对 τ 积分时要用到以下维纳-辛钦关系(8.1.23), 即

$$S_{kl}(\omega) = \frac{1}{\pi}\int_{-\infty}^{0} R_{kl}(\tau)\cos\omega\tau \mathrm{d}\tau, \quad I_{kl}(\omega) = \frac{1}{\pi}\int_{-\infty}^{0} R_{kl}(\tau)\sin\omega\tau \mathrm{d}\tau. \tag{8.3.12}$$

可建立如下与平均伊藤随机微分方程(8.3.10)相应的 FPK 方程

$$\frac{\partial p}{\partial t} = -\frac{\partial}{\partial a}(a_1 p) - \frac{\partial}{\partial \delta}(a_2 p) + \frac{1}{2}\frac{\partial^2}{\partial a^2}(b_{11} p) + \frac{1}{2}\frac{\partial^2}{\partial \delta^2}(b_{22} p). \tag{8.3.13}$$

式中一、二阶导数矩为

$$a_i = a_i(a,\delta) = m_i(A,\Delta)\big|_{A=a,\ \Delta=\delta}, \quad b_{ij} = b_{ij}(a,\delta) = \sum_{k=1}^{m}\sigma_{ik}\sigma_{jk}\bigg|_{A=a,\ \Delta=\delta}. \tag{8.3.14}$$

方程(8.3.13)中 $p = p(a,\delta,t)$ 是联合概率密度. 方程(8.3.13)的初始条件为

$$p(a,\delta,0) = p(a_0,\delta_0) \tag{8.3.15}$$

边界条件为

$$\begin{cases} p = \text{有限值}, & \text{当} a = 0 \\ \partial p/\partial a \to 0, & \text{当} a \to \infty \end{cases},$$
$$p(a,\delta+2n\pi,t) = p(a,\delta,t), \quad n = \pm 1, \pm 2, \cdots. \tag{8.3.16}$$

在初始条件(8.3.15)与边界条件(8.3.16)下求解 FPK 方程(8.3.13)可得 $p(a,\delta,t)$. 令 $\partial p/\partial t = 0$, 则可求得平稳概率密度 $p(a,\delta)$. 原系统(8.3.1)的近似平稳概率密度可按下式导得

$$\begin{aligned} p(q,p) &= p(a,\delta)\left|\frac{\partial(a,\delta)}{\partial(q,p)}\right| \\ &= p(a,\delta)\left|\frac{\partial(a,\delta)}{\partial(a,\theta)}\right|\left|\frac{\partial(a,\theta)}{\partial(a,\phi)}\right|\left|\frac{\partial(a,\phi)}{\partial(q,p)}\right| = \frac{s}{r}p(a,\delta)\left|\frac{\partial(a,\phi)}{\partial(q,p)}\right| \end{aligned} \tag{8.3.17}$$

Q, P 的平稳边缘概率密度与统计量可由上式导得.

例 8.3.1　考虑如下受谐和与宽带噪声联合激励的含非线性阻尼的杜芬振子(吴勇军, 2005; Wu and Zhu, 2008), 其运动方程为

$$\ddot{X} + (\beta_1 + \beta_2 X^2)\dot{X} + \omega_0^2 X + \alpha X^3 = E\cos\Omega t + \xi_1(t) + X\xi_2(t) \tag{8.3.18}$$

式中, β_1, β_2, ω_0, α, E, Ω 为常数; $\xi_k(t)\,(k=1, 2)$ 是两个相互独立的零均值的平稳二阶有理噪声, 具有如下有理谱密度

$$S_k(\omega) = \frac{D_k}{\pi}\frac{1}{(\omega^2 - \omega_k^2)^2 + 4\zeta_k^2\omega_k^2\omega^2}, \qquad k = 1,2 \tag{8.3.19}$$

ζ_k，ω_k，D_k为常数. 图 8.3.1 绘制了两组参数的功率谱密度曲线. 可见，通过调整参数ζ_k，ω_k，D_k，可使$\xi_k(t)$在一定频率范围内具有缓慢变化的功率谱密度，即有较大的带宽.

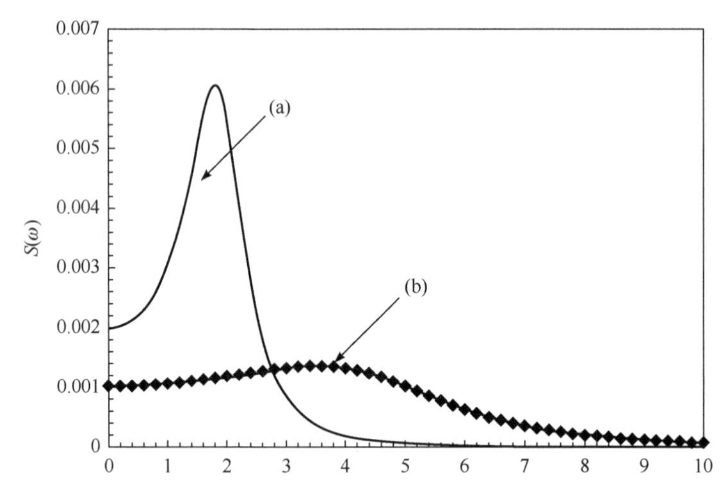

图 8.3.1　二阶有理噪声的功率谱密度(8.3.19)，(a) 用于计算图 8.3.3 和图 8.3.5 中结果的功率谱密度，ω_k=2.0，ζ_k=0.3，D_k=0.1，(k=1，2)；(b) 用于计算图 8.3.2 和图 8.3.4 中结果的功率谱密度，ω_k=5.0，ζ_k=0.5，D_k=2.0，(k=1，2)

假设式(8.3.18)中的β_k、D_k及E均为ε阶小量. 按照本节所述随机平均法，系统(8.3.18)之解形为式式(8.3.2)，其中$B=0$，$\nu(a,\varphi)$可用如下近似展开

$$\nu(a,\varphi)=b_0(a)+b_2(a)\cos 2\varphi+b_4(a)\cos 4\varphi+b_6(a)\cos 6\varphi. \tag{8.3.20}$$

式中

$$\begin{aligned}&b_0(a)=\left(\omega_0^2+3\alpha a^2/4\right)^{1/2}\left(1-\lambda^2/16\right),b_2(a)=\left(\omega_0^2+3\alpha a^2/4\right)^{1/2}\left(\lambda/2+3\lambda^3/64\right),\\&b_4(a)=\left(\omega_0^2+3\alpha a^2/4\right)^{1/2}\left(-\lambda^2/16\right),b_6(a)=\left(\omega_0^2+3\alpha a^2/4\right)^{1/2}\left(\lambda^3/64\right),\end{aligned} \tag{8.3.21}$$

平均频率为$\omega(a)=b_0(a)$. 作变换式(8.3.2)后，式(8.3.18)变成

$$\begin{aligned}&\frac{\mathrm{d}A}{\mathrm{d}t}=F_1(A,\Phi,\Omega t)+G_{11}(A,\Phi)\xi_1(t)+G_{12}(A,\Phi)\xi_2(t),\\&\frac{\mathrm{d}\Phi}{\mathrm{d}t}=\nu(A,\Phi)+F_2(A,\Phi,\Omega t)+G_{21}(A,\Phi)\xi_1(t)+G_{22}(A,\Phi)\xi_2(t),\end{aligned} \tag{8.3.22}$$

式中

$$F_1 = -\frac{A}{g(A)}\left[\left(\beta_1 + \beta_2 A\cos^2\Phi\right)A\nu(A,\Phi)\sin\Phi + E\cos\Omega t\right]\nu(A,\Phi)\sin\Phi,$$

$$F_2 = -\frac{1}{g(A)}\left[\left(\beta_1 + \beta_2 A\cos^2\Phi\right)A\nu(A,\Phi)\sin\Phi + E\cos\Omega t\right]\nu(A,\Phi)\cos\Phi,$$

$$G_{11} = -\frac{A}{g(A)}\nu(A,\Phi)\sin\Phi, \qquad G_{12} = -\frac{A^2}{g(A)}\nu(A,\Phi)\sin\Phi\cos\Phi,$$

$$G_{21} = -\frac{1}{g(A)}\nu(A,\Phi)\cos\Phi, \qquad G_{22} = -\frac{A}{g(A)}\nu(A,\Phi)\cos^2\Phi. \tag{8.3.23}$$

考虑外共振情形，设谐和外激励的频率 Ω 接近系统的平均频率 $\omega(a)$，即

$$\frac{\Omega}{\omega(a)} = 1 + \varepsilon\sigma. \tag{8.3.24}$$

σ 为解调参数. 按式(8.3.8)引入新变量

$$\Delta = \Omega t - \Phi. \tag{8.3.25}$$

按式(8.3.10)和(8.3.11)完成随机平均与时间平均，可得如下关于 A 与 Δ 的平均伊藤随机微分方程

$$\begin{aligned} \mathrm{d}A &= m_1(A,\Delta)\mathrm{d}t + \sigma_{11}(A)\mathrm{d}B_1(t) + \sigma_{12}(A)\mathrm{d}B_2(t), \\ \mathrm{d}\Delta &= m_2(A,\Delta)\mathrm{d}t + \sigma_{21}(A)\mathrm{d}B_1(t) + \sigma_{22}(A)\mathrm{d}B_2(t). \end{aligned} \tag{8.3.26}$$

式中漂移系数与扩散系数为

$$m_1 = F_{10}(A,\Delta) + H_1(A),$$

$$m_2 = F_{20}(A,\Delta),$$

$$\begin{aligned} F_{10}(A,\Delta) = {} & E\sin\Delta\left(2b_0(A) - \mathrm{b}_2(A)\right)/4\left(\alpha A^2 + \omega_0^2\right) \\ & - A\left[\beta_1\left(16\omega_0^2 + 10\alpha A^2\right) + A^2\beta_2\left(4\omega_0^2 + 3\alpha A^2\right)\right]/32\left(\alpha A^2 + \omega_0^2\right), \end{aligned}$$

$$F_{20}(A,\Delta) = \Omega - b_0(A) + E\cos\Delta\left(2b_0(A) + b_2(A)\right)/4A\left(\alpha A^2 + \omega_0^2\right),$$

$$H_1(A) = m_{11} + m_{12} + m_{13} + m_{14},$$

$$m_{11} = m_{111}S_1(\omega(A)) + m_{113}S_1(3\omega(A)) + m_{115}S_1(5\omega(A)) + m_{117}S_1(7\omega(A)),$$

$$m_{13} = m_{131}S_1(\omega(A)) + m_{133}S_1(3\omega(A)) + m_{135}S_1(5\omega(A)) + m_{137}S_1(7\omega(A)),$$

$$m_{12} = m_{122}S_2(2\omega(A)) + m_{124}S_2(4\omega(A)) + m_{126}S_2(6\omega(A)) + m_{128}S_2(8\omega(A)),$$

$$m_{14} = m_{142}S_2(2\omega(A)) + m_{144}S_2(4\omega(A)) + m_{146}S_2(6\omega(A)) + m_{148}S_2(8\omega(A)),$$

$$m_{111}=\pi\left[b_2(A)-2b_0(A)\right]$$
$$\times\left\{2\alpha A\left[2b_0(A)-b_2(A)\right]+(A^2\alpha+\omega_0^2)\left(\frac{\mathrm{d}b_2(A)}{\mathrm{d}A}-2\frac{\mathrm{d}b_0(A)}{\mathrm{d}A}\right)\right\}\bigg/\left[8\left(A^2\alpha+\omega_0^2\right)^3\right],$$

$$m_{113}=\pi\left[b_2(A)-b_4(A)\right]$$
$$\times\left\{2\alpha A\left[b_4(A)-b_2(A)\right]+(A^2\alpha+\omega_0^2)\left(\frac{\mathrm{d}b_2(A)}{\mathrm{d}A}-\frac{\mathrm{d}b_4(A)}{\mathrm{d}A}\right)\right\}\bigg/\left[8\left(A^2\alpha+\omega_0^2\right)^3\right],$$

$$m_{115}=\pi\left[b_4(A)-b_6(A)\right]$$
$$\times\left\{2\alpha A\left[b_6(A)-b_4(A)\right]+(A^2\alpha+\omega_0^2)\left(\frac{\mathrm{d}b_4(A)}{\mathrm{d}A}-\frac{\mathrm{d}b_6(A)}{\mathrm{d}A}\right)\right\}\bigg/\left[8\left(A^2\alpha+\omega_0^2\right)^3\right],$$

$$m_{117}=\pi b_6(A)\left\{-2\alpha A b_6(A)+(A^2\alpha+\omega_0^2)\frac{\mathrm{d}b_6(A)}{\mathrm{d}A}\right\}\bigg/\left[8\left(A^2\alpha+\omega_0^2\right)^3\right],$$

$$m_{122}=\pi A\left[2b_0(A)-b_4(A)\right]\left\{\left[2b_0(A)-b_4(A)\right]\left(A^2\alpha-\omega_0^2\right)\right.$$
$$\left.-A\left(A^2\alpha+\omega_0^2\right)\left(2\frac{\mathrm{d}b_0(A)}{\mathrm{d}A}-\frac{\mathrm{d}b_4(A)}{\mathrm{d}A}\right)\right\}\bigg/\left[32\left(A^2\alpha+\omega_0^2\right)^3\right],$$

$$m_{124}=\pi A\left[b_2(A)-b_6(A)\right]\left\{\left[b_6(A)-b_2(A)\right]\left(A^2\alpha-\omega_0^2\right)\right.$$
$$\left.+A\left(A^2\alpha+\omega_0^2\right)\left(\frac{\mathrm{d}b_2(A)}{\mathrm{d}A}-\frac{\mathrm{d}b_6(A)}{\mathrm{d}A}\right)\right\}\bigg/\left[32\left(A^2\alpha+\omega_0^2\right)^3\right],$$

$$m_{126}=\pi A b_4(A)\left\{b_4(A)\left(A^2\alpha-\omega_0^2\right)+A\left(A^2\alpha+\omega_0^2\right)\frac{\mathrm{d}b_4(A)}{\mathrm{d}A}\right\}\bigg/\left[32\left(A^2\alpha+\omega_0^2\right)^3\right],$$

$$m_{128}=\pi A b_6(A)\left\{b_6(A)\left(A^2\alpha-\omega_0^2\right)+A\left(A^2\alpha+\omega_0^2\right)\frac{\mathrm{d}b_6(A)}{\mathrm{d}A}\right\}\bigg/\left[32\left(A^2\alpha+\omega_0^2\right)^3\right],$$

$$m_{131}=-\pi\left[b_2^2(A)-4b_0^2(A)\right]\bigg/\left[8A\left(A^2\alpha+\omega_0^2\right)^2\right],$$

$$m_{133}=-3\pi\left[b_4^2(A)-b_2^2(A)\right]\bigg/\left[8A\left(A^2\alpha+\omega_0^2\right)^2\right],$$

$$m_{135}=-5\pi\left[b_6^2(A)-b_4^2(A)\right]\bigg/\left[8A\left(A^2\alpha+\omega_0^2\right)^2\right],$$

$$m_{137}=7\pi b_6^2(A)\bigg/\left[8A\left(A^2\alpha+\omega_0^2\right)^2\right],$$

$$m_{142}=\pi A\left[2b_0(A)-b_4(A)\right]\left[2b_0(A)+2b_2(A)+b_4(A)\right]\bigg/\left[16\left(A^2\alpha+\omega_0^2\right)^2\right],$$

$$m_{144}=\pi A\left[b_2(A)-b_6(A)\right]\left[b_2(A)+2b_4(A)+b_6(A)\right]\bigg/\left[8\left(A^2\alpha+\omega_0^2\right)^2\right],$$

$$
\begin{aligned}
& m_{146}=3\pi Ab_4(A)\left[b_4(A)+2b_6(A)\right]\Big/\left[16\left(A^2\alpha+\omega_0^2\right)^2\right],\\
& m_{148}=\pi Ab_6^2(A)\Big/\left[4\left(A^2\alpha+\omega_0^2\right)^2\right],\\
& \sigma_{11}(A)\sigma_{11}(A)+\sigma_{12}(A)\sigma_{12}(A)=b_{111}+b_{112},\\
& \sigma_{21}(A)\sigma_{21}(A)+\sigma_{22}(A)\sigma_{22}(A)=b_{221}+b_{222},\\
& \sigma_{i1}(A)\sigma_{j1}(A)+\sigma_{i2}(A)\sigma_{j2}(A)=0,\qquad i\neq j,\\
& b_{111}=b_{1111}S_1(\omega(A))+b_{1113}S_1(3\omega(A))+b_{1115}S_1(5\omega(A))+b_{1117}S_1(7\omega(A)),\\
& b_{221}=b_{2211}S_1(\omega(A))+b_{2213}S_1(3\omega(A))+b_{2215}S_1(5\omega(A))+b_{2217}S_1(7\omega(A)),\\
& b_{112}=b_{1122}S_2(2\omega(A))+b_{1124}S_2(4\omega(A))+b_{1126}S_2(6\omega(A))+b_{1128}S_2(8\omega(A)),\\
& b_{222}=b_{2220}S_2(0)+b_{2222}S_2(2\omega(A))+b_{2224}S_2(4\omega(A))+b_{2226}S_2(6\omega(A))+b_{2228}S_2(8\omega(A)),\\
& b_{1111}=\pi\left[b_2(A)-2b_0(A)\right]^2\Big/4\left(\alpha A^2+\omega_0^2\right)^2,\\
& b_{1113}=\pi\left[b_2(A)-b_4(A)\right]^2\Big/4\left(\alpha A^2+\omega_0^2\right)^2,\\
& b_{1115}=\pi\left[b_4(A)-b_6(A)\right]^2\Big/4\left(\alpha A^2+\omega_0^2\right)^2,\\
& b_{1117}=\pi b_6^2(A)\Big/4\left(\alpha A^2+\omega_0^2\right)^2,\\
& b_{1122}=\pi A^2\left[b_4(A)-2b_0(A)\right]^2\Big/16\left(\alpha A^2+\omega_0^2\right)^2,\\
& b_{1124}=\pi A^2\left[b_2(A)-b_6(A)\right]^2\Big/16\left(\alpha A^2+\omega_0^2\right)^2,\\
& b_{1126}=\pi A^2b_4^2(A)\Big/16\left(\alpha A^2+\omega_0^2\right)^2,\\
& b_{1128}=\pi A^2b_6^2(A)\Big/16\left(\alpha A^2+\omega_0^2\right)^2,\\
& b_{2211}=\pi\left[2b_0(A)+b_2(A)\right]^2\Big/\left[4A^2\left(\alpha A^2+\omega_0^2\right)^2\right],\\
& b_{2213}=\pi\left[b_2(A)+b_4(A)\right]^2\Big/\left[4A^2\left(\alpha A^2+\omega_0^2\right)^2\right],\\
& b_{2215}=\pi\left[b_4(A)+b_6(A)\right]^2\Big/\left[4A^2\left(\alpha A^2+\omega_0^2\right)^2\right],\\
& b_{2217}=\pi b_6^2(A)\Big/\left[4A^2\left(\alpha A^2+\omega_0^2\right)^2\right],\\
& b_{2220}=\pi\left[2b_0(A)+b_2(A)\right]^2\Big/\left[8\left(\alpha A^2+\omega_0^2\right)^2\right],\\
& b_{2222}=\pi\left[2b_0(A)+2b_2(A)+b_4(A)\right]^2\Big/\left[16\left(\alpha A^2+\omega_0^2\right)^2\right],
\end{aligned}
\tag{8.3.27}
$$

$$b_{2224}=\pi\left[b_2(A)+2b_4(A)+b_6(A)\right]^2\Big/\left[16\left(\alpha A^2+\omega_0^2\right)^2\right],$$

$$b_{2226}=\pi\left[b_4(A)+2b_6(A)\right]^2\Big/\left[16\left(\alpha A^2+\omega_0^2\right)^2\right],$$

$$b_{2228}=\pi b_6^2(A)\Big/\left[16\left(\alpha A^2+\omega_0^2\right)^2\right],$$

与平均伊藤随机微分方程(8.3.26)对应的简化平均 FPK 方程为

$$0=\left[-\frac{\partial}{\partial a}(a_1p)-\frac{\partial}{\partial \delta}(a_2p)+\frac{1}{2}\frac{\partial^2}{\partial a^2}(b_{11}p)+\frac{1}{2}\frac{\partial^2}{\partial \delta^2}(b_{22}p)\right] \tag{8.3.28}$$

式中一、二阶导数矩为

$$\begin{aligned}&a_1=a_1(a,\delta)=m_1(A,\varDelta)\big|_{A=a,\ \varDelta=\delta},\quad a_2=a_2(a,\delta)=m_2(A,\varDelta)\big|_{A=a,\ \varDelta=\delta},\\&b_{11}=b_{11}(a)=[b_{111}(A)+b_{112}(A)]\big|_{A=a},\quad b_{22}=b_{22}(a)=[b_{221}(A)+b_{222}(A)]\big|_{A=a}.\end{aligned} \tag{8.3.29}$$

$p=p(a,\ \delta)$是$[A,\varDelta]^T$的平稳联合概率密度. 方程(8.3.28)的边界条件为

$$\begin{aligned}&\begin{cases}p=\text{有限值}, & \text{当}a=0\\ \partial p/\partial a\to 0, & \text{当}a\to\infty\end{cases},\\&p\left(a,\delta+2n\pi\right)=p\left(a,\delta\right),\quad n=\pm1,\pm2,\cdots.\end{aligned} \tag{8.3.30}$$

用有限差分法求解式(8.3.28)可得到 $p(a,\ \delta)$. 一些数值结果显示于图 8.3.2 至图 8.3.5 中. 可以看出，线性刚度 $\omega_0\neq0$ 时，随机平均法对较宽带宽(图 8.3.2)与较窄带宽(图 8.3.3)噪声均给出很好的结果. 当线性刚度 $\omega_0=0$ 时，对于较宽带宽的随机激励(图 8.3.4)，随机平均法的结果较好，而对于较窄带宽的随机激励(图 8.3.5)，平均法得到的结果与数值模拟结果相差较大.

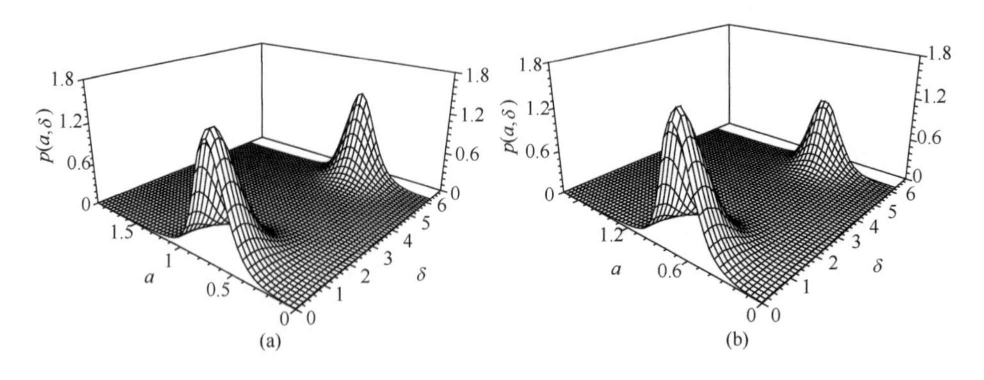

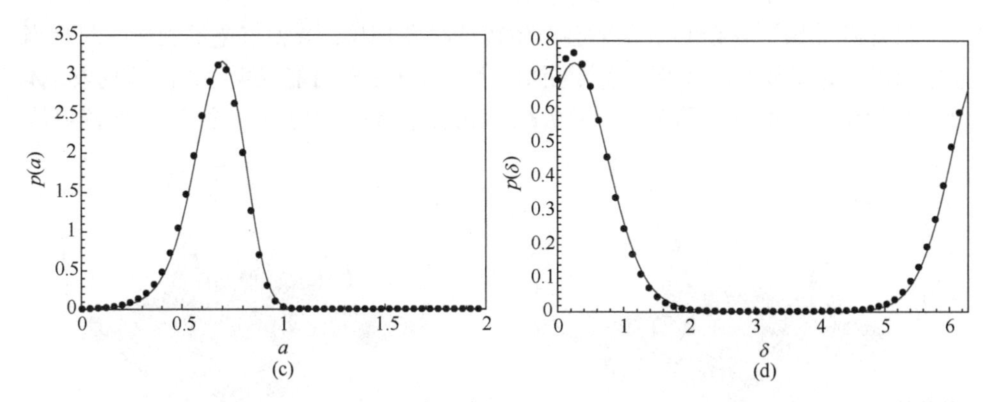

图 8.3.2　幅值 A 与相位差 Δ 的平稳联合概率密度 $p(a, \delta)$，(a) 随机平均法结果；(b) 数值模拟结果，平稳边缘概率密度；(c) $p(a)$，(d) $p(\delta)$，—— 随机平均法结果，● 数值模拟结果；ω_0=1.0，α=2.0，β_i= 0.05，E=0.2，Ω=1.2，$\xi_1(t),\xi_2(t)$ 的功率谱密度如图 8.3.1(b)所示. (吴勇军，2005)

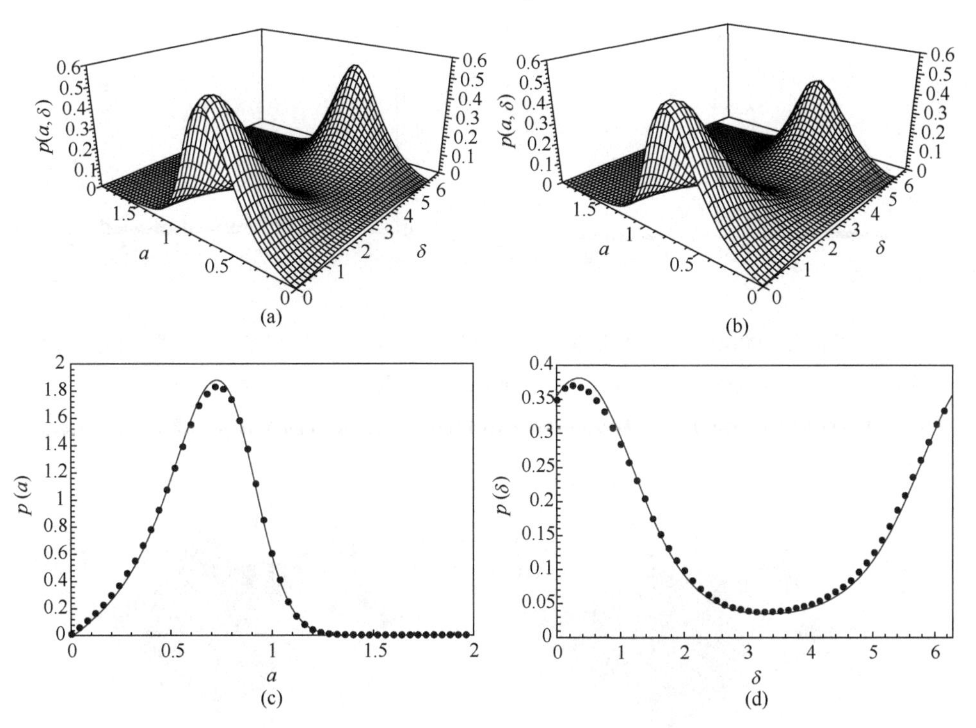

图 8.3.3　幅值 A 与相位差 Δ 的平稳联合概率密度 $p(a, \delta)$，(a) 随机平均法结果，(b) 数值模拟结果，平稳边缘概率密度；(c) $p(a)$，(d) $p(\delta)$，—— 随机平均法结果，● 数值模拟结果；噪声 $\xi_1(t),\xi_2(t)$ 的功率谱如图 8.3.1(a)所示，其他参数同图 8.3.2. (吴勇军，2005)

已知杜芬振子在谐和激励下会产生幅值跳跃现象. 谐和与宽带噪声一起相当于窄带噪声，在谐和与宽带噪声共同激励下杜芬振子则可能发生随机跳跃现象，体现为平稳概率密度具有两个峰. 随机跳跃就是系统的响应从一个峰(一种较可能

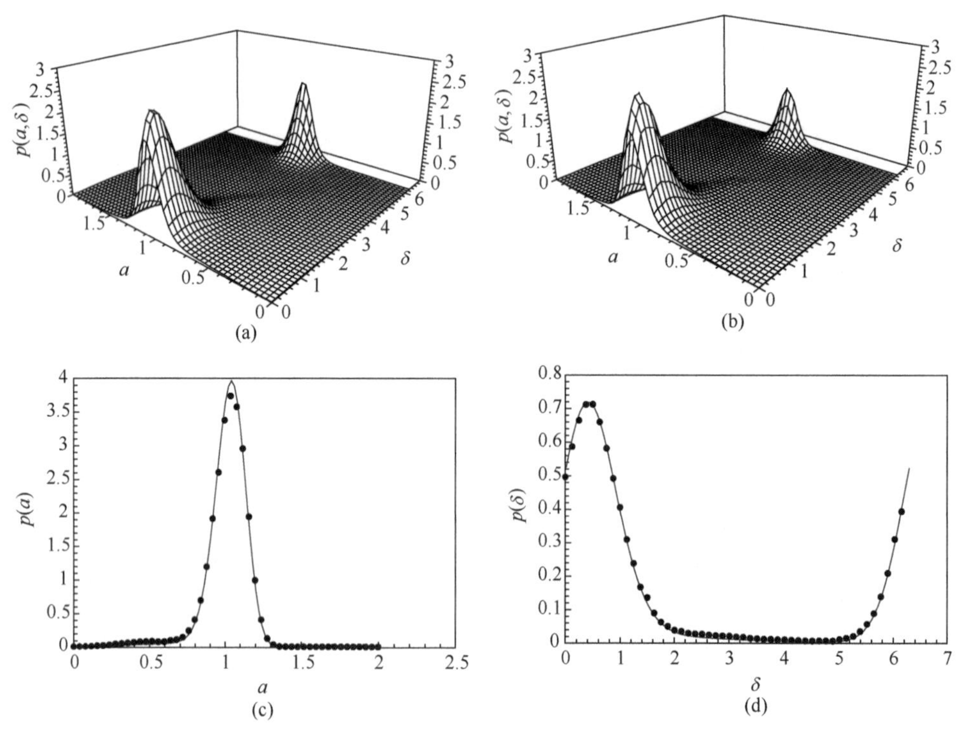

图 8.3.4　幅值 A 与相位差 Δ 的平稳联合概率密度 $p(a, \delta)$, (a) 随机平均法结果；(b) 数值模拟结果，平稳边缘概率密度；(c) $p(a)$, (d) $p(\delta)$, —— 随机平均法结果，● 数值模拟结果；ω_0=0.0，噪声 $\xi_1(t), \xi_2(t)$ 的功率谱如图 8.3.1(b)所示，其他参数同图 8.3.2. (吴勇军，2005)

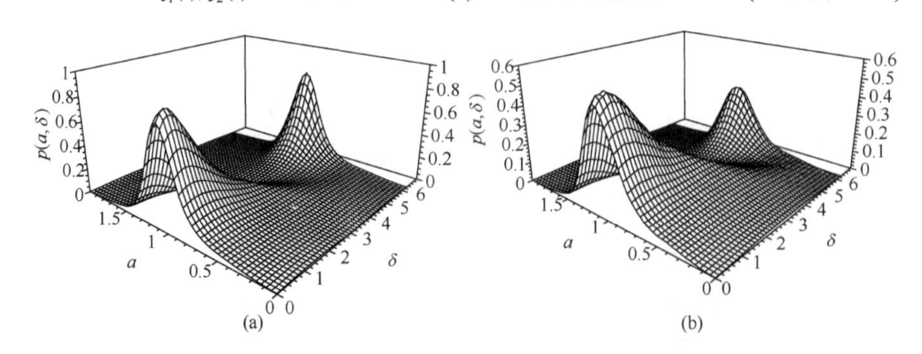

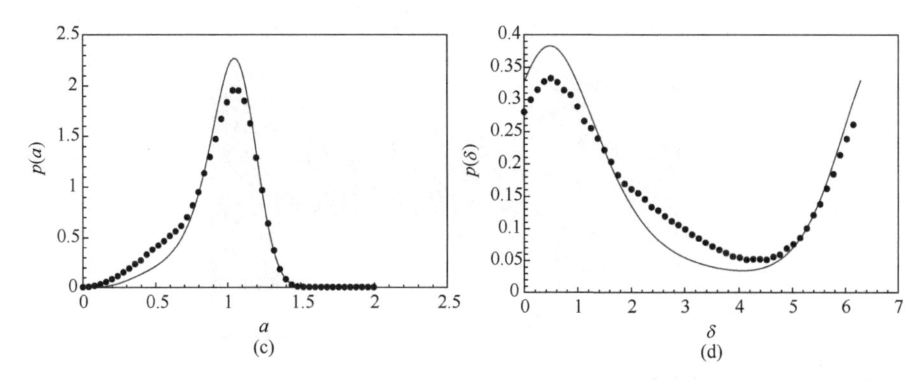

图 8.3.5　幅值 A 与相位差 Δ 的平稳联合概率密度 $p(a, \delta)$，(a) 随机平均法结果；(b) 数值模拟结果，平稳边缘概率密度；(c) $p(a)$，(d) $p(\delta)$—— 随机平均法结果，● 数值模拟结果；ω_0=0.0，噪声 $\xi_1(t),\xi_2(t)$ 的功率谱如图 8.3.1(a)所示，其他参数同图 8.3.2. (吴勇军，2005)

的运动状态)过渡到另一个峰(另一种较可能的运动状态)或反之(朱位秋，1998). 图 8.3.6 所示为谐和与宽带噪声外激及参激作用下位移幅值与相位的平稳联合概率密度，它有两个峰，因此系统将发生随机跳跃. 图 8.3.7 所示的数值模拟得到的位移与速度样本证实了这一结论. 位移幅值从小变大，又从大变小，说明随机跳跃可双向反复进行.

噪声强度、谐和频率与退化线性频率之比、谐和激励幅值以及非线性强度等系统参数会影响随机跳跃是否出现. 由于系统参数变化而使随机跳跃出现或消失的现象，称为随机跳跃的分岔. 图 8.3.8 显示，增大噪声强度，联合概率密度的两个峰变高，靠得更近，随机跳跃更容易发生. 随着谐和激励频率减小到 1.2(图 8.3.9)或增大到 1.8(图 8.3.10)，谐和激励强度减小到 0.1(图 8.3.11)或增大到 0.4(图 8.3.12)，非线性强度减小到 0.6(图 8.3.13)或增大到 4.0(图 8.3.14)，联合概率密度或边缘概率密度 $p(a)$为单峰，随机跳跃消失.

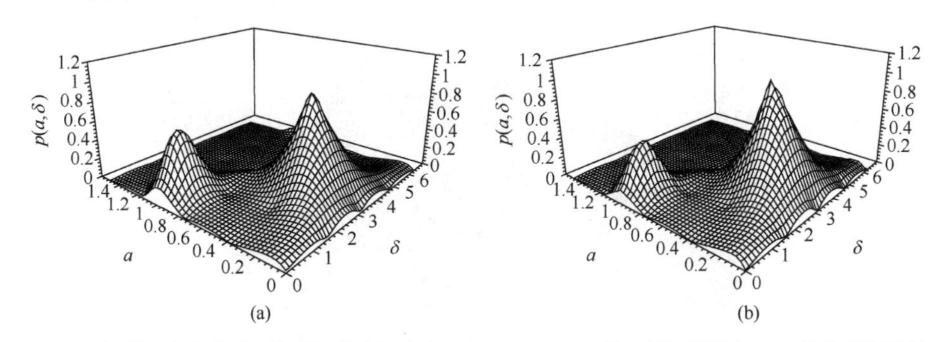

图 8.3.6　幅值 A 与相位差Δ的平稳联合概率密度 $p(a, \delta)$，(a) 随机平均法结果；(b) 数值模拟结果；系统参数：ω_0=1.0；α=2.0；β_1= 0.1；β_2=0；E=0.2；Ω =1.5；噪声的功率谱密度参数：ω_k=5.0；ζ_k=0.5；D_k=2.0(k=1，2) (Wu and Zhu，2008)

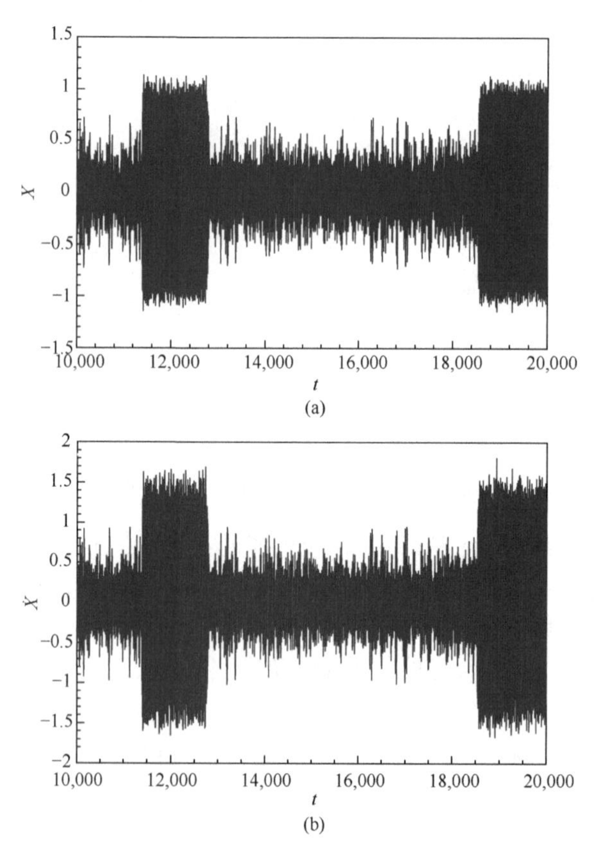

图 8.3.7　随机跳跃的样本函数，(a) 位移样本；(b) 速度样本；参数与图 8.3.6 相同(Wu and Zhu，2008)

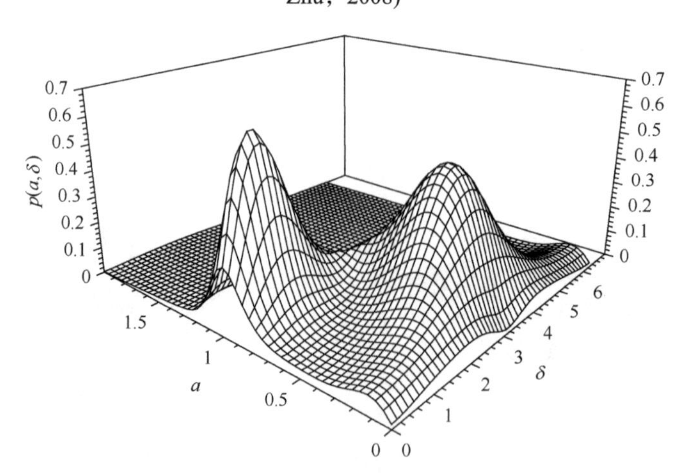

图 8.3.8　随机平均法得到幅值 A 与相位差 Δ 的平稳联合概率密度 $p(a，\delta)$，$D_1= D_2=3$，其他参数与图 8.3.6 相同(Wu and Zhu，2008)

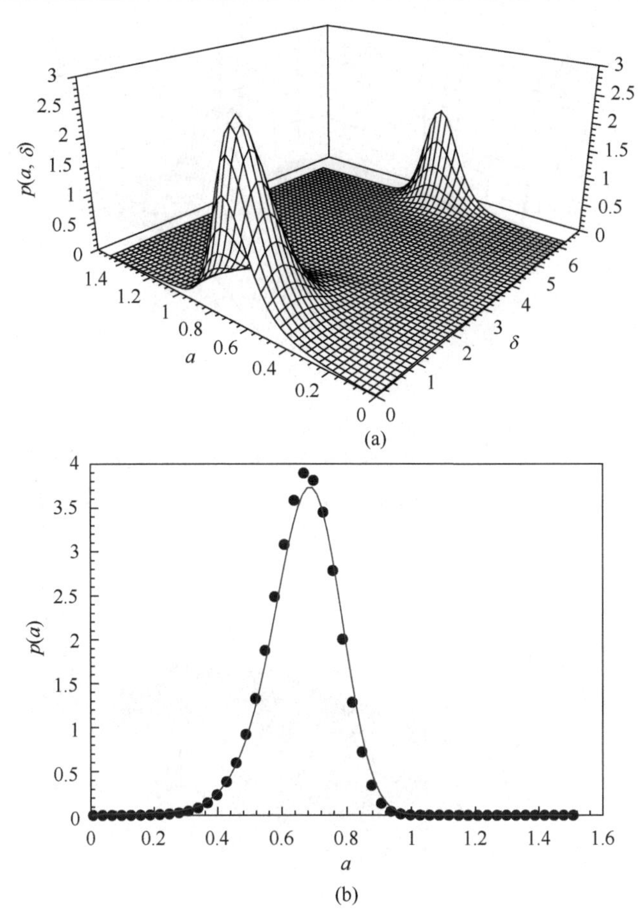

图 8.3.9　(a) 随机平均法得到的幅值 A 与相位差Δ的平稳联合概率密度 $p(a, \delta)$；(b) 幅值 A 的平稳边缘概率密度 $p(a)$(—— 随机平均法结果，● 数值模拟结果)；Ω=1.2，其他参数与图 8.3.6 相同(吴勇军，2005)

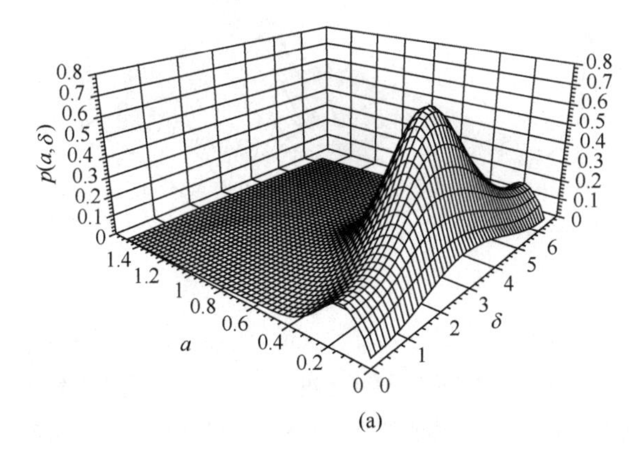

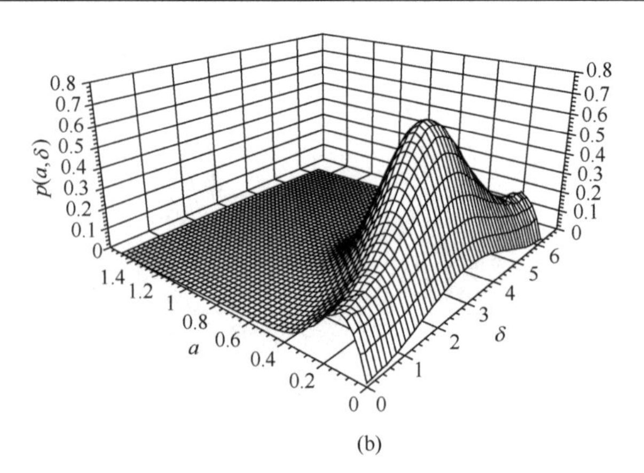

(b)

图 8.3.10　幅值 A 与相位差$\varDelta$的平稳联合概率密度 $p(a，\delta)$，(a) 随机平均法结果；(b) 数值模拟结果；$\varOmega$=1.8，其他参数与图 8.3.6 相同(吴勇军，2005)

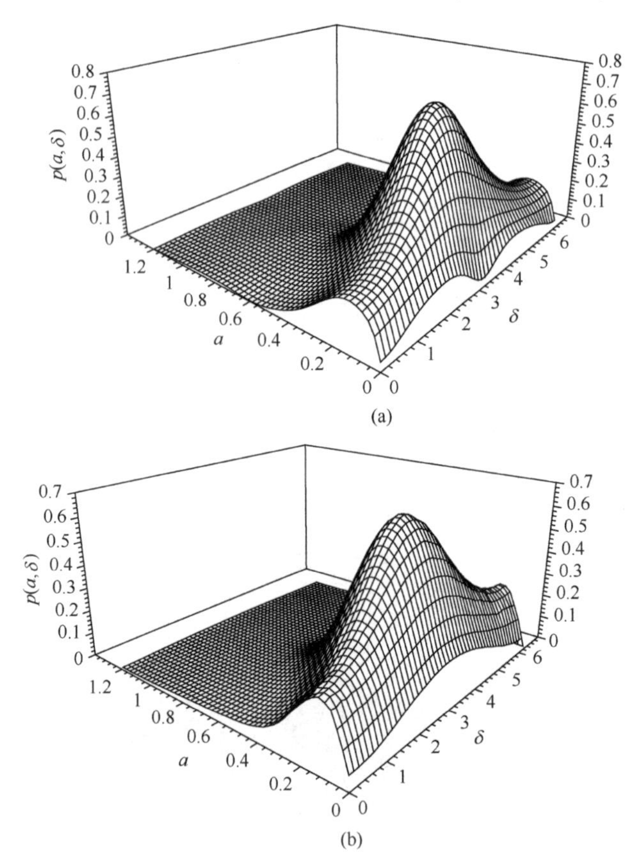

(b)

图 8.3.11　幅值 A 与相位差$\varDelta$的平稳联合概率密度 $p(a，\delta)$，(a) 随机平均法结果；(b) 数值模拟结果；E=0.1，其他参数与图 8.3.4 相同(吴勇军，2005)

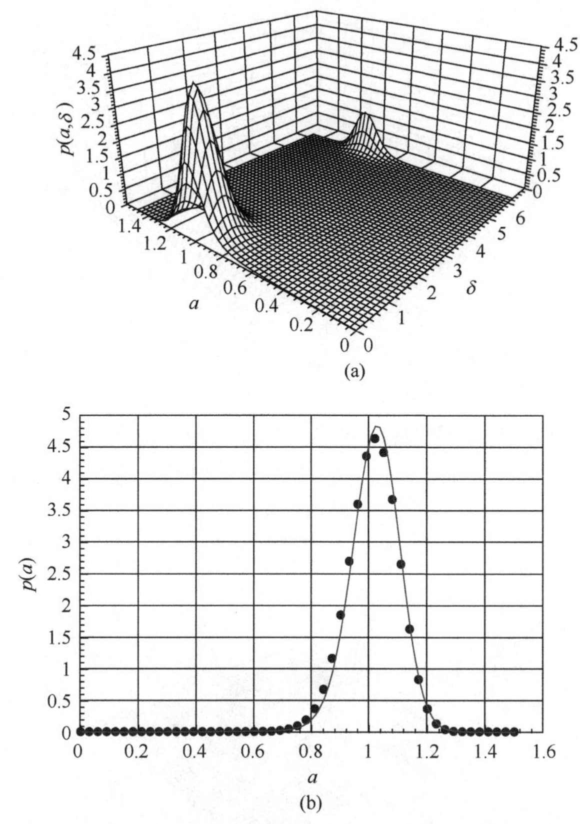

图 8.3.12　(a) 随机平均法得到的幅值 A 与相位差Δ的平稳联合概率密度 $p(a,\ \delta)$；(b) 平稳幅值 A 的边缘概率密度 $p(a)$(—— 随机平均法结果，● 数值模拟结果；E=0.4，其他参数与图 8.3.4 相同)(吴勇军，2005)

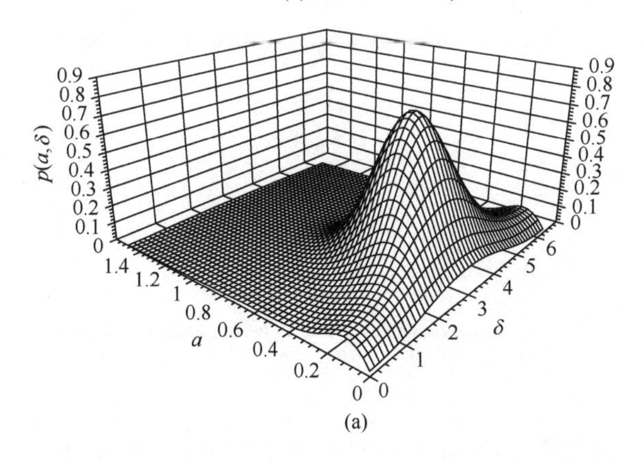

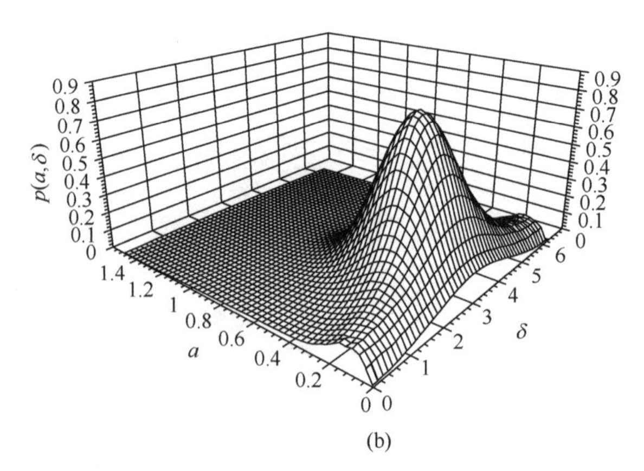

图 8.3.13　幅值 A 与相位差Δ的平稳联合概率密度 $p(a,\ \delta)$，(a) 随机平均法结果；(b) 数值模拟结果；α=0.6，其他参数与图 8.3.4 相同(吴勇军，2005)

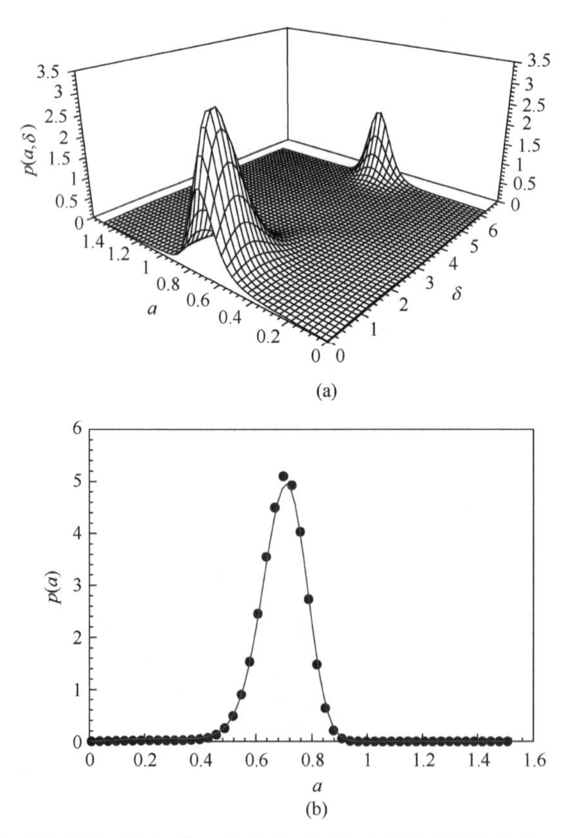

图 8.3.14　(a) 随机平均法得到的幅值 A 与相位差Δ的平稳联合概率密度 $p(a,\ \delta)$；(b) 平稳幅值 A 的边缘概率密度 $p(a)$(—— 随机平均法结果，● 数值模拟结果；α=4.0，其他参数与图 8.3.4 相同(吴勇军，2005))

例 8.3.2　考虑如下受谐和参激与宽带噪声外激和参激的非线性杜芬-瑞利-马休振子(吴勇军和朱位秋，2009)，其运动方程为

$$\ddot{X}+\omega_0^2 X+\alpha X^3+(\beta_1+\beta_2\dot{X}^2)\dot{X}=EX\cos\Omega t+\xi_1(t)+X^2\xi_2(t). \tag{8.3.31}$$

β_1, β_2, ω_0, α, E, Ω 为常数，$\xi_1(t)$, $\xi_2(t)$为宽带噪声，具有有理功率谱密度(8.3.19)，β_1，β_2，E，D_k 为同阶小量. 考虑主参共振

$$\frac{\Omega}{\omega(a)}=2+\varepsilon\sigma. \tag{8.3.32}$$

引进新变量

$$\Delta=\Omega t-2\Phi. \tag{8.3.33}$$

经从式(8.3.2)至(8.3.10)的随机平均和时间平均，可以得到如下关于 A 与 Δ 的平均伊藤随机微分方程

$$\begin{aligned}
\mathrm{d}A&=m_1(A,\Delta)\mathrm{d}t+\sigma_{11}(A)\mathrm{d}B_1(t)+\sigma_{12}(A)\mathrm{d}B_2(t),\\
\mathrm{d}\Delta&=m_2(A,\Delta)\mathrm{d}t+\sigma_{21}(A)\mathrm{d}B_1(t)+\sigma_{22}(A)\mathrm{d}B_2(t),
\end{aligned} \tag{8.3.34}$$

式中漂移系数与扩散系数为

$$m_1(A,\Delta)=F_{10}(A,\Delta)+H_1(A)$$

$$m_2(A,\Delta)=F_{20}(A,\Delta)$$

$$\begin{aligned}
F_{10}(A,\Delta)=A\Big\{&67\alpha^2\beta_2A^6+256\beta_1\omega_0^2+224A^4\alpha\beta_2\omega_0^2+32A^2\left(5\alpha\beta_1+6\beta_2\omega_0^4\right)\\
&-64\left[2b_0(A)-b_4(A)\right]E\sin\Delta\Big\}\Big/512\left(\alpha A^2+\omega_0^2\right)
\end{aligned}$$

$$F_{20}(A,\Delta)=\Omega-2b_0(A)+\left[2b_0(A)+2b_2(A)+b_4(A)\right]E\cos\Delta\Big/4\left(\alpha A^2+\omega_0^2\right)$$

$$H_1(A)=m_{11}+m_{12}+m_{13}+m_{14}$$

$$m_{11}=m_{111}S_1(\omega(A))+m_{113}S_1(3\omega(A))+m_{115}S_1(5\omega(A))+m_{117}S_1(7\omega(A))$$

$$m_{13}=m_{131}S_1(\omega(A))+m_{133}S_1(3\omega(A))+m_{135}S_1(5\omega(A))+m_{137}S_1(7\omega(A))$$

$$m_{12}=m_{121}S_2(\omega(A))+m_{123}S_2(3\omega(A))+m_{125}S_2(5\omega(A))+m_{127}S_2(7\omega(A))+m_{129}S_2(9\omega(A))$$

$$m_{14}=m_{141}S_2(\omega(A))+m_{143}S_2(3\omega(A))+m_{145}S_2(5\omega(A))+m_{147}S_2(7\omega(A))+m_{149}S_2(9\omega(A))$$

$m_{111}=\bar{m}_{111}$，$m_{113}=\bar{m}_{113}$，$m_{115}=\bar{m}_{115}$，$m_{117}=\bar{m}_{117}$

$$\begin{aligned}
m_{121}=\pi A^3\left[2b_0(A)-b_4(A)\right]\Big\{&\ 2\omega_0^2\left[2b_0(A)-b_4(A)\right]\\
&+A\left(A^2\alpha+\omega_0^2\right)\left(2\frac{\mathrm{d}b_0(A)}{\mathrm{d}A}-\frac{\mathrm{d}b_4(A)}{\mathrm{d}A}\right)\Big\}\Big/\left[128\left(A^2\alpha+\omega_0^2\right)^3\right]
\end{aligned}$$

$$m_{123}=\pi A^3\left[2b_0(A)+b_2(A)-b_4(A)-b_6(A)\right]\left\{2\omega_0^2\left[2b_0(A)+b_2(A)-b_4(A)-b_6(A)\right]\right.$$
$$\left.+A\left(A^2\alpha+\omega_0^2\right)\left(2\frac{\mathrm{d}b_0(A)}{\mathrm{d}A}+\frac{\mathrm{d}b_2(A)}{\mathrm{d}A}\right)-A\left(A^2\alpha+\omega_0^2\right)\left[\frac{\mathrm{d}b_4(A)}{\mathrm{d}A}+\frac{\mathrm{d}b_6(A)}{\mathrm{d}A}\right]\right\}\Big/\left[128\left(A^2\alpha+\omega_0^2\right)^3\right]$$

$$m_{125}=\pi A^3\left[b_2(A)+b_4(A)-b_6(A)\right]\left\{2\omega_0^2\left[b_2(A)+b_4(A)-b_6(A)\right]\right.$$
$$\left.+A\left(A^2\alpha+\omega_0^2\right)\left(\frac{\mathrm{d}b_2(A)}{\mathrm{d}A}+\frac{\mathrm{d}b_4(A)}{\mathrm{d}A}\right)-A\left(A^2\alpha+\omega_0^2\right)\frac{\mathrm{d}b_6(A)}{\mathrm{d}A}\right\}\Big/\left[128\left(A^2\alpha+\omega_0^2\right)^3\right]$$

$$m_{127}=\pi A^3\left[b_4(A)+b_6(A)\right]\left\{2\omega_0^2\left[b_4(A)+b_6(A)\right]\right.$$
$$\left.+A\left(A^2\alpha+\omega_0^2\right)\left(\frac{\mathrm{d}b_4(A)}{\mathrm{d}A}+\frac{\mathrm{d}b_6(A)}{\mathrm{d}A}\right)\right\}\Big/\left[128\left(A^2\alpha+\omega_0^2\right)^3\right]$$

$$m_{129}=\pi A^3 b_6(A)\left\{2\omega_0^2 b_6(A)+A\left(A^2\alpha+\omega_0^2\right)\frac{\mathrm{d}b_6(A)}{\mathrm{d}A}\right\}\Big/\left[128\left(A^2\alpha+\omega_0^2\right)^3\right]$$

$m_{131}=\bar{m}_{131}$，$m_{133}=\bar{m}_{133}$，$m_{135}=\bar{m}_{135}$，$m_{137}=\bar{m}_{137}$

$$m_{141}=\pi A^3\left[2b_0(A)-b_4(A)\right]\left[6b_0(A)+4b_2(A)+b_4(A)\right]\Big/\left[128\left(A^2\alpha+\omega_0^2\right)^2\right]$$

$$m_{143}=3\pi A^3\left[2b_0(A)+b_2(A)-b_4(A)-b_6(A)\right]\left[2b_0(A)+3b_2(A)+3b_4(A)+b_6(A)\right]\Big/\left[128\left(A^2\alpha+\omega_0^2\right)^2\right]$$

$$m_{145}=5\pi A^3\left[b_2(A)+b_4(A)-b_6(A)\right]\left[b_2(A)+3b_4(A)+3b_6(A)\right]\Big/\left[128\left(A^2\alpha+\omega_0^2\right)^2\right]$$

$$m_{147}=7\pi A^3\left[b_4(A)+b_6(A)\right]\left[b_4(A)+3b_6(A)\right]\Big/\left[128\left(A^2\alpha+\omega_0^2\right)^2\right]$$

$$m_{149}=9\pi A^3\left[b_6(A)\right]^2\Big/\left[128\left(A^2\alpha+\omega_0^2\right)^2\right]$$

$$\sigma_{11}(A)\sigma_{11}(A)+\sigma_{12}(A)\sigma_{12}(A)=b_{111}+b_{112}$$
$$\sigma_{21}(A)\sigma_{21}(A)+\sigma_{22}(A)\sigma_{22}(A)=b_{221}+b_{222}$$
$$\sigma_{i1}(A)\sigma_{j1}(A)+\sigma_{i2}(A)\sigma_{j2}(A)=0,\qquad i\neq j.$$
$$b_{111}=b_{1111}S_1(\omega(A))+b_{1113}S_1(3\omega(A))+b_{1115}S_1(5\omega(A))+b_{1117}S_1(7\omega(A))$$
$$b_{221}=b_{2211}S_1(\omega(A))+b_{2213}S_1(3\omega(A))+b_{2215}S_1(5\omega(A))+b_{2217}S_1(7\omega(A))$$
$$b_{112}=b_{1121}S_2(\omega(A))+b_{1123}S_2(3\omega(A))+b_{1125}S_2(5\omega(A))+b_{1127}S_2(7\omega(A))+b_{1129}S_2(9\omega(A))$$
$$b_{222}=b_{2221}S_2(\omega(A))+b_{2223}S_2(3\omega(A))+b_{2225}S_2(5\omega(A))+b_{2227}S_2(7\omega(A))+b_{2229}S_2(9\omega(A))$$

$b_{1111}=\bar{b}_{1111}$，$b_{1113}=\bar{b}_{1113}$，$b_{1115}=\bar{b}_{1115}$，$b_{1117}=\bar{b}_{1117}$

$$\tilde{b}_{1121} = \pi A^4 \left[-2b_0(A) + b_4(A)\right]^2 \Big/ \left[64\left(\alpha A^2 + \omega_0^2\right)^2\right]$$

$$\tilde{b}_{1123} = \pi A^4 \left[-2b_0(A) - b_2(A) + b_4(A) + b_6(A)\right]^2 \Big/ \left[64\left(\alpha A^2 + \omega_0^2\right)^2\right]$$

$$\tilde{b}_{1125} = \pi A^4 \left[b_2(A) + b_4(A) + b_6(A)\right]^2 \Big/ \left[64\left(\alpha A^2 + \omega_0^2\right)^2\right]$$

$$\tilde{b}_{1127} = \pi A^4 \left[b_4(A) + b_6(A)\right]^2 \Big/ \left[64\left(\alpha A^2 + \omega_0^2\right)^2\right]$$

$$\tilde{b}_{1129} = \pi A^4 \left[b_6(A)\right]^2 \Big/ \left[64\left(\alpha A^2 + \omega_0^2\right)^2\right]$$

$$\tilde{b}_{2211} = \bar{b}_{2211},\quad \tilde{b}_{2213} = \bar{b}_{2213},\quad \tilde{b}_{2215} = \bar{b}_{2215},\quad \tilde{b}_{2217} = \bar{b}_{2217}$$

$$\tilde{b}_{2221} = \pi A^2 \left[6b_0(A) + 4b_2(A) + b_4(A)\right]^2 \Big/ \left[64\left(\alpha A^2 + \omega_0^2\right)^2\right]$$

$$\tilde{b}_{2223} = \pi A^2 \left[2b_0(A) + 3b_2(A) + 3b_4(A) + b_6(A)\right]^2 \Big/ \left[64\left(\alpha A^2 + \omega_0^2\right)^2\right]$$

$$\tilde{b}_{2225} = \pi A^2 \left[b_2(A) + 3b_4(A) + 3b_6(A)\right]^2 \Big/ \left[64\left(\alpha A^2 + \omega_0^2\right)^2\right]$$

$$\tilde{b}_{2227} = \pi A^2 \left[b_4(A) + 3b_6(A)\right]^2 \Big/ \left[64\left(\alpha A^2 + \omega_0^2\right)^2\right]$$

$$\tilde{b}_{2229} = \pi A^2 \left[b_6(A)\right]^2 \Big/ \left[64\left(\alpha A^2 + \omega_0^2\right)^2\right] \tag{8.3.35}$$

式中 $\bar{m}_{1jk}$ (j=1，3；k=1，3，5，7)和 $\bar{b}_{jj1k}$ (j=1，2；k=1，3，5，7)不受噪声参激项 $X^2\xi_2(t)$ 的影响，其表达式与式(8.3.27)中 m_{1jk} 和 b_{jj1k} 相同.

求解与(8.3.34)相应的平稳 FPK 方程，可得联合概率密度 $p(a,\delta)$. 图 8.3.15 给出了一组数值结果，理论与数值模拟结果颇为吻合.

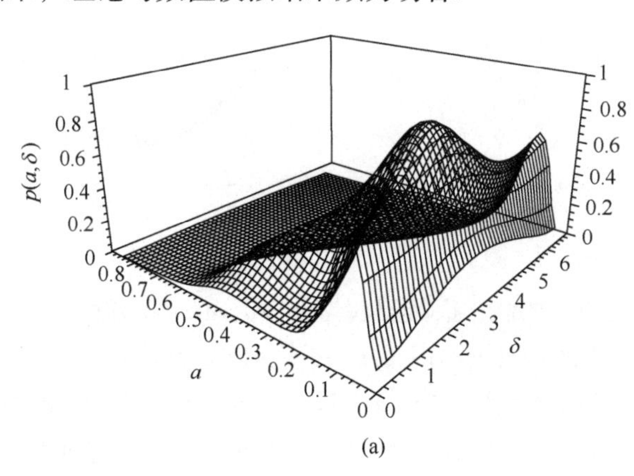

(a)

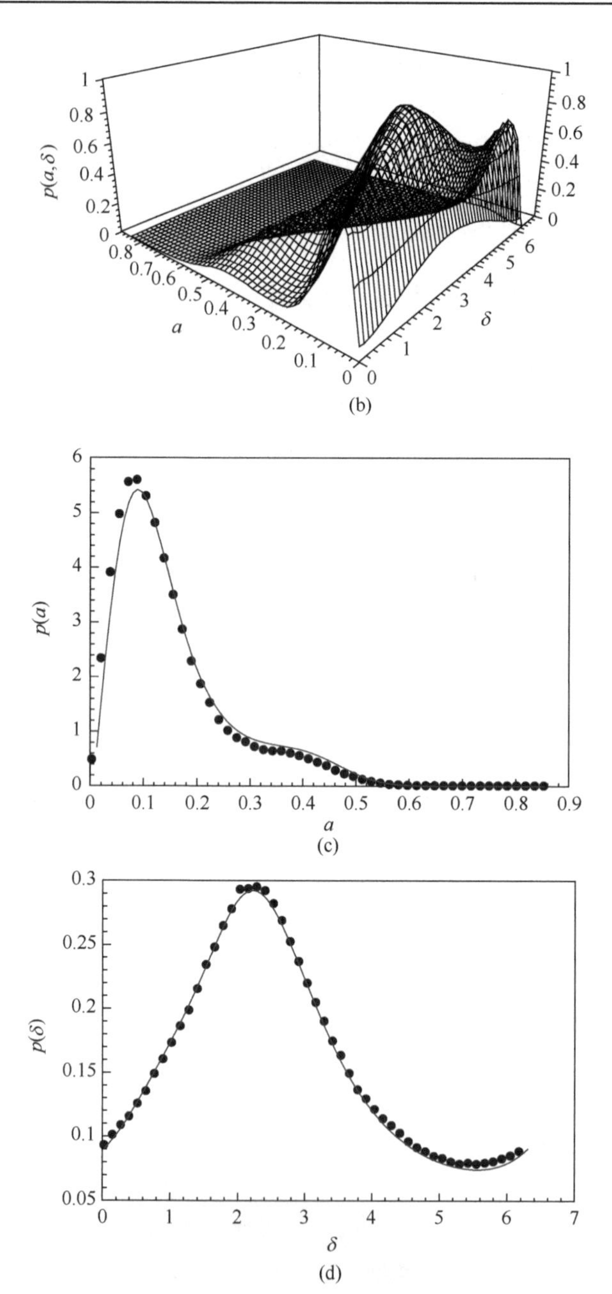

图 8.3.15　幅值 A 与相位差Δ的平稳联合概率密度 $p(a，\delta)$，(a) 随机平均法结果；(b) 数值模拟结果，平稳边缘概率密度；(c) $p(a)$；(d) $p(\delta)$—— 随机平均法结果，● 数值模拟结果，系统参数：ω_0=1.0；α=1.0；$\beta_1=\beta_2$= 0.05；E=0.1；Ω=2.1；噪声的功率谱密度参数：ω_k=5.0；ζ_k=0.5；D_k=0.2；(k=1，2) (吴勇军和朱位秋，2009)

8.3.2　多自由度系统

考虑如下受谐和与宽带噪声共同激励的 n 自由度拟可积哈密顿系统(Huang and Zhu，2004a；Hu and Zhu，2015)

$$\dot{Q}_i = P_i,$$
$$\dot{P}_i = -g_i(Q_i) - \varepsilon\sum_{j=1}^{n} c_{ij}(\boldsymbol{Q},\boldsymbol{P})P_j + \varepsilon\sum_{r=1}^{s} h_{ir}(\boldsymbol{Q},\boldsymbol{P})\cos(\Omega_r t+\beta_r) + \varepsilon^{1/2}\sum_{k=1}^{m} f_{ik}(\boldsymbol{Q},\boldsymbol{P})\xi_k(t),$$
$$i=1,2,\cdots,n. \tag{8.3.36}$$

式中 $g_i(Q_i)$表示非线性恢复力；ε是小参数，εc_{ij} 是阻尼系数；εh_{ir} 是谐和激励幅值，h_{ir} 为常数时 $\varepsilon h_{ir}\cos\Omega_r t$ 表示谐和外激，h_{ik} 为状态变量 $\boldsymbol{Q},\boldsymbol{P}$ 函数时，$\varepsilon h_{ir}\cos(\Omega_r t+\beta_r)$ 表示谐和参激；Ω_r 是谐和激励频率，β_r 为相位角；$\xi_k(t)$是互相关函数为 $R_{kl}(\tau)$和互功率谱密度为 $S_{kl}(\omega)$的宽带噪声，$\varepsilon^{1/2}f_{ik}$ 为随机激励幅值.

系统(8.3.36)中各自由度振子的势函数

$$U_i(Q_i)=\int_0^{Q_i} g_i(x)\mathrm{d}x\,. \tag{8.3.37}$$

若函数 $g_i(Q_i)$ 与 $U_i(Q_i)$, $(i=1,2,\cdots,n)$ 满足方程(8.1.5)下面所列的四个条件，则系统(8.3.36)有如下形式的随机周期解族

$$\begin{aligned}&Q_i(t)=A_i\cos\Phi_i(t)+B_i,\quad P_i(t)=-A_i\nu_i(A_i,\Phi_i)\sin\Phi_i(t),\\&\Phi_i(t)=\Gamma_i(t)+\Theta_i(t),\quad i=1,2,\cdots,n.\end{aligned} \tag{8.3.38}$$

式中 B_i 与 A_i 有关系式 $U_i(A_i+B_i)=U_i(A_i-B_i)=H_i$，瞬时频率为

$$\nu_i(A_i,\Phi_i)=\frac{\mathrm{d}\Gamma_i}{\mathrm{d}t}=\sqrt{\frac{2[U_i(A_i+B_i)-U_i(A_i\cos\Phi_i+B_i)]}{A_i^2\sin^2\Phi_i}}. \tag{8.3.39}$$

令第 i 个振子的平均频率 $\omega_i(A_i)=\int_0^{2\pi}\nu_i(A_i,\Phi_i)\mathrm{d}\Phi_i\Big/2\pi$，可得以下近似关系

$$\Phi_i(t)\approx\omega_i(A_i)t+\Theta_i(t) \tag{8.3.40}$$

对原系统方程(8.3.36)作变换(8.3.38)，可导得

$$\frac{\mathrm{d}A_i}{\mathrm{d}t}=\varepsilon F_i^{(1)}(\boldsymbol{A},\boldsymbol{\Phi},\boldsymbol{\Omega})+\varepsilon^{1/2}\sum_{k=1}^{m}G_{ik}^{(1)}(\boldsymbol{A},\boldsymbol{\Phi})\xi_k(t),$$
$$\frac{\mathrm{d}\Phi_i}{\mathrm{d}t}=\nu_i(A_i,\Phi_i)+\varepsilon F_i^{(2)}(\boldsymbol{A},\boldsymbol{\Phi},\boldsymbol{\Omega})+\varepsilon^{1/2}\sum_{k=1}^{m}G_{ik}^{(2)}(\boldsymbol{A},\boldsymbol{\Phi})\xi_k(t), \tag{8.3.41}$$
$$i=1,2,\cdots,n.$$

式中

$$
\boldsymbol{A}=[A_1,A_2,\cdots,A_n],\quad \boldsymbol{\Phi}=[\Phi_1,\Phi_2,\cdots,\Phi_n],\quad \boldsymbol{\Omega}=[\Omega_1 t,\Omega_2 t,\cdots,\Omega_s t],
$$

$$
F_i^{(1)}=\frac{-A_i}{g_i(A_i+B_i)(1+d_i)}\left[\sum_{j=1}^{n}c_{ij}(A_i\cos\Phi_i+B_i,-A_i\nu_i\sin\Phi_i)A_j\nu_j\sin\Phi_j\right.
$$

$$
\left.+\sum_{r=1}^{s}h_{ir}(A_i\cos\Phi_i+B_i,-A_i\nu_i\sin\Phi_i)\cos(\Omega_r t+\beta_r)\right]\nu_i\sin\Phi_i,
$$

$$
F_i^{(2)}=\frac{-1}{g_i(A_i+B_i)(1+d_i)}\left[\sum_{j=1}^{n}c_{ij}(A_i\cos\Phi_i+B_i,-A_i\nu_i\sin\Phi_i)A_j\nu_j\sin\Phi_j\right.
$$

$$
\left.+\sum_{r=1}^{s}h_{ir}(A_i\cos\Phi_i+B_i,-A_i\nu_i\sin\Phi_i)\cos(\Omega_r t+\beta_r)\right]\nu_i(\cos\Phi_i+d_i),
$$

$$
G_{ik}^{(1)}=\frac{-A_i}{g_i(A_i+B_i)(1+d_i)}f_{ik}(A_i\cos\Phi_i+B_i,-A_i\nu_i\sin\Phi_i)\nu_i\sin\Phi_i,
$$

$$
G_{ik}^{(2)}=\frac{-1}{g_i(A_i+B_i)(1+d_i)}f_{ik}(A_i\cos\Phi_i+B_i,-A_i\nu_i\sin\Phi_i)\nu_i(\cos\Phi_i+d_i),
$$

$$
d_i=\frac{\mathrm{d}B_i}{\mathrm{d}A_i}=\frac{g_i(-A_i+B_i)+g_i(A_i+B_i)}{g_i(-A_i+B_i)-g_i(A_i+B_i)}. \tag{8.3.42}
$$

谐和与宽带噪声共同激励拟可积哈密顿系统(8.3.36)的各自由度之间可能存在内共振，谐和激励与各自由度之间还可能产生外共振. 当系统无外共振时，谐和激励的作用可以忽略，此时，可应用 8.1 节中受宽带随机激励的拟可积哈密顿系统随机平均法进行处理. 下面考虑同时有外共振和内外共振情形.

设系统 n 个自由度振子的平均固有频率 $\omega_i(a_i)$, $i=1,2,\cdots,n$ 与谐和激励频率 $\Omega_1,\Omega_2,\cdots,\Omega_s$ 间存在如下 $\mu\,(1\leqslant\mu\leqslant s)$ 个共振关系

$$
\sum_{r=1}^{s}E_r^u\Omega_r+\sum_{i=1}^{n}I_i^u\omega_i=\varepsilon\chi_u,\quad u=1,2,\cdots,\mu. \tag{8.3.43}
$$

E_r^u, I_i^u 为不全为零的整数，ε 为小参数，$\varepsilon\chi_u$ 为小的解调量. 注意，式(8.3.43)同时也适用仅有外共振与同时具有内外共振两种情形. 引入以下 μ 个角变量组合

$$
\Delta_u=\sum_{r=1}^{s}E_r^u\Omega_r t+\sum_{i=1}^{n}I_i^u\Phi_i,\quad u=1,2,\cdots,\mu. \tag{8.3.44}
$$

以 μ 个 Δ_u 代替(8.3.44)中涉及的 μ 个 Φ_i，从系统(8.3.41)可导出新的随机微分方程为

$$
\frac{\mathrm{d}A_i}{\mathrm{d}t}=\varepsilon\bar{F}_i^{(1)}(\boldsymbol{A},\boldsymbol{\Delta},\boldsymbol{\Phi}',\boldsymbol{\Omega})+\varepsilon^{1/2}\sum_{k=1}^{m}\bar{G}_{ik}^{(1)}(\boldsymbol{A},\boldsymbol{\Delta},\boldsymbol{\Phi}')\xi_k(t),
$$

$$
\begin{aligned}
&\frac{\mathrm{d}\Delta_u}{\mathrm{d}t}=\sum_{r=1}^{s}E_r^u\Omega_r+\sum_{i=1}^{n}I_i^u\nu_i(A_i,\Phi_i)+\varepsilon\sum_{i=1}^{n}I_i^u\bar{F}_i^{(2)}(\boldsymbol{A},\boldsymbol{\Delta},\boldsymbol{\Phi}',\boldsymbol{\Omega})+\varepsilon^{1/2}\sum_{i=1}^{n}\sum_{k=1}^{m}I_i^u\bar{G}_{ik}^{(2)}(\boldsymbol{A},\boldsymbol{\Delta},\boldsymbol{\Phi}')\xi_k(t),\\
&\frac{\mathrm{d}\Phi_w}{\mathrm{d}t}=\nu_w(A_w,\Phi_w)+\varepsilon\bar{F}_w^{(2)}(\boldsymbol{A},\boldsymbol{\Delta},\boldsymbol{\Phi}',\boldsymbol{\Omega})+\varepsilon^{1/2}\sum_{k=1}^{m}\bar{G}_{wk}^{(2)}(\boldsymbol{A},\boldsymbol{\Delta},\boldsymbol{\Phi}')\xi_k(t),\\
&i=1,2,\cdots,n;\quad u=1,2,\cdots,\mu;\quad w=\mu+1,\mu+2,\cdots,n.
\end{aligned}
\tag{8.3.45}
$$

式中 $\boldsymbol{\Delta}=[\Delta_1,\Delta_2,\cdots,\Delta_\mu]^{\mathrm{T}}$，$\boldsymbol{\Phi}'=[\Phi_{\mu+1},\Phi_{\mu+2},\cdots,\Phi_n]^{\mathrm{T}}$，$\bar{F}_i^{(1)},\bar{F}_i^{(2)},\bar{G}_{ik}^{(1)},\bar{G}_{ik}^{(2)}$, 分别是 $F_i^{(1)},F_i^{(2)},G_{ik}^{(1)},G_{ik}^{(2)}$ 中 μ 个 Φ_i 换成 μ 个 Δ_u 的结果.

按哈斯敏斯基定理(Khasminskii，1966；1968)，随 $\varepsilon\to0$，$[\boldsymbol{A}^{\mathrm{T}},\boldsymbol{\Delta}^{\mathrm{T}}]^{\mathrm{T}}$ 收敛于 $(n+\mu)$维马尔可夫扩散过程. 经对 A_i,Δ_u 方程右边进行随机平均和时间平均可得关于 A_i,Δ_u 的平均伊藤随机微分方程.对时间平均可代之以对未被代替的 $(n-\mu)$ 个 Φ_i 和 s 个 $\Omega_r t$ 的平均，最终可导得如下平均伊藤随机微分方程

$$
\begin{aligned}
&\mathrm{d}A_i=V_i(\boldsymbol{A},\boldsymbol{\Delta})\mathrm{d}t+\sum_{k=1}^{m}\sigma_{ik}^{(1)}(\boldsymbol{A})\mathrm{d}B_k(t),\\
&\mathrm{d}\Delta_u=W_u(\boldsymbol{A},\boldsymbol{\Delta})\mathrm{d}t+\sum_{k=1}^{m}\sigma_{uk}^{(2)}(\boldsymbol{A})\mathrm{d}B_k(t),\\
&i=1,2,\cdots,n;\quad u=1,2,\cdots,\mu.
\end{aligned}
\tag{8.3.46}
$$

式中漂移系数与扩散系数为

$$
\begin{aligned}
V_i=&\frac{\varepsilon}{(2\pi)^{n-\mu+s}}\int_0^{2\pi}\int_0^{2\pi}\{\bar{F}_i^{(1)}+\sum_{k,l=1}^{m}\int_{-\infty}^{0}[\sum_{j=1}^{n}(\frac{\partial\bar{G}_{ik}^{(1)}}{\partial A_j}\bigg|_t\bar{G}_{jl}^{(1)}\Big|_{t+\tau})\\
&+\sum_{v=1}^{\mu}\sum_{j=1}^{n}(I_j^v\frac{\partial\bar{G}_{ik}^{(1)}}{\partial\Delta_v}\bigg|_t\bar{G}_{jl}^{(2)}\Big|_{t+\tau})+\sum_{w=\mu+1}^{n}(\frac{\partial\bar{G}_{ik}^{(1)}}{\partial\Phi_w}\bigg|_t\bar{G}_{wl}^{(2)}\Big|_{t+\tau})]R_{kl}(\tau)\mathrm{d}\tau\}\mathrm{d}\boldsymbol{\Phi}'\mathrm{d}\boldsymbol{\Omega}t,\\
W_u=&\varepsilon\chi_u+\frac{\varepsilon}{(2\pi)^{n-\mu+s}}\int_0^{2\pi}\int_0^{2\pi}\{\sum_{i=1}^{n}I_i^u\bar{F}_i^{(2)}+\sum_{k,l=1}^{m}\int_{-\infty}^{0}[\sum_{i,j=1}^{n}(I_i^u\frac{\partial\bar{G}_{ik}^{(?)}}{\partial A_j}\bigg|_t\bar{G}_{jl}^{(1)}\Big|_{t+\tau})\\
&+\sum_{v=1}^{\mu}\sum_{i,j=1}^{n}(I_i^uI_j^v\frac{\partial\bar{G}_{ik}^{(2)}}{\partial\Delta_v}\bigg|_t\bar{G}_{jl}^{(2)}\Big|_{t+\tau})+\sum_{w=\mu+1}^{n}\sum_{i=1}^{n}(I_i^u\frac{\partial\bar{G}_{ik}^{(2)}}{\partial\Phi_w}\bigg|_t\bar{G}_{wl}^{(2)}\Big|_{t+\tau})]R_{kl}(\tau)\mathrm{d}\tau\}\mathrm{d}\boldsymbol{\Phi}'\mathrm{d}\boldsymbol{\Omega}t,\\
&\sum_{k=1}^{m}\sigma_{ik}^{(1)}\sigma_{jk}^{(1)}=\frac{\varepsilon}{(2\pi)^{n-\mu}}\int_0^{2\pi}\sum_{k=1}^{m}\int_{-\infty}^{\infty}(\bar{G}_{ik}^{(1)}\Big|_t\bar{G}_{jl}^{(1)}\Big|_{t+\tau}R_{kl}(\tau)\mathrm{d}\tau)\mathrm{d}\boldsymbol{\Phi}',\\
&\sum_{k=1}^{m}\sigma_{uk}^{(2)}\sigma_{vk}^{(2)}=\frac{\varepsilon}{(2\pi)^{n-\mu}}\int_0^{2\pi}\sum_{k=1}^{m}\int_{-\infty}^{\infty}\sum_{i,j=1}^{n}I_i^uI_j^v\bar{G}_{ik}^{(2)}\Big|_t\bar{G}_{jl}^{(2)}\Big|_{t+\tau}R_{kl}(\tau)\mathrm{d}\tau)\mathrm{d}\boldsymbol{\Phi}',\\
&\sum_{k=1}^{m}\sigma_{ik}^{(1)}\sigma_{uk}^{(2)}=\frac{\varepsilon}{(2\pi)^{n-\mu}}\int_0^{2\pi}\sum_{k=1}^{m}\int_{-\infty}^{\infty}\sum_{j=1}^{n}I_j^u\bar{G}_{ik}^{(1)}\Big|_t\bar{G}_{jl}^{(2)}\Big|_{t+\tau}R_{kl}(\tau)\mathrm{d}\tau)\mathrm{d}\boldsymbol{\Phi}',\\
&i,j=1,2,\cdots,n;\quad u,v=1,2,\cdots,\mu.
\end{aligned}
\tag{8.3.47}
$$

可建立与式(8.3.46)相应的支配 $p(\boldsymbol{a},\boldsymbol{\delta},t)$ 的平均 FPK 方程. 若已求得平稳概率密度 $p(\boldsymbol{a},\boldsymbol{\delta})$，则可类似于式(8.3.17)按下式得到 $p(\boldsymbol{q},\boldsymbol{p})$

$$p(\boldsymbol{q},\boldsymbol{p})=p(\boldsymbol{a},\boldsymbol{\delta})\left|\frac{\partial(\boldsymbol{a},\boldsymbol{\delta})}{\partial(\boldsymbol{q},\boldsymbol{p})}\right|=p(\boldsymbol{a},\boldsymbol{\delta})\left|\frac{\partial(\boldsymbol{a},\boldsymbol{\delta})}{\partial(\boldsymbol{a},\boldsymbol{\phi})}\right|\left|\frac{\partial(\boldsymbol{a},\boldsymbol{\phi})}{\partial(\boldsymbol{q},\boldsymbol{p})}\right| \tag{8.3.48}$$

例 8.3.3　考虑单个谐和与四个宽带噪声联合激励的两个耦合的非线性阻尼杜芬振子(吴勇军，2005)，系统的运动方程为

$$\begin{aligned}&\ddot{X}_1+(\beta_{11}+\beta_{12}X_1^2+\beta_{13}X_2^2)\dot{X}_1+\omega_{01}^2X_1+\alpha_1X_1^3=E_1\cos\Omega t+\xi_1(t)+X_1\xi_2(t),\\&\ddot{X}_2+(\beta_{21}+\beta_{22}X_1^2+\beta_{23}X_2^2)\dot{X}_2+\omega_{02}^2X_2+\alpha_2X_2^3=E_2\cos\Omega t+\xi_3(t)+X_2\xi_4(t).\end{aligned} \tag{8.3.49}$$

式中β_{ij}，ω_{0i}，α_i，E_i，Ω 为常数(i=1，2；j=1，2，3)；$\xi_k(t)$ (k=1，…，4)是功率谱密度为(8.3.19)所示的宽带噪声，β_{ij}，E_i，D_k 同为 ε 阶小量.

设系统的解形为

$$\begin{aligned}&X_i(t)=A_i\cos\Phi_i(t),\quad \dot{X}_i(t)=-A_i\nu_i(A_i,\Phi_i)\sin\Phi_i(t),\\&\Phi_i(t)=\Gamma_i(t)+\Theta_i(t),\quad i=1,2.\end{aligned} \tag{8.3.50}$$

式中

$$\begin{aligned}&\nu_i(a_i,\phi_i)=\left[\left(\omega_{0i}^2+3\alpha_ia_i^2/4\right)\left(1+\lambda_i\cos2\phi_i\right)\right]^{1/2},\\&\lambda_i=\alpha_ia_i^2\Big/4\left(\omega_{0i}^2+3\alpha_ia_i^2/4\right).\end{aligned} \tag{8.3.51}$$

将 $\nu_i(a_i,\phi_i)$ 展开为傅里叶级数，取前面七项作近似，注意鉴于对称奇次谐波项系数为零，得

$$\nu_i(a_i,\phi_i)\approx b_{i0}(a_i)+b_{i2}(a_i)\cos2\phi_i+b_{i4}(a_i)\cos4\phi_i+b_{i6}(a_i)\cos6\phi_i \tag{8.3.52}$$

式中

$$\begin{aligned}&b_{i0}(a_i)=\left(\omega_{0i}^2+3\alpha_ia_i^2/4\right)^{1/2}\left(1-\lambda_i^2/16\right),\quad b_{i2}(a_i)=\left(\omega_{0i}^2+3\alpha_ia_i^2/4\right)^{1/2}\left(\lambda_i/2+3\lambda_i^3/64\right),\\&b_{i4}(a_i)=\left(\omega_{0i}^2+3\alpha_ia_i^2/4\right)^{1/2}\left(-\lambda_i^2/16\right),\quad b_{i2}(a_i)=\left(\omega_{0i}^2+3\alpha_ia_i^2/4\right)^{1/2}\left(\lambda_i^3/64\right),\end{aligned} \tag{8.3.53}$$

平均频率为 $\omega_i(a_i)=b_{i0}(a_i)$. 式(8.3.50)代入式(8.3.49)，解得

$$\begin{aligned}&\frac{\mathrm{d}A_1}{\mathrm{d}t}=F_1^{(1)}(\boldsymbol{A},\boldsymbol{\Phi},\Omega t)+G_{11}^{(1)}\xi_1(t)+G_{12}^{(1)}\xi_2(t),\\&\frac{\mathrm{d}A_2}{\mathrm{d}t}=F_2^{(1)}(\boldsymbol{A},\boldsymbol{\Phi},\Omega t)+G_{23}^{(1)}\xi_3(t)+G_{24}^{(1)}\xi_4(t),\\&\frac{\mathrm{d}\Phi_1}{\mathrm{d}t}=\nu_1(A_1,\Phi_1)+F_1^{(2)}(\boldsymbol{A},\boldsymbol{\Phi},\Omega t)+G_{11}^{(2)}\xi_1(t)+G_{12}^{(2)}\xi_2(t),\\&\frac{\mathrm{d}\Phi_2}{\mathrm{d}t}=\nu_2(A_2,\Phi_2)+F_2^{(2)}(\boldsymbol{A},\boldsymbol{\Phi},\Omega t)+G_{23}^{(2)}\xi_3(t)+G_{24}^{(2)}\xi_4(t).\end{aligned} \tag{8.3.54}$$

式中

$$F_i^{(1)} = \frac{-A_i}{\omega_{0i}^2 A_i + \alpha_i A_i^3}[(\beta_{i1} + \beta_{i2} A_1^2 \cos^2 \Phi_1 + \beta_{i3} A_2^2 \cos^2 \Phi_2) A_i \nu_i (A_i, \Phi_i) \sin \Phi_i + E_i \cos \Omega t] \nu_i (A_i, \Phi_i) \sin \Phi_i,$$

$$F_i^{(2)} = \frac{-1}{\omega_{0i}^2 A_i + \alpha_i A_i^3}[(\beta_{i1} + \beta_{i2} A_1^2 \cos^2 \Phi_1 + \beta_{i3} A_2^2 \cos^2 \Phi_2) A_i \nu_i (A_i, \Phi_i) \sin \Phi_i + E_i \cos \Omega t] \nu_i (A_i, \Phi_i) \cos \Phi_i,$$

$$G_{i,2i-1}^{(1)} = \frac{-A_i}{\omega_{0i}^2 A_i + \alpha_i A_i^3} \nu_i (A_i, \Phi_i) \sin \Phi_i, \qquad G_{i,2i}^{(1)} = \frac{-A_i^2}{\omega_{0i}^2 A_i + \alpha_i A_i^3} \nu_i (A_i, \Phi_i) \sin \Phi_i \cos \Phi_i,$$

$$G_{i,2i-1}^{(2)} = \frac{-1}{\omega_{0i}^2 A_i + \alpha_i A_i^3} \nu_i (A_i, \Phi_i) \cos \Phi_i, \qquad G_{i,2i}^{(2)} = \frac{-A_i}{\omega_{0i}^2 A_i + \alpha_i A_i^3} \nu_i (A_i, \Phi_i) \cos^2 \Phi_i.$$

$i = 1,2.$

$$(8.3.55)$$

考虑仅第一个振子有外共振的情况，即

$$\frac{\Omega}{\omega_1(A_1)} = 1 + \varepsilon\sigma. \tag{8.3.56}$$

引入

$$\Delta = \Omega t - \Phi_1. \tag{8.3.57}$$

完成随机平均，得关于 A_1、A_2、Δ 的平均伊藤随机微分方程

$$\begin{aligned} dA_1 &= m_1(A_1, A_2, \Delta)dt + \sigma_{11}dB_1(t) + \sigma_{12}dB_2(t), \\ dA_2 &= m_2(A_1, A_2, \Delta)dt + \sigma_{23}dB_3(t) + \sigma_{24}dB_4(t), \\ d\Delta &= m_3(A_1, A_2, \Delta)dt + \sigma_{31}dB_1(t) + \sigma_{32}dB_2(t). \end{aligned} \tag{8.3.58}$$

式中漂移系数与扩散系数为

$$m_1 = s_1 + m_{11} + m_{12} + m_{13} + m_{14},$$

$$m_2 = s_2 + m_{21} + m_{22} + m_{23} + m_{24},$$

$$m_3 = \Omega - b_{10}(A_1) + \left[b_{12}(A_1) + 2b_{10}(A_1)\right] E_1 \cos\Delta \Big/ \left[4A_1\left(\omega_{01}^2 + \alpha_1 A_1^2\right)\right],$$

$$\begin{aligned} s_1 = &-\alpha_1 A_1^3 \left(10\beta_{11} + 3\beta_{12} A_1^2 + 5\beta_{13} A_2^2\right) \Big/ \left[32\left(\alpha_1 A_1^2 + \omega_{01}^2\right)\right] \\ &-\omega_{01}^2 A_1 \left(4\beta_{11} + \beta_{12} A_1^2 + 2\beta_{13} A_2^2\right) \Big/ \left[8\left(\alpha_1 A_1^2 + \omega_{01}^2\right)\right] \\ &+E_1\left(2b_{10} - b_{12}\right)\sin\Delta \Big/ \left[4\left(\alpha_1 A_1^2 + \omega_{01}^2\right)\right], \end{aligned}$$

$$\begin{aligned} s_2 = &-\alpha_2 A_2^3 \left(10\beta_{21} + 3\beta_{23} A_2^2 + 5\beta_{22} A_1^2\right) \Big/ \left[32\left(\alpha_2 A_2^2 + \omega_{02}^2\right)\right] \\ &-\omega_{02}^2 A_2 \left(4\beta_{21} + \beta_{22} A_1^2 + 2\beta_{23} A_2^2\right) \Big/ \left[8\left(\alpha_2 A_2^2 + \omega_{02}^2\right)\right], \end{aligned}$$

$$m_{11}=m_{11}^1S_1(\omega(A_1))+m_{11}^3S_1(3\omega(A_1))+m_{11}^5S_1(5\omega(A_1))+m_{11}^7S_1(7\omega(A_1)),$$
$$m_{12}=m_{12}^2S_2(2\omega(A_1))+m_{12}^4S_2(4\omega(A_1))+m_{12}^6S_2(6\omega(A_1))+m_{12}^8S_2(8\omega(A_1)),$$
$$m_{13}=m_{13}^1S_1(\omega(A_1))+m_{13}^3S_1(3\omega(A_1))+m_{13}^5S_1(5\omega(A_1))+m_{13}^7S_1(7\omega(A_1)),$$
$$m_{14}=m_{14}^2S_2(2\omega(A_1))+m_{14}^4S_2(4\omega(A_1))+m_{14}^6S_2(6\omega(A_1))+m_{14}^8S_2(8\omega(A_1)),$$
$$m_{21}=m_{21}^1S_3(\omega(A_2))+m_{21}^3S_3(3\omega(A_2))+m_{21}^5S_3(5\omega(A_2))+m_{21}^7S_3(7\omega(A_2)),$$
$$m_{22}=m_{22}^2S_4(2\omega(A_2))+m_{22}^4S_4(4\omega(A_2))+m_{22}^6S_4(6\omega(A_2))+m_{22}^8S_4(8\omega(A_2)),$$
$$m_{23}=m_{23}^1S_3(\omega(A_2))+m_{23}^3S_3(3\omega(A_2))+m_{23}^5S_3(5\omega(A_2))+m_{23}^7S_3(7\omega(A_2)),$$
$$m_{24}=m_{24}^2S_4(2\omega(A_2))+m_{24}^4S_4(4\omega(A_2))+m_{24}^6S_4(6\omega(A_2))+m_{24}^8S_4(8\omega(A_2)),$$

$$m_{i1}^1=\pi\left[b_{i2}(A_i)-2b_{i0}(A_i)\right]\left\{2\alpha_iA_i\left[2b_{i0}(A_i)-b_{i2}(A_i)\right]-\left(A_i^2\alpha_i+\omega_{0i}^2\right)\right.$$
$$\left.\times\left(\frac{\mathrm{d}b_{i2}(A_i)}{\mathrm{d}A_i}-2\frac{\mathrm{d}b_{i0}(A_i)}{\mathrm{d}A_i}\right)\right\}\bigg/\left[8\left(A_i^2\alpha_i+\omega_{0i}^2\right)^3\right],$$

$$m_{i1}^3=\pi\left[b_{i2}(A_i)-b_{i4}(A_i)\right]\left\{2\alpha_iA_i\left[b_{i4}(A_i)-b_{i2}(A_i)\right]+\left(A_i^2\alpha_i+\omega_{0i}^2\right)\right.$$
$$\left.\times\left(\frac{\mathrm{d}b_{i2}(A_i)}{\mathrm{d}A_i}-\frac{\mathrm{d}b_{i4}(A_i)}{\mathrm{d}A_i}\right)\right\}\bigg/\left[8\left(A_i^2\alpha_i+\omega_{0i}^2\right)^3\right],$$

$$m_{i1}^5=\pi\left[b_{i4}(A_i)-b_{i6}(A_i)\right]\left\{2\alpha_iA_i\left[b_{i6}(A_i)-b_{14}(A_i)\right]+\left(A_i^2\alpha_1+\omega_{0i}^2\right)\right.$$
$$\left.\times\left(\frac{\mathrm{d}b_{i4}(A_i)}{\mathrm{d}A_i}-\frac{\mathrm{d}b_{i6}(A_i)}{\mathrm{d}A_i}\right)\right\}\bigg/\left[8\left(A_i^2\alpha_i+\omega_{0i}^2\right)^3\right],$$

$$m_{i1}^7=\pi b_{i6}(A_i)\left\{-2\alpha_iA_ib_{i6}(A_i)+\left(A_i^2\alpha_i+\omega_{0i}^2\right)\frac{\mathrm{d}b_{i6}(A_i)}{\mathrm{d}A_i}\right\}\bigg/\left[8\left(A_i^2\alpha_i+\omega_{0i}^2\right)^3\right],$$

$$m_{i2}^2=\pi A_i\left[b_{i4}(A_i)-2b_{i0}(A_i)\right]\left\{\left[2b_{i0}(A_i)-b_{i4}(A_i)\right]\left(A_i^2\alpha_i-\omega_{0i}^2\right)+A_i\left(A_i^2\alpha_i+\omega_{0i}^2\right)\right.$$
$$\left.\times\left(\frac{\mathrm{d}b_{i4}(A_i)}{\mathrm{d}A_i}-\frac{2\mathrm{d}b_{i0}(A_i)}{\mathrm{d}A_i}\right)\right\}\bigg/\left[32\left(A_i^2\alpha_1+\omega_{0i}^2\right)^3\right],$$

$$m_{i2}^4=\pi A_i\left[b_{i2}(A_i)-b_{i6}(A_i)\right]\left\{\left[b_{i6}(A_i)-b_{i2}(A_i)\right]\left(A_i^2\alpha_i-\omega_{0i}^2\right)+A_i\left(A_i^2\alpha_1+\omega_{0i}^2\right)\right.$$
$$\left.\times\left(\frac{\mathrm{d}b_{i2}(A_i)}{\mathrm{d}A_i}-\frac{\mathrm{d}b_{i6}(A_i)}{dA_i}\right)\right\}\bigg/\left[32\left(A_i^2\alpha_i+\omega_{0i}^2\right)^3\right],$$

$$m_{i2}^6=\pi A_i b_{i4}(A_i)\left\{b_{i4}(A_i)\left(A_i^2\alpha_i-\omega_{0i}^2\right)+A_i\left(A_i^2\alpha_i+\omega_{0i}^2\right)\frac{\mathrm{d}b_{i4}(A_i)}{\mathrm{d}A_i}\right\}\Big/\left[32\left(A_i^2\alpha_i+\omega_{0i}^2\right)^3\right],$$

$$m_{i2}^8=\pi A_i b_{i6}(A_i)\left\{b_{i6}(A_i)\left(A_i^2\alpha-\omega_{0i}^2\right)+A_i\left(A_i^2\alpha+\omega_{0i}^2\right)\frac{\mathrm{d}b_{i6}(A_i)}{\mathrm{d}A_i}\right\}\Big/\left[32\left(A_i^2\alpha_i+\omega_{0i}^2\right)^3\right],$$

$$m_{i3}^1=\pi\left[4b_{i0}^2(A_i)-b_{i2}^2(A_i)\right]\Big/\left[8A_i\left(A_i^2\alpha_i+\omega_{0i}^2\right)^2\right],$$

$$m_{i3}^3=3\pi\left[b_{i2}^2(A)-b_{i4}^2(A)\right]\Big/\left[8A_i\left(A_i^2\alpha+\omega_{0i}^2\right)^2\right],$$

$$m_{i3}^5=5\pi\left[b_{i4}^2(A_i)-b_{i6}^2(A_i)\right]\Big/\left[8A_i\left(A_i^2\alpha+\omega_{0i}^2\right)^2\right],$$

$$m_{i3}^7=7\pi b_{i6}^2(A_i)\Big/\left[8A_i\left(A_i^2\alpha+\omega_{0i}^2\right)^2\right],$$

$$m_{i4}^2=\pi A_i\left[2b_{i0}(A_i)-b_{i4}(A_i)\right]\left[2b_{i0}(A_i)+2b_{i2}(A_i)+b_{i4}(A_i)\right]\Big/\left[16\left(A_i^2\alpha_1+\omega_{0i}^2\right)^2\right],$$

$$m_{i4}^4=\pi A_i\left[b_{i2}(A_i)-b_{i6}(A_i)\right]\left[b_{i2}(A_i)+2b_{i4}(A_i)+b_{i6}(A_i)\right]\Big/\left[8\left(A_i^2\alpha_i+\omega_{0i}^2\right)^2\right],$$

$$m_{i4}^6=3\pi A_i b_{i4}(A_i)\left[b_{i4}(A_i)+2b_{i6}(A_i)\right]\Big/\left[16\left(A_i^2\alpha_i+\omega_{0i}^2\right)^2\right],$$

$$m_{i4}^8=\pi A_i b_{i6}^2(A_i)\Big/\left[4\left(A_i^2\alpha_i+\omega_{0i}^2\right)^2\right],\quad (i=1,2),$$

$$\sigma_{11}(A_1)\sigma_{11}(A_1)+\sigma_{12}(A_1)\sigma_{12}(A_1)=b_{11}^1+b_{11}^2,$$
$$\sigma_{23}(A_2)\sigma_{23}(A_2)+\sigma_{24}(A_2)\sigma_{24}(A_2)=b_{22}^1+b_{22}^2,$$
$$\sigma_{31}(A_1)\sigma_{31}(A_1)+\sigma_{32}(A_1)\sigma_{32}(A_1)=b_{33}^1+b_{33}^2,$$
$$\sum_{k=1}^4\sigma_{1k}\sigma_{2k}=\sum_{k=1}^4\sigma_{1k}\sigma_{3k}=\sum_{k=1}^4\sigma_{2k}\sigma_{3k}=0,$$

$$b_{11}^1=b_{11}^{11}S_1(\omega(A_1))+b_{11}^{13}S_1(3\omega(A_1))+b_{11}^{15}S_1(5\omega(A_1))+b_{11}^{17}S_1(7\omega(A_1)),$$
$$b_{11}^2=b_{11}^{22}S_2(2\omega(A_1))+b_{11}^{24}S_2(4\omega(A_1))+b_{11}^{26}S_2(6\omega(A_1))+b_{11}^{28}S_2(8\omega(A_1)),$$
$$b_{22}^1=b_{22}^{11}S_3(\omega(A_2))+b_{22}^{13}S_3(3\omega(A_2))+b_{22}^{15}S_3(5\omega(A_2))+b_{22}^{17}S_3(7\omega(A_2)),$$
$$b_{22}^2=b_{22}^{22}S_4(2\omega(A_2))+b_{22}^{24}S_4(4\omega(A_2))+b_{22}^{26}S_4(6\omega(A_2))+b_{22}^{28}S_4(8\omega(A_2)),$$
$$b_{33}^1=b_{33}^{11}S_1(\omega(A_1))+b_{33}^{13}S_1(3\omega(A_1))+b_{33}^{15}S_1(5\omega(A_1))+b_{33}^{17}S_1(7\omega(A_1)),$$
$$b_{33}^2=b_{33}^{20}S_2(0)+b_{33}^{22}S_2(2\omega(A_1))+b_{33}^{24}S_2(4\omega(A_1))+b_{33}^{26}S_2(6\omega(A_1))+b_{33}^{28}S_2(8\omega(A_1)),$$

$$
\begin{aligned}
&b_{ii}^{11}=\pi\left[b_{i2}(A_i)-2b_{i0}(A_i)\right]^2\Big/4\left(\alpha_i A_i^2+\omega_{0i}^2\right)^2,\\
&b_{ii}^{13}=\pi\left[b_{i2}(A_i)-b_{i4}(A_i)\right]^2\Big/4\left(\alpha_i A_i^2+\omega_{0i}^2\right)^2,\\
&b_{ii}^{15}=\pi\left[b_{i4}(A_i)-b_{i6}(A_i)\right]^2\Big/4\left(\alpha_i A_i^2+\omega_{0i}^2\right)^2,\\
&b_{ii}^{17}=\pi b_{i6}^2(A_i)\Big/4\left(\alpha_i A_i^2+\omega_{0i}^2\right)^2,\\
&b_{ii}^{22}=\pi A_i^2\left[b_{i4}(A_i)-2b_{i0}(A_i)\right]^2\Big/16\left(\alpha_i A_i^2+\omega_{0i}^2\right)^2,\\
&b_{ii}^{24}=\pi A_i^2\left[b_{i2}(A_i)-b_{i6}(A_i)\right]^2\Big/16\left(\alpha_i A_i^2+\omega_{0i}^2\right)^2,\\
&b_{ii}^{26}=\pi A_i^2 b_{i4}^2(A_i)\Big/16\left(\alpha_i A_i^2+\omega_{0i}^2\right)^2,\\
&b_{ii}^{28}=\pi A_i^2 b_{i6}^2(A_i)\Big/16\left(\alpha_i A_i^2+\omega_{0i}^2\right)^2,\quad (i=1,2,\ \text{重复下标不表示求和})\\
&b_{33}^{11}=\pi\left[2b_{10}(A_1)+b_{12}(A_1)\right]^2\Big/\left[4A_1^2\left(\alpha_1 A_1^2+\omega_{01}^2\right)^2\right],\\
&b_{33}^{13}=\pi\left[2b_{12}(A_1)+b_{14}(A_1)\right]^2\Big/\left[4A_1^2\left(\alpha_1 A_1^2+\omega_{01}^2\right)^2\right],\\
&b_{33}^{15}=\pi\left[2b_{14}(A_1)+b_{16}(A_1)\right]^2\Big/\left[4A_1^2\left(\alpha_1 A_1^2+\omega_{01}^2\right)^2\right],\\
&b_{33}^{17}=\pi\left[b_{16}(A_1)\right]^2\Big/\left[4A_1^2\left(\alpha_1 A_1^2+\omega_{01}^2\right)^2\right],\\
&b_{33}^{20}=\pi\left[2b_{10}(A_1)+b2(A_1)\right]^2\Big/\left[8\left(\alpha_1 A_1^2+\omega_{01}^2\right)^2\right],\\
&b_{33}^{22}=\pi\left[2b_{10}(A_1)+2b_{12}(A_1)+b_{14}(A_1)\right]^2\Big/\left[16\left(\alpha_1 A_1^2+\omega_{01}^2\right)^2\right],\\
&b_{33}^{24}=\pi\left[2b_{12}(A_1)+2b_{14}(A_1)+b_{16}(A_1)\right]^2\Big/\left[16\left(\alpha_1 A_1^2+\omega_{01}^2\right)^2\right],\\
&b_{33}^{26}=\pi\left[b_{14}(A_1)+2b_{16}(A_1)\right]^2\Big/\left[16\left(\alpha_1 A_1^2+\omega_{01}^2\right)^2\right],\\
&b_{33}^{28}=\pi\left[b_{16}(A_1)\right]^2\Big/\left[16\left(\alpha_1 A_1^2+\omega_{01}^2\right)^2\right],
\end{aligned}
\tag{8.3.59}
$$

通过用有限差分法求解与(8.3.58)相应的平稳 FPK 方程，可得平稳联合概率密度 $p(a_1,a_2,\delta)$. 图 8.3.16 给出了用随机平均法与原系统(8.3.49)模拟得到的 $p(a_1,\delta)$, $p(a_1)$, $p(\delta)$，可见随机平均法结果与数值模拟结果颇为吻合.

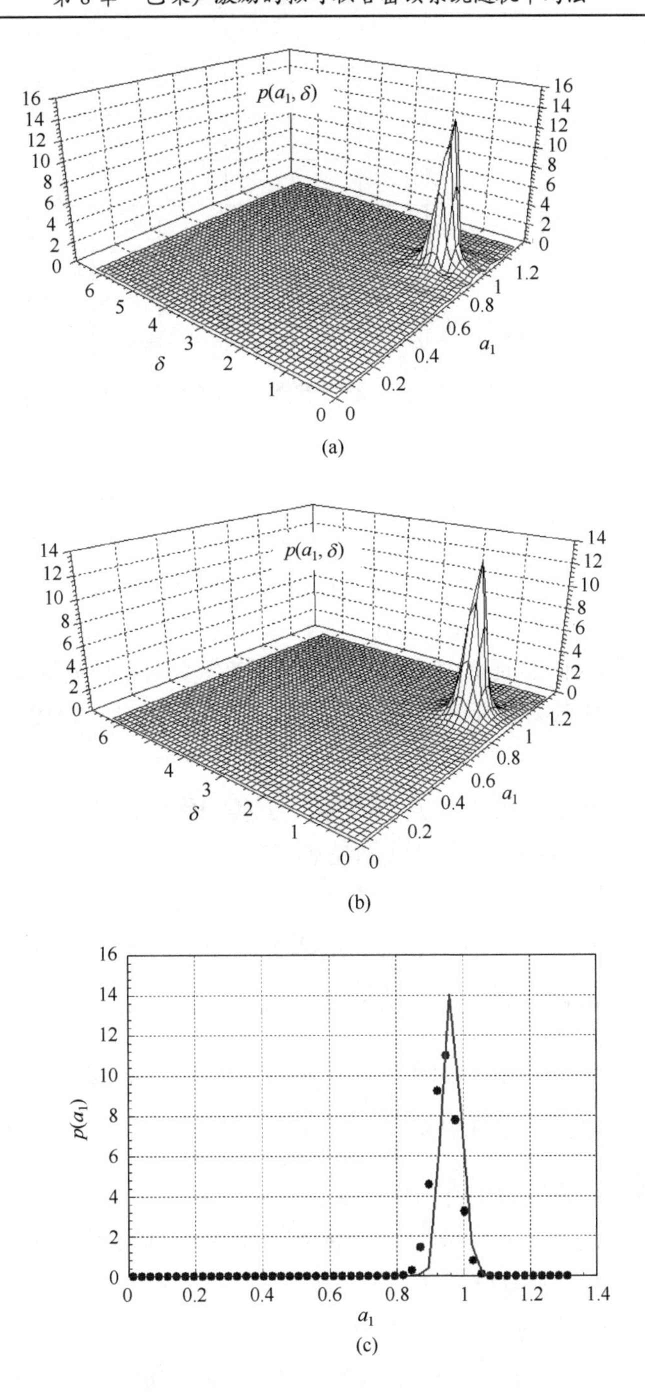

$p(a_1, \delta)$
16
14
12
10
8
6
4
2
0
δ
a_1
(a)
$p(a_1, \delta)$
14
12
10
8
6
4
2
0
δ
a_1
(b)
$p(a_1)$
a_1
0
0.2
0.4
0.6
0.8
1
1.2
1.4
(c)

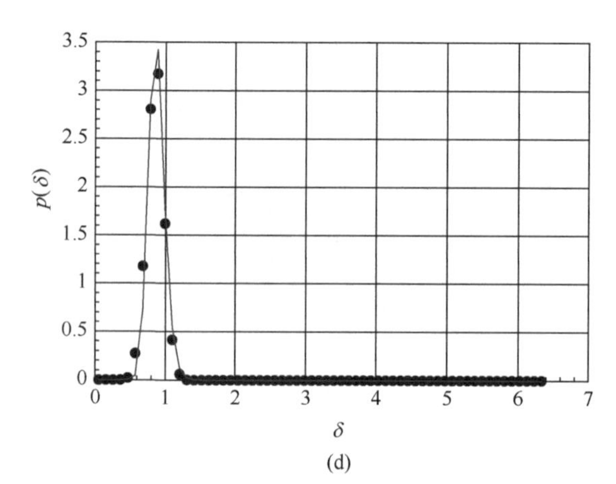

图 8.3.16　(a) 随机平均法得到的 $p(a_1,\delta)$；(b) 系统(8.3.49)数值模拟得到的 $p(a_1,\delta)$；(c) $p(a_1)$；(d) $p(\delta)$—— 随机平均法结果，● 原系统数值模拟结果，系统参数为 ω_{01}=1.0；ω_{02}=2.0；α_1=0.8；α_2=0.5；β_{11}=β_{12}= 0.08；β_{13}= 0.05；β_{2i}= 0.05；E_1=0.15；E_2=0.1；Ω=1.2；ω_f=5.0；ζ_f=0.5；D_j=0.2；(i=1，2，3；j=1，2，3，4) (吴勇军，2005)

例 8.3.4　作为同时具有内外共振的例子，考虑受谐和与宽带噪声共同激励的二自由度强非线性振动系统的可靠性问题(Wu et al.，2013)，系统的运动方程如下

$$\begin{aligned}
&\dot{Q}_1 = P_1,\\
&\dot{P}_1 = -\omega_{01}^2 Q_1 - \alpha_1 Q_1^3 - (\beta_{10} + \beta_{11}Q_1^2 + \beta_{12}Q_2^2)P_1 - (\eta_{11}Q_2 + \eta_{12}P_2)\\
&\qquad + E_1\cos\Omega t + \xi_{11}(t) + Q_1\xi_{12}(t),\\
&\dot{Q}_2 = P_2,\\
&\dot{P}_2 = -\omega_{02}^2 Q_2 - \alpha_2 Q_2^3 - (\beta_{20} + \beta_{21}Q_1^2 + \beta_{22}Q_2^2)P_2 - (\eta_{21}Q_1 + \eta_{22}P_1)\\
&\qquad + E_2\cos\Omega t + \xi_{21}(t) + Q_2\xi_{22}(t).
\end{aligned} \tag{8.3.60}$$

β_{i0}，β_{ij}，ω_{0i}，α_i，η_{ij}，E_i (i，j=1，2) 是常数，β_{i0}，β_{ij}，η_{ij}，E_i，D_{ik}是ε阶小量，Ω 是谐和激励的中心频率，$\xi_{ik}(t)$ 是平稳宽带噪声，其谱密度为

$$S_{ik}(\omega) = \frac{D_{ik}}{\pi}\frac{1}{\omega^2 + \omega_{ik}^2}, \quad i,k = 1,2. \tag{8.3.61}$$

如前所述，系统(8.3.64)有随机周期解

$$\begin{aligned}
&Q_i(t) = A_i(t)\cos\Phi_i(t), \quad P_i(t) = -A_i(t)\nu_i(A_i,\Phi_i)\sin\Phi_i(t),\\
&\Phi_i(t) = \Gamma_i(t) + \Theta_i(t), \quad i = 1,2.
\end{aligned} \tag{8.3.62}$$

将 $\nu_i\,(A_i,\Phi_i)$ 用如下的傅里叶级数近似

$$\nu_i\,(A_i,\Phi_i) \approx b_{i0}(A_i) + b_{i2}(A_i)\cos 2\Phi_i + b_{i4}(A_i)\cos 4\Phi_i + b_{i6}(A_i)\cos 6\Phi_i. \tag{8.3.63}$$

考虑系统同时存在第一振子外共振与第一个振子和第二个振子内共振的情况，引入两个角变量组合

$$\Delta_1 = \Omega t - \Phi_1, \quad \Delta_2 = \Phi_1 - \Phi_2. \tag{8.3.64}$$

如前所述，$[A_1, A_2, \Delta_1, \Delta_2]^{\mathrm{T}}$ 近似为四维马尔可夫矢量扩散过程，运用前述的随机平均法，得到如下平均伊藤随机微分方程

$$\begin{aligned}
\mathrm{d}A_1 &= F_1(\boldsymbol{A}, \boldsymbol{\Delta})\mathrm{d}t + f_{11}\mathrm{d}B_1(t) + f_{12}\mathrm{d}B_2(t), \\
\mathrm{d}A_2 &= F_2(\boldsymbol{A}, \boldsymbol{\Delta})\mathrm{d}t + f_{21}\mathrm{d}B_1(t) + f_{22}\mathrm{d}B_2(t), \\
\mathrm{d}\Delta_1 &= G_1(\boldsymbol{A}, \boldsymbol{\Delta})\mathrm{d}t + g_{11}\mathrm{d}B_1(t) + g_{12}\mathrm{d}B_2(t), \\
\mathrm{d}\Delta_2 &= G_2(\boldsymbol{A}, \boldsymbol{\Delta})\mathrm{d}t + g_{21}\mathrm{d}B_1(t) + g_{22}\mathrm{d}B_2(t).
\end{aligned} \tag{8.3.65}$$

式中 $\boldsymbol{A}=[A_1, A_2]^{\mathrm{T}}$，$\boldsymbol{\Delta}=[\Delta_1, \Delta_2]^{\mathrm{T}}$，漂移系数为

$$\begin{aligned}
&F_i = s_i + m_{i1} + m_{i2} + m_{i3} + m_{i4} \\
&G_1 = \Omega - b_{10}(A_1) - c_1 - c_{11} - c_{12} - c_{13} - c_{14} \\
&G_2 = b_{10}(A_1) - b_{20}(A_2) + c_1 - c_2 + c_{11} + c_{12} + c_{13} + c_{14} - (c_{21} + c_{22} + c_{23} + c_{24}) \\
&s_1 = \Big[-\alpha_1 A_1^3\left(10\beta_{10} + 3\beta_{11}A_1^2 + 5\beta_{12}A_2^2\right) - 4\omega_{01}^2 A_1\left(4\beta_{10} + \beta_{11}A_1^2 + 2\beta_{12}A_2^2\right) \\
&\quad + 8E_1(2b_{10} - b_{12})\sin\Delta_1 - 4A_2(2b_{10} - b_{12})(2b_{20} - b_{22})\eta_{12}\cos\Delta_2 \\
&\quad + 2A_1A_2^2\beta_{12}\left(\alpha_1 A_1^2 + 2\omega_{01}^2\right)\cos(2\Delta_2) - 4A_2(b_{12} - b_{14})(b_{22} - b_{24})\eta_{12}\cos(3\Delta_2) \\
&\quad - 4A_2(b_{14} - b_{16})(b_{24} - b_{26})\eta_{12}\cos(5\Delta_2) \\
&\quad - 4A_2 b_{16}b_{26}\eta_{12}\cos(7\Delta_2) + 8A_2(2b_{10} - b_{12})\eta_{11}\sin\Delta_2\Big] \Big/ \left[32\left(\alpha_1 A_1^2 + \omega_{01}^2\right)\right] \\
&s_2 = \Big[-\alpha_2 A_2^3\left(10\beta_{20} + 5\beta_{21}A_1^2 + 3\beta_{22}A_2^2\right) - 4\omega_{02}^2 A_2\left(4\beta_{20} + 2\beta_{21}A_1^2 + \beta_{22}A_2^2\right) \\
&\quad - 4A_1(2b_{10} - b_{12})(2b_{20} - b_{22})\eta_{22}\cos\Delta_2 + 2A_1^2A_2\beta_{21}\left(\alpha_2 A_2^2 + 2\omega_{02}^2\right)\cos(2\Delta_2) \\
&\quad - 4A_1(b_{12} - b_{14})(b_{22} - b_{24})\eta_{22}\cos(3\Delta_2) - 4A_1(b_{14} - b_{16})(b_{24} - b_{26})\eta_{22}\cos(5\Delta_2) \\
&\quad - 4A_1 b_{16}b_{26}\eta_{22}\cos(7\Delta_2) + 8A_1(b_{22} - 2b_{20})\eta_{21}\sin\Delta_2 \\
&\quad + 8(2b_{20} - b_{22})E_2\sin(\Delta_1 + \Delta_2)\Big] \Big/ \left[32\left(\alpha_2 A_2^2 + \omega_{02}^2\right)\right]
\end{aligned} \tag{8.3.66}$$

$$\begin{aligned}
c_1 = &\Big[-8(b_{12} + 2b_{10})E_1\cos\Delta_1 + 8A_2(2b_{10} + b_{12})\eta_{11}\cos\Delta_2 \\
&+ 4A_2(2b_{10} + b_{12})(2b_{20} - b_{22})\eta_{12}\sin\Delta_2 - A_1A_2^2\beta_{12}\left(3\alpha_1 A_1^2 + 4\omega_{01}^2\right)\sin(2\Delta_2) \\
&+ 4A_2(b_{12} + b_{14})(b_{22} - b_{24})\eta_{12}\sin(3\Delta_2) + 4A_2(b_{14} + b_{16})(b_{24} - b_{26})\eta_{12}\sin(5\Delta_2) \\
&+ 4A_2 b_{16}b_{26}\eta_{12}\sin(7\Delta_2)\Big] \Big/ \left[32A_1\left(\alpha_1 A_1^2 + \omega_{01}^2\right)\right]
\end{aligned}$$

$$c_2=\Big[8A_1(2b_{20}+b_{22})\eta_{21}\cos\Delta_2-4A_1(2b_{10}-b_{12})(2b_{20}+b_{22})\eta_{22}\sin\Delta_2$$
$$+\mathrm{A}_2A_1^2\beta_{21}(3\alpha_2A_2^2+4\omega_{02}^2)\sin(2\Delta_2)-4A_1(b_{12}-b_{14})(b_{22}+b_{24})\eta_{22}\sin(3\Delta_2)$$
$$-4A_1(b_{14}-b_{16})(b_{24}+b_{26})\eta_{22}\sin(5\Delta_2)-4A_1b_{16}b_{26}\eta_{22}\sin(7\Delta_2)$$
$$-8(2b_{20}+b_{22})E_2\cos(\Delta_1+\Delta_2)\Big]\Big/\Big[32\mathrm{A}_2(\alpha_2\mathrm{A}_2^2+\omega_{02}^2)\Big]$$

$$m_{i1}=m_{i11}S_{i1}(\omega_i(A_i))+m_{i13}S_{i1}(3\omega_i(A_i))+m_{i15}S_{i1}(5\omega_i(A_i))+m_{i17}S_{i1}(7\omega_i(A_i))$$
$$m_{i3}=m_{i31}S_{i1}(\omega_i(A_i))+m_{i33}S_{i1}(3\omega_i(A_i))+m_{i35}S_{i1}(5\omega_i(A_i))+m_{i37}S_{i1}(7\omega_i(A_i))$$
$$m_{i2}=m_{i22}S_{i2}(2\omega_i(A_i))+m_{i24}S_{i2}(4\omega_i(A_i))+m_{i26}S_{i2}(6\omega_i(A_i))+m_{i28}S_{i2}(8\omega_i(A_i))$$
$$m_{i4}=m_{i42}S_{i2}(2\omega_i(A_i))+m_{i44}S_{i2}(4\omega_i(A_i))+m_{i46}S_{i2}(6\omega_i(A_i))+m_{i48}S_{i2}(8\omega_i(A_i))$$
$$c_{i1}=c_{i11}I_{i1}(\omega_i(A_i))+c_{i13}I_{i1}(3\omega_i(A_i))+c_{i15}I_{i1}(5\omega_i(A_i))+c_{i17}I_{i1}(7\omega_i(A_i))$$
$$c_{i2}=c_{i22}I_{i2}(2\omega_i(A_i))+c_{i24}I_{i2}(4\omega_i(A_i))+c_{i26}I_{i2}(6\omega_i(A_i))+c_{i28}I_{i2}(8\omega_i(A_i))$$
$$c_{i3}=c_{i31}I_{i1}(\omega_i(A_i))+c_{i33}I_{i1}(3\omega_i(A_i))+c_{i35}I_{i1}(5\omega_i(A_i))+c_{i37}I_{i1}(7\omega_i(A_i))$$
$$c_{i4}=c_{i42}I_{i2}(2\omega_i(A_i))+c_{i44}I_{i2}(4\omega_i(A_i))+c_{i46}I_{i2}(6\omega_i(A_i))+c_{i48}I_{i2}(8\omega_i(A_i))$$
$$I_{ij}(\omega)=\int_{-\infty}^{0}\sin(\omega\tau)C_{ij}(\tau)\mathrm{d}\tau=-\frac{D_{ij}}{\omega_{ij}}\frac{\omega}{\omega^2+\omega_{ij}^2},\quad(i,j=1,2)$$
$$m_{i11}=\pi[2b_{i0}(A_i)-b_{i2}(A_1)]\frac{\mathrm{d}}{\mathrm{d}A_i}\left[\frac{2b_{i0}(A_i)-b_{i2}(A_i)}{A_i^2\alpha_i+\omega_{0i}^2}\right]\Big/\Big[8(A_i^2\alpha_i+\omega_{0i}^2)\Big]$$
$$m_{i13}=\pi[b_{i2}(A_i)-b_{i4}(A_i)]\frac{\mathrm{d}}{\mathrm{d}A_i}\left[\frac{b_{i2}(A_i)-b_{i4}(A_i)}{A_i^2\alpha_i+\omega_{0i}^2}\right]\Big/\Big[8(A_i^2\alpha_i+\omega_{0i}^2)\Big]$$
$$m_{i15}=\pi[b_{i4}(A_i)-b_{i6}(A_i)]\frac{\mathrm{d}}{\mathrm{d}A_i}\left[\frac{b_{i4}(A_i)-b_{i6}(A_i)}{A_i^2\alpha_i+\omega_{0i}^2}\right]\Big/\Big[8(A_i^2\alpha_i+\omega_{0i}^2)\Big]$$
$$m_{i17}=\pi b_{i6}(A_i)\frac{\mathrm{d}}{\mathrm{d}A_i}\left[\frac{b_{i6}(A_i)}{A_i^2\alpha_i+\omega_{0i}^2}\right]\Big/\Big[8(A_i^2\alpha_i+\omega_{0i}^2)\Big]$$
$$m_{i22}=\pi A_i[2b_{i0}(A_i)-b_{i4}(A_i)]\frac{\mathrm{d}}{\mathrm{d}A_i}\left\{\frac{[2b_{i0}(A_i)-b_{i4}(A_i)]A_i}{A_i^2\alpha_i+\omega_{0i}^2}\right\}\Big/\Big[32(A_i^2\alpha_i+\omega_{0i}^2)\Big]$$
$$m_{i24}=\pi A_i[b_{i2}(A_i)-b_{i6}(A_i)]\frac{\mathrm{d}}{\mathrm{d}A_i}\left\{\frac{[b_{i2}(A_i)-b_{i6}(A_i)]A_i}{A_i^2\alpha_i+\omega_{0i}^2}\right\}\Big/\Big[32(A_i^2\alpha_i+\omega_{0i}^2)\Big]$$
$$m_{i26}=\pi A_ib_{i4}(A_i)\frac{\mathrm{d}}{\mathrm{d}A_i}\left[\frac{b_{i4}(A_i)A_i}{A_i^2\alpha_i+\omega_{0i}^2}\right]\Big/\Big[32(A_i^2\alpha_i+\omega_{0i}^2)\Big]$$
$$m_{i28}=\pi A_ib_{i6}(A_i)\frac{\mathrm{d}}{\mathrm{d}A_i}\left[\frac{b_{i6}(A_i)A_i}{A_i^2\alpha_i+\omega_{0i}^2}\right]\Big/\Big[32(A_i^2\alpha_i+\omega_{0i}^2)\Big]$$

$$m_{i31}=\pi\left[4b_{i0}^2(A_i)-b_{i2}^2(A_i)\right]\Big/\left[8A_i\left(A_i^2\alpha_i+\omega_{0i}^2\right)^2\right]$$

$$m_{i33}=3\pi\left[b_{i2}^2(A)-b_{i4}^2(A)\right]\Big/\left[8A_i\left(A_i^2\alpha_i+\omega_{0i}^2\right)^2\right]$$

$$m_{i35}=5\pi\left[b_{i4}^2(A_i)-b_{i6}^2(A_i)\right]\Big/\left[8A_i\left(A_i^2\alpha_i+\omega_{0i}^2\right)^2\right]$$

$$m_{i37}=7\pi b_{i6}^2(A_i)\Big/\left[8A_i\left(A_i^2\alpha_i+\omega_{0i}^2\right)^2\right]$$

$$m_{i42}=\pi A_i\left[2b_{i0}(A_i)-b_{i4}(A_i)\right]\left[2b_{i0}(A_i)+2b_{i2}(A_i)+b_{i4}(A_i)\right]\Big/\left[16\left(A_i^2\alpha_1+\omega_{0i}^2\right)^2\right]$$

$$m_{i44}=\pi A_i\left[b_{i2}(A_i)-b_{i6}(A_i)\right]\left[b_{i2}(A_i)+2b_{i4}(A_i)+b_{i6}(A_i)\right]\Big/\left[8\left(A_i^2\alpha_i+\omega_{0i}^2\right)^2\right]$$

$$m_{i46}=3\pi A_i b_{i4}(A_i)\left[b_{i4}(A_i)+2b_{i6}(A_i)\right]\Big/\left[16\left(A_i^2\alpha_i+\omega_{0i}^2\right)^2\right]$$

$$m_{i48}=\pi A_i b_{i6}^2(A_i)\Big/\left[4\left(A_i^2\alpha_i+\omega_{0i}^2\right)^2\right]$$

$$c_{i11}=\left[2b_{i0}(A_i)+b_{i2}(A_i)\right]^2\Big/\left[8A_i^2\left(A_i^2\alpha_i+\omega_{0i}^2\right)^2\right]$$

$$c_{i13}=3\left[b_{i2}(A_i)+b_{i4}(A_i)\right]^2\Big/\left[8A_i^2\left(A_i^2\alpha_i+\omega_{0i}^2\right)^2\right]$$

$$c_{i15}=5\left[b_{i4}(A_i)+b_{i6}(A_i)\right]^2\Big/\left[8A_i^2\left(A_i^2\alpha_i+\omega_{0i}^2\right)^2\right]$$

$$c_{i17}=7\left[b_{i6}(A_i)\right]^2\Big/\left[8A_i^2\left(A_i^2\alpha_i+\omega_{0i}^2\right)^2\right]$$

$$c_{i22}=\left[2b_{i0}(A_i)+2b_{i2}(A_i)+b_{i4}(A_i)\right]^2\Big/\left[16\left(A_i^2\alpha_i+\omega_{0i}^2\right)^2\right]$$

$$c_{i24}=\left[b_{i2}(A_i)+2b_{i4}(A_i)+b_{i6}(A_i)\right]^2\Big/\left[8\left(A_i^2\alpha_i+\omega_{0i}^2\right)^2\right]$$

$$c_{i26}=3\left[b_{i4}(A_i)+2b_{i6}(A_i)\right]^2\Big/\left[16\left(A_i^2\alpha_i+\omega_{0i}^2\right)^2\right]$$

$$c_{i28}=\left[b_{i6}(A_i)\right]^2\Big/\left[4\left(A_i^2\alpha_i+\omega_{0i}^2\right)^2\right]$$

$$c_{i31}=\left[2b_{i0}(A_i)-b_{i2}(A_i)\right]\frac{\mathrm{d}}{\mathrm{d}A_i}\left[\frac{2b_{i0}(A_i)+b_{i2}(A_i)}{A_i^3\alpha_i+\omega_{0i}^2A_i}\right]\Big/\left[8\left(A_i^2\alpha_i+\omega_{0i}^2\right)\right]$$

$$c_{i33}=\left[b_{i2}(A_i)-b_{i4}(A_i)\right]\frac{\mathrm{d}}{\mathrm{d}A_i}\left[\frac{b_{i2}(A_i)+b_{i4}(A_i)}{A_i^3\alpha_i+\omega_{0i}^2A_i}\right]\Big/\left[8\left(A_i^2\alpha_i+\omega_{0i}^2\right)\right]$$

$$c_{i35}=\left[b_{i4}\left(A_i\right)-b_{i6}\left(A_i\right)\right]\frac{\mathrm{d}}{\mathrm{d}A_i}\left[\frac{b_{i4}\left(A_i\right)+b_{i6}\left(A_i\right)}{A_i^3\alpha_i+\omega_{0i}^2A_i}\right]\Big/\left[8\left(A_i{}^2\alpha_i+\omega_{0i}^2\right)\right]$$

$$c_{i37}=b_{i6}(A_i)\frac{\mathrm{d}}{\mathrm{d}A_i}\left[\frac{b_{i6}(A_i)}{A_i^3\alpha_i+\omega_{0i}^2A_i}\right]\Big/\left[8\left(A_i{}^2\alpha_i+\omega_{0i}^2\right)\right]$$

$$c_{i42}=A_i\left[2b_{i0}\left(A_i\right)-b_{i4}\left(A_i\right)\right]\frac{\mathrm{d}}{\mathrm{d}A_i}\left[\frac{2b_{i0}\left(A_i\right)+2b_{i2}\left(A_i\right)+b_{i4}\left(A_i\right)}{A_i^2\alpha_i+\omega_{0i}^2}\right]\Big/\left[32\left(A_i{}^2\alpha_i+\omega_{0i}^2\right)\right]$$

$$c_{i44}=A_i\left[b_{i2}\left(A_i\right)-b_{i6}\left(A_i\right)\right]\frac{\mathrm{d}}{\mathrm{d}A_i}\left[\frac{b_{i2}\left(A_i\right)+2b_{i4}\left(A_i\right)+b_{i6}\left(A_i\right)}{A_i^2\alpha_i+\omega_{0i}^2}\right]\Big/\left[32\left(A_i{}^2\alpha_i+\omega_{0i}^2\right)\right]$$

$$c_{i46}=A_ib_{i4}\left(A_i\right)\frac{\mathrm{d}}{\mathrm{d}A_i}\left[\frac{b_{i4}\left(A_i\right)+2b_{j6}\left(A_i\right)}{A_i^2\alpha_i+\omega_{0i}^2}\right]\Big/\left[32\left(A_i{}^2\alpha_i+\omega_{0i}^2\right)\right]$$

$$c_{i48}=A_ib_{i6}\left(A_i\right)\frac{\mathrm{d}}{\mathrm{d}A_i}\left[\frac{b_{j6}\left(A_i\right)}{A_i^2\alpha_i+\omega_{0i}^2}\right]\Big/\left[32\left(A_i{}^2\alpha_i+\omega_{0i}^2\right)\right]$$

伊藤随机微分方程(8.3.65)的扩散系数为

$$B_{ii}=f_{i1}(A_i)f_{i1}(A_i)+f_{i2}(A_i)f_{i2}(A_i)=b_{ii1}+b_{ii2}$$

$$K_{11}=g_{11}^2+g_{12}^2=\bar{k}_{111}+\bar{k}_{112}$$

$$K_{22}=g_{21}^2+g_{22}^2=K_{11}+k_{221}+k_{222}$$

$$K_{12}=g_{11}g_{21}+g_{12}g_{22}=-K_{11}$$

$$B_{12}=B_{21}=f_{11}f_{21}+f_{12}f_{22}=0,$$

$$f_{i1}g_{j1}+f_{i2}g_{j2}=0,(i,j=1,2,i\neq j)$$

$$b_{ii1}=b_{ii11}S_{i1}(\omega_i(A_i))+b_{ii13}S_{i1}(3\omega_i(A_i))+b_{ii15}S_{i1}(5\omega_i(A_i))+b_{ii17}S_{i1}(7\omega_i(A_i))$$

$$b_{ii2}=b_{ii22}S_{i2}(2\omega_i(A_i))+b_{ii24}S_{i2}(4\omega_i(A_i))+b_{ii26}S_{i2}(6\omega_i(A_i))+b_{ii28}S_{i2}(8\omega_i(A_i))$$

$$k_{ii1}=k_{ii11}S_{i1}(\omega_i(A_i))+k_{ii13}S_{i1}(3\omega_i(A_i))+k_{ii15}S_{i1}(5\omega_i(A_i))+k_{ii17}S_{i1}(7\omega_i(A_i))$$

$$k_{ii2}=k_{ii20}S_{i2}(0)+k_{ii22}S_{i2}(2\omega_i(A_i))+k_{ii24}S_{i2}(4\omega_i(A_i))+k_{ii26}S_{i2}(6\omega_i(A_i))+k_{ii28}S_{i2}(8\omega_i(A_i))$$

$$b_{ii11}=\pi\left[b_{i2}(A_i)-2b_{i0}(A_i)\right]^2\Big/\left[4\left(\alpha_iA_i^2+\omega_{0i}^2\right)^2\right]$$

$$b_{ii13}=\pi\left[b_{i2}(A_i)-b_{i4}(A_i)\right]^2\Big/\left[4\left(\alpha_iA_i^2+\omega_{0i}^2\right)^2\right] \tag{8.3.67}$$

$$b_{ii15}=\pi\left[b_{i4}(A_i)-b_{i6}(A_i)\right]^2\Big/\left[4\left(\alpha_iA_i^2+\omega_{0i}^2\right)^2\right]$$

$$b_{ii17}=\pi b_{i6}^2(A_i)\Big/\left[4\left(\alpha_i A_i^2+\omega_{0i}^2\right)^2\right]$$

$$b_{ii22}=\pi A_i^2\left[b_{i4}(A_i)-2b_{i0}(A_i)\right]^2\Big/\left[16\left(\alpha_i A_i^2+\omega_{0i}^2\right)^2\right]$$

$$b_{ii24}=\pi A_i^2\left[b_{i2}(A_i)-b_{i6}(A_i)\right]^2\Big/\left[16\left(\alpha_i A_i^2+\omega_{0i}^2\right)^2\right]$$

$$b_{ii26}=\pi A_i^2 b_{i4}^2(A_i)\Big/\left[16\left(\alpha_i A_i^2+\omega_{0i}^2\right)^2\right]$$

$$b_{ii28}=\pi A_i^2 b_{i6}^2(A_i)\Big/\left[16\left(\alpha_i A_i^2+\omega_{0i}^2\right)^2\right]$$

$$k_{ii11}=\pi\left[2b_{i0}(A_i)+b_{i2}(A_i)\right]^2\Big/\left[4A_i^2\left(\alpha_i A_i^2+\omega_{0i}^2\right)^2\right]$$

$$k_{ii13}=\pi\left[b_{i2}(A_i)+b_{i4}(A_i)\right]^2\Big/\left[4A_i^2\left(\alpha_i A_i^2+\omega_{0i}^2\right)^2\right]$$

$$k_{ii15}=\pi\left[b_{i4}(A_i)+b_{i6}(A_i)\right]^2\Big/\left[4A_i^2\left(\alpha_i A_i^2+\omega_{0i}^2\right)^2\right]$$

$$k_{ii17}=\pi\left[b_{i6}(A_i)\right]^2\Big/\left[4A_i^2\left(\alpha_i A_i^2+\omega_{0i}^2\right)^2\right]$$

$$k_{ii20}=\pi\left[2b_{i0}(A_i)+b_{i2}(A_i)\right]^2\Big/\left[8\left(\alpha_i A_i^2+\omega_{0i}^2\right)^2\right]$$

$$k_{ii22}=\pi\left[2b_{i0}(A_i)+2b_{i2}(A_i)+b_{i4}(A_i)\right]^2\Big/\left[16\left(\alpha_i A_i^2+\omega_{0i}^2\right)^2\right]$$

$$k_{ii24}=\pi\left[b_{i2}(A_i)+2b_{i4}(A_i)+b_{i6}(A_i)\right]^2\Big/\left[16\left(\alpha_i A_i^2+\omega_{0i}^2\right)^2\right]$$

$$k_{ii26}=\pi\left[b_{i4}(A_i)+2b_{i6}(A_i)\right]^2\Big/\left[16\left(\alpha_i A_i^2+\omega_{0i}^2\right)^2\right]$$

$$k_{ii28}=\pi\left[b_{i6}(A_i)\right]^2\Big/\left[16\left(\alpha_i A_i^2+\omega_{0i}^2\right)^2\right]\quad (i,j=1,2).$$

本例研究可靠性问题，记系统安全域 Π 为 $0\leqslant A_1<A_{1c}$，$0\leqslant A_2<A_{2c}$，其中 A_{1c}, A_{2c} 是穿越阈值. 条件可靠性函数定义为

$$R(t|A_{10},A_{20},\varDelta_{10},\varDelta_{20})=\mathrm{Prob}\left[A_1,A_2\in\Pi,\ \varDelta_1,\varDelta_2\text{任意},\ \tau\in(0,t]\,\middle|\,A_{10},A_{20}\in\Pi,\ \varDelta_{10},\varDelta_{20}\text{任意}\right].\tag{8.3.68}$$

式(8.3.68)表示给定初始值在安全域 Π 内，$A_{10}=A_1(t{=}0)$，$A_{20}=A_2(t{=}0)$，$\varDelta_{10},\varDelta_{20}$ 为任意值的条件下，在时间区间 $\tau\in(0,t]$ 内 $A_1(\tau), A_2(\tau)$ 没有超出安全域边界的概率. $R(t|A_{10},A_{20},\varDelta_{10},\varDelta_{20})$ 满足如下后向柯尔莫哥洛夫方程

$$
\begin{aligned}
\frac{\partial R}{\partial t} &= F_{10}\frac{\partial R}{\partial a_{10}} + F_{20}\frac{\partial R}{\partial a_{20}} + G_{10}\frac{\partial R}{\partial \delta_{10}} + G_{20}\frac{\partial R}{\partial \delta_{20}} \\
&\quad + \frac{1}{2}B_{110}\frac{\partial^2 R}{\partial a_{10}^2} + \frac{1}{2}B_{220}\frac{\partial^2 R}{\partial a_{20}^2} + \frac{1}{2}K_{110}\frac{\partial^2 R}{\partial \delta_{10}^2} + \frac{1}{2}K_{220}\frac{\partial^2 R}{\partial \delta_{20}^2} + K_{120}\frac{\partial^2 R}{\partial \delta_{10}\partial \delta_{20}}.
\end{aligned}
\tag{8.3.69}
$$

由式(8.3.66)和式(8.3.67)得到方程(8.3.69)中各系数为

$$
\begin{aligned}
&F_{10} = F_1(a_{10},a_{20},\delta_{10},\delta_{20}),\quad F_{20} = F_2(a_{10},a_{20},\delta_{10},\delta_{20}),\\
&G_{10} = G_1(a_{10},a_{20},\delta_{10},\delta_{20}),\quad G_{20} = G_2(a_{10},a_{20},\delta_{10},\delta_{20}),\\
&B_{110} = B_{11}(a_{10},a_{20},\delta_{10},\delta_{20}),\quad B_{220} = B_{22}(a_{10},a_{20},\delta_{10},\delta_{20}),\\
&K_{110} = K_{11}(a_{10},a_{20},\delta_{10},\delta_{20}),\quad K_{220} = K_{22}(a_{10},a_{20},\delta_{10},\delta_{20}),\\
&K_{120} = K_{12}(a_{10},a_{20},\delta_{10},\delta_{20}).
\end{aligned}
\tag{8.3.70}
$$

方程(8.3.69)的初始条件为

$$
R(t=0|A_{10},A_{20},\varDelta_{10},\varDelta_{20})=1,\quad 当 0\leqslant A_{10}<A_{1c},\quad 0\leqslant A_{20}<A_{2c},\quad \varDelta_{10},\varDelta_{20}任意. \tag{8.3.71}
$$

边界条件为

$$
\begin{aligned}
&R(t|A_{10},A_{20},\varDelta_{10},\varDelta_{20}) = 有界值,\quad 当 A_{10}=0\ \ 与/或\ \ A_{20}=0,\\
&R(t|A_{10},A_{20},\varDelta_{10},\varDelta_{20}) = 0,\quad 当 A_{10}=A_{1c}\ \ 与/或\ \ A_{20}=A_{2c},\\
&R(t|A_{10},A_{20},\varDelta_{10},\varDelta_{20}) = R(t|A_{10},A_{20},\varDelta_{10}+2\pi,\varDelta_{20}),\\
&R(t|A_{10},A_{20},\varDelta_{10},\varDelta_{20}) = R(t|A_{10},A_{20},\varDelta_{10},\varDelta_{20}+2\pi).
\end{aligned}
\tag{8.3.72}
$$

式(8.3.72)表明 $A_{10}=A_{1c}$ 和 $A_{20}=A_{2c}$ 是吸收边界，而 $A_{10}=0$ 和 $A_{20}=0$ 是反射边界，对 $\varDelta_{10},\varDelta_{20}$ 有周期边界条件.

首次穿越时间 T 定义为：给定初始值 A_{10} ，A_{20} 在安全域 $\varPi$ 内，$\varDelta_{10},\varDelta_{20}$ 任意，随机过程 $A_1(t),A_2(t)$ 首次到达临界值 A_{1c} 或 A_{2c} 的时间. 一方面，首次穿越时间 T 的条件概率密度函数可由条件可靠性函数获得

$$
p(T|A_{10},A_{20},\varDelta_{10},\varDelta_{20}) = \left.\frac{-\partial R(t|A_{10},A_{20},\varDelta_{10},\varDelta_{20})}{\partial t}\right|_{t=T}. \tag{8.3.73}
$$

并可进一步得到首次穿越时间 T 的均值 $E[T]$ ，称平均首次穿越时间或平均寿命，它也是初值的函数，记为 $\mu(A_{10},A_{20},\varDelta_{10},\varDelta_{20})$ ，即

$$
\mu(A_{10},A_{20},\varDelta_{10},\varDelta_{20}) = E[T] = \int_0^\infty Tp(T|A_{10},A_{20},\varDelta_{10},\varDelta_{20})\mathrm{d}T. \tag{8.3.74}
$$

另一方面，平均首次穿越时间受以下庞特里亚金方程支配

$$F_{10}\frac{\partial\mu}{\partial a_{10}}+F_{20}\frac{\partial\mu}{\partial a_{20}}+G_{10}\frac{\partial\mu}{\partial\delta_{10}}+G_{20}\frac{\partial\mu}{\partial\delta_{20}}$$
$$+\frac{1}{2}B_{110}\frac{\partial^2\mu}{\partial a_{10}^2}+\frac{1}{2}B_{220}\frac{\partial^2\mu}{\partial a_{20}^2}+\frac{1}{2}K_{110}\frac{\partial^2\mu}{\partial\delta_{10}^2}+\frac{1}{2}K_{220}\frac{\partial^2\mu}{\partial\delta_{20}^2}+K_{120}\frac{\partial^2\mu}{\partial\delta_{10}\partial\delta_{20}}=-1. \tag{8.3.75}$$

方程的边界条件为

$$\begin{aligned}&\mu(A_{10},A_{20},\varDelta_{10},\varDelta_{20})=\text{有界值},\quad \text{当}A_{10}=0\ \text{ 或 }\ A_{20}=0,\\&\mu(A_{10},A_{20},\varDelta_{10},\varDelta_{20})=0,\quad \text{当}A_{10}=A_{1c}\ \text{ 或 }\ A_{20}=A_{2c},\\&\mu(A_{10},A_{20},\varDelta_{10},\varDelta_{20})=\mu(A_{10},A_{20},\varDelta_{10}+2\pi,\varDelta_{20}),\\&\mu(A_{10},A_{20},\varDelta_{10},\varDelta_{20})=\mu(A_{10},A_{20},\varDelta_{10},\varDelta_{20}+2\pi).\end{aligned} \tag{8.3.76}$$

给定系统参数 A_{ic}=0.5，β_{i0}= −0.01，β_{ij}=0.01，η_{ij}=0.01，ω_{0i}=1.0，E_i=0.03，$\varOmega$=1.1，ω_{ij}=50，D_{i2}=10 (i，j=1，2)，图 8.3.17 至图 8.3.19 给出理论计算的结果和原系统(8.3.60)数值模拟的结果. 图 8.3.17 显示的是不同激励强度 $2D_{i1}, 2D_{i2}$ 和非线性刚度参数 α_i 下的条件可靠性函数 $R(t)$. 可见可靠性函数值从零时刻的 1 开始，随时间延长而降低. 图 8.3.18 显示的是首次穿越时间的概率密度函数，它与条件可靠性函数 $R(t)$ 的关系由(8.3.73)确定. 图 8.3.19 显示的是平均首次穿越时间随初值的变化，正如预见的，初值越靠近穿越边界，平均首次穿越时间越短.

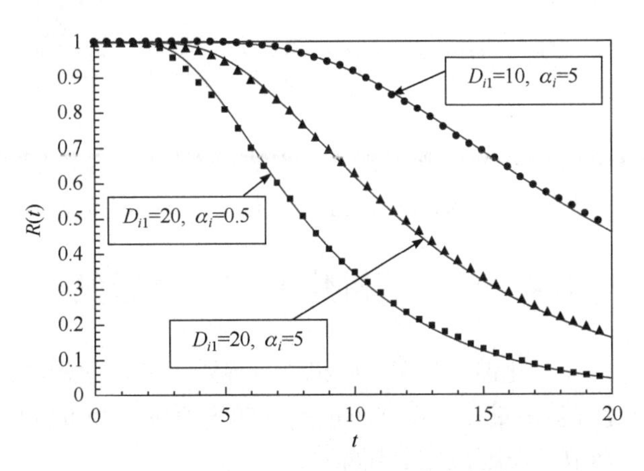

图 8.3.17　系统(8.3.60)的条件可靠性函数. 初始条件为 $A_{10}=A_{20}=\varDelta_{10}=\varDelta_{20}=0$

—— 表示随机平均法结果，■•▲表示数值模拟结果(Wu et al.，2013)

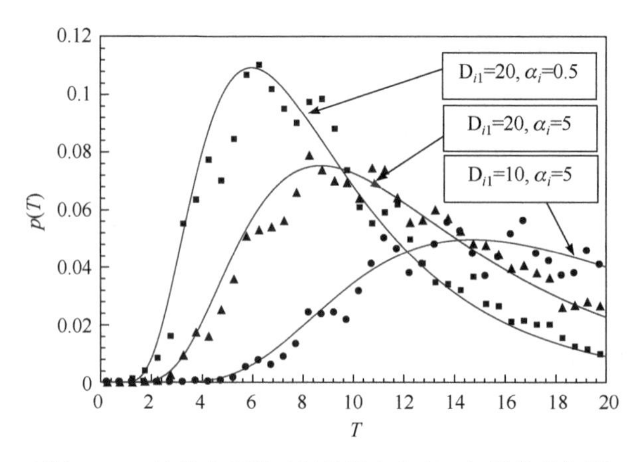

图 8.3.18　系统(8.3.60)的首次穿越时间的概率密度，初始条件与图 8.3.17 相同
—— 表示随机平均法结果，■•▲表示数值模拟结果(Wu et al., 2013)

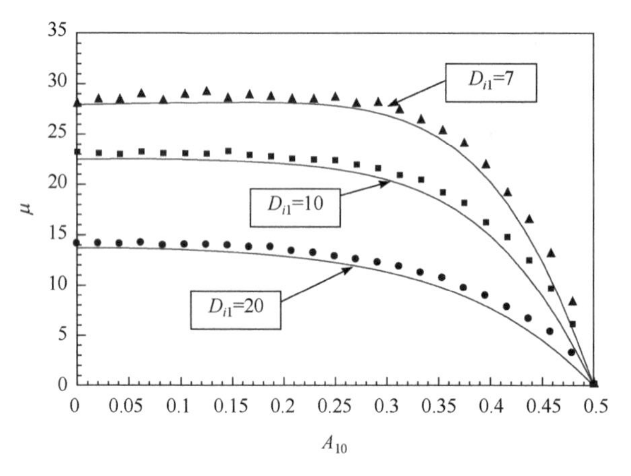

图 8.3.19　系统(8.3.60)的平均首次穿越时间随 A_{10} 的变化. α_i=5 (i=1，2)，其他参数与图 8.3.17 相同
—— 表示理论结果，■•▲表示数值模拟结果(Wu et al., 2013)

8.4　窄带随机化谐和噪声激励

2.6.3 节介绍的随机化谐和噪声，亦称为有界噪声的数学模型，该过程幅值有界，而且可以通过调整少量参数使功率谱密度的峰值位置和带宽与实际噪声相符. 仿照式(2.6.51)，本节考虑随机化谐和噪声

$$\xi(t) = \sin(\Omega t + \sigma B(t) + \chi) \tag{8.4.1}$$

式中 Ω 表示中心频率；σ 表示频率随机扰动幅值；χ 是在 $[0,2\pi)$ 上均匀分布的随机相位；$B(t)$是单位维纳过程. 根据式(2.6.59)和(2.6.60)，$\xi(t)$ 的自相关函数为

$$R_{\xi}(\tau)=\frac{1}{2}\exp\left(-\frac{1}{2}\sigma^2|\tau|\right)\cos\Omega\tau. \tag{8.4.2}$$

功率谱密度为

$$S_{\xi}(\omega)=\frac{\sigma^2}{4\pi}\frac{\omega^2+\Omega^2+\sigma^4/4}{\left(\omega^2-\Omega^2-\sigma^4/4\right)^2+\sigma^4\omega^2}, \tag{8.4.3}$$

$\xi(t)$的带宽主要取决于σ，σ小时它是窄带过程，σ大时它为宽带过程，$\sigma\to\infty$时它是白噪声. 令式(2.6.63)中的$A=1$，可得$\xi(t)$的概率密度. 下面叙述在窄带随机化谐和噪声激励下拟可积哈密顿系统的随机平均法.

8.4.1　单自由度系统

考虑窄带随机化谐和噪声激励的单自由度拟哈密顿系统(Huang et al.，2002)，其运动方程为

$$\begin{aligned}&\dot{Q}=P,\\&\dot{P}=-g(Q)-\varepsilon c(Q,P)P+\varepsilon^{1/2}f(Q,P)\xi(t).\end{aligned} \tag{8.4.4}$$

式中$\xi(t)$为由式(8.4.1)定义的随机化谐和噪声，ε为小量. 设与系统(8.4.4)相应的哈密顿系统在平衡点$(b，0)$的邻域 V 内有形如式(8.1.6)的周期解族. 作变换(8.1.12)，经类似于式(8.1.14)至(8.1.18)的推导，得

$$\begin{aligned}&\frac{\mathrm{d}A}{\mathrm{d}t}=\varepsilon F_1(A,\Phi,\Omega t+\Lambda),\\&\frac{\mathrm{d}\Phi}{\mathrm{d}t}=\nu(A,\Phi)+\varepsilon F_2(A,\Phi,\Omega t+\Lambda).\end{aligned} \tag{8.4.5}$$

式中$\Lambda=\sigma B+\chi$，

$$\begin{aligned}F_1=&\frac{-A}{g(A+B)(1+d)}\big[c(A\cos\Phi+B,-A\nu(A,\Phi)\sin\Phi)A\nu(A,\Phi)\sin\Phi\\&+f(A\cos\Phi+B,-A\nu(A,\Phi)\sin\Phi)\sin(\Omega t+\Lambda)\big]\nu(A,\Phi)\sin\Phi,\\F_2=&\frac{-1}{g(A+B)(1+d)}\big[c(A\cos\Phi+B,-A\nu(A,\Phi)\sin\Phi)A\nu(A,\Phi)\sin\Phi\\&+f(A\cos\Phi+B,-A\nu(A,\Phi)\sin\Phi)\sin(\Omega t+\Lambda)\big]\nu(A,\Phi)(\cos\Phi+d),\\d=&\frac{\mathrm{d}B}{\mathrm{d}A}=\frac{g(-A+B)+g(A+B)}{g(-A+B)-g(A+B)}.\end{aligned} \tag{8.4.6}$$

设$\xi(t)$的中心频率Ω与系统的平均频率$\omega(A)$满足如下外共振关系

$$\frac{\Omega}{\omega(A)}=\frac{s}{r}+\varepsilon\kappa. \tag{8.4.7}$$

式中s,r为互质正整数；$\varepsilon\kappa$为小的解调量.

引入新变量

$$\varDelta = \varOmega t + \varLambda - \frac{s}{r}\varPhi. \tag{8.4.8}$$

$\varDelta$ 可看作是随机化谐和噪声相角 $(\varOmega t + \varLambda)$ 与系统响应相角倍数 $\varPhi s/r$ 之差的度量. 将式(8.4.8)看成是 $\varDelta$ 与 $\varPhi$ 之间的函数关系，可从式(8.4.5)导得关于 A，$\varDelta$ 的伊藤随机微分方程

$$\begin{aligned}
&\mathrm{d}A = \varepsilon F_1\left(A, \frac{r}{s}(\varOmega t + \varLambda - \varDelta), \varOmega t + \varLambda\right)\mathrm{d}t, \\
&\mathrm{d}\varDelta = \left[\varOmega - \frac{s}{r}\nu\left(A, \frac{r}{s}(\varOmega t + \varLambda - \varDelta)\right) - \frac{s}{r}\varepsilon F_2\left(A, \frac{r}{s}(\varOmega t + \varLambda - \varDelta), \varOmega t + \varLambda\right)\right]\mathrm{d}t + \sigma \mathrm{d}B(t).
\end{aligned} \tag{8.4.9}$$

$A(t)$和 $\varDelta(t)$ 为慢变过程. 将(8.4.9)中系数对时间平均，得平均伊藤随机微分方程

$$\begin{aligned}
&\mathrm{d}A = m_1(A,\Delta)\mathrm{d}t, \\
&\mathrm{d}\Delta = m_2(A,\Delta)\mathrm{d}t + \sigma\mathrm{d}B(t).
\end{aligned} \tag{8.4.10}$$

式中

$$\begin{aligned}
&m_1(A,\varDelta) = \varepsilon\left\langle F_1\left(A, \frac{r}{s}(\varOmega t + \varLambda - \varDelta)\right)\right\rangle_{\varOmega t+\varLambda}, \\
&m_2(A,\varDelta) = \varepsilon\kappa\omega(A) - \varepsilon\left\langle \frac{s}{r}F_2\left(A, \frac{r}{s}(\varOmega t + \varLambda - \varDelta)\right)\right\rangle_{\varOmega t+\varLambda}.
\end{aligned} \tag{8.4.11}$$

可知，$[A,\varDelta]^{\mathrm{T}}$ 为二维扩散过程. 与(8.4.11)相应的平均 FPK 方程为

$$\frac{\partial p}{\partial t} = -\frac{\partial}{\partial a}(m_1 p) - \frac{\partial}{\partial \delta}(m_2 p) + \frac{\sigma^2}{2}\frac{\partial^2 p}{\partial \delta^2}. \tag{8.4.12}$$

式中一阶导数矩

$$m_1 = m_1(a,\delta) = m_1(A,\varDelta)\big|_{A=a,\ \varDelta=\delta}, \quad m_2 = m_2(a,\delta) = m_2(A,\varDelta)\big|_{A=a,\ \varDelta=\delta}. \tag{8.4.13}$$

$p = p(a,\delta,t \mid a_0,\delta_0)$，相应的初始条件为

$$p(a,\delta,0 \mid a_0,\delta_0) = \delta(a-a_0)\delta(\delta-\delta_0) \tag{8.4.14}$$

或 $p = p(a,\delta,t)$，相应初始条件为

$$p(a,\delta,0) = p(a_0,\delta_0). \tag{8.4.15}$$

式(8.4.14)对 a 的边界条件取决于域 V. 当 V 为全平面(q, p)时，它们形同式(8.1.28)和(8.1.29). 对 δ 则有如下周期性边界条件

$$p(a,\delta+2k\pi,t \mid a_0,\delta_0) = p(a,\delta \mid a_0,\delta_0), \quad k = 0,\pm1,\pm2,\cdots. \tag{8.4.16}$$

通过求解简化的平均 FPK 方程(8.4.12)可得平稳概率密度 $p(a,\delta)$，原系统(8.4.4)的近似平稳概率密度为

$$p(q,p)=p(a,\delta)\left|\frac{\partial(a,\delta)}{\partial(q,p)}\right|=p(a,\delta)\left|\frac{\partial(a,\delta)}{\partial(a,\phi)}\right|\left|\frac{\partial(a,\phi)}{\partial(q,p)}\right|=\frac{s}{r}p(a,\delta)\left|\frac{\partial(a,\phi)}{\partial(q,p)}\right| \tag{8.4.17}$$

例 8.4.1　考虑窄带随机化谐和噪声激励的硬弹簧杜芬振子(Huang 等, 2002)，其运动方程为

$$\begin{aligned}&\dot{Q}=P\\&\dot{P}=-\omega_0^2Q-\alpha Q^3-\beta P+E\sin(\Omega t+\sigma B(t)+\chi)\end{aligned} \tag{8.4.18}$$

例 8.1.1 中式(8.1.39)至(8.1.42)仍适用. 考察式(8.4.7)主共振情形 $s=r=1$. 按式(8.4.5)至(8.4.11)推导，得平均伊藤方程(8.4.10)，其中漂移系数为

$$\begin{aligned}m_1&=\frac{-\beta A(\omega_0^2+5\alpha A^2/8)}{2(\omega_0^2+\alpha A^2)}-\frac{E\cos\Delta}{4(\omega_0^2+\alpha A^2)}[2b_0(A)-b_2(A)],\\m_2&=\frac{E\sin\Delta}{4A(\omega_0^2+\alpha A^2)}[2b_0(A)+b_2(A)]+\Omega-\omega(A).\end{aligned} \tag{8.4.19}$$

求解以式(8.4.19)为漂移系数的伊藤方程(8.4.10)所对应的简化的平均 FPK 方程(8.4.12)可得平稳概率密度 $p(a,\delta)$. 图 8.4.1 显示了 $p(a,\delta)$. 它有两个峰，预示可能发生随机跳跃. 图 8.4.2 显示了一段由数值模拟得到位移样本，证实发生了随机跳跃，从图还可以看出，随机跳跃可双向反复进行. 类似于例 8.3.1，随机平均法还可以提供对随机跳跃及其分岔的分析，例如随机跳跃随参数 σ 大小的变化等.

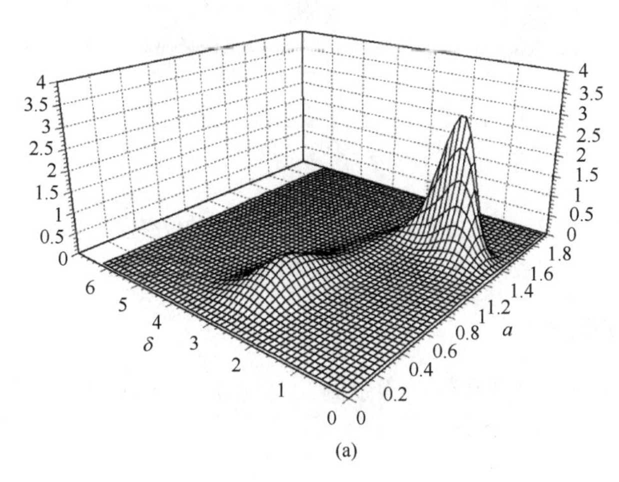

(a)

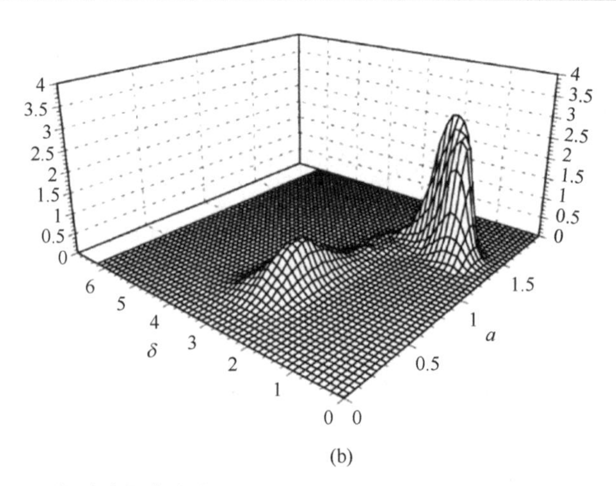

(b)

图 8.4.1　系统(8.4.18)的平稳概率密度 $p(a,\delta)$，(a) 随机平均法结果；(b) 原系统(8.4.18)数值模拟结果；系统参数为：$\omega_0=1.0$，$\alpha=0.3$，$\beta=0.1$，$\Omega=1.2$，$E=0.2$，$\sigma^2=0.02$ (Huang et al.，2002)

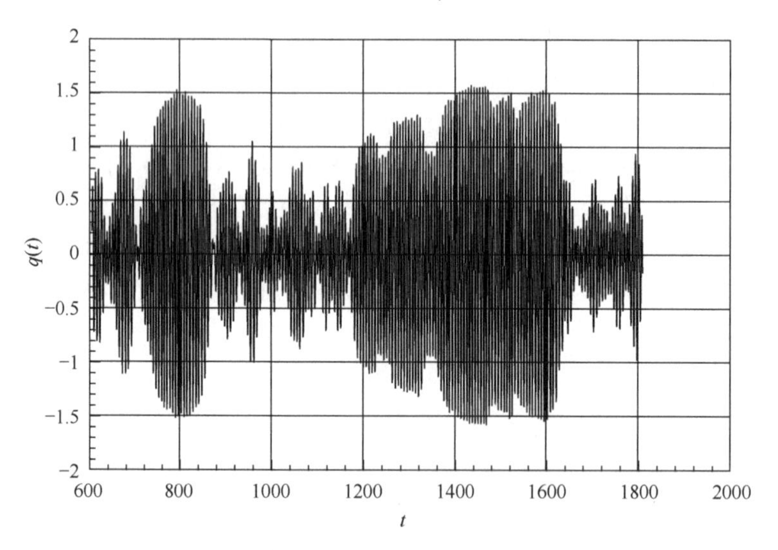

图 8.4.2　由数值模拟得到的系统(8.4.18)的位移样本 $q(t)$，系统参数与图 8.4.1 相同(Huang et al.，2002)

8.4.2　多自由度系统

考虑弱窄带随机化谐和噪声激励的 n 自由度拟可积哈密顿系统(Huang and Zhu，2004b)，其运动方程为

$$
\begin{aligned}
&\dot{Q}_i = P_i,\\
&\dot{P}_i = -g_i(Q_i) - \varepsilon\sum_{j=1}^{n} c_{ij}(\boldsymbol{Q},\boldsymbol{P})P_j + \varepsilon^{1/2}\sum_{k=1}^{m} f_{ik}(\boldsymbol{Q},\boldsymbol{P})\xi_k(t),\\
&i = 1,2,\cdots,n.
\end{aligned}
\tag{8.4.20}
$$

式中 $g_i(Q_i)$表示非线性恢复力；ε是小参数，εc_{ij} 是弱阻尼系数；$\xi_k(t)$ 是 m 个式(8.4.1)中定义的窄带随机化谐和噪声

$$
\xi_k(t) = \sin(\varOmega_k t + \varLambda_k),\quad \varLambda_k = \sigma_k B_k(t) + \chi_k,\quad k = 1,2,\cdots,m. \tag{8.4.21}
$$

$\varepsilon^{1/2} f_{ik}$ 是小激励幅值.

设 $g_i(Q_i)$ 与 $U_i(Q_i) = \int g_i(Q_i)\mathrm{d}Q_i$ 满足方程(8.1.5)下面所列的四个条件，系统(8.4.20)有以下的随机周期解族

$$
Q_i(t) = A_i\cos\varPhi_i(t) + B_i,\quad P_i(t) = -A_i\nu_i(A_i,\varPhi_i)\sin\varPhi_i(t),\quad \varPhi_i(t) = \varGamma_i(t) + \varTheta_i(t). \tag{8.4.22}
$$

式中

$$
\begin{aligned}
&\nu_i(A_i,\varPhi_i) = \frac{\mathrm{d}\varGamma_i}{\mathrm{d}t} = \sqrt{\frac{2[U_i(A_i + B_i) - U_i(A_i\cos\varPhi_i + B_i)]}{A_i^2\sin^2\varPhi_i}},\\
&U_i(A_i + B_i) = U_i(A_i - B_i) = H_i.
\end{aligned}
\tag{8.4.23}
$$

其中 H_i 是各自由度的哈密顿函数；$\nu_i(A_i,\varPhi_i)$ 是各自由度振子的瞬时频率，将它展开成 $\varPhi_i$ 的傅里叶级数

$$
\nu_i(A_i,\varPhi_i) = \omega_i(A_i) + \sum_{r=1}^{\infty}\omega_i^r(A_i)\cos r\varPhi_i. \tag{8.4.24}
$$

$\omega_i(A_i)$ 是各自由度振子的平均频率. 将式(8.4.22)代入式(8.4.20)，系统运动方程可转化成

$$
\begin{aligned}
&\frac{\mathrm{d}A_i}{\mathrm{d}t} = \varepsilon F_i^{(1)}(\boldsymbol{A},\boldsymbol{\varPhi},\boldsymbol{\varOmega}t + \boldsymbol{\varLambda}),\\
&\frac{\mathrm{d}\varPhi_i}{\mathrm{d}t} = \nu_i(A_i,\varPhi_i) + \varepsilon F_i^{(2)}(\boldsymbol{A},\boldsymbol{\varPhi},\boldsymbol{\varOmega}t + \boldsymbol{\varLambda}),\\
&i = 1,2,\cdots,n.
\end{aligned}
\tag{8.4.25}
$$

式中

$$
\begin{aligned}
&\boldsymbol{A} = [A_1, A_2,\cdots,A_n],\quad \boldsymbol{\varPhi} = [\varPhi_1,\varPhi_2,\cdots,\varPhi_n],\\
&\boldsymbol{\varOmega}t = [\varOmega_1 t,\varOmega_2 t,\cdots,\varOmega_m t],\quad \boldsymbol{\varLambda} = [\varLambda_1,\varLambda_2,\cdots,\varLambda_m],\\
&F_i^{(1)} = \frac{-A_i}{g_i(A_i + B_i)(1 + d_i)}\left[\sum_{j=1}^{n} c_{ij}(A_i\cos\varPhi_i + B_i, -A_i\nu_i\sin\varPhi_i A_j)\nu_j\sin\varPhi_j\right.\\
&\qquad\left. + \sum_{k=1}^{m} f_{ik}(A_i\cos\varPhi_i + B_i, -A_i\nu_i\sin\varPhi_i)\sin(\Omega_k t + \varLambda_k)\right]\nu_i\sin\varPhi_i,
\end{aligned}
\tag{8.4.26}
$$

$$F_i^{(2)} = \frac{-1}{g_i(A_i+B_i)(1+d_i)}\left[\sum_{j=1}^{n} c_{ij}(A_i\cos\Phi_i + B_i, -A_i\nu_i\sin\Phi_i A_j)\nu_j\sin\Phi_j\right.$$
$$\left. + \sum_{k=1}^{m} f_{ik}(A_i\cos\Phi_i + B_i, -A_i\nu_i\sin\Phi_i)\sin(\Omega_k t + \Lambda_k)\right]\nu_i(\cos\Phi_i + d_i),$$
$$d_i = \frac{\mathrm{d}B_i}{\mathrm{d}A_i} = \frac{g_i(-A_i+B_i)+g_i(A_i+B_i)}{g_i(-A_i+B_i)-g_i(A_i+B_i)},\quad i=1,2,\cdots,n.$$

系统(8.4.20)中各自由度之间可能存在内共振,窄带随机化谐和噪声 $\xi_k(t)$ 与各自由度之间还可能存在外共振. 当不存在外共振时, 窄带噪声对系统的影响较小, 可以忽略. 因此, 下面考虑仅有外共振情形和同时具有内外共振情形.

考虑系统(8.4.20)各自由度的平均频率 $\omega_i(A_i)$ 与随机化谐和噪声中心频率 $\Omega_1,\Omega_2,\cdots,\Omega_m$ 间存在如下 μ 个共振关系

$$\sum_{k=1}^{m} E_k^u\Omega_k + \sum_{i=1}^{n} I_i^u\omega_i = \varepsilon\kappa_u,\quad u=1,2,\cdots,\mu. \tag{8.4.27}$$

其中 E_k^u, I_i^u 为不全为零的整数, $\varepsilon\kappa_u$ 为小的解调量. 注意, 式(8.4.27)同时适用仅有外共振与同时具有内外共振两种情形. 引入以下 μ 个角变量组合

$$\Delta_u = \sum_{k=1}^{m} E_k^u(\Omega_k t + \Lambda_k) + \sum_{i=1}^{n} I_i^u\Phi_i,\quad u=1,2,\cdots,\mu. \tag{8.4.28}$$

将式(8.4.28)中的 Δ_u 看成 Φ_i 的函数, 应用伊藤随机微分规则, 从(8.4.25)可导出 $\Delta_1,\Delta_2,\cdots,\Delta_\mu$ 的伊藤方程

$$\mathrm{d}\Delta_u = \left[\sum_{k=1}^{m} E_k^u\Omega_k + \sum_{i=1}^{n} I_i^u\nu_i(A_i,\Phi_i) + \varepsilon\sum_{i=1}^{n} I_i^u F_i^{(2)}(\boldsymbol{A},\boldsymbol{\Phi},\boldsymbol{\Omega}t+\boldsymbol{\Lambda})\right]\mathrm{d}t + \sum_{k=1}^{m} E_k^u\sigma_k\mathrm{d}B_k(t),$$
$$u=1,2,\cdots,\mu. \tag{8.4.29}$$

联立式(8.4.25)中 A_i 和式(8.4.29)中 Δ_u 的方程, 将 $\boldsymbol{\Phi}$ 中的 μ 个 Φ_i 用 μ 个 Δ_u 与 m 个 $(\Omega_k t + \Lambda_k)$ 代替,对时间平均可代之以对未被代替的 $(n-\mu)$ 个 Φ_i 和 m 个 $(\Omega_k t + \Lambda_k)$ 的平均, 最终可导得如下平均伊藤随机微分方程

$$\begin{aligned}
&\mathrm{d}A_i = m_i^{(1)}(\boldsymbol{A},\boldsymbol{\Delta})\mathrm{d}t,\\
&\mathrm{d}\Delta_u = m_u^{(2)}(\boldsymbol{A},\boldsymbol{\Delta})\mathrm{d}t + \sum_{k=1}^{m}\sigma_{uk}^{(2)}\mathrm{d}B_k(t),\\
&i=1,2,\cdots,n;\quad u=1,2,\cdots,\mu.
\end{aligned} \tag{8.4.30}$$

式中漂移系数和扩散系数为

$$
\begin{aligned}
&m_i^{(1)}(\boldsymbol{A},\boldsymbol{\Delta})=\varepsilon\left\langle F_i^{(1)}(\boldsymbol{A},\bar{\boldsymbol{\Phi}},\boldsymbol{\Omega}t+\boldsymbol{\Lambda})\right\rangle_{\bar{\boldsymbol{\Phi}},\boldsymbol{\Omega}t+\boldsymbol{\Lambda}},\\
&m_u^{(2)}(\boldsymbol{A},\boldsymbol{\Delta})=\varepsilon\left\langle\frac{1}{\varepsilon}\left[\sum_{k=1}^{m}E_k^u\Omega_k+\sum_{j=1}^{n}I_j^u\nu_j(A_j,\bar{\Phi}_j)\right]+\sum_{j=1}^{n}I_j^uF_j^{(2)}(\boldsymbol{A},\bar{\boldsymbol{\Phi}},\boldsymbol{\Omega}t+\boldsymbol{\Lambda})\right\rangle_{\bar{\boldsymbol{\Phi}},\boldsymbol{\Omega}t+\boldsymbol{\Lambda}},\\
&\sum_{k=1}^{m}\sigma_{uk}^{(2)}\sigma_{vk}^{(2)}=\sum_{k=1}^{m}E_k^uE_k^v\sigma_k^2.\\
&i=1,2,\cdots,n;\quad u,v=1,2,\cdots,\mu.
\end{aligned}
\tag{8.4.31}
$$

平均运算符

$$
\langle[\bullet]\rangle_{\bar{\boldsymbol{\Phi}},\boldsymbol{\Omega}t+\boldsymbol{\Lambda}}=\frac{1}{(2\pi)^{n-\mu+m}}\int_0^{2\pi}[\bullet]\mathrm{d}\Phi_{\mu+1}\cdots\mathrm{d}\Phi_n\mathrm{d}(\Omega_1t+\Lambda_1)\cdots\mathrm{d}(\Omega_mt+\Lambda_m).\tag{8.4.32}
$$

式中 $\boldsymbol{\Omega}t+\boldsymbol{\Lambda}=[\Omega_1t+\Lambda_1,\Omega_2t+\Lambda_2,\cdots,\Omega_mt+\Lambda_m]$；$\bar{\boldsymbol{\Phi}}=[\Phi_{\mu+1},\Phi_{\mu+2},\cdots,\Phi_n]$ 表示 $\bar{\boldsymbol{\Phi}}$ 中的 $\Phi_1,\Phi_2,\cdots\Phi_\mu$ 已经按(8.4.28)被 $\Delta_1,\Delta_2,\cdots\Delta_\mu$ 和 $\boldsymbol{\Omega}t+\boldsymbol{\Lambda}$ 代替后的余量.

与方程(8.4.30)对应的平均 FPK 方程为

$$
\frac{\partial p}{\partial t}=-\sum_{i=1}^{n}\frac{\partial}{\partial a_i}[a_i^{(1)}(\boldsymbol{a},\boldsymbol{\delta})p]-\sum_{u=1}^{\mu}\frac{\partial}{\partial\delta_u}[a_u^{(2)}(\boldsymbol{a},\boldsymbol{\delta})p]+\frac{1}{2}\sum_{u,v=1}^{\mu}b_{uv}\frac{\partial^2p}{\partial\delta_u\partial\delta_v}.\tag{8.4.33}
$$

式中一、二阶导数矩为

$$
a_i^{(1)}(\boldsymbol{a},\boldsymbol{\delta})=m_i^{(1)}(\boldsymbol{A},\boldsymbol{\Delta})\Big|_{\boldsymbol{A}=\boldsymbol{a},\,\boldsymbol{\Delta}=\boldsymbol{\delta}},\quad a_u^{(2)}(\boldsymbol{a},\boldsymbol{\delta})=m_u^{(2)}(\boldsymbol{A},\boldsymbol{\Delta})\Big|_{\boldsymbol{A}=\boldsymbol{a},\,\boldsymbol{\Delta}=\boldsymbol{\delta}},\quad b_{uv}=\sum_{k=1}^{m}\sigma_{uk}^{(2)}\sigma_{vk}^{(2)}.\tag{8.4.34}
$$

式(8.4.33)中 $p=p(\boldsymbol{a},\boldsymbol{\delta},t\,|\,\boldsymbol{a}_0,\boldsymbol{\delta}_0)$，方程的初始条件为

$$
p(\boldsymbol{a},\boldsymbol{\delta},0\,|\,\boldsymbol{a}_0,\boldsymbol{\delta}_0)=\delta(a_1-a_{10})\cdots\delta(a_n-a_{n0})\delta(\delta_1-\delta_{10})\cdots\delta(\delta_\mu-\delta_{\mu0}).\tag{8.4.35}
$$

式中 $\delta(\bullet)$ 是狄拉克 δ 函数. 若 $g_i(q_i)$ 与 $U_i(q_i)$ 在全平面 (q_i,p_i) 上满足方程(8.1.5)下面所列的四个条件，则方程(8.4.33)对 $\boldsymbol{a}$ 的边界条件同式(8.1.63)，对 $\boldsymbol{\delta}$ 则有如下周期性边界条件

$$
\begin{aligned}
&p(\boldsymbol{a},\delta_1,\delta_2,\cdots,\delta_u+2k\pi,\cdots,\delta_\mu,t\big|\boldsymbol{a}_0,\boldsymbol{\delta}_0)=p(\boldsymbol{a},\delta_1,\delta_2,\cdots,\delta_u,\cdots,\delta_\mu,t\big|\boldsymbol{a}_0,\boldsymbol{\delta}_0),\\
&k=0,\pm1,\pm2,\cdots
\end{aligned}
\tag{8.4.36}
$$

在求得式(8.4.33)的平稳解 $p(\boldsymbol{a},\boldsymbol{\delta})$ 之后，可类似于式(8.4.17)导出 $p(\boldsymbol{q},\boldsymbol{p})$，即

$$
p(\boldsymbol{q},\boldsymbol{p})=p(\boldsymbol{a},\boldsymbol{\delta})\left|\frac{\partial(\boldsymbol{a},\boldsymbol{\delta})}{\partial(\boldsymbol{q},\boldsymbol{p})}\right|=p(\boldsymbol{a},\boldsymbol{\delta})\left|\frac{\partial(\boldsymbol{a},\boldsymbol{\delta})}{\partial(\boldsymbol{a},\boldsymbol{\phi})}\right|\left|\frac{\partial(\boldsymbol{a},\boldsymbol{\phi})}{\partial(\boldsymbol{q},\boldsymbol{p})}\right|\tag{8.4.37}
$$

例 8.4.2 考虑如下受窄带随机化谐和噪声激励的两自由度非线性系统

$$\begin{aligned}&\ddot{X}_1+\gamma_1\dot{X}_1+(\alpha_1+\beta_1\dot{X}_2)\dot{X}_2+\omega_1^2X_1=\xi(t),\\&\ddot{X}_2+(\alpha_2+\beta_2\dot{X}_1)\dot{X}_1+\gamma_2\dot{X}_2+\omega_2^2X_2=0.\end{aligned}\tag{8.4.38}$$

窄带随机化谐和噪声 $\xi(t)$ 的功率谱密度如式(8.4.3).

令 $Q_1=X_1,P_1=\dot{X}_1$，$Q_2=X_2,P_2=\dot{X}_2$，得与原系统对应的拟可积哈密顿系统

$$\begin{aligned}&\dot{Q}_1=P_1,\\&\dot{Q}_2=P_2,\\&\dot{P}_1=-\omega_1^2Q_1-\gamma_1P_1-(\alpha_1P_2+\beta_1P_2^2)+\xi(t),\\&\dot{P}_2=-\omega_2^2Q_2-\gamma_2P_2-(\alpha_2P_1+\beta_2P_1^2).\end{aligned}\tag{8.4.39}$$

与系统(8.4.39)相应的哈密顿系统可积且可分离，即

$$H=H_1+H_2,\quad H_i=\frac{1}{2}P_i^2+\frac{1}{2}\omega_i^2Q_i^2,\quad i=1,2.\tag{8.4.40}$$

系统周期解如(8.4.22)，把它和式(8.4.40)看作从 Q_i,P_i 到 $H_i,\varPhi_i$ 的变换，可把系统(8.4.39)转换为如下运动方程

$$\begin{aligned}\dot{H}_1=&\sqrt{2H_1}\sin\varPhi_1(-\gamma_1\sqrt{2H_1}\sin\varPhi_1-\alpha_1\sqrt{2H_2}\sin\varPhi_2+2\beta_1H_2\sin^2\varPhi_2)\\&-E\sqrt{2H_1}\sin\varPhi_1\xi(t),\\\dot{H}_2=&\sqrt{2H_2}\sin\varPhi_2(-\gamma_2\sqrt{2H_2}\sin\varPhi_2-\alpha_2\sqrt{2H_1}\sin\varPhi_1+2\beta_2H_1\sin^2\varPhi_1),\\\dot{\varPhi}_1=&\omega_1+\frac{\cos\varPhi_1}{\sqrt{2H_1}}(-\gamma_1\sqrt{2H_1}\sin\varPhi_1-\alpha_1\sqrt{2H_2}\sin\varPhi_2+2\beta_1H_2\sin^2\varPhi_2)\\&-\frac{E\cos\varPhi_1}{\sqrt{2H_1}}\xi(t),\\\dot{\varPhi}_2=&\omega_2+\frac{\cos\varPhi_2}{\sqrt{2H_2}}(-\gamma_2\sqrt{2H_2}\sin\varPhi_2-\alpha_2\sqrt{2H_1}\sin\varPhi_1+2\beta_2H_1\sin^2\varPhi_1).\end{aligned}\tag{8.4.41}$$

系统方程(8.4.39)有一个激励的中心频率 $\varOmega$ 和两个系统固有频率 ω_1,ω_2，当它们不存在外共振关系时，激励输入系统的能量非常小，对响应的影响很小，因此一般不考虑非外共振情形. 当考虑外共振时，可有两种情形，仅有外共振情形和同时具有内外共振情形，以下分别研讨.

1. 仅有外共振情形

考虑系统(8.4.41)仅有外共振关系 $\varOmega-\omega_1=O(\varepsilon)$ 时，可引入角变量组合

$$\varDelta=\varOmega t+\varLambda-\varPhi_1.\tag{8.4.42}$$

由上述运动方程(8.4.41)可得

$$
\begin{aligned}
\mathrm{d}\varDelta=\Big\{&O(\varepsilon)+\frac{\cos\varPhi_1}{\sqrt{2H_1}}(\gamma_1\sqrt{2H_1}\sin\varPhi_1+\alpha_1\sqrt{2H_2}\sin\varPhi_2-2\beta_1H_2\sin^2\varPhi_2)\\
&+\frac{E\cos\varPhi_1}{\sqrt{2H_1}}\sin(\varOmega t+\varLambda)\Big\}\mathrm{d}t+\sigma\mathrm{d}B(t).
\end{aligned}
\tag{8.4.43}
$$

方程(8.4.41)中 H_1,H_2 方程和式(8.4.43)中 $\varDelta$ 方程中的 $\varPhi_1$ 代之以 $\varDelta$ ，并对 $\varPhi_2$ 和 $\Omega t+\Lambda$ 进行平均，得平均伊藤方程

$$
\begin{aligned}
&\mathrm{d}H_1=a_1^{(h)}\mathrm{d}t,\\
&\mathrm{d}H_2=a_2^{(h)}\mathrm{d}t,\\
&\mathrm{d}\varDelta=a^{(\delta)}\mathrm{d}t+\sigma\mathrm{d}B(t).
\end{aligned}
\tag{8.4.44}
$$

相应的简化平均 FPK 方程为

$$
\frac{1}{2}\sigma^2\frac{\partial^2p}{\partial\delta^2}-\frac{\partial[a^{(\varDelta)}(h_1,h_2,\delta)p]}{\partial\delta}-\frac{\partial[a_1^{(H)}(h_1,h_2,\delta)p]}{\partial h_1}-\frac{\partial[a_2^{(H)}(h_1,h_2,\delta)p]}{\partial h_2}=0.\tag{8.4.45}
$$

方程中 $p=p(h_1,h_2,\delta)$ ，一阶导数矩可按式(8.4.31)、(8.4.32)及(8.4.34)，由式(8.4.41)和(8.4.43)导出为

$$
\begin{aligned}
&a_1^{(h)}=-\gamma_1h_1-E\sqrt{h_1/2}\cos\delta,\\
&a_2^{(h)}=-\gamma_2h_2,\\
&a^{(\delta)}=\varOmega-\omega_1+E\sin\delta\big/(2\sqrt{2h_1}).
\end{aligned}
\tag{8.4.46}
$$

FPK 方程(8.4.45)的边界条件为

$$
\begin{aligned}
&p=\text{有界值，当 } h_1=0 \text{ 或 } h_2=0,\\
&p\to0,\partial p/\partial h_1\to0,\ \text{当 } h_1\to\infty,\\
&p\to0,\partial p/\partial h_2\to0,\ \text{当 } h_2\to\infty,\\
&p(h_1,h_2,\delta+2k\pi)=p(h_1,h_2,\delta),\\
&k=0,\pm1,\pm2,\cdots.
\end{aligned}
\tag{8.4.47}
$$

由式(8.4.46)可知，$a_1^{(h)},a^{(\delta)}$ 与 h_2 无关，$a_2^{(h)}$ 与 $h_1,\varDelta$ 无关，由方程(8.4.45)知，可令 $p(h_1,h_2,\delta)=p(h_1,\delta)p(h_2)$ ，由方程(8.4.45)最后一项为零解得 $p(h_2)=\delta(h_2)$ ，其中 $\delta(h_2)$ 是 Dirac 函数，这可为数值求解带来方便，其解可表示为 $p(h_1,h_2,\delta)=p(h_1,\delta)\delta(h_2)$. 这是由于第二个振子平均方程无随机激励只有阻尼力，因此平稳状态应为 $h_2=0$. 给定系统参数 $\omega_1=1$ ，$\omega_2=1.414$ ，$\gamma_1=\gamma_2=0.1$ ，$\alpha_1=\alpha_2=0.04$ ，$\beta_1=\beta_2=0.05$ ，$E=0.2$ ，$\varOmega=1.05$ ，$\sigma^2=0.02$ ，图 8.4.3 的 $p(h_1,h_2)$ 表明，仅有外共振时，系统(8.4.39)的第一个振子因外共振而吸收了全部噪声的能量. 图 8.4.4 至图 8.4.6 显示了系列模拟结果与理论计算结果的比较，可见两者符合较好.

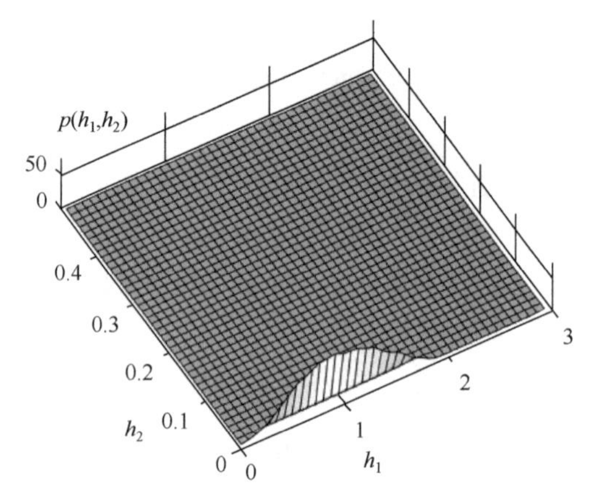

图 8.4.3　系统(8.4.39)在仅有外共振时，模拟得到的平稳概率密度 $p(h_1,h_2)$

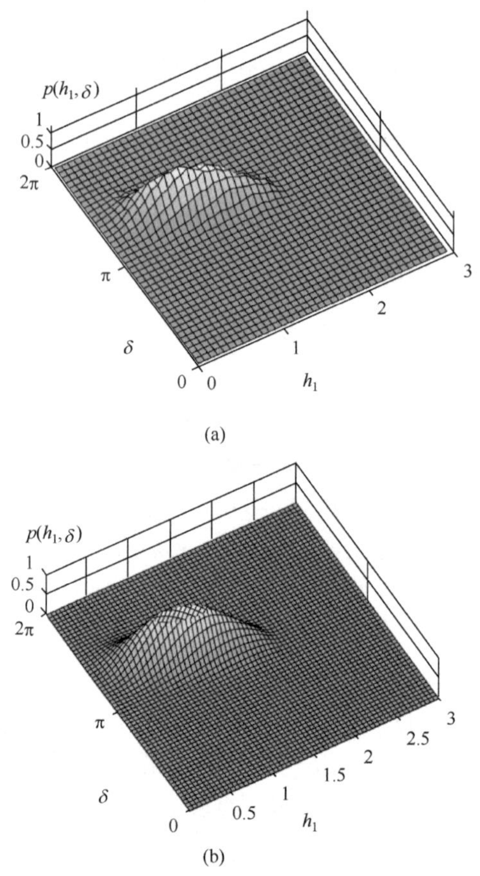

图 8.4.4　系统(8.4.39)在仅有外共振时，哈密顿量 H_1 和相角差$\varDelta$的平稳概率密度 $p(h_1,\delta)$，(a) 数值模拟结果；(b) 随机平均法结果

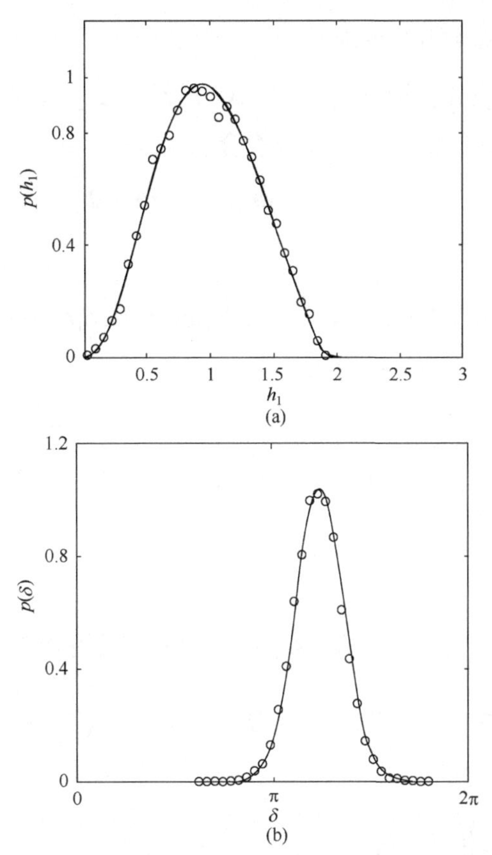

图 8.4.5　系统(8.4.39)在仅有外共振时，(a) 哈密顿量 H_1 的平稳概率密度 $p(h_1)$；(b) 相角差 Δ 的平稳概率密度 $p(\delta)$；实线—是随机平均法结果；符号 ○ 是数值模拟结果

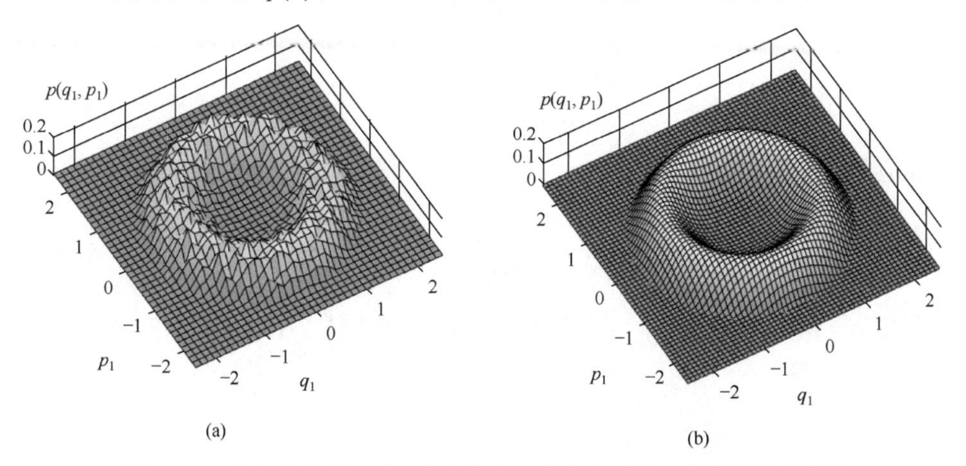

图 8.4.6　系统(8.4.39)在仅有外共振时，广义位移 Q_1 和广义动量 P_1 的平稳概率密度 $p(q_1, p_1)$，(a) 数值模拟结果；(b) 随机平均法结果

2. 同时有外共振和内共振情形

考虑系统(8.4.39)同时具有外共振关系 $\Omega-\omega_1=O_1(\varepsilon)$ 和内共振关系 $\omega_1-\omega_2=O_2(\varepsilon)$时，可引入两个角变量组合

$$\varDelta_1=\Omega t+\varDelta-\varPhi_1,\quad \varDelta_2=\varPhi_1-\varPhi_2. \tag{8.4.48}$$

由运动方程(8.4.41)可得

$$\begin{aligned}
\mathrm{d}H_1&=[\sqrt{2H_1}\sin\varPhi_1(-\gamma_1\sqrt{2H_1}\sin\varPhi_1-\alpha_1\sqrt{2H_2}\sin\varPhi_2+2\beta_1H_2\sin^2\varPhi_2)\\
&\quad-E\sqrt{2H_1}\sin\varPhi_1\sin(\Omega t+\varLambda)]\mathrm{d}t,\\
\mathrm{d}H_2&=[\sqrt{2H_2}\sin\varPhi_2(-\gamma_2\sqrt{2H_2}\sin\varPhi_2-\alpha_2\sqrt{2H_1}\sin\varPhi_1+2\beta_2H_1\sin^2\varPhi_1)]\mathrm{d}t,\\
\mathrm{d}\Delta_1&=\{O(\varepsilon)+\frac{\cos\varPhi_1}{\sqrt{2H_1}}(\gamma_1\sqrt{2H_1}\sin\varPhi_1+\alpha_1\sqrt{2H_2}\sin\varPhi_2-2\beta_1H_2\sin^2\varPhi_2)\\
&\quad+\frac{E\cos\varPhi_1}{\sqrt{2H_1}}\sin(\Omega t+\varLambda)\}\mathrm{d}t+\sigma\mathrm{d}B(t),\\
\mathrm{d}\varDelta_2&=\{O(\varepsilon)+\frac{\cos\varPhi_1}{\sqrt{2H_1}}(-\gamma_1\sqrt{2H_1}\sin\varPhi_1-\alpha_1\sqrt{2H_2}\sin\varPhi_2+2\beta_1H_2\sin^2\varPhi_2)\\
&\quad-\frac{E\cos\varPhi_1}{\sqrt{2H_1}}\sin(\Omega t+\varLambda)-\frac{\cos\varPhi_2}{\sqrt{2H_2}}(-\gamma_2\sqrt{2H_2}\sin\varPhi_2-\alpha_2\sqrt{2H_1}\sin\varPhi_1+2\beta_2H_1\sin^2\varPhi_1)\}\mathrm{d}t.
\end{aligned} \tag{8.4.49}$$

上式进行平均后，得伊藤方程

$$\begin{aligned}
&\mathrm{d}H_1=a_1^{(H)}\mathrm{d}t,\\
&\mathrm{d}H_2=a_2^{(H)}\mathrm{d}t,\\
&\mathrm{d}\varDelta_1=a_1^{(\delta)}\mathrm{d}t+\sigma\mathrm{d}B(t),\\
&\mathrm{d}\varDelta_2=a_2^{(\delta)}\mathrm{d}t.
\end{aligned} \tag{8.4.50}$$

其相应简化平均 FPK 方程为

$$\frac{1}{2}\sigma^2\frac{\partial^2p}{\partial\delta_1^2}-\frac{\partial(a_1^{(\delta)}p)}{\partial\delta_1}-\frac{\partial(a_2^{(\delta)}p)}{\partial\delta_2}-\frac{\partial(a_1^{(h)}p)}{\partial h_1}-\frac{\partial(a_2^{(h)}p)}{\partial h_2}=0. \tag{8.4.51}$$

方程中 $p=p(h_1,h_2,\delta_1,\delta_2)$，一阶导数矩可按式(8.4.31)、(8.4.32)及(8.4.34)，由式(8.4.49)导得为

$$
\begin{aligned}
a_1^{(h)} &= -\gamma_1 h_1 - \alpha_1 \sqrt{h_1 h_2}\cos\delta_2 - E\sqrt{h_1/2}\cos\delta_1, \\
a_2^{(h)} &= -\gamma_2 h_2 - \alpha_2 \sqrt{h_1 h_2}\cos\delta_2, \\
a_1^{(\delta)} &= \varOmega - \omega_1 + \frac{E\sin\delta_1}{2\sqrt{2h_1}} - \alpha_1 \sin\delta_2 \sqrt{\frac{h_2}{4h_1}}, \\
a_2^{(\delta)} &= \omega_1 - \omega_2 - \frac{E\sin\delta_1}{2\sqrt{2h_1}} + \sin\delta_2\left(\alpha_1\sqrt{\frac{h_2}{4h_1}} + \alpha_2\sqrt{\frac{h_1}{4h_2}}\right).
\end{aligned}
\tag{8.4.52}
$$

FPK 方程(8.4.51)的边界条件为

$$
\begin{aligned}
& p = \text{有界值}, \quad \text{当}\ h_1 = 0\ \text{或}\ h_2 \to 0, \\
& p \to 0, \partial p/\partial h_1 \to 0, \quad \text{当} h_1 \to \infty, \\
& p \to 0, \partial p/\partial h_2 \to 0, \quad \text{当} h_2 \to \infty, \\
& p(h_1, h_2, \delta_1 + 2k\pi, \delta_2) = p(h_1, h_2, \delta_1, \delta_2), \\
& p(h_1, h_2, \delta_1, \delta_2 + 2k\pi) = p(h_1, h_2, \delta_1, \delta_2), \\
& k = 0, \pm 1, \pm 2, \cdots.
\end{aligned}
\tag{8.4.53}
$$

给定系统参数 $\omega_1 = \omega_2 = 1$，其他参数与前述仅外共振情形的参数相同，图 8.4.7 的 $p(h_1,h_2)$ 表明，当同时具有外共振和内共振时，系统(8.4.39)的第一个振子因外共振而大量地吸收了噪声的能量. 第二个振子则因内共振从第一个振子吸收了部分能量而作小幅随机振动. 图 8.4.7 和图 8.4.8 的模拟结果与理论计算结果相符表明了随机平均法的正确性.

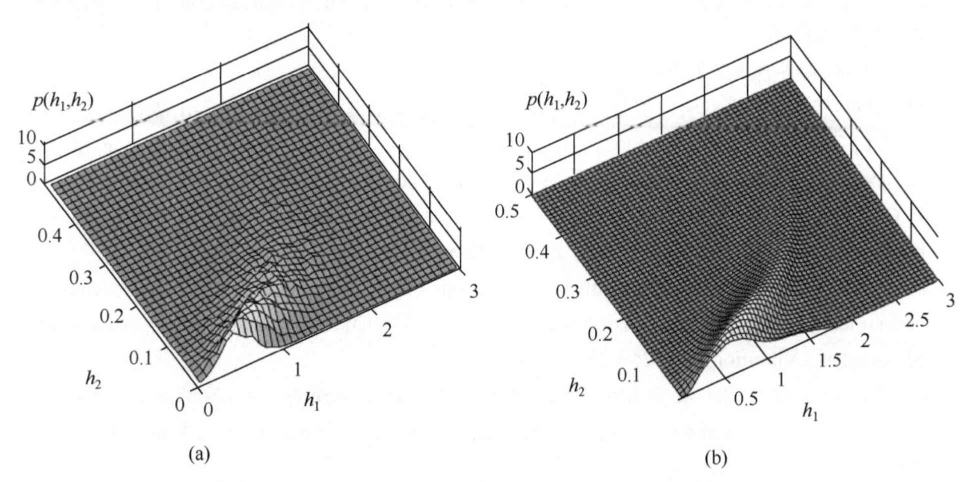

图 8.4.7　系统(8.4.39)在同时内外共振时，哈密顿量 H_1, H_2 的平稳概率密度 $p(h_1,h_2)$，(a) 数值模拟结果；(b) 随机平均法结果

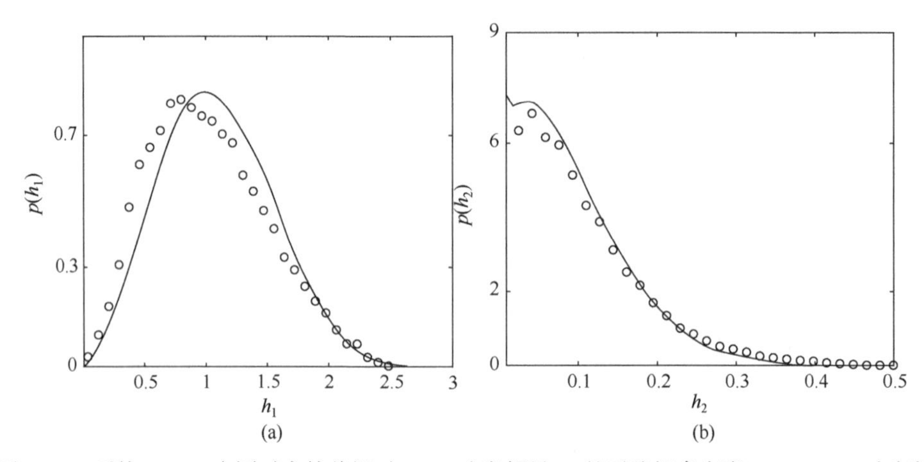

图 8.4.8 系统(8.4.39)在同时内外共振时，(a) 哈密顿量 H_1 的平稳概率密度 $p(h_1)$；(b) 哈密顿量 H_2 的平稳概率密度 $p(h_2)$；实线 — 是随机平均法结果；符号 ○ 是数值模拟结果

参 考 文 献

邓茂林, 朱位秋. 2022. fGn 激励下非线性系统近似方法适用性的解析分析. 振动工程学报, 35(5): 1076-1083.

黄志龙, 高李霞, 朱位秋. 2003. 宽带随机激励下单自由度碰撞振动系统的平稳响应. 浙江大学学报（工学版）, 37(1): 94-97.

吴勇军. 2005. 谐和与白（宽带）噪声激励下强非线性系统随机动力学与控制. 杭州: 浙江大学博士学位论文.

吴勇军, 朱位秋. 2009. 色噪声作用下 Duffing-Rayleigh-Mathieu 系统的稳态响应. 振动工程学报, 22(2): 207-212.

朱位秋. 1998. 随机振动. 北京: 科学出版社.

朱位秋. 2003. 非线性随机动力学与控制-Hamilton 理论体系框架. 北京: 科学出版社.

Deng M L, Zhu W Q. 2007. Stochastic averaging of MDOF quasi-integrable Hamiltonian systems under wideband random excitation. Journal of Sound and Vibration, 305(4-5): 783-794.

Hu R C, Zhu W Q. 2015. Stochastic optimal control of MDOF nonlinear systems under combined harmonic and wide-band noise excitations. Nonlinear Dynamics, 179: 1115-1129.

Huang Z L, Zhu W Q. 1997. Exact stationary solutions of averaged equations of stochastically and harmonically excited MDOF quasi-linear systems with internal and/or external resonances. Journal of Sound and Vibration, 204: 249-258.

Huang Z L, Zhu W Q. 2004a. Stochastic averaging of quasi-integrable Hamiltonian systems under combined harmonic and white noise excitations. International Journal of Non-Linear Mechanics, 39: 1421-1434.

Huang Z L, Zhu W Q. 2004b. Stochastic averaging of quasi-integrable Hamiltonian systems under bounded noise excitations. Probabilistic Engineering Mechanics, 19: 219-228.

Huang Z L. Zhu W Q, Ni Y Q, Ko J M. 2002. Stochastic averaging of strongly non-linear oscillators under bounded noise excitation. Journal of Sound and Vibration, 254: 245-267.

Khasminskii R Z. 1966. A limit theorem for the solution of differential equations with random right hand sides. Theory of Probability and Application, 11(3): 390-405.

Khasminskii R Z. 1968. On the averaging principle for Itô stochastic differential equations. Kibernetika, 3(4): 260-279. (in Russian)

Lü Q F, Zhu W Q, Deng M L. 2020a. Response of quasi-integrable and non-resonant Hamiltonian systems to fractional Gaussian noise. IEEE Access, 8(1): 72372-72380.

Lü Q F, Zhu W Q, Deng M L. 2020b. Reliability of quasi integrable and non-resonant Hamiltonian systems under fractional Gaussian noise excitation. Acta Mechanica Sinica, 36(4): 902-909.

Lü Q F, Zhu W Q, Deng M L. 2022. Response of quasi-integrable and resonant Hamiltonian systems to fractional Gaussian noise. ASME Journal of Vibration and Acoustic, 144: 011010.

Wu Y J, Gao Y Y, Zhang L. 2013. First-passage problem of strongly nonlinear stochastic oscillators with external and internal resonances. European Journal of Mechanics-A/Solids, 39: 60-68.

Wu Y J, Zhu W Q. 2008. Stochastic averaging of strongly nonlinear oscillators under combined harmonic and wide-band noise excitations. Journal of Vibration and Acoustics, 130: 051004.

Xu Z, Chung Y K. 1994. Averaging method using generalized harmonic functions for strongly non-linear oscillators. Journal of Sound and Vibration, 174: 563-576.

Zhu W Q, Huang Z L, Suzuki Y. 2001. Response and stability of strongly non-linear oscillators under wide-band random excitation. International Journal of Nonlinear Mechanics, 36(8): 1235-1250.

第 9 章　含遗传效应力的拟可积哈密顿系统随机平均法

遗传效应力，可视为弹性恢复力和黏性阻尼力的非线性耦合. 对含遗传效应力的拟可积哈密顿系统，不能直接应用第 4～8 章中描述的拟哈密顿系统随机平均法，而必须首先应用某种等效方法将系统所含的遗传效应力解耦为等效的弹性恢复力和黏性阻尼力，再将含遗传效应力的拟可积哈密顿系统转化为等效的拟可积哈密顿系统，从而可应用第 4～8 章中描述的拟可积哈密顿系统随机平均法. 本章依次对含滞迟恢复力、黏弹性力、分数阶导数阻尼力及时滞力的拟可积哈密顿系统推演随机平均法.

9.1　含滞迟恢复力的拟可积哈密顿系统

9.1.1　滞迟恢复力的等效化

所谓滞迟恢复力的等效化就是将滞迟恢复力解耦为等效的弹性恢复力与黏性阻尼力，有两种常用的滞迟恢复力等效化方法. 第一种方法是应用广义谐波平衡技术得到等效弹性恢复力与黏性阻尼力，第二种方法是通过计算滞迟恢复力的势能与耗散能获得等效的弹性恢复力与黏性阻尼力.

考虑含滞迟恢复力的拟可积哈密顿系统

$$
\begin{aligned}
&\dot{Q}_i = P_i,\\
&\dot{P}_i = -g_i'(Q_i) - \varepsilon\sum_{j=1}^{n} c_{ij}'(\boldsymbol{Q},\boldsymbol{P})P_j - \varepsilon f_i(Q_i,P_i) + \varepsilon^{1/2}\sum_{k=1}^{m} f_{ik}(\boldsymbol{Q},\boldsymbol{P})\xi_k(t),\\
&i = 1,2,\cdots,n.
\end{aligned}
\tag{9.1.1}
$$

式中 $\boldsymbol{Q},\boldsymbol{P},g_i'(Q_i),\varepsilon,c_{ij}',f_{ik}$ 的含义同(8.1.4)；$\xi_k(t)$ 可以为高斯白噪声，泊松白噪声或色噪声；$\varepsilon f_i(Q_i,P_i)$ 为第 i 个自由度滞迟恢复力.

1. 第一种等效方法

设 $g_i'(Q_i)$, $i=1,2,\cdots,n$ 满足式(8.1.5)下面所列的四个条件. 为简化，设 $g_i'(0)=0$，系统(9.1.1)有如下随机周期解

$$Q_i(t) = A_i \cos\Phi_i(t), \quad P_i(t) = -A_i\nu_i(A_i,\Phi_i)\sin\Phi_i(t). \tag{9.1.2}$$

式中

$$\begin{aligned} &\nu_i(A_i,\Phi_i) = \frac{\mathrm{d}\Phi_i}{\mathrm{d}t} = \sqrt{\frac{2[U_i(A_i) - U_i(A_i\cos\Phi_i)]}{A_i^2\sin^2\Phi_i}}, \\ &U_i(A_i) = U_i(-A_i) = H_i. \end{aligned} \tag{9.1.3}$$

式中 H_i, U_i, A_i 和 ν_i 分别为下面等效系统(9.1.9)的第 i 个自由度的总能量、势能、幅值和瞬时频率. 应用广义谐波平衡技术, 令

$$\begin{aligned} &f_i(Q_i,P_i) = K_i(A_i)Q_i + C_i(A_i)P_i, \\ &i = 1,2,\cdots,n. \end{aligned} \tag{9.1.4}$$

式(9.1.4)两边分别乘以 $\cos\Phi_i(t)$ 和 $\sin\Phi_i(t)$, 在 $[0,2\pi)$ 上对 Φ_i 积分, 得

$$\begin{aligned} K_i(A_i) &= \frac{1}{\pi A_i}\int_0^{2\pi} f_i(A_i\cos\Phi_i, -A_i\nu_i\sin\Phi_i)\cos\Phi_i\mathrm{d}\Phi_i, \\ C_i(A_i) &= \frac{-1}{\pi A_i\nu_i}\int_0^{2\pi} f_i(A_i\cos\Phi_i, -A_i\nu_i\sin\Phi_i)\sin\Phi_i\mathrm{d}\Phi_i. \end{aligned} \tag{9.1.5}$$

对双线性滞迟恢复力模型, 将式(3.4.1)代入式(9.1.5), 对 $A_i > 1$, 完成积分可得

$$\begin{aligned} K_i(A_i) &= \alpha + 2(1-\alpha)(2-A_i)\frac{\sqrt{A_i - 1}}{\pi A_i^2} + \frac{1-\alpha}{\pi}\arccos\left(\frac{A_i - 2}{A_i}\right), \\ C_i(A_i) &= \frac{4(1-\alpha)(A_i - 1)}{\pi\omega(A_i)A_i^2}. \end{aligned} \tag{9.1.6}$$

对 Bouc-Wen 滞迟恢复力模型, 将式(3.4.3)与(3.4.5)代入式(9.1.5), 完成积分可得

$$\begin{aligned} K_i(A_i) &= \alpha + \frac{2(1-\alpha)}{\pi A_i}\int_0^{\arccos(q_{i0}/A_i)}\{\exp[(\gamma-\beta)(A_i\cos\Phi_i - q_{i0})] - 1\}/(\gamma-\beta)\cos\Phi_i\mathrm{d}\Phi_i \\ &\quad + (1-\alpha)\frac{2}{\pi A_i}\int_{\arccos(q_{i0}/A_i)}^{\pi}\{\exp[(\gamma+\beta)(A_i\cos\Phi_i - q_{i0})] - 1\}/(\gamma+\beta)\cos\Phi_i\mathrm{d}\Phi_i, \\ C_i(A_i) &= \frac{2(1-\alpha)}{\pi A_i^2\omega(A_i)}\left[\frac{A_i + q_{i0}}{\beta+\gamma} + \frac{\exp[-(A_i + q_{i0})(\beta+\gamma)] - 1}{(\beta+\gamma)^2}\right. \\ &\quad \left. + \frac{1 - \exp[-(A_i - q_{i0})(\beta-\gamma)] - (A_i - q_{i0})(\beta-\gamma)}{(\beta-\gamma)^2}\right]. \end{aligned} \tag{9.1.7}$$

对 Duhem 滞迟恢复力模型, 将式(3.4.10)代入式(9.1.5), 完成积分可得

$$\begin{aligned} K_i(A_i) &= k_1 + \frac{3}{4}k_3A_i^2 + \frac{2}{\beta A_i}\exp(-\gamma q_{i0})\mathrm{B}(1,\gamma A_i), \\ C_i(A_i) &= \frac{4\gamma A_i - 4\exp(-\gamma q_{i0})\sinh(\gamma A_i)}{\pi\beta\gamma\omega_i(A_i)A_i^2}. \end{aligned} \tag{9.1.8}$$

式中 B(•,•) 是第一类 Bessel 函数.

对 Preisach 滞迟恢复力模型, 将式(3.4.20)和式(3.4.21)代入式(9.1.4), 完成积分可得 $K_i(A_i)$ 和 $C_i(A_i)$, 详见例 9.1.1.

完成上述步骤之后, 将 $\varepsilon K_i(A_i)Q_i$ 和 $g_i'(Q_i)$ 合并, $\varepsilon C_i(A_i)P_i$ 和 $\varepsilon\sum_{j=1}^{n}c_{ij}'(\boldsymbol{Q},\boldsymbol{P})P_j$ 合并, 得与系统(9.1.1)等效的拟可积哈密顿系统

$$
\begin{aligned}
&\dot{Q}_i = P_i,\\
&\dot{P}_i = -[g_i'(Q_i)+\varepsilon K_i(A_i)Q_i]-\varepsilon\left[\sum_{j=1}^{n}c_{ij}'(\boldsymbol{Q},\boldsymbol{P})P_j + C_i(A_i)P_i\right]+\varepsilon^{1/2}\sum_{k=1}^{m}f_{ik}(\boldsymbol{Q},\boldsymbol{P})\xi_k(t),\\
&i=1,2,\cdots,n.
\end{aligned}
\tag{9.1.9}
$$

2. 第二种等效方法

图 9.1.1 中 $f_{i1}(q_i)$ 和 $f_{i2}(q_i)$ 分别为滞迟回线的上升分支和下降分支, 图中阴影面积为上升分支 $(\dot{q}_i>0)$ 的势能, 可表为

$$
U(q_i)=\begin{cases}\displaystyle\int_{-q_{i10}}^{q_i} f_{i1}(u)\mathrm{d}u, & \text{当}\dot{q}_i>0,\quad -A_{i1}\leqslant q_i\leqslant -q_{i10},\\[2ex] \displaystyle\int_{q_{i20}}^{f_{i2}^{-1}[f_{i1}(q_i)]} f_{i2}(u)\mathrm{d}u, & \text{当}\dot{q}_i>0,\quad -q_{i10}\leqslant q_i\leqslant A_{i2}.\end{cases}
\tag{9.1.10}
$$

式中 $-A_{i1}$ 和 A_{i2} 分别是负和正位移幅值, $-q_{i10}$ 和 q_{i20} 是残余位移, 对下降分支 $f_{i2}(q_i)$, $(\dot{q}_i<0)$ 可写出类似表达式, 大多数滞迟模型具有反对称滞迟回线, 即 $f_{i2}(q_i)=-f_{i1}(-q_i)$, $A_{i1}=A_{i2}=A_i$, $q_{i10}=q_{i20}=q_{i0}$. 滞迟恢复力的等效恢复力为 $\mathrm{d}U_i(q_i)/\mathrm{d}q_i$.

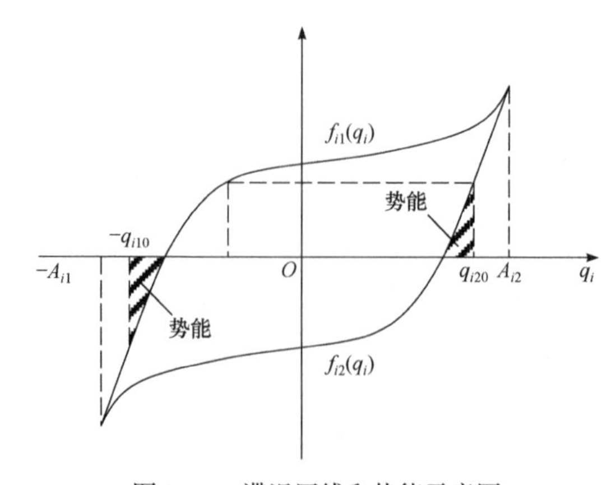

图 9.1.1 滞迟回线和势能示意图

振动一周滞迟恢复力耗散的能量即为滞迟回线所围的面积

$$A_{ri}=\int_{-A_{i1}}^{A_{i2}} f_{i1}(q_i)\mathrm{d}q_i+\int_{A_{i2}}^{-A_{i1}} f_{i2}(q_i)\mathrm{d}q_i. \tag{9.1.11}$$

滞迟恢复力的等效黏性阻尼系数则为

$$2\zeta_i(H_i)=\frac{A_{ri}}{2\int_{-A_{i1}}^{A_{i2}}\sqrt{2H_i-2U_i(q_i)}\mathrm{d}q_i}. \tag{9.1.12}$$

对 Bouc-Wen 滞迟恢复力模型，当 $n=1$，$A_1=1$，$\beta\neq\gamma$ 时，由式(9.1.10), (9.1.11)和(3.4.6)可得势能和耗散能为

$$U_i(q_i)=\begin{cases}(\alpha-k_1)q_i^2/2+(1-\alpha)\Big\{q_i+q_{i0}+\Big[e^{-(\gamma-\beta)(q_i+q_{i0})}-1\Big] \\ \quad /(\gamma-\beta)\Big\}/(\gamma-\beta), \quad -A_i\leqslant q_i\leqslant -q_{i0}, \quad \gamma\neq\pm\beta \\ (\alpha-k_1)q_i^2/2+(1-\alpha)\Big\{1-e^{-(\gamma+\beta)(q_i+q_{i0})}-[(\gamma+\beta) \\ \quad /(\gamma-\beta)]\ln\Big[1+(\gamma+\beta)(1-e^{-(\gamma+\beta)(q_i+q_{i0})})/(\gamma-\beta)\Big]\Big\} \\ \quad /(\gamma^2-\beta^2), \qquad -q_{i0}\leqslant q_i\leqslant A_i, \qquad \gamma\neq\pm\beta\end{cases}$$

$$A_{ri}=\Big[4(1-\alpha)/(\gamma^2-\beta^2)\Big]\Big\{\gamma A_i-\beta q_{i0}+\gamma\Big[e^{-(\gamma+\beta)(q_i+q_{i0})}-1\Big]/(\gamma+\beta)\Big\}, \quad \gamma\neq\pm\beta \tag{9.1.13}$$

式中 q_{i0} 为剩余滞迟位移. A_i 与 q_{i0} 可按下式由 H_i 确定

$$\begin{aligned}&(\gamma+\beta)e^{(\gamma-\beta)(A_i-q_{i0})}+(\gamma-\beta)e^{-(\gamma+\beta)(A_i+q_{i0})}=2\gamma, \\ &2H_i-(\alpha-k_1)A_i^2=(1-\alpha)\Big[-A_i+q_{i0}+\Big(e^{-(\gamma-\beta)(A_i-q_{i0})}-1\Big)/(\gamma-\beta)\Big]/(\gamma-\beta), \\ &\gamma\neq\pm\beta.\end{aligned} \tag{9.1.14}$$

对 Duhem 滞迟恢复力模型, 由式(9.1.10), (9.1.11)和(3.4.8)可得势能和耗散能为

$$\begin{aligned}&U_i(q_i)=k_1q_i^2/2+k_3q_i^4/4+(q_i+q_{i0})/\beta+\Big[e^{-\gamma(q_i+q_{i0})}-1\Big]/(\beta\gamma), \quad -A_i\leqslant q_i\leqslant -q_{i0}, \\ &U_i(q_i)=k_1q_i^2/2+k_3q_i^4/4+\Big[1-e^{-\gamma(q_i+q_{i0})}\Big]/(\beta\gamma)-\ln\Big[2-e^{-\gamma(q_i+q_{i0})}\Big]/(\beta\gamma), \quad -q_{i0}\leqslant q_i\leqslant A_i, \\ &A_{ri}=4[(1+A_i\gamma)-e^{\gamma(A_i-q_{i0})}]/(\beta\gamma).\end{aligned} \tag{9.1.15}$$

式中 q_{i0} 与 A_i 由 H_i 按下式确定

$$q_{i0}=-A_i+\frac{1}{\gamma}\ln\frac{1+\exp(2A_i\gamma)}{2},\quad H_i=k_1A_i^2/2+k_3A_i^4/4-(A_i-q_{i0})/\beta \\ +[e^{\gamma(A_i-q_{i0})}-1]/(\beta\gamma). \tag{9.1.16}$$

完成上述步骤之后, 将 $\varepsilon\,\mathrm{d}U_i/\mathrm{d}Q_i$ 和 $g_i'(Q_i)$ 合并, $2\varepsilon\zeta_i(H_i)P_i$ 和 $\varepsilon\sum_{j=1}^{n}c_{ij}'(\boldsymbol{Q},\boldsymbol{P})P_j$ 合并, 得与系统(9.1.1)等效的拟可积哈密顿系统

$$\begin{aligned}&\dot{Q}_i=P_i,\\&\dot{P}_i=-[g_i'(Q_i)+\varepsilon\,\mathrm{d}U_i/\mathrm{d}Q_i]-\varepsilon\left[\sum_{j=1}^{n}c_{ij}'(\boldsymbol{Q},\boldsymbol{P})P_j+2\zeta_i(H_i)P_i\right]\\&\qquad+\varepsilon^{1/2}\sum_{k=1}^{m}f_{ik}(\boldsymbol{Q},\boldsymbol{P})\xi_k(t),\\&i=1,2,\cdots,n.\end{aligned} \tag{9.1.17}$$

9.1.2　等效拟可积哈密顿系统随机平均

按 9.1.1 节中方法得到等效拟可积哈密顿系统(9.1.9)或(9.1.17)后, 就可以按其激励是高斯白噪声, 高斯与泊松白噪声, 分数高斯噪声, 色噪声, 分别应用 5.2 节, 6.3 节, 7.3 节（或 8.2 节）, 第 8 章中描述的随机平均法. 注意, 在高斯白噪声或泊松白噪声激励情形, 需加上可能的 Wong-Zakai 修正项或与泊松白噪声所对应的修正项. 下面用例子说明.

例 9.1.1　考虑图 9.1.2 所示的单自由度非线性随机滞迟系统（王永, 2008; Wang et al., 2009）. 系统的运动方程为

$$m\ddot{X}(t)+c\dot{X}(t)+kX(t)+f(t)=W_g(t) \tag{9.1.18}$$

式中 $X(t)$为位移; m, c, k 分别表示质量、阻尼和刚度系数; $W_g(t)$是功率谱密度为 S_w 的零均值高斯白噪声; $f(t)$为 3.4.1 节中 Preisach 模型的滞迟恢复力, 其上升和下降分支分别由式(3.4.17)至(3.4.21)给出.

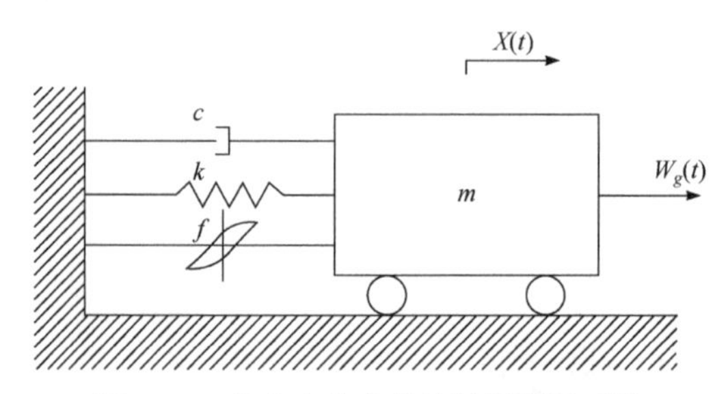

图 9.1.2　单自由度非线性随机滞迟系统

引入无量纲参数 $\mu=k/k_J$, k_J 是滞迟恢复力的线性部分的刚度系数. 系

统 (9.1.18)可以写成

$$\ddot{X}(t)+2\zeta\bar{\omega}\dot{X}(t)+\bar{\omega}^2X(t)+\frac{f_H(t)}{m}=\frac{W_g(t)}{m} \tag{9.1.19}$$

式 中 $\bar{\omega}=\sqrt{(k+k_J)/m}=\omega_J\sqrt{1+\mu}$ ， $\omega_J=\sqrt{k_J/m}$ ， $\mu=\omega^2/\omega_J^2$ ， $\omega=\sqrt{k/m}$ ， $2\zeta\bar{\omega}=c/m$，$f_H(t)$ 是滞迟恢复力的非线性部分，它表征了滞迟系统的记忆效应. 引进无量纲位移

$$Y=\frac{X\sqrt{2\zeta\bar{\omega}^3m^2}}{\sqrt{\pi S_w}} \tag{9.1.20}$$

系统(9.1.19)可以写成如下形式

$$\ddot{Y}(t)+2\zeta\bar{\omega}\dot{Y}(t)+\bar{\omega}^2[Y(t)+\lambda p_H(t)]=\widehat{W}(t) \tag{9.1.21}$$

式中

$$\begin{gathered}\widehat{W}(t)=W_g(t)\sqrt{2\zeta\bar{\omega}^3}\Big/\sqrt{\pi S_w},\quad S_{\widehat{w}(t)}=2\zeta\bar{\omega}^3/\pi,\quad \lambda=\bar{\omega}^2\frac{\sqrt{\pi S_w}}{f_y^*\sqrt{2\zeta\bar{\omega}^3}},\\ p_H(t)=\frac{f_y^*2\zeta}{\pi S_w\bar{\omega}}f_H(t),\quad f_y^*=\frac{f_{y,\max}+f_{y,\min}}{2}\end{gathered} \tag{9.1.22}$$

进一步引进无量纲参数ν 和$\varDelta$

$$\nu=\frac{f_{y,\max}-f_{y,\min}}{2f_y^*},\quad \frac{2f_{y,\min}}{k_J}\frac{\sqrt{2\zeta\bar{\omega}^3m^2}}{\sqrt{\pi S_w}}=2\frac{(1+\mu)(1-\nu)}{\lambda}=\varDelta. \tag{9.1.23}$$

参数ν 表征了 Jenkins 单元的分布. 当$\nu\to 0$时，域 A（见图 3.4.7）退化为一条直线，它表示单个 Jenkins 模型的定义域；当$\nu<1$时，系统有确定的比例极限；然而当$\nu=1$时比例极限消失，系统展示出强非线性行为. 显然，当$\nu=1$时权函数的定义域是整个域 D. 类似于式(3.4.20)至(3.4.22)，当无量纲幅值 $A=\dfrac{\bar{a}\sqrt{2\zeta\bar{\omega}^3m^2}}{\sqrt{\pi S_w}}>\dfrac{\varDelta}{2}$ 时，滞迟恢复力的非线性部分的无量纲表示式在上升阶段为

$$\begin{aligned}p_H(t)=\frac{1}{4\nu(1+\mu)^2}\Bigg\{&-\left[2\left(\tilde{F}\left(\frac{\varDelta}{2},\beta_P'\right)-\tilde{F}\left(\frac{\varDelta}{2},\beta_1'\right)\right)+H(Y(t)-\beta_{n-1}'-\varDelta)\tilde{F}(Y,\beta_{n-1}')\right]\\&-\frac{1}{2}\left[2\sum_{j=2}^{n-1}(\tilde{F}(\alpha_j',\beta_{j-1}')-\tilde{F}(\alpha_j',\beta_j'))-\tilde{F}(\alpha_P',\beta_P')\right]\Bigg\}\end{aligned} \tag{9.1.24}$$

下降阶段为

$$p_H(t)=\frac{1}{4\nu(1+\mu)^2}\left\{-\left[2\left(\tilde{F}\left(\frac{\Delta}{2},\beta_P'\right)-\tilde{F}\left(\frac{\Delta}{2},\beta_1'\right)\right)+\tilde{F}(\alpha_n',\beta_{n-1}')-H(\alpha_n'-\Delta-Y(t))\right.\right.$$
$$\left.\left.\tilde{F}(\alpha_n',Y(t))\right]-\frac{1}{2}\left[2\sum_{j=2}^{n-1}(\tilde{F}(\alpha_j',\beta_{j-1}')-\tilde{F}(\alpha_j',\beta_j'))-\tilde{F}(\alpha_P',\beta_P')\right]\right\}$$
$$(9.1.25)$$

当无量纲幅值 $A<\Delta/2$ 时，无论上升阶段还是下降阶段滞迟恢复力的非线性部分的无量纲表示式为

$$p_H(t)=\frac{1}{4\nu(1+\mu)^2}\left\{-2\left[\tilde{F}\left(\frac{\Delta}{2},\beta_P'\right)-\tilde{F}\left(\frac{\Delta}{2},\beta_1'\right)\right]\right.$$
$$\left.-\frac{1}{2}\left[2\sum_{j=2}^{s}(\tilde{F}(\alpha_j',\beta_{j-1}')-\tilde{F}(\alpha_j',\beta_j'))-\tilde{F}(\alpha_P',\beta_P')\right]\right\} \tag{9.1.26}$$

式中 $\alpha_j'=\dfrac{\alpha_j\sqrt{2\zeta\varpi^3m^2}}{\sqrt{\pi S_w}}$，$\beta'=\dfrac{\beta_j\sqrt{2\zeta\varpi^3m^2}}{\sqrt{\pi S_w}}$ 分别是无量纲的局部极大和局部极小；$\tilde{F}(\alpha_j',\beta_j')=\dfrac{1}{2}[\Delta+(\beta_j'-\alpha_j')]^2$.

滞迟恢复力的非线性部分包含着非线性弹性恢复力和非线性耗散力，并且二者是耦合的. 为了应用能量包线随机平均法，必须首先将二者解耦. 应用 9.1.1 节中描述的广义谐波平衡技术，滞迟恢复力非线性部分 $\varpi^2p_H(Y)$ 可被等效为

$$\varpi^2p_H(Y)=C(A)\dot{Y}+K(A)Y \tag{9.1.27}$$

式中

$$C(A)=-\frac{\varpi^2}{A\pi\omega(A)}\int_0^{2\pi}p_H(A\cos\phi)\sin\phi\mathrm{d}\phi,\quad K(A)=\frac{\varpi^2}{A\pi}\int_0^{2\pi}p_H(A\cos\phi)\cos\phi\mathrm{d}\phi. \tag{9.1.28}$$

当无量纲幅值 $A>\Delta/2$ 时，

$$C(A)=\frac{\varpi^2}{A\pi\omega(A)}\frac{1}{4\nu(1+\mu)^2}\left\{\int_0^{\pi}[\tilde{F}(\alpha_n',\beta_{n-1}')-H(\alpha_n'-\Delta-A\cos\phi)\tilde{F}(\alpha_n',A\cos\phi)]\sin\phi\mathrm{d}\phi\right.$$
$$\left.+\int_{\pi}^{2\pi}[H(A\cos\phi-\beta_{n-1}'-\Delta)\tilde{F}(A\cos\phi,\beta_{n-1}')\Big]\sin\phi\mathrm{d}\phi\right\},$$
$$(9.1.29)$$

$$K(A)=\frac{\bar{\omega}^2}{A\pi}\frac{1}{4\nu(1+\mu)^2}\left\{\int_0^{\pi}[H(\alpha_n'-\Delta-A\cos\phi)\tilde{F}(\alpha_n',A\cos\phi)]\cos\phi\mathrm{d}\phi\right.$$
$$\left.-\int_{\pi}^{2\pi}[H(A\cos\phi-\beta_{n-1}'-\Delta)\tilde{F}(A\cos\phi,\beta_{n-1}')]\cos\phi\mathrm{d}\phi\right\}.$$

由于无阻尼与随机激励时系统(9.1.21)的响应过程为广义谐和振动，无量纲局部极大和无量纲局部极小 α_n',β_{n-1}' 分别近似等于无量纲幅值 A 和 $-A$，即

$$\alpha_n'=A,\quad \beta_{n-1}'=-A \tag{9.1.30}$$

由此，式(9.1.29)可以写成

$$C(A)=\frac{\bar{\omega}^2}{A\pi\omega(A)}\frac{1}{4\nu(1+\mu)^2}\left\{\int_0^{\pi}[\tilde{F}(A,-A)-H(A-\Delta-A\cos\phi)\tilde{F}(A,A\cos\phi)]\sin\phi\mathrm{d}\phi\right.$$
$$\left.+\int_{\pi}^{2\pi}[H(A\cos\phi+A-\Delta)\tilde{F}(A\cos\phi,-A)]\sin\phi\mathrm{d}\phi\right\},$$

$$K(A)=\frac{\bar{\omega}^2}{A\pi}\frac{1}{4\nu(1+\mu)^2}\left\{\int_0^{\pi}[H(A-\Delta-A\cos\phi)\tilde{F}(A,A\cos\phi)]\cos\phi\mathrm{d}\phi\right.$$
$$\left.-\int_{\pi}^{2\pi}[H(A\cos\phi+A-\Delta)\tilde{F}(A\cos\phi,-A)]\cos\phi\mathrm{d}\phi\right\}. \tag{9.1.31}$$

整理上式得到

$$C(A)=\frac{\bar{\omega}^2}{A\pi\omega(A)}\frac{1}{4\nu(1+\mu)^2}\left\{(\Delta-2A)^2-\int_{\arccos\frac{A-\Delta}{A}}^{\pi}\frac{1}{2}[\Delta+A(\cos\phi-1)]^2\sin\phi\mathrm{d}\phi\right.$$
$$\left.+\int_{2\pi-\arccos\frac{\Delta-A}{A}}^{2\pi}\frac{1}{2}[\Delta-A(\cos\phi+1)]^2\sin\phi\mathrm{d}\phi\right\},$$

$$K(A)=\frac{\bar{\omega}^2}{A\pi}\frac{1}{4\nu(1+\mu)^2}\left\{\int_{\arccos\frac{A-\Delta}{A}}^{\pi}\frac{1}{2}[\Delta+A(\cos\phi-1)]^2\cos\phi\mathrm{d}\phi\right.$$
$$\left.-\int_{2\pi-\arccos\frac{\Delta-A}{A}}^{2\pi}\frac{1}{2}[\Delta-A(\cos\phi+1)]^2\cos\phi\mathrm{d}\phi\right\}. \tag{9.1.32}$$

当无量纲幅值 $A<\Delta/2$ 时

$$C(A)=0,\quad K(A)=0. \tag{9.1.33}$$

因此, 等效的非滞迟非线性随机系统为

$$\ddot{Y}(t)+[2\zeta\bar{\omega}+\lambda C(A)]\dot{Y}(t)+(\bar{\omega}^2+\lambda K(A))Y(t)=\widehat{W}(t) \tag{9.1.34}$$

也可分开写成如下形式

$$\begin{cases}\ddot{Y}(t)+2\zeta\bar{\omega}\dot{Y}(t)+\bar{\omega}^2Y(t)=\widehat{W}(t), & \text{当}A<\varDelta/2\\ \ddot{Y}(t)+[2\zeta\bar{\omega}+\lambda C(A)]\dot{Y}(t)+[\bar{\omega}^2+\lambda K(A)]Y(t)=\widehat{W}(t), & \text{当}A>\varDelta/2\end{cases} \tag{9.1.35}$$

式(9.1.35)表明, 当无量纲幅值 $A<\varDelta/2$ 时, 系统运动受一个线性方程支配, 滞迟恢复力的非线性部分对其没有影响; 而当无量纲幅值 $A>\varDelta/2$ 时, 系统运动受一个阻尼和刚度均依赖于幅值的非线性方程支配.

系统的总能量为

$$H=\frac{1}{2}\dot{Y}^2+\frac{1}{2}[\bar{\omega}^2+\lambda K(A)]Y^2 \tag{9.1.36}$$

当 $\dot{Y}=0$, $Y=A$ 时, $H=\frac{1}{2}(\bar{\omega}^2+\lambda K(A))A^2$. 由此可以得到幅值 A 和能量 H 的关系 $A=A(H)$. 式(9.1.34)进一步写为如下形式

$$\ddot{Y}(t)+\zeta'(H)\dot{Y}(t)+\bar{\bar{\omega}}^2(H)Y(t)=\widehat{W}(t) \tag{9.1.37}$$

式中

$$\zeta'(H)=2\zeta\bar{\omega}+\lambda C(A(H)),\quad \bar{\bar{\omega}}^2(H)=\bar{\omega}^2+\lambda K(A(H)). \tag{9.1.38}$$

系统(9.1.37)的状态方程表示为

$$\dot{Q}=P,\quad \dot{P}=-\bar{\bar{\omega}}^2(H)Q-\zeta'(H)P+\widehat{W}(t) \tag{9.1.39}$$

式中 $Q_1=Y, P=\dot{Y}$ 分别表示位移和动量; $\widehat{W}(t)$ 的强度为 $2D=2\pi S_{\widehat{w}}=4\zeta\bar{\omega}^3$. 等价的伊藤随机微分方程为

$$\mathrm{d}Q=P\mathrm{d}t,\quad \mathrm{d}P=[-\bar{\bar{\omega}}^2(H)Q-\zeta'(H)P]\mathrm{d}t+\sqrt{2D}\mathrm{d}B(t). \tag{9.1.40}$$

式中 $B(t)$为单位维纳过程. 系统的能量为

$$H=\frac{1}{2}P^2+\frac{1}{2}\bar{\bar{\omega}}^2(H)Q^2=H(Q,P). \tag{9.1.41}$$

作变换

$$Q=Q,\quad H=H(Q,P). \tag{9.1.42}$$

运用伊藤微分规则, 可将(9.1.40)变换成如下关于位移 Q 和能量 H 的伊藤随机微

分方程

$$
\begin{aligned}
&\mathrm{d}Q = \pm\sqrt{2H - \bar{\bar{\omega}}^2(H)Q^2}\,\mathrm{d}t, \\
&\mathrm{d}H = \left\{ \begin{bmatrix} \dfrac{\partial H}{\partial Q} & \dfrac{\partial H}{\partial P} \end{bmatrix} \begin{bmatrix} P \\ -\zeta'(H)P - \bar{\bar{\omega}}^2(H)Q \end{bmatrix} + \frac{1}{2}\mathrm{tr}\left(\begin{bmatrix} \dfrac{\partial^2 H}{\partial Q^2} & \dfrac{\partial^2 H}{\partial Q \partial P} \\ \dfrac{\partial^2 H}{\partial P \partial Q} & \dfrac{\partial^2 H}{\partial P^2} \end{bmatrix} \begin{bmatrix} 0 \\ \sqrt{2D} \end{bmatrix} [0 \quad \sqrt{2D}] \right) \right\} \mathrm{d}t \\
&\qquad + [\frac{\partial H}{\partial Q} \quad \frac{\partial H}{\partial P}] \begin{bmatrix} 0 \\ \sqrt{2D} \end{bmatrix} \mathrm{d}B(t).
\end{aligned}
\tag{9.1.43}
$$

式中 tr(•) 表示矩阵的迹. 注意到

$$
\begin{aligned}
&\frac{\partial H}{\partial Q} = \frac{\bar{\bar{\omega}}^2(H)Q}{1 - \dfrac{1}{2}\dfrac{\partial \bar{\bar{\omega}}^2(H)}{\partial H}Q^2}, \quad \frac{\partial H}{\partial P} = \frac{P}{1 - \dfrac{1}{2}\dfrac{\partial \bar{\bar{\omega}}^2(H)}{\partial H}Q^2}, \\
&\frac{\partial^2 H}{\partial P^2} = \frac{\left(1 - \dfrac{1}{2}\dfrac{\partial \bar{\bar{\omega}}^2(H)}{\partial H}Q^2\right) - P\left(-\dfrac{1}{2}\dfrac{\partial^2 \bar{\bar{\omega}}^2(H)}{\partial H^2}Q^2 \dfrac{\partial H}{\partial P}\right)}{\left(1 - \dfrac{1}{2}\dfrac{\partial \bar{\bar{\omega}}^2(H)}{\partial H}Q^2\right)^2}.
\end{aligned}
\tag{9.1.44}
$$

从方程(9.1.43)得到

$$
\begin{aligned}
\mathrm{d}H = &\left\{ -\zeta'(H)\frac{2H - \bar{\bar{\omega}}^2(H)Q^2}{1 - \dfrac{1}{2}\dfrac{\partial \bar{\bar{\omega}}^2(H)}{\partial H}Q^2} + \frac{D}{1 - \dfrac{1}{2}\dfrac{\partial \bar{\bar{\omega}}^2(H)}{\partial H}Q^2} + D\left(1 - \frac{1}{2}\frac{\partial \bar{\bar{\omega}}^2(H)}{\partial H}Q^2\right)^{-3} \frac{1}{2}\frac{\partial^2 \bar{\bar{\omega}}^2(H)}{\partial H^2}Q^2 \right. \\
&\left. \times (2H - \bar{\bar{\omega}}^2(H)Q^2) \right\} \mathrm{d}t + \sqrt{2D}\frac{\pm\sqrt{2H - \bar{\bar{\omega}}^2(H)Q^2}}{1 - \dfrac{1}{2}\dfrac{\partial \bar{\bar{\omega}}^2(H)}{\partial H}Q^2}\mathrm{d}B(t).
\end{aligned}
\tag{9.1.45}
$$

系统能量 H 为慢变过程, 在一次近似中它可代之以一个一维马尔可夫扩散过程(Zhu and Lin, 1991). 为简单起见, 仍用 H 表示该扩散过程. 描述这一扩散过程的伊藤随机微分方程由方程(9.1.45)右边对时间进行平均得到. 考虑到方程(9.1.43)中第一式, 时间平均可代之以在 H 为常数的条件下关于 Q 的空间平均, 结果为

$$
\mathrm{d}H = m(H)\mathrm{d}t + \sigma(H)\mathrm{d}B(t). \tag{9.1.46}
$$

式中

$$m(H)=\frac{1}{T(H)}2\int_{-A(H)}^{A(H)}\left\{-\zeta'(H)\frac{\sqrt{2H-\bar{\bar{\omega}}^2(H)Q^2}}{1-\dfrac{1}{2}\dfrac{\partial\bar{\bar{\omega}}^2(H)}{\partial H}Q^2}+\frac{D}{(1-\dfrac{1}{2}\dfrac{\partial\bar{\bar{\omega}}^2(H)}{\partial H}Q^2)\sqrt{2H-\bar{\bar{\omega}}^2(H)Q^2}}\right.$$
$$\left.+D\frac{\dfrac{1}{2}\dfrac{\partial^2\bar{\bar{\omega}}^2(H)}{\partial H^2}Q^2\sqrt{2H-\bar{\bar{\omega}}^2(H)Q^2}}{(1-\dfrac{1}{2}\dfrac{\partial\bar{\bar{\omega}}^2(H)}{\partial H}Q^2)^3}\right\}\mathrm{d}Q,$$
$$(9.1.47)$$
$$\sigma^2(H)=\frac{4D}{T(H)}\int_{-A(H)}^{A(H)}\frac{\sqrt{2H-\bar{\bar{\omega}}^2(H)Q^2}}{\left(1-\dfrac{1}{2}\dfrac{\partial\bar{\bar{\omega}}^2(H)}{\partial H}Q^2\right)^2}\mathrm{d}Q,\quad T(H)=2\int_{-A(H)}^{A(H)}\frac{\mathrm{d}Q}{\sqrt{2H-\bar{\bar{\omega}}^2(H)Q^2}}.$$

为了确定频率，应首先得到周期 $T(H)$. 然后根据式(9.1.32)和(9.1.38)可以得到 $\zeta'(H)$，进而通过(9.1.47)得到 $m(H)$和$\sigma^2(H)$.

与平均伊藤方程(9.1.46)相应的 FPK 方程为

$$\frac{\partial p}{\partial t}=-\frac{\partial}{\partial H}[m(H)p]+\frac{1}{2}\frac{\partial^2}{\partial H^2}[\sigma^2(H)p]\tag{9.1.48}$$

式中，$p=p(H,t\,|\,H_0)$ 是能量 H 的转移概率密度. H 的平稳概率密度 $p(h)$ 可通过求解平稳 FPK 方程得到

$$p(h)=\tilde{C}\exp\left[-\int_0^h\left[\frac{\mathrm{d}\sigma^2(u)}{\mathrm{d}u}-2m(u)\right]/\,\sigma^2(u)\mathrm{d}u\right]\tag{9.1.49}$$

式中 $\tilde{C}$ 是归一化常数. 位移 Q 和动量 P 的联合平稳概率密度为

$$p(q,p)=\frac{p(h)}{T(h)}\bigg|_{h=H(q,p)}\tag{9.1.50}$$

通过式(9.1.49)也可得到幅值 A 的平稳概率密度如下

$$p(a)=p(h)\left|\frac{\mathrm{d}H(a)}{\mathrm{d}a}\right|\Bigg|_{h=H(a)}\tag{9.1.51}$$

数值计算中，参数取值为$\zeta=0.01$，$\bar{\omega}=4\pi$. 当$\nu=1.0$ 时，位移幅值的平稳概率密度在图 9.1.3 中给出，同时给出了与蒙特卡罗模拟结果以及文献(Spanos et al., 2004)中结果的比较. 可以看出，特别是当 λ 较大时，本理论解较之文献(Spanos et al., 2004)中的解要更加精确. 注意, 当 λ 减小时, 系统趋向于线性方程, 响应趋向于一个高斯过程而幅值的平稳概率密度趋于瑞利分布.

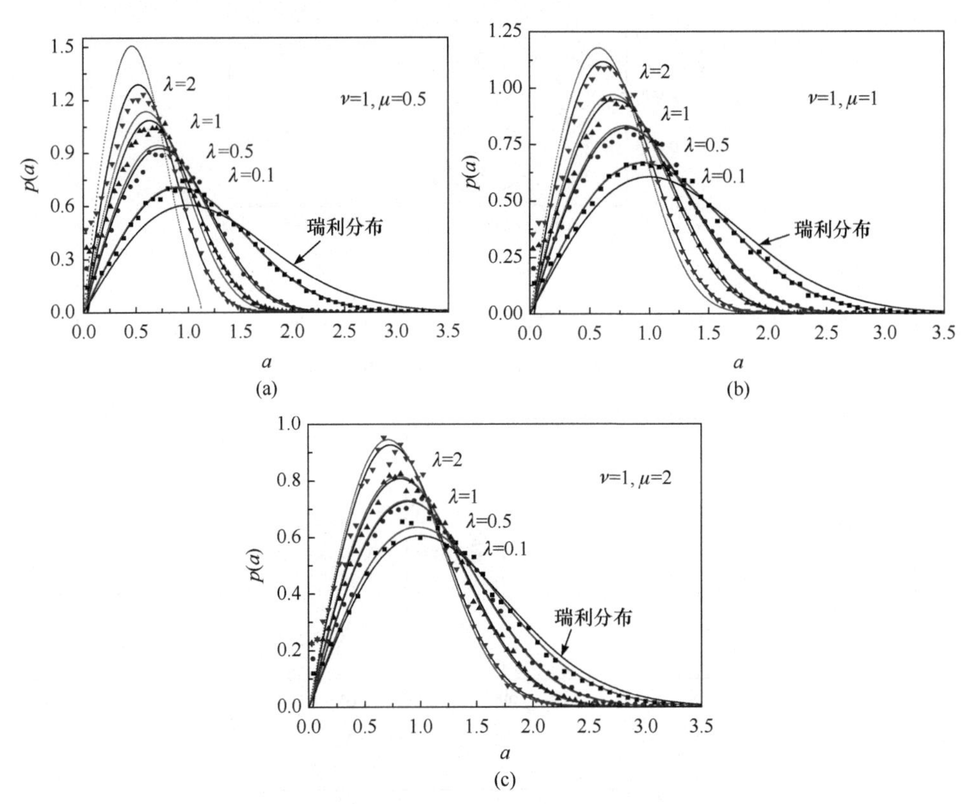

图 9.1.3　当 $\nu=1.0$ 时, 位移幅值的平稳概率密度, 实线是本理论解(Wang et al., 2009)结果; 虚线是文献(Spanos et al., 2004)中解的结果; ▼ ▲ ● ■是蒙特卡罗模拟结果

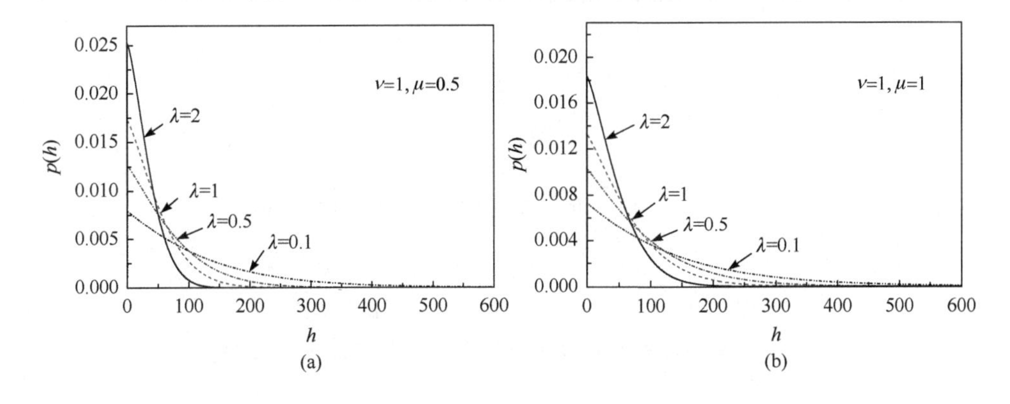

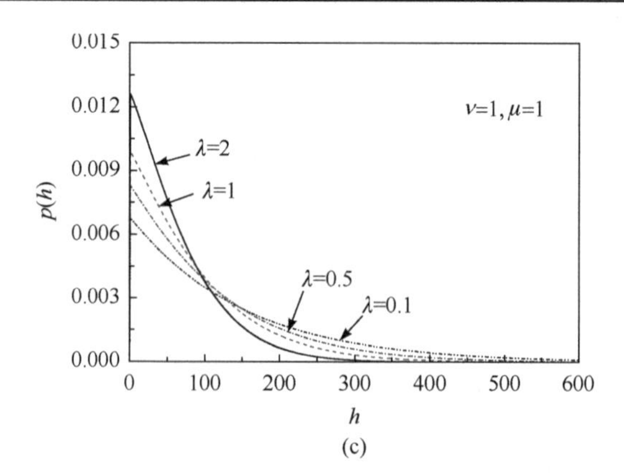

(c)

图 9.1.4　当 $\nu=1.0$ 时，系统能量的平稳概率密度，实线是本理论解(Wang et al., 2009)结果，虚线是文献(Spanos et al., 2004)中的结果

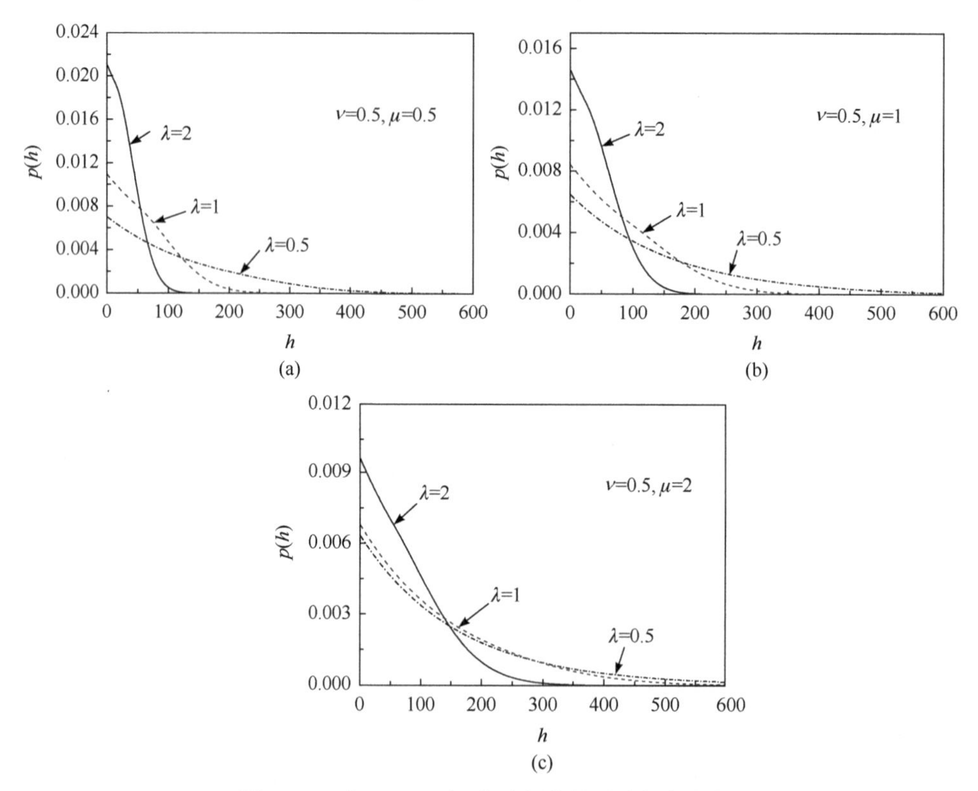

(c)

图 9.1.5　当 $\nu=0.5$ 时，位移幅值的平稳概率密度.
实线是理论解；▲ ● ■是蒙特卡罗模拟结果(Wang et al., 2009)

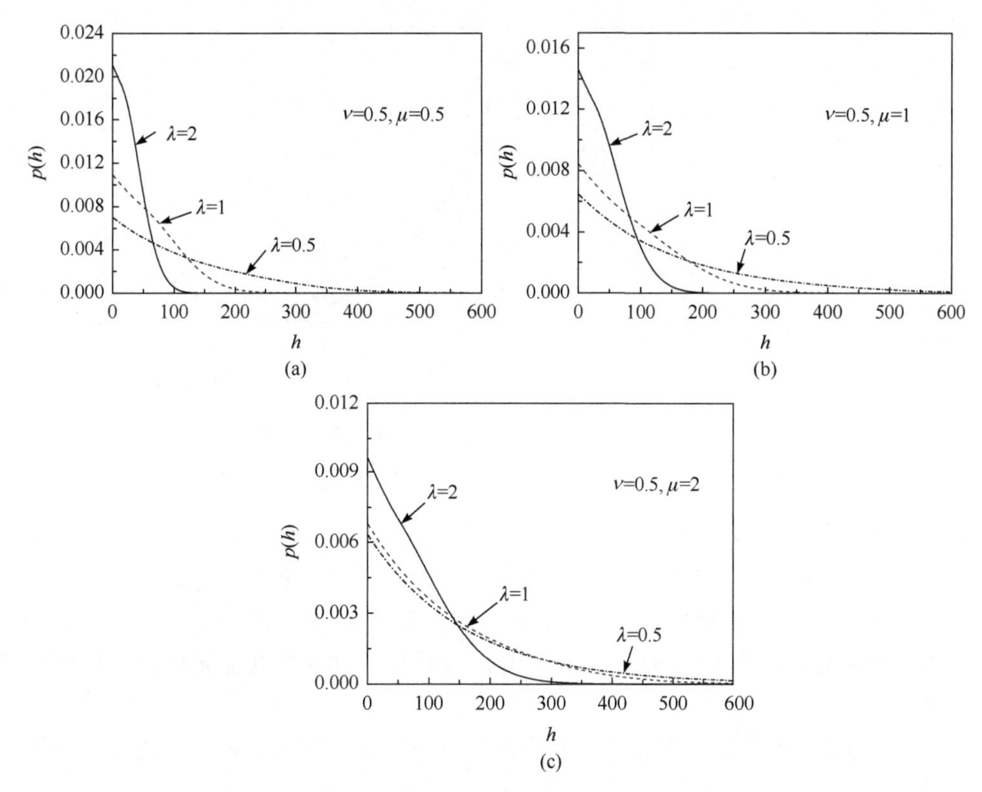

图 9.1.6　当 $\nu=0.5$ 时，系统能量的平稳概率密度(Wang et al., 2009)

图 9.1.5 和图 9.1.7 分别给出了当 $\nu=0.5,0.2$ 时位移幅值的平稳概率密度，它们分别对应于 $f_{y,\min}/f_{y,\max}=1/3,2/3$．应该指出，文献(Spanos et al., 2004)仅能处理 $\nu=1.0$ 时的情况. 当 $\nu<1.0$ 时，$\Lambda=2\dfrac{(1+\mu)(1-\nu)}{\lambda}>0$．当无量纲幅值 $A<\Delta/2$

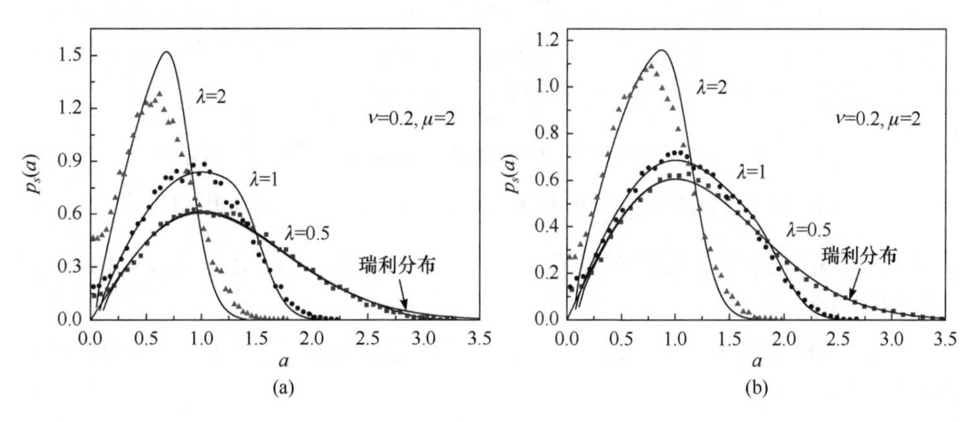

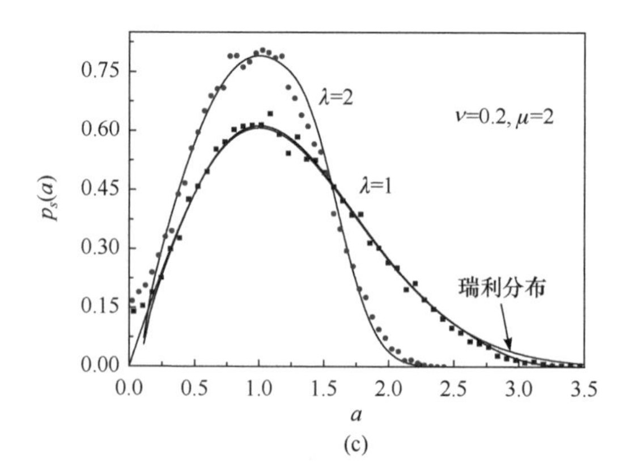

(c)

图 9.1.7 当 $\nu=0.2$ 时, 位移幅值的平稳概率密度.
实线, 理论解; ▲ ● ■, 蒙特卡罗模拟结果(Wang et al., 2009)

时, 响应由一个线性方程控制; 而当无量纲幅值 $A>\Delta/2$ 时, 响应由一个阻尼和刚度依赖于幅值或能量的非线性方程控制. 当 λ 减小时, 滞迟恢复力的非线性部分 $p_H(t)$ 对响应的影响减弱; 而当 μ 减小时, 系统响应的非线性特征变得更加显著. 图 9.1.4 和图 9.1.6 分别给出了当 $\nu=1.0$ 和 $\nu=0.5$ 时系统能量的平稳概率密度.

例 9.1.2 考虑如下受高斯白噪声激励的含有滞迟恢复力的两自由度非线性系统

$$
\begin{aligned}
&\ddot{X}_1+(\lambda_1+\eta_1\dot{X}_2^2)\dot{X}_1+\mu_1 f_1(X_1)+\omega_1^2 X_1=W_{g1}(t),\\
&\ddot{X}_2+(\lambda_2+\eta_2 X_1^2)\dot{X}_2+\mu_2 f_2(X_2)+\omega_2^2 X_2=W_{g2}(t).
\end{aligned}
\tag{9.1.52}
$$

式中 $W_{g1}(t)$ 和 $W_{g2}(t)$ 是强度分别为 $2D_1$ 和 $2D_2$ 的独立高斯白噪声; $f_1(X_1), f_2(X_2)$ 为式(3.4.3)和(3.4.5)中介绍的 Bouc-Wen 模型的滞迟恢复力; $\lambda_i,\eta_i,\mu_i,D_i, i=1,2$ 皆为 ε 阶小量, 按式(9.1.4)和(9.1.7), 可把滞迟恢复力分解成弹性恢复力和黏性阻尼力, 与原系统弹性力和阻尼力合并后形成以下等效系统

$$
\begin{aligned}
&\ddot{X}_1+(\lambda_1+\mu_1 C_1(A_1)+\eta_1\dot{X}_2^2)\dot{X}_1+(\omega_1^2+\mu_1 K_1(A_1))X_1=W_{g1}(t),\\
&\ddot{X}_2+(\lambda_2+\mu_2 C_2(A_2)+\eta_2 X_1^2)\dot{X}_2+(\omega_2^2+\mu_2 K_2(A_2))X_2=W_{g2}(t).
\end{aligned}
\tag{9.1.53}
$$

式中 A_1, A_2 分别为等效系统两振子的振幅; $C_1(A_1), C_2(A_2), K_1(A_1), K_2(A_2)$ 是由式(9.1.7)得到的系数.

令 $Q_1=X_1, P_1=\dot{X}_1, Q_2=X_2, P_2=\dot{X}_2$, 可得与等效系统(9.1.53)对应的拟可积哈密顿系统

$$
\begin{aligned}
\dot{Q}_1 &= \frac{\partial H}{\partial P_1}, \\
\dot{Q}_2 &= \frac{\partial H}{\partial P_2}, \\
\dot{P}_1 &= -\frac{\partial H}{\partial Q_1} - (\lambda_1 + \mu_1 \bar{C}_1(H_1) + \eta_1 P_2^2) P_1 + W_{g1}(t), \\
\dot{P}_2 &= -\frac{\partial H}{\partial Q_2} - (\lambda_2 + \mu_2 \bar{C}_2(H_2) + \eta_2 Q_1^2) P_2 + W_{g2}(t).
\end{aligned}
\tag{9.1.54}
$$

与拟哈密顿系统(9.1.54)相应的哈密顿系统可积且可分离, 即

$$
\begin{aligned}
&H = H_1 + H_2, \\
&H_1 = \frac{1}{2}P_1^2 + \frac{1}{2}(\omega_1^2 + \mu_1 \bar{K}_1(H_1))Q_1^2, \quad H_2 = \frac{1}{2}P_2^2 + \frac{1}{2}(\omega_2^2 + \mu_2 \bar{K}_2(H_2))Q_2^2.
\end{aligned}
\tag{9.1.55}
$$

系统(9.1.54)和式(9.1.55)中的 $\bar{C}_i(H_i), \bar{K}_i(H_i)$ 由下式得到

$$
\bar{C}_i(H_i) = C_i(A_i)\Big|_{A_i=\sqrt{\frac{2H_i}{\omega_i^2+\bar{K}_i(H_i)}}}, \quad \bar{K}_i(H_i) = K_i(A_i)\Big|_{A_i=\sqrt{\frac{2H_i}{\omega_i^2+\bar{K}_i(H_i)}}}. \tag{9.1.56}
$$

很难得到 $\bar{C}_i(H_i), \bar{K}_i(H_i)$ 的解析式, 可采用数值方法计算得到.

当系统(9.1.54)两振子等效频率 $\sqrt{\omega_1^2 + \mu_1 \bar{K}_1(H_1)}$ 和 $\sqrt{\omega_2^2 + \mu_2 \bar{K}_2(H_2)}$ 之间不满足共振条件时, 运用 5.2.1 节中的高斯白噪声激励下的拟可积非内共振哈密顿系统随机平均法, 可知 $[H_1(t), H_2(t)]^T$ 收敛于二维马尔可夫扩散过程, 支配该扩散过程的伊藤随机微分方程为

$$
\begin{aligned}
\mathrm{d}H_1 &= m_1(H_1, H_2)\mathrm{d}t + \sigma_{11}(H_1, H_2)\mathrm{d}B_1(t) + \sigma_{12}(H_1, H_2)\mathrm{d}B_2(t), \\
\mathrm{d}H_2 &= m_2(H_1, H_2)\mathrm{d}t + \sigma_{21}(H_1, H_2)\mathrm{d}B_1(t) + \sigma_{22}(H_1, H_2)\mathrm{d}B_2(t).
\end{aligned}
\tag{9.1.57}
$$

方程的漂移系数和扩散系数可按式(5.2.25)推导得到如下

$$
\begin{aligned}
m_1(H_1, H_2) &= D_1 - (\lambda_1 + \mu_1 \bar{C}_1(H_1))H_1 - \eta_1 H_1 H_2, \\
m_2(H_1, H_2) &= D_2 - (\lambda_2 + \mu_2 \bar{C}_2(H_2))H_2 - \eta_2 \frac{H_1 H_2}{\omega_1^2 + \mu_1 \bar{K}_1(H_1)}, \\
b_{11}(H_1, H_2) &= \sigma_{11}\sigma_{11} + \sigma_{12}\sigma_{12} = 2D_1 H_1, \\
b_{22}(H_1, H_2) &= \sigma_{21}\sigma_{21} + \sigma_{22}\sigma_{22} = 2D_2 H_2, \\
b_{12} &= b_{21} = 0.
\end{aligned}
\tag{9.1.58}
$$

与方程(9.1.57)相应的简化平均 FPK 方程为

$$
-\frac{\partial[m_1(h_1, h_2)p]}{\partial h_1} - \frac{\partial[m_2(h_1, h_2)p]}{\partial h_2} + \frac{1}{2}\frac{\partial^2[b_{11}(h_1, h_2)p]}{\partial h_1^2} + \frac{1}{2}\frac{\partial^2[b_{22}(h_1, h_2)p]}{\partial h_2^2} = 0. \tag{9.1.59}
$$

方程中 $p=p(h_1,h_2)$ 是平稳概率密度，一、二阶导数矩为

$$
\begin{aligned}
&m_1(h_1,h_2)=m_1(H_1,H_2)\big|_{H_1=h_1,\,H_2=h_2}, \quad m_2(h_1,h_2)=m_2(H_1,H_2)\big|_{H_1=h_1,\,H_2=h_2},\\
&b_{11}(h_1,h_2)=b_{11}(H_1,H_2)\big|_{H_1=h_1,\,H_2=h_2}, \quad b_{22}(h_1,h_2)=b_{22}(H_1,H_2)\big|_{H_1=h_1,\,H_2=h_2}.
\end{aligned} \tag{9.1.60}
$$

FPK 方程(9.1.59)的边界条件为

$$
\begin{aligned}
&p=\text{有界值}, \quad \text{当 } h_1=0 \text{ 或 } h_2=0,\\
&p\to 0, \partial p/\partial h_1\to 0, \quad \text{当 } h_1\to\infty,\\
&p\to 0, \partial p/\partial h_2\to 0, \quad \text{当 } h_2\to\infty.
\end{aligned} \tag{9.1.61}
$$

在解得 $p(h_1,h_2)$ 之后，可按式(5.2.36)得到广义位移和广义动量的联合概率密度 $p(q_1,q_2,p_1,p_2)$ 和其他边缘概率密度

$$
\begin{aligned}
&p(q_1,q_2,p_1,p_2)=\frac{\sqrt{[\omega_1^2+\mu_1\bar{K}_1(h_1)][\omega_2^2+\mu_2\bar{K}_2(h_2)]}}{4\pi^2}p(h_1,h_2)\Bigg|_{\substack{h_1=p_1^2/2+[\omega_1^2+\mu_1\bar{K}_1(h_1)]q_1^2/2,\\ h_2=p_2^2/2+[\omega_2^2+\mu_2\bar{K}_2(h_2)]q_2^2/2}}\\
&p(q_1,p_1)=\int_{-\infty}^{\infty}\int_{-\infty}^{\infty}p(q_1,q_2,p_1,p_2)\mathrm{d}q_2\mathrm{d}p_2.
\end{aligned} \tag{9.1.62}
$$

给定系统参数 $\omega_1=1$，$\omega_2=1.414$，$\lambda_1=0.1$，$\lambda_2=0.1$，$\eta_1=0.02$，$\eta_2=0.02$，$D_1=0.1$，$D_2=0.3$，$\mu_1=\mu_2=0.6$，$\beta=0.8$，$\gamma=1.1$，$\alpha=0.1$，图 9.1.8 和图 9.1.9 显示了随机平均法理论结果与系统(9.1.52)数值模拟结果的比较，可见两者符合较好.

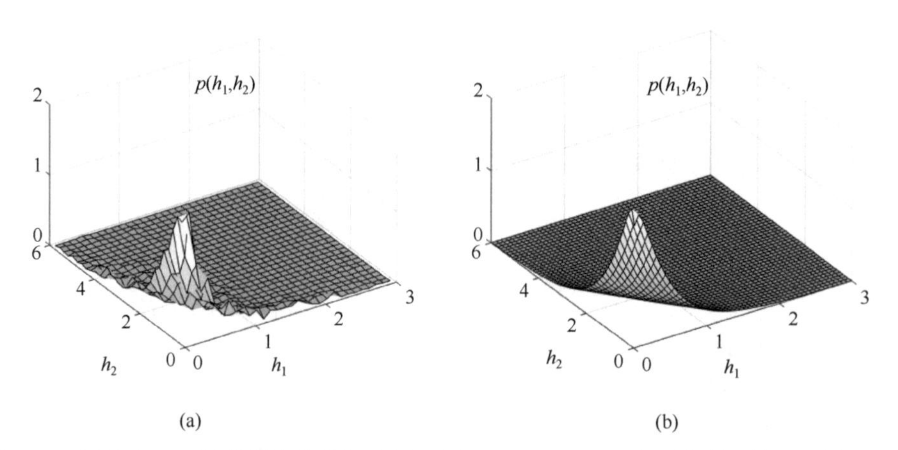

图 9.1.8　系统(9.1.52)哈密顿量的平稳联合概率密度 $p(h_1,h_2)$，(a) 数值模拟结果；(b) 随机平均法结果

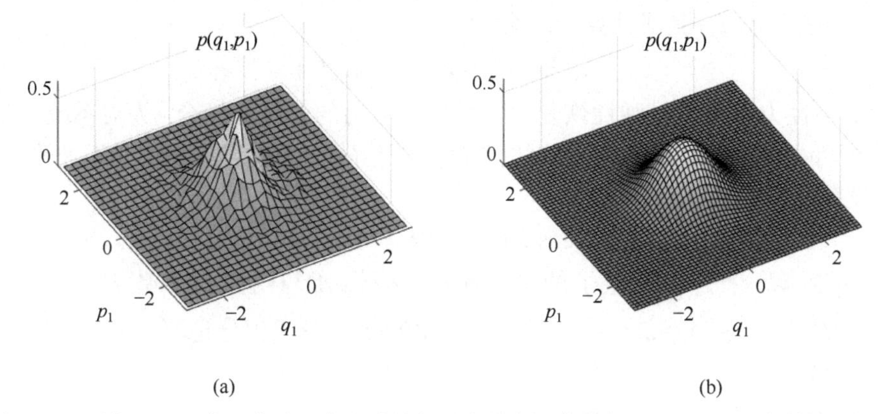

图 9.1.9　系统(9.1.52)广义位移和广义动量的平稳联合概率密度 $p(q_1, p_1)$, (a) 数值模拟结果; (b) 随机平均法结果

9.2　含黏弹性力的拟可积哈密顿系统

4.5 节中描述的含黏弹性力的单自由度系统随机平均法可推广于多自由度拟可积哈密顿系统. 考虑如下含黏弹性力的拟可积哈密顿系统

$$
\begin{aligned}
&\dot{Q}_i = P_i,\\
&\dot{P}_i = -g_i'(Q_i) - \varepsilon\sum_{j=1}^{n} c_{ij}'(\boldsymbol{Q},\boldsymbol{P})P_j - \varepsilon\mu_{ii}Z_i(P_i) - \varepsilon\sum_{j=1,\, j\neq i}^{n}\mu_{ij}Z_i(P_i - P_j)\\
&\qquad + \varepsilon^{1/2}\sum_{k=1}^{m} f_{ik}(\boldsymbol{Q},\boldsymbol{P})\xi_k(t),\\
&i = 1, 2, \cdots, n.
\end{aligned}
\tag{9.2.1}
$$

这里不仅考虑各振子的黏弹性力 $\varepsilon\mu_{ii}Z_i(P_i)$, $i = 1, 2, \cdots, n$, 而且考虑 n 个振子之间的耦合黏弹性力 $\varepsilon\sum_{j=1,\, j\neq i}^{n}\mu_{ij}Z_i(P_i - P_j)$. 系统(9.2.1)中其余各项意义同式(9.1.1). 按式(3.4.37),

$$
Z_i(P_i) = \int_0^t G_i(t-\tau)P_i(\tau)\mathrm{d}\tau \tag{9.2.2}
$$

式中 $G_i(t)$ 为松弛模量. 按式(3.4.38), 可用下式逼近（张淳源, 1994; Christensen, 1982; Drozdov, 1998）, 即

$$
G_i(t) = \sum_{s=1}^{M}\beta_{is}\exp(-t/\lambda_{is}),\quad \lambda_{is} > 0. \tag{9.2.3}
$$

为简化, 仅考虑式(9.2.3)中第一项, 代入式(9.2.2)得

$$
Z_i(P_i) = \beta_i\int_0^t \exp[-(t-\tau)/\lambda_i]P_i(\tau)\mathrm{d}\tau \tag{9.2.4}
$$

式(9.2.4)表明 $Z_i(P_i)$ 是线性算子, 因此有

$$Z_i(P_i - P_j) = Z_i(P_i) - Z_i(P_j) \tag{9.2.5}$$

黏弹性力本质上是弹性恢复力与黏性阻尼力的非线性耦合. 为对系统(9.2.1)应用拟可积哈密顿系统随机平均法, 需将它们解耦. 为此可应用广义谐波平衡技术, 设系统(9.2.1)作随机周期运动

$$Q_i(t) = A_i \cos\Phi_i(t), \quad P_i(t) = -A_i\bar{\omega}_i \sin\Phi_i(t). \tag{9.2.6}$$

式中 $\bar{\omega}_i$ 为第 i 个自由度振子的平均频率; 振幅 A_i 与哈密顿函数 H_i 的关系为 $A_i = \sqrt{2H_i}\big/\bar{\omega}_i$. 将式(9.2.6)代入式(9.2.4)和(9.2.5), 完成积分运算, 并忽略衰减的瞬态项, 得

$$\begin{aligned}
&Z_i(P_i) = C_{ii}(H_i)P_i + K_{ii}(H_i)Q_i,\\
&Z_i(P_i - P_j) = C_{ii}(H_i)P_i - C_{ij}(H_j)P_j + K_{ii}(H_i)Q_i - K_{ij}(H_j)Q_j,\\
&C_{ii}(H_i) = \frac{\beta_i\lambda_i}{1+\bar{\omega}_i^2\lambda_i^2}, \quad K_{ii}(H_i) = \frac{\beta_i\lambda_i^2\bar{\omega}_i^2}{1+\bar{\omega}_i^2\lambda_i^2},\\
&C_{ij}(H_j) = \frac{\beta_i\lambda_i}{1+\bar{\omega}_j^2\lambda_i^2}, \quad K_{ij}(H_j) = \frac{\beta_i\lambda_i^2\bar{\omega}_j^2}{1+\bar{\omega}_j^2\lambda_i^2}.
\end{aligned} \tag{9.2.7}$$

于是, 系统(9.2.1)解耦后的等效拟哈密顿系统的方程可表为

$$\begin{aligned}
&\dot{Q}_i = P_i,\\
&\dot{P}_i = -g_i(Q_i) - \varepsilon\sum_{j=1}^{n} c_{ij}(\boldsymbol{Q},\boldsymbol{P})P_j + \varepsilon\sum_{j=1,\ j\neq i}^{n}\mu_{ij}K_{ij}(H_j)Q_j + \varepsilon^{1/2}\sum_{k=1}^{m} f_{ik}(\boldsymbol{Q},\boldsymbol{P})\xi_k(t),\\
&i = 1,2,\cdots,n.
\end{aligned} \tag{9.2.8}$$

式中

$$\begin{aligned}
&g_i(Q_i) = g_i'(Q_i) + \varepsilon\left(\sum_{r=1}^{n}\mu_{ir}\right)K_{ii}(H_i)Q_i,\\
&c_{ij}(\boldsymbol{Q},\boldsymbol{P}) = \begin{cases} c_{ii}'(\boldsymbol{Q},\boldsymbol{P}) + \left(\displaystyle\sum_{r=1}^{n}\mu_{ir}\right)C_{ii}(H_i), & j = i,\\ c_{ij}'(\boldsymbol{Q},\boldsymbol{P}) - \mu_{ij}C_{ij}(H_j), & j \neq i. \end{cases}
\end{aligned} \tag{9.2.9}$$

一般情况下, 系统(9.2.8)是拟不可积哈密顿系统, 但不可积哈密顿扰动项 $\varepsilon\displaystyle\sum_{j=1,\ j\neq i}^{n}\mu_{ij}K_{ij}(H_j)Q_j$ 与 $g_i(Q_i)$ 相比很小, 仍然可以视系统(9.2.8)为拟可积哈密顿系统. 根据系统(9.2.8)中平均频率 $\bar{\omega}_i\ (i = 1,2,\cdots,n)$ 是否满足以下 $\alpha\ (1 \leqslant \alpha \leqslant n-1)$ 个内共振关系

$$\sum_{i=1}^{n} k_i^u\bar{\omega}_i = O_u(\varepsilon), \quad u = 1,2,\cdots,\alpha. \tag{9.2.10}$$

式中 k_i^u 是不全为零的整数，可分别应用非内共振与内共振两种情形的拟可积哈密顿系统随机平均法.

1. 非内共振情形

在非内共振情形，平均频率 $\bar{\omega}_i\ (i=1,2,\cdots,n)$ 不满足式(9.2.10)，此时可根据式 (9.2.6)和系统(9.2.8)及 A_i 与 H_i 之间的关系，建立哈密顿函数 $H_i\ (i=1,2,\cdots,n)$ 和相角 $\varPhi_i\ (i=1,2,\cdots,n)$ 满足的随机微分方程

$$\begin{aligned}&\dot{H}_i=\varepsilon F_i^H(\boldsymbol{H},\boldsymbol{\varPhi})+\varepsilon^{1/2}\sum_{k=1}^{m}G_{ik}^H(\boldsymbol{H},\boldsymbol{\varPhi})\xi_k(t),\\&\dot{\varPhi}_i=\bar{\omega}_i(H_i)+\varepsilon F_i^{\varPhi}(\boldsymbol{H},\boldsymbol{\varPhi})+\varepsilon^{1/2}\sum_{k=1}^{m}G_{ik}^{\varPhi}(\boldsymbol{H},\boldsymbol{\varPhi})\xi_k(t),\\&i=1,2,\cdots,n.\end{aligned}\tag{9.2.11}$$

式中 $\boldsymbol{H}=[H_1,H_2,\cdots,H_n]^{\mathrm{T}}$，$\boldsymbol{\varPhi}=[\varPhi_1,\varPhi_2,\cdots,\varPhi_n]^{\mathrm{T}}$，

$$\begin{aligned}&F_i^H=\sqrt{2H_i}\sin\varPhi_i[\sum_{j=1}^{n}c_{ij}(\boldsymbol{Q},\boldsymbol{P})P_j-\sum_{j=1,\,j\neq i}^{n}\mu_{ij}K_{ij}(H_j)Q_j],\\&F_i^{\varPhi}=\frac{\cos\varPhi_i}{\sqrt{2H_i}}[\sum_{j=1}^{n}c_{ij}(\boldsymbol{Q},\boldsymbol{P})P_j-\sum_{j=1,\,j\neq i}^{n}\mu_{ij}K_{ij}(H_j)Q_j],\\&G_{ik}^H=-\sqrt{2H_i}\sin\varPhi_i f_{ik}(\boldsymbol{Q},\boldsymbol{P}),\quad G_{ik}^{\varPhi}=-\frac{\cos\varPhi_i}{\sqrt{2H_i}}f_{ik}(\boldsymbol{Q},\boldsymbol{P}).\end{aligned}\tag{9.2.12}$$

式中 Q_i,P_i 都运用式(9.2.6)及 A_i 与 H_i 之间的关系替换成 $H_i,\varPhi_i$.

系统(9.2.11)中的 $\boldsymbol{\varPhi}(t)$ 是快变随机过程, $\boldsymbol{H}(t)$ 是慢变随机过程，按哈斯敏斯基定理（Khasminskii, 1966; 1968），当 $\varepsilon\to 0$ 时, $\boldsymbol{H}(t)$ 弱收敛于 n 维马尔可夫扩散过程，支配 $H(t)$的平均伊藤随机微分方程为

$$\begin{aligned}&\mathrm{d}H_i=m_i(\boldsymbol{H})\mathrm{d}t+\sum_{k=1}^{m}\sigma_{ik}(\boldsymbol{H})\mathrm{d}B_k(t),\\&i=1,2,\cdots,n.\end{aligned}\tag{9.2.13}$$

式中漂移系数和扩散系数为

$$\begin{aligned}&m_i(\boldsymbol{H})=\varepsilon\left\langle F_i^H+\sum_{k,l=1}^{m}\int_{-\infty}^{0}\sum_{j=1}^{n}\left(\left.\frac{\partial G_{ik}^H}{\partial H_j}\right|_t G_{jl}^H\Big|_{t+\tau}+\left.\frac{\partial G_{ik}^H}{\partial \varPhi_j}\right|_t G_{jl}^{\varPhi}\Big|_{t+\tau}\right)R_{kl}(\tau)\mathrm{d}\tau\right\rangle_t,\\&b_{ij}(\boldsymbol{H})=\sum_{k=1}^{m}\sigma_{ik}(\boldsymbol{H})\sigma_{jk}(\boldsymbol{H})=\varepsilon\left\langle\sum_{k,l=1}^{m}\int_{-\infty}^{\infty}\left(G_{ik}^H\Big|_t G_{jl}^H\Big|_{t+\tau}\right)R_{kl}(\tau)\mathrm{d}\tau\right\rangle_t,\\&\langle[\bullet]\rangle_t=\frac{1}{(2\pi)^n}\int_0^{2\pi}[\bullet]\mathrm{d}\varPhi_1\mathrm{d}\varPhi_2\cdots\mathrm{d}\varPhi_n,\quad i,j=1,2,\cdots,n.\end{aligned}\tag{9.2.14}$$

可建立与伊藤方程(9.2.13)相应的平均 FPK 方程

$$\frac{\partial p}{\partial t}=-\sum_{i=1}^{n}\frac{\partial(m_i p)}{\partial h_i}+\frac{1}{2}\sum_{i,j=1}^{n}\frac{\partial^2(b_{ij}p)}{\partial h_i\partial h_j}. \tag{9.2.15}$$

式中一阶导数矩 $m_i(\boldsymbol{h})=m_i(\boldsymbol{H})\big|_{\boldsymbol{H}=\boldsymbol{h}}$，二阶导数矩 $b_{ij}(\boldsymbol{h})=b_{ij}(\boldsymbol{H})\big|_{\boldsymbol{H}=\boldsymbol{h}}$. $p=p(\boldsymbol{h},t\,|\,\boldsymbol{h}_0)$ 是随机过程 $\boldsymbol{H}(t)$ 的转移概率密度函数，方程(9.2.15)初始条件和边界条件为

$$\begin{aligned}&p(\boldsymbol{h},0\,|\,\boldsymbol{h}_0)=\delta(\boldsymbol{h}-\boldsymbol{h}_0),\\&p=\text{有限值},\quad \text{当 }\boldsymbol{h}=0,\\&p=0,\quad \partial p/\partial h_i=0,\quad \text{当 }\boldsymbol{h}\to\infty.\end{aligned} \tag{9.2.16}$$

方程(9.2.15)归一化条件为 $\int_0^\infty p\mathrm{d}\boldsymbol{h}=1$.

2. 内共振情形

在内共振情形，系统(9.2.8)的平均频率 $\bar{\omega}_i\ (i=1,2,\cdots,n)$ 满足(9.2.10)，此时引入以下 α 个角变量组合

$$\varPsi_u=\sum_{i=1}^{n}k_i^u\varPhi_i,\quad u=1,2,\cdots,\alpha. \tag{9.2.17}$$

根据式(9.2.6)，式(9.2.17)和系统(9.2.8)及 A_i 与 H_i 之间的关系，建立哈密顿函数 H_i，角变量组合 $\varPsi_u$ 和相角 $\varPhi_r$ 满足的随机微分方程

$$\begin{aligned}&\dot{H}_i=\varepsilon\bar{F}_i^H(\boldsymbol{H},\boldsymbol{\Psi},\boldsymbol{\Phi}')+\varepsilon^{1/2}\sum_{k=1}^{m}\bar{G}_{ik}^H(\boldsymbol{H},\boldsymbol{\Psi},\boldsymbol{\Phi}')\xi_k(t),\\&\dot{\varPsi}_u=O(\varepsilon)+\varepsilon\sum_{i=1}^{n}k_i^u\bar{F}_i^\varPhi(\boldsymbol{H},\boldsymbol{\Psi},\boldsymbol{\Phi}')+\varepsilon^{1/2}\sum_{k=1}^{m}\sum_{i=1}^{n}k_i^u\bar{G}_{ik}^\varPhi(\boldsymbol{H},\boldsymbol{\Psi},\boldsymbol{\Phi}')\xi_k(t),\\&\dot{\varPhi}_r=\bar{\omega}_r(H_r)+\varepsilon\bar{F}_r^\varPhi(\boldsymbol{H},\boldsymbol{\Psi},\boldsymbol{\Phi}')+\varepsilon^{1/2}\sum_{k=1}^{m}\bar{G}_{rk}^\varPhi(\boldsymbol{H},\boldsymbol{\Psi},\boldsymbol{\Phi}')\xi_k(t),\\&i=1,2,\cdots,n;\quad u=1,2,\cdots,\alpha;\quad r=\alpha+1,\alpha+2,\cdots,n.\end{aligned} \tag{9.2.18}$$

式中 $\boldsymbol{\Psi}=[\varPsi_1,\varPsi_2,\cdots,\varPsi_\alpha]^{\mathrm{T}}$，$\boldsymbol{\Phi}'=[\varPhi_{\alpha+1},\varPhi_{\alpha+2},\cdots,\varPhi_n]^{\mathrm{T}}$，$\bar{F}_i^H,\bar{F}_i^\Phi,\bar{G}_{ik}^H,\bar{G}_{ik}^\Phi$,分别是 $F_i^H,F_i^\varPhi,G_{ik}^H,G_{ik}^\Phi$,中 α 个 $\varPhi_i$ 换成 α 个 $\varPsi_u$ 的结果.

系统(9.2.18)中 $\boldsymbol{\Phi}'(t)$ 为快变随机过程，$\boldsymbol{H}(t)$ 与 $\boldsymbol{\Psi}(t)$ 为慢变随机过程，按哈斯敏斯基定理（Khasminskii, 1966; 1968），当 $\varepsilon\to0$ 时，$[\boldsymbol{H}^{\mathrm{T}}(t),\boldsymbol{\Psi}^{\mathrm{T}}(t)]^{\mathrm{T}}$ 趋于 $(n+\alpha)$ 维马尔可夫扩散过程，其平均伊藤随机微分方程为

$$\begin{aligned}&\mathrm{d}H_i=m_i^H(\boldsymbol{H},\boldsymbol{\Psi})\mathrm{d}t+\sum_{k=1}^{m}\sigma_{ik}^H(\boldsymbol{H},\boldsymbol{\Psi})\mathrm{d}B_k(t),\\&\mathrm{d}\varPsi_u=m_u^\varPsi(\boldsymbol{H},\boldsymbol{\Psi})\mathrm{d}t+\sum_{k=1}^{m}\sigma_{uk}^\varPsi(\boldsymbol{H},\boldsymbol{\Psi})\mathrm{d}B_k(t),\\&i=1,2,\cdots,n;\quad u=1,2,\cdots,\alpha.\end{aligned} \tag{9.2.19}$$

式中

$$m_i^H=\varepsilon\left\langle \bar{F}_i^H+\sum_{k,l=1}^{m}\int_{-\infty}^{0}\left(\sum_{j=1}^{n}\frac{\partial \bar{G}_{ik}^H}{\partial H_j}\bigg|_t \bar{G}_{jl}^H\Big|_{t+\tau}+\sum_{u=1}^{\alpha}\sum_{j=1}^{n}k_j^u\frac{\partial \bar{G}_{ik}^H}{\partial \Psi_u}\bigg|_t \bar{G}_{jl}^{\Phi}\Big|_{t+\tau}\right.\right.$$
$$\left.\left.+\sum_{r=\alpha+1}^{n}\frac{\partial \bar{G}_{ik}^H}{\partial \Phi_r}\bigg|_t \bar{G}_{rl}^{\Phi}\Big|_{t+\tau}\right)R_{kl}(\tau)\mathrm{d}\tau\right\rangle_t,$$
$$m_u^{\Psi}=O_u(\varepsilon)+\varepsilon\left\langle \sum_{j=1}^{n}k_j^u\bar{F}_j^{\Phi}+\sum_{k,l=1}^{m}\int_{-\infty}^{0}\left(\sum_{i,j=1}^{n}k_i^u\frac{\partial \bar{G}_{ik}^{\Phi}}{\partial A_j}\bigg|_t \bar{G}_{jl}^H\Big|_{t+\tau}\right.\right.$$
$$\left.\left.+\sum_{v=1}^{\alpha}\sum_{i,j=1}^{n}k_i^uk_j^v\frac{\partial \bar{G}_{ik}^{\Phi}}{\partial \Psi_v}\bigg|_t \bar{G}_{jl}^{\Phi}\Big|_{t+\tau}+\sum_{r=\alpha+1}^{n}\sum_{i=1}^{n}k_i^u\frac{\partial \bar{G}_{ik}^{\Phi}}{\partial \Phi_r}\bigg|_t \bar{G}_{rl}^{\Phi}\Big|_{t+\tau}\right)R_{kl}(\tau)\mathrm{d}\tau\right\rangle_t,$$
$$b_{ij}^H=\sum_{k=1}^{m}\sigma_{ik}^H\sigma_{jk}^H=\varepsilon\left\langle\sum_{k,l=1}^{m}\int_{-\infty}^{\infty}\bar{G}_{ik}^H\Big|_t \bar{G}_{jl}^H\Big|_{t+\tau}R_{kl}(\tau)\mathrm{d}\tau\right\rangle_t,$$
$$b_{uv}^{\Psi}=\sum_{k=1}^{m}\sigma_{uk}^{\Psi}\sigma_{vk}^{\Psi}=\varepsilon\left\langle\sum_{k,l=1}^{m}\int_{-\infty}^{\infty}\sum_{i,j=1}^{n}k_i^uk_j^v\bar{G}_{ik}^{\Phi}\Big|_t \bar{G}_{jl}^{\Phi}\Big|_{t+\tau}R_{kl}(\tau)\mathrm{d}\tau\right\rangle_t,$$
$$b_{iu}^{H\Psi}=\sum_{k=1}^{m}\sigma_{ik}^H\sigma_{uk}^{\Psi}=\varepsilon\left\langle\sum_{k,l=1}^{m}\int_{-\infty}^{\infty}\sum_{j=1}^{n}k_j^u\bar{G}_{ik}^H\Big|_t \bar{G}_{jl}^{\Phi}\Big|_{t+\tau}R_{kl}(\tau)\mathrm{d}\tau\right\rangle_t,$$
$$\langle[\bullet]\rangle_t=\frac{1}{(2\pi)^{n-\alpha}}\int_0^{2\pi}[\bullet]\mathrm{d}\Phi_{\alpha+1}\mathrm{d}\Phi_{\alpha+2}\cdots\mathrm{d}\Phi_n,$$
$$i,j=1,2,\cdots,n;\quad u,v=1,2,\cdots,\alpha. \tag{9.2.20}$$

与方程(9.2.19)相应的平均 FPK 方程为

$$\frac{\partial p}{\partial t}=-\sum_{i=1}^{n}\frac{\partial(m_i^hp)}{\partial h_i}-\sum_{u=1}^{\alpha}\frac{\partial(m_u^{\psi}p)}{\partial\psi_u}+\frac{1}{2}\sum_{i,j=1}^{n}\frac{\partial^2(b_{ij}^hp)}{\partial h_i\partial h_j}$$
$$+\frac{1}{2}\sum_{u,v=1}^{\alpha}\frac{\partial^2(b_{uv}^{\psi}p)}{\partial\psi_u\partial\psi_v}+\sum_{u=1}^{\alpha}\sum_{i=1}^{n}\frac{\partial^2(b_{iu}^{h\psi}p)}{\partial h_i\partial\psi_u}. \tag{9.2.21}$$

式中一阶导数矩和二阶导数矩为

$$m_i^h=m_i^H\Big|_{\boldsymbol{H}=\boldsymbol{h},\,\varepsilon=\psi},\quad m_u^{\psi}=m_u^{\Psi}\Big|_{\boldsymbol{H}=\boldsymbol{h},\,\boldsymbol{\Psi}=\psi},$$
$$b_{ij}^h=b_{ij}^H\Big|_{\boldsymbol{H}=\boldsymbol{h},\,\boldsymbol{\Psi}=\psi},\quad b_{uv}^{\psi}=b_{uv}^{\Psi}\Big|_{\boldsymbol{H}=\boldsymbol{h},\,\boldsymbol{\Psi}=\psi},\quad b_{iu}^{h\psi}=b_{iu}^{H\Psi}\Big|_{\boldsymbol{H}=\boldsymbol{h},\,\boldsymbol{\Psi}=\psi},$$
$$i,j=1,2,\cdots,n;\quad u,v=1,2,\cdots,\alpha. \tag{9.2.22}$$

$p=p(\boldsymbol{h},\psi,t|\boldsymbol{h}_0,\psi_0)$ 为 $[\boldsymbol{H}^{\mathrm{T}},\boldsymbol{\Psi}^{\mathrm{T}}]^{\mathrm{T}}$ 的转移概率密度，方程的初始条件和边界条件为

$$\begin{aligned} & p(\boldsymbol{h},\psi,0\,|\,\boldsymbol{h}_0,\psi_0)=\delta(\boldsymbol{h}-\boldsymbol{h}_0)\delta(\psi-\psi_0), \\ & p=\text{有界},\quad \text{当}\ \boldsymbol{h}=0, \\ & p=0,\quad \partial p/\partial h_i=0,\quad \text{当}\ \boldsymbol{h}\to\infty. \end{aligned} \tag{9.2.23}$$

及对 ψ 的周期性条件为

$$p(\boldsymbol{h},\psi+2\pi,t\,|\,\boldsymbol{h}_0,\psi_0)=p(\boldsymbol{h},\psi,t\,|\,\boldsymbol{h}_0,\psi_0). \tag{9.2.24}$$

还有归一化条件 $\int_0^{2\pi}\int_0^{\infty} p\mathrm{d}\boldsymbol{h}\mathrm{d}\psi=1$.

例 9.2.1 考虑以下高斯白噪声激励的黏弹性系统

$$\ddot{X}+\gamma'\dot{X}+\omega'^2X+kX^3+\varepsilon Z=W_g(t). \tag{9.2.25}$$

为便于简要阐述理论方法, 此处采用较简单的黏弹性模型(9.2.4), 即

$$Z=\beta\int_0^t \exp(-\frac{t-\tau}{\lambda})\dot{X}(\tau)\mathrm{d}\tau. \tag{9.2.26}$$

系统(9.2.25)中的 $W_g(t)$ 是激励强度为 $2D$ 的零均值高斯白噪声; γ',D 皆为 ε 阶小量.

按式(9.2.7)至(9.2.9), 将黏弹性力分解成弹性恢复力和黏性阻尼力后, 可建立系统(9.2.25)的等效系统

$$\ddot{X}+\gamma\dot{X}+\omega^2X+kX^3=W_g(t). \tag{9.2.27}$$

式中

$$\omega^2=\omega'^2+\frac{\varepsilon\beta\lambda^2\bar{\omega}^2}{1+\bar{\omega}^2\lambda^2},\quad \gamma=\gamma'+\frac{\varepsilon\beta\lambda}{1+\bar{\omega}^2\lambda^2}. \tag{9.2.28}$$

上式中的平均频率 $\bar{\omega}=\bar{\omega}(H)$ 可通过求解下列超越方程得到

$$\frac{\pi}{\bar{\omega}}=2\int_0^{U^{-1}(H)}\frac{\mathrm{d}x}{\sqrt{2H-2U(x)}},\quad U(x)=\frac{1}{2}\omega^2x^2+\frac{1}{4}kx^4. \tag{9.2.29}$$

运用 4.2.2 节中能量包线随机平均法, 令 $X_1=X$, $X_2=\dot{X}$, 等效系统方程(9.2.27)可转化为如下伊藤随机微分方程

$$\begin{aligned} & \mathrm{d}X_1=X_2\mathrm{d}t, \\ & \mathrm{d}X_2=[-\gamma X_2-\omega^2X_1-kX_1^3]\mathrm{d}t+\sqrt{2D}\mathrm{d}B(t). \end{aligned} \tag{9.2.30}$$

式中 $B(t)$ 是单位维纳过程; 系统哈密顿函数或能量为

$$H(X_1,X_2)=\frac{1}{2}X_2^2+\frac{1}{2}\omega^2X_1^2+\frac{1}{4}kX_1^4. \tag{9.2.31}$$

应用能量包线随机平均法，得能量的平均伊藤随机微分方程为

$$dH = m(H)dt + \sigma(H)dB(t). \tag{9.2.32}$$

方程的漂移系数和扩散系数为

$$\begin{aligned} m(H) &= D - \frac{2\gamma}{T(H)}\int_{X_1'}^{X_1''}\sqrt{2H-\omega^2 X_1^2 - kX_1^4/2}\,dX_1, \\ \sigma^2(H) &= \frac{4D}{T(H)}\int_{X_1'}^{X_1''}\sqrt{2H-\omega^2 X_1^2 - kX_1^4/2}\,dX_1, \\ T(H) &= 2\int_{X_1'}^{X_1''}\frac{dX_1}{\sqrt{2H-\omega^2 X_1^2 - kX_1^4/2}}. \end{aligned} \tag{9.2.33}$$

式中积分上下限 $X_1'' = X_1''(H), X_1' = X_1'(H)$ 分别是方程 $2H-\omega^2 X_1^2 - kX_1^4/2 = 0$ 的正负根.

若要获取系统响应概率和统计量，可建立与平均伊藤随机微分方程(9.2.32)相应的平均 FPK 方程

$$\frac{\partial p}{\partial t} = -\frac{\partial}{\partial H}[m(h)p] + \frac{1}{2}\frac{\partial}{\partial h^2}[\sigma^2(h)p]. \tag{9.2.34}$$

其中 $p = p(h,t)$ 是能量的概率密度，一、二阶导数矩为

$$m(h) = m(H)\big|_{H=h},\quad \sigma^2(h) = \sigma^2(H)\big|_{H=h}. \tag{9.2.35}$$

方程(9.2.34)的初始条件为

$$p(h,0) = p(h_0). \tag{9.2.36}$$

边界条件为

$$p(0,t) = \text{有界},\quad p(+\infty,t) = 0. \tag{9.2.37}$$

令方程(9.2.34)中的 $\partial p/\partial t = 0$，得平稳 FPK 方程，其解为能量平稳概率密度

$$p(h) = \frac{C}{\bar{\sigma}^2(h)}\exp\Big[2\int_0^h \frac{m(u)}{\sigma^2(u)}du\Big]. \tag{9.2.38}$$

式中 C 是归一化常数.

获得 $p(h)$ 之后，可按(5.1.18)得到位移 X_1 和速度 X_2 的联合概率密度 $p(x_1,x_2)$ 和边缘概率密度 $p(x_1), p(x_2)$ 等

$$\begin{aligned} p(x_1,x_2) &= \frac{\bar{\omega}(h)}{2\pi}p(h)\Big|_{h=x_2^2/2+\omega^2 x_1^2/2+kx_1^4/4}, \\ p(x_1) &= \int_{-\infty}^{\infty}p(x_1,x_2)dx_2,\quad p(x_2) = \int_{-\infty}^{\infty}p(x_1,x_2)dx_1. \end{aligned} \tag{9.2.39}$$

给定系统参数 $\gamma'=0.2$，$\omega'=1$，$k=2$，$D=0.2$，$\beta=0.2$，$\lambda=1$，图 9.2.1 和图 9.2.2 显示了随机平均法结果与系统(9.2.25)数值模拟结果，可见两者符合较好.

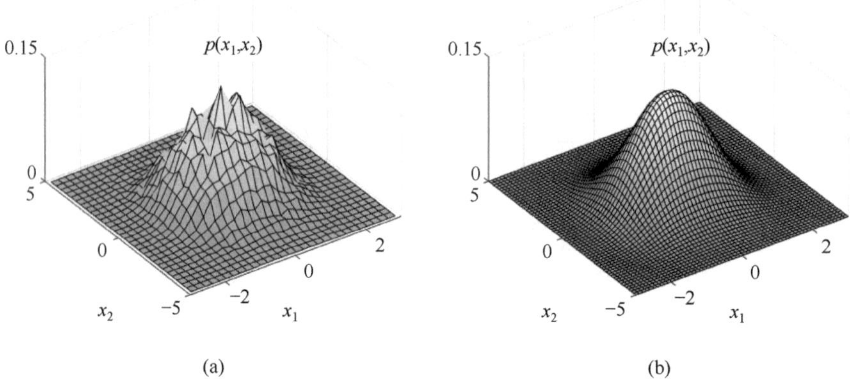

图 9.2.1　系统(9.2.25)位移和速度的平稳联合概率密度 $p(x_1,x_2)$，(a) 数值模拟结果；(b) 随机平均法结果

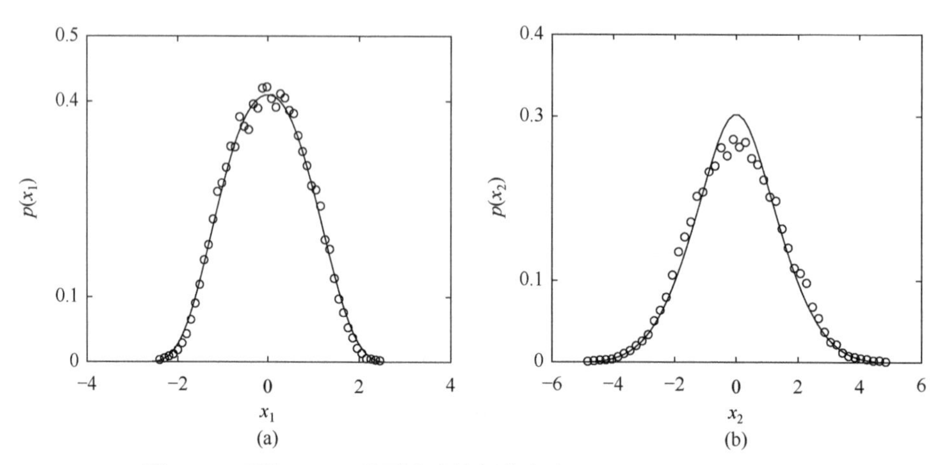

图 9.2.2　系统(9.2.25)的平稳边缘概率密度；(a) $p(x_1)$；(b) $p(x_2)$，实线 — 是随机平均法结果；符号○是数值模拟结果

例 9.2.2　考虑如下受高斯白噪声激励的含有黏弹性力的两自由度系统

$$\begin{aligned}&\ddot{X}_1+[\gamma_1+\eta_1(X_1^2+X_2^2)]\dot{X}_1+\omega_1^2X_1+\mu_1Z_1(\dot{X}_1-\dot{X}_2)=W_{g1}(t),\\&\ddot{X}_2+[\gamma_2+\eta_2(X_1^2+X_2^2)]\dot{X}_2+\omega_2^2X_2+\mu_2Z_2(\dot{X}_2-\dot{X}_1)=W_{g2}(t).\end{aligned}\tag{9.2.40}$$

式中 $W_{g1}(t)$ 和 $W_{g2}(t)$ 是强度分别为 $2D_1$ 和 $2D_2$ 的独立高斯白噪声；$Z_1(\dot{X}_1-\dot{X}_2)$，$Z_2(\dot{X}_2-\dot{X}_1)$ 为黏弹性力

$$
\begin{aligned}
&Z_1(\dot{X}_1-\dot{X}_2)=\beta_1\int_0^t \exp\left(-\frac{t-\tau}{\lambda_1}\right)[\dot{X}_1(\tau)-\dot{X}_2(\tau)]\mathrm{d}\tau,\\
&Z_2(\dot{X}_2-\dot{X}_1)=\beta_2\int_0^t \exp\left(-\frac{t-\tau}{\lambda_2}\right)[\dot{X}_2(\tau)-\dot{X}_1(\tau)]\mathrm{d}\tau.
\end{aligned}
\tag{9.2.41}
$$

参数 $\gamma_i,\eta_i,\mu_i,D_i,(i=1,2)$ 皆为 ε 阶小量. 按式(9.2.7)可得系统(9.2.40)中速度差黏弹性力的等效恢复力和阻尼力

$$
\begin{aligned}
&Z_1(\dot{X}_1-\dot{X}_2)=C_{11}(H_1)\dot{X}_1-C_{12}(H_2)\dot{X}_2+K_{11}(H_1)X_1-K_{12}(H_2)X_2,\\
&Z_2(\dot{X}_2-\dot{X}_1)=C_{22}(H_2)\dot{X}_2-C_{21}(H_1)\dot{X}_1+K_{22}(H_2)X_2-K_{21}(H_1)X_1,\\
&C_{11}(H_1)=\frac{\beta_1\lambda_1}{1+\bar{\omega}_1^2\lambda_1^2},\quad K_{11}(H_1)=\frac{\beta_1\lambda_1^2\bar{\omega}_1^2}{1+\bar{\omega}_1^2\lambda_1^2},\\
&C_{22}(H_2)=\frac{\beta_2\lambda_2}{1+\bar{\omega}_2^2\lambda_2^2},\quad K_{22}(H_2)=\frac{\beta_2\lambda_2^2\bar{\omega}_2^2}{1+\bar{\omega}_2^2\lambda_2^2},\\
&C_{12}(H_2)=\frac{\beta_1\lambda_1}{1+\bar{\omega}_2^2\lambda_1^2},\quad K_{12}(H_2)=\frac{\beta_1\lambda_1^2\bar{\omega}_2^2}{1+\bar{\omega}_2^2\lambda_1^2},\\
&C_{21}(H_1)=\frac{\beta_2\lambda_2}{1+\bar{\omega}_1^2\lambda_2^2},\quad K_{21}(H_1)=\frac{\beta_2\lambda_2^2\bar{\omega}_1^2}{1+\bar{\omega}_1^2\lambda_2^2}.
\end{aligned}
\tag{9.2.42}
$$

式中 $\bar{\omega}_1,\bar{\omega}_2$ 分别是第一个和第二个振子的平均频率.

将式(9.2.42)中等效弹性恢复力和黏性阻尼力与原系统(9.2.40)中的恢复力和阻尼力合并. 令 $Q_1=X_1,P_1=\dot{X}_1$，$Q_2=X_2,P_2=\dot{X}_2$，可得等效的拟哈密顿系统

$$
\begin{aligned}
&\dot{Q}_1=\frac{\partial H}{\partial P_1},\\
&\dot{Q}_2=\frac{\partial H}{\partial P_2},\\
&\dot{P}_1=-\frac{\partial H}{\partial Q_1}-[\gamma_1+\mu_1C_{11}(H_1)+\eta_1(Q_1^2+Q_2^2)]P_1\\
&\qquad-\mu_1C_{12}(H_2)P_2-\mu_1K_{12}(H_2)Q_2+W_{g1}(t),\\
&\dot{P}_2=-\frac{\partial H}{\partial Q_2}-[\gamma_2+\mu_2C_{22}(H_2)+\eta_2(Q_1^2+Q_2^2)]P_2\\
&\qquad-\mu_2C_{21}(H_1)P_1-\mu_2K_{21}(H_1)Q_1+W_{g2}(t).
\end{aligned}
\tag{9.2.43}
$$

系统(9.2.43)中哈密顿函数可分离

$$
\begin{aligned}
&H=H_1+H_2,\quad H_i=\frac{1}{2}P_i^2+\frac{1}{2}\bar{\omega}_i^2Q_i^2,\\
&\bar{\omega}_i^2=\omega_i^2+\mu_iK_{ii}(H_i),\quad i=1,2.
\end{aligned}
\tag{9.2.44}
$$

系统(9.2.43)中 $\mu_2K_{21}(H_1)Q_1$ 和 $\mu_1K_{12}(H_2)Q_2$ 是小的不可积哈密顿扰动. 按 5.4 节, 对系统(9.2.43)宜采用拟可积哈密顿系统随机平均法.

3. 非内共振情形

当系统(9.2.43)两振子平均频率 $\bar{\omega}_1,\bar{\omega}_2$ 之间不满足共振条件时, 运用 5.2.1 节中的高斯白噪声激励下的拟可积非内共振哈密顿系统随机平均法, 可知 $[H_1(t),H_2(t)]^T$ 收敛于二维马尔可夫扩散过程, 支配该扩散过程的伊藤随机微分方程为

$$\begin{aligned}\mathrm{d}H_1&=m_1(H_1,H_2)\mathrm{d}t+\sigma_{11}(H_1,H_2)\mathrm{d}B_1(t)+\sigma_{12}(H_1,H_2)\mathrm{d}B_2(t),\\ \mathrm{d}H_2&=m_2(H_1,H_2)\mathrm{d}t+\sigma_{21}(H_1,H_2)\mathrm{d}B_1(t)+\sigma_{22}(H_1,H_2)\mathrm{d}B_2(t).\end{aligned}\tag{9.2.45}$$

方程的漂移系数和扩散系数可按式(5.2.25)推导得到

$$\begin{aligned}m_1(H_1,H_2)&=-\left(\gamma_1+\frac{\mu_1\beta_1\lambda_1}{1+\bar{\omega}_1^2\lambda_1^2}\right)H_1-\frac{\eta_1}{2\bar{\omega}_1^2}H_1^2-\frac{\eta_1}{\bar{\omega}_2^2}H_1H_2+D_1,\\ m_2(H_1,H_2)&=-\left(\gamma_2+\frac{\mu_2\beta_2\lambda_2}{1+\bar{\omega}_2^2\lambda_2^2}\right)H_2-\frac{\eta_2}{2\bar{\omega}_2^2}H_2^2-\frac{\eta_2}{\bar{\omega}_1^2}H_1H_2+D_2,\\ b_{11}(H_1,H_2)&=\sum_{k=1}^{2}\sigma_{1k}\sigma_{1k}=2D_1H_1,\\ b_{22}(H_1,H_2)&=\sum_{k=1}^{2}\sigma_{2k}\sigma_{2k}=2D_2H_2,\\ b_{12}(H_1,H_2)&=b_{21}(H_1,H_2)=\sum_{k=1}^{2}\sigma_{1k}\sigma_{2k}=0.\end{aligned}\tag{9.2.46}$$

与方程(9.2.45)相应的简化平均 FPK 方程为

$$-\frac{\partial[m_1(h_1,h_2)p]}{\partial h_1}-\frac{\partial[m_2(h_1,h_2)p]}{\partial h_2}+\frac{1}{2}\frac{\partial^2[b_{11}(h_1,h_2)p]}{\partial h_1^2}+\frac{1}{2}\frac{\partial^2[b_{22}(h_1,h_2)p]}{\partial h_2^2}=0.\tag{9.2.47}$$

方程中 $p=p(h_1,h_2)$ 是平稳概率密度, 一、二阶导数矩为

$$\begin{aligned}&m_1(h_1,h_2)=m_1(H_1,H_2)\big|_{H_1=h_1,\,H_2=h_2},\quad m_2(h_1,h_2)=m_2(H_1,H_2)\big|_{H_1=h_1,\,H_2=h_2},\\ &b_{11}(h_1,h_2)=b_{11}(H_1,H_2)\big|_{H_1=h_1,\,H_2=h_2},\quad b_{22}(h_1,h_2)=b_{22}(H_1,H_2)\big|_{H_1=h_1,\,H_2=h_2}.\end{aligned}\tag{9.2.48}$$

FPK 方程(9.2.47)的边界条件为

$$\begin{aligned}&p=\text{有界值},\ \text{当}\ h_1=0\ \text{或}\ h_2=0,\\ &p\to 0,\ \partial p/\partial h_1\to 0,\ \text{当}\ h_1\to\infty,\\ &p\to 0,\ \partial p/\partial h_2\to 0,\ \text{当}\ h_2\to\infty.\end{aligned}\tag{9.2.49}$$

在获得 $p(h_1,h_2)$ 之后, 可按式(5.2.36)得到广义位移和广义动量的联合概率密度 $p(q_1,q_2,p_1,p_2)$ 和其他边缘概率密度

$$
\begin{aligned}
&p(q_1,q_2,p_1,p_2)=\frac{\bar{\omega}_1\bar{\omega}_2}{4\pi^2}p(h_1,h_2)\Big|_{\substack{h_1=p_1^2/2+\bar{\omega}_1^2q_1^2/2,\\ h_2=p_2^2/2+\bar{\omega}_2^2q_2^2/2}}\\
&p(q_1,p_1)=\int_{-\infty}^{\infty}\int_{-\infty}^{\infty}p(q_1,q_2,p_1,p_2)\mathrm{d}q_2\mathrm{d}p_2,\\
&p(q_1)=\int_{-\infty}^{\infty}p(q_1,p_1)\mathrm{d}p_1,\\
&p(p_1)=\int_{-\infty}^{\infty}p(q_1,p_1)\mathrm{d}q_1.
\end{aligned}
\tag{9.2.50}
$$

给定系统参数 $\omega_1=1$，$\omega_2=1.414$，$\gamma_1=\gamma_2=0.2$，$\eta_1=\eta_2=0.1$，$\mu_1=\mu_2=0.1$，$D_1=0.2$，$D_2=0.02$，$\beta_1=\beta_2=2$，$\lambda_1=\lambda_2=1$，图 9.2.3 和图 9.2.4 显示了随机平均法理论结果与系统(9.2.40)数值模拟结果，可见两者符合较好.

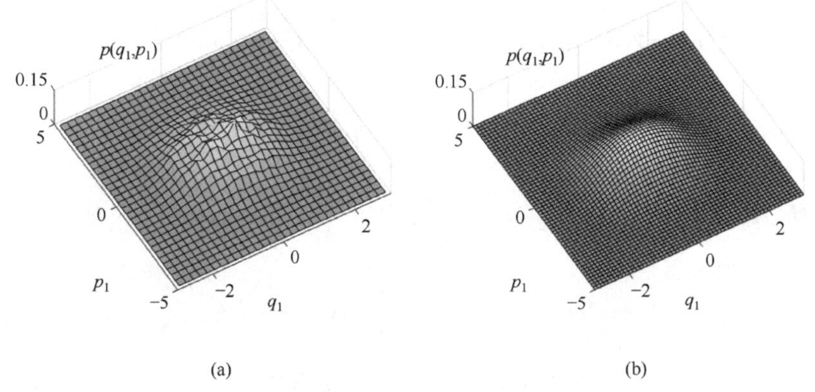

图 9.2.3　非内共振情形下系统(9.2.40)广义位移和广义动量的平稳联合概率密度 $p(q_1,p_1)$，(a) 数值模拟结果; (b) 随机平均法结果

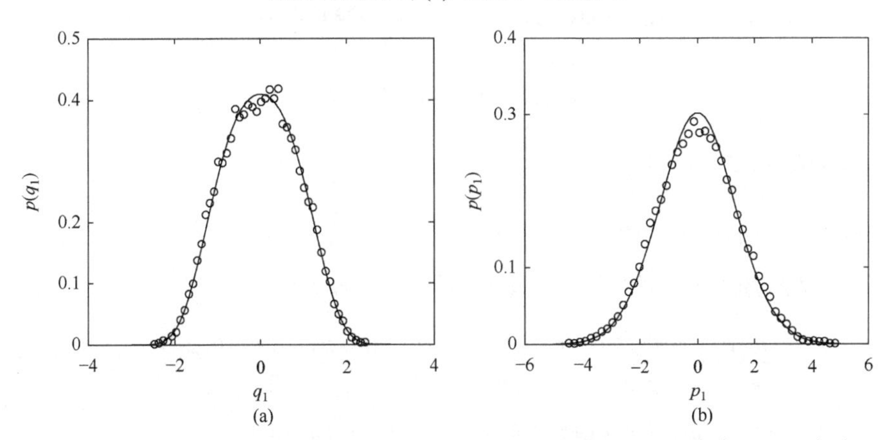

图 9.2.4　非内共振情形下系统(9.2.40)的平稳边缘概率密度; (a) $p(q_1)$; (b) $p(p_1)$，实线 — 是随机平均法结果; 符号○是数值模拟结果

4. 内共振情形

当系统(9.2.43)两振子平均频率 $\bar{\omega}_1,\bar{\omega}_2$ 之间满足内共振条件 $\bar{\omega}_1=\bar{\omega}_2$ 时, 5.2.2 节中的高斯白噪声激励下的拟可积内共振哈密顿系统随机平均法适用. 此时, $H_1(t),H_2(t)$ 和相角差 $\Psi(t)=\Phi_1(t)-\Phi_2(t)$ 弱收敛于三维马尔可夫扩散过程, 支配 $\Psi(t)$ 的伊藤随机微分方程可由式(5.2.49)得到. 经平均运算后, 可得支配 $[H_1(t),H_2(t),\Psi(t)]^{\mathrm{T}}$ 的平均伊藤随机微分方程

$$\begin{aligned}
\mathrm{d}H_1&=a_1(H_1,H_2,\Psi)\mathrm{d}t+\sigma_{11}(H_1,H_2,\Psi)\mathrm{d}B_1(t)+\sigma_{12}(H_1,H_2,\Psi)\mathrm{d}B_2(t),\\
\mathrm{d}H_2&=a_2(H_1,H_2,\Psi)\mathrm{d}t+\sigma_{21}(H_1,H_2,\Psi)\mathrm{d}B_1(t)+\sigma_{22}(H_1,H_2,\Psi)\mathrm{d}B_2(t),\\
\mathrm{d}\Psi&=a_\Psi(H_1,H_2,\Psi)\mathrm{d}t+\sigma_{\Psi1}(H_1,H_2,\Psi)\mathrm{d}B_1(t)+\sigma_{\Psi2}(H_1,H_2,\Psi)\mathrm{d}B_2(t).
\end{aligned}\tag{9.2.51}$$

方程的漂移系数和扩散系数可按式(5.2.51)推导得到

$$\begin{aligned}
m_1(H_1,H_2,\Psi)&=-(\gamma_1+\mu_1C_{11})H_1-\frac{\eta_1}{2\bar{\omega}_1^2}H_1^2-\frac{\eta_1}{\bar{\omega}_2^2}(1-\frac{1}{2}\cos2\Psi)H_1H_2\\
&\quad+\mu_1\left(C_{12}\cos\Psi-K_{12}\frac{\sin\Psi}{\bar{\omega}_2}\right)\sqrt{H_1H_2}+D_1,\\
m_2(H_1,H_2,\Psi)&=-(\gamma_2+\mu_2C_{22})H_2-\frac{\eta_2}{2\bar{\omega}_2^2}H_2^2-\frac{\eta_2}{\bar{\omega}_1^2}\left(1-\frac{1}{2}\cos2\Psi\right)H_1H_2\\
&\quad+\mu_2\left(C_{21}\cos\Psi+K_{21}\frac{\sin\Psi}{\bar{\omega}_1}\right)\sqrt{H_1H_2}+D_2,
\end{aligned}\tag{9.2.52}$$

$$\begin{aligned}
m_\Psi(H_1,H_2,\Psi)&=-\frac{\sin2\Psi}{4}\left(\frac{\eta_1H_2}{\bar{\omega}_2^2}+\frac{\eta_2H_1}{\bar{\omega}_1^2}\right)-\frac{\mu_1}{2}\sqrt{\frac{H_2}{H_1}}\left(C_{12}\sin\Psi+K_{12}\frac{\cos\Psi}{\bar{\omega}_2}\right)\\
&\quad-\frac{\mu_2}{2}\sqrt{\frac{H_1}{H_2}}\left(C_{21}\sin\Psi-K_{21}\frac{\cos\Psi}{\bar{\omega}_1}\right),\\
b_{11}(H_1,H_2,\Psi)&=2D_1H_1,\quad b_{22}(H_1,H_2,\Psi)=2D_2H_2,\\
b_{\Psi\Psi}(H_1,H_2,\Psi)&=\frac{1}{2}\left(\frac{D_1}{H_1}+\frac{D_2}{H_2}\right),\\
b_{12}&=b_{21}=b_{1\psi}=b_{\psi1}=b_{2\psi}=b_{\psi2}=0.
\end{aligned}$$

与方程(9.2.51)相应的简化平均 FPK 方程为

$$-\frac{\partial(m_1p)}{\partial h_1}-\frac{\partial(m_2p)}{\partial h_2}-\frac{\partial(m_\psi p)}{\partial\psi}+\frac{1}{2}\frac{\partial^2(b_{11}p)}{\partial h_1^2}+\frac{1}{2}\frac{\partial^2(b_{22}p)}{\partial h_2^2}+\frac{1}{2}\frac{\partial^2(b_{\psi\psi}p)}{\partial\psi^2}=0.\tag{9.2.53}$$

方程中 $p=p(h_1,h_2,\psi)$ 是平稳概率密度, 一、二阶导数矩为

$$
\begin{aligned}
&m_1(h_1,h_2,\psi)=m_1(H_1,H_2,\Psi)\big|_{\substack{H_1=h_1,\,H_2=h_2\\ \Psi=\psi}}, \quad m_2(h_1,h_2,\psi)=m_2(H_1,H_2,\Psi)\big|_{\substack{H_1=h_1,\,H_2=h_2\\ \Psi=\psi}},\\
&m_\psi(h_1,h_2,\psi)=m_\psi(H_1,H_2,\Psi)\big|_{\substack{H_1=h_1,\,H_2=h_2\\ \Psi=\psi}}, \quad b_{\psi\psi}(h_1,h_2,\psi)=b_{\psi\psi}(H_1,H_2,\Psi)\big|_{\substack{H_1=h_1,\,H_2=h_2\\ \Psi=\psi}}.\\
&b_{11}(h_1,h_2,\psi)=b_{11}(H_1,H_2,\Psi)\big|_{\substack{H_1=h_1,\,H_2=h_2\\ \Psi=\psi}}, \quad b_{22}(h_1,h_2,\psi)=b_{22}(H_1,H_2,\Psi)\big|_{\substack{H_1=h_1,\,H_2=h_2\\ \Psi=\psi}},
\end{aligned}
\tag{9.2.54}
$$

FPK 方程(9.2.53)的边界条件为

$$
\begin{aligned}
&p=\text{有界值},\quad \text{当}\ h_1=0\ \text{或}\ h_2=0,\\
&p\to 0,\quad \partial p/\partial h_1\to 0,\quad \text{当}\ h_1\to\infty,\\
&p\to 0,\quad \partial p/\partial h_2\to 0,\quad \text{当}\ h_2\to\infty,\\
&p(h_1,h_2,\psi+2\pi)=p(h_1,h_2,\psi).
\end{aligned}
\tag{9.2.55}
$$

在获得 $p(h_1,h_2,\psi)$ 之后, 可按式(5.2.57)得到广义位移和广义动量的联合概率密度 $p(q_1,q_2,p_1,p_2)$ 和其他边缘概率密度

$$
\begin{aligned}
&p(q_1,q_2,p_1,p_2)=Cp(h_1,h_2,\psi)\big|_{\substack{h_1=p_1^2/2+\bar{\omega}_1^2q_1^2/2,\\ h_2=p_2^2/2+\bar{\omega}_2^2q_2^2/2,\\ \psi=\tan^{-1}(p_1/\bar{\omega}_1q_1)-\tan^{-1}(p_2/\bar{\omega}_2q_2)}},\\
&p(q_1,p_1)=\int_{-\infty}^{\infty}\int_{-\infty}^{\infty}p(q_1,q_2,p_1,p_2)\mathrm{d}q_2\mathrm{d}p_2,\\
&p(q_1)=\int_{-\infty}^{\infty}p(q_1,p_1)\mathrm{d}p_1,\\
&p(p_1)=\int_{-\infty}^{\infty}p(q_1,p_1)\mathrm{d}q_1.
\end{aligned}
\tag{9.2.56}
$$

给定系统参数 $\omega_1=\omega_2=1$, $\gamma_1=\gamma_2=0.2$, $\eta_1=\eta_2=0.1$, $\mu_1=\mu_2=0.1$, $D_1=0.2$, $D_2=0.02$, $\beta_1=\beta_2=2$, $\lambda_1=\lambda_2=1$, 图 9.2.5 和图 9.2.6 显示了随机平均

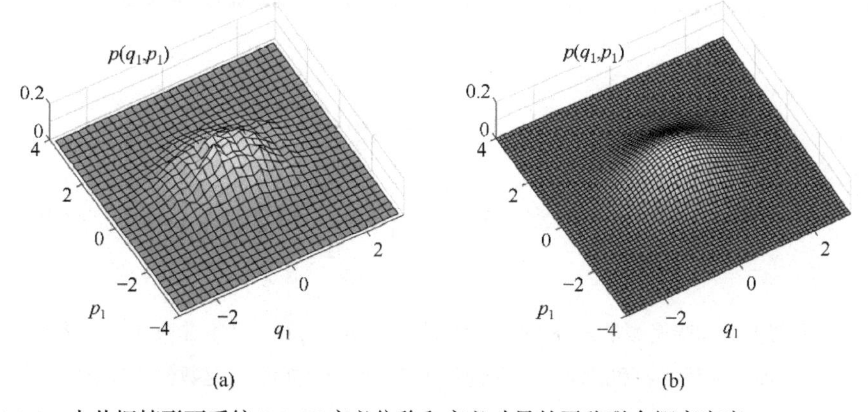

图 9.2.5　内共振情形下系统(9.2.40)广义位移和广义动量的平稳联合概率密度 $p(q_1,p_1)$, (a) 数值模拟结果; (b) 随机平均法结果

法理论结果与系统(9.2.40)数值模拟结果，可见两者符合较好. 图 9.2.7 显示了系统(9.2.40)分别处于非内共振情形和内共振情形时的差别. 在非内共振情形时，两振子能量或哈密顿过程 $H_1(t), H_2(t)$ 独立互不影响. 在内共振情形时，两振子间发生联系，表现为振子间的能量流动. 非内共振时第二个振子能量 H_2 的均值较低（见图 9.2.7(a)中的 $p(h_2)$），在内共振时受到第一个振子的能量注入，H_2 的均值有所提高（见图 9.2.7(b)中的 $p(h_2)$）.

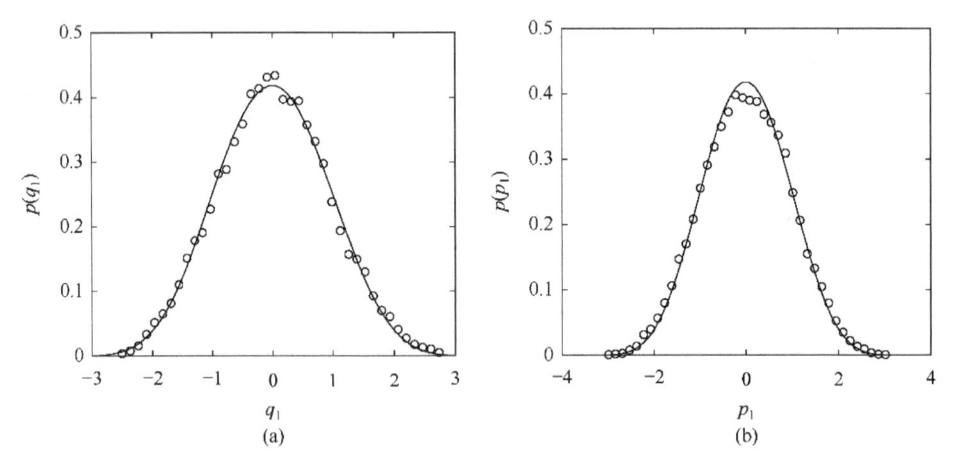

图 9.2.6 内共振情形下系统(9.2.40)的平稳边缘概率密度; (a) $p(q_1)$; (b) $p(p_1)$，实线 — 是随机平均法结果; 符号○是数值模拟结果

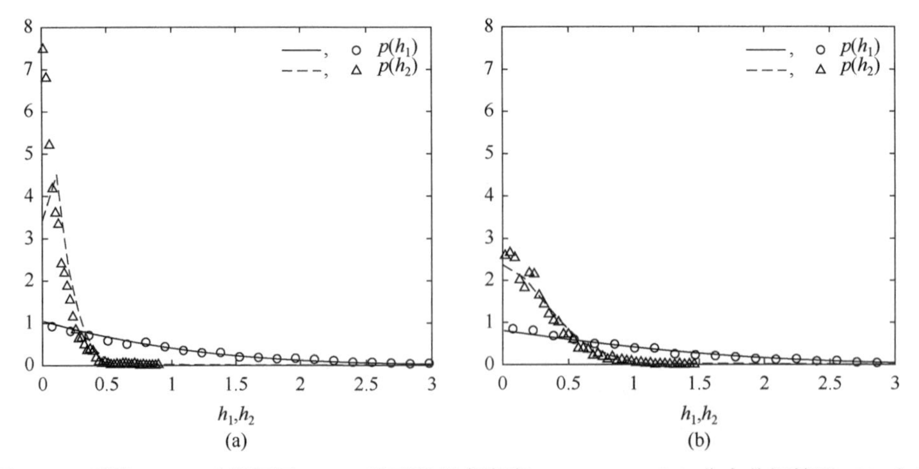

图 9.2.7 系统(9.2.40)哈密顿量 H_1, H_2 的平稳概率密度 $p(h_1), p(h_2)$，(a) 非内共振情形; (b) 内共振情形; 实线 — 和虚线 ---- 是随机平均法结果; 符号○, △是数值模拟结果

9.3 含分数阶导数阻尼力的拟可积哈密顿系统

考虑含分数阶导数阻尼的拟可积哈密顿系统，系统运动方程为

$$
\begin{aligned}
&\dot{Q}_i = P_i, \\
&\dot{P}_i = -g_i'(Q_i) - \varepsilon\sum_{j=1}^{n} c_{ij}'(\boldsymbol{Q},\boldsymbol{P})P_j - \varepsilon\mu_{ii}D^{\alpha_i}Q_i - \varepsilon\sum_{j=1,\, j\neq i}^{n}\mu_{ij}D^{\alpha_i}(Q_i - Q_j) \\
&\qquad + \varepsilon^{1/2}\sum_{k=1}^{m} f_{ik}(\boldsymbol{Q},\boldsymbol{P})\xi_k(t), \\
&i = 1,2,\cdots,n.
\end{aligned}
\tag{9.3.1}
$$

可见不仅各振子有分数阶导数阻尼力 $\varepsilon\mu_{ii}D^{\alpha_i}Q_i$，而且 n 个振子之间还有分数阶阻尼力 $\varepsilon\mu_{ij}D^{\alpha_i}(Q_i - Q_j)$，$D^{\alpha_i}Q$ 是下列 Riemann-Liouville 定义的分数阶导数

$$
D^{\alpha_i}Q = D^{\alpha_i}Q(t) = \frac{1}{\Gamma(l-\alpha_i)}\left(\frac{\mathrm{d}}{\mathrm{d}t}\right)^{l}\int_0^t \frac{Q(\tau)}{(t-\tau)^{\alpha_i - l + 1}}\mathrm{d}\tau, \quad (l-1) \leqslant \alpha_i < l. \tag{9.3.2}
$$

式中 l 是整数；$\Gamma(\bullet)$ 是伽马函数；为使分数阶导数阻尼力介于线弹性力与牛顿黏性力之间，限定 $0 < \alpha_i < 1$．式(9.3.2)表明 $D^{\alpha_i}Q$ 是线性算子，因此有

$$
D^{\alpha_i}(Q_1 - Q_2) = D^{\alpha_i}(Q_1) - D^{\alpha_i}(Q_2) \tag{9.3.3}
$$

设 $g_i'(Q_i)$ 满足式(8.1.5)下的四个条件，$\xi_k(t)$ 为宽带随机过程，系统(9.3.1)有如下随机周期解

$$
\begin{aligned}
&Q_i(t) = A_i(t)\cos\Phi_i(t) + B_i, \quad P_i(t) = -A_i(t)\nu_i(A_i,\Phi_i)\sin\Phi_i(t), \\
&\Phi_i(t) = \Gamma_i(t) + \Theta_i(t).
\end{aligned}
\tag{9.3.4}
$$

式中 $A_i,\Phi_i,\Gamma_i,\Theta_i$ 都是随机过程；A_i 是第 i 个自由度位移幅值，Φ_i 是相角；ν_i 是第 i 个自由度的瞬时频率，可表示为

$$
\nu_i(A_i,\Phi_i) = \frac{\sqrt{2[U_i(A_i + B_i) - U_i(A_i\cos\Phi_i + B_i)]}}{|A_i\sin\Phi_i|}. \tag{9.3.5}
$$

式中 U_i 由下面式(9.3.16)确定．上式表明，瞬时频率 ν_i 是关于 Φ_i 的偶函数，可展开成下列傅里叶级数

$$
\nu_i(A_i,\Phi_i) = \omega_i(A_i) + \sum_{r=1}^{\infty}\omega_{ir}(A_i)\cos r\Phi_i. \tag{9.3.6}
$$

式中 $\omega_i(A_i) = \int_0^{2\pi}\nu_i\mathrm{d}\Phi/2\pi$，表明 $\omega_i(A_i)$ 是 ν_i 在一个周期上的平均值，亦即平均频率．在作随机平均运算时，将采用下列近似关系

$$\Phi_i(t) = \omega_i(A_i)t + \Theta_i(t). \tag{9.3.7}$$

应用广义谐波平衡技术，系统(9.3.1)中分数阶导数项 $\varepsilon\mu_{ii}D^{\alpha_i}Q_i$ 可被等效地解耦成弹性恢复力和黏性阻尼力（Huang and Jin, 2009），即

$$D^{\alpha_i}Q_i = C_{ii}(A_i)P_i + K_{ii}(A_i)Q_i. \tag{9.3.8}$$

为了得到式(9.3.8)中的两系数 $C_i(A_i), K_i(A_i)$，先引入以下两个渐近式

$$\begin{aligned}
&\int_0^t \frac{\cos(\omega\tau)}{\tau^q}\mathrm{d}\tau = \omega^{q-1}\int_0^s \frac{\cos(u)}{u^q}\mathrm{d}u \approx \omega^{q-1}\left(\Gamma(1-q)\sin\left(\frac{q\pi}{2}\right) + \frac{\sin(s)}{s^q} + O(s^{-q-1})\right),\\
&\int_0^t \frac{\sin(\omega\tau)}{\tau^q}\mathrm{d}\tau = \omega^{q-1}\int_0^s \frac{\sin(u)}{u^q}\mathrm{d}u \approx \omega^{q-1}\left(\Gamma(1-q)\cos\left(\frac{q\pi}{2}\right) - \frac{\cos(s)}{s^q} + O(s^{-q-1})\right).
\end{aligned} \tag{9.3.9}$$

对式(9.3.8)两边同乘以 $\sin\Phi_i(t)$，并对 $\Phi_i(t)$ 在 $(0, 2\pi)$ 上积分，可得

$$\begin{aligned}
C_i(A_i) &= \frac{-1}{\pi A_i\omega_i(A_i)}\int_0^{2\pi} D^{\alpha_i}(A_i\cos\Phi_i)\sin\Phi_i\mathrm{d}\Phi_i\\
&= \frac{-2}{\Gamma(1-\alpha_i)A_i\omega_i(A_i)}\lim_{T\to\infty}\frac{1}{T}\int_0^T \left[\frac{\mathrm{d}}{\mathrm{d}t}\int_0^t \frac{Q_i(t-\tau)}{\tau^{\alpha_i}}\mathrm{d}\tau\right]\sin\Phi_i\mathrm{d}t\\
&= \frac{-2}{\Gamma(1-\alpha_i)A_i\omega_i(A_i)}\lim_{T\to\infty}\frac{1}{T}\left\{\sin\Phi_i\int_0^t \frac{A_i\cos\Phi_i(t-\tau)}{\tau^{\alpha}}\mathrm{d}\tau\Big|_0^T\right.\\
&\quad \left.+\int_0^T v_i\cos\Phi_i\left[\left(\int_0^t \frac{A_i\cos\Phi_i(t-\tau)}{\tau^{\alpha}}\mathrm{d}\tau\right)\right]\mathrm{d}t\right\}\\
&= \frac{2}{\Gamma(1-\alpha_i)\omega_i(A_i)}\lim_{T\to\infty}\frac{1}{T}\int_0^T\left[v_i\cos\Phi_i\int_0^t \frac{\cos\Phi_i(t-\tau)}{\tau^{\alpha}}\mathrm{d}\tau\right]\mathrm{d}t\\
&\approx \frac{2}{\Gamma(1-\alpha_i)\omega_i(A_i)}\lim_{T\to\infty}\frac{1}{T}\int_0^T\left[v_i\cos\Phi_i\left(\cos\Phi_i\int_0^t \frac{\cos\omega_i\tau}{\tau^{\alpha}}\mathrm{d}\tau + \sin\Phi_i\int_0^t \frac{\sin\omega_i\tau}{\tau^{\alpha}}\mathrm{d}\tau\right)\right]\mathrm{d}t\ .
\end{aligned} \tag{9.3.10}$$

对式(9.3.8)两边同乘以 $\cos\Phi_i(t)$，并对 $\Phi_i(t)$ 在 $(0, 2\pi)$ 上积分，可得

$$\begin{aligned}
&K_i(A_i) = \frac{1}{\pi A_i}\int_0^{2\pi} D^{\alpha_i}(A_i\cos\Phi_i)\cos\Phi_i\mathrm{d}\Phi_i\\
&= \frac{2}{A_i\Gamma(1-\alpha)}\lim_{T\to\infty}\frac{1}{T}\int_0^T\left[\frac{\mathrm{d}}{\mathrm{d}t}\int_0^t \frac{Q_i(t-\tau)}{\tau^{\alpha}}\mathrm{d}\tau\right]\cos\Phi_i\mathrm{d}t\\
&= \frac{2}{A_i\Gamma(1-\alpha_i)}\lim_{T\to\infty}\frac{1}{T}\left\{\cos\Phi_i\int_0^t \frac{A_i\cos\Phi_i(t-\tau)}{\tau^{\alpha_i}}\mathrm{d}\tau\Big|_0^T + \int_0^T\left[\left(\int_0^t \frac{A_i\cos\Phi_i(t-\tau)}{\tau^{\alpha_i}}\mathrm{d}\tau\right)v_i\sin\Phi_i\right]\mathrm{d}t\right\}\\
&\approx \frac{2}{\Gamma(1-\alpha_i)}\lim_{T\to\infty}\frac{1}{T}\int_0^T\left[v_i\sin\Phi_i\left(\cos\Phi_i\int_0^t \frac{\cos\omega_i\tau}{\tau^{\alpha_i}}\mathrm{d}\tau + \sin\Phi_i\int_0^t \frac{\sin\omega_i\tau}{\tau^{\alpha_i}}\mathrm{d}\tau\right)\right]\mathrm{d}t.
\end{aligned} \tag{9.3.11}$$

把渐近式(9.3.9)代入式(9.3.10)和(9.3.11), 最终得两系数的最简式（Chen et al., 2013a; 2013b）

$$C_{ii}(A_i)=\omega_i^{\alpha_i-2}\left(\omega_i+\frac{\omega_{i2}}{2}\right)\sin\left(\frac{\alpha_i\pi}{2}\right),\quad K_{ii}(A_i)=\omega_i^{\alpha_i-1}\left(\omega_i-\frac{\omega_{i2}}{2}\right)\cos\left(\frac{\alpha_i\pi}{2}\right). \tag{9.3.12}$$

类似地, 位移差的分数阶导数阻尼力可解耦为

$$\begin{aligned}&D^{\alpha_i}(Q_i-Q_j)=C_{ii}(A_i)P_i-C_{ij}(A_j)P_j+K_{ii}(A_i)Q_i-K_{ij}(A_j)Q_j,\\&C_{ij}(A_j)=\omega_j^{\alpha_i-2}\left(\omega_j+\frac{\omega_{j2}}{2}\right)\sin\left(\frac{\alpha_i\pi}{2}\right),\quad K_{ij}(A_j)=\omega_j^{\alpha_i-1}\left(\omega_j-\frac{\omega_{j2}}{2}\right)\cos\left(\frac{\alpha_i\pi}{2}\right).\end{aligned} \tag{9.3.13}$$

将等效关系式(9.3.8)和(9.3.13)代入到原拟哈密顿系统方程(9.3.1), 得如下等效的拟哈密顿系统

$$\begin{aligned}&\dot{Q}_i=P_i,\\&\dot{P}_i=-g_i(Q_i)-\varepsilon\sum_{j=1}^{n}c_{ij}(\boldsymbol{Q},\boldsymbol{P})P_j+\varepsilon\sum_{j=1,\,j\neq i}^{n}\mu_{ij}K_{ij}(A_j)Q_j+\varepsilon^{1/2}\sum_{k=1}^{m}f_{ik}(\boldsymbol{Q},\boldsymbol{P})\xi_k(t),\\&i=1,2,\cdots,n.\end{aligned} \tag{9.3.14}$$

式中新的恢复力函数和阻尼系数为

$$\begin{aligned}&g_i(Q_i)=g_i'(Q_i)+\varepsilon\left(\sum_{r=1}^{n}\mu_{ir}\right)K_{ii}(A_i)Q_i,\\&c_{ij}(\boldsymbol{Q},\boldsymbol{P})=\begin{cases}c_{ii}'(\boldsymbol{Q},\boldsymbol{P})+\left(\sum_{r=1}^{n}\mu_{ir}\right)C_{ii}(A_i), & j=i,\\ c_{ij}'(\boldsymbol{Q},\boldsymbol{P})-\mu_{ij}C_{ij}(A_j), & j\neq i.\end{cases}\end{aligned} \tag{9.3.15}$$

取等效系统(9.3.14)的哈密顿函数为

$$H_i(Q_i,P_i)=P_i^2/2+U_i(Q_i),\quad U_i(Q_i)=\int_0^{Q_i}g_i(u)\mathrm{d}u. \tag{9.3.16}$$

由于 $\varepsilon\sum_{j=1,\,j\neq i}^{n}\mu_{ij}K_{ij}(A_j)Q_j$ 与 $g_i(Q_i)$ 相比为小, 可将它看作小的不可积哈密顿扰动, 而将系统(9.3.14)看成拟可积哈密顿系统. 按 5.4 节, 可对系统(9.3.14)应用拟可积哈密顿系统随机平均法.

系统(9.3.14)具有随机周期解(9.3.4), 对系统(9.3.14)按式(9.3.4)作从 $Q_i,\dot{Q}_i$ 至 $A_i,\varPhi_i$ 的变换, 得如下支配 $A_i,\varPhi_i$ 的运动方程

$$
\begin{aligned}
&\dot{A}_i = \varepsilon F_i^A(\boldsymbol{A},\boldsymbol{\varPhi}) + \varepsilon^{1/2}\sum_{k=1}^{m} G_{ik}^A(\boldsymbol{A},\boldsymbol{\varPhi})\xi_k(t),\\
&\dot{\varPhi}_i = \nu_i(A_i,\varPhi_i) + \varepsilon F_i^{\varPhi}(\boldsymbol{A},\boldsymbol{\varPhi}) + \varepsilon^{1/2}\sum_{k=1}^{m} G_{ik}^{\varPhi}(\boldsymbol{A},\boldsymbol{\varPhi})\xi_k(t),\\
&i=1,2,\cdots,n.
\end{aligned}
\tag{9.3.17}
$$

其中 $\boldsymbol{A}=[A_1,A_2,\cdots,A_n]^{\mathrm{T}}$，$\boldsymbol{\varPhi}=[\varPhi_1,\varPhi_2,\cdots,\varPhi_n]^{\mathrm{T}}$，

$$
\begin{aligned}
F_i^A &= \frac{-A_i\nu_i\sin\varPhi_i}{g(A_i+B_i)(1+r_i)}\left[\sum_{j=1}^{n} c_{ij}A_j\nu_j\sin\varPhi_j + \sum_{j=1,\,j\neq i}^{n}\mu_{ij}K_{ij}(A_j\cos\varPhi_j+B_j)\right],\\
F_i^{\varPhi} &= \frac{-\nu_i(\cos\varPhi_i+r_i)}{g(A_i+B_i)(1+r_i)}\left[\sum_{j=1}^{n} c_{ij}A_j\nu_j\sin\varPhi_j + \sum_{j=1,\,j\neq i}^{n}\mu_{ij}K_{ij}(A_j\cos\varPhi_j+B_j)\right],
\end{aligned}
\tag{9.3.18}
$$

$$
G_{ik}^A = \frac{-A_i\nu_i\sin\varPhi_i}{g(A_i+B_i)(1+r_i)}f_{ik},\quad G_{ik}^{\varPhi} = \frac{-\nu_i(\cos\varPhi_i+r_i)}{g(A_i+B_i)(1+r_i)}f_{ik},
$$

$$
r_i = \frac{\mathrm{d}B_i}{\mathrm{d}A_i} = \frac{g(-A_i+B_i)+g(A_i+B_i)}{g(-A_i+B_i)-g(A_i+B_i)}.
$$

变换后的系统(9.3.17)表明，幅值 $\boldsymbol{A}$ 是慢变过程而相角 $\boldsymbol{\varPhi}$ 是快变过程，相应的平均伊藤方程和 FPK 的维数和形式取决于相应哈密顿系统的共振性.

1. 非内共振情形

在非共振情形，根据哈斯敏斯基定理(Khasminskii, 1966; 1968)，随着 $\varepsilon\to 0$，$\boldsymbol{A}(t)$ 弱收敛于 n 维马尔可夫扩散过程，支配 $\boldsymbol{A}(t)$ 的平均伊藤随机微分方程为

$$
\begin{aligned}
&\mathrm{d}A_i = m_i(\boldsymbol{A})\mathrm{d}t + \sum_{k=1}^{m}\sigma_{ik}(\boldsymbol{A})\mathrm{d}B_k(t),\\
&i=1,2,\cdots,n.
\end{aligned}
\tag{9.3.19}
$$

式中漂移系数 m_i 和扩散系数 σ_{ik} 为

$$
\begin{aligned}
&m_i(\boldsymbol{A}) = \varepsilon\left\langle F_i^A + \sum_{k,l=1}^{m}\int_{-\infty}^{0}\sum_{j=1}^{n}\left(\frac{\partial G_{ik}^A}{\partial A_j}\bigg|_t G_{jl}^A\Big|_{t+\tau} + \frac{\partial G_{ik}^A}{\partial \varPhi_j}\bigg|_t G_{jl}^{\varPhi}\Big|_{t+\tau}\right)R_{kl}(\tau)\mathrm{d}\tau\right]\right\rangle_t,\\
&b_{ij}(\boldsymbol{A}) = \sum_{k=1}^{m}\sigma_{ik}(\boldsymbol{A})\sigma_{jk}(\boldsymbol{A}) = \varepsilon\left\langle\sum_{k,l=1}^{m}\int_{-\infty}^{\infty}\left(G_{ik}^A\Big|_t G_{jl}^A\Big|_{t+\tau}\right)R_{kl}(\tau)\mathrm{d}\tau\right\rangle_t,\\
&i,j=1,2,\cdots,n.
\end{aligned}
\tag{9.3.20}
$$

式中的时间平均可用对 $\varPhi_1,\varPhi_2,\cdots,\varPhi_n$ 的平均代替，即

$$\langle[\bullet]\rangle_t = \lim_{T\to\infty}\frac{1}{T}\int_0^T[\bullet]\mathrm{d}t = \frac{1}{(2\pi)^n}\int_0^{2\pi}[\bullet]\mathrm{d}\boldsymbol{\Phi}. \tag{9.3.21}$$

运算中将用到下列关系式

$$S_{kl}(\omega) = \frac{1}{\pi}\int_{-\infty}^0 R_{kl}(\tau)\cos\omega\tau\mathrm{d}\tau,\quad I_{kl}(\omega) = \frac{1}{\pi}\int_{-\infty}^0 R_{kl}(\tau)\sin\omega\tau\mathrm{d}\tau, \\ k,l = 1,2,\cdots,m. \tag{9.3.22}$$

其中 $S_{kl}(\omega)$ 和 $I\ (\omega)$ 分别是宽带噪声 $\xi_k(t)$ 互功率谱密度的实部和虚部. 先将式(9.3.18)中各项对 $\varPhi_i$ 作傅里叶展开, 再按式(9.3.20)对 τ 做积分和对 $\varPhi_i$ 作平均运算, 可以得到两系数函数 m_i 和 b_{ij} 的级数表达式.

根据 A_i 与 H_i 之间的关系 $H_i = U_i(A_i + B_i)$ 或 $A_i = U_i^{-1}(H_i) - B_i$, 应用伊藤微分规则, 可以得到支配 $\boldsymbol{H} = [H_1, H_2, \cdots, H_n]^T$ 的平均伊藤随机微分方程

$$\mathrm{d}H_i = \varepsilon\bar{m}_i(\boldsymbol{H})\mathrm{d}t + \varepsilon^{1/2}\sum_{k=1}^m\bar{\sigma}_{ik}(\boldsymbol{H})\mathrm{d}B_k(t), \\ i = 1,2,\cdots,n. \tag{9.3.23}$$

式中漂移系数和扩散系数为

$$\bar{m}_i = [g_i(A_i+B_i)(1+r_i)m_i + \frac{1}{2}\frac{\mathrm{d}[g_i(A_i+B_i)(1+r_i)]}{\mathrm{d}A_i}b_{ii}]\Big|_{A_i=U_i^{-1}(H_i)-B_i},$$

$$\bar{b}_{ij} = \sum_{k=1}^m\bar{\sigma}_{ik}\bar{\sigma}_{jk} = [g_i(A_i+B_i)g_j(A_j+B_j)(1+r_i)(1+r_j)b_{ij}]\Big|_{A_i=U_i^{-1}(H_i)-B_i,\,A_j=U_j^{-1}(H_j)-B_j},$$

$$i,j = 1,2,\cdots,n. \tag{9.3.24}$$

可建立与伊藤方程(9.3.23)相应的平均 FPK 方程

$$\frac{\partial p}{\partial t} = -\sum_{i=1}^n\frac{\partial(\bar{m}_i p)}{\partial h_i} + \frac{1}{2}\sum_{i,j=1}^n\frac{\partial^2(\bar{b}_{ij}p)}{\partial h_i\partial h_j}. \tag{9.3.25}$$

式中一阶导数矩 $\bar{m}_i(\boldsymbol{h}) = \bar{m}_i(\boldsymbol{H})\big|_{\boldsymbol{H}=\boldsymbol{h}}$, 二阶导数矩 $\bar{b}_{ij}(\boldsymbol{h}) = \bar{b}_{ij}(\boldsymbol{H})\big|_{\boldsymbol{H}=\boldsymbol{h}}$. $p = p(\boldsymbol{h}, t\,|\,\boldsymbol{h}_0)$ 是哈密顿随机过程 $\boldsymbol{H}(t)$ 的转移概率密度函数, 方程(9.3.25)初始条件和边界条件为

$$p(\boldsymbol{h}, 0\,|\,\boldsymbol{h}_0) = \delta(\boldsymbol{h} - \boldsymbol{h}_0), \\ p = \text{有限值},\quad \text{当 } \boldsymbol{h} = 0, \\ p = 0,\quad \partial p/\partial h_i = 0,\quad \text{当 } \boldsymbol{h}\to\infty. \tag{9.3.26}$$

归一化条件为

$$\int_0^{\infty} p \mathrm{d}\boldsymbol{h} = 1. \tag{9.3.27}$$

2. 内共振情形

设等效拟哈密顿系统(9.3.14)各子系统的平均频率 $\bar{\omega}_i\ (i=1,2,\cdots,n)$ 满足以下 α $(1 \leqslant \alpha \leqslant n-1)$ 个内共振关系

$$\sum_{i=1}^{n} k_i^u \bar{\omega}_i = O_u(\varepsilon), \quad u=1,2,\cdots,\alpha. \tag{9.3.28}$$

式中 k_i^u 是不全为零的整数. 引入 α 个角变量组合 $\varPsi_u = \sum_{i=1}^{n} k_i^u \varPhi_i$ ，此时，代替系统(9.3.17)，系统的随机微分方程为

$$\begin{aligned}
&\dot{A}_i = \varepsilon \bar{F}_i^A(\boldsymbol{A},\boldsymbol{\varPsi},\boldsymbol{\varPhi}') + \varepsilon^{1/2}\sum_{k=1}^{m}\bar{G}_{ik}^A(\boldsymbol{A},\boldsymbol{\varPsi},\boldsymbol{\varPhi}')\xi_k(t),\\
&\dot{\varPsi}_u = \sum_{i=1}^{n} k_i^u \nu_i(A_i,\varPhi_i) + \varepsilon\sum_{i=1}^{n} k_i^u \bar{F}_i^{\varPhi}(\boldsymbol{A},\boldsymbol{\varPsi},\boldsymbol{\varPhi}') + \varepsilon^{1/2}\sum_{k=1}^{m}\sum_{i=1}^{n} k_i^u \bar{G}_{ik}^{\varPhi}(\boldsymbol{A},\boldsymbol{\varPsi},\boldsymbol{\varPhi}')\xi_k(t),\\
&\dot{\varPhi}_r = \nu_r(A_r,\varPhi_r) + \varepsilon \bar{F}_r^{\varPhi}(\boldsymbol{A},\boldsymbol{\varPsi},\boldsymbol{\varPhi}') + \varepsilon^{1/2}\sum_{k=1}^{m}\bar{G}_{rk}^{\varPhi}(\boldsymbol{A},\boldsymbol{\varPsi},\boldsymbol{\varPhi}')\xi_k(t),\\
&i=1,2,\cdots,n;\quad u=1,2,\cdots,\alpha;\quad r=\alpha+1,\alpha+2,\cdots,n.
\end{aligned} \tag{9.3.29}$$

式中 $\boldsymbol{\varPsi}=[\varPsi_1,\varPsi_2,\cdots,\varPsi_\alpha]^{\mathrm{T}}$ ， $\boldsymbol{\varPhi}'=[\varPhi_{\alpha+1},\varPhi_{\alpha+2},\cdots,\varPhi_n]^{\mathrm{T}}$ ， $\bar{F}_i^A,\bar{F}_i^{\Phi},\bar{G}_{ik}^A,\bar{G}_{ik}^{\Phi}$, 分别是 $F_i^A,F_i^{\Phi},G_{ik}^A,G_{ik}^{\Phi}$, 中 α 个 $\varPhi_i$ 换成 α 个 $\varPsi_u$ 的结果.

系统(9.3.29)中 $\boldsymbol{A}$ 与 $\boldsymbol{\varPsi}$ 为慢变随机过程, 按哈斯敏斯基定理（Khasminskii, 1966; 1968）, 当 $\varepsilon \to 0$ 时, 它们趋于 $(n+\alpha)$ 维马尔可夫扩散过程, 其平均伊藤随机微分方程为

$$\begin{aligned}
&\mathrm{d}A_i = m_i^A(\boldsymbol{A},\boldsymbol{\varPsi})\mathrm{d}t + \sum_{k=1}^{m}\sigma_{ik}^A(\boldsymbol{A},\boldsymbol{\varPsi})\mathrm{d}B_k(t),\\
&\mathrm{d}\varPsi_u = m_u^{\varPsi}(\boldsymbol{A},\boldsymbol{\varPsi})\mathrm{d}t + \sum_{k=1}^{m}\sigma_{uk}^{\varPsi}(\boldsymbol{A},\boldsymbol{\varPsi})\mathrm{d}B_k(t),\\
&i=1,2,\cdots,n;\quad u=1,2,\cdots,\alpha.
\end{aligned} \tag{9.3.30}$$

式中

$$\begin{aligned}
m_i^A = \frac{\varepsilon}{(2\pi)^{n-\alpha}}\int_0^{2\pi}\Bigg[\bar{F}_i^A + \sum_{k,l=1}^{m}\int_{-\infty}^{0}\Bigg(&\sum_{j=1}^{n}\frac{\partial \bar{G}_{ik}^A}{\partial A_j}\bigg|_t \bar{G}_{jl}^A\Big|_{t+\tau} + \sum_{u=1}^{\alpha}\sum_{j=1}^{n}k_j^u\frac{\partial \bar{G}_{ik}^A}{\partial \varPsi_u}\bigg|_t \bar{G}_{jl}^{\varPhi}\Big|_{t+\tau}\\
&+ \sum_{r=\alpha+1}^{n}\frac{\partial \bar{G}_{ik}^A}{\partial \varPhi_r}\bigg|_t \bar{G}_{rl}^{\varPhi}\Big|_{t+\tau}\Bigg)R_{kl}(\tau)\mathrm{d}\tau\Bigg]\mathrm{d}\boldsymbol{\varPhi}',
\end{aligned}$$

$$m_u^{\Psi} = O_u(\varepsilon) + \frac{\varepsilon}{(2\pi)^{n-\alpha}} \int_0^{2\pi} \left[\sum_{j=1}^{n} k_j^u \bar{F}_j^{\Phi} + \sum_{k,l=1}^{m} \int_{-\infty}^{0} \left(\sum_{i,j=1}^{n} k_i^u \frac{\partial \bar{G}_{ik}^{\Phi}}{\partial A_j} \bigg|_t \bar{G}_{jl}^{A} \bigg|_{t+\tau} \right.\right.$$

$$\left.\left. + \sum_{v=1}^{\alpha} \sum_{i,j=1}^{n} k_i^u k_j^v \frac{\partial \bar{G}_{ik}^{\Phi}}{\partial \Psi_v} \bigg|_t \bar{G}_{jl}^{\Phi} \bigg|_{t+\tau} + \sum_{r=\alpha+1}^{n} \sum_{i=1}^{n} k_i^u \frac{\partial \bar{G}_{ik}^{\Phi}}{\partial \Phi_r} \bigg|_t \bar{G}_{rl}^{\Phi} \bigg|_{t+\tau} \right) R_{kl}(\tau) \mathrm{d}\tau \right] \mathrm{d}\boldsymbol{\Phi}',$$

(9.3.31)

$$b_{ij}^{A} = \sum_{k=1}^{m} \sigma_{ik}^{A} \sigma_{jk}^{A} = \frac{\varepsilon}{(2\pi)^{n-\alpha}} \sum_{k,l=1}^{m} \int_0^{2\pi} \int_{-\infty}^{\infty} \bar{G}_{ik}^{A} \Big|_t \bar{G}_{jl}^{A} \Big|_{t+\tau} R_{kl}(\tau) \mathrm{d}\tau \mathrm{d}\boldsymbol{\Phi}',$$

$$b_{uv}^{\Psi} = \sum_{k=1}^{m} \sigma_{uk}^{\Psi} \sigma_{vk}^{\Psi} = \frac{\varepsilon}{(2\pi)^{n-\alpha}} \sum_{k,l=1}^{m} \int_0^{2\pi} \int_{-\infty}^{\infty} \sum_{i,j=1}^{n} k_i^u k_j^v \bar{G}_{ik}^{\Phi} \Big|_t \bar{G}_{jl}^{\Phi} \Big|_{t+\tau} R_{kl}(\tau) \mathrm{d}\tau \mathrm{d}\boldsymbol{\Phi}',$$

$$b_{iu}^{A\Psi} = \sum_{k=1}^{m} \sigma_{ik}^{A} \sigma_{uk}^{\Psi} = \frac{\varepsilon}{(2\pi)^{n-\alpha}} \sum_{k,l=1}^{m} \int_0^{2\pi} \int_{-\infty}^{\infty} \sum_{j=1}^{n} k_j^u \bar{G}_{ik}^{A} \Big|_t \bar{G}_{jl}^{\Phi} \Big|_{t+\tau} R_{kl}(\tau) \mathrm{d}\tau \mathrm{d}\boldsymbol{\Phi}',$$

$$i, j = 1, 2, \cdots, n; \quad u, v = 1, 2, \cdots, \alpha.$$

式中时间平均已代之以对 $\boldsymbol{\Phi}' = [\Phi_1, \Phi_2, \cdots, \Phi_{n-\alpha}]^{\mathrm{T}}$ 的平均. 根据幅值 A_i 与 H_i 之间的关系, 应用伊藤微分规则, 可从方程(9.3.30)导出下列关于 $[\boldsymbol{H}^{\mathrm{T}}, \boldsymbol{\Psi}^{\mathrm{T}}]^{\mathrm{T}}$ 的平均伊藤随机微分方程

$$\begin{aligned} \mathrm{d}H_i &= \bar{m}_i^{H}(\boldsymbol{H}, \boldsymbol{\Psi}) \mathrm{d}t + \sum_{k=1}^{m} \bar{\sigma}_{ik}^{H}(\boldsymbol{H}, \boldsymbol{\Psi}) \mathrm{d}B_k(t), \\ \mathrm{d}\Psi_u &= \bar{m}_u^{\Psi}(\boldsymbol{H}, \boldsymbol{\Psi}) \mathrm{d}t + \sum_{k=1}^{m} \bar{\sigma}_{uk}^{\Psi}(\boldsymbol{H}, \boldsymbol{\Psi}) \mathrm{d}B_k(t), \\ i &= 1, 2, \cdots, n; \quad u = 1, 2, \cdots, \alpha. \end{aligned} \tag{9.3.32}$$

式中

$$\bar{m}_i^{H} = \left\{ m_i^{A} g_i(A_i + B_i)(1 + r_i) + \frac{1}{2} b_{ii}^{A} \frac{\mathrm{d}[g_i(A_i + B_i)(1 + r_i)]}{\mathrm{d}A_i} \right\} \Bigg|_{A_i = U_i^{-1}(H_i) - B_i}, \tag{9.3.33}$$

$$\bar{m}_u^{\Psi} = m_u^{\Psi} \Big|_{A_i = U_i^{-1}(H_i) - B_i},$$

$$\bar{b}_{ij}^{H} = \sum_{k=1}^{m} \bar{\sigma}_{ik}^{H} \bar{\sigma}_{jk}^{H} = [g_i(A_i + B_i) g_j(A_j + B_j)(1 + r_i)(1 + r_j) b_{ij}^{A}] \Big|_{\substack{A_i = U_i^{-1}(H_i) - B_i, \\ A_j = U_j^{-1}(H_j) - B_j}},$$

$$\bar{b}_{uv}^{\Psi} = \sum_{k=1}^{m} \bar{\sigma}_{uk}^{\Psi} \bar{\sigma}_{vk}^{\Psi} = b_{uv}^{\Psi} \Big|_{A_i = U_i^{-1}(H_i) - B_i},$$

$$\bar{b}_{iu}^{H\Psi} = \sum_{k=1}^{m} \bar{\sigma}_{ik}^{H} \bar{\sigma}_{uk}^{\Psi} = [g_i(A_i + B_i)(1 + r_i) b_{iu}^{A\Psi}] \Big|_{A_i = U_i^{-1}(H_i) - B_i}.$$

$$i, j = 1, 2, \cdots, n; \quad u, v = 1, 2, \cdots, \alpha.$$

与方程(9.3.32)相应的平均 FPK 方程为

$$\begin{aligned}\frac{\partial p}{\partial t}=&-\sum_{i=1}^{n}\frac{\partial(\overline{m}_i^h p)}{\partial h_i}-\sum_{u=1}^{\alpha}\frac{\partial(\overline{m}_u^{\psi} p)}{\partial \psi_u}+\frac{1}{2}\sum_{i,j=1}^{n}\frac{\partial^2(\overline{b}_{ij}^h p)}{\partial h_i\partial h_j}\\&+\frac{1}{2}\sum_{u,v=1}^{\alpha}\frac{\partial^2(\overline{b}_{uv}^{\psi} p)}{\partial \psi_u\partial \psi_v}+\sum_{u=1}^{\alpha}\sum_{i=1}^{n}\frac{\partial^2(\overline{b}_{iu}^{h\psi} p)}{\partial h_i\partial \psi_u}.\end{aligned}\tag{9.3.34}$$

式中一阶导数矩和二阶导数矩为

$$\begin{aligned}&\overline{m}_i^h=\overline{m}_i^H\Big|_{\boldsymbol{H}=\boldsymbol{h},\boldsymbol{\varPsi}=\boldsymbol{\psi}},\quad \overline{m}_u^{\psi}=\overline{m}_u^{\varPsi}\Big|_{\boldsymbol{H}=\boldsymbol{h},\boldsymbol{\varPsi}=\boldsymbol{\psi}},\\&\overline{b}_{ij}^h=\overline{b}_{ij}^H\Big|_{\boldsymbol{H}=\boldsymbol{h},\boldsymbol{\varPsi}=\boldsymbol{\psi}},\quad \overline{b}_{uv}^{\psi}=\overline{b}_{uv}^{\varPsi}\Big|_{\boldsymbol{H}=\boldsymbol{h},\boldsymbol{\varPsi}=\boldsymbol{\psi}},\quad \overline{b}_{iu}^{h\psi}=\overline{b}_{iu}^{H\varPsi}\Big|_{\boldsymbol{H}=\boldsymbol{h},\boldsymbol{\varPsi}=\boldsymbol{\psi}},\\&i,j=1,2,\cdots,n;\quad u,v=1,2,\cdots,\alpha.\end{aligned}\tag{9.3.35}$$

$p=p(\boldsymbol{h},\boldsymbol{\psi},t|\boldsymbol{h}_0,\boldsymbol{\psi}_0)$ 为 $[\boldsymbol{H}^{\mathrm{T}},\boldsymbol{\varPsi}^{\mathrm{T}}]^{\mathrm{T}}$ 的转移概率密度，方程的初始条件和边界条件为

$$\begin{aligned}&p(\boldsymbol{h},\boldsymbol{\psi},0\,|\,\boldsymbol{h}_0,\boldsymbol{\psi}_0)=\delta(\boldsymbol{h}-\boldsymbol{h}_0)\delta(\boldsymbol{\psi}-\boldsymbol{\psi}_0),\\&p=\text{有界},\quad \text{当 } \boldsymbol{h}=0,\\&p=0,\quad \partial p/\partial h_i=0,\quad \text{当 } \boldsymbol{h}\to\infty.\end{aligned}\tag{9.3.36}$$

及对 $\boldsymbol{\psi}$ 的周期性条件为

$$\begin{aligned}&p(\boldsymbol{h},\boldsymbol{\psi}+2\overline{n}\pi,t\,|\,\boldsymbol{h}_0,\boldsymbol{\psi}_0)=p(\boldsymbol{h},\boldsymbol{\psi},t\,|\,\boldsymbol{h}_0,\boldsymbol{\psi}_0),\\&\overline{n}=\pm1,2,\cdots.\end{aligned}\tag{9.3.37}$$

还有归一化条件

$$\int_0^{2\pi}\int_0^{\infty}p d\boldsymbol{h}\mathrm{d}\boldsymbol{\psi}=1.\tag{9.3.38}$$

例 9.3.1 考虑弱宽带噪声激励的含分数阶导数阻尼的杜芬-范德堡振子（陈林聪等, 2014），其运动方程为

$$\ddot{X}+(\beta_0+\beta_1X^2)\dot{X}+\omega_0^2X+\alpha_0X^3+\chi D^{\alpha}X=\xi_1(t)+X\xi_2(t)\tag{9.3.39}$$

式中 $\omega_0,\beta_0,\beta_1,\alpha_0$ 和 χ 为常数；$\xi_1(t),\xi_2(t)$ 为相互独立的宽带噪声，其有理功率谱密度为

$$S_i(\omega)=\frac{D_i}{\pi}\frac{1}{(\omega^2-\omega_i^2)^2+4\xi_i^2\omega^2\omega_i^2},\quad i=1,2.\tag{9.3.40}$$

β_0,β_1,χ,D_i 均为 ε 阶小量；$D^{\alpha}X$ 为 Riemann-Liouville 定义的分数阶导数

$$D^{\alpha}X=D^{\alpha}X(t)=\frac{1}{\Gamma(1-\alpha)}\frac{\mathrm{d}}{\mathrm{d}t}\int_0^t\frac{X(\tau)}{(t-\tau)^{\alpha}}\mathrm{d}\tau,\quad 0<\alpha<1\tag{9.3.41}$$

应用广义谐波平衡技术，$\chi D^{\alpha}X(t)$ 可解耦为依赖幅值的等效拟线性阻尼力和拟线性恢复力

$$\chi D^{\alpha}X(t)=C(A)\dot{X}(t)+K(A)X(t) \tag{9.3.42}$$

其中

$$\begin{aligned}C(A)&=-\frac{\chi}{\pi A\omega(A)}\int_0^{2\pi}D^{\alpha}(A\cos\phi)\sin\phi\mathrm{d}\phi=\chi b_0^{\alpha-2}(A)[b_0(A)+b_2(A)/2]\sin\left(\frac{\alpha\pi}{2}\right),\\K(A)&=\frac{\chi}{\pi A}\int_0^{2\pi}D^{\alpha}(A\cos\phi)\cos\phi\mathrm{d}\phi=\chi b_0^{\alpha-1}(A)[b_0(A)-b_2(A)/2]\cos\left(\frac{\alpha\pi}{2}\right).\end{aligned} \tag{9.3.43}$$

详细推导过程见文献（陈林聪等, 2014）的附录.

令 $Q=X, P=\dot{X}$，得与系统(9.3.39)等效的非线性随机系统为

$$\dot{Q}=\frac{\partial H}{\partial P},\quad \dot{P}=-\frac{\partial H}{\partial Q}-(\beta+\beta_1Q^2)P+\xi_1(t)+Q\xi_2(t). \tag{9.3.44}$$

其中 $\beta=\beta_0+C(A)$，系统势函数 $U(Q)$ 与哈密顿函数 H 为

$$H=\frac{1}{2}P^2+U(Q),\quad U(Q)=\frac{1}{2}[K(A)+\omega_0^2]Q^2+\frac{1}{4}\alpha_0Q^4. \tag{9.3.45}$$

能量 H 和幅值 A 关系为 $H=U(A)$.

系统(9.3.44)的解可看作其对应无阻尼无激励的保守系统

$$\dot{Q}=\frac{\partial H}{\partial P},\quad \dot{P}=-\frac{\partial H}{\partial Q}. \tag{9.3.46}$$

的解在相平面上的随机扩散. 因此，若 $\alpha_0>0$，可假设弱阻尼弱激励随机系统(9.3.44)的解为

$$Q(t)=A\cos\Phi(t),\quad P(t)=-A\nu(A,\Phi)\sin\Phi(t),\quad \Phi(t)=\Gamma(t)+\Theta(t). \tag{9.3.47}$$

式中

$$\begin{aligned}&\nu(A,\Phi)=\frac{\mathrm{d}\Phi}{\mathrm{d}t}=\sqrt{\frac{2[U(A)-U(A\cos\Phi)]}{A^2\sin^2\Phi}}=[(\omega_0^2+K(A)+\frac{3}{4}\alpha_0A^2)(1+\eta\cos2\Phi)]^{1/2},\\&\eta=\alpha_0A^2\big/(4\omega_0^2+4K(A)+3\alpha_0A^2).\end{aligned} \tag{9.3.48}$$

瞬时频率 $\nu(A,\Phi)$ 是 Φ 的偶函数，可展开为傅里叶级数，取其前 4 项截断，得

$$\nu(A,\Phi)=\sum_{r=0}^{3}b_{2r}(A)\cos2r\Phi \tag{9.3.49}$$

式中

$$b_0=(\omega_0^2+K(A)+\frac{3}{4}\alpha_0A^2)^{1/2}(1-\frac{1}{16}\eta^2),\quad b_2=(\omega_0^2+K(A)+\frac{3}{4}\alpha_0A^2)^{1/2}(\frac{1}{2}\eta+\frac{3}{64}\eta^3),$$
$$b_4=(\omega_0^2+K(A)+\frac{3}{4}\alpha_0A^2)^{1/2}(\frac{-\eta^2}{16}),\quad b_6=(\omega_0^2+K(A)+\frac{3}{4}\alpha_0A^2)^{1/2}(\frac{\eta^3}{64}). \tag{9.3.50}$$

可通过数值迭代求得 $b_0(A)$ 和 $b_2(A)$，进而可求得 $C(A),K(A),b_4(A)$ 以及 $b_6(A)$.

将式(9.3.47)看作从 Q,P 到 A,Φ 的广义范德堡变换，可得到关于 A,Φ 的随机微分方程

$$\begin{aligned}\frac{\mathrm{d}A}{\mathrm{d}t}&=F^A(A,\Phi)+G_1^A(A,\Phi)\xi_1(t)+G_2^A(A,\Phi)\xi_2(t),\\ \frac{\mathrm{d}\Phi}{\mathrm{d}t}&=\nu(A,\Phi)+F^{\Phi}(A,\Phi)+G_1^{\Phi}(A,\Phi)\xi_1(t)+G_2^{\Phi}(A,\Phi)\xi_2(t).\end{aligned} \tag{9.3.51}$$

式中

$$F^A=\frac{-A\nu^2(A,\Phi)[\beta+\beta_1A^2\cos^2\Phi]\sin^2\Phi}{K(A)+\omega_0^2+\alpha_0A^2},\quad F^{\Phi}=\frac{-\nu(A,\Phi)[\beta+\beta_1A^2\cos^2\Phi]\sin\Phi\cos\Phi}{K(A)+\omega_0^2+\alpha_0A^2},$$
$$G_1^A=\frac{-\nu(A,\Phi)\sin\Phi}{K(A)+\omega_0^2+\alpha_0A^2},\quad G_2^A=\frac{-A\nu(A,\Phi)\sin\Phi\cos\Phi}{K(A)+\omega_0^2+\alpha_0A^2},\quad G_1^{\Phi}=\frac{-\nu(A,\Phi)\cos\Phi}{A(K(A)+\omega_0^2+\alpha_0A^2)},$$
$$G_2^{\Phi}=\frac{-\nu(A,\Phi)\cos^2\Phi}{K(A)+\omega_0^2+\alpha_0A^2}. \tag{9.3.52}$$

$A(t)$ 是慢变随机过程，而 $\Phi(t)$ 是快变随机过程. 应用幅值包线随机平均法，可得关于 $A(t)$ 的平均伊藤随机微分方程

$$\mathrm{d}A=m(A)\mathrm{d}t+\sigma(A)\mathrm{d}B(t) \tag{9.3.53}$$

式中

$$\begin{aligned}m(A)&=\left\langle F^A\right\rangle_t+\left\langle\sum_{k,l=1}^{2}\int_{-\infty}^{0}\left(\frac{\partial G_k^A}{\partial A}\bigg|_t G_l^A\Big|_{t+\tau}+\frac{\partial G_k^A}{\partial \Phi}\bigg|_t G_l^{\Phi}\Big|_{t+\tau}\right)R_{kl}(\tau)\mathrm{d}\tau\right\rangle_t,\\ \sigma^2(A)&=\left\langle\sum_{k,l=1}^{2}\int_{-\infty}^{\infty}G_k^A\Big|_t G_l^A\Big|_{t+\tau}R_{kl}(\tau)\mathrm{d}\tau\right\rangle_t.\end{aligned} \tag{9.3.54}$$

其中 $R_{kl}(\tau)$ 表示系统激励的互相关函数（ $k\neq l$ 时）和自相关函数（ $k=l$ 时），按前面的假设，互相关函数为零.

将式(9.3.52)中各式展开成傅里叶级数，并代入式(9.3.54)，完成对 τ 的积分，并以对 Φ 的平均代替时间平均，得

$$
\begin{aligned}
m(A) = &-\frac{\beta(4\omega_0^2 A + 4K(A)A + 2.5\alpha_0 A^3)}{8(\omega_0^2 + K(A)A + \alpha_0 A^2)} - \frac{\beta_1(K(A)A^3 + \omega_0^2 A^3 + 0.75\alpha_0 A^5)}{8(\omega_0^2 + K(A)A + \alpha_0 A^2)} \\
&+ \frac{\pi A}{32(\omega_0^2 + K(A)A + \alpha_0 A^2)}\left\{(2b_0 - b_4)S_2(2\omega)\frac{\mathrm{d}}{\mathrm{d}A}\left[\frac{A(2b_0 - b_4)}{\omega_0^2 + K(A)A + \alpha_0 A^2}\right]\right. \\
&+ (b_2 - b_6)S_2(4\omega)\frac{\mathrm{d}}{\mathrm{d}A}\left[\frac{A(b_2 - b_6)}{\omega_0^2 + K(A)A + \alpha_0 A^2}\right] + b_4 S_2(6\omega)\frac{\mathrm{d}}{\mathrm{d}A}\left[\frac{Ab_4}{\omega_0^2 + K(A)A + \alpha_0 A^2}\right] \\
&\left.+ b_6 S_2(8\omega)\frac{\mathrm{d}}{\mathrm{d}A}\left[\frac{Ab_6}{\omega_0^2 + K(A)A + \alpha_0 A^2}\right]\right\} + \frac{\pi A}{16(\omega_0^2 + K(A)A + \alpha_0 A^2)^2}\{(2b_0 - b_4)(2b_0 \\
&+ 2b_2 + b_4)S_2(2\omega) + 2(b_2 - b_6)(b_2 + 2b_4 + b_6)S_2(4\omega) + 3b_4(b_4 + 2b_6)S_2(6\omega) + 4b_6^2 S_2(8\omega)\} \\
&+ \frac{\pi}{8(\omega_0^2 + K(A)A + \alpha_0 A^2)}\left\{(2b_0 - b_2)S_1(\omega)\frac{\mathrm{d}}{\mathrm{d}A}\left[\frac{2b_0 - b_2}{\omega_0^2 + K(A)A + \alpha_0 A^2}\right]\right. \\
&+ (b_2 - b_4)S_1(3\omega)\frac{\mathrm{d}}{\mathrm{d}A}\left[\frac{b_2 - b_4}{\omega_0^2 + K(A)A + \alpha_0 A^2}\right] + (b_4 - b_6)S_1(5\omega)\frac{\mathrm{d}}{\mathrm{d}A}\left[\frac{b_4 - b_6}{\omega_0^2 + K(A)A + \alpha_0 A^2}\right] \\
&\left.+ b_6 S_1(7\omega)\frac{\mathrm{d}}{\mathrm{d}A}\left[\frac{b_6}{\omega_0^2 + K(A)A + \alpha_0 A^2}\right]\right\} + \frac{\pi}{8A(\omega_0^2 + K(A)A + \alpha_0 A^2)^2}\{(4b_0^2 - b_2^2)S_1(\omega) \\
&+ 3(b_2^2 - b_4^2)S_1(3\omega) + 5(b_4^2 - b_6^2)S_1(5\omega) + 7b_6^2 S_1(7\omega)\},
\end{aligned}
\tag{9.3.55}
$$

$$
\begin{aligned}
\sigma^2(A) = &\frac{\pi A^2}{16(\omega_0^2 + K(A)A + \alpha_0 A^2)^2}\{(2b_0 - b_4)^2 S_2(2\omega) + (b_2 - b_6)^2 S_2(4\omega) \\
&+ b_4^2 S_2(6\omega) + b_6^2 S_2(8\omega)\} + \frac{\pi}{4(\omega_0^2 + K(A)A + \alpha_0 A^2)^2}\{(2b_0 - b_2)^2 S_1(\omega) \\
&+ (b_2 - b_4)^2 S_1(3\omega) + (b_4 - b_6)^2 S(5\omega) + b_6^2 S(7\omega)\}.
\end{aligned}
$$

根据关系式 $H = U(A)$ 和伊藤微分规则，可得关于能量 H 的平均伊藤方程

$$
\mathrm{d}H = \bar{m}(H)\mathrm{d}t + \bar{\sigma}(H)\mathrm{d}B(t) \tag{9.3.56}
$$

式中

$$
\bar{m}(H) = \left[m(A)\frac{\mathrm{d}H}{\mathrm{d}A} + \frac{\sigma^2}{2}\frac{\mathrm{d}^2 H}{\mathrm{d}A^2}\right]\Bigg|_{A=U^{-1}(H)}, \quad \bar{\sigma}^2(H) = \sigma^2(A)\left(\frac{\mathrm{d}H}{\mathrm{d}A}\right)^2\Bigg\|_{A=U^{-1}(H)}. \tag{9.3.57}
$$

考虑首次穿越问题．记安全域 $[0,h_c)$ 为 Ω_s，h_c 为阈值，条件可靠性函数 $R(t|h_0) = \mathrm{Prob}[H(t) \in \Omega_s, \tau \in (0,t] | h_0 \in \Omega_s]$ 表示给定初始值 $H(\tau = 0) = h_0 \in \Omega_s$ 在安

全域内, 在时间区间 $\tau\in(0,t]$ 内 $H(\tau)$ 没有越出安全域的概率. $R(t|h_0)$ 满足如下的后向柯尔莫哥洛夫方程

$$\frac{\partial R}{\partial t}=\overline{m}(h_0)\frac{\partial R}{\partial h_0}+\frac{1}{2}\overline{\sigma}^2(h_0)\frac{\partial^2 R}{\partial h_0^2} \tag{9.3.58}$$

式中一、二阶导数矩分别由式(9.3.57)中的漂移系数与扩散系数以 h_0 代替 H 后确定. 方程(9.3.58)的初始条件为

$$R(0\,|\,h_0)=1,\quad h_0\in\Omega_{\mathrm{s}} \tag{9.3.59}$$

安全域有两个边界条件, 右边界 $h_0=h_c$ 为吸收边界, 左边界 $h_0=0$ 为反射边界, 即

$$\begin{aligned}&R(t\,|\,h_c)=0,\\&R(t\,|\,0)=\text{有限值}.\end{aligned} \tag{9.3.60}$$

数值求解方程(9.3.58)可获得条件可靠性函数 $R(t|h_0)$. 然后再按下式

$$\mu(h_0)=\int_0^{\infty}R(t\,|\,h_0)\mathrm{d}t \tag{9.3.61}$$

可得系统的平均首次穿越时间 $\mu(h_0)$.

取系统参数为 $\beta_0=0.05,\beta_1=0.05,\omega_0=1$, $\alpha_0=1,\chi=0.1,H_0=0$, $h_c=0.001$, $\omega_1=\omega_2=10$, $\xi_1=\xi_2=0.3,D_1=D_2=1$. 图 9.3.1 与图 9.3.2 分别给出了条件可靠性函数和平均首次穿越时间随分数阶导数阶数的变化. 图中用实线表示近似解析解, 符号■,●,▼表示对原方程(9.3.44)直接蒙特卡罗数值模拟的结果. 由图可知, 近似解析解与原方程蒙特卡罗数值模拟结果吻合的非常好. 系统的可靠度和平均首次穿越时间随分数阶导数阶数 α 的增大而提高和延长. 鉴于分数阶导数阶数 α 越大, 阻尼力越大, 这个结果是合理的.

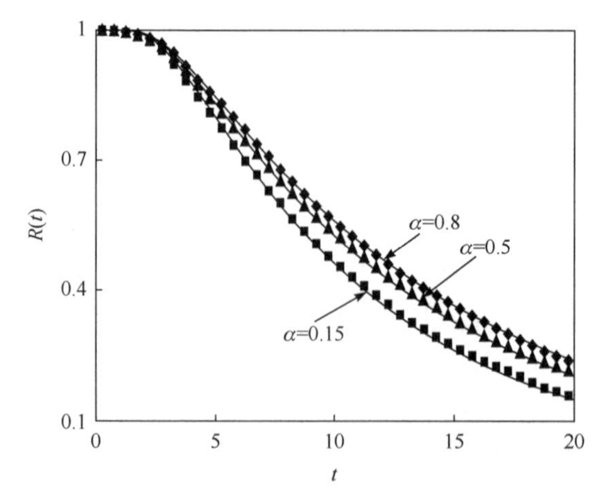

图 9.3.1 不同分数阶导数阶数 α 的条件可靠性函数（陈林聪等, 2014）

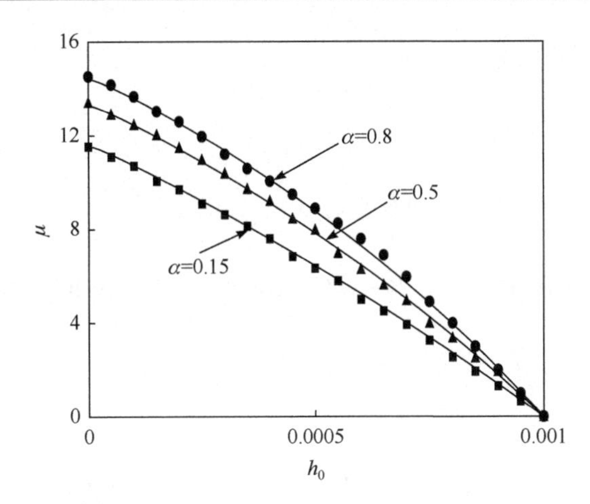

图 9.3.2　不同分数阶导数阶数 α 的平均首次穿越时间（陈林聪等, 2014）

例 9.3.2　考虑高斯白噪声激励下含分数阶导数阻尼的两自由度非线性系统, 其运动方程为

$$
\begin{aligned}
&\ddot{X}_1+[-\gamma_1'+\beta_1(\dot{X}_1^2+\dot{X}_2^2)]\dot{X}_1+\omega_1'^2 X_1+\mu_1 D^{\alpha_1}(X_1-X_2)=W_{g1}(t),\\
&\ddot{X}_2+[-\gamma_2'+\beta_2(\dot{X}_1^2+\dot{X}_2^2)]\dot{X}_2+\omega_2'^2 X_2+\mu_2 D^{\alpha_2}(X_2-X_1)=W_{g2}(t).
\end{aligned}
\tag{9.3.62}
$$

式中 $\gamma_1',\gamma_2',\beta_1,\beta_2,\omega_1',\omega_2',\mu_1,\mu_2$ 是正常数； $\mu_1 D^{\alpha_1}(X_1-X_2)(0<\alpha_1<1)$ 和 $\mu_2 D^{\alpha_2}(X_2-X_1)(0<\alpha_2<1)$ 是位移差的分数阶导数阻尼力; $W_{g1}(t),W_{g2}(t)$ 是激励强度分别为 $2\pi K_1$ 和 $2\pi K_2$ 的独立高斯白噪声. $\gamma_i',\beta_i,\mu_i,K_i,i=1,2$ 为 ε 阶小量. 无分数阶导数阻尼时系统(9.3.62)在四维相空间上具有两个扩散的极限环（Deng and Zhu, 2004）.

应用广义谐波平衡技术(9.3.8)至(9.3.13), 可将 $D^{\alpha_1}(X_1-X_2),D^{\alpha_2}(X_2-X_1)$ 进行解耦

$$
\begin{aligned}
&D^{\alpha_1}(X_1-X_2)=C_{11}(A_1)\dot{X}_1-C_{12}(A_2)\dot{X}_2+K_{11}(A_1)X_1-K_{12}(A_2)X_2,\\
&D^{\alpha_2}(X_2-X_1)=C_{22}(A_2)\dot{X}_2-C_{21}(A_1)\dot{X}_1+K_{22}(A_2)X_2-K_{21}(A_1)X_1,\\
&C_{11}(A_1)=\omega_1^{\alpha_1-1}\sin\frac{\alpha_1\pi}{2},\quad K_{11}(A_1)=\omega_1^{\alpha_1}\cos\frac{\alpha_1\pi}{2},\\
&C_{22}(A_2)=\omega_2^{\alpha_2-1}\sin\frac{\alpha_2\pi}{2},\quad K_{22}(A_2)=\omega_2^{\alpha_2}\cos\frac{\alpha_2\pi}{2},\\
&C_{12}(A_2)=\omega_2^{\alpha_1-1}\sin\frac{\alpha_1\pi}{2},\quad K_{12}(A_2)=\omega_2^{\alpha_1}\cos\frac{\alpha_1\pi}{2},\\
&C_{21}(A_1)=\omega_1^{\alpha_2-1}\sin\frac{\alpha_2\pi}{2},\quad K_{21}(A_1)=\omega_1^{\alpha_2}\cos\frac{\alpha_2\pi}{2}.
\end{aligned}
\tag{9.3.63}
$$

其中 ω_1,ω_2 是等效系统频率.

将式(9.3.63)代入原系统(9.3.62)并令 $Q_1=X_1,P_1=\dot{X}_1$， $Q_2=X_2,P_2=\dot{X}_2$，可得

以下等效的拟哈密顿系统

$$
\begin{aligned}
\dot{Q}_1 &= \frac{\partial H}{\partial P_1}, \\
\dot{Q}_2 &= \frac{\partial H}{\partial P_2}, \\
\dot{P}_1 &= -\frac{\partial H}{\partial Q_1} - [-\gamma_1 + \beta_1(P_1^2 + P_2^2)]P_1 - \mu_1 C_{12}(A_2)P_2 - \mu_1 K_{12}(A_2)Q_2 + W_{g1}(t), \\
\dot{P}_2 &= -\frac{\partial H}{\partial Q_2} - [-\gamma_2 + \beta_2(P_1^2 + P_2^2)]P_2 - \mu_2 C_{21}(A_1)P_1 - \mu_2 K_{21}(A_1)Q_1 + W_{g2}(t).
\end{aligned}
\tag{9.3.64}
$$

式中参数 γ_1, γ_2 为

$$
\gamma_1 = \gamma_1' - \mu_1 C_{11}(A_1), \quad \gamma_2 = \gamma_2' - \mu_2 C_{22}(A_2). \tag{9.3.65}
$$

与等效系统(9.3.64)相应的哈密顿函数为

$$
H = H_1 + H_2, \quad H_i = \frac{1}{2}P_i^2 + \frac{1}{2}\omega_i^2 Q_i^2, \quad i = 1,2. \tag{9.3.66}
$$

式中

$$
\omega_1^2 = \omega_1'^2 + \mu_1 K_{11}(A_1), \quad \omega_2^2 = \omega_2'^2 + \mu_2 K_{22}(A_2). \tag{9.3.67}
$$

可见获取等效系统频率 ω_1, ω_2 需要求解超越方程. 将系统(9.3.64)中 $\mu_1 K_{12}(A_2)Q_2, \mu_2 K_{21}(A_1)Q_1$ 视作小的不可积哈密顿扰动项, 而系统(9.3.64)视为拟可积哈密顿系统. 按 5.4 节, 对系统(9.3.64)可应用拟可积哈密顿系统随机平均法.

系统(9.3.64)有形如(9.3.4)的随机周期解, 可导出如下哈密顿函数 H_i 和相角 Φ_i 的运动方程为

$$
\begin{aligned}
\dot{H}_1 &= -2H_1 \sin^2\Phi_1[-\gamma_1 + 2\beta_1(H_1\sin^2\Phi_1 + H_2\sin^2\Phi_2)] \\
&\quad + 2\mu_1 \sin\Phi_1\sqrt{H_1H_2}\left(C_{12}\sin\Phi_2 - \frac{K_{12}}{\omega_2}\cos\Phi_2\right) - \sqrt{2H_1}\sin\Phi_1 W_{g1}(t), \\
\dot{H}_2 &= -2H_2 \sin^2\Phi_2[-\gamma_2 + 2\beta_2(H_1\sin^2\Phi_1 + H_2\sin^2\Phi_2)] \\
&\quad + 2\mu_2 \sin\Phi_2\sqrt{H_1H_2}\left(C_{21}\sin\Phi_1 - \frac{K_{21}}{\omega_1}\cos\Phi_1\right) - \sqrt{2H_2}\sin\Phi_2 W_{g2}(t), \\
\dot{\Phi}_1 &= \omega_1 - \sin\Phi_1\cos\Phi_1[-\gamma_1 + 2\beta_1(H_1\sin^2\Phi_1 + H_2\sin^2\Phi_2)] \\
&\quad + \mu_1\cos\Phi_1\sqrt{\frac{H_2}{H_1}}\left(C_{12}\sin\Phi_2 - \frac{K_{12}}{\omega_2}\cos\Phi_2\right) - \frac{\cos\Phi_1}{\sqrt{2H_1}}W_{g1}(t), \\
\dot{\Phi}_2 &= \omega_2 - \sin\Phi_2\cos\Phi_2[-\gamma_2 + 2\beta_2(H_1\sin^2\Phi_1 + H_2\sin^2\Phi_2)] \\
&\quad + \mu_2\cos\Phi_2\sqrt{\frac{H_1}{H_2}}\left(C_{21}\sin\Phi_1 - \frac{K_{21}}{\omega_1}\cos\Phi_1\right) - \frac{\cos\Phi_2}{\sqrt{2H_2}}W_{g2}(t).
\end{aligned}
\tag{9.3.68}
$$

按照 ω_1 和 ω_2 是否满足共振条件，式(9.3.68)可以分成非内共振和内共振两种情形分别进行研究.

1. 非内共振情形

在非内共振情形，ω_1, ω_2 之间不满足形如式(9.3.28)的内共振条件. 对式(9.3.68)运用 5.2.1 节的高斯白噪声激励的拟可积非内共振哈密顿系统随机平均法，$[H_1(t), H_2(t)]^{\mathrm{T}}$ 弱收敛于二维马尔可夫扩散过程，由式(9.3.68)可导得支配 $[H_1(t), H_2(t)]^{\mathrm{T}}$ 的平均伊藤随机微分方程，及其相应的简化平均 FPK 方程

$$\frac{1}{2}\frac{\partial^2}{\partial h_1^2}(b_{11}p)+\frac{1}{2}\frac{\partial^2}{\partial h_2^2}(b_{22}p)-\frac{\partial}{\partial h_1}(a_1 p)-\frac{\partial}{\partial h_2}(a_2 p)=0. \tag{9.3.69}$$

式中的一、二阶导数矩可按式(5.2.25)至式(5.2.29)获得如下

$$\begin{aligned}
a_1 &= \gamma_1 h_1 - \frac{3}{2}\beta_1 h_1^2 - \beta_1 h_1 h_2 + \pi K_1, \\
a_2 &= \gamma_2 h_2 - \frac{3}{2}\beta_2 h_2^2 - \beta_2 h_2 h_1 + \pi K_2, \\
b_{11} &= 2\pi K_1 h_1, \quad b_{22} = 2\pi K_2 h_2.
\end{aligned} \tag{9.3.70}$$

方程中 $p = p(h_1, h_2)$ 是平稳概率密度；方程的边界条件为

$$\begin{aligned}
& p(h_1,h_2) = \text{有界值}, \quad \text{当 } h_1 = 0 \text{ 或 } h_1 = 0, \\
& p(h_1,h_2) = 0, \quad \text{当 } h_1 \to \infty \text{ 或 } h_1 \to \infty, \\
& \partial p/\partial h_1 = 0, \quad \text{当 } h_1 \to \infty, \\
& \partial p/\partial h_2 = 0, \quad \text{当 } h_2 \to \infty.
\end{aligned} \tag{9.3.71}$$

FPK 方程(9.3.69)通常只能数值求解. 当系统参数满足相容条件（Zhu et al., 1997），$\beta_1/K_1 = \beta_2/K_2$ 时，可以得到 FPK 方程(9.3.69)的精确解析解

$$p(h_1,h_2) = C\exp\left\{\frac{\beta_1}{\pi K_1}\left[\frac{\gamma_1}{\beta_1}h_1 + \frac{\gamma_2}{\beta_2}h_2 - \frac{3}{4}(h_1^2+h_2^2) - h_1 h_2\right]\right\}. \tag{9.3.72}$$

式中 C 是归一化常数，取值使得 $\int_0^\infty p(h_1,h_2)\mathrm{d}h_1\mathrm{d}h_2 = 1$. 在获得 $p(h_1,h_2)$ 之后，可按式(5.2.36)导得平稳联合概率密度 $p(q_1,q_2,p_1,p_2)$

$$p(q_1,q_2,p_1,p_2) = \frac{\omega_1\omega_2}{4\pi^2}p(h_1,h_2)\bigg|_{\substack{h_1=(p_1^2+\omega_1^2 q_1^2)/2 \\ h_2=(p_2^2+\omega_2^2 q_2^2)/2}}. \tag{9.3.73}$$

其他边缘概率密度和统计量可由 $p(q_1,q_2,p_1,p_2)$ 导得.

给定系统参数 $\gamma_1' = 0.2$，$\gamma_2' = 0.2$，$\beta_1 = 0.05$，$\beta_2 = 0.05$，$\omega_1' = 1.414$，$\omega_2' = 2$，$\mu_1 = 0.05$，$\mu_2 = 0.05$，$D_1 = 0.01$，$\alpha_1 = 0.5$，$\alpha_2 = 0.5$，$\pi K_1 = 0.01$，$\pi K_2 = 0.01$，图

图 9.3.3 至图 9.3.5 给出了理论结果和原系统(9.3.62)数值模拟结果，可见两者符合较好.

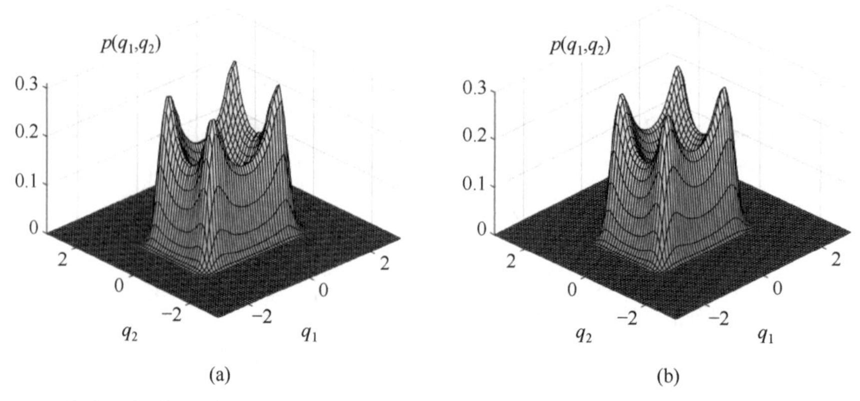

图 9.3.3　非内共振情形系统(9.3.62)的平稳联合概率密度 $p(q_1,q_2)$, (a) 数值模拟结果; (b) 随机平均法结果

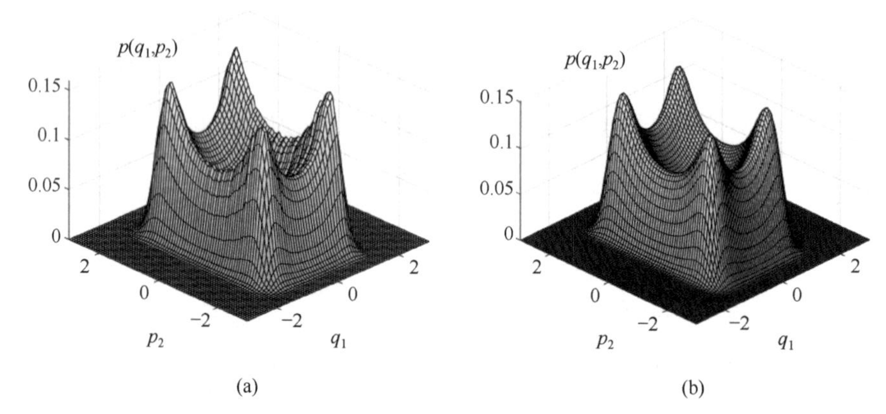

图 9.3.4　非内共振情形系统(9.3.62)的平稳联合概率密度 $p(q_1,p_2)$, (a) 数值模拟结果; (b) 随机平均法结果

2. 内共振情形

设等效系统频率满足内共振条件 $\omega_1-\omega_2=0$，引入相角差 $\Psi=\Phi_1-\Phi_2$. 对式(9.3.68)运用 5.2.2 节阐述的高斯白噪声激励的拟可积内共振哈密顿系统随机平均法，$[H_1(t),H_2(t),\Psi(t)]^{\mathrm{T}}$ 弱收敛于三维马尔可夫扩散过程，可得支配 $[H_1(t),H_2(t),\Psi(t)]^{\mathrm{T}}$ 的平均伊藤随机微分方程，以及相应的简化平均 FPK 方程

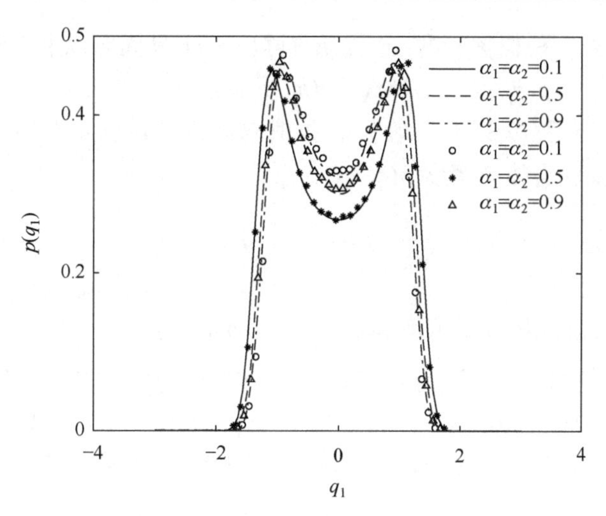

图 9.3.5　非内共振情形系统(9.3.62)的平稳概率密度 $p(q_1)$ 随分数阶导数阶数 α_1,α_2 的变化符号○、*、△是数值模拟结果；实线、虚线和点划线是随机平均法结果

$$
\begin{aligned}
&\frac{1}{2}\frac{\partial^2}{\partial h_1^2}(b_{11}p)+\frac{1}{2}\frac{\partial^2}{\partial h_2^2}(b_{22}p)+\frac{1}{2}\frac{\partial^2}{\partial \psi^2}(b^{\psi}p)\\
&-\frac{\partial}{\partial h_1}(a_1 p)-\frac{\partial}{\partial h_2}(a_2 p)-\frac{\partial}{\partial \psi}(a^{\psi}p)=0.
\end{aligned}
\tag{9.3.74}
$$

式中一、二阶导数矩可按式(5.2.51)和式(5.2.59)得到如下

$$
\begin{aligned}
a_1&=\gamma_1 h_1-\frac{3}{2}\beta_1 h_1^2-\beta_1\left(1+\frac{1}{2}\cos 2\psi\right)h_1 h_2\\
&\quad+\mu_1\left[C_{12}\left(\frac{\sqrt{2H_2}}{\omega_2}\right)\cos\psi-K_{12}\left(\frac{\sqrt{2H_2}}{\omega_2}\right)\frac{\sin\psi}{\omega_2}\right]\sqrt{H_1H_2}+\pi K_1,\\
a_2&=\gamma_2 h_2-\frac{3}{2}\beta_2 h_2^2-\beta_2\left(1+\frac{1}{2}\cos 2\psi\right)h_1 h_2\\
&\quad+\mu_2\left[C_{21}\left(\frac{\sqrt{2H_1}}{\omega_1}\right)\cos\psi+K_{21}\left(\frac{\sqrt{2H_1}}{\omega_1}\right)\frac{\sin\psi}{\omega_1}\right]\sqrt{H_1H_2}+\pi K_2,\\
a^{\psi}&=\frac{1}{4}\sin 2\psi(\beta_1 h_2+\beta_2 h_1)-\frac{\mu_1}{2}\sqrt{\frac{H_2}{H_1}}\left[C_{12}\left(\frac{\sqrt{2H_2}}{\omega_2}\right)\sin\psi+K_{12}\left(\frac{\sqrt{2H_2}}{\omega_2}\right)\frac{\cos\psi}{\omega_2}\right]\\
&\quad-\frac{\mu_2}{2}\sqrt{\frac{H_1}{H_2}}\left[C_{21}\left(\frac{\sqrt{2H_1}}{\omega_1}\right)\sin\psi-K_{21}\left(\frac{\sqrt{2H_1}}{\omega_1}\right)\frac{\cos\psi}{\omega_1}\right],\\
b_{11}&=2\pi K_1 h_1,\quad b_{22}=2\pi K_2 h_2,\quad b^{\psi}=\frac{\pi}{2}(K_1/h_1+K_2/h_2).
\end{aligned}
\tag{9.3.75}
$$

$p=p(h_1,h_2,\psi)$ 是平稳概率密度，边界条件除(9.3.71)外尚有以下周期边界条件

$$p(h_1,h_2,\psi+2k\pi)=p(h_1,h_2,\psi),\quad k=\pm1,2,\cdots. \tag{9.3.76}$$

此时 FPK 方程(9.3.74)一般只能数值求解，得到 $p(h_1,h_2,\psi)$ 之后，可按式(5.3.36)导得平稳联合概率密度 $p(q_1,q_2,p_1,p_2)$

$$p(q_1,q_2,p_1,p_2)=\frac{\omega_1\omega_2}{4\pi^2}p(h_1,h_2,\psi)\Big|_{\substack{h_1=(p_1^2+\omega_1^2q_1^2)/2\\ h_2=(p_2^2+\omega_2^2q_2^2)/2\\ \psi=\tan^{-1}(p_1/\omega_1q_1)-\tan^{-1}(p_2/\omega_2q_2)}}. \tag{9.3.77}$$

其他边缘概率密度和统计量可由 $p(q_1,q_2,p_1,p_2)$ 导得.

给定系统参数 $\gamma_1'=0.2$，$\gamma_2'=0.2$，$\beta_1=0.05$，$\beta_2=0.05$，$\omega_1'=2$，$\omega_2'=2$，$\mu_1=0.05$，$\mu_2=0.05$，$\alpha_1=0.5$，$\alpha_2=0.5$，$\pi K_1=0.01$，$\pi K_2=0.01$，图 9.3.6 至图 9.3.8 给出了理论结果和原系统(9.3.62)数值模拟结果，可见两者符合较好.

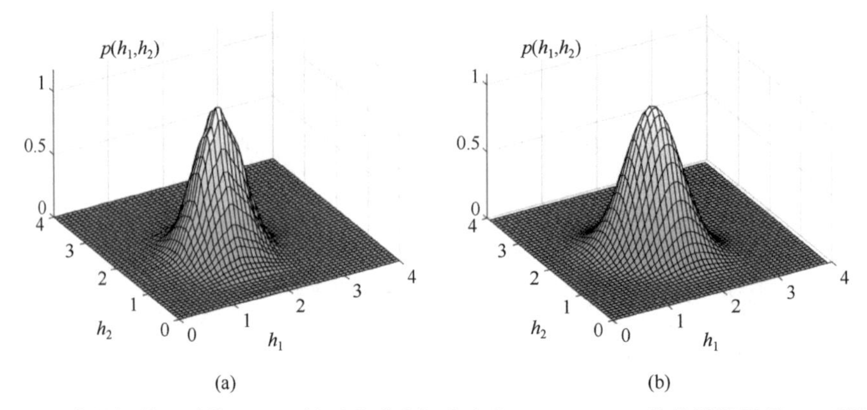

图 9.3.6 内共振情形系统(9.3.62)的平稳联合概率密度 $p(h_1,h_2)$，(a) 数值模拟结果；(b) 随机平均法结果

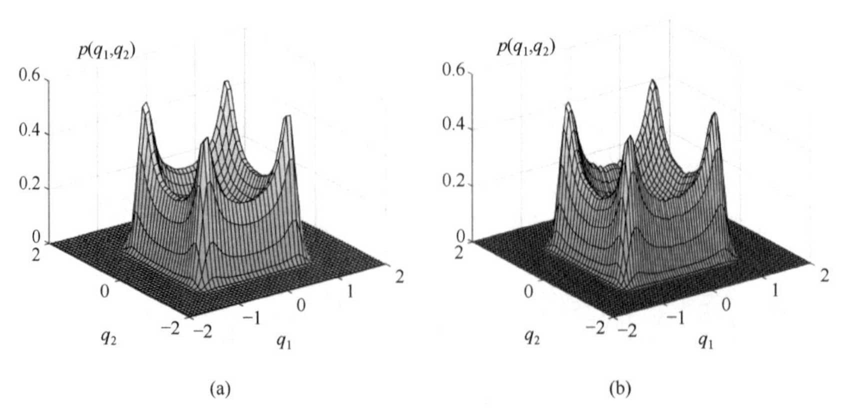

图 9.3.7 内共振情形系统(9.3.62)的平稳联合概率密度 $p(q_1,q_2)$，(a) 数值模拟结果；(b) 随机平均法结果

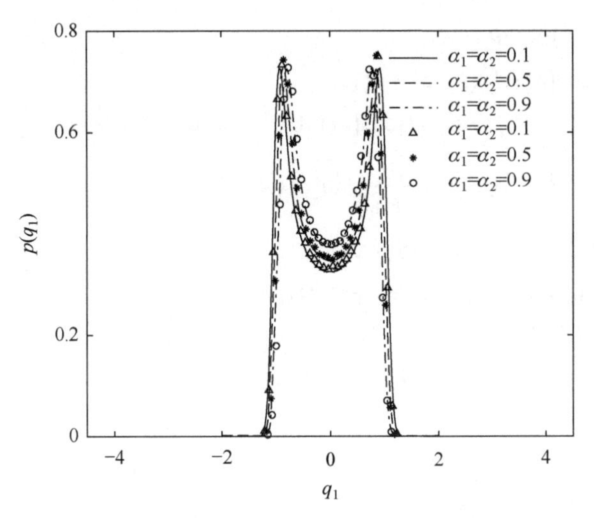

图 9.3.8　内共振情形系统(9.3.62)的平稳概率密度 $p(q_1)$ 随分数阶导数阶数 α_1,α_2 的变化.
符号○、*、△是数值模拟结果；实线、虚线和点划线是随机平均法结果

9.4　含时滞力的拟可积哈密顿系统

目前对含时滞力的随机系统研究较少. Grigoriu（Grigoriu, 1997）研究过确定性和高斯白噪声激励下线性控制系统中的时滞问题. Di Paola 和 Pirrotta（Di Paola and Pirrotta, 2001）运用 Taylor 展式研究过时滞对高斯白噪声激励下受控的线性系统的响应的影响. 本节介绍含有时滞力的拟可积哈密顿系统的随机平均法（刘中华, 2007; Zhu and Liu, 2007）.

考虑含时滞力的拟可积哈密顿系统

$$\begin{aligned}
&\dot{Q}_i = P_i,\\
&\dot{P}_i = -g_i'(Q_i) - \varepsilon\sum_{j=1}^{n} c_{ij}'(\boldsymbol{Q},\boldsymbol{P})P_j - \varepsilon F_i(Q_{i\tau},P_{i\tau}) + \varepsilon^{1/2}\sum_{k=1}^{m} f_{ik}(\boldsymbol{Q},\boldsymbol{P})\xi_k(t),\\
&i=1,2,\cdots,n.
\end{aligned}\tag{9.4.1}$$

式中 $\varepsilon F_i(Q_{i\tau},P_{i\tau})$ 表示时滞力, 其中 $Q_{i\tau}=Q_i(t-\tau)$, $P_{i\tau}=P_i(t-\tau)$, τ 为时滞时间, 其余各项同(9.1.1). 假定 $g_i'(0)=0$, $g_i'(q_i)$ 满足式(8.1.5)下所列的四个条件, 系统(9.4.1)有如下随机周期解

$$\begin{aligned}
&Q_i(t)=A_i\cos\varPhi_i(t),\quad P_i(t)=-A_i\omega_i(A_i)\sin\varPhi_i(t),\\
&\varPhi_i(t)=\varGamma_i(t)+\varTheta_i(t),\quad i=1,2,\cdots,n.
\end{aligned}\tag{9.4.2}$$

式中 $\omega_i(A_i)$ 为 $\mathrm{d}\varPhi_i/\mathrm{d}t$ 的平均值, 于是有近似 $\varPhi_i(t)=\omega_i(A_i)t+\varTheta_i(t)$, 对小的时滞时间 τ, 由于 $A_i(t),\varTheta_i(t)$ 为慢变过程, 可有如下近似表达式

$$
\begin{aligned}
Q_i(t-\tau) &= A_i(t-\tau)\cos\Phi_i(t-\tau)\\
&\approx A_i(t)\cos[\omega_i(A_i)(t-\tau)+\Theta_i(t)]\\
&= A_i\{\cos[\omega_i(A_i)t+\Theta_i(t)]\cos[\omega_i(A_i)\tau]+\sin[\omega_i(A_i)t+\Theta_i(t)]\sin[\omega_i(A_i)\tau]\}\\
&\approx Q_i(t)\cos[\omega_i(A_i)\tau]-\frac{P_i(t)}{\omega_i(A_i)}\sin[\omega_i(A_i)\tau],\\
P_i(t-\tau) &= -A_i(t-\tau)\omega_i(t-\tau)\sin\Phi_i(t-\tau)\\
&\approx -A_i(t)\omega_i(A_i)\sin[\omega_i(A_i)(t-\tau)+\Theta_i(t)]\\
&= -A_i\omega_i(A_i)\{\sin[\omega_i(A_i)t+\Theta_i(t)]\cos[\omega_i(A_i)\tau]-\cos[\omega_i(A_i)t+\Theta_i(t)]\sin[\omega_i(A_i)\tau]\}\\
&\approx P_i(t)\cos[\omega_i(A_i)\tau]+Q_i(t)\omega_i(A_i)\sin[\omega_i(A_i)\tau].
\end{aligned}
\tag{9.4.3}
$$

于是，系统(9.4.1)中 $\varepsilon F_i(Q_{i\tau},P_{i\tau})$ 可用 t 时刻的 Q_i,P_i 表示，可分成保守分量和耗散分量，并分别与 $g_i'(Q_i)$ 和 $\sum_{j=1}^{n}c_{ij}'(\boldsymbol{Q},\boldsymbol{P})P_j$ 合并，得到与系统(9.4.1)近似等效拟可积哈密顿系统

$$
\begin{aligned}
&\dot{Q}_i = P_i,\\
&\dot{P}_i = -g_i(Q_i)-\varepsilon\sum_{j=1}^{n}c_{ij}(\boldsymbol{Q},\boldsymbol{P})P_j+\varepsilon^{1/2}\sum_{k=1}^{m}f_{ik}(\boldsymbol{Q},\boldsymbol{P})\xi_k(t),\\
&i=1,2,\cdots,n.
\end{aligned}
\tag{9.4.4}
$$

若 $\xi_k(t),k=1,2,\cdots,m$ 为高斯白噪声，有 Wong-Zakai 修正项，则将它分成保守分量与耗散分量，并分别与系统(9.4.4)中 $g_i(Q_i)$ 和 $\sum_{j=1}^{n}c_{ij}(\boldsymbol{Q},\boldsymbol{P})P_j$ 合并得如下近似等效的拟可积哈密顿系统的伊藤随机微分方程

$$
\begin{aligned}
&\mathrm{d}Q_i = P_i\mathrm{d}t,\\
&\mathrm{d}P_i = \left[-\overline{g}_i(Q_i)-\varepsilon\sum_{j=1}^{n}\overline{c}_{ij}(\boldsymbol{Q},\boldsymbol{P})P_j\right]\mathrm{d}t+\varepsilon^{1/2}\sum_{k=1}^{m}\sigma_{ik}\mathrm{d}B_k(t),\\
&i=1,2,\cdots,n.
\end{aligned}
\tag{9.4.5}
$$

式中 $B_k(t),k=1,2,\cdots,m$ 为独立单位维纳过程，$\boldsymbol{\sigma\sigma}^{\mathrm{T}}=2\boldsymbol{fDf}^{\mathrm{T}}$，$\boldsymbol{f}=[f_{ik}]$，$2\boldsymbol{D}=[2D_{kl}]$ 为高斯白噪声的强度矩阵.

设时滞力为时滞 Bang-Bang 控制力

$$
\varepsilon F_i(Q_{i\tau},P_{i\tau})=\varepsilon u_i(P_{i\tau})=\varepsilon b_i\,\mathrm{sgn}[P_i(t-\tau)],\quad i=1,2,\cdots,n. \tag{9.4.6}
$$

式中 sgn(•) 为符号函数. 式(9.4.6)表明，时滞力幅值为 εb_i，方向与 $P_{i\tau}$ 相同，考虑以非时滞 Bang-Bang 控制力 $K_iu_i[P_i(t)]$ 进行等效，使两者在振动一周内消耗的功率相等，即

$$\int_0^{2\pi/\omega_i} u_i(P_{i\tau})P_i(t)\mathrm{d}t = \int_0^{2\pi/\omega_i} K_i u_i[P_i(t)]P_i(t)\mathrm{d}t. \tag{9.4.7}$$

注意到式(9.4.2)中 $A_i(t)$ 和 $\Theta_i(t)$ 为慢变过程，在 $t\in[0,2\pi/\omega_i]$ 内可近似为常数，为简化运算，令 $\Theta_i=0$，

$$\begin{aligned}\int_0^{2\pi/\omega_i} u_i[P_i(t-\tau)]P_i(t)\mathrm{d}t &= \int_0^{2\pi/\omega_i} b_i\,\mathrm{sgn}[P_i(t-\tau)]P_i(t)\mathrm{d}t\\ &= -\int_0^{\tau} b_iA_i\omega_i\sin\omega_i t\mathrm{d}t + \int_{\tau}^{\pi/\omega_i+\tau} b_iA_i\omega_i\sin\omega_i t\mathrm{d}t - \int_{\pi/\omega_i+\tau}^{2\pi/\omega_i} b_iA_i\omega_i\sin\omega_i t\mathrm{d}t\\ &= 4b_iA_i\cos\omega_i\tau.\end{aligned} \tag{9.4.8}$$

$$\begin{aligned}\int_0^{2\pi/\omega_i} K_iu_i[P_i(t)]P_i(t)\mathrm{d}t &= \int_0^{2\pi/\omega_i} K_ib_i\,\mathrm{sgn}[P_i(t)]P_i(t)\mathrm{d}t\\ &= \int_0^{\pi/\omega_i} K_ib_iA_i\omega_i\sin\omega_i t\mathrm{d}t - \int_{\pi/\omega_i}^{2\pi/\omega_i} K_ib_iA_i\omega_i\sin\omega_i t\mathrm{d}t\\ &= 4K_ib_iA_i.\end{aligned} \tag{9.4.9}$$

式(9.4.8)和式(9.4.9)代入式(9.4.7)，有

$$K_i = \cos\omega_i\tau\ . \tag{9.4.10}$$

即

$$\varepsilon F_i(Q_{i\tau},P_{i\tau}) = \varepsilon u_i\left(P_{i\tau}\right) = \varepsilon b_i\cos\omega_i\tau\,\mathrm{sgn}[P_i(t)]. \tag{9.4.11}$$

将它代入式(9.4.1)，得等效非时滞可积哈密顿系统

$$\begin{aligned}&\dot{Q}_i = P_i,\\ &\dot{P}_i = -g_i'(Q_i) - \varepsilon\sum_{j=1}^{n} c_{ij}'(\boldsymbol{Q},\boldsymbol{P})P_j - \varepsilon b_i\,\mathrm{sgn}[P_i(t)]\cos\omega_i\tau + \varepsilon^{1/2}\sum_{k=1}^{m} f_{ik}(\boldsymbol{Q},\boldsymbol{P})\xi_k(t),\\ &i=1,2,\cdots,n.\end{aligned} \tag{9.4.12}$$

例 9.4.1　考虑一个受高斯白噪声激励的含时滞 Bang-Bang 控制力的杜芬-范德堡振子（Zhu and Liu, 2007），其运动方程为

$$\ddot{X} + \omega_0^2 X + \alpha X^3 - \varepsilon(\beta - X^2)\dot{X} = W_g(t) + \varepsilon u_\tau. \tag{9.4.13}$$

式中 ε 为正的小参数，ω_0,α 和 β 为正常数，$W_g(t)$ 是强度为 $2D$ 的高斯白噪声，$u_\tau = -b\,\mathrm{sgn}[\dot{X}(t-\tau)]$ 为时滞 Bang-Bang 控制力．D、u_τ 与 ε 同阶．令 $X=Q$，$\dot{X}=P$，式(9.4.13)可写为

$$\begin{aligned}&\dot{Q} = P,\\ &\dot{P} = -\omega_0^2 Q - \alpha Q^3 + \varepsilon(\beta - Q^2)P + \varepsilon u_\tau + W_g(t).\end{aligned} \tag{9.4.14}$$

此例没有 Wong-Zakai 修正项. 与系统(9.4.14)相应的哈密顿函数为

$$H=\frac{1}{2}P^2+\frac{1}{2}\omega_0^2Q^2+\frac{1}{4}\alpha Q^4. \tag{9.4.15}$$

根据式(9.4.10), 时滞 Bang-Bang 控制力可以等效为

$$u_\tau=-b\cos\omega\tau\,\mathrm{sgn}(P). \tag{9.4.16}$$

平均频率 ω 为

$$\omega(H)=\frac{\pi\sqrt{\alpha}}{2\sqrt{2}}\frac{\sqrt{A^2+B^2}}{K(r)}. \tag{9.4.17}$$

这里的 $K(r)$ 为第一类双曲函数, $r=A\big/\sqrt{A^2+B^2}$, $A^2=\frac{\omega_0^2}{\alpha}\left(\sqrt{1+\frac{4\alpha H}{\omega_0^4}}-1\right)$, $B^2=\frac{\omega_0^2}{\alpha}\left(\sqrt{1+\frac{4\alpha H}{\omega_0^4}}+1\right)$.

对函数(9.4.15)运用伊藤微分规则, 可得到关于 H 的伊藤随机微分方程

$$\mathrm{d}H=\left\{[\varepsilon(\beta-Q^2)P-\varepsilon b\cos\omega\tau\,\mathrm{sgn}(P)]P+D\right\}\mathrm{d}t+P\mathrm{d}B(t). \tag{9.4.18}$$

对式(9.4.18)运用 5.1 节中随机平均法, 可得如下的平均 FPK 方程

$$\frac{\partial p}{\partial t}=-\frac{\partial}{\partial H}[a(H)p]+\frac{1}{2}\frac{\partial^2}{\partial H^2}[b(H)p]. \tag{9.4.19}$$

式中一、二阶导数矩为

$$\begin{aligned}
a(H)&=\frac{1}{T(H)}\oint_\Omega\left[\varepsilon[(\beta-q^2)p-b\cos\omega\tau]p+D\right]\Big/(p)\,\mathrm{d}q,\\
b(H)&=\frac{1}{T(H)}\oint_\Omega\left[[2Dp^2\right]\Big/(p)\,\mathrm{d}q,\\
T(H)&=\oint_\Omega\left(1\big/p\right)\mathrm{d}q,\quad \Omega=\{q\,|\,H=\omega_0^2q^2/2+\alpha q^4/4\}.
\end{aligned} \tag{9.4.20}$$

FPK 方程(9.4.19)的平稳解为

$$p(H)=C\exp\left\{-\int_0^H\frac{1}{b(H)}\left[\frac{\mathrm{d}b(H)}{\mathrm{d}H}-2a(H)\right]\mathrm{d}H\right\}. \tag{9.4.21}$$

系统(9.4.14)的近似平稳概率密度为

$$p(q,p)=C'p(H)\big|_{H=\frac{1}{2}p^2+\frac{1}{2}\omega_0^2q^2+\frac{1}{4}\alpha q^4}. \tag{9.4.22}$$

其中 C' 为另一个归一化常数. 其他的统计量如 $p(q)$, $E[Q^2]$ 可由 $p(q,p)$ 计算得出.

在不同的时滞时间下由随机平均法得到位移概率密度 $p(q)$ 的结果如图 9.4.1 所示，相应的位移均方值如图 9.4.2 所示. 与数值模拟结果比较表明，随机平均法可给出很好的结果. 由图可以看出时滞严重影响了控制的效果. 当 $\tau=0$ 时，Bang-Bang 控制力对减小系统的响应有很好的效果，在 $\tau=1.0$ 时，控制力起到了很轻微的效果，当 $\tau=2.0$ 时，控制力起到了相反的效果，系统的响应比不受控制时更大.

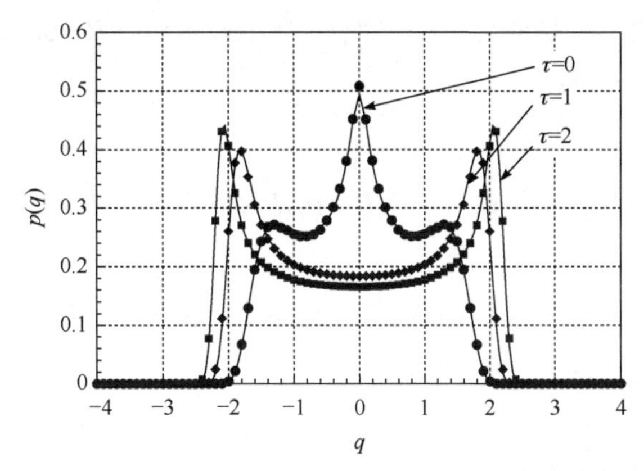

图 9.4.1　系统(9.4.14)位移的平稳概率密度 $p(q)$ —— 随机平均法所得结果

● ◆ ■ 数值模拟结果系统参数 $\alpha=0.5$，$\beta=1.0$，$\omega_0=1.0$，$D=0.001$，$b=0.6$，$\varepsilon=0.01$（Zhu and Liu, 2007）

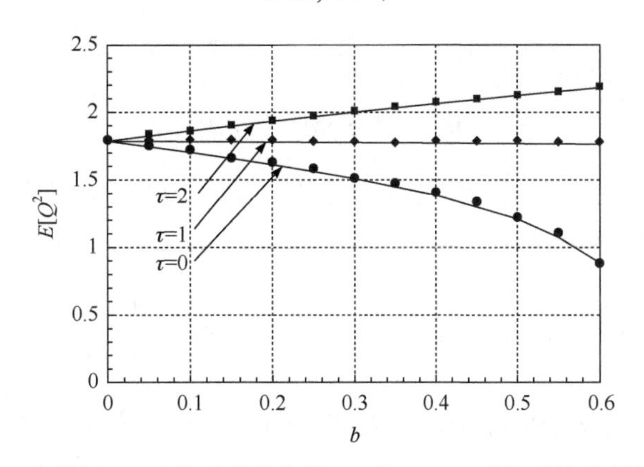

图 9.4.2　系统(9.4.14)位移的均方值 $E[Q^2]$ —— 随机平均法所得结果

● ◆ ■ 数值模拟结果 系统参数为 $\alpha=0.5$，$\beta=1.0$，$\omega_0=1.0$，$D=0.001$，$b=0.6$，$\varepsilon=0.01$（Zhu and Liu, 2007）

例 9.4.2　考虑受高斯白噪声激励的含时滞 Bang-Bang 控制力的线性和非线性阻尼耦合的两个线性振子（Zhu and Liu, 2007），系统的运动方程为

$$
\begin{aligned}
&\ddot{X}_1+\alpha_{11}\dot{X}_1+\alpha_{12}\dot{X}_2+\beta_1\dot{X}_1(X_1^2+X_2^2)+\omega_1^2X_1=u_{1\tau}+W_{g1}(t),\\
&\ddot{X}_2+\alpha_{21}\dot{X}_1+\alpha_{22}\dot{X}_2+\beta_2\dot{X}_2(X_1^2+X_2^2)+\omega_2^2X_2=u_{2\tau}+W_{g2}(t).
\end{aligned}
\tag{9.4.23}
$$

式中，$\alpha_{ij},\beta_i,\omega_i(i,j=1,2)$ 为常数；$W_{gi}(t)(i=1,2)$ 是强度为 $2D_{ii}$ 的独立高斯白噪声；$u_{i\tau}=-b_i\,\mathrm{sgn}\left(\dot{X}_i(t-\tau)\right)(i=1,2)$ 为时滞 Bang-Bang 控制力，τ 为时滞时间. 假定 $\alpha_{ij},\beta_i,D_{ii}$ 和 $u_{i\tau}$ 是与 ε 是同阶小量. 令 $Q_1=X_1,Q_2=X_2$，$P_1=\dot{X}_1,P_2=\dot{X}_2$，可得到如下伊藤随机微分方程

$$
\begin{aligned}
&\mathrm{d}Q_1=P_1\mathrm{d}t,\\
&\mathrm{d}P_1=\{-\omega_1^2Q_1-[\alpha_{11}+\beta_1(Q_1^2+Q_2^2)]P_1-\alpha_{12}P_2+u_{1\tau}\}\mathrm{d}t+\sqrt{2D_1}\mathrm{d}B_1(t),\\
&\mathrm{d}Q_2=P_2\mathrm{d}t,\\
&\mathrm{d}P_2=\{-\omega_2^2Q_2-[\alpha_{22}+\beta_2(Q_1^2+Q_2^2)]P_2-\alpha_{21}P_1+u_{2\tau}\}\mathrm{d}t+\sqrt{2D_2}\mathrm{d}B_2(t).
\end{aligned}
\tag{9.4.24}
$$

与系统(9.4.24)相应的哈密顿函数为

$$
\begin{aligned}
&H=\sum_{i=1}^{2}\omega_iI_i,\\
&I_i=\frac{1}{2\omega_i}(P_i^2+\omega_i^2Q_i^2),\quad \theta_i=-\tan^{-1}\left(\frac{P_i}{\omega_iQ_i}\right),\quad i=1,2.
\end{aligned}
\tag{9.4.25}
$$

按式(9.4.10)，可得等效控制为

$$
u_{i\tau}=-b_i\cos\omega_i\tau\,\mathrm{sgn}(P_i).\tag{9.4.26}
$$

对式(9.4.25)中函数 I_i,θ_i 运用伊藤微分规则，可从式(9.4.24)得到关于 I_i 和 θ_i 的伊藤随机微分方程

$$
\begin{aligned}
\mathrm{d}I_i=&\left\{-[(\alpha_{i1}P_1+\alpha_{i2}P_2+\beta_i(Q_1^2+Q_2^2)P_i+b_i\cos\omega_i\tau\,\mathrm{sgn}(P_i)]\frac{P_i}{\omega_i}+\frac{D_{ii}}{\omega_i}\right\}\mathrm{d}t+\sqrt{2D_{ii}}\frac{P_i}{\omega_i}\mathrm{d}B_i(t)\\
\mathrm{d}\theta_i=&\left\{\omega_i+[(\alpha_{i1}P_1+\alpha_{i2}P_2+\beta_i(Q_1^2+Q_2^2)P_i+b_i\cos\omega_i\tau\,\mathrm{sgn}(P_i)]\frac{\omega_iQ_i}{\omega_i^2Q_i^2+P_i^2}\right.\\
&\left.+D_{ii}\frac{2\omega_iQ_iP_i}{(\omega_i^2Q_i^2+P_i^2)^2}\right\}\mathrm{d}t-\sqrt{2D_{ii}}\frac{\omega_iQ_i}{\omega_i^2Q_i^2+P_i^2}\mathrm{d}B_i(t),\quad i=1,2.
\end{aligned}
\tag{9.4.27}
$$

式中 $B_i(t)$ 为独立单位维纳过程. 下面分非共振和内共振两种情况应用 5.2 节中随机平均法.

1. 非共振情形

此时 $r\omega_1 + s\omega_2 \neq 0$, r, s 为整数, 平均 FPK 方程形如方程(5.2.11), 一、二阶导数矩为

$$
\begin{aligned}
&a_1(I_1,I_2) = -\alpha_{11}I_1 - \frac{\beta_1}{2\omega_1}I_1^2 - \frac{\beta_1}{\omega_2}I_1I_2 - \frac{2b_1\cos\omega_1\tau}{\pi}\sqrt{\frac{2I_1}{\omega_1}} + \frac{D_{11}}{\omega_1},\\
&a_2(I_1,I_2) = -\alpha_{22}I_2 - \frac{\beta_2}{2\omega_2}I_2^2 - \frac{\beta_2}{\omega_1}I_1I_2 - \frac{2b_2\cos\omega_2\tau}{\pi}\sqrt{\frac{2I_2}{\omega_2}} + \frac{D_{22}}{\omega_2},\\
&b_{11}(I_1,I_2) = \frac{2}{\omega_1}D_{11}I_1,\ b_{22}(I_1,I_2) = \frac{2}{\omega_2}D_{22}I_2,\quad b_{12} = b_{21} = 0.
\end{aligned}
\tag{9.4.28}
$$

在参数满足相容性条件

$$
\frac{\beta_1\omega_1}{D_{11}\omega_2} = \frac{\beta_2\omega_2}{D_{22}\omega_1} = \gamma.
\tag{9.4.29}
$$

时, 可以求得该 FPK 方程的精确平稳解为

$$
\begin{aligned}
&p(I_1,I_2) = C\exp[-\lambda(I_1,I_2)],\\
&\lambda(I_1,I_2) = \frac{1}{D_{11}}\left(\alpha_{11}\omega_1I_1 + \frac{\beta_1}{4}I_1^2 + \frac{4b_1\cos\omega_1\tau}{\pi}\sqrt{2\omega_1I_1}\right)\\
&\quad + \frac{1}{D_{22}}\left(\alpha_{22}\omega_2I_2 + \frac{\beta_2}{4}I_2^2 + \frac{4b_2\cos\omega_2\tau}{\pi}\sqrt{2\omega_2I_2}\right) + \gamma I_1I_2.
\end{aligned}
\tag{9.4.30}
$$

其中 C 为归一化常数. 系统(9.4.24)的位移和速度的近似联合平稳概率密度为

$$
p(q_1,p_1,q_2,p_2) = C'p(I_1,I_2)\big|_{I_i=(q_i^2+\omega_i^2p_i^2)/2\omega_i}
\tag{9.4.31}
$$

这里的 C' 为另一个归一化常数. 当参数不满足条件(9.4.29)时, 简化平均 FPK 方程需数值求解.

2. 共振情形

设系统为主共振 $\omega_1 = \omega_2 = \omega$, 令 $\psi = \theta_1 - \theta_2$, 可得形如式(5.2.52)的平均 FPK 方程, 一、二阶导数矩为

$$
a_1 = -\alpha_{11}I_1 - \alpha_{12}\sqrt{I_1I_2}\cos\psi - \frac{\beta_1}{2\omega}I_1^2 - \frac{\beta_1}{\omega}I_1I_2\left(1-\frac{1}{2}\cos2\psi\right) - \frac{2b_1\cos\omega\tau}{\pi}\sqrt{\frac{2I_1}{\omega}} + \frac{D_{11}}{\omega},
$$

$$
a_2 = -\alpha_{22}I_2 - \alpha_{21}\sqrt{I_1I_2}\cos\psi - \frac{\beta_2}{2\omega}I_2^2 - \frac{\beta_2}{\omega}I_1I_2\left(1-\frac{1}{2}\cos2\psi\right) - \frac{2b_2\cos\omega\tau}{\pi}\sqrt{\frac{2I_2}{\omega}} + \frac{D_{22}}{\omega},
$$

$$a_3=\frac{1}{2}\left(\alpha_{12}\sqrt{\frac{I_2}{I_1}}+\alpha_{21}\sqrt{\frac{I_1}{I_2}}\right)\sin\psi-\frac{1}{4\omega}(\beta_1 I_2+\beta_2 I_1)\sin 2\psi,$$

$$b_{11}=\frac{2}{\omega}D_{11}I_1,\quad b_{22}=\frac{2}{\omega}D_{22}I_2,\quad b_{33}=\frac{1}{2\omega}\left(\frac{D_{11}}{I_1}+\frac{D_{22}}{I_2}\right),$$

$$b_{12}=b_{21}=b_{13}=b_{31}=b_{23}=b_{32}=0. \tag{9.4.32}$$

当参数满足相容性条件

$$\beta_1/D_{11}=\beta_2/D_{22}=\gamma_1,\quad \alpha_{12}/D_{11}=\alpha_{21}/D_{22}=\gamma_2. \tag{9.4.33}$$

时, 可求得该 FPK 方程的精确平稳解 $p(I_1,I_2,\psi)$ 为

$$p(I_1,I_2,\varphi)=C\exp[-\lambda(I_1,I_2,\psi)],$$

$$\lambda(I_1,I_2,\psi)=\frac{\alpha_{11}\omega}{D_{11}}I_1+\frac{\alpha_{22}\omega}{D_{22}}I_2+\frac{\beta_1}{4D_{11}}I_1^2+\frac{\beta_2}{4D_{22}}I_2^2+\frac{4b_1\cos\omega_1\tau}{\pi D_{11}}\sqrt{2\omega_1 I_1}$$
$$+\frac{4b_2\cos\omega_2\tau}{\pi D_{22}}\sqrt{2\omega_2 I_2}+\gamma_1 I_1 I_2-\frac{\gamma_1}{2}I_1 I_2\cos 2\psi+2\gamma_2\omega\sqrt{I_1 I_2}\cos\psi. \tag{9.4.34}$$

式中 C 为归一化常数. 系统(9.4.24)的位移和速度的近似联合平稳概率密度为

$$p(q_1,p_1,q_2,p_2)=C'p(I_1,I_2,\psi)\big|_{I_i=I_i(\boldsymbol{q},\boldsymbol{p}),\,\psi=\psi(\boldsymbol{q},\boldsymbol{p})}. \tag{9.4.35}$$

式中 C' 为归一化常数; $I_i=I_i(\boldsymbol{q},\boldsymbol{p})$ 和 $\psi=\psi(\boldsymbol{q},\boldsymbol{p})$ 由(9.4.25)得到. 应当指出, 如果参数取值不满足相容性条件(9.4.33), 可采用数值方法求解 FPK 方程.

边缘概率密度 $p(q_1,q_2)$, $p(q_1)$ 及位移的均方值可由 $p(q_1,p_1,q_2,p_2)$ 得到如下

$$p(q_1,q_2)=\int_{-\infty}^{\infty}\int_{-\infty}^{\infty}p(q_1,p_1,q_2,p_2)\mathrm{d}p_1\mathrm{d}p_2,$$
$$p(q_1)=\int_{-\infty}^{\infty}\int_{-\infty}^{\infty}\int_{-\infty}^{\infty}p(q_1,p_1,q_2,p_2)\mathrm{d}p_1\mathrm{d}p_2\mathrm{d}q_2, \tag{9.4.36}$$
$$E[Q_1^2]=\int_{-\infty}^{\infty}\int_{-\infty}^{\infty}\int_{-\infty}^{\infty}\int_{-\infty}^{\infty}q_1^2 p(q_1,p_1,q_2,p_2)\mathrm{d}q_1\mathrm{d}q_2\mathrm{d}p_1\mathrm{d}p_2.$$

在非共振情况下, 图 9.4.3 给出了系统无时滞控制力时的位移平稳概率密度 $p(q_1,q_2)$, 理论解与数值模拟结果颇为吻合. 至于时滞对于系统响应的影响, 图 9.4.4 给出了非共振情况不同时滞控制系统位移的平稳概率密度, 图 9.4.5 给出了时滞控制系统位移的均方值. 在共振情况下, 图 9.4.6 给出了系统无时滞控制力时的位移平稳联合概率密度, 图 9.4.7 给出了不同时滞控制系统的位移的平稳概率密度, 图 9.4.8 给出了不同时滞控制系统的响应的均方值. 随机平均法结果与数值

模拟结果非常吻合，表明该理论方法具有很好的精度. 从图中结果可知，时滞对控制效果有明显的破坏作用，时滞较长时，如 $\tau=2,3$，时滞控制力起到增大响应的作用.

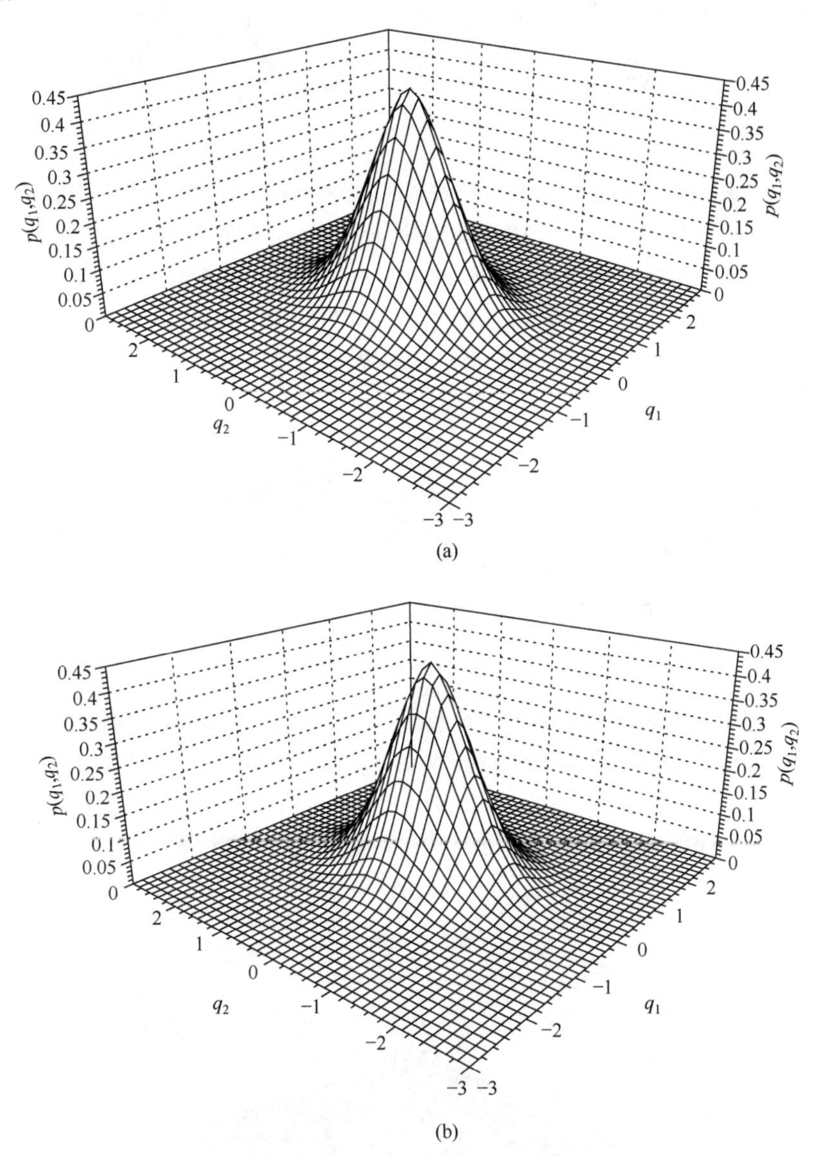

图 9.4.3　非共振情况下系统(9.4.24)无时滞控制力时的位移平稳联合概率密度 $p(q_1,q_2)$.
(a) 随机平均法所得结果; (b) 数值模拟结果. 系统参数为 $\alpha_{11}=0.01$，$\alpha_{12}=0.01$，$\beta_1=0.01$，$\omega_1=1.0$，$D_{11}=0.01$，$b_1=0.01$，$\alpha_{21}=0.01$，$\alpha_{22}=0.01$，$\beta_2=0.02$，$\omega_2=0.707$，$D_{22}=0.01$，$b_2=0.01$，$\tau=0$（Zhu and Liu, 2007）

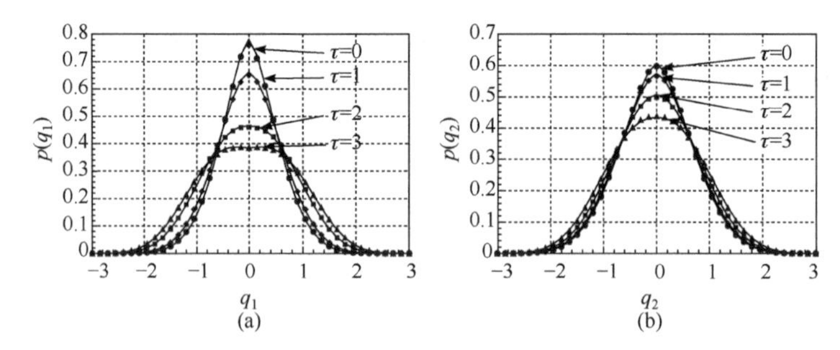

图 9.4.4　非共振情况下时滞控制系统(9.4.24)位移的平稳概率密度. (a) 第一个振子位移的概率密度 $p(q_1)$; (b) 第二个振子位移的概率密度 $p(q_2)$. —— 随机平均法所得结果. ● ◆ ■ ▲ 数值模拟结果. 系统参数为 $\alpha_{11}=0.01$, $\alpha_{12}=0.01$, $\beta_1=0.01$, $\omega_1=1.0$, $D_{11}=0.01$, $b_1=0.01$, $\alpha_{21}=0.01$, $\alpha_{22}=0.01$, $\beta_2=0.02$, $\omega_2=0.707$, $D_{22}=0.01$, $b_2=0.01$, $\tau=0$ （Zhu and Liu, 2007）

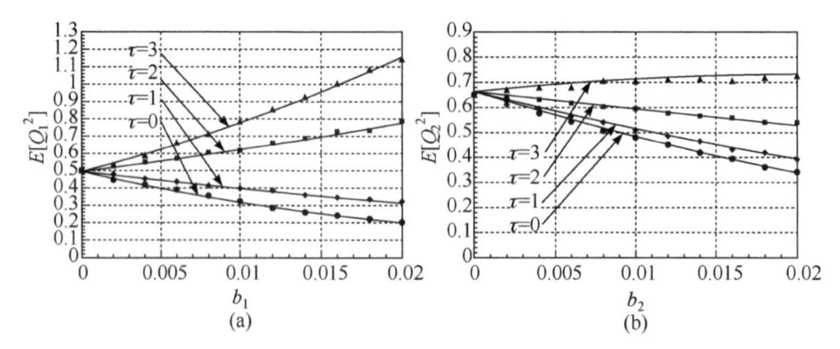

图 9.4.5　非共振情况下时滞控制系统(9.4.24)位移的均方值. (a) 第一个振子位移的均方值 $E[Q_1^2]$; (b) 第二个振子位移的均方值 $E[Q_2^2]$ —— 随机平均法所得结果. ● ◆ ■ ▲ 数值模拟结果. 系统参数为 $\alpha_{11}=0.01$, $\alpha_{12}=0.01$, $\beta_1=0.01$, $\omega_1=1.0$, $D_{11}=0.01$, $b_1=0.01$, $\alpha_{21}=0.01$, $\alpha_{22}=0.01$, $\beta_2=0.02$, $\omega_2=0.707$, $D_{22}=0.01$, $b_2=0.01$, $\tau=0$ （Zhu and Liu, 2007）

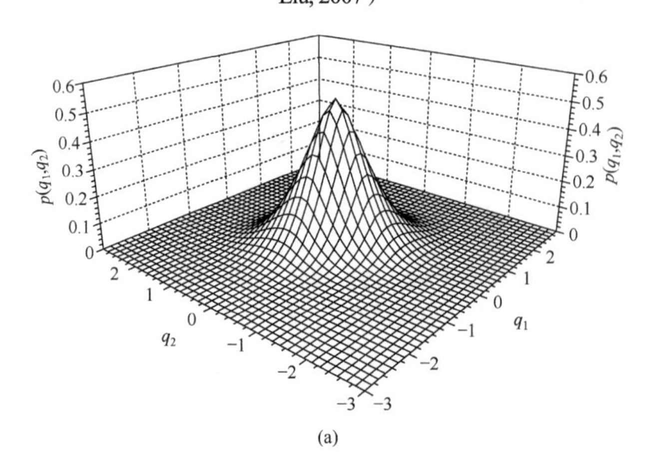

(a)

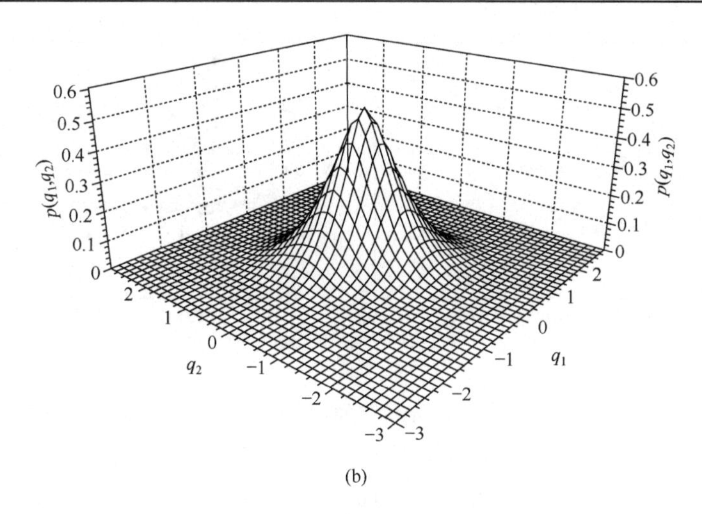

(b)

图 9.4.6　共振情况下系统(9.4.24)无时滞控制力时的位移平稳联合概率密度 $p(q_1,q_2)$. (a) 随机平均法所得结果; (b) 数值模拟结果.

系统参数为 $\alpha_{11}=0.01$, $\alpha_{12}=0.01$, $\beta_1=0.01$, $\omega_1=1.0$, $D_{11}=0.01$, $b_1=0.01$, $\alpha_{21}=0.01$, $\alpha_{22}=0.01$, β_2=0.02, ω_2=0.707, $D_{22}=0.01$, $b_2=0.01$, $\tau=0$（Zhu and Liu, 2007）

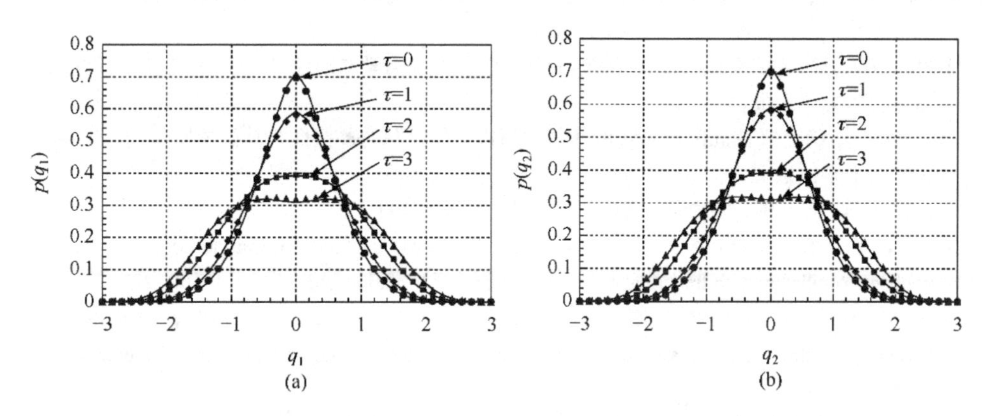

图 9.4.7　共振情况下时滞控制系统(9.4.24)位移的平稳概率密度. (a) 第一个振子位移的概率密度 $p(q_1)$; (b) 第二个振子位移的概率密度 $p(q_2)$——随机平均法所得结果.

● ◆ ■ ▲ 数值模拟结果. 系统参数为 $\alpha_{11}=0.01$, $\alpha_{12}=0.01$, $\beta_1=0.01$, $\omega_1=1.0$, $D_{11}=0.01$, $b_1=0.01$, $\alpha_{21}=0.01$, $D_{22}=0.01$, β_2=0.02, ω_2=0.707, $\alpha_{22}=0.01$, $b_2=0.01$, $\tau=0$（Zhu and Liu, 2007）

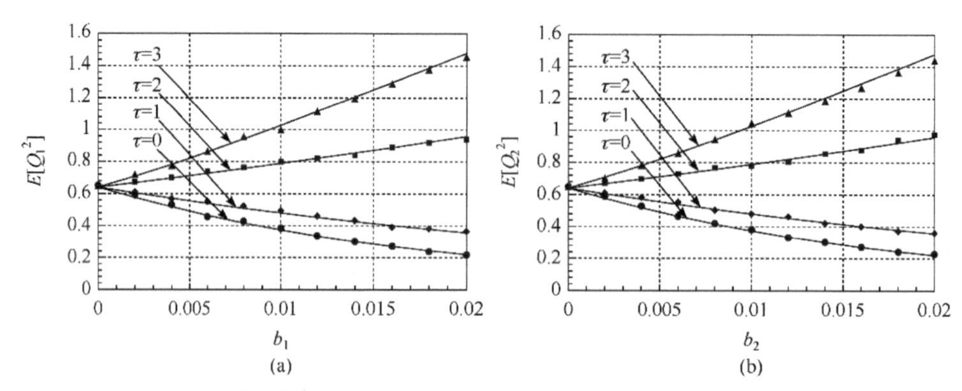

图 9.4.8　共振情况下时滞控制系统(9.4.24)位移的均方值. (a) 第一个振子位移的均方值 $E[Q_1^2]$; (b) 第二个振子位移的均方值 $E[Q_2^2]$ —— 随机平均法所得结果.

● ◆ ■ ▲ 数值模拟结果. 系统参数为 $\alpha_{11}=0.01$, $\alpha_{12}=0.01$, $\beta_1=0.01$, $\omega_1=1.0$, $D_{11}=0.01$, $b_1=0.01$, $\alpha_{21}=0.01$, $\alpha_{22}=0.01$, β_2=0.02, ω_2=0.707, $D_{22}=0.01$, $b_2=0.01$ $\tau=0$ (Zhu and Liu, 2007)

参 考 文 献

陈林聪, 李海锋, 梅真, 朱位秋. 2014. 宽带噪声激励下含分数阶导数的 van der Pol-Duffing 振子的可靠性. 西南交通大学学报, 49(1): 45-51.

刘中华. 2007. 时滞反馈控制的拟可积哈密顿系统随机动力学与时滞补偿研究. 杭州: 浙江大学博士后研究工作报告.

王永. 2008. 不确定拟 Hamilton 系统的非线性随机最优控制的鲁棒性与其鲁棒控制, 杭州: 浙江大学博士学位论文.

张淳源. 1994. 粘弹性断裂力学. 武汉: 华中理工大学出版社.

Chen L C, Li Z S, Zhuang Q Q, Zhu W Q. 2013a. First-passage failure of single-degree-of-freedom nonlinear oscillators with fractional derivative. Journal of Vibration and Control, 19(14): 2154-2163.

Chen L C, Wang W H, Li Z S, Zhu W Q. 2013b. Stationary response of Duffing oscillator with hardening stiffness and fractional derivative. International Journal of Non-Linear Mechanics, 48: 44-50.

Christensen R M. 1982. Theory of viscoelasticity, an introduction. New York: Academic Press.

Deng M L, Zhu W Q. 2004. Stationary motion of active Brownian particles. Physical Review E, 69(4): 046105.

Di Paola M, Pirrotta A. 2001. Time delay induced effects on control of linear systems under random excitation. Probabilistic Engineering Mechanics, 16: 43-51.

Drozdov A D. 1998. Viscoelastic Structures: Mechanics of Growth and Aging. San Diego: Academic Press, C A.

Grigoriu M. 1997. Control of time delay linear system with Gaussian white noise. Probabilistic Engineering Mechanics, 12(2): 89-96.

Huang Z L, Jin X L. 2009. Response and stability of SDOF strongly nonlinear stochastic system with light damping modeled by a fractional derivative. Journal of Sound and Vibration, 319: 1121-1135.

Khasminskii R Z. 1966. A limit theorem for the solution of differential equations with random right hand sides. Theory of Probability and Application, 11(3): 390-405.

Khasminskii R Z. 1968. On the averaging principle for Itô stochastic differential equations. Kibernetika, 3(4): 260-279. (in Russian)

Spanos P D, Cacciola P, Muscolino G. 2004. Stochastic averaging of Preisach hysteretic systems. ASCE Journal of Engineering Mechanics, 130(11): 1257-1267.

Wang Y, Ying Z G, Zhu W Q. 2009. Stochastic averaging of energy envelope of Preisach hysteretic systems. Journal of Sound and Vibration, 321: 976-993.

Zhu W Q, Huang Z L, Yang Y Q. 1997. Stochastic averaging of quasi integrable-Hamiltonian systems. ASME Journal of Applied Mechanics, 64(4): 975-984.

Zhu W Q, Lin Y K. 1991. Stochastic averaging of energy envelope. ASCE Journal of Engineering Mechanics, 117(8): 1890-1905.

Zhu W Q, Liu Z H. 2007. Response of quasi-integrable Hamiltonian systems with delayed feedback bang-bang control. Nonlinear Dynamics, 49:31-47.

第10章 高斯白噪声激励下拟广义哈密顿系统随机平均法

广义哈密顿系统是哈密顿系统的推广，它可以是奇数维系统，与哈密顿系统的主要区别在于有 Casimir 函数(李继彬等，2007)，它是与一切连续可微函数的广义泊松括号为零的函数. 本章将第 5 章描述的高斯白噪声激励下拟哈密顿系统随机平均法推广于拟广义哈密顿系统(黄志龙，2005；Huang and Zhu, 2009). 在拟广义哈密顿系统中，Casimir 函数成为慢变过程，平均后的伊藤随机微分方程中将有含 Casimir 函数的方程.

10.1 拟不可积广义哈密顿系统

考虑如下拟广义哈密顿系统(Huang and Zhu, 2009)

$$\dot{X}_i = [X_i, H'] + \varepsilon \sum_{j=1}^{m} d'_{ij}(\boldsymbol{X}) \frac{\partial H'}{\partial X_j} + \varepsilon^{1/2} \sum_{s=1}^{l} f_{is}(\boldsymbol{X}) W_{gs}(t), \quad i = 1, \cdots, m. \tag{10.1.1}$$

其中 $\boldsymbol{X} = [X_1, \cdots, X_m]^{\mathrm{T}}$；$H' = H'(\boldsymbol{X})$ 为广义哈密顿函数；$[\bullet,\bullet]$ 是广义泊松括号；上式右边第二项表示确定性微小扰动，$\varepsilon d'_{ij} = \varepsilon d'_{ij}(\boldsymbol{X})$ 为其系数；$\varepsilon^{1/2} f_{is} = \varepsilon^{1/2} f_{is}(\boldsymbol{X})$ 是弱随机激励幅值，$W_{gs}(t)$ $(s = 1, 2, \cdots, l)$ 为高斯白噪声，其相关函数为

$$E[W_{gs}(t) W_{gr}(t+\tau)] = 2\pi K_{sr} \delta(\tau). \tag{10.1.2}$$

拟广义哈密顿系统(10.1.1)可模型化为下列斯特拉多诺维奇随机微分方程

$$\mathrm{d}X_i = \left\{ [X_i, H'] + \varepsilon \sum_{j=1}^{m} d'_{ij} \frac{\partial H'}{\partial X_j} \right\} \mathrm{d}t + \varepsilon^{1/2} \sum_{s=1}^{l} \sigma_{is} \circ \mathrm{d}B_s(t), \quad \sigma_{is} = (\boldsymbol{fL})_{is}, \quad \boldsymbol{LL}^{\mathrm{T}} = 2\pi \boldsymbol{K}. \tag{10.1.3}$$

式中 $B_s(t)$ 为独立单位维纳过程；$\boldsymbol{f} = [f_{is}]_{m \times l}$ 和 $2\pi\boldsymbol{K} = 2\pi[K_{sr}]_{l \times l}$ 分别为激励幅值矩阵和高斯白噪声强度矩阵. 方程(10.1.3)可进一步转化为如下等价的伊藤随机微分方程

$$\mathrm{d}X_i = \left\{[X_i, H'] + \varepsilon\sum_{j=1}^{m} d'_{ij}\frac{\partial H'}{\partial X_j} + \frac{\varepsilon}{2}\sum_{j=1}^{m}\sum_{s=1}^{l}\sigma_{js}\frac{\partial \sigma_{is}}{\partial X_j}\right\}\mathrm{d}t + \varepsilon^{1/2}\sum_{s=1}^{l}\sigma_{is}\mathrm{d}B_s(t), \tag{10.1.4}$$

$i = 1,\cdots,m.$

式中$\frac{\varepsilon}{2}\sum_{j=1}^{m}\sum_{s=1}^{l}\sigma_{js}\frac{\partial \sigma_{is}}{\partial X_j}$是 Wong-Zakai 修正项, 它可分解为两部分, 一部分与原广义哈密顿函数一起构成新的广义哈密顿函数$H = H(\boldsymbol{X})$; 其余部分与$\varepsilon d'_{ij}\partial H'/\partial X_j$一起构成$\varepsilon d_{ij}(\boldsymbol{X})\partial H/\partial X_j$. 完成以上步骤后, 伊藤随机微分方程(10.1.4)可改写为

$$\mathrm{d}X_i = \left\{[X_i, H] + \varepsilon\sum_{j=1}^{m} d_{ij}\frac{\partial H}{\partial X_j}\right\}\mathrm{d}t + \varepsilon^{1/2}\sum_{s=1}^{l}\sigma_{is}\mathrm{d}B_s(t), \tag{10.1.5}$$

$i = 1,\cdots,m.$

由 3.3 节知, 与式(10.1.5)相应的广义哈密顿系统可按可积性与共振性分成不可积、完全可积非共振、完全可积共振、部分可积非共振及部分可积共振五类. 下面就这五种情形分别对拟广义哈密顿系统(10.1.5)进行随机平均, 建立随机平均方程.

设与式(10.1.5)相应的广义哈密顿系统不可积, 存在广义哈密顿函数H与M个 Casimir 函数$C_1,\cdots,C_M$共$(M+1)$个首次积分, 利用伊藤微分规则, 并注意 3.3 节中广义泊松括号的性质, 可从式(10.1.5)导出如下支配$H(t), C_1(t),\cdots,C_M(t)$的伊藤随机微分方程

$$\begin{aligned}
\mathrm{d}H &= \varepsilon\left(\sum_{i,j=1}^{m} d_{ij}\frac{\partial H}{\partial X_i}\frac{\partial H}{\partial X_j} + \frac{1}{2}\sum_{i,j=1}^{m}\sum_{s=1}^{l}\sigma_{is}\sigma_{js}\frac{\partial^2 H}{\partial X_i\partial X_j}\right)\mathrm{d}t + \varepsilon^{1/2}\sum_{i=1}^{m}\sum_{s=1}^{l}\sigma_{is}\frac{\partial H}{\partial X_i}\mathrm{d}B_s(t),\\
\mathrm{d}C_v &= \varepsilon\left(\sum_{i,j=1}^{m} d_{ij}\frac{\partial C_v}{\partial X_i}\frac{\partial H}{\partial X_j} + \frac{1}{2}\sum_{i,j=1}^{m}\sum_{s=1}^{l}\sigma_{is}\sigma_{js}\frac{\partial^2 C_v}{\partial X_i\partial X_j}\right)\mathrm{d}t + \varepsilon^{1/2}\sum_{i=1}^{m}\sum_{s=1}^{l}\sigma_{is}\frac{\partial C_v}{\partial X_i}\mathrm{d}B_s(t),\\
v &= 1,2,\cdots,M.
\end{aligned} \tag{10.1.6}$$

以$H, C_1,\cdots,C_M$代替$\boldsymbol{X} = [X_1,\cdots,X_m]^{\mathrm{T}}$中的$(M+1)$个变量, 剩余的$(m-M-1)$个变量构成矢量$\boldsymbol{X}'$, 现系统由式(10.1.5)中$(m-M-1)$个方程与式(10.1.6)中$(M+1)$个方程支配. 按哈斯敏斯基定理(Khasminskii, 1968), 在$\varepsilon\to 0$时, $[H, C_1,\cdots,C_M]^{\mathrm{T}}$弱收敛于$(M+1)$维马尔可夫扩散过程, 支配该过程的平均伊藤随机微分方程形为

$$\begin{aligned}
\mathrm{d}H &= m_H(H,\boldsymbol{C})\mathrm{d}t + \sum_{s=1}^{l}\sigma_{Hs}(H,\boldsymbol{C})\mathrm{d}B_s(t),\\
\mathrm{d}C_v &= m_v(H,\boldsymbol{C})\mathrm{d}t + \sum_{s=1}^{l}\sigma_{vs}(H,\boldsymbol{C})\mathrm{d}B_s(t),\\
v &= 1,2,\cdots,M.
\end{aligned} \tag{10.1.7}$$

式中$\mathbf{C}=[C_1,C_2,\cdots,C_M]^{\mathrm{T}}$漂移系数与扩散系数可按式(4.1.29)和式(4.1.30)得到. 鉴于不可积广义哈密顿系统在H,C_v为常数的$(m-M-1)$维曲面上等概率分布, 以该曲面上的空间平均代替时间平均, 于是有

$$
\begin{aligned}
&m_H(H,\boldsymbol{C})=\frac{\varepsilon}{T}\int_{\Omega}\frac{1}{A}\left\{\sum_{i,j=1}^{m}\left(d_{ij}\frac{\partial H}{\partial x_i}\frac{\partial H}{\partial x_j}\right)+\frac{1}{2}\sum_{i,j=1}^{m}\sum_{s=1}^{l}\left(\sigma_{is}\sigma_{js}\frac{\partial^2 H}{\partial x_i\partial x_j}\right)\right\}\mathrm{d}\boldsymbol{x}',\\
&m_v(H,\boldsymbol{C})=\frac{\varepsilon}{T}\int_{\Omega}\frac{1}{A}\left\{\sum_{i,j=1}^{m}\left(d_{ij}\frac{\partial C_v}{\partial x_i}\frac{\partial H}{\partial x_j}\right)+\frac{1}{2}\sum_{i,j=1}^{m}\sum_{s=1}^{l}\left(\sigma_{is}\sigma_{js}\frac{\partial^2 C_v}{\partial x_i\partial x_j}\right)\right\}\mathrm{d}\boldsymbol{x}',\\
&\sum_{s=1}^{l}\sigma_{Hs}\sigma_{Hs}(H,\boldsymbol{C})=\frac{\varepsilon}{T}\int_{\Omega}\frac{1}{A}\sum_{i,j=1}^{m}\sum_{s=1}^{l}\sigma_{is}\sigma_{js}\frac{\partial H}{\partial x_i}\frac{\partial H}{\partial x_j}\mathrm{d}\boldsymbol{x}',\\
&\sum_{s=1}^{l}\sigma_{v_1s}\sigma_{v_2s}(H,\boldsymbol{C})=\frac{\varepsilon}{T}\int_{\Omega}\frac{1}{A}\sum_{i,j=1}^{m}\sum_{s=1}^{l}\sigma_{is}\sigma_{js}\frac{\partial C_{v_1}}{\partial x_i}\frac{\partial C_{v_2}}{\partial x_j}\mathrm{d}\boldsymbol{x}',\\
&\sum_{s=1}^{l}\sigma_{Hs}\sigma_{vs}(H,\boldsymbol{C})=\frac{\varepsilon}{T}\int_{\Omega}\frac{1}{A}\sum_{i,j=1}^{m}\sum_{s=1}^{l}\sigma_{is}\sigma_{js}\frac{\partial H}{\partial x_i}\frac{\partial C_v}{\partial x_j}\mathrm{d}\boldsymbol{x}',\\
&T=T(H,\boldsymbol{C})=\int_{\Omega}(1/A)\mathrm{d}\boldsymbol{x}',\\
&\Omega=\{(x_{r_1},\cdots,x_{r_{m-M-1}})\,|\,H(\boldsymbol{x}')\leqslant H;C_v(\boldsymbol{x}')\leqslant C_v\},\\
&v,v_1,v_2=1,2,\cdots,M.
\end{aligned}
\tag{10.1.8}
$$

式中$A=|\partial(H,\boldsymbol{x}',\boldsymbol{C})/\partial\boldsymbol{x}|$为$\boldsymbol{x}$到$H,\boldsymbol{x}',\boldsymbol{C}$变换的雅可比矩阵行列式. 与式(10.1.7)相应的平均FPK方程为

$$
\begin{aligned}
\frac{\partial p}{\partial t}=&-\frac{\partial}{\partial h}(a_h p)-\sum_{v=1}^{M}\frac{\partial}{\partial c_v}(a_v p)+\frac{1}{2}\frac{\partial^2}{\partial h^2}(b_{hh}p)\\
&+\frac{1}{2}\sum_{v_1,v_2=1}^{M}\frac{\partial^2}{\partial c_{v_1}\partial c_{v_2}}(b_{v_1v_2}p)+\sum_{v=1}^{M}\frac{\partial^2}{\partial h\partial c_v}(b_{hv}p).
\end{aligned}
\tag{10.1.9}
$$

式中,

$$
\begin{aligned}
&a_h=a_h(h,\boldsymbol{c})=m_H(H,\boldsymbol{C})\big|_{H=h,\,\boldsymbol{C}=\boldsymbol{c}},\quad c_v=a_v(h,\boldsymbol{c})=m_v(H,\boldsymbol{C})\big|_{H=h,\,\boldsymbol{C}=\boldsymbol{c}},\\
&b_{hh}=b_{hh}(h,\boldsymbol{c})=\sum_{s=1}^{l}\sigma_{Hs}\sigma_{Hs}(H,\boldsymbol{C})\bigg|_{H=h,\,\boldsymbol{C}=\boldsymbol{c}},\quad b_{v_1v_2}=b_{v_1v_2}(h,\boldsymbol{c})=\sum_{s=1}^{l}\sigma_{v_1s}\sigma_{v_2s}(H,\boldsymbol{C})\bigg|_{H=h,\,\boldsymbol{C}=\boldsymbol{c}},\\
&b_{hv}=b_{hv}(h,\boldsymbol{c})=\sum_{s=1}^{l}\sigma_{Hs}\sigma_{vs}(H,\boldsymbol{C})\bigg|_{H=h,\,\boldsymbol{C}=\boldsymbol{c}}.
\end{aligned}
\tag{10.1.10}
$$

$p=p(h,\boldsymbol{c},t\,|\,h_0,\boldsymbol{c}_0)$为矢量马尔可夫扩散过程$[H,C_1,\cdots,C_M]^{\mathrm{T}}$的转移概率密度, 相

应的初始条件为 $p(h,\boldsymbol{c},0|h_0,\boldsymbol{c}_0)=\delta(h-h_0)\delta(\boldsymbol{c}-\boldsymbol{c}_0)$，也可以是 $p=p(h,\boldsymbol{c},t)$ 为 $H,\boldsymbol{C}$ 的联合概率密度, 初始条件为 $p(h,\boldsymbol{c},0)=p(h_0,\boldsymbol{c}_0)$．边界条件取决于式(10.1.7)相应的广义哈密顿系统的性态与对系统施加的约束.

设已从求解方程(10.1.9)得到平稳概率密度 $p(h,\boldsymbol{c})$，则原系统(10.1.5)的近似平稳概率密度为

$$p(\boldsymbol{x})=p(h,\boldsymbol{c},\boldsymbol{x}')\left|\frac{\partial(h,\boldsymbol{x}',\boldsymbol{c})}{\partial\boldsymbol{x}}\right|=p(\boldsymbol{x}'|h,\boldsymbol{c})p(h,\boldsymbol{c})\left|\frac{\partial(h,\boldsymbol{x}',\boldsymbol{c})}{\partial\boldsymbol{x}}\right|. \tag{10.1.11}$$

对固定 $h,\boldsymbol{c}$，条件概率密度 $p(\boldsymbol{x}'|h,\boldsymbol{c})$ 反比于 $|\partial(h,\boldsymbol{x}',\boldsymbol{c})/\partial\boldsymbol{x}|$，即

$$p(\boldsymbol{x}'|h,\boldsymbol{c})=C'/A. \tag{10.1.12}$$

式中 C' 为常数. 式(10.1.12)两边对 $\boldsymbol{x}'$ 归一化，得 $C'=T^{-1}$，代入式(10.1.12)，再代入式(10.1.11)得原系统(10.1.5)的近似平稳概率密度为

$$p(\boldsymbol{x})=\left.\frac{p(h,\boldsymbol{c})}{T(h,\boldsymbol{c})}\right|_{h=h(\boldsymbol{x}),\,\boldsymbol{c}=\boldsymbol{c}(\boldsymbol{x})}. \tag{10.1.13}$$

式中 $T(h,\boldsymbol{c})=T(H,\boldsymbol{C})|_{H=h,\,\boldsymbol{C}=\boldsymbol{c}}$，后者由式(10.1.8)给出.

考虑与系统(10.1.5)相应的广义哈密顿系统变量可分离的特殊情形，即

$$\begin{gathered}\boldsymbol{x}=[\boldsymbol{x}_1^{\mathrm{T}},\boldsymbol{x}_2^{\mathrm{T}}]^{\mathrm{T}};\quad \boldsymbol{x}_1=[x_1,x_2,\cdots,x_{2n}]^{\mathrm{T}}=[\boldsymbol{q}^{\mathrm{T}},\boldsymbol{p}^{\mathrm{T}}]^{\mathrm{T}};\quad \boldsymbol{x}_2=[x_{2n+1},x_{2n+2},\cdots,x_m]^{\mathrm{T}};\\ \bar{H}=\bar{H}(\boldsymbol{x}_1);\quad C_1=C_1(\boldsymbol{x}_2);\quad C_2=C_2(\boldsymbol{x}_2);\quad \cdots,\quad C_M=C_M(\boldsymbol{x}_2).\end{gathered} \tag{10.1.14}$$

式中 $2n=m-M$；$\boldsymbol{q}=[q_1,q_2,\cdots,q_n]^{\mathrm{T}}$ 和 $\boldsymbol{p}=[p_1,p_2,\cdots,p_n]^{\mathrm{T}}$ 分别是与系统(10.1.5)相应的不可积广义哈密顿系统中不可积哈密顿子系统的广义位移矢量和广义动量矢量，$\bar{H}(\boldsymbol{q},\boldsymbol{p})$ 是该子系统的哈密顿函数. 此时，代替式(10.1.6)，可从式(10.1.5)导出如下支配 $\bar{H}(t),C_1(t),\cdots,C_M(t)$ 的伊藤随机微分方程

$$\begin{aligned}\mathrm{d}\bar{H}&=\varepsilon\left\{\sum_{j=1}^{n}\frac{\partial\bar{H}}{\partial P_j}\left[\sum_{k=1}^{n}d_{jk}\frac{\partial\bar{H}}{\partial P_k}+\sum_{i=2n+1}^{m}d_{ji}\frac{\partial}{\partial X_i}\left(\sum_{\beta=1}^{M}C_\beta\right)\right]+\frac{1}{2}\sum_{j,k=1}^{n}\sum_{s=1}^{l}\sigma_{js}\sigma_{ks}\frac{\partial^2\bar{H}}{\partial P_j\partial P_k}\right\}\mathrm{d}t\\&\quad+\varepsilon^{1/2}\sum_{j=1}^{n}\sum_{s=1}^{l}\sigma_{js}\frac{\partial\bar{H}}{\partial P_j}\mathrm{d}B_s(t),\\ \mathrm{d}C_v&=\varepsilon\left\{\sum_{i_1=2n+1}^{m}\frac{\partial C_v}{\partial X_{i_1}}\left[\sum_{k=1}^{n}d_{i_1k}\frac{\partial\bar{H}}{\partial P_k}+\sum_{i=2n+1}^{m}d_{i_1i}\frac{\partial}{\partial X_i}\left(\sum_{\beta=1}^{M}C_\beta\right)\right]+\frac{1}{2}\sum_{i,i_1=2n+1}^{m}\sum_{s=1}^{l}\sigma_{is}\sigma_{i_1s}\frac{\partial^2C_v}{\partial X_i\partial X_{i_1}}\right\}\mathrm{d}t\\&\quad+\varepsilon^{1/2}\sum_{i=2n+1}^{m}\sum_{s=1}^{l}\sigma_{is}\frac{\partial C_v}{\partial X_i}\mathrm{d}B_s(t),\\ v&=1,2,\cdots,M.\end{aligned} \tag{10.1.15}$$

代替式(10.1.7), 支配 $\bar{H},\boldsymbol{C}$ 的平均伊藤随机微分方程为

$$
\begin{aligned}
&\mathrm{d}\bar{H}=\bar{m}_{\bar{H}}(\bar{H},\boldsymbol{C})\mathrm{d}t+\sum_{s=1}^{l}\bar{\sigma}_{\bar{H}s}(\bar{H},\boldsymbol{C})\mathrm{d}B_s(t),\\
&\mathrm{d}C_v=\bar{m}_v(\bar{H},\boldsymbol{C})\mathrm{d}t+\sum_{s=1}^{l}\bar{\sigma}_{vs}(\bar{H},\boldsymbol{C})\mathrm{d}B_s(t),\\
&v=1,2,\cdots,M.
\end{aligned}
\tag{10.1.16}
$$

式中漂移系数与扩散系数为

$$
\begin{aligned}
\bar{m}_{\bar{H}}(H,\boldsymbol{C})=&\frac{\varepsilon}{T'}\int_{\Omega'}\frac{1}{A'}\left\{\sum_{j=1}^{n}\frac{\partial\bar{H}}{\partial p_j}\left[\sum_{k=1}^{n}d_{jk}\frac{\partial\bar{H}}{\partial p_k}+\sum_{i=2n+1}^{m}d_{ji}\frac{\partial}{\partial x_i}\left(\sum_{\beta=1}^{M}C_\beta\right)\right]\right.\\
&\left.+\frac{1}{2}\sum_{j,k=1}^{n}\sum_{s=1}^{l}\sigma_{js}\sigma_{ks}\frac{\partial^2\bar{H}}{\partial p_j\partial p_k}\right\}\mathrm{d}q_1\cdots\mathrm{d}q_n\mathrm{d}p_2\cdots\mathrm{d}p_n,\\
\bar{m}_v(H,\boldsymbol{C})=&\frac{\varepsilon}{T'}\int_{\Omega'}\frac{1}{A'}\left\{\sum_{i_1=2n+1}^{m}\frac{\partial C_v}{\partial x_{i_1}}\left[\sum_{k=1}^{n}d_{i_1k}\frac{\partial\bar{H}}{\partial p_k}+\sum_{i=2n+1}^{m}d_{i_1i}\frac{\partial}{\partial x_i}\left(\sum_{\beta=1}^{M}C_\beta\right)\right]\right.\\
&\left.+\frac{1}{2}\sum_{i,i_1=2n+1}^{m}\sum_{s=1}^{l}\sigma_{is}\sigma_{i_1s}\frac{\partial^2 C_v}{\partial x_i\partial x_{i_1}}\right\}\mathrm{d}q_1\cdots\mathrm{d}q_n\mathrm{d}p_2\cdots\mathrm{d}p_n,
\end{aligned}
$$

$$
\begin{aligned}
&\sum_{s=1}^{l}\bar{\sigma}_{\bar{H}s}\bar{\sigma}_{\bar{H}s}(H,\boldsymbol{C})=\frac{\varepsilon}{T'}\int_{\Omega'}\frac{1}{A'}\sum_{j,k=1}^{n}\sum_{s=1}^{l}\bar{\sigma}_{js}\bar{\sigma}_{ks}\frac{\partial\bar{H}}{\partial p_j}\frac{\partial\bar{H}}{\partial p_k}\mathrm{d}q_1\cdots\mathrm{d}q_n\mathrm{d}p_2\cdots\mathrm{d}p_n,\\
&\sum_{s=1}^{l}\bar{\sigma}_{v_1s}\bar{\sigma}_{v_2s}(H,\boldsymbol{C})=\frac{\varepsilon}{T'}\int_{\Omega'}\frac{1}{A'}\sum_{i,i_1=2n+1}^{m}\sum_{s=1}^{l}\bar{\sigma}_{is}\bar{\sigma}_{i_1s}\frac{\partial C_v}{\partial x_i}\frac{\partial C_v}{\partial x_{i_1}}\mathrm{d}q_1\cdots\mathrm{d}q_n\mathrm{d}p_2\cdots\mathrm{d}p_n,\\
&\sum_{s=1}^{l}\bar{\sigma}_{\bar{H}s}\bar{\sigma}_{v_1s}(H,\boldsymbol{C})=\frac{\varepsilon}{T'}\int_{\Omega'}\frac{1}{A'}\sum_{j=1}^{n}\sum_{i=2n+1}^{m}\sum_{s=1}^{l}\bar{\sigma}_{js}\bar{\sigma}_{is}\frac{\partial\bar{H}}{\partial p_j}\frac{\partial C_v}{\partial x_i}\mathrm{d}q_1\cdots\mathrm{d}q_n\mathrm{d}p_2\cdots\mathrm{d}p_n,\\
&\qquad A'=\left|\frac{\partial(\boldsymbol{q},\bar{H},p_2,\cdots,p_n,\boldsymbol{c})}{\partial(\boldsymbol{q},\boldsymbol{p},\boldsymbol{x}_2)}\right|=\left|\frac{\partial\bar{H}}{\partial p_1}\right|\left|\frac{\partial\boldsymbol{c}}{\partial\boldsymbol{x}_2}\right|,\\
&\qquad \Omega'=\{(q_1,\cdots,q_n,p_2,\cdots,p_n)\,|\,\bar{H}(q_1,\cdots,q_n,0,p_2,\cdots,p_n)\leqslant\bar{H}\},\\
&\qquad T'=\int_{\Omega'}\frac{1}{A'}\mathrm{d}q_1\cdots\mathrm{d}q_n\mathrm{d}p_2\cdots\mathrm{d}p_n\\
&\qquad\quad=\left(\int_{\Omega'}\left|\frac{\partial\bar{H}}{\partial p_1}\right|^{-1}\mathrm{d}q_1\cdots\mathrm{d}q_n\mathrm{d}p_2\cdots\mathrm{d}p_n\right)\left|\frac{\partial\boldsymbol{c}}{\partial\boldsymbol{x}_2}\right|^{-1}=T(\bar{H})\left|\frac{\partial\boldsymbol{c}}{\partial\boldsymbol{x}_2}\right|^{-1},\\
&\qquad v,v_1,v_2=1,2,\cdots,M.
\end{aligned}
\tag{10.1.17}
$$

式中$\left|\partial \boldsymbol{c}/\partial \boldsymbol{x}_2\right|$为$\boldsymbol{x}_2$变换为$\boldsymbol{c}$的雅可比矩阵行列式.

与式(10.1.16)相应的平均 FPK 方程为

$$\begin{aligned}\frac{\partial p}{\partial t}=&-\frac{\partial}{\partial \bar{h}}(\bar{a}_{\bar{h}}p)-\sum_{v=1}^{M}\frac{\partial}{\partial c_v}(\bar{a}_v p)+\frac{1}{2}\frac{\partial^2}{\partial \bar{h}^2}(\bar{b}_{\bar{h}\bar{h}}p)\\&+\frac{1}{2}\sum_{v_1,v_2=1}^{M}\frac{\partial^2}{\partial c_{v_1}\partial c_{v_2}}(\bar{b}_{v_1v_2}p)+\sum_{v=1}^{M}\frac{\partial^2}{\partial \bar{h}\partial c_v}(\bar{b}_{\bar{h}v}p).\end{aligned}\tag{10.1.18}$$

式中,

$$\bar{a}_{\bar{h}}=\bar{a}_{\bar{h}}(\bar{h},\boldsymbol{c})=\bar{m}_{\bar{H}}(\bar{H},\boldsymbol{C})\Big|_{\bar{H}=\bar{h},\,\boldsymbol{C}=\boldsymbol{c}},\quad \bar{a}_v=\bar{a}_v(\bar{h},\boldsymbol{c})=\bar{m}_v(\bar{H},\boldsymbol{C})\Big|_{\bar{H}=\bar{h},\,\boldsymbol{C}=\boldsymbol{c}},$$

$$\bar{b}_{\bar{h}\bar{h}}=\bar{b}_{\bar{h}\bar{h}}(\bar{h},\boldsymbol{c})=\sum_{s=1}^{l}\bar{\sigma}_{\bar{H}s}\bar{\sigma}_{\bar{H}s}(\bar{H},\boldsymbol{C})\Bigg|_{\bar{H}=\bar{h},\,\boldsymbol{C}=\boldsymbol{c}},\quad \bar{b}_{v_1v_v}=\bar{b}_{v_1v_v}(\bar{h},\boldsymbol{c})=\sum_{s=1}^{l}\bar{\sigma}_{v_1s}\bar{\sigma}_{v_2s}(\bar{H},\boldsymbol{C})\Bigg|_{\bar{H}=\bar{h},\,\boldsymbol{C}=\boldsymbol{c}},$$

$$\bar{b}_{\bar{h}v}=\bar{b}_{\bar{h}v}(\bar{h},\boldsymbol{c})=\sum_{s=1}^{l}\bar{\sigma}_{\bar{H}s}\bar{\sigma}_{v_1s}(\bar{H},\boldsymbol{C})\Bigg|_{\bar{H}=\bar{h},\,\boldsymbol{C}=\boldsymbol{c}}.\tag{10.1.19}$$

$p=p(\bar{h},\boldsymbol{c},t|\bar{h}_0,\boldsymbol{c}_0)$为转移概率密度. 式(10.1.19)的初始条件为$p(\bar{h},\boldsymbol{c},0|\bar{h}_0,\boldsymbol{c}_0)=\delta(\bar{h}-\bar{h}_0)\delta(\boldsymbol{c}-\boldsymbol{c}_0)$，或$p=p(\bar{h},\boldsymbol{c},t)$为联合概率密度，初始条件为$p(\bar{h},\boldsymbol{c},0)=p(\bar{h}_0,\boldsymbol{c}_0)$. 边界条件取决于相应不可积广义哈密顿系统的性态与给系统施加的约束.

若已求得FPK方程(10.1.18)的平稳解$p(\bar{h},\boldsymbol{c})$, 类似于式(10.1.11)至式(10.1.13)的推导, 可得原系统(10.1.5)的近似平稳概率密度

$$p(\boldsymbol{x})=\frac{p(\bar{h},\boldsymbol{c})}{T(\bar{h})}\left|\frac{\partial \boldsymbol{c}}{\partial \boldsymbol{x}_2}\right|\Bigg|_{\bar{h}=\bar{h}(\boldsymbol{x}_1),\,\boldsymbol{c}=\boldsymbol{c}(\boldsymbol{x}_2)}.\tag{10.1.20}$$

式中$T(\bar{h})=T(\bar{H})\big|_{\bar{H}=\bar{h}}$, 后者由式(10.1.17)确定.

10.2　拟可积广义哈密顿系统

设与系统(10.1.5)相应的广义哈密顿系统完全可积，存在n个作用量$\boldsymbol{I}=[I_1(\boldsymbol{x}),\cdots,I_n(\boldsymbol{x})]^{\mathrm{T}}$与$n$个角变量$\boldsymbol{\theta}=[\theta_1(\boldsymbol{x}),\cdots,\theta_n(\boldsymbol{x})]^{\mathrm{T}}$及$M$个 Casimir 函数$\boldsymbol{C}=[C_1(\boldsymbol{x}),\cdots,C_M(\boldsymbol{x})]^{\mathrm{T}}$. 运用伊藤微分规则，可由系统(10.1.5)导得随机过程$\boldsymbol{I}(t),\boldsymbol{\Theta}(t),\boldsymbol{C}(t)$的伊藤随机微分方程

$$
\begin{aligned}
\mathrm{d}I_k &= \varepsilon\left(\sum_{i,j=1}^{m} d_{ij}\frac{\partial I_k}{\partial X_i}\frac{\partial H}{\partial X_j}+\frac{1}{2}\sum_{i,j=1}^{m}\sum_{s=1}^{l}\sigma_{is}\sigma_{js}\frac{\partial^2 I_k}{\partial X_i\partial X_j}\right)\mathrm{d}t+\varepsilon^{1/2}\sum_{i=1}^{m}\sum_{s=1}^{i}\sigma_{is}\frac{\partial I_k}{\partial X_i}\mathrm{d}B_s(t),\\
\mathrm{d}\Theta_k &= \left[\omega_k+\varepsilon\left(\sum_{i,j=1}^{m} d_{ij}\frac{\partial \Theta_k}{\partial X_i}\frac{\partial H}{\partial X_j}+\frac{1}{2}\sum_{i,j=1}^{m}\sum_{s=1}^{l}\sigma_{is}\sigma_{js}\frac{\partial^2 \Theta_k}{\partial X_i\partial X_j}\right)\right]\mathrm{d}t\\
&\quad +\varepsilon^{1/2}\sum_{i=1}^{m}\sum_{s=1}^{l}\sigma_{is}\frac{\partial \Theta_k}{\partial X_i}\mathrm{d}B_s(t),\\
\mathrm{d}C_v &= \varepsilon\left(\sum_{i,j=1}^{m} d_{ij}\frac{\partial C_v}{\partial X_i}\frac{\partial H}{\partial X_j}+\frac{1}{2}\sum_{i,j=1}^{m}\sum_{s=1}^{l}\sigma_{is}\sigma_{js}\frac{\partial^2 C_v}{\partial X_i\partial X_j}\right)\mathrm{d}t+\varepsilon^{1/2}\sum_{i=1}^{m}\sum_{s=1}^{l}\sigma_{is}\frac{\partial C_v}{\partial X_i}\mathrm{d}B_s(t),\\
k &= 1,2,\cdots,n;\quad v=1,2,\cdots,M.
\end{aligned}
\tag{10.2.1}
$$

此时, 随机平均方程的维数与形式取决于与系统(10.1.5)相应广义哈密顿系统的共振性.

10.2.1　非内共振情形

设与系统(10.1.5)相应广义哈密顿系统的 n 个频率 $\omega_r(\boldsymbol{I},\boldsymbol{C})$ 不存在以下形式内共振关系

$$
\sum_{r=1}^{n} k_r^u\omega_r = O_u(\varepsilon). \tag{10.2.2}
$$

式中 k_r^u 为不全为零的整数; $O_u(\varepsilon)$ 表示 ε 阶小量, 则与系统(10.1.5)相应的广义哈密顿系统完全可积非内共振, 此时方程(10.2.1)中 $I_k(t),C_v(t)$ 为慢变过程, 而 $\Theta_k(t)$ 为快变过程, 根据哈斯敏斯基定理(Khasminskii, 1968), 当 $\varepsilon\to 0$ 时, $[I_1,\cdots,I_n, C_1,\cdots,C_M]^{\mathrm{T}}$ 弱收敛于($n+M$)维矢量马尔可夫扩散过程. 若仍以 $I_k(t),C_v(t)$ 记该极限过程, 则支配该过程的平均伊藤随机微分方程为

$$
\begin{aligned}
\mathrm{d}I_k &= m_k(\boldsymbol{I},\boldsymbol{C})\mathrm{d}t+\sum_{s=1}^{l}\sigma_{ks}(\boldsymbol{I},\boldsymbol{C})\mathrm{d}B_s(t),\\
\mathrm{d}C_v &= m_v(\boldsymbol{I},\boldsymbol{C})\mathrm{d}t+\sum_{s=1}^{l}\sigma_{vs}(\boldsymbol{I},\boldsymbol{C})\mathrm{d}B_s(t),\\
k &= 1,2,\cdots,n;\quad v=1,2,\cdots,M.
\end{aligned}
\tag{10.2.3}
$$

式中漂移系统与扩散系数可按式(4.1.29)和式(4.1.30)由系统(10.2.1)中相应系数的时间平均得到. 鉴于 C_v 为常数时拟可积非共振广义哈密顿系统在 I_k 为常数的 n 维环面上遍历, 时间平均可代之以对 $\boldsymbol{\theta}$ 的空间平均, 于是

$$m_k(\boldsymbol{I},\boldsymbol{C})=\frac{\varepsilon}{T_1}\int_0^{2\pi}\frac{1}{A_1}\left[\sum_{i,j=1}^{m}\left(d_{ij}\frac{\partial I_k}{\partial x_i}\frac{\partial H}{\partial x_j}\right)+\frac{1}{2}\sum_{i,j=1}^{m}\sum_{s=1}^{l}\left(\sigma_{is}\sigma_{js}\frac{\partial^2 I_k}{\partial x_i\partial x_j}\right)\right]\mathrm{d}\boldsymbol{\theta},$$

$$m_v(\boldsymbol{I},\boldsymbol{C})=\frac{\varepsilon}{T_1}\int_0^{2\pi}\frac{1}{A_1}\left[\sum_{i,j=1}^{m}\left(d_{ij}\frac{\partial C_v}{\partial x_i}\frac{\partial H}{\partial x_j}\right)+\frac{1}{2}\sum_{i,j=1}^{m}\sum_{s=1}^{l}\left(\sigma_{is}\sigma_{js}\frac{\partial^2 C_v}{\partial x_i\partial x_j}\right)\right]\mathrm{d}\boldsymbol{\theta},\quad(10.2.4)$$

$$\sum_{s=1}^{l}\sigma_{k_1s}\sigma_{k_2s}(\boldsymbol{I},\boldsymbol{C})=\frac{\varepsilon}{T_1}\int_0^{2\pi}\frac{1}{A_1}\sum_{i,j=1}^{m}\sum_{s=1}^{l}\left(\sigma_{is}\sigma_{js}\frac{\partial I_{k_1}}{\partial x_i}\frac{\partial I_{k_2}}{\partial x_j}\right)\mathrm{d}\boldsymbol{\theta},$$

$$\sum_{s=1}^{l}\sigma_{v_1s}\sigma_{v_2s}(\boldsymbol{I},\boldsymbol{C})=\frac{\varepsilon}{T_1}\int_0^{2\pi}\frac{1}{A_1}\sum_{i,j=1}^{m}\sum_{s=1}^{l}\left(\sigma_{is}\sigma_{js}\frac{\partial C_{v_1}}{\partial x_i}\frac{\partial C_{v_2}}{\partial x_j}\right)\mathrm{d}\boldsymbol{\theta},$$

$$\sum_{s=1}^{l}\sigma_{k_1s}\sigma_{v_1s}(\boldsymbol{I},\boldsymbol{C})=\frac{\varepsilon}{T_1}\int_0^{2\pi}\frac{1}{A_1}\sum_{i,j=1}^{m}\sum_{s=1}^{l}\left(\sigma_{is}\sigma_{js}\frac{\partial I_{k_1}}{\partial x_i}\frac{\partial C_{v_1}}{\partial x_j}\right)\mathrm{d}\boldsymbol{\theta},$$

$$T_1=T_1(\boldsymbol{I},\boldsymbol{C})=\int_0^{2\pi}(1/A_1)\mathrm{d}\boldsymbol{\theta},$$

$$k,k_1,k_2=1,2,\cdots,n;\quad v,v_1,v_2=1,2,\cdots,M.$$

式中 $\int_0^{2\pi}(\bullet)\mathrm{d}\boldsymbol{\theta}$ 表示对 $\theta_1,\theta_2,\cdots,\theta_n$ 的 n 重积分，$A_1=\left|\partial(\boldsymbol{I},\boldsymbol{\theta},\boldsymbol{c})/\partial\boldsymbol{x}\right|$ 为 $\boldsymbol{x}$ 到 $\boldsymbol{I},\boldsymbol{\theta},\boldsymbol{c}$ 变换的雅可比矩阵行列式. 与平均伊藤方程(10.2.3)相应的平均 FPK 方程为

$$\begin{aligned}\frac{\partial p}{\partial t}=&-\sum_{k=1}^{n}\frac{\partial}{\partial I_k}(a_k p)-\sum_{v=1}^{M}\frac{\partial}{\partial c_v}(a_v p)+\frac{1}{2}\sum_{k_1,k_2=1}^{n}\frac{\partial^2}{\partial I_{k_1}\partial I_{k_2}}(b_{k_1k_2}p)\\&+\frac{1}{2}\sum_{v_1,v_2=1}^{M}\frac{\partial^2}{\partial c_{v_1}\partial c_{v_2}}(b_{v_1v_2}p)+\sum_{k_1=1}^{n}\sum_{v_1=1}^{M}\frac{\partial^2}{\partial I_{k_1}\partial c_{v_1}}(b_{k_1v_1}p).\end{aligned}\quad(10.2.5)$$

式中，

$$a_k=a_k(\boldsymbol{I},\boldsymbol{c})=m_k(\boldsymbol{I},\boldsymbol{C})\big|_{\boldsymbol{C}=\boldsymbol{c}},\quad a_v=a_v(\boldsymbol{I},\boldsymbol{c})=m_v(\boldsymbol{I},\boldsymbol{C})\big|_{\boldsymbol{C}=\boldsymbol{c}},$$

$$b_{k_1k_2}=b_{k_1k_2}(\boldsymbol{I},\boldsymbol{c})=\sum_{s=1}^{l}\sigma_{k_1s}\sigma_{k_2s}(\boldsymbol{I},\boldsymbol{C})\Bigg|_{\boldsymbol{C}=\boldsymbol{c}},\quad b_{v_1v_2}=b_{v_1v_2}(\boldsymbol{I},\boldsymbol{c})=\sum_{s=1}^{l}\sigma_{v_1s}\sigma_{v_2s}(\boldsymbol{I},\boldsymbol{C})\Bigg|_{\boldsymbol{C}=\boldsymbol{c}},$$

$$b_{k_1v_1}=b_{k_1v_1}(\boldsymbol{I},\boldsymbol{c})=\sum_{s=1}^{l}\sigma_{k_1s}\sigma_{v_1s}(\boldsymbol{I},\boldsymbol{C})\Bigg|_{\boldsymbol{C}=\boldsymbol{c}}.\quad(10.2.6)$$

方程(10.2.5)中 $p=p(\boldsymbol{I},\boldsymbol{c},t|\boldsymbol{I}_0,\boldsymbol{c}_0)$ 是过程 $[\boldsymbol{I}^{\mathrm{T}},\boldsymbol{C}^{\mathrm{T}}]^{\mathrm{T}}$ 的转移概率密度，或 $p=p(\boldsymbol{I},\boldsymbol{c},t)$ 为过程 $[\boldsymbol{I}^{\mathrm{T}},\boldsymbol{C}^{\mathrm{T}}]^{\mathrm{T}}$ 之联合概率密度. 可在一定的初始条件与边界条件下求解 FPK 方程(10.2.5).

设已求得 FPK 方程(10.2.5)的平稳解 $p(\boldsymbol{I},\boldsymbol{c})$，则原系统(10.1.5)的近似平稳概

率密度为

$$p(\boldsymbol{x})=p(\boldsymbol{I},\boldsymbol{\theta},\boldsymbol{c})\left|\frac{\partial(\boldsymbol{I},\boldsymbol{\theta},\boldsymbol{c})}{\partial\boldsymbol{x}}\right|=p(\boldsymbol{\theta}|\boldsymbol{I},\boldsymbol{c})p(\boldsymbol{I},\boldsymbol{c})\left|\frac{\partial(\boldsymbol{I},\boldsymbol{\theta},\boldsymbol{c})}{\partial\boldsymbol{x}}\right|. \tag{10.2.7}$$

对固定$\boldsymbol{I},\boldsymbol{c}$，条件概率密度$p(\boldsymbol{\theta}|\boldsymbol{I},\boldsymbol{c})$反比于$|\partial(\boldsymbol{I},\boldsymbol{\theta},\boldsymbol{c})/\partial\boldsymbol{x}|$，因此

$$p(\boldsymbol{\theta}|\boldsymbol{I},\boldsymbol{c})=C'/A_1. \tag{10.2.8}$$

式中C'为常数. 因为在$\boldsymbol{I},\boldsymbol{c}$为常数条件下可积非共振广义哈密顿系统在$n$维环面上遍历，对式(10.2.8)归一化，得$C'=T_1^{-1}$，代入式(10.2.8)，再代入式(10.2.7)得

$$p(\boldsymbol{x})=\left.\frac{p(\boldsymbol{I},\boldsymbol{c})}{T_1(\boldsymbol{I},\boldsymbol{c})}\right|_{\boldsymbol{I}=\boldsymbol{I}(\boldsymbol{x}),\,\boldsymbol{c}=\boldsymbol{c}(\boldsymbol{x})}. \tag{10.2.9}$$

式中$T_1(\boldsymbol{I},\boldsymbol{c})=T_1(\boldsymbol{I},\boldsymbol{C})|_{\boldsymbol{C}=\boldsymbol{c}}$，后者由式(10.2.4)给出.

考虑与方程(10.2.1)相应的广义哈密顿系统变量可分离的情形，即

$$\begin{aligned}&\boldsymbol{x}=[\boldsymbol{x}_1^{\mathrm{T}},\boldsymbol{x}_2^{\mathrm{T}}]^{\mathrm{T}},\quad \boldsymbol{x}_1=[x_1,x_2,\cdots,x_{2n}]^{\mathrm{T}}=[\boldsymbol{q}^{\mathrm{T}},\boldsymbol{p}^{\mathrm{T}}]^{\mathrm{T}},\\&\boldsymbol{q}=[q_1,q_2,\cdots,q_n]^{\mathrm{T}},\quad \boldsymbol{p}=[p_1,p_2,\cdots,p_n]^{\mathrm{T}},\quad \boldsymbol{x}_2=[x_{2n+1},x_{2n+2},\cdots,x_m]^{\mathrm{T}}.\end{aligned} \tag{10.2.10}$$

与$\boldsymbol{x}_1$对应的有哈密顿函数$H_1(\boldsymbol{q},\boldsymbol{p})$，并已求得其作用量$\boldsymbol{I}(\boldsymbol{x}_1)=[I_1,I_2,\cdots,I_n]^{\mathrm{T}}$与角变量$\boldsymbol{\theta}(\boldsymbol{x}_1)=[\theta_1,\theta_2,\cdots,\theta_n]^{\mathrm{T}}$，与$\boldsymbol{x}_2$对应的有$M$个 Casimir 函数$C_v(\boldsymbol{x}_2)$，$v=1,2,\cdots,M$，此时，代替方程(10.2.1)，将有

$$\begin{aligned}\mathrm{d}I_k=&\ \varepsilon\left\{\sum_{j=1}^{n}\frac{\partial I_k}{\partial P_j}\left[\sum_{r=1}^{n}d_{jr}\frac{\partial H_1}{\partial P_r}+\sum_{i=2n+1}^{m}d_{ji}\frac{\partial}{\partial X_i}\left(\sum_{\beta=1}^{M}C_\beta\right)\right]+\frac{1}{2}\sum_{j,r=1}^{n}\sum_{s=1}^{l}\sigma_{js}\sigma_{rs}\frac{\partial^2 I_k}{\partial P_j\partial P_r}\right\}\mathrm{d}t\\&+\varepsilon^{2/1}\sum_{j=1}^{n}\sum_{s=1}^{l}\sigma_{js}\frac{\partial I_k}{\partial P_j}\mathrm{d}B_S(t),+\varepsilon^{1/2}\sum_{j=1}^{n}\sum_{s=1}^{l}\sigma_{js}\frac{\partial\varTheta_k}{\partial P_j}\mathrm{d}B_s(t),\\\mathrm{d}\varTheta_k=&\left\{\omega_k+\sum_{j=1}^{n}\frac{\partial\varTheta_k}{\partial P_j}\left[\sum_{r=1}^{n}\mathrm{d}_{jr}\frac{\partial H_1}{\partial P_r}+\sum_{i=2n+1}^{m}\mathrm{d}_{ji}\frac{\partial}{\partial X_i}\left(\sum_{\beta=1}^{M}C_\beta\right)\right]+\frac{1}{2}\sum_{j,r=1}^{n}\sum_{s=1}^{l}\sigma_{js}\sigma_{rs}\frac{\partial^2\varTheta_k}{\partial P_j\partial P_r}\right\}\mathrm{d}t\\\mathrm{d}C_v=&\ \varepsilon\left\{\sum_{i_1=2n+1}^{m}\frac{\partial C_v}{\partial X_{i_1}}\left[\sum_{r=1}^{n}d_{i_1r}\frac{\partial H_1}{\partial P_r}+\sum_{i=2n+1}^{m}d_{i_1i}\frac{\partial}{\partial X_i}\left(\sum_{\beta=1}^{M}C_\beta\right)\right]+\frac{1}{2}\sum_{i,i_1=2n+1}^{m}\sum_{s=1}^{l}\sigma_{is}\sigma_{i_1s}\frac{\partial^2 C_v}{\partial X_i\partial X_{i_1}}\right\}\mathrm{d}t\\&+\varepsilon^{1/2}\sum_{i=2n+1}^{m}\sum_{s=1}^{l}\sigma_{is}\frac{\partial C_v}{\partial X_i}\mathrm{d}B_s(t),\\k=&\ 1,2,\cdots,n,\quad v=1,2,\cdots,M.\end{aligned} \tag{10.2.11}$$

在非共振情形，其平均伊藤随机微分方程仍形如式(10.2.3)，但其漂移系数与扩散系数(10.2.4)则改为

$$
\begin{aligned}
m_k'(\boldsymbol{I},\boldsymbol{C}) &= \frac{\varepsilon}{T_1'}\int_0^{2\pi}\frac{1}{A_1'}\left\{\sum_{j=1}^{n}\frac{\partial I_k}{\partial p_j}\left[\sum_{r=1}^{n}d_{jr}\frac{\partial H_1}{\partial p_r}+\sum_{i=2n+1}^{m}d_{ji}\frac{\partial}{\partial x_i}\left(\sum_{\beta=1}^{M}C_\beta\right)\right]\right.\\
&\quad\left.+\frac{1}{2}\sum_{j,r=1}^{n}\sum_{s=1}^{l}\sigma_{js}\sigma_{rs}\frac{\partial^2 I_k}{\partial p_j\partial p_r}\right\}\mathrm{d}\boldsymbol{\theta},\\
m_v'(\boldsymbol{I},\boldsymbol{C}) &= \frac{\varepsilon}{T_1'}\int_0^{2\pi}\frac{1}{A_1'}\left\{\sum_{i_1=2n+1}^{m}\frac{\partial C_v}{\partial x_{i_1}}\left[\sum_{r=1}^{n}d_{i_1r}\frac{\partial H_1}{\partial p_r}+\sum_{i=2n+1}^{m}d_{i_1i}\frac{\partial}{\partial x_i}\left(\sum_{\beta=1}^{M}C_\beta\right)\right]\right.\\
&\quad\left.+\frac{1}{2}\sum_{i,i_1=2n+1}^{m}\sum_{s=1}^{l}\sigma_{is}\sigma_{i_1s}\frac{\partial^2 C_v}{\partial x_i\partial x_{i_1}}\right\}\mathrm{d}\boldsymbol{\theta},\\
\sum_{s=1}^{l}\sigma_{k_1s}'\sigma_{k_2s}'(\boldsymbol{I},\boldsymbol{C}) &= \frac{\varepsilon}{T_1'}\int_0^{2\pi}\frac{1}{A_1'}\sum_{j,r=1}^{n}\sum_{s=1}^{l}\left(\sigma_{js}\sigma_{rs}\frac{\partial I_{k_1}}{\partial p_j}\frac{\partial I_{k_2}}{\partial p_r}\right)\mathrm{d}\boldsymbol{\theta},\\
\sum_{s=1}^{l}\sigma_{v_1s}'\sigma_{v_2s}'(\boldsymbol{I},\boldsymbol{C}) &= \frac{\varepsilon}{T_1'}\int_0^{2\pi}\frac{1}{A_1'}\sum_{i,i_1=2n+1}^{m}\sum_{s=1}^{l}\left(\sigma_{is}\sigma_{i_1s}\frac{\partial C_{v_1}}{\partial x_i}\frac{\partial C_{v_2}}{\partial x_{i_1}}\right)\mathrm{d}\boldsymbol{\theta},\\
\sum_{s=1}^{l}\sigma_{k_1s}'\sigma_{v_1s}'(\boldsymbol{I},\boldsymbol{C}) &= \frac{\varepsilon}{T_1'}\int_0^{2\pi}\frac{1}{A_1'}\sum_{j=1}^{n}\sum_{i=2n+1}^{m}\sum_{s=1}^{l}\left(\sigma_{js}\sigma_{is}\frac{\partial I_{k_1}}{\partial p_j}\frac{\partial C_{v_1}}{\partial x_i}\right)\mathrm{d}\boldsymbol{\theta},\\
A_1' &= \left|\frac{\partial(\boldsymbol{I},\boldsymbol{\theta},\boldsymbol{c})}{\partial\boldsymbol{x}}\right| = \left|\frac{\partial(\boldsymbol{I},\boldsymbol{\theta},\boldsymbol{c})}{\partial(\boldsymbol{q},\boldsymbol{p},\boldsymbol{x}_2)}\right| = \left|\frac{\partial(\boldsymbol{I},\boldsymbol{\theta})}{\partial(\boldsymbol{q},\boldsymbol{p})}\right|\left|\frac{\partial\boldsymbol{c}}{\partial\boldsymbol{x}_2}\right| = \left|\frac{\partial\boldsymbol{c}}{\partial\boldsymbol{x}_2}\right|,\\
T_1' &= \int_0^{2\pi}(1/A_1')\mathrm{d}\boldsymbol{\theta} = (2\pi)^n\left|\frac{\partial\boldsymbol{c}}{\partial\boldsymbol{x}_2}\right|^{-1},\\
& k,k_1,k_2=1,2,\cdots,n;\quad v,v_1,v_2=1,2,\cdots,M.
\end{aligned}
\tag{10.2.12}
$$

式中 $\int_0^{2\pi}(\cdot)\mathrm{d}\boldsymbol{\theta}$ 表示对 $\theta_1,\theta_2,\cdots,\theta_n$ 的 n 重积分. 与式(10.2.11)相应的平均 FPK 方程形如式(10.2.5), 但其一、二阶导数矩改为

$$
\begin{aligned}
& a_k' = a_k'(\boldsymbol{I},\boldsymbol{c}) = m_k'(\boldsymbol{I},\boldsymbol{C})\Big|_{\boldsymbol{C}=\boldsymbol{c}},\quad a_v' = a_v'(\boldsymbol{I},\boldsymbol{c}) = m_v'(\boldsymbol{I},\boldsymbol{C})\Big|_{\boldsymbol{C}=\boldsymbol{c}},\\
& b_{k_1k_2}' = b_{k_1k_2}'(\boldsymbol{I},\boldsymbol{c}) = \sum_{s=1}^{l}\sigma_{k_1s}'\sigma_{k_2s}'(\boldsymbol{I},\boldsymbol{C})\Big|_{\boldsymbol{C}=\boldsymbol{c}},\quad b_{v_1v_2}' = b_{v_1v_2}'(\boldsymbol{I},\boldsymbol{c}) = \sum_{s=1}^{l}\sigma_{v_1s}'\sigma_{v_2s}'(\boldsymbol{I},\boldsymbol{C})\Big|_{\boldsymbol{C}=\boldsymbol{c}},\\
& b_{k_1v_1}' = b_{k_1v_1}'(\boldsymbol{I},\boldsymbol{c}) = \sum_{s=1}^{l}\sigma_{k_1s}'\sigma_{v_1s}'(\boldsymbol{I},\boldsymbol{C})\Big|_{\boldsymbol{C}=\boldsymbol{c}}.
\end{aligned}
\tag{10.2.13}
$$

若已求得平均 FPK 方程平稳解 $p(\boldsymbol{I},\boldsymbol{c})$, 则原系统(10.1.5)的近似概率密度为

$$p(\boldsymbol{x})=\frac{p(\boldsymbol{I},\boldsymbol{c})}{T_1'(\boldsymbol{I},\boldsymbol{c})}=\frac{p(\boldsymbol{I},\boldsymbol{c})}{(2\pi)^n}\left|\frac{\partial \boldsymbol{c}}{\partial \boldsymbol{x}_2}\right|. \tag{10.2.14}$$

若与方程(10.2.1)相应的广义哈密顿系统完全可分离，即 $\boldsymbol{x}=[\boldsymbol{x}_1^{\mathrm{T}},\boldsymbol{x}_2^{\mathrm{T}}]^{\mathrm{T}}$，$\boldsymbol{x}_1=[x_1,x_2,\cdots,x_{2n}]^{\mathrm{T}}=[q_1,q_2,\cdots,q_n,p_1,p_2,\cdots,p_n]^{\mathrm{T}}$，$\boldsymbol{C}=\boldsymbol{C}(\boldsymbol{x}_2)$．已知 n 个可分离的子哈密顿函数 $H_k=H_k(q_k,p_k)$，$k=1,2,\cdots,n$，且以 H_k 为哈密顿函数的哈密顿子系统有以 T_k 为周期的周期解，则可以从式(10.1.5)导出支配的伊藤随机微分方程为

$$\begin{aligned}
\mathrm{d}H_k&=\varepsilon\left\{\frac{\partial H_k}{\partial P_k}\left[\sum_{r=1}^{n}d_{kr}\frac{\partial H_r}{\partial P_r}+\sum_{i=2n+1}^{m}d_{ki}\frac{\partial}{\partial X_i}\left(\sum_{\beta=1}^{M}C_\beta\right)\right]+\frac{1}{2}\sum_{s=1}^{l}\sigma_{ks}\sigma_{ks}\frac{\partial^2 H_k}{\partial P_k^2}\right\}\mathrm{d}t\\
&\quad+\varepsilon^{1/2}\sum_{s=1}^{l}\sigma_{js}\frac{\partial H_k}{\partial P_k}\mathrm{d}B_s(t),\\
\mathrm{d}C_v&=\varepsilon\left\{\sum_{i_1=2n+1}^{m}\frac{\partial C_v}{\partial X_{i_1}}\left[\sum_{r=1}^{n}d_{i_1r}\frac{\partial H_r}{\partial P_r}+\sum_{i=2n+1}^{m}d_{i_1i}\frac{\partial}{\partial X_i}\left(\sum_{\beta=1}^{M}C_\beta\right)\right]+\frac{1}{2}\sum_{i,i_1=2n+1}^{m}\sum_{s=1}^{l}\sigma_{is}\sigma_{i_1s}\frac{\partial^2 C_v}{\partial X_i\partial X_{i_1}}\right\}\mathrm{d}t\\
&\quad+\varepsilon^{1/2}\sum_{i=2n+1}^{m}\sum_{s=1}^{l}\sigma_{is}\frac{\partial C_v}{\partial X_i}\mathrm{d}B_s(t),\\
&k=1,2,\cdots,n,\quad v=1,2,\cdots,M.
\end{aligned} \tag{10.2.15}$$

此时平均伊藤随机微分方程为

$$\begin{aligned}
&\mathrm{d}H_k=\bar{m}_k(\boldsymbol{H},\boldsymbol{C})\mathrm{d}t+\sum_{s=1}^{l}\bar{\sigma}_{ks}(\boldsymbol{H},\boldsymbol{C})\mathrm{d}B_s(t),\\
&\mathrm{d}C_v=\bar{m}_v(\boldsymbol{H},\boldsymbol{C})\mathrm{d}t+\sum_{s=1}^{l}\bar{\sigma}_{vs}(\boldsymbol{H},\boldsymbol{C})\mathrm{d}B_s(t),\\
&k=1,2,\cdots,n;\quad v=1,2,\cdots,M.
\end{aligned} \tag{10.2.16}$$

式中漂移系数与扩散系数为

$$\begin{aligned}
\bar{m}_k(\boldsymbol{H},\boldsymbol{C})&=\frac{\varepsilon}{T_2}\oint\frac{1}{A_2}\left\{\frac{\partial H_k}{\partial p_k}\left[\sum_{r=1}^{n}d_{kr}\frac{\partial H_r}{\partial p_r}+\sum_{i=2n+1}^{m}d_{ki}\frac{\partial}{\partial x_i}\left(\sum_{\beta=1}^{M}C_\beta\right)\right]\right.\\
&\quad\left.+\frac{1}{2}\sum_{s=1}^{l}\sigma_{ks}\sigma_{ks}\frac{\partial^2 H_k}{\partial p_k^2}\right\}\prod_{r_1=1}^{n}\mathrm{d}q_{r_1},\\
\bar{m}_v(\boldsymbol{H},\boldsymbol{C})&=\frac{\varepsilon}{T_2}\oint\frac{1}{A_2}\left\{\sum_{i_1=2n+1}^{m}\frac{\partial C_v}{\partial x_{i_1}}\left[\sum_{r=1}^{n}d_{i_1r}\frac{\partial H_r}{\partial p_r}+\sum_{i=2n+1}^{m}d_{i_1i}\frac{\partial}{\partial x_i}\left(\sum_{\beta=1}^{M}C_\beta\right)\right]\right.\\
&\quad\left.+\frac{1}{2}\sum_{i,i_1=2n+1}^{m}\sum_{s=1}^{l}\sigma_{is}\sigma_{i_1s}\frac{\partial^2 C_v}{\partial x_i\partial x_{i_1}}\right\}\prod_{r_1=1}^{n}\mathrm{d}q_{r_1},
\end{aligned}$$

$$\sum_{s=1}^{l}\bar{\sigma}_{k_1 s}\bar{\sigma}_{k_2 s}(\boldsymbol{H},\boldsymbol{C})=\frac{\varepsilon}{T_2}\oint\frac{1}{A_2}\sum_{s=1}^{l}\left(\sigma_{k_1 s}\sigma_{k_2 s}\frac{\partial H_{k_1}}{\partial p_{k_1}}\frac{\partial H_{k_2}}{\partial p_{k_2}}\right)\prod_{r_1=1}^{n}\mathrm{d}q_{r_1},$$

$$\sum_{s=1}^{l}\bar{\sigma}_{v_1 s}\bar{\sigma}_{v_2 s}(\boldsymbol{H},\boldsymbol{C})=\frac{\varepsilon}{T_2}\oint\frac{1}{A_2}\sum_{i,i_1=2n+1}^{m}\sum_{s=1}^{l}\left(\sigma_{is}\sigma_{i_1 s}\frac{\partial C_{v_1}}{\partial x_i}\frac{\partial C_{v_2}}{\partial x_{i_1}}\right)\prod_{r_1=1}^{n}\mathrm{d}q_{r_1},\quad(10.2.17)$$

$$\sum_{s=1}^{l}\bar{\sigma}_{k_1 s}\bar{\sigma}_{v_1 s}(\boldsymbol{H},\boldsymbol{C})=\frac{\varepsilon}{T_2}\oint\frac{1}{A_2}\sum_{i=2n+1}^{m}\sum_{s=1}^{l}\left(\sigma_{k_1 s}\sigma_{is}\frac{\partial H_{k_1}}{\partial p_{k_1}}\frac{\partial C_{v_1}}{\partial x_i}\right)\prod_{r_1=1}^{n}\mathrm{d}q_{r_1},$$

$$A_2=\left|\frac{\partial(q_1,\cdots,q_n,H_1,\cdots,H_n,\boldsymbol{c})}{\partial(q_1,\cdots,q_n,p_1,\cdots,p_n,\boldsymbol{x}_2)}\right|=\prod_{r_1=1}^{n}\frac{\partial H_{r_1}}{\partial p_{r_1}}\left|\frac{\partial\boldsymbol{c}}{\partial\boldsymbol{x}_2}\right|,$$

$$T_2=\oint(1/A_2)\prod_{r_1=1}^{n}\mathrm{d}q_{r_1}=\left[\oint\prod_{r_1=1}^{n}\left(\frac{\partial H_{r_1}}{\partial p_{r_1}}\right)^{-1}\mathrm{d}q_{r_1}\right]\left|\frac{\partial\boldsymbol{c}}{\partial\boldsymbol{x}_2}\right|^{-1}=\left(\prod_{r_1=1}^{n}T_{r_1}\right)\left|\frac{\partial\boldsymbol{c}}{\partial\boldsymbol{x}_2}\right|^{-1},$$

$$k,k_1,k_2=1,2,\cdots,n;\quad v,v_1,v_2=1,2,\cdots,M.$$

相应的平均 FPK 方程为

$$\begin{aligned}\frac{\partial p}{\partial t}=&-\sum_{k=1}^{n}\frac{\partial}{\partial h_k}(\bar{a}_k p)-\sum_{v=1}^{M}\frac{\partial}{\partial c_v}(\bar{a}_v p)+\frac{1}{2}\sum_{k_1,k_2=1}^{n}\frac{\partial^2}{\partial h_{k_1}\partial h_{k_2}}(\bar{b}_{k_1 k_2}p)\\&+\frac{1}{2}\sum_{v_1,v_2=1}^{M}\frac{\partial^2}{\partial c_{v_1}\partial c_{v_2}}(\bar{b}_{v_1 v_2}p)+\sum_{k_1=1}^{n}\sum_{v_1=1}^{M}\frac{\partial^2}{\partial h_{k_1}\partial c_{v_1}}(\bar{b}_{k_1 v_1}p).\end{aligned}\quad(10.2.18)$$

方程中一、二阶导数矩为

$$\bar{a}_k=\bar{a}_k(\boldsymbol{h},\boldsymbol{c})=\bar{m}_k(\boldsymbol{H},\boldsymbol{C})\big|_{\boldsymbol{C}=\boldsymbol{c}},\quad\bar{a}_v=\bar{a}_v(\boldsymbol{h},\boldsymbol{c})=\bar{m}_v(\boldsymbol{H},\boldsymbol{C})\big|_{\boldsymbol{C}=\boldsymbol{c}},$$

$$\bar{b}_{k_1 k_2}=\bar{b}_{k_1 k_2}(\boldsymbol{h},\boldsymbol{c})=\sum_{s=1}^{l}\bar{\sigma}_{k_1 s}\bar{\sigma}_{k_2 s}(\boldsymbol{H},\boldsymbol{C})\Bigg|_{\boldsymbol{C}=\boldsymbol{c}},\quad\bar{b}_{v_1 v_2}=\bar{b}_{v_1 v_2}(\boldsymbol{h},\boldsymbol{c})=\sum_{s=1}^{l}\bar{\sigma}_{v_1 s}\bar{\sigma}_{v_2 s}(\boldsymbol{H},\boldsymbol{C})\Bigg|_{\boldsymbol{C}=\boldsymbol{c}},$$

$$\bar{b}_{k_1 v_1}=\bar{b}_{k_1 v_1}(\boldsymbol{h},\boldsymbol{c})=\sum_{s=1}^{l}\bar{\sigma}_{k_1 s}\bar{\sigma}_{v_1 s}(\boldsymbol{H},\boldsymbol{C})\Bigg|_{\boldsymbol{H}=\boldsymbol{h},\,\boldsymbol{C}=\boldsymbol{c}}.\quad(10.2.19)$$

若已求得平均 FPK 方程(10.2.18)的平稳解 $p(\boldsymbol{h},\boldsymbol{c})$，则原系统(10.1.5)的近似平稳概率密度为

$$p(\boldsymbol{x})=\frac{p(\boldsymbol{h},\boldsymbol{c})}{T_2}=\frac{p(\boldsymbol{h},\boldsymbol{c})}{\prod_{r_1=1}^{n}T_{r_1}}\left|\frac{\partial\boldsymbol{c}}{\partial\boldsymbol{x}_2}\right|\Bigg|_{\boldsymbol{h}=\boldsymbol{h}(\boldsymbol{x}_1),\,\boldsymbol{c}=\boldsymbol{c}(\boldsymbol{x}_2)}.\quad(10.2.20)$$

10.2.2 内共振情形

设与系统(10.1.5)相应的广义哈密顿系统完全可积共振，存在α ($1\leqslant\alpha\leqslant n-1$)个形如式(10.2.2)的弱内共振关系. 引入角变量组合

$$\Psi_u=\sum_{r=1}^{n}k_r^u\Theta_r,\quad u=1,2,\cdots,\alpha. \tag{10.2.21}$$

运用伊藤随机微分规则，由式(10.2.1)可得关于Ψ_u的伊藤随机微分方程

$$\begin{aligned}\mathrm{d}\Psi_u=&\left\{O_u(\varepsilon)+\varepsilon\sum_{i,j=1}^{m}\left(d_{ij}\frac{\partial\Psi_u}{\partial X_i}\frac{\partial H}{\partial X_j}\right)+\frac{\varepsilon}{2}\sum_{i,j=1}^{m}\sum_{s=1}^{l}\left(\sigma_{is}\sigma_{js}\frac{\partial^2\Psi_u}{\partial X_i\partial X_j}\right)\right\}\mathrm{d}t\\&+\varepsilon^{1/2}\sum_{i=1}^{m}\sum_{s=1}^{l}\sigma_{is}\frac{\partial\Psi_u}{\partial X_i}\mathrm{d}B_s(t),\quad u=1,2,\cdots,\alpha.\end{aligned} \tag{10.2.22}$$

以式(10.2.22)中α个方程替换式(10.2.1)中α个关于Θ_k的方程，由替换后的式子可知和式(10.2.22)可知$\boldsymbol{I}=[I_1,\cdots,I_n]^{\mathrm{T}}$，$\boldsymbol{\Psi}=[\Psi_1,\cdots,\Psi_\alpha]^{\mathrm{T}}$，$\boldsymbol{C}=[C_1,\cdots,C_M]^{\mathrm{T}}$是慢变过程，而剩余角矢量$\boldsymbol{\Theta}'=[\Theta_{r_1},\cdots,\Theta_{r_{n-\alpha}}]^{\mathrm{T}}$是快变过程，根据哈斯敏斯基定理(Khasminskii, 1968)，当$\varepsilon\to 0$时，$[\boldsymbol{I}^{\mathrm{T}},\boldsymbol{\Psi}^{\mathrm{T}},\boldsymbol{C}^{\mathrm{T}}]^{\mathrm{T}}$弱收敛于$(n+\alpha+M)$维矢量马尔可夫扩散过程，支配该过程的平均伊藤随机微分方程为

$$\begin{aligned}&\mathrm{d}I_k=\bar{\bar{m}}_k(\boldsymbol{I},\boldsymbol{\Psi},\boldsymbol{C})\mathrm{d}t+\sum_{s=1}^{l}\bar{\bar{\sigma}}_{ks}(\boldsymbol{I},\boldsymbol{\Psi},\boldsymbol{C})\mathrm{d}B_s(t),\\&\mathrm{d}\Psi_u=\bar{\bar{m}}_u(\boldsymbol{I},\boldsymbol{\Psi},\boldsymbol{C})\mathrm{d}t+\sum_{s=1}^{l}\bar{\bar{\sigma}}_{us}(\boldsymbol{I},\boldsymbol{\Psi},\boldsymbol{C})\mathrm{d}B_s(t),\\&\mathrm{d}C_v=\bar{\bar{m}}_v(\boldsymbol{I},\boldsymbol{\Psi},\boldsymbol{C})\mathrm{d}t+\sum_{s=1}^{l}\bar{\bar{\sigma}}_{vs}(\boldsymbol{I},\boldsymbol{\Psi},\boldsymbol{C})\mathrm{d}B_s(t),\\&k=1,2,\cdots,n;\quad u=1,2,\cdots,\alpha;\quad v=1,2,\cdots,M.\end{aligned} \tag{10.2.23}$$

按式(4.1.29)和式(4.1.30)，上式中漂移系数与扩散系数由式(10.2.1)和式(10.2.22)中相应系数作时间平均得到. 鉴于原系统(10.1.5)对应的广义哈密顿系统可积共振，它在$\boldsymbol{I}$, $\boldsymbol{\Psi}$, $\boldsymbol{C}$为常数矢量的$(n-\alpha)$维子环面上遍历，时间平均可代之以对该子环面的相位平均，于是有

$$\begin{aligned}&\bar{\bar{m}}_k(\boldsymbol{I},\boldsymbol{\Psi},\boldsymbol{C})=\frac{\varepsilon}{T_3}\int_0^{2\pi}\frac{1}{A_3}\left(\sum_{i,j=1}^{m}d_{ij}\frac{\partial I_k}{\partial x_i}\frac{\partial H}{\partial x_j}+\frac{1}{2}\sum_{i,j=1}^{m}\sum_{s=1}^{l}\sigma_{is}\sigma_{js}\frac{\partial^2 I_k}{\partial x_i\partial x_j}\right)\mathrm{d}\boldsymbol{\theta}',\\&\bar{\bar{m}}_u(\boldsymbol{I},\boldsymbol{\Psi},\boldsymbol{C})=\frac{\varepsilon}{T_3}\int_0^{2\pi}\frac{1}{A_3}\left[\frac{O(\varepsilon)}{\varepsilon}+\sum_{i,j=1}^{m}d_{ij}\frac{\partial\Psi_u}{\partial x_i}\frac{\partial H}{\partial x_j}+\frac{1}{2}\sum_{i,j=1}^{m}\sum_{s=1}^{l}\sigma_{is}\sigma_{js}\frac{\partial^2\Psi_u}{\partial x_i\partial x_j}\right]\mathrm{d}\boldsymbol{\theta}',\\&\bar{\bar{m}}_v(\boldsymbol{I},\boldsymbol{\Psi},\boldsymbol{C})=\frac{\varepsilon}{T_3}\int_0^{2\pi}\frac{1}{A_3}\left(\sum_{i,j=1}^{m}d_{ij}\frac{\partial C_v}{\partial x_i}\frac{\partial H}{\partial x_j}+\frac{1}{2}\sum_{i,j=1}^{m}\sum_{s=1}^{l}\sigma_{is}\sigma_{js}\frac{\partial^2 C_v}{\partial x_i\partial x_j}\right)\mathrm{d}\boldsymbol{\theta}',\end{aligned}$$

$$
\begin{aligned}
&\sum_{s=1}^{l}\bar{\bar{\sigma}}_{k_1s}\bar{\bar{\sigma}}_{k_2s}(\boldsymbol{I},\boldsymbol{\Psi},\boldsymbol{C})=\frac{\varepsilon}{T_3}\int_0^{2\pi}\frac{1}{A_3}\sum_{i,j=1}^{m}\sum_{s=1}^{l}\sigma_{is}\sigma_{js}\frac{\partial I_{k_1}}{\partial x_i}\frac{\partial I_{k_2}}{\partial x_j}\mathrm{d}\boldsymbol{\theta}',\\
&\sum_{s=1}^{l}\bar{\bar{\sigma}}_{u_1s}\bar{\bar{\sigma}}_{u_2s}(\boldsymbol{I},\boldsymbol{\Psi},\boldsymbol{C})=\frac{\varepsilon}{T_3}\int_0^{2\pi}\frac{1}{A_3}\sum_{i,j=1}^{m}\sum_{s=1}^{l}\sigma_{is}\sigma_{js}\frac{\partial \Psi_{u_1}}{\partial x_i}\frac{\partial \Psi_{u_2}}{\partial x_j}\mathrm{d}\boldsymbol{\theta}',\\
&\sum_{s=1}^{l}\bar{\bar{\sigma}}_{v_1s}\bar{\bar{\sigma}}_{v_2s}(\boldsymbol{I},\boldsymbol{\Psi},\boldsymbol{C})=\frac{\varepsilon}{T_3}\int_0^{2\pi}\frac{1}{A_3}\sum_{i,j=1}^{m}\sum_{s=1}^{l}\sigma_{is}\sigma_{js}\frac{\partial C_{v_1}}{\partial x_i}\frac{\partial C_{v_2}}{\partial x_j}\mathrm{d}\boldsymbol{\theta}',\\
&\sum_{s=1}^{l}\bar{\bar{\sigma}}_{k_1s}\bar{\bar{\sigma}}_{u_1s}(\boldsymbol{I},\boldsymbol{\Psi},\boldsymbol{C})=\frac{\varepsilon}{T_3}\int_0^{2\pi}\frac{1}{A_3}\sum_{i,j=1}^{m}\sum_{s=1}^{l}\sigma_{is}\sigma_{js}\frac{\partial I_{k_1}}{\partial x_i}\frac{\partial \Psi_{u_1}}{\partial x_j}\mathrm{d}\boldsymbol{\theta}',\\
&\sum_{s=1}^{l}\bar{\bar{\sigma}}_{k_1s}\bar{\bar{\sigma}}_{v_1s}(\boldsymbol{I},\boldsymbol{\Psi},\boldsymbol{C})=\frac{\varepsilon}{T_3}\int_0^{2\pi}\frac{1}{A_3}\sum_{i,j=1}^{m}\sum_{s=1}^{l}\sigma_{is}\sigma_{js}\frac{\partial I_{k_1}}{\partial x_i}\frac{\partial C_{v_1}}{\partial x_j}\mathrm{d}\boldsymbol{\theta}',\\
&\sum_{s=1}^{l}\bar{\bar{\sigma}}_{v_1s}\bar{\bar{\sigma}}_{u_1s}(\boldsymbol{I},\boldsymbol{\Psi},\boldsymbol{C})=\frac{\varepsilon}{T_3}\int_0^{2\pi}\frac{1}{A_3}\sum_{i,j=1}^{m}\sum_{s=1}^{l}\sigma_{is}\sigma_{js}\frac{\partial C_{v_1}}{\partial x_i}\frac{\partial \Psi_{u_1}}{\partial x_j}\mathrm{d}\boldsymbol{\theta}',\\
&T_3=\int_0^{2\pi}(1/A_3)\mathrm{d}\boldsymbol{\theta}',\\
&k,k_1,k_2=1,2,\cdots,n;\quad u,u_1,u_2=1,2,\cdots,\alpha;\quad v,v_1,v_2=1,2,\cdots,M.
\end{aligned}
\tag{10.2.24}
$$

式中 $\int_0^{2\pi}(\cdot)\mathrm{d}\boldsymbol{\theta}'$ 表示对 $\boldsymbol{\theta}'=[\theta_{r_1},\cdots,\theta_{r_{n-\alpha}}]^{\mathrm{T}}$ 的 $(n-\alpha)$ 重积分，$A_3=\left|\partial(\boldsymbol{I},\boldsymbol{\psi},\boldsymbol{\theta}',\boldsymbol{c})/\partial\boldsymbol{x}\right|$ 为 $\boldsymbol{x}$ 到 $\boldsymbol{I},\boldsymbol{\psi},\boldsymbol{\theta}',\boldsymbol{c}$ 变换的雅可比矩阵行列式.

与式(10.2.23)相应的平均 FPK 方程为

$$
\begin{aligned}
\frac{\partial p}{\partial t}=&-\sum_{k=1}^{n}\frac{\partial}{\partial I_k}(\bar{\bar{a}}_k p)-\sum_{u=1}^{\alpha}\frac{\partial}{\partial \psi_u}(\bar{\bar{a}}_u p)-\sum_{v=1}^{M}\frac{\partial}{\partial c_v}(\bar{\bar{a}}_v p)+\frac{1}{2}\sum_{k_1,k_2=1}^{n}\frac{\partial^2}{\partial I_{k_1}\partial I_{k_2}}(\bar{\bar{b}}_{k_1k_2}p)\\
&+\frac{1}{2}\sum_{u_1,u_2=1}^{\alpha}\frac{\partial^2}{\partial\psi_{u_1}\partial\psi_{u_2}}(\bar{\bar{b}}_{u_1u_2}p)+\frac{1}{2}\sum_{v_1,v_2=1}^{M}\frac{\partial^2}{\partial c_{v_1}\partial c_{v_2}}(\bar{\bar{b}}_{v_1v_2}p)+\sum_{k_1=1}^{n}\sum_{u_1=1}^{\alpha}\frac{\partial^2}{\partial I_{k_1}\partial\psi_{u_1}}(\bar{\bar{b}}_{k_1u_1}p)\\
&+\sum_{u_1=1}^{\alpha}\sum_{v_1=1}^{M}\frac{\partial^2}{\partial\psi_{u_1}\partial c_{v_1}}(\bar{\bar{b}}_{u_1v_1}p)+\sum_{k_1=1}^{n}\sum_{v_1=1}^{M}\frac{\partial^2}{\partial I_{k_1}\partial c_{v_1}}(\bar{\bar{b}}_{k_1v_1}p).
\end{aligned}
\tag{10.2.25}
$$

式中，

$$
\begin{aligned}
&\bar{\bar{a}}_k=\bar{\bar{a}}_k(\boldsymbol{I},\boldsymbol{\psi},\boldsymbol{c})=\bar{\bar{m}}_k(\boldsymbol{I},\boldsymbol{\Psi},\boldsymbol{C})\big|_{\boldsymbol{\Psi}=\boldsymbol{\psi},\,\boldsymbol{C}=\boldsymbol{c}},\quad \bar{\bar{a}}_u=\bar{\bar{a}}_u(\boldsymbol{I},\boldsymbol{\psi},\boldsymbol{c})=\bar{\bar{m}}_u(\boldsymbol{I},\boldsymbol{\Psi},\boldsymbol{C})\big|_{\boldsymbol{\Psi}=\boldsymbol{\psi},\,\boldsymbol{C}=\boldsymbol{c}},\\
&\bar{\bar{a}}_v=\bar{\bar{a}}_v(\boldsymbol{I},\boldsymbol{\psi},\boldsymbol{c})=\bar{\bar{m}}_v(\boldsymbol{I},\boldsymbol{\Psi},\boldsymbol{C})\big|_{\boldsymbol{\Psi}=\boldsymbol{\psi},\,\boldsymbol{C}=\boldsymbol{c}},\\
&\bar{\bar{b}}_{k_1k_2}=\bar{\bar{b}}_{k_1k_2}(\boldsymbol{I},\boldsymbol{\psi},\boldsymbol{c})=\sum_{s=1}^{l}\bar{\bar{\sigma}}_{k_1s}\bar{\bar{\sigma}}_{k_2s}(\boldsymbol{I},\boldsymbol{\Psi},\boldsymbol{C})\bigg|_{\boldsymbol{\Psi}=\boldsymbol{\psi},\,\boldsymbol{C}=\boldsymbol{c}},
\end{aligned}
$$

$$
\begin{aligned}
&\bar{\bar{b}}_{u_1u_2}=\bar{\bar{b}}_{u_1u_2}(\boldsymbol{I},\boldsymbol{\psi},\boldsymbol{c})=\sum_{s=1}^{l}\bar{\bar{\sigma}}_{u_1s}\bar{\bar{\sigma}}_{u_2s}(\boldsymbol{I},\boldsymbol{\Psi},\boldsymbol{C})\Big|_{\boldsymbol{\Psi}=\boldsymbol{\psi},\,\boldsymbol{C}=\boldsymbol{c}},\quad \bar{\bar{b}}_{v_1v_2}=\bar{\bar{b}}_{v_1v_2}(\boldsymbol{I},\boldsymbol{\psi},\boldsymbol{c})=\sum_{s=1}^{l}\bar{\bar{\sigma}}_{v_1s}\bar{\bar{\sigma}}_{v_2s}(\boldsymbol{I},\boldsymbol{\Psi},\boldsymbol{C})\Big|_{\boldsymbol{\Psi}=\boldsymbol{\psi},\,\boldsymbol{C}=\boldsymbol{c}},\\
&\bar{\bar{b}}_{k_1u_1}=\bar{\bar{b}}_{k_1u_1}(\boldsymbol{I},\boldsymbol{\psi},\boldsymbol{c})=\sum_{s=1}^{l}\bar{\bar{\sigma}}_{k_1s}\bar{\bar{\sigma}}_{u_1s}(\boldsymbol{I},\boldsymbol{\Psi},\boldsymbol{C})\Big|_{\boldsymbol{\Psi}=\boldsymbol{\psi},\,\boldsymbol{C}=\boldsymbol{c}},\quad \bar{\bar{b}}_{k_1v_1}=\bar{\bar{b}}_{k_1v_1}(\boldsymbol{I},\boldsymbol{\psi},\boldsymbol{c})=\sum_{s=1}^{l}\bar{\bar{\sigma}}_{k_1s}\bar{\bar{\sigma}}_{v_1s}(\boldsymbol{I},\boldsymbol{\Psi},\boldsymbol{C})\Big|_{\boldsymbol{\Psi}=\boldsymbol{\psi},\,\boldsymbol{C}=\boldsymbol{c}},\\
&\bar{\bar{b}}_{u_1v_1}=\bar{\bar{b}}_{u_1v_1}(\boldsymbol{I},\boldsymbol{\psi},\boldsymbol{c})=\sum_{s=1}^{l}\bar{\bar{\sigma}}_{u_1s}\bar{\bar{\sigma}}_{v_1s}(\boldsymbol{I},\boldsymbol{\Psi},\boldsymbol{C})\Big|_{\boldsymbol{\Psi}=\boldsymbol{\psi},\,\boldsymbol{C}=\boldsymbol{c}}.
\end{aligned}
\tag{10.2.26}
$$

$p=p(\boldsymbol{I},\boldsymbol{\psi},\boldsymbol{c},t|\boldsymbol{I}_0,\boldsymbol{\psi}_0,\boldsymbol{c}_0)$ 为转移概率密度，或 $p=p(\boldsymbol{I},\boldsymbol{\psi},\boldsymbol{c},t|)$ 为联合概率密度. 方程(10.2.25)可在相应初始条件与边界下求解，特别地，对 ψ_u 有周期性边界条件 $p|_{\psi_u+2k\pi}=p|_{\psi_u}$，$k$ 为整数.

在求得式(10.2.25)的平稳解后，可按下式求得原系统(10.1.5)的近似平稳概率密度

$$
p(\boldsymbol{x})=p(\boldsymbol{I},\boldsymbol{\psi},\boldsymbol{\theta}',\boldsymbol{c})\left|\frac{\partial(\boldsymbol{I},\boldsymbol{\psi},\boldsymbol{\theta}',\boldsymbol{c})}{\partial\boldsymbol{x}}\right|=p(\boldsymbol{\theta}'|\boldsymbol{I},\boldsymbol{\psi},\boldsymbol{c})p(\boldsymbol{I},\boldsymbol{\psi},\boldsymbol{c})A_3. \tag{10.2.27}
$$

对固定 $\boldsymbol{I},\boldsymbol{\psi},\boldsymbol{c}$，条件概率密度 $p(\boldsymbol{\theta}'|\boldsymbol{I},\boldsymbol{\psi},\boldsymbol{c})$ 反比于 $A_3=|\partial(\boldsymbol{I},\boldsymbol{\psi},\boldsymbol{\theta}',\boldsymbol{c})/\partial\boldsymbol{x}|$，因此

$$
p(\boldsymbol{\theta}'|\boldsymbol{I},\boldsymbol{\psi},\boldsymbol{c})=C'/A_3. \tag{10.2.28}
$$

式中 C' 是常数. 式(10.2.28)对 $\boldsymbol{\theta}'$ 进行归一化，再代入式(10.2.27)，得原系统(10.1.5)的近似平稳概率密度

$$
p(\boldsymbol{x})=\frac{p(\boldsymbol{I},\boldsymbol{\psi},\boldsymbol{c})}{T_3(\boldsymbol{I},\boldsymbol{\psi},\boldsymbol{c})}\bigg|_{\boldsymbol{I}=\boldsymbol{I}(\boldsymbol{x}),\,\boldsymbol{\psi}=\boldsymbol{\psi}(\boldsymbol{x}),\,\boldsymbol{c}=\boldsymbol{c}(\boldsymbol{x})}. \tag{10.2.29}
$$

如同式(10.2.10)，若与式(10.2.1)和式(10.2.22)对应的广义哈密顿系统变量可分离，以 H_1 为哈密顿函数的哈密顿子系统完全可积共振，且已求得作用角矢量 $\boldsymbol{I}(\boldsymbol{x}_1),\boldsymbol{\theta}(\boldsymbol{x}_1)$，支配矢量过程 $[\boldsymbol{I}^{\mathrm{T}},\boldsymbol{\Theta}^{\mathrm{T}},\boldsymbol{C}^{\mathrm{T}}]^{\mathrm{T}}$ 的伊藤随机微分方程(10.2.11)仍然有效，按式(10.2.21)可由式(10.2.11)中 θ_k 的方程导出 Ψ_u 的伊藤随机微分方程

$$
\begin{aligned}
\mathrm{d}\Psi_u=&\left\{O_u(\varepsilon)+\varepsilon\sum_{j=1}^{n}\frac{\partial\Psi_u}{\partial P_j}\left[\sum_{r=1}^{n}d_{jr}\frac{\partial H_1}{\partial P_r}+\sum_{i=2n+1}^{m}d_{ji}\frac{\partial}{\partial X_i}\left(\sum_{\beta=1}^{M}C_\beta\right)\right]\right.\\
&\left.+\frac{1}{2}\sum_{j,r=1}^{n}\sum_{s=1}^{l}\sigma_{js}\sigma_{rs}\frac{\partial^2\Psi_u}{\partial P_j\partial P_r}\right\}\mathrm{d}t+\varepsilon^{1/2}\sum_{j=1}^{n}\sum_{s=1}^{l}\sigma_{js}\frac{\partial\Psi_u}{\partial P_j}\mathrm{d}B_s(t),\quad u=1,2,\cdots,\alpha.
\end{aligned}
\tag{10.2.30}
$$

支配($n+\alpha+M$)维矢量 $[\boldsymbol{I}^{\mathrm{T}},\boldsymbol{\Psi}^{\mathrm{T}},\boldsymbol{C}^{\mathrm{T}}]^{\mathrm{T}}$ 的马尔可夫扩散过程的平均伊藤随机微分方程仍形如式(10.2.23)，但其漂移系数与扩散系数改为

$$
\begin{aligned}
\bar{\bar{m}}'_k(\boldsymbol{I},\boldsymbol{\Psi},\boldsymbol{C}) &= \frac{\varepsilon}{T'_3}\int_0^{2\pi}\frac{1}{A'_3}\left\{\sum_{j=1}^{n}\frac{\partial I_k}{\partial p_j}\left[\sum_{r=1}^{n}d_{jr}\frac{\partial H_1}{\partial p_r}+\sum_{i=2n+1}^{m}d_{ji}\frac{\partial}{\partial x_i}\left(\sum_{\beta=1}^{M}C_\beta\right)\right]\right.\\
&\quad\left.+\frac{1}{2}\sum_{j,r=1}^{n}\sum_{s=1}^{l}\sigma_{js}\sigma_{rs}\frac{\partial^2 I_k}{\partial p_j\partial p_r}\right\}\mathrm{d}\boldsymbol{\theta}',\\
\bar{\bar{m}}'_u(\boldsymbol{I},\boldsymbol{\Psi},\boldsymbol{C}) &= \frac{\varepsilon}{T'_3}\int_0^{2\pi}\frac{1}{A'_3}\left\{\frac{O_u(\varepsilon)}{\varepsilon}+\sum_{j=1}^{n}\frac{\partial \Psi_u}{\partial p_j}\left[\sum_{r=1}^{n}d_{jr}\frac{\partial H_1}{\partial p_r}+\sum_{i=2n+1}^{m}d_{ji}\frac{\partial}{\partial x_i}\left(\sum_{\beta=1}^{M}C_\beta\right)\right]\right.\\
&\quad\left.+\frac{1}{2}\sum_{j,r=1}^{n}\sum_{s=1}^{l}\sigma_{js}\sigma_{rs}\frac{\partial^2 \Psi_u}{\partial x_j\partial x_r}\right\}\mathrm{d}\boldsymbol{\theta}',
\end{aligned}
\tag{10.2.31}
$$

$$
\begin{aligned}
\bar{\bar{m}}'_v(\boldsymbol{I},\boldsymbol{\Psi},\boldsymbol{C}) &= \frac{\varepsilon}{T'_3}\int_0^{2\pi}\frac{1}{A'_3}\left\{\sum_{i_1=2n+1}^{m}\frac{\partial C_v}{\partial x_{i_1}}\left[\sum_{r=1}^{n}d_{i_1r}\frac{\partial H_1}{\partial p_r}+\sum_{i=2n+1}^{m}d_{i_1i}\frac{\partial}{\partial x_i}\left(\sum_{\beta=1}^{M}C_\beta\right)\right]\right.\\
&\quad\left.+\frac{1}{2}\sum_{i,i_1=2n+1}^{m}\sum_{s=1}^{l}\sigma_{is}\sigma_{i_1s}\frac{\partial^2 C_v}{\partial x_i\partial x_{i_1}}\right\}\mathrm{d}\boldsymbol{\theta}',\\
\sum_{s=1}^{l}\bar{\bar{\sigma}}'_{k_1s}\bar{\bar{\sigma}}'_{k_2s}(\boldsymbol{I},\boldsymbol{\Psi},\boldsymbol{C}) &= \frac{\varepsilon}{T'_3}\int_0^{2\pi}\frac{1}{A'_3}\sum_{j,r=1}^{n}\sum_{s=1}^{l}\left(\sigma_{js}\sigma_{rs}\frac{\partial I_{k_1}}{\partial p_j}\frac{\partial I_{k_2}}{\partial p_r}\right)\mathrm{d}\boldsymbol{\theta}',\\
\sum_{s=1}^{l}\bar{\bar{\sigma}}'_{u_1s}\bar{\bar{\sigma}}'_{u_2s}(\boldsymbol{I},\boldsymbol{\Psi},\boldsymbol{C}) &= \frac{\varepsilon}{T'_3}\int_0^{2\pi}\frac{1}{A'_3}\sum_{j,r=1}^{n}\sum_{s=1}^{l}\left(\sigma_{js}\sigma_{rs}\frac{\partial \Psi_{u_1}}{\partial p_j}\frac{\partial \Psi_{u_2}}{\partial p_r}\right)\mathrm{d}\boldsymbol{\theta}',\\
\sum_{s=1}^{l}\bar{\bar{\sigma}}'_{v_1s}\bar{\bar{\sigma}}'_{v_2s}(\boldsymbol{I},\boldsymbol{\Psi},\boldsymbol{C}) &= \frac{\varepsilon}{T'_3}\int_0^{2\pi}\frac{1}{A'_3}\sum_{i,i_1=2n+1}^{m}\sum_{s=1}^{l}\left(\sigma_{is}\sigma_{i_1s}\frac{\partial C_{v_1}}{\partial x_i}\frac{\partial C_{v_2}}{\partial x_{i_1}}\right)\mathrm{d}\boldsymbol{\theta}',\\
\sum_{s=1}^{l}\bar{\bar{\sigma}}'_{k_1s}\bar{\bar{\sigma}}'_{u_1s}(\boldsymbol{I},\boldsymbol{\Psi},\boldsymbol{C}) &= \frac{\varepsilon}{T'_3}\int_0^{2\pi}\frac{1}{A'_3}\sum_{j,r=1}^{n}\sum_{s=1}^{l}\left(\sigma_{js}\sigma_{rs}\frac{\partial I_{k_1}}{\partial p_j}\frac{\partial \Psi_{u_1}}{\partial p_r}\right)\mathrm{d}\boldsymbol{\theta}',\\
\sum_{s=1}^{l}\bar{\bar{\sigma}}'_{k_1s}\bar{\bar{\sigma}}'_{v_1s}(\boldsymbol{I},\boldsymbol{\Psi},\boldsymbol{C}) &= \frac{\varepsilon}{T'_3}\int_0^{2\pi}\frac{1}{A'_3}\sum_{j=1}^{n}\sum_{i=2n+1}^{m}\sum_{s=1}^{l}\left(\sigma_{js}\sigma_{is}\frac{\partial I_{k_1}}{\partial p_j}\frac{\partial C_{v_1}}{\partial x_i}\right)\mathrm{d}\boldsymbol{\theta}',\\
\sum_{s=1}^{l}\bar{\bar{\sigma}}'_{u_1s}\bar{\bar{\sigma}}'_{v_1s}(\boldsymbol{I},\boldsymbol{\Psi},\boldsymbol{C}) &= \frac{\varepsilon}{T'_3}\int_0^{2\pi}\frac{1}{A'_3}\sum_{j=1}^{n}\sum_{i=2n+1}^{m}\sum_{s=1}^{l}\left(\sigma_{js}\sigma_{is}\frac{\partial \Psi_{u_1}}{\partial p_j}\frac{\partial C_{v_1}}{\partial x_i}\right)\mathrm{d}\boldsymbol{\theta}',
\end{aligned}
$$

$$
T'_3=\int_0^{2\pi}(1/A'_3)\mathrm{d}\boldsymbol{\theta}',
$$

$$
k,k_1,k_2=1,2,\cdots,n;\quad u,u_1,u_2=1,2,\cdots,\alpha;\quad v,v_1,v_2=1,2,\cdots,M.
$$

式中 $A_3' = \left|\dfrac{\partial(\boldsymbol{I},\psi,\boldsymbol{\theta}',\boldsymbol{c})}{\partial(\boldsymbol{x}_1,\boldsymbol{x}_2)}\right| = \left|\dfrac{\partial(\boldsymbol{I},\psi,\boldsymbol{\theta}')}{\partial(\boldsymbol{q},\boldsymbol{p})}\right|\left|\dfrac{\partial\boldsymbol{c}}{\partial\boldsymbol{x}_2}\right|$, 其中 $\left|\dfrac{\partial(\boldsymbol{I},\psi,\boldsymbol{\theta}')}{\partial(\boldsymbol{q},\boldsymbol{p})}\right|$ 为 $\left|\dfrac{\partial(\boldsymbol{I},\boldsymbol{\theta})}{\partial(\boldsymbol{q},\boldsymbol{p})}\right|$ 之线性组合, 后者为 1. 因此 $\left|\dfrac{\partial(\boldsymbol{I},\psi,\boldsymbol{\theta}')}{\partial(\boldsymbol{q},\boldsymbol{p})}\right|$ 应为常数 $\bar{\bar{C}}$, $T_3' = (2\pi)^{n-\alpha}\left(\bar{\bar{C}}\left|\dfrac{\partial\boldsymbol{c}}{\partial\boldsymbol{x}_2}\right|\right)^{-1}$.

平均 FPK 方程仍形如式(10.2.25), 但其一、二阶导数矩改为

$$\bar{\bar{a}}_k' = \bar{\bar{a}}_k'(\boldsymbol{I},\psi,\boldsymbol{c}) = \bar{\bar{m}}_k'(\boldsymbol{I},\boldsymbol{\Psi},\boldsymbol{C})\Big|_{\boldsymbol{\Psi}=\psi,\ \boldsymbol{C}=\boldsymbol{c}},\quad \bar{\bar{a}}_u' = \bar{\bar{a}}_u'(\boldsymbol{I},\psi,\boldsymbol{c}) = \bar{\bar{m}}_u'(\boldsymbol{I},\boldsymbol{\Psi},\boldsymbol{C})\Big|_{\boldsymbol{\Psi}=\psi,\ \boldsymbol{C}=\boldsymbol{c}},$$

$$\bar{\bar{a}}_v' = \bar{\bar{a}}_v'(\boldsymbol{I},\psi,\boldsymbol{c}) = \bar{\bar{m}}_v'(\boldsymbol{I},\boldsymbol{\Psi},\boldsymbol{C})\Big|_{\boldsymbol{\Psi}=\psi,\ \boldsymbol{C}=\boldsymbol{c}},\quad \bar{\bar{b}}_{k_1k_2}' = \bar{\bar{b}}_{k_1k_2}'(\boldsymbol{I},\psi,\boldsymbol{c}) = \sum_{s=1}^{l}\bar{\bar{\sigma}}_{k_1s}'\bar{\bar{\sigma}}_{k_2s}'(\boldsymbol{I},\boldsymbol{\Psi},\boldsymbol{C})\Bigg|_{\boldsymbol{\Psi}=\psi,\ \boldsymbol{C}=\boldsymbol{c}}, \tag{10.2.32}$$

$$\bar{\bar{b}}_{u_1u_2}' = \bar{\bar{b}}_{u_1u_2}'(\boldsymbol{I},\psi,\boldsymbol{c}) = \sum_{s=1}^{l}\bar{\bar{\sigma}}_{u_1s}'\bar{\bar{\sigma}}_{u_2s}'(\boldsymbol{I},\boldsymbol{\Psi},\boldsymbol{C})\Bigg|_{\boldsymbol{\Psi}=\psi,\ \boldsymbol{C}=\boldsymbol{c}},\quad \bar{\bar{b}}_{v_1v_2}' = \bar{\bar{b}}_{v_1v_2}'(\boldsymbol{I},\psi,\boldsymbol{c}) = \sum_{s=1}^{l}\bar{\bar{\sigma}}_{v_1s}'\bar{\bar{\sigma}}_{v_2s}'(\boldsymbol{I},\boldsymbol{\Psi},\boldsymbol{C})\Bigg|_{\boldsymbol{\Psi}=\psi,\ \boldsymbol{C}=\boldsymbol{c}},$$

$$\bar{\bar{b}}_{k_1u_1}' = \bar{\bar{b}}_{k_1u_1}'(\boldsymbol{I},\psi,\boldsymbol{c}) = \sum_{s=1}^{l}\bar{\bar{\sigma}}_{k_1s}'\bar{\bar{\sigma}}_{u_1s}'(\boldsymbol{I},\boldsymbol{\Psi},\boldsymbol{C})\Bigg|_{\boldsymbol{\Psi}=\psi,\ \boldsymbol{C}=\boldsymbol{c}},\quad \bar{\bar{b}}_{k_1v_1}' = \bar{\bar{b}}_{k_1v_1}'(\boldsymbol{I},\psi,\boldsymbol{c}) = \sum_{s=1}^{l}\bar{\bar{\sigma}}_{k_1s}'\bar{\bar{\sigma}}_{v_1s}'(\boldsymbol{I},\boldsymbol{\Psi},\boldsymbol{C})\Bigg|_{\boldsymbol{\Psi}=\psi,\ \boldsymbol{C}=\boldsymbol{c}},$$

$$\bar{\bar{b}}_{u_1v_1}' = \bar{\bar{b}}_{u_1v_1}'(\boldsymbol{I},\psi,\boldsymbol{c}) = \sum_{s=1}^{l}\bar{\bar{\sigma}}_{u_1s}'\bar{\bar{\sigma}}_{v_1s}'(\boldsymbol{I},\boldsymbol{\Psi},\boldsymbol{C})\Bigg|_{\boldsymbol{\Psi}=\psi,\ \boldsymbol{C}=\boldsymbol{c}}.$$

若已得平均 FPK 方程之平稳解, 可按从式(10.2.27)至式(10.2.29)类似的推导可得原系统(10.1.5)的近似平稳概率密度

$$p(\boldsymbol{x}) = \frac{\bar{\bar{C}}}{(2\pi)^{n-\alpha}}p(\boldsymbol{I},\psi,\boldsymbol{c})\left|\frac{\partial\boldsymbol{c}}{\partial\boldsymbol{x}_2}\right|. \tag{10.2.33}$$

式中 $\bar{\bar{C}}$ 为归一化常数.

10.3　拟部分可积广义哈密顿系统

设与系统(10.1.5)相应的广义哈密顿系统是部分可积的, 有一个 $2n_1$ 维完全可积的哈密顿子系统, 其哈密顿函数为 H_1, 可得到作用矢量 $\boldsymbol{I}=[I_1,\cdots,I_{n_1}]^{\mathrm{T}}$ 与角矢量 $\boldsymbol{\Theta}=[\Theta_1,\cdots,\Theta_{n_1}]^{\mathrm{T}}$; 有一个 $2n_2$ 维完全不可积的哈密顿子系统, 其哈密顿函数为 H_2; 有 $M=m-2n_1-2n_2$ 维 Casimir 函数矢量 $\boldsymbol{C}=[C_1,\cdots,C_M]^{\mathrm{T}}$. 应用伊藤随机微分规则, 由随机微分方程(10.1.5)可得矢量随机过程 $[\boldsymbol{I}^{\mathrm{T}},\boldsymbol{\Theta}^{\mathrm{T}},H_2,\boldsymbol{C}^{\mathrm{T}}]^{\mathrm{T}}$ 的伊藤随机微分方程

$$
\begin{aligned}
\mathrm{d}I_k &= \varepsilon\left(\sum_{i,j=1}^{m} d_{ij}\frac{\partial I_k}{\partial X_i}\frac{\partial H}{\partial X_j}+\frac{1}{2}\sum_{i,j=1}^{m}\sum_{s=1}^{l}\sigma_{is}\sigma_{js}\frac{\partial^2 I_k}{\partial X_i\partial X_j}\right)\mathrm{d}t+\varepsilon^{1/2}\sum_{i=1}^{m}\sum_{s=1}^{l}\sigma_{is}\frac{\partial I_k}{\partial X_i}\mathrm{d}B_s(t),\\
\mathrm{d}\Theta_k &= \left[\omega_k+\varepsilon\left(\sum_{i,j=1}^{m} d_{ij}\frac{\partial \Theta_k}{\partial X_i}\frac{\partial H}{\partial X_j}+\frac{1}{2}\sum_{i,j=1}^{m}\sum_{s=1}^{l}\sigma_{is}\sigma_{js}\frac{\partial^2 \Theta_k}{\partial X_i\partial X_j}\right)\right]\mathrm{d}t\\
&\quad+\varepsilon^{1/2}\sum_{i=1}^{m}\sum_{s=1}^{l}\sigma_{is}\frac{\partial \Theta_k}{\partial X_i}\mathrm{d}B_s(t),
\end{aligned}
\tag{10.3.1}
$$

$$
\begin{aligned}
\mathrm{d}H_2 &= \varepsilon\left(\sum_{i,j=1}^{m} d_{ij}\frac{\partial H_2}{\partial X_i}\frac{\partial H}{\partial X_j}+\frac{1}{2}\sum_{i,j=1}^{m}\sum_{s=1}^{l}\sigma_{is}\sigma_{js}\frac{\partial^2 H_2}{\partial X_i\partial X_j}\right)\mathrm{d}t+\varepsilon^{1/2}\sum_{i=1}^{m}\sum_{s=1}^{l}\sigma_{is}\frac{\partial H_2}{\partial X_i}\mathrm{d}B_s(t),\\
\mathrm{d}C_v &= \varepsilon\left(\sum_{i,j=1}^{m} d_{ij}\frac{\partial C_v}{\partial X_i}\frac{\partial H}{\partial X_j}+\frac{1}{2}\sum_{i,j=1}^{m}\sum_{s=1}^{l}\sigma_{is}\sigma_{js}\frac{\partial^2 C_v}{\partial X_i\partial X_j}\right)\mathrm{d}t+\varepsilon^{1/2}\sum_{s=1}^{l}\sum_{i=1}^{m}\sigma_{is}\frac{\partial C_v}{\partial X_i}\mathrm{d}B_s(t),\\
&k=1,2,\cdots,n_1;\quad v=1,2,\cdots,M.
\end{aligned}
$$

此时系统由式(10.3.1)中 $(2n_1+1+M)$ 个方程与式(10.1.5)中 $(2n_2-1)$ 个方程描述，相应平均方程的维数与形式取决于与 $\boldsymbol{I},\boldsymbol{\theta}$ 相应的哈密顿子系统的共振性.

10.3.1　非内共振情形

此时 $\boldsymbol{I},H_2,\boldsymbol{C}$ 为慢变过程，其余为快变过程，按哈斯敏斯基定理(Khasminskii, 1968)，当 $\varepsilon\to 0$ 时，$[\boldsymbol{I}^{\mathrm{T}},H_2,\boldsymbol{C}^{\mathrm{T}}]^{\mathrm{T}}$ 弱收敛于(n_1+1+M)维马尔可夫扩散过程，仍以 $[\boldsymbol{I}^{\mathrm{T}},H_2,\boldsymbol{C}^{\mathrm{T}}]^{\mathrm{T}}$ 表示该极限过程，则支配该过程的平均伊藤随机微分方程为

$$
\begin{aligned}
\mathrm{d}I_k &= m_k(\boldsymbol{I},H_2,\boldsymbol{C})\mathrm{d}t+\sum_{s=1}^{l}\sigma_{ks}(\boldsymbol{I},H_2,\boldsymbol{C})\mathrm{d}B_s(t),\\
\mathrm{d}H_2 &= m_{H_2}(\boldsymbol{I},H_2,\boldsymbol{C})\mathrm{d}t+\sum_{s=1}^{l}\sigma_{H_2s}(\boldsymbol{I},H_2,\boldsymbol{C})\mathrm{d}B_s(t),\\
\mathrm{d}C_v &= m_v(\boldsymbol{I},H_2,\boldsymbol{C})\mathrm{d}t+\sum_{s=1}^{l}\sigma_{vs}(\boldsymbol{I},H_2,\boldsymbol{C})\mathrm{d}B_s(t),\\
&k=1,2,\cdots,n_1;\quad v=1,2,\cdots,M.
\end{aligned}
\tag{10.3.2}
$$

式中

$$
\begin{aligned}
& m_k(\boldsymbol{I},H_2,\boldsymbol{C})=\frac{\varepsilon}{T_4}\int_0^{2\pi}\int_\Omega\frac{1}{A_4}\left(\sum_{i,j=1}^m d_{ij}\frac{\partial I_k}{\partial x_i}\frac{\partial H}{\partial x_j}+\frac{1}{2}\sum_{i,j=1}^m\sum_{s=1}^l\sigma_{is}\sigma_{js}\frac{\partial^2 I_k}{\partial x_i\partial x_j}\right)\mathrm{d}\boldsymbol{x}'\mathrm{d}\boldsymbol{\theta},\\
& m_v(\boldsymbol{I},H_2,\boldsymbol{C})=\frac{\varepsilon}{T_4}\int_0^{2\pi}\int_\Omega\frac{1}{A_4}\left(\sum_{i,j=1}^m d_{ij}\frac{\partial C_v}{\partial x_i}\frac{\partial H}{\partial x_j}+\frac{1}{2}\sum_{i,j=1}^m\sum_{s=1}^l\sigma_{is}\sigma_{js}\frac{\partial^2 C_v}{\partial x_i\partial x_j}\right)\mathrm{d}\boldsymbol{x}'\mathrm{d}\boldsymbol{\theta},\\
& m_{H_2}(\boldsymbol{I},H_2,\boldsymbol{C})=\frac{\varepsilon}{T_4}\int_0^{2\pi}\int_\Omega\frac{1}{A_4}\left(\sum_{i,j=1}^m d_{ij}\frac{\partial H_2}{\partial x_i}\frac{\partial H}{\partial x_j}+\frac{1}{2}\sum_{i,j=1}^m\sum_{s=1}^l\sigma_{is}\sigma_{js}\frac{\partial^2 H_2}{\partial x_i\partial x_j}\right)\mathrm{d}\boldsymbol{x}'\mathrm{d}\boldsymbol{\theta},\\
& \sum_{s=1}^l\sigma_{k_1s}\sigma_{k_2s}(\boldsymbol{I},H_2,\boldsymbol{C})=\frac{\varepsilon}{T_4}\int_0^{2\pi}\int_\Omega\frac{1}{A_4}\sum_{i,j=1}^m\sum_{s=1}^l\sigma_{is}\sigma_{js}\frac{\partial I_{k_1}}{\partial x_i}\frac{\partial I_{k_2}}{\partial x_j}\mathrm{d}\boldsymbol{x}'\mathrm{d}\boldsymbol{\theta},\\
& \sum_{s=1}^l\sigma_{H_2s}\sigma_{H_2s}(\boldsymbol{I},H_2,\boldsymbol{C})=\frac{\varepsilon}{T_4}\int_0^{2\pi}\int_\Omega\frac{1}{A_4}\sum_{i,j=1}^m\sum_{s=1}^l\sigma_{is}\sigma_{js}\frac{\partial H_2}{\partial x_i}\frac{\partial H_2}{\partial x_j}\mathrm{d}\boldsymbol{x}'\mathrm{d}\boldsymbol{\theta},\\
& \sum_{s=1}^l\sigma_{v_1s}\sigma_{v_2s}(\boldsymbol{I},H_2,\boldsymbol{C})=\frac{\varepsilon}{T_4}\int_0^{2\pi}\int_\Omega\frac{1}{A_4}\sum_{i,j=1}^m\sum_{s=1}^l\sigma_{is}\sigma_{js}\frac{\partial C_{v_1}}{\partial x_i}\frac{\partial C_{v_2}}{\partial x_j}\mathrm{d}\boldsymbol{x}'\mathrm{d}\boldsymbol{\theta},\\
& \sum_{s=1}^l\sigma_{k_1s}\sigma_{H_2s}(\boldsymbol{I},H_2,\boldsymbol{C})=\frac{\varepsilon}{T_4}\int_0^{2\pi}\int_\Omega\frac{1}{A_4}\sum_{i,j=1}^m\sum_{s=1}^l\sigma_{is}\sigma_{js}\frac{\partial I_{k_1}}{\partial x_i}\frac{\partial H_2}{\partial x_j}\mathrm{d}\boldsymbol{x}'\mathrm{d}\boldsymbol{\theta},\\
& \sum_{s=1}^l\sigma_{k_1s}\sigma_{v_1s}(\boldsymbol{I},H_2,\boldsymbol{C})=\frac{\varepsilon}{T_4}\int_0^{2\pi}\int_\Omega\frac{1}{A_4}\sum_{i,j=1}^m\sum_{s=1}^l\sigma_{is}\sigma_{js}\frac{\partial I_{k_1}}{\partial x_i}\frac{\partial C_{v_1}}{\partial x_j}\mathrm{d}\boldsymbol{x}'\mathrm{d}\boldsymbol{\theta},\\
& \sum_{s=1}^l\sigma_{v_1s}\sigma_{H_2s}(\boldsymbol{I},H_2,\boldsymbol{C})=\frac{\varepsilon}{T_4}\int_0^{2\pi}\int_\Omega\frac{1}{A_4}\sum_{i,j=1}^m\sum_{s=1}^l\sigma_{is}\sigma_{js}\frac{\partial C_{v_1}}{\partial x_i}\frac{\partial H_2}{\partial x_j}\mathrm{d}\boldsymbol{x}'\mathrm{d}\boldsymbol{\theta},\\
& T_4=\int_0^{2\pi}\int_\Omega(1/A_4)\mathrm{d}\boldsymbol{x}'\mathrm{d}\boldsymbol{\theta},\\
& \Omega=\{\boldsymbol{x}'|H_2(0,\boldsymbol{x}')\leqslant H_2\},\\
& k,k_1,k_2=1,2,\cdots,n_1;\quad v,v_1,v_2=1,2,\cdots,M.
\end{aligned}\tag{10.3.3}
$$

式中 $\boldsymbol{x}'=[x_{2n_1+2},\cdots,x_{2n_1+2n_2}]^{\mathrm{T}}$ 是 $\boldsymbol{x}$ 的 $(2n_2-1)$ 维子矢量；$A_4=|\partial(\boldsymbol{I},\boldsymbol{\theta},H_2,\boldsymbol{x}',\boldsymbol{c})/\partial\boldsymbol{x}|$ 是从 $\boldsymbol{x}$ 变换为 $\boldsymbol{I},\boldsymbol{\theta},H_2,\boldsymbol{x}',\boldsymbol{c}$ 的雅可比矩阵行列式. 与平均伊藤方程(10.3.2)相应的平均 FPK 方程为

$$
\begin{aligned}
\frac{\partial p}{\partial t}=&-\sum_{k=1}^{n_1}\frac{\partial(a_k p)}{\partial I_k}-\frac{\partial(a_{h_2}p)}{\partial h_2}-\sum_{v=1}^{M}\frac{\partial(a_v p)}{\partial c_v}+\frac{1}{2}\sum_{k_1,k_2=1}^{n_1}\frac{\partial^2(b_{k_1k_2}p)}{\partial I_{k_1}\partial I_{k_2}}+\frac{1}{2}\frac{\partial^2(b_{h_2h_2}p)}{\partial h_2^2}\\
&+\frac{1}{2}\sum_{v_1,v_2=1}^{M}\frac{\partial^2(b_{v_1v_2}p)}{\partial c_{v_1}\partial c_{v_2}}+\sum_{k_1=1}^{n_1}\frac{\partial^2(b_{k_1h_2}p)}{\partial I_{k_1}\partial h_2}+\sum_{k_1=1}^{n_1}\sum_{v_1=1}^{M}\frac{\partial^2(b_{k_1v_1}p)}{\partial I_{k_1}\partial c_{v_1}}+\sum_{v_1=1}^{M}\frac{\partial^2(b_{v_1h_2}p)}{\partial c_{v_1}\partial h_2}.
\end{aligned}\tag{10.3.4}
$$

式中,

$$
\begin{aligned}
& a_k = a_k(\boldsymbol{I},h_2,\boldsymbol{c}) = m_k(\boldsymbol{I},H_2,\boldsymbol{C})\big|_{H_2=h_2,\,\boldsymbol{C}=\boldsymbol{c}}, \quad a_{h_2} = a_{h_2}(\boldsymbol{I},h_2,\boldsymbol{c}) = m_{h_2}(\boldsymbol{I},H_2,\boldsymbol{C})\big|_{H_2=h_2,\,\boldsymbol{C}=\boldsymbol{c}}, \\
& a_v = a_v(\boldsymbol{I},h_2,\boldsymbol{c}) = m_v(\boldsymbol{I},H_2,\boldsymbol{C})\big|_{H_2=h_2,\,\boldsymbol{C}=\boldsymbol{c}}, \quad b_{k_1k_2} = b_{k_1k_2}(\boldsymbol{I},h_2,\boldsymbol{c}) = \sum_{s=1}^{l}\sigma_{k_1s}\sigma_{k_2s}(\boldsymbol{I},H_2,\boldsymbol{C})\Big|_{H_2=h_2,\,\boldsymbol{C}=\boldsymbol{c}}, \\
& b_{h_2h_2} = b_{h_2h_2}(\boldsymbol{I},h_2,\boldsymbol{c}) = \sum_{s=1}^{l}\sigma_{h_2s}\sigma_{h_2s}(\boldsymbol{I},H_2,\boldsymbol{C})\Big|_{H_2=h_2,\,\boldsymbol{C}=\boldsymbol{c}}, \\
& b_{v_1v_2} = b_{v_1v_2}(\boldsymbol{I},h_2,\boldsymbol{c}) = \sum_{s=1}^{l}\sigma_{v_1s}\sigma_{v_2s}(\boldsymbol{I},H_2,\boldsymbol{C})\Big|_{H_2=h_2,\,\boldsymbol{C}=\boldsymbol{c}}, \\
& b_{k_1h_2} = b_{k_1h_2}(\boldsymbol{I},h_2,\boldsymbol{c}) = \sum_{s=1}^{l}\sigma_{k_1s}\sigma_{h_2s}(\boldsymbol{I},H_2,\boldsymbol{C})\Big|_{H_2=h_2,\,\boldsymbol{C}=\boldsymbol{c}}, \\
& b_{k_1v_1} = b_{k_1v_1}(\boldsymbol{I},h_2,\boldsymbol{c}) = \sum_{s=1}^{l}\sigma_{k_1s}\sigma_{v_1s}(\boldsymbol{I},H_2,\boldsymbol{C})\Big|_{H_2=h_2,\,\boldsymbol{C}=\boldsymbol{c}}, \\
& b_{v_1h_2} = b_{v_1h_2}(\boldsymbol{I},h_2,\boldsymbol{c}) = \sum_{s=1}^{l}\sigma_{v_1s}\sigma_{h_2s}(\boldsymbol{I},H_2,\boldsymbol{C})\Big|_{H_2=h_2,\,\boldsymbol{C}=\boldsymbol{c}}.
\end{aligned}
\tag{10.3.5}
$$

方程(10.3.4)中 $p=p(\boldsymbol{I},h_2,\boldsymbol{c},t|\boldsymbol{I}_0,h_{20},\boldsymbol{c}_0)$ 为转移概率密度，或 $p=p(\boldsymbol{I},h_2,\boldsymbol{c},t)$ 为联合概率密度. 可在一定初始条件及边界条件下求解方程(10.3.4). 可证，若已得到平稳解 $p=p(\boldsymbol{I},h_2,\boldsymbol{c})$. 原系统(10.1.5)的近似平稳概率密度为

$$
p(\boldsymbol{x}) = \frac{p(\boldsymbol{I},h_2,\boldsymbol{c})}{T_4(\boldsymbol{I},h_2,\boldsymbol{c})}\bigg|_{\boldsymbol{I}=\boldsymbol{I}(\boldsymbol{x}),\,h_2=h_2(\boldsymbol{x}),\,\boldsymbol{c}=\boldsymbol{c}(\boldsymbol{x})}. \tag{10.3.6}
$$

式中 $T_4(\boldsymbol{I},h_2,\boldsymbol{c})=T_4(\boldsymbol{I},H_2,\boldsymbol{C})\big|_{H_2=h_2,\,\boldsymbol{C}=\boldsymbol{c}}$，后者在式(10.3.3)给出.

若与式(10.3.1)相应的部分可积广义哈密顿系统变量可分离，即

$$
\begin{aligned}
& \boldsymbol{x}=[\boldsymbol{x}_1^{\mathrm{T}},\boldsymbol{x}_2^{\mathrm{T}},\boldsymbol{x}_3^{\mathrm{T}}]^{\mathrm{T}}, \quad \boldsymbol{x}_1=[x_1,x_2,\cdots,x_{2n_1}]^{\mathrm{T}}=[\boldsymbol{q}_1^{\mathrm{T}},\boldsymbol{p}_1^{\mathrm{T}}]^{\mathrm{T}}, \\
& \boldsymbol{q}_1=[q_1,q_2,\cdots,q_{n_1}]^{\mathrm{T}}, \quad \boldsymbol{p}_1=[p_1,p_2,\cdots,p_{n_1}]^{\mathrm{T}}, \\
& \boldsymbol{x}_2=[x_{2n_1+1},x_{2n_1+2},\cdots,x_{2n_1+2n_2}]^{\mathrm{T}}=[\boldsymbol{q}_2^{\mathrm{T}},\boldsymbol{p}_2^{\mathrm{T}}]^{\mathrm{T}}, \\
& \boldsymbol{q}_2=[q_{n_1+1},q_{n_1+2},\cdots,q_{n_1+n_2}]^{\mathrm{T}}, \quad \boldsymbol{p}_2=[p_{n_1+1},p_{n_1+2},\cdots,p_{n_1+n_2}]^{\mathrm{T}}, \\
& \boldsymbol{x}_3=[x_{2n_1+2n_2+1},x_{2n_1+2n_2+2},\cdots,x_m]^{\mathrm{T}}.
\end{aligned}
\tag{10.3.7}
$$

哈密顿函数 $H_1(\boldsymbol{q}_1,\boldsymbol{p}_1)$ 对应的子系统完全可积，且已求得作用矢量 $\boldsymbol{I}_1(\boldsymbol{x}_1)=[I_1,I_2,\cdots,I_{n_1}]^{\mathrm{T}}$ 与角矢量 $\boldsymbol{\theta}_1(\boldsymbol{x}_1)=[\theta_1,\theta_2,\cdots,\theta_{n_1}]^{\mathrm{T}}$； $\boldsymbol{x}_2$ 对应于 $2n_2$ 维完全不可积哈密顿子系统，哈密顿函数 $H_2(\boldsymbol{x}_2)=H(\boldsymbol{q}_2,\boldsymbol{p}_2)$； $\boldsymbol{x}_3$ 对应于 M 个 Casimir 函数 $\boldsymbol{C}(\boldsymbol{x}_3)=[C_1,C_2,\cdots,C_M]^{\mathrm{T}}$. 此时，代替式(10.3.1)，支配矢量过程 $[\boldsymbol{I}_1^{\mathrm{T}},\boldsymbol{\theta}_1^{\mathrm{T}},H_2,\boldsymbol{C}^{\mathrm{T}}]^{\mathrm{T}}$ 的伊藤随机微分方程为

$$
\begin{aligned}
\mathrm{d}I_k &= \varepsilon\left\{\sum_{j=1}^{n_1}\frac{\partial I_k}{\partial P_j}\left[\sum_{r=1}^{n_1}d_{jr}\frac{\partial H_1}{\partial P_r}+\sum_{r_1=n_1+1}^{n_1+n_2}d_{jr_1}\frac{\partial H_2}{\partial P_{r_1}}+\sum_{i=2n_1+2n_2+1}^{m}d_{ji}\frac{\partial}{\partial X_i}\left(\sum_{\beta=1}^{M}C_\beta\right)\right]\right.\\
&\quad\left.+\frac{1}{2}\sum_{j,r=1}^{n_1}\sum_{s=1}^{l}\sigma_{js}\sigma_{rs}\frac{\partial^2 I_k}{\partial P_j\partial P_r}\right\}\mathrm{d}t+\varepsilon^{1/2}\sum_{j=1}^{n_1}\sum_{s=1}^{l}\sigma_{js}\frac{\partial I_k}{\partial P_j}\mathrm{d}B_s(t),\\
\mathrm{d}\Theta_k &= \varepsilon\left\{\frac{\omega_k}{\varepsilon}+\sum_{j=1}^{n_1}\frac{\partial \Theta_k}{\partial P_j}\left[\sum_{r=1}^{n_1}d_{jr}\frac{\partial H_1}{\partial P_r}+\sum_{r_1=n_1+1}^{n_1+n_2}d_{jr_1}\frac{\partial H_2}{\partial P_{r_1}}+\sum_{i=2n_1+2n_2+1}^{m}d_{ji}\frac{\partial}{\partial X_i}\left(\sum_{\beta=1}^{M}C_\beta\right)\right]\right.\\
&\quad\left.+\frac{1}{2}\sum_{j,r=1}^{n_1}\sum_{s=1}^{l}\sigma_{js}\sigma_{rs}\frac{\partial^2 \Theta_k}{\partial P_j\partial P_r}\right\}\mathrm{d}t+\varepsilon^{1/2}\sum_{j=1}^{n_1}\sum_{s=1}^{l}\sigma_{js}\frac{\partial \Theta_k}{\partial P_j}\mathrm{d}B_s(t),
\end{aligned}
\tag{10.3.8}
$$

$$
\begin{aligned}
\mathrm{d}H_2 &= \varepsilon\left\{\sum_{r_2=n_1+1}^{n_1+n_2}\frac{\partial H_2}{\partial P_{r_2}}\left[\sum_{r=1}^{n_1}d_{r_2r}\frac{\partial H_1}{\partial P_r}+\sum_{r_1=n_1+1}^{n_1+n_2}d_{r_2r_1}\frac{\partial H_2}{\partial P_{r_1}}+\sum_{i=2n_1+2n_2+1}^{m}d_{r_2i}\frac{\partial}{\partial X_i}\left(\sum_{\beta=1}^{M}C_\beta\right)\right]\right.\\
&\quad\left.+\frac{1}{2}\sum_{r_2,r_1=n_1+1}^{n_1+n_2}\sum_{s=1}^{l}\sigma_{r_2s}\sigma_{r_1s}\frac{\partial^2 H_2}{\partial P_{r_2}\partial P_{r_1}}\right\}\mathrm{d}t+\varepsilon^{1/2}\sum_{r_1=n_1+1}^{n_1+n_2}\sum_{s=1}^{l}\sigma_{r_1s}\frac{\partial H_2}{\partial P_{r_1}}\mathrm{d}B_s(t),\\
\mathrm{d}C_\nu &= \varepsilon\left\{\sum_{i_1=2n_1+2n_2+1}^{m}\frac{\partial C_\nu}{\partial X_{i_1}}\left[\sum_{r=1}^{n_1}d_{i_1r}\frac{\partial H_1}{\partial P_r}+\sum_{r_1=n_1+1}^{n_1+n_2}d_{jr_1}\frac{\partial H_2}{\partial P_{r_1}}+\sum_{i=2n_1+2n_2+1}^{m}d_{i_1i}\frac{\partial}{\partial X_i}\left(\sum_{\beta=1}^{M}C_\beta\right)\right]\right.\\
&\quad\left.+\frac{1}{2}\sum_{i,i_1=2n_1+2n_2+1}^{m}\sum_{s=1}^{l}\sigma_{is}\sigma_{i_1s}\frac{\partial^2 C_\nu}{\partial X_i\partial X_{i_1}}\right\}\mathrm{d}t+\varepsilon^{1/2}\sum_{i=2n_1+2n_2+1}^{m}\sum_{s=1}^{l}\sigma_{is}\frac{\partial C_\nu}{\partial X_i}\mathrm{d}B_s(t),
\end{aligned}
$$

$k=1,2,\cdots,n,\quad \nu=1,2,\cdots,M.$

此时系统由式(10.3.8)中$(2n_1+1+M)$个方程和式(10.1.5)中$(m-2n_1-1-M)$个方程支配. 当不存在内共振时, 根据哈斯敏斯基定理(Khasminskii, 1968), 随$\varepsilon\to 0$, 慢变矢量过程$[\boldsymbol{I}_1^{\mathrm{T}},H_2,\boldsymbol{C}^{\mathrm{T}}]^{\mathrm{T}}$弱收敛于$(n_1+1+M)$维矢量马尔可夫扩散过程, 支配该过程的平均伊藤随机微分方程仍形如式(10.3.2), 但其漂移系数与扩散系数改为

$$
\begin{aligned}
\bar{m}_k(\boldsymbol{I}_1,H_2,\boldsymbol{C}) &= \frac{\varepsilon}{T_4'}\int_0^{2\pi}\int_\Omega\frac{1}{A_4'}\left\{\sum_{j=1}^{n_1}\frac{\partial I_k}{\partial p_j}\left[\sum_{r=1}^{n_1}d_{jr}\frac{\partial H_1}{\partial p_r}+\sum_{r_1=n_1+1}^{n_1+n_2}d_{jr_1}\frac{\partial H_2}{\partial p_{r_1}}\right.\right.\\
&\quad\left.\left.+\sum_{i=2n_1+2n_2+1}^{m}d_{ji}\frac{\partial}{\partial x_i}\left(\sum_{\beta=1}^{M}C_\beta\right)\right]+\frac{1}{2}\sum_{j,r=1}^{n_1}\sum_{s=1}^{l}\sigma_{js}\sigma_{rs}\frac{\partial^2 I_k}{\partial p_j\partial p_r}\right\}\mathrm{d}\boldsymbol{q}_2\mathrm{d}p_{n_1+2}\cdots\mathrm{d}p_{n_1+n_2}\mathrm{d}\boldsymbol{\theta}_1,\\
\bar{m}_{H_2}(\boldsymbol{I}_1,H_2,\boldsymbol{C}) &= \frac{\varepsilon}{T_4'}\int_0^{2\pi}\int_\Omega\frac{1}{A_4'}\left\{\sum_{r_2=n_1+1}^{n_1+n_2}\frac{\partial H_2}{\partial P_{r_2}}\left[\sum_{r=1}^{n_1}d_{r_2r}\frac{\partial H_1}{\partial P_r}+\sum_{r_1=n_1+1}^{n_1+n_2}d_{r_2r_1}\frac{\partial H_2}{\partial P_{r_1}}\right.\right.\\
&\quad\left.\left.+\sum_{i=2n_1+2n_2+1}^{m}d_{r_2i}\frac{\partial}{\partial X_i}\left(\sum_{\beta=1}^{M}C_\beta\right)\right]+\frac{1}{2}\sum_{r_1,r_2=n_1+1}^{n_1+n_2}\sum_{s=1}^{l}\sigma_{r_1s}\sigma_{r_2s}\frac{\partial^2 H_2}{\partial P_{r_1}\partial P_{r_2}}\right\}\mathrm{d}\boldsymbol{q}_2\mathrm{d}p_{n_1+2}\cdots\mathrm{d}p_{n_1+n_2}\mathrm{d}\boldsymbol{\theta}_1,
\end{aligned}
$$

$$\bar{m}_v(\boldsymbol{I}_1,H_2,\boldsymbol{C})=\frac{\varepsilon}{T_4'}\int_0^{2\pi}\int_\Omega\frac{1}{A_4'}\left\{\sum_{i_1=2n_1+2n_2+1}^{m}\frac{\partial C_v}{\partial x_{i_1}}\left[\sum_{r=1}^{n_1}d_{i_1r}\frac{\partial H_1}{\partial p_r}+\sum_{r_1=n_1+1}^{n_1+n_2}d_{jr_1}\frac{\partial H_2}{\partial p_{r_1}}\right.\right.$$
$$\left.\left.+\sum_{i=2n_1+2n_2+1}^{m}d_{i_1i}\frac{\partial}{\partial x_i}\left(\sum_{\beta=1}^{M}C_\beta\right)\right]+\frac{1}{2}\sum_{i,i_1=2n_1+2n_2+1}^{m}\sum_{s=1}^{l}\sigma_{is}\sigma_{i_1s}\frac{\partial^2 C_v}{\partial x_i\partial x_{i_1}}\right\}\mathrm{d}\boldsymbol{q}_2\mathrm{d}p_{n_1+2}\cdots\mathrm{d}p_{n_1+n_2}\mathrm{d}\boldsymbol{\theta}_1,$$
$$\sum_{s=1}^{l}\bar{\sigma}_{k_1s}\bar{\sigma}_{k_2s}(\boldsymbol{I}_1,H_2,\boldsymbol{C})=\frac{\varepsilon}{T_4'}\int_0^{2\pi}\int_\Omega\frac{1}{A_4'}\sum_{j,r=1}^{n_1}\sum_{s=1}^{l}\sigma_{js}\sigma_{rs}\frac{\partial I_{k_1}}{\partial p_j}\frac{\partial I_{k_2}}{\partial p_r}\mathrm{d}\boldsymbol{q}_2\mathrm{d}p_{n_1+2}\cdots\mathrm{d}p_{n_1+n_2}d\boldsymbol{\theta}_1,$$
$$\sum_{s=1}^{l}\bar{\sigma}_{H_2s}\bar{\sigma}_{H_2s}(\boldsymbol{I}_1,H_2,\boldsymbol{C})=\frac{\varepsilon}{T_4'}\int_0^{2\pi}\int_\Omega\frac{1}{A_4'}\sum_{r_1,r_2=n_1+1}^{n_1+n_2}\sum_{s=1}^{l}\sigma_{r_1s}\sigma_{r_2s}\frac{\partial H_2}{\partial p_{r_1}}\frac{\partial H_2}{\partial p_{r_2}}\mathrm{d}\boldsymbol{q}_2\mathrm{d}p_{n_1+2}\cdots\mathrm{d}p_{n_1+n_2}\mathrm{d}\boldsymbol{\theta}_1,$$
$$(10.3.9)$$
$$\sum_{s=1}^{l}\bar{\sigma}_{v_1s}\bar{\sigma}_{v_2s}(\boldsymbol{I}_1,H_2,\boldsymbol{C})=\frac{\varepsilon}{T_4'}\int_0^{2\pi}\int_\Omega\frac{1}{A_4'}\sum_{i,i_1=2n_1+2n_2+1}^{m}\sum_{s=1}^{l}\sigma_{is}\sigma_{i_1s}\frac{\partial C_{v_1}}{\partial x_i}\frac{\partial C_{v_2}}{\partial x_{i_1}}\mathrm{d}\boldsymbol{q}_2\mathrm{d}p_{n_1+2}\cdots\mathrm{d}p_{n_1+n_2}\mathrm{d}\boldsymbol{\theta}_1,$$
$$\sum_{s=1}^{l}\bar{\sigma}_{k_1s}\bar{\sigma}_{H_2s}(\boldsymbol{I}_1,H_2,\boldsymbol{C})=\frac{\varepsilon}{T_4'}\int_0^{2\pi}\int_\Omega\frac{1}{A_4'}\sum_{j=1}^{n_1}\sum_{r_1=n_1+1}^{n_1+n_2}\sum_{s=1}^{l}\sigma_{js}\sigma_{r_1s}\frac{\partial I_{k_1}}{\partial p_j}\frac{\partial H_2}{\partial p_{r_1}}\mathrm{d}\boldsymbol{q}_2\mathrm{d}p_{n_1+2}\cdots\mathrm{d}p_{n_1+n_2}\mathrm{d}\boldsymbol{\theta}_1,$$
$$\sum_{s=1}^{l}\bar{\sigma}_{k_1s}\bar{\sigma}_{v_1s}(\boldsymbol{I}_1,H_2,\boldsymbol{C})=\frac{\varepsilon}{T_4'}\int_0^{2\pi}\int_\Omega\frac{1}{A_4'}\sum_{j=1}^{n_1}\sum_{i=2n_1+2n_2+1}^{m}\sum_{s=1}^{l}\sigma_{js}\sigma_{is}\frac{\partial I_{k_1}}{\partial p_j}\frac{\partial C_{v_1}}{\partial x_i}\mathrm{d}\boldsymbol{q}_2\mathrm{d}p_{n_1+2}\cdots\mathrm{d}p_{n_1+n_2}\mathrm{d}\boldsymbol{\theta}_1,$$
$$\sum_{s=1}^{l}\bar{\sigma}_{v_1s}\bar{\sigma}_{H_2s}(\boldsymbol{I}_1,H_2,\boldsymbol{C})=\frac{\varepsilon}{T_4'}\int_0^{2\pi}\int_\Omega\frac{1}{A_4'}\sum_{i=2n_1+2n_2+1}^{m}\sum_{r_1=n_1+1}^{n_1+n_2}\sum_{s=1}^{l}\sigma_{is}\sigma_{r_1s}\frac{\partial C_{v_1}}{\partial X_i}\frac{\partial H_2}{\partial P_{r_1}}\mathrm{d}\boldsymbol{q}_2\mathrm{d}p_{n_1+2}\cdots\mathrm{d}p_{n_1+n_2}\mathrm{d}\boldsymbol{\theta}_1,$$
$$T_4'=\int_0^{2\pi}\int_\Omega(1/A_4')\mathrm{d}\boldsymbol{q}_2\mathrm{d}p_{n_1+2}\cdots\mathrm{d}p_{n_1+n_2}\mathrm{d}\boldsymbol{\theta}_1,$$
$$\Omega=\{(\boldsymbol{q}_2,p_{n_1+2},\cdots,p_{n_1+n_2})\big|H_2(\boldsymbol{q}_2,0,p_{n_1+2},\cdots,p_{n_1+n_2})\leqslant H_2\},$$
$$k,k_1,k_2=1,2,\cdots,n_1;\quad v,v_1,v_2=1,2,\cdots,M.$$

式中，

$$A_4'=\left|\frac{\partial(\boldsymbol{I}_1,\boldsymbol{\theta}_1,\boldsymbol{q}_2,H_2,p_{n_1+2},\cdots,p_{n_1+n_2},\boldsymbol{c})}{\partial(\boldsymbol{q}_1,\boldsymbol{p}_1,\boldsymbol{q}_2,\boldsymbol{p}_2,\boldsymbol{x}_3)}\right|=\left|\frac{\partial(\boldsymbol{I}_1,\boldsymbol{\theta}_1)}{\partial(\boldsymbol{q}_1,\boldsymbol{p}_1)}\right|\left|\frac{\partial(\boldsymbol{q}_2,H_2,p_{n_1+2},\cdots,p_{n_1+n_2})}{\partial(\boldsymbol{q}_2,\boldsymbol{p}_2)}\right|\left|\frac{\partial\boldsymbol{c}}{\partial\boldsymbol{x}_3}\right|$$
$$=\left|\frac{\partial H_2}{\partial p_{n_1+1}}\right|\left|\frac{\partial\boldsymbol{c}}{\partial\boldsymbol{x}_3}\right|.\tag{10.3.10}$$

因此,

$$T_4'=(2\pi)^{n_1}\left|\frac{\partial\boldsymbol{c}}{\partial\boldsymbol{x}_3}\right|^{-1}\int_\Omega\left|\frac{\partial H_2}{\partial p_{n_1+1}}\right|^{-1}\mathrm{d}\boldsymbol{q}_2\mathrm{d}p_{n_1+2}\cdots\mathrm{d}p_{n_1+n_2}.\tag{10.3.11}$$

平均 FPK 方程形如式(10.3.4), 但其一、二阶导数矩改为

$$
\begin{aligned}
&\bar{a}_k=\bar{a}_k(\boldsymbol{I}_1,h_2,\boldsymbol{c})=\bar{m}_k(\boldsymbol{I}_1,H_2,\boldsymbol{C})\Big|_{H_2=h_2,\,\boldsymbol{C}=\boldsymbol{c}},\\
&\bar{a}_{h_2}=\bar{a}_{h_2}(\boldsymbol{I}_1,h_2,\boldsymbol{c})=\bar{m}_{H_2}(\boldsymbol{I}_1,H_2,\boldsymbol{C})\Big|_{H_2=h_2,\,\boldsymbol{C}=\boldsymbol{c}},\\
&\bar{a}_v=\bar{a}_v(\boldsymbol{I}_1,h_2,\boldsymbol{c})=\bar{m}_v(\boldsymbol{I}_1,H_2,\boldsymbol{C})\Big|_{H_2=h_2,\,\boldsymbol{C}=\boldsymbol{c}},\\
&\bar{b}_{k_1k_2}=\bar{b}_{k_1k_2}(\boldsymbol{I}_1,h_2,\boldsymbol{c})=\sum_{s=1}^{l}\bar{\sigma}_{k_1s}\bar{\sigma}_{k_2s}(\boldsymbol{I}_1,H_2,\boldsymbol{C})\Bigg|_{H_2=h_2,\,\boldsymbol{C}=\boldsymbol{c}},\\
&\bar{b}_{h_2h_2}=\bar{b}_{h_2h_2}(\boldsymbol{I}_1,h_2,\boldsymbol{c})=\sum_{s=1}^{l}\bar{\sigma}_{H_2s}\bar{\sigma}_{H_2s}(\boldsymbol{I}_1,H_2,\boldsymbol{C})\Bigg|_{H_2=h_2,\,\boldsymbol{C}=\boldsymbol{c}},\\
&\bar{b}_{v_1v_2}=\bar{b}_{v_1v_2}(\boldsymbol{I}_1,h_2,\boldsymbol{c})=\sum_{s=1}^{l}\bar{\sigma}_{v_1s}\bar{\sigma}_{v_2s}(\boldsymbol{I}_1,H_2,\boldsymbol{C})\Bigg|_{H_2=h_2,\,\boldsymbol{C}=\boldsymbol{c}},\\
&\bar{b}_{k_1h_2}=\bar{b}_{k_1h_2}(\boldsymbol{I}_1,h_2,\boldsymbol{c})=\sum_{s=1}^{l}\bar{\sigma}_{k_1s}\bar{\sigma}_{H_2s}(\boldsymbol{I}_1,H_2,\boldsymbol{C})\Bigg|_{H_2=h_2,\,\boldsymbol{C}=\boldsymbol{c}},\\
&\bar{b}_{k_1v_1}=\bar{b}_{k_1v_1}(\boldsymbol{I}_1,h_2,\boldsymbol{c})=\sum_{s=1}^{l}\bar{\sigma}_{k_1s}\bar{\sigma}_{v_1s}(\boldsymbol{I}_1,H_2,\boldsymbol{C})\Bigg|_{H_2=h_2,\,\boldsymbol{C}=\boldsymbol{c}},\\
&\bar{b}_{v_1h_2}=\bar{b}_{v_1h_2}(\boldsymbol{I}_1,h_2,\boldsymbol{c})=\sum_{s=1}^{l}\bar{\sigma}_{v_1s}\bar{\sigma}_{H_2s}(\boldsymbol{I}_1,H_2,\boldsymbol{C})\Bigg|_{H_2=h_2,\,\boldsymbol{C}=\boldsymbol{c}}.
\end{aligned}
\tag{10.3.12}
$$

可证, 若已求得平均 FPK 方程的平稳解 $p(\boldsymbol{I}_1,h_2,\boldsymbol{c})$，则原系统的近似平稳概率密度为

$$
p(\boldsymbol{x})=\frac{p(\boldsymbol{I}_1,h_2,\boldsymbol{c})}{T_4'}\Bigg|_{\boldsymbol{I}_1=\boldsymbol{I}_1(\boldsymbol{x}_1),\,h_2=h_2(\boldsymbol{x}_2),\,\boldsymbol{c}=\boldsymbol{c}(\boldsymbol{x}_3)}. \tag{10.3.13}
$$

式中 $T_4'(\boldsymbol{I}_1,h_2,\boldsymbol{c})=T_4'(\boldsymbol{I}_1,H_2,\boldsymbol{C})\big|_{H_2=h_2,\,\boldsymbol{C}=\boldsymbol{c}}$，后者由式(10.3.11)确定.

10.3.2 内共振情形

设与 $\boldsymbol{I},\boldsymbol{\theta}$ 相应的可积哈密顿子系统是内共振的, 其频率 $\omega_k\,(k=1,2,\cdots,n_1)$ 之间存在 α $(1\leqslant\alpha\leqslant n_1-1)$ 个弱内共振关系, 即

$$
\sum_{r=1}^{n_1}k_r^u\omega_r=O_u(\varepsilon),\quad u=1,2,\cdots,\alpha. \tag{10.3.14}
$$

引入 α 个角变量组合

$$
\varPsi_u=\sum_{r=1}^{n_1}k_r^u\varTheta_r,\quad u=1,2,\cdots,\alpha. \tag{10.3.15}
$$

应用伊藤微分规则，由式(10.3.1)可得关于 $\boldsymbol{\Psi}=[\Psi_1,\cdots,\Psi_\alpha]^{\mathrm{T}}$ 的伊藤随机微分方程

$$
\begin{aligned}
\mathrm{d}\Psi_u = & \left\{O_u(\varepsilon)+\varepsilon\left[\left(\sum_{i,j=1}^{m} d_{ij}\frac{\partial \Psi_u}{\partial X_i}\frac{\partial H}{\partial X_j}+\frac{1}{2}\sum_{i,j=1}^{m}\sum_{s=1}^{l}\sigma_{is}\sigma_{js}\frac{\partial^2\Psi_u}{\partial X_i\partial X_j}\right)\right]\right\}\mathrm{d}t \\
& +\varepsilon^{1/2}\sum_{i=1}^{m}\sum_{s=1}^{l}\sigma_{is}\frac{\partial \Psi_u}{\partial X_i}\mathrm{d}B_s(t),\quad u=1,2,\cdots,\alpha.
\end{aligned}
\tag{10.3.16}
$$

此时拟部分可积哈密顿系统由式(10.3.16)中 α 个方程，式(10.3.1)中去掉 α 个 Θ_k 方程后剩余的 $(2n_1-\alpha+1+M)$ 个方程，以及式(10.1.5)中 $(2n_2-1)$ 个方程支配，其中 $[\boldsymbol{I}^{\mathrm{T}},\boldsymbol{\Psi}^{\mathrm{T}},H_2,\boldsymbol{C}^{\mathrm{T}}]^{\mathrm{T}}$ 为慢变矢量过程. 根据哈斯敏斯基定理(Khasminskii, 1968)，当 $\varepsilon\to 0$ 时，它弱收敛于($n_1+\alpha+1+M$)维矢量马尔可夫扩散过程，支配该过程的平均伊藤随机微分方程为

$$
\begin{aligned}
&\mathrm{d}I_k=\bar{\bar{m}}_k(\boldsymbol{I},\boldsymbol{\Psi},H_2,\boldsymbol{C})\mathrm{d}t+\sum_{s=1}^{l}\bar{\bar{\sigma}}_{ks}(\boldsymbol{I},\boldsymbol{\Psi},H_2,\boldsymbol{C})\mathrm{d}B_s(t),\\
&\mathrm{d}\Psi_u=\bar{\bar{m}}_u(\boldsymbol{I},\boldsymbol{\Psi},H_2,\boldsymbol{C})\mathrm{d}t+\sum_{s=1}^{l}\bar{\bar{\sigma}}_{us}(\boldsymbol{I},\boldsymbol{\Psi},H_2,\boldsymbol{C})\mathrm{d}B_s(t),\\
&\mathrm{d}H_2=\bar{\bar{m}}_{H_2}(\boldsymbol{I},\boldsymbol{\Psi},H_2,\boldsymbol{C})\mathrm{d}t+\sum_{s=1}^{l}\bar{\bar{\sigma}}_{H_2s}(\boldsymbol{I},\boldsymbol{\Psi},H_2,\boldsymbol{C})\mathrm{d}B_s(t),\\
&\mathrm{d}C_v=\bar{\bar{m}}_v(\boldsymbol{I},\boldsymbol{\Psi},H_2,\boldsymbol{C})\mathrm{d}t+\sum_{s=1}^{l}\bar{\bar{\sigma}}_{vs}(\boldsymbol{I},\boldsymbol{\Psi},H_2,\boldsymbol{C})\mathrm{d}B_s(t),\\
&k=1,2,\cdots,n_1;\quad u=1,2,\cdots,\alpha;\quad v=1,2,\cdots,M.
\end{aligned}
\tag{10.3.17}
$$

式中漂移系数与扩散系数为

$$
\begin{aligned}
&\bar{\bar{m}}_k(\boldsymbol{I},\boldsymbol{\Psi},H_2,\boldsymbol{C})=\frac{\varepsilon}{T_5}\int_0^{2\pi}\int_\Omega\frac{1}{A_5}\left(\sum_{i,j=1}^{m}d_{ij}\frac{\partial I_k}{\partial x_i}\frac{\partial H}{\partial x_j}+\frac{1}{2}\sum_{i,j=1}^{m}\sum_{s=1}^{l}\sigma_{is}\sigma_{js}\frac{\partial^2 I_k}{\partial x_i\partial x_j}\right)\mathrm{d}\boldsymbol{x}'\mathrm{d}\bar{\boldsymbol{\theta}},\\
&\bar{\bar{m}}_u(\boldsymbol{I},\boldsymbol{\Psi},H_2,\boldsymbol{C})=\frac{\varepsilon}{T_5}\int_0^{2\pi}\int_\Omega\frac{1}{A_5}\left(\frac{O(\varepsilon)}{\varepsilon}+\sum_{i,j=1}^{m}d_{ij}\frac{\partial \Psi_u}{\partial x_i}\frac{\partial H}{\partial x_j}+\frac{1}{2}\sum_{i,j=1}^{m}\sum_{s=1}^{l}\sigma_{is}\sigma_{js}\frac{\partial^2 \Psi_u}{\partial x_i\partial x_j}\right)\mathrm{d}\boldsymbol{x}'\mathrm{d}\bar{\boldsymbol{\theta}},\\
&\bar{\bar{m}}_{H_2}(\boldsymbol{I},\boldsymbol{\Psi},H_2,\boldsymbol{C})=\frac{\varepsilon}{T_5}\int_0^{2\pi}\int_\Omega\frac{1}{A_5}\left(\sum_{i,j=1}^{m}d_{ij}\frac{\partial H_2}{\partial x_i}\frac{\partial H}{\partial x_j}+\frac{1}{2}\sum_{i,j=1}^{m}\sum_{s=1}^{l}\sigma_{is}\sigma_{js}\frac{\partial^2 H_2}{\partial x_i\partial x_j}\right)\mathrm{d}\boldsymbol{x}'\mathrm{d}\bar{\boldsymbol{\theta}},\\
&\bar{\bar{m}}_v(\boldsymbol{I},\boldsymbol{\Psi},H_2,\boldsymbol{C})=\frac{\varepsilon}{T_5}\int_0^{2\pi}\int_\Omega\frac{1}{A_5}\left(\sum_{i,j=1}^{m}d_{ij}\frac{\partial C_v}{\partial x_i}\frac{\partial H}{\partial x_j}+\frac{1}{2}\sum_{i,j=1}^{m}\sum_{s=1}^{l}\sigma_{is}\sigma_{js}\frac{\partial^2 C_v}{\partial x_i\partial x_j}\right)\mathrm{d}\boldsymbol{x}'\mathrm{d}\bar{\boldsymbol{\theta}},
\end{aligned}
$$

$$
\begin{aligned}
&\sum_{s=1}^{l}\bar{\bar{\sigma}}_{k_1 s}\bar{\bar{\sigma}}_{k_2 s}(\boldsymbol{I},\boldsymbol{\Psi},H_2,\boldsymbol{C})=\frac{\varepsilon}{T_5}\int_0^{2\pi}\int_{\Omega}\frac{1}{A_5}\left(\sum_{i,j=1}^{m}\sum_{s=1}^{l}\sigma_{is}\sigma_{js}\frac{\partial I_{k_1}}{\partial x_i}\frac{\partial I_{k_2}}{\partial x_j}\right)\mathrm{d}\boldsymbol{x}'\mathrm{d}\bar{\boldsymbol{\theta}},\\
&\sum_{s=1}^{l}\bar{\bar{\sigma}}_{u_1 s}\bar{\bar{\sigma}}_{u_2 s}(\boldsymbol{I},\boldsymbol{\Psi},H_2,\boldsymbol{C})=\frac{\varepsilon}{T_5}\int_0^{2\pi}\int_{\Omega}\frac{1}{A_5}\left(\sum_{i,j=1}^{m}\sum_{s=1}^{l}\sigma_{is}\sigma_{js}\frac{\partial \Psi_{u_1}}{\partial x_i}\frac{\partial \Psi_{u_2}}{\partial x_j}\right)\mathrm{d}\boldsymbol{x}'\mathrm{d}\bar{\boldsymbol{\theta}},\\
&\sum_{s=1}^{l}\bar{\bar{\sigma}}_{H_2 s}\bar{\bar{\sigma}}_{H_2 s}(\boldsymbol{I},\boldsymbol{\Psi},H_2,\boldsymbol{C})=\frac{\varepsilon}{T_5}\int_0^{2\pi}\int_{\Omega}\frac{1}{A_5}\left(\sum_{i,j=1}^{m}\sum_{s=1}^{l}\sigma_{is}\sigma_{js}\frac{\partial H_2}{\partial x_i}\frac{\partial H_2}{\partial x_j}\right)\mathrm{d}\boldsymbol{x}'\mathrm{d}\bar{\boldsymbol{\theta}},\\
&\sum_{s=1}^{l}\bar{\bar{\sigma}}_{v_1 s}\bar{\bar{\sigma}}_{v_2 s}(\boldsymbol{I},\boldsymbol{\Psi},H_2,\boldsymbol{C})=\frac{\varepsilon}{T_5}\int_0^{2\pi}\int_{\Omega}\frac{1}{A_5}\left(\sum_{i,j=1}^{m}\sum_{s=1}^{l}\sigma_{is}\sigma_{js}\frac{\partial C_{v_1}}{\partial x_i}\frac{\partial C_{v_2}}{\partial x_j}\right)\mathrm{d}\boldsymbol{x}'\mathrm{d}\bar{\boldsymbol{\theta}},\\
&\sum_{s=1}^{l}\bar{\bar{\sigma}}_{k_1 s}\bar{\bar{\sigma}}_{u_1 s}(\boldsymbol{I},\boldsymbol{\Psi},H_2,\boldsymbol{C})=\frac{\varepsilon}{T_5}\int_0^{2\pi}\int_{\Omega}\frac{1}{A_5}\left(\sum_{i,j=1}^{m}\sum_{s=1}^{l}\sigma_{is}\sigma_{js}\frac{\partial I_{k_1}}{\partial x_i}\frac{\partial \Psi_{u_1}}{\partial x_j}\right)\mathrm{d}\boldsymbol{x}'\mathrm{d}\bar{\boldsymbol{\theta}},\\
&\sum_{s=1}^{l}\bar{\bar{\sigma}}_{k_1 s}\bar{\bar{\sigma}}_{H_2 s}(\boldsymbol{I},\boldsymbol{\Psi},H_2,\boldsymbol{C})=\frac{\varepsilon}{T_5}\int_0^{2\pi}\int_{\Omega}\frac{1}{A_5}\left(\sum_{i,j=1}^{m}\sum_{s=1}^{l}\sigma_{is}\sigma_{js}\frac{\partial I_{k_1}}{\partial x_i}\frac{\partial H_2}{\partial x_j}\right)\mathrm{d}\boldsymbol{x}'\mathrm{d}\bar{\boldsymbol{\theta}},\\
&\sum_{s=1}^{l}\bar{\bar{\sigma}}_{k_1 s}\bar{\bar{\sigma}}_{v_1 s}(\boldsymbol{I},\boldsymbol{\Psi},H_2,\boldsymbol{C})=\frac{\varepsilon}{T_5}\int_0^{2\pi}\int_{\Omega}\frac{1}{A_5}\left(\sum_{i,j=1}^{m}\sum_{s=1}^{l}\sigma_{is}\sigma_{js}\frac{\partial I_{k_1}}{\partial x_i}\frac{\partial C_{v_1}}{\partial x_j}\right)\mathrm{d}\boldsymbol{x}'\mathrm{d}\bar{\boldsymbol{\theta}},\\
&\sum_{s=1}^{l}\bar{\bar{\sigma}}_{u_1 s}\bar{\bar{\sigma}}_{H_2 s}(\boldsymbol{I},\boldsymbol{\Psi},H_2,\boldsymbol{C})=\frac{\varepsilon}{T_5}\int_0^{2\pi}\int_{\Omega}\frac{1}{A_5}\left(\sum_{i,j=1}^{m}\sum_{s=1}^{l}\sigma_{is}\sigma_{js}\frac{\partial \Psi_{u_1}}{\partial x_i}\frac{\partial H_2}{\partial x_j}\right)\mathrm{d}\boldsymbol{x}'\mathrm{d}\bar{\boldsymbol{\theta}},\\
&\sum_{s=1}^{l}\bar{\bar{\sigma}}_{u_1 s}\bar{\bar{\sigma}}_{v_1 s}(\boldsymbol{I},\boldsymbol{\Psi},H_2,\boldsymbol{C})=\frac{\varepsilon}{T_5}\int_0^{2\pi}\int_{\Omega}\frac{1}{A_5}\left(\sum_{i,j=1}^{m}\sum_{s=1}^{l}\sigma_{is}\sigma_{js}\frac{\partial C_{v_1}}{\partial x_i}\frac{\partial \Psi_{u_1}}{\partial x_j}\right)\mathrm{d}\boldsymbol{x}'\mathrm{d}\bar{\boldsymbol{\theta}},\\
&\sum_{s=1}^{l}\bar{\bar{\sigma}}_{v_1 s}\bar{\bar{\sigma}}_{H_2 s}(\boldsymbol{I},\boldsymbol{\Psi},H_2,\boldsymbol{C})=\frac{\varepsilon}{T_5}\int_0^{2\pi}\int_{\Omega}\frac{1}{A_5}\left(\sum_{i,j=1}^{m}\sum_{s=1}^{l}\sigma_{is}\sigma_{js}\frac{\partial C_{v_1}}{\partial x_i}\frac{\partial H_2}{\partial x_j}\right)\mathrm{d}\boldsymbol{x}'\mathrm{d}\bar{\boldsymbol{\theta}},\\
&T_5=\int_0^{2\pi}\int_{\Omega}(1/A_5)\mathrm{d}\boldsymbol{x}'\mathrm{d}\bar{\boldsymbol{\theta}},\\
&\Omega=\{\boldsymbol{x}'\,|\,H_2(0,\boldsymbol{x}')\leqslant H_2\},\\
&k,k_1,k_2=1,2,\cdots,n_1;\quad u,u_1,u_2=1,2,\cdots,\alpha;\quad v,v_1,v_2=1,2,\cdots,M.
\end{aligned}
\tag{10.3.18}
$$

式中 $\boldsymbol{x}'=[x_{2n_1+M+2},\cdots,x_m]^{\mathrm{T}}$, $\bar{\boldsymbol{\theta}}=[\theta_{\alpha+1},\cdots,\theta_{n_1}]^{\mathrm{T}}$, $\int_0^{2\pi}(\cdot)\mathrm{d}\bar{\boldsymbol{\theta}}$ 表示对 $\bar{\boldsymbol{\theta}}$ 的 $(n_1-\alpha)$ 重积分, $A_5=\left|\partial(\boldsymbol{I},\boldsymbol{\psi},\bar{\boldsymbol{\theta}},H_2,\boldsymbol{x}',\boldsymbol{c})/\partial\boldsymbol{x}\right|$ 是从 $\boldsymbol{x}$ 变换到 $\boldsymbol{I},\boldsymbol{\psi},\bar{\boldsymbol{\theta}},H_2,\boldsymbol{x}',\boldsymbol{c}$ 的雅可比矩阵行列式.

与平均伊藤方程(10.3.17)相应的平均 FPK 方程为

$$\begin{aligned}\frac{\partial p}{\partial t}=&-\sum_{k=1}^{n_1}\frac{\partial}{\partial I_k}(\bar{\bar{a}}_k p)-\sum_{u=1}^{\alpha}\frac{\partial}{\partial \psi_u}(\bar{\bar{a}}_u p)-\frac{\partial}{\partial h_2}(\bar{\bar{a}}_{h_2} p)-\sum_{v=1}^{M}\frac{\partial}{\partial c_v}(\bar{\bar{a}}_v p)\\&+\frac{1}{2}\sum_{k_1,k_2=1}^{n_1}\frac{\partial^2}{\partial I_{k_1}\partial I_{k_2}}(\bar{\bar{b}}_{k_1k_2}p)+\frac{1}{2}\sum_{u_1,u_2=1}^{\alpha}\frac{\partial^2}{\partial \psi_{u_1}\partial \psi_{u_2}}(\bar{\bar{b}}_{u_1u_2}p)+\frac{1}{2}\frac{\partial^2}{\partial h_2^2}(\bar{\bar{b}}_{h_2h_2}p)\\&+\frac{1}{2}\sum_{v_1,v_2=1}^{M}\frac{\partial^2}{\partial c_{v_1}\partial c_{v_2}}(\bar{\bar{b}}_{v_1v_2}p)+\sum_{k_1=1}^{n_1}\sum_{u_1=1}^{\alpha}\frac{\partial^2}{\partial I_{k_1}\partial \psi_{u_1}}(\bar{\bar{b}}_{k_1u_1}p)+\sum_{k_1=1}^{n_1}\frac{\partial^2}{\partial I_{k_1}\partial h_2}(\bar{\bar{b}}_{k_1h_2}p)\\&+\sum_{k_1=1}^{n_1}\sum_{v_1=1}^{M}\frac{\partial^2}{\partial I_{k_1}\partial c_{v_1}}(\bar{\bar{b}}_{k_1v_1}p)+\sum_{u_1=1}^{\alpha}\frac{\partial^2}{\partial \psi_{u_1}\partial h_2}(\bar{\bar{b}}_{u_1h_2}p)+\sum_{u_1=1}^{\alpha}\sum_{v_1=1}^{M}\frac{\partial^2}{\partial \psi_{u_1}\partial c_{v_1}}(\bar{\bar{b}}_{u_1v_1}p)\\&+\sum_{v_1=1}^{M}\frac{\partial^2}{\partial c_{v_1}\partial h_2}(\bar{\bar{b}}_{v_1h_2}p).\end{aligned}\tag{10.3.19}$$

式中，

$$\begin{aligned}&\bar{\bar{a}}_h=\bar{\bar{a}}_h(\boldsymbol{I},\boldsymbol{\psi},h_2,\boldsymbol{c})=\bar{\bar{m}}_k(\boldsymbol{I},\boldsymbol{\Psi},H_2,\boldsymbol{C})\big|_{\boldsymbol{\Psi}=\boldsymbol{\psi},\,H_2=h_2,\,\boldsymbol{C}=\boldsymbol{c}},\\&\bar{\bar{a}}_u=\bar{\bar{a}}_u(\boldsymbol{I},\boldsymbol{\psi},h_2,\boldsymbol{c})=\bar{\bar{m}}_u(\boldsymbol{I},\boldsymbol{\Psi},H_2,\boldsymbol{C})\big|_{\boldsymbol{\Psi}=\boldsymbol{\psi},\,H_2=h_2,\,\boldsymbol{C}=\boldsymbol{c}},\\&\bar{\bar{a}}_v=\bar{\bar{a}}_v(\boldsymbol{I},\boldsymbol{\psi},h_2,\boldsymbol{c})=\bar{\bar{m}}_v(\boldsymbol{I},\boldsymbol{\Psi},H_2,\boldsymbol{C})\big|_{\boldsymbol{\Psi}=\boldsymbol{\psi},\,H_2=h_2,\,\boldsymbol{C}=\boldsymbol{c}},\\&\bar{\bar{a}}_{h_2}=\bar{\bar{a}}_{h_2}(\boldsymbol{I},\boldsymbol{\psi},h_2,\boldsymbol{c})=\bar{\bar{m}}_{H_2}(\boldsymbol{I},\boldsymbol{\Psi},H_2,\boldsymbol{C})\big|_{\boldsymbol{\Psi}=\boldsymbol{\psi},\,H_2=h_2,\,\boldsymbol{C}=\boldsymbol{c}},\\&\bar{\bar{b}}_{k_1k_2}=\bar{\bar{b}}_{k_1k_2}(\boldsymbol{I},\boldsymbol{\psi},h_2,\boldsymbol{c})=\sum_{s=1}^{l}\bar{\bar{\sigma}}_{k_1s}\bar{\bar{\sigma}}_{k_2s}(\boldsymbol{I},\boldsymbol{\Psi},H_2,\boldsymbol{C})\Big|_{\boldsymbol{\Psi}=\boldsymbol{\psi},\,H_2=h_2,\,\boldsymbol{C}=\boldsymbol{c}},\\&\bar{\bar{b}}_{u_1u_2}=\bar{\bar{b}}_{u_1u_2}(\boldsymbol{I},\boldsymbol{\psi},h_2,\boldsymbol{c})=\sum_{s=1}^{l}\bar{\bar{\sigma}}_{u_1s}\bar{\bar{\sigma}}_{u_2s}(\boldsymbol{I},\boldsymbol{\Psi},H_2,\boldsymbol{C})\Big|_{\boldsymbol{\Psi}=\boldsymbol{\psi},\,H_2=h_2,\,\boldsymbol{C}=\boldsymbol{c}},\\&\bar{\bar{b}}_{h_2h_2}=\bar{\bar{b}}_{h_2h_2}(\boldsymbol{I},\boldsymbol{\psi},h_2,\boldsymbol{c})=\sum_{s=1}^{l}\bar{\bar{\sigma}}_{H_2s}\bar{\bar{\sigma}}_{H_2s}(\boldsymbol{I},\boldsymbol{\Psi},H_2,\boldsymbol{C})\Big|_{\boldsymbol{\Psi}=\boldsymbol{\psi},\,H_2=h_2,\,\boldsymbol{C}=\boldsymbol{c}},\\&\bar{\bar{b}}_{v_1v_2}=\bar{\bar{b}}_{v_1v_2}(\boldsymbol{I},\boldsymbol{\psi},h_2,\boldsymbol{c})=\sum_{s=1}^{l}\bar{\bar{\sigma}}_{v_1s}\bar{\bar{\sigma}}_{v_2s}(\boldsymbol{I},\boldsymbol{\Psi},H_2,\boldsymbol{C})\Big|_{\boldsymbol{\Psi}=\boldsymbol{\psi},\,H_2=h_2,\,\boldsymbol{C}=\boldsymbol{c}},\\&\bar{\bar{b}}_{k_1u_1}=\bar{\bar{b}}_{k_1u_1}(\boldsymbol{I},\boldsymbol{\psi},h_2,\boldsymbol{c})=\sum_{s=1}^{l}\bar{\bar{\sigma}}_{k_1s}\bar{\bar{\sigma}}_{u_1s}(\boldsymbol{I},\boldsymbol{\Psi},H_2,\boldsymbol{C})\Big|_{\boldsymbol{\Psi}=\boldsymbol{\psi},\,H_2=h_2,\,\boldsymbol{C}=\boldsymbol{c}},\\&\bar{\bar{b}}_{k_1h_2}=\bar{\bar{b}}_{k_1h_2}(\boldsymbol{I},\boldsymbol{\psi},h_2,\boldsymbol{c})=\sum_{s=1}^{l}\bar{\bar{\sigma}}_{k_1s}\bar{\bar{\sigma}}_{H_2s}(\boldsymbol{I},\boldsymbol{\Psi},H_2,\boldsymbol{C})\Big|_{\boldsymbol{\Psi}=\boldsymbol{\psi},\,H_2=h_2,\,\boldsymbol{C}=\boldsymbol{c}},\\&\bar{\bar{b}}_{k_1v_1}=\bar{\bar{b}}_{k_1v_1}(\boldsymbol{I},\boldsymbol{\psi},h_2,\boldsymbol{c})=\sum_{s=1}^{l}\bar{\bar{\sigma}}_{k_1s}\bar{\bar{\sigma}}_{v_1s}(\boldsymbol{I},\boldsymbol{\Psi},H_2,\boldsymbol{C})\Big|_{\boldsymbol{\Psi}=\boldsymbol{\psi},\,H_2=h_2,\,\boldsymbol{C}=\boldsymbol{c}},\end{aligned}\tag{10.3.20}$$

$$\overline{\overline{b}}_{u_1h_2}=\overline{\overline{b}}_{u_1h_2}(\boldsymbol{I},\psi,h_2,\boldsymbol{c})=\sum_{s=1}^{l}\overline{\overline{\sigma}}_{u_1s}\overline{\overline{\sigma}}_{H_2s}(\boldsymbol{I},\boldsymbol{\varPsi},H_2,\boldsymbol{C})\bigg|_{\boldsymbol{\varPsi}=\psi,\,H_2=h_2,\,\boldsymbol{C}=\boldsymbol{c}},$$

$$\overline{\overline{b}}_{u_1v_1}=\overline{\overline{b}}_{u_1v_1}(\boldsymbol{I},\psi,h_2,\boldsymbol{c})=\sum_{s=1}^{l}\overline{\overline{\sigma}}_{u_1s}\overline{\overline{\sigma}}_{v_1s}(\boldsymbol{I},\boldsymbol{\varPsi},H_2,\boldsymbol{C})\bigg|_{\boldsymbol{\varPsi}=\psi,\,H_2=h_2,\,\boldsymbol{C}=\boldsymbol{c}},$$

$$\overline{\overline{b}}_{v_1h_2}=\overline{\overline{b}}_{v_1h_2}(\boldsymbol{I},\psi,h_2,\boldsymbol{c})=\sum_{s=1}^{l}\overline{\overline{\sigma}}_{v_1s}\overline{\overline{\sigma}}_{H_2s}(\boldsymbol{I},\boldsymbol{\varPsi},H_2,\boldsymbol{C})\bigg|_{\boldsymbol{\varPsi}=\psi,\,H_2=h_2,\,\boldsymbol{C}=\boldsymbol{c}}.$$

方程(10.3.19)中 $p=p(\boldsymbol{I},\psi,h_2,\boldsymbol{c},t|\boldsymbol{I}_0,\psi_0,h_{20},\boldsymbol{c}_0)$ 是条件转移概率密度，或 $p=p(\boldsymbol{I},\psi,h_2,\boldsymbol{c},t)$ 为联合概率密度. 可在一定的边界条件及初始条件下可求解方程(10.3.19). 可证，若已求得平稳解 $p(\boldsymbol{I},\psi,h_2,\boldsymbol{c})$，则原系统(10.1.5)的近似平稳概率密度为

$$p(\boldsymbol{x})=\frac{p(\boldsymbol{I},\psi,h_2,\boldsymbol{c})}{T_5(\boldsymbol{I},\psi,h_2,\boldsymbol{c})}\bigg|_{\boldsymbol{I}=\boldsymbol{I}(\boldsymbol{x}),\,\psi=\psi(\boldsymbol{x}),\,h_2=h_2(\boldsymbol{x}),\,\boldsymbol{c}=\boldsymbol{c}(\boldsymbol{x})}.\tag{10.3.21}$$

式中 $T_5(\boldsymbol{I},\psi,h_2,\boldsymbol{c})=T_5(\boldsymbol{I},\boldsymbol{\varPsi},H_2,\boldsymbol{C})\big|_{\boldsymbol{\varPsi}=\psi,\,H_2=h_2,\,\boldsymbol{C}=\boldsymbol{c}}$，后者由式(10.3.18)中给出.

若部分可积共振广义哈密顿系统变量可分离，如式(10.3.7)，且 $\boldsymbol{I}_1(\boldsymbol{x}_1)=[I_1,I_2,\cdots,I_{n_1}]^{\mathrm{T}}$，$\boldsymbol{\theta}_1(\boldsymbol{x}_1)=[\theta_1,\theta_2,\cdots,\theta_{n_1}]^{\mathrm{T}}$，存在 α 个弱内共振关系(10.3.14)，则角变量组合式(10.3.15)的伊藤随机微分方程由式(10.3.8)中 Θ_k 方程组合导得为

$$\begin{aligned}\mathrm{d}\varPsi_u=&\left\{O_u(\varepsilon)+\varepsilon\sum_{j=1}^{n_1}\frac{\partial\varPsi_u}{\partial P_j}\left[\sum_{r=1}^{n_1}d_{jr}\frac{\partial H_1}{\partial P_r}+\sum_{r_1=n_1+1}^{n_1+n_2}d_{jr_1}\frac{\partial H_2}{\partial P_{r_1}}+\sum_{i=2n_1+2n_2+1}^{m}d_{ji}\frac{\partial}{\partial X_i}\left(\sum_{\beta=1}^{M}C_\beta\right)\right]\right.\\&\left.+\frac{1}{2}\sum_{j,r=1}^{n_1}\sum_{s=1}^{l}\sigma_{js}\sigma_{rs}\frac{\partial^2\varPsi_u}{\partial P_j\partial P_r}\right\}\mathrm{d}t+\varepsilon^{1/2}\sum_{j=1}^{n_1}\sum_{s=1}^{l}\sigma_{js}\frac{\partial\varPsi_u}{\partial P_j}\mathrm{d}B_s(t),\quad u=1,2,\cdots,\alpha.\end{aligned}\tag{10.3.22}$$

此时系统由式(10.3.22)中 α 个方程，式(10.3.8)中去掉 $\Theta_1,\Theta_2,\cdots,\Theta_\alpha$ 方程后剩余的 Θ_k 方程，以及式(10.1.5)中 $(2n_2-1)$ 个方程支配，其中 $[\boldsymbol{I}_1^{\mathrm{T}},\boldsymbol{\varPsi}^{\mathrm{T}},H_2,\boldsymbol{C}^{\mathrm{T}}]^{\mathrm{T}}$ 为慢变过程. 根据哈斯敏斯基定理(Khasminskii, 1968)，当 $\varepsilon\to0$ 时，$[\boldsymbol{I}_1^{\mathrm{T}},\boldsymbol{\varPsi}^{\mathrm{T}},H_2,\boldsymbol{C}^{\mathrm{T}}]^{\mathrm{T}}$ 弱收敛于 $(n_1+\alpha+1+M)$ 维矢量马尔可夫扩散过程，支配该过程的平均伊藤随机微分方程形如式(10.3.17)，但其漂移和扩散系数改为

$$\begin{aligned}\overline{\overline{m}}'_k(\boldsymbol{I}_1,\boldsymbol{\varPsi},H_2,\boldsymbol{C})=&\frac{\varepsilon}{T_5'}\int_0^{2\pi}\int_\varOmega\frac{1}{A_5'}\left\{\sum_{j=1}^{n_1}\frac{\partial I_k}{\partial p_j}\left[\sum_{r=1}^{n_1}d_{jr}\frac{\partial H_1}{\partial p_r}+\sum_{r_1=n_1+1}^{n_1+n_2}d_{jr_1}\frac{\partial H_2}{\partial p_{r_1}}\right.\right.\\&\left.\left.+\sum_{i=2n_1+2n_2+1}^{m}d_{ji}\frac{\partial}{\partial x_i}\left(\sum_{\beta=1}^{M}C_\beta\right)\right]+\frac{1}{2}\sum_{j,r=1}^{n_1}\sum_{s=1}^{l}\sigma_{js}\sigma_{rs}\frac{\partial^2 I_k}{\partial p_j\partial p_r}\right\}\mathrm{d}\boldsymbol{q}_2\mathrm{d}p_{n_1+2}\cdots\mathrm{d}p_{n_1+n_2}\mathrm{d}\boldsymbol{\theta}_1',\end{aligned}$$

$$\bar{\bar{m}}'_u(\boldsymbol{I}_1,\boldsymbol{\varPsi},H_2,\boldsymbol{C})=\frac{\varepsilon}{T'_5}\int_0^{2\pi}\int_\Omega\frac{1}{A'_5}\left\{\frac{O_u(\varepsilon)}{\varepsilon}+\sum_{j=1}^{n_1}\frac{\partial\varPsi_u}{\partial p_j}\left[\sum_{r=1}^{n_1}d_{jr}\frac{\partial H_1}{\partial p_r}++\sum_{r_1=n_1+1}^{n_1+n_2}d_{jr_1}\frac{\partial H_2}{\partial p_{r_1}}\right.\right.$$
$$\left.\left.\sum_{i=2n_1+2n_2+1}^{m}d_{ji}\frac{\partial}{\partial x_i}\left(\sum_{\beta=1}^{M}C_\beta\right)\right]+\frac{1}{2}\sum_{j,r=1}^{n_1}\sum_{s=1}^{l}\sigma_{js}\sigma_{rs}\frac{\partial^2\varPsi_k}{\partial p_j\partial p_r}\right\}\mathrm{d}\boldsymbol{q}_2\mathrm{d}p_{n_1+2}\cdots\mathrm{d}p_{n_1+n_2}\mathrm{d}\boldsymbol{\theta}'_1,$$

$$\bar{\bar{m}}'_{H_2}(\boldsymbol{I}_1,\boldsymbol{\varPsi},H_2,\boldsymbol{C})=\frac{\varepsilon}{T'_5}\int_0^{2\pi}\int_\Omega\frac{1}{A'_5}\left\{\sum_{r_2=n_1+1}^{n_1+n_2}\frac{\partial H_2}{\partial p_{r_2}}\left[\sum_{r=1}^{n_1}d_{r_2r}\frac{\partial H_1}{\partial p_r}+\sum_{r_1=n_1+1}^{n_1+n_2}d_{r_2r_1}\frac{\partial H_2}{\partial p_{r_1}}\right.\right.$$
$$\left.\left.+\sum_{i=2n_1+2n_2+1}^{m}d_{r_2i}\frac{\partial}{\partial x_i}\left(\sum_{\beta=1}^{M}C_\beta\right)\right]+\frac{1}{2}\sum_{r_2,r_1=n_1+1}^{n_1+n_2}\sum_{s=1}^{l}\sigma_{r_2s}\sigma_{r_1s}\frac{\partial^2 H_2}{\partial p_{r_2}\partial p_{r_1}}\right\}\mathrm{d}\boldsymbol{q}_2\mathrm{d}p_{n_1+2}\cdots\mathrm{d}p_{n_1+n_2}\mathrm{d}\boldsymbol{\theta}'_1,$$

$$\bar{\bar{m}}'_v(\boldsymbol{I}_1,\boldsymbol{\varPsi},H_2,\boldsymbol{C})=\frac{\varepsilon}{T'_5}\int_0^{2\pi}\int_\Omega\frac{1}{A'_5}\left\{\sum_{i_1=2n_1+2n_2+1}^{m}\frac{\partial C_v}{\partial x_{i_1}}\left[\sum_{r=1}^{n_1}d_{i_1r}\frac{\partial H_1}{\partial p_r}+\sum_{r_1=n_1+1}^{n_1+n_2}d_{jr_1}\frac{\partial H_2}{\partial p_{r_1}}\right.\right.$$
$$\left.\left.+\sum_{i=2n_1+2n_2+1}^{m}d_{i_1i}\frac{\partial}{\partial x_i}\left(\sum_{\beta=1}^{M}C_\beta\right)\right]+\frac{1}{2}\sum_{i,i_1=2n_1+2n_2+1}^{m}\sum_{s=1}^{l}\sigma_{is}\sigma_{i_1s}\frac{\partial^2 C_v}{\partial x_i\partial x_{i_1}}\right\}\mathrm{d}\boldsymbol{q}_2\mathrm{d}p_{n_1+2}\cdots\mathrm{d}p_{n_1+n_2}\mathrm{d}\boldsymbol{\theta}'_1,$$

$$\sum_{s=1}^{l}\bar{\bar{\sigma}}'_{k_1s}\bar{\bar{\sigma}}'_{k_2s}(\boldsymbol{I}_1,\boldsymbol{\varPsi},H_2,\boldsymbol{C})=\frac{\varepsilon}{T'_5}\int_0^{2\pi}\int_\Omega\frac{1}{A'_5}\sum_{j,r=1}^{n_1}\sum_{s=1}^{l}\sigma_{js}\sigma_{rs}\frac{\partial I_{k_1}}{\partial p_j}\frac{\partial I_{k_2}}{\partial p_r}\mathrm{d}\boldsymbol{q}_2\mathrm{d}p_{n_1+2}\cdots\mathrm{d}p_{n_1+n_2}\mathrm{d}\boldsymbol{\theta}'_1,$$

$$\sum_{s=1}^{l}\bar{\bar{\sigma}}'_{u_1s}\bar{\bar{\sigma}}'_{u_2s}(\boldsymbol{I}_1,\boldsymbol{\varPsi},H_2,\boldsymbol{C})=\frac{\varepsilon}{T'_5}\int_0^{2\pi}\int_\Omega\frac{1}{A'_5}\sum_{j,r=1}^{n_1}\sum_{s=1}^{l}\sigma_{js}\sigma_{rs}\frac{\partial\varPsi_{v_1}}{\partial p_j}\frac{\partial\varPsi_{v_2}}{\partial p_r}\mathrm{d}\boldsymbol{q}_2\mathrm{d}p_{n_1+2}\cdots\mathrm{d}p_{n_1+n_2}\mathrm{d}\boldsymbol{\theta}'_1,$$

$$\sum_{s=1}^{l}\bar{\bar{\sigma}}'_{H_2s}\bar{\bar{\sigma}}'_{H_2s}(\boldsymbol{I}_1,\boldsymbol{\varPsi},H_2,\boldsymbol{C})=\frac{\varepsilon}{T'_5}\int_0^{2\pi}\int_\Omega\frac{1}{A'_5}\sum_{r_1,r_2=n_1+1}^{n_1+n_2}\sum_{s=1}^{l}\sigma_{r_1s}\sigma_{r_2s}\frac{\partial H_2}{\partial p_{r_1}}\frac{\partial H_2}{\partial p_{r_2}}\mathrm{d}\boldsymbol{q}_2\mathrm{d}p_{n_1+2}\cdots\mathrm{d}p_{n_1+n_2}\mathrm{d}\boldsymbol{\theta}'_1,$$

$$\sum_{s=1}^{l}\bar{\bar{\sigma}}'_{v_1s}\bar{\bar{\sigma}}'_{v_2s}(\boldsymbol{I}_1,\boldsymbol{\varPsi},H_2,\boldsymbol{C})=\frac{\varepsilon}{T'_5}\int_0^{2\pi}\int_\Omega\frac{1}{A'_5}\sum_{i,i_1=2n_1+2n_2+1}^{m}\sum_{s=1}^{l}\sigma_{is}\sigma_{i_1s}\frac{\partial C_{v_1}}{\partial x_i}\frac{\partial C_{v_2}}{\partial x_{i_1}}\mathrm{d}\boldsymbol{q}_2\mathrm{d}p_{n_1+2}\cdots\mathrm{d}p_{n_1+n_2}\mathrm{d}\boldsymbol{\theta}'_1,$$

(10.3.23)

$$\sum_{s=1}^{l}\bar{\bar{\sigma}}'_{k_1s}\bar{\bar{\sigma}}'_{u_1s}(\boldsymbol{I}_1,\boldsymbol{\varPsi},H_2,\boldsymbol{C})=\frac{\varepsilon}{T'_5}\int_0^{2\pi}\int_\Omega\frac{1}{A'_5}\sum_{j,r=1}^{n_1}\sum_{s=1}^{l}\sigma_{js}\sigma_{rs}\frac{\partial I_{k_1}}{\partial p_j}\frac{\partial\varPsi_{u_1}}{\partial p_r}\mathrm{d}\boldsymbol{q}_2\mathrm{d}p_{n_1+2}\cdots\mathrm{d}p_{n_1+n_2}\mathrm{d}\boldsymbol{\theta}'_1,$$

$$\sum_{s=1}^{l}\bar{\bar{\sigma}}'_{k_1s}\bar{\bar{\sigma}}'_{H_2s}(\boldsymbol{I}_1,\boldsymbol{\varPsi},H_2,\boldsymbol{C})=\frac{\varepsilon}{T'_5}\int_0^{2\pi}\int_\Omega\frac{1}{A'_5}\sum_{j=1}^{n_1}\sum_{r_1=n_1+1}^{n_1+n_2}\sum_{s=1}^{l}\sigma_{js}\sigma_{r_1s}\frac{\partial I_{k_1}}{\partial p_j}\frac{\partial H_2}{\partial p_{r_1}}\mathrm{d}\boldsymbol{q}_2\mathrm{d}p_{n_1+2}\cdots\mathrm{d}p_{n_1+n_2}\mathrm{d}\boldsymbol{\theta}'_1,$$

$$\sum_{s=1}^{l}\bar{\bar{\sigma}}'_{k_1s}\bar{\bar{\sigma}}'_{v_1s}(\boldsymbol{I}_1,\boldsymbol{\varPsi},H_2,\boldsymbol{C})=\frac{\varepsilon}{T'_5}\int_0^{2\pi}\int_\Omega\frac{1}{A'_5}\sum_{j=1}^{n_1}\sum_{i=2n_1+2n_2+1}^{m}\sum_{s=1}^{l}\sigma_{js}\sigma_{is}\frac{\partial I_{k_1}}{\partial p_j}\frac{\partial C_{v_1}}{\partial x_i}\mathrm{d}\boldsymbol{q}_2\mathrm{d}p_{n_1+2}\cdots\mathrm{d}p_{n_1+n_2}\mathrm{d}\boldsymbol{\theta}'_1,$$

$$\sum_{s=1}^{l}\bar{\bar{\sigma}}'_{u_1s}\bar{\bar{\sigma}}'_{H_2s}(\boldsymbol{I}_1,\boldsymbol{\varPsi},H_2,\boldsymbol{C})=\frac{\varepsilon}{T'_5}\int_0^{2\pi}\int_\Omega\frac{1}{A'_5}\sum_{j=1}^{n_1}\sum_{r_1=n_1+1}^{n_1+n_2}\sum_{s=1}^{l}\sigma_{js}\sigma_{rs}\frac{\partial\varPsi_{u_1}}{\partial p_j}\frac{\partial H_2}{\partial p_{r_1}}\mathrm{d}\boldsymbol{q}_2\mathrm{d}p_{n_1+2}\cdots\mathrm{d}p_{n_1+n_2}\mathrm{d}\boldsymbol{\theta}'_1,$$

$$\sum_{s=1}^{l}\bar{\bar{\sigma}}'_{u_1 s}\bar{\bar{\sigma}}'_{v_1 s}(\boldsymbol{I}_1,\boldsymbol{\Psi},H_2,\boldsymbol{C})=\frac{\varepsilon}{T_5'}\int_0^{2\pi}\int_{\Omega}\frac{1}{A_5'}\sum_{j=1}^{n_1}\sum_{i=2n_1+2n_2+1}^{m}\sum_{s=1}^{l}\sigma_{js}\sigma_{is}\frac{\partial\Psi_{u_1}}{\partial p_j}\frac{\partial C_{v_1}}{\partial x_i}\mathrm{d}\boldsymbol{q}_2\mathrm{d}p_{n_1+2}\cdots\mathrm{d}p_{n_1+n_2}\mathrm{d}\boldsymbol{\theta}_1',$$

$$\sum_{s=1}^{l}\bar{\bar{\sigma}}'_{v_1 s}\bar{\bar{\sigma}}'_{H_2 s}(\boldsymbol{I}_1,\boldsymbol{\Psi},H_2,\boldsymbol{C})=\frac{\varepsilon}{T_5'}\int_0^{2\pi}\int_{\Omega}\frac{1}{A_5'}\sum_{i=2n_1+2n_2+1}^{m}\sum_{r_1=n_1+1}^{n_1+n_2}\sum_{s=1}^{l}\sigma_{is}\sigma_{r_1 s}\frac{\partial C_{v_1}}{\partial x_i}\frac{\partial H_2}{\partial p_{r_1}}\mathrm{d}\boldsymbol{q}_2\mathrm{d}p_{n_1+2}\cdots\mathrm{d}p_{n_1+n_2}\mathrm{d}\boldsymbol{\theta}_1',$$

$$T_5'=\int_0^{2\pi}\int_{\Omega}(1/A_5')\mathrm{d}\boldsymbol{q}_2\mathrm{d}p_{n_1+2}\cdots\mathrm{d}p_{n_1+n_2}\mathrm{d}\boldsymbol{\theta}_1',$$

$$\Omega=\{(\boldsymbol{q}_2,p_{n_1+2},\cdots,p_{n_1+n_2})\,|\,H_2(\boldsymbol{q}_2,0,p_{n_1+2},\cdots,p_{n_1+n_2})\leqslant H_2\},$$

$$k,k_1,k_2=1,2,\cdots,n_1;\quad u,u_1,u_2=1,2,\cdots,\alpha;\quad v,v_1,v_2=1,2,\cdots,M.$$

式中$\boldsymbol{\theta}_1'=[\theta_{\alpha+1},\cdots,\theta_{n_1}]^{\mathrm{T}}$，

$$\begin{aligned}A_5'&=\left|\frac{\partial(\boldsymbol{I}_1,\psi,\boldsymbol{\theta}_1',\boldsymbol{q}_2,H_2,p_{n_1+2},\cdots,p_{n_1+n_2},\boldsymbol{c})}{\partial(\boldsymbol{q}_1,\boldsymbol{p}_1,\boldsymbol{q}_2,\boldsymbol{p}_2,\boldsymbol{x}_3)}\right|\\&=\left|\frac{\partial(\boldsymbol{I}_1,\psi,\boldsymbol{\theta}_1')}{\partial(\boldsymbol{q}_1,\boldsymbol{p}_1)}\right|\left|\frac{\partial(\boldsymbol{q}_2,H_2,p_{n_1+2},\cdots,p_{n_1+n_2})}{\partial(\boldsymbol{q}_2,\boldsymbol{p}_2)}\right|\left|\frac{\partial\boldsymbol{c}}{\partial\boldsymbol{x}_3}\right|=\bar{\bar{C}}\left|\frac{\partial H_2}{\partial p_{n_1+1}}\right|\left|\frac{\partial\boldsymbol{c}}{\partial\boldsymbol{x}_3}\right|.\end{aligned}\tag{10.3.24}$$

因$\left|\partial(\boldsymbol{I}_1,\psi,\boldsymbol{\theta}_1')/\partial(\boldsymbol{q}_1,\boldsymbol{p}_1)\right|$为$\left|\partial(\boldsymbol{I}_1,\boldsymbol{\theta}_1)/\partial(\boldsymbol{q}_1,\boldsymbol{p}_1)\right|$之线性组合，而后者为 1，所以它为常数，从而

$$T_5'=(2\pi)^{n_1-\alpha}\left|\frac{\partial\boldsymbol{c}}{\partial\boldsymbol{x}_3}\right|\int_{\Omega}\left|\frac{\partial H_2}{\partial p_{n_1+1}}\right|^{-1}\mathrm{d}\boldsymbol{q}_2\mathrm{d}p_{n_1+2}\cdots\mathrm{d}p_{n_1+n_2}.\tag{10.3.25}$$

平均 FPK 方程仍形如式(10.3.19)，但其一、二阶导数矩改为

$$\begin{aligned}&\bar{\bar{a}}_k'=\bar{\bar{a}}_k'(\boldsymbol{I}_1,\psi,h_2,\boldsymbol{c})=\bar{\bar{m}}_k'(\boldsymbol{I}_1,\boldsymbol{\Psi},H_2,\boldsymbol{C})\big|_{\boldsymbol{\Psi}=\psi,\,H_2=h_2,\,\boldsymbol{C}=\boldsymbol{c}},\\&\bar{\bar{a}}_u'=\bar{\bar{a}}_u'(\boldsymbol{I}_1,\psi,h_2,\boldsymbol{c})=\bar{\bar{m}}_u'(\boldsymbol{I}_1,\boldsymbol{\Psi},H_2,\boldsymbol{C})\big|_{\boldsymbol{\Psi}=\psi,\,H_2=h_2,\,\boldsymbol{C}=\boldsymbol{c}},\\&\bar{\bar{a}}_{H_2}'=\bar{\bar{a}}_{H_2}'(\boldsymbol{I}_1,\psi,h_2,\boldsymbol{c})=\bar{\bar{m}}_{H_2}'(\boldsymbol{I}_1,\boldsymbol{\Psi},H_2,\boldsymbol{C})\big|_{\boldsymbol{\Psi}=\psi,\,H_2=h_2,\,\boldsymbol{C}=\boldsymbol{c}},\\&\bar{\bar{a}}_v'=\bar{\bar{a}}_v'(\boldsymbol{I}_1,\psi,h_2,\boldsymbol{c})=\bar{\bar{m}}_v'(\boldsymbol{I}_1,\boldsymbol{\Psi},H_2,\boldsymbol{C})\big|_{\boldsymbol{\Psi}=\psi,\,H_2=h_2,\,\boldsymbol{C}=\boldsymbol{c}},\\&\bar{\bar{b}}_{k_1k_2}'=\bar{\bar{b}}_{k_1k_2}'(\boldsymbol{I}_1,\psi,h_2,\boldsymbol{c})=\sum_{s=1}^{l}\bar{\bar{\sigma}}'_{k_1 s}\bar{\bar{\sigma}}'_{k_2 s}(\boldsymbol{I}_1,\boldsymbol{\Psi},H_2,\boldsymbol{C})\Big|_{\boldsymbol{\Psi}=\psi,\,H_2=h_2,\,\boldsymbol{C}=\boldsymbol{c}},\\&\bar{\bar{b}}_{u_1u_2}'=\bar{\bar{b}}_{u_1u_2}'(\boldsymbol{I}_1,\psi,h_2,\boldsymbol{c})=\sum_{s=1}^{l}\bar{\bar{\sigma}}'_{u_1 s}\bar{\bar{\sigma}}'_{u_2 s}(\boldsymbol{I}_1,\boldsymbol{\Psi},H_2,\boldsymbol{C})\Big|_{\boldsymbol{\Psi}=\psi,\,H_2=h_2,\,\boldsymbol{C}=\boldsymbol{c}},\\&\bar{\bar{b}}_{H_2H_2}'=\bar{\bar{b}}_{H_2H_2}'(\boldsymbol{I}_1,\psi,h_2,\boldsymbol{c})=\sum_{s=1}^{l}\bar{\bar{\sigma}}'_{H_2 s}\bar{\bar{\sigma}}'_{H_2 s}(\boldsymbol{I}_1,\boldsymbol{\Psi},H_2,\boldsymbol{C})\Big|_{\boldsymbol{\Psi}=\psi,\,H_2=h_2,\,\boldsymbol{C}=\boldsymbol{c}},\\&\bar{\bar{b}}_{v_1v_2}'=\bar{\bar{b}}_{v_1v_2}'(\boldsymbol{I}_1,\psi,h_2,\boldsymbol{c})=\sum_{s=1}^{l}\bar{\bar{\sigma}}'_{v_1 s}\bar{\bar{\sigma}}'_{v_2 s}(\boldsymbol{I}_1,\boldsymbol{\Psi},H_2,\boldsymbol{C})\Big|_{\boldsymbol{\Psi}=\psi,\,H_2=h_2,\,\boldsymbol{C}=\boldsymbol{c}},\end{aligned}\tag{10.3.26}$$

$$\bar{\bar{b}}'_{k_1u_1}=\bar{\bar{b}}'_{k_1u_1}(\boldsymbol{I}_1,\psi,h_2,\boldsymbol{c})=\sum_{s=1}^{l}\bar{\bar{\sigma}}'_{k_1s}\bar{\bar{\sigma}}'_{u_1s}(\boldsymbol{I}_1,\boldsymbol{\varPsi},H_2,\boldsymbol{C})\Big|_{\boldsymbol{\varPsi}=\psi,\,H_2=h_2,\,\boldsymbol{C}=\boldsymbol{c}},$$

$$\bar{\bar{b}}'_{k_1H_2}=\bar{\bar{b}}'_{k_1H_2}(\boldsymbol{I}_1,\psi,h_2,\boldsymbol{c})=\sum_{s=1}^{l}\bar{\bar{\sigma}}'_{k_1s}\bar{\bar{\sigma}}'_{H_2s}(\boldsymbol{I}_1,\boldsymbol{\varPsi},H_2,\boldsymbol{C})\Big|_{\boldsymbol{\varPsi}=\psi,\,H_2=h_2,\,\boldsymbol{C}=\boldsymbol{c}},$$

$$\bar{\bar{b}}'_{k_1v_1}=\bar{\bar{b}}'_{k_1v_1}(\boldsymbol{I}_1,\psi,h_2,\boldsymbol{c})=\sum_{s=1}^{l}\bar{\bar{\sigma}}'_{k_1s}\bar{\bar{\sigma}}'_{v_1s}(\boldsymbol{I}_1,\boldsymbol{\varPsi},H_2,\boldsymbol{C})\Big|_{\boldsymbol{\varPsi}=\psi,\,H_2=h_2,\,\boldsymbol{C}=\boldsymbol{c}},$$

$$\bar{\bar{b}}'_{u_1H_2}=\bar{\bar{b}}'_{u_1H_2}(\boldsymbol{I}_1,\psi,h_2,\boldsymbol{c})=\sum_{s=1}^{l}\bar{\bar{\sigma}}'_{u_1s}\bar{\bar{\sigma}}'_{H_2s}(\boldsymbol{I}_1,\boldsymbol{\varPsi},H_2,\boldsymbol{C})\Big|_{\boldsymbol{\varPsi}=\psi,\,H_2=h_2,\,\boldsymbol{C}=\boldsymbol{c}},$$

$$\bar{\bar{b}}'_{u_1v_1}=\bar{\bar{b}}'_{u_1v_1}(\boldsymbol{I}_1,\psi,h_2,\boldsymbol{c})=\sum_{s=1}^{l}\bar{\bar{\sigma}}'_{u_1s}\bar{\bar{\sigma}}'_{v_1s}(\boldsymbol{I}_1,\boldsymbol{\varPsi},H_2,\boldsymbol{C})\Big|_{\boldsymbol{\varPsi}=\psi,\,H_2=h_2,\,\boldsymbol{C}=\boldsymbol{c}},$$

$$\bar{\bar{b}}'_{v_1H_2}=\bar{\bar{b}}'_{v_1H_2}(\boldsymbol{I}_1,\psi,h_2,\boldsymbol{c})=\sum_{s=1}^{l}\bar{\bar{\sigma}}'_{v_1s}\bar{\bar{\sigma}}'_{H_2s}(\boldsymbol{I}_1,\boldsymbol{\varPsi},H_2,\boldsymbol{C})\Big|_{\boldsymbol{\varPsi}=\psi,\,H_2=h_2,\,\boldsymbol{C}=\boldsymbol{c}}.$$

可证, 若已求得平均 FPK 方程(10.3.19)的平稳解 $p(\boldsymbol{I}_1,\psi,h_2,\boldsymbol{c})$, 则可得原系统(10.1.5)的近似平稳概率密度为

$$p(\boldsymbol{x})=\frac{p(\boldsymbol{I}_1,\psi,h_2,\boldsymbol{c})}{T_5'}\Bigg|_{\boldsymbol{I}_1=\boldsymbol{I}_1(\boldsymbol{x}_1),\,\psi=\psi(\boldsymbol{x}_1),\,h_2=h_2(\boldsymbol{x}_2),\,\boldsymbol{c}=\boldsymbol{c}(\boldsymbol{x}_3)}. \tag{10.3.27}$$

式中 $T_5'(\boldsymbol{I}_1,\psi,h_2,\boldsymbol{c})=T_5'(\boldsymbol{I}_1,\boldsymbol{\varPsi},H_2,\boldsymbol{C})\big|_{\boldsymbol{\varPsi}=\psi,\,H_2=h_2,\,\boldsymbol{C}=\boldsymbol{c}}$, 后者由式(10.3.25)确定.

例 10.3.1　考虑如下受高斯白噪声激励的多自由度系统(Huang and Zhu, 2009), 其运动方程为

$$\begin{aligned}&\ddot{Y}_1+d_{11}\dot{Y}_1+d_{12}\dot{Y}_2+\omega_1^2Y_1=g_{11}W_{g1}(t),\\&\ddot{Y}_2+d_{21}\dot{Y}_1+d_{22}\dot{Y}_2+\omega_2^2Y_2=g_{22}W_{g2}(t),\\&\ddot{Y}_3+d_{33}\dot{Y}_3+\frac{\partial U}{\partial Y_3}=g_{33}W_{g3}(t),\\&\ddot{Y}_4+d_{44}\dot{Y}_4+\frac{\partial U}{\partial Y_4}=g_{44}W_{g4}(t),\\&\dot{Y}_5+d_{55}Y_5=g_{55}W_{g5}(t).\end{aligned} \tag{10.3.28}$$

式中 $d_{ij}=d_{ij}(Y_1,\cdots,Y_5,\dot{Y}_1,\cdots,\dot{Y}_4)$, $i,j=1,2,3,4,5$, 为线性或非线性阻尼系数, 它是 ε 阶的量; $g_{ii}=g_{ii}(Y_1,\cdots,Y_5,\dot{Y}_1,\cdots,\dot{Y}_4)$ 为随机激励幅值, 它是 $\varepsilon^{1/2}$ 阶的量; $U=U(Y_3,Y_4)=b(\omega_3^2Y_3^2+\omega_4^2Y_4^2)^{\delta}$ $(b,\delta>0,\delta\neq1)$ 为势函数, $W_{gi}(t)$ 是强度为 $2\pi K_i$ 的

独立的高斯白噪声. 式(10.3.28)的第 5 个方程可认为是如下振子

$$\ddot{Z}+d_{55}\dot{Z}+\omega_5^2 Z=g_{55}W_{g5}(t) \tag{10.3.29}$$

在 $\omega_5=0$ 时的退化系统, 令方程(10.3.29)中 $\dot{Z}=Y_5$, 即得式(10.3.28)的第 5 个方程.

式(10.3.28)可重写成斯特拉多诺维奇随机微分方程的形式, 通过引入 Wong-Zakai 修正项可重写为如下等价的伊藤随机微分方程

$$\begin{aligned}
\mathrm{d}X_1&=\frac{\partial H}{\partial X_5}\mathrm{d}t,\\
\mathrm{d}X_2&=\frac{\partial H}{\partial X_6}\mathrm{d}t,\\
\mathrm{d}X_3&=\frac{\partial H}{\partial X_7}\mathrm{d}t,\\
\mathrm{d}X_4&=\frac{\partial H}{\partial X_8}\mathrm{d}t,\\
\mathrm{d}X_5&=\left[-\frac{\partial H}{\partial X_1}-d_{11}X_5-d_{12}X_6+\frac{1}{4}\frac{\partial b_{11}}{\partial X_5}\right]\mathrm{d}t+\sigma_{11}\mathrm{d}B_1(t),\\
\mathrm{d}X_6&=\left[-\frac{\partial H}{\partial X_2}-d_{21}X_5-d_{22}X_6+\frac{1}{4}\frac{\partial b_{22}}{\partial X_6}\right]\mathrm{d}t+\sigma_{22}\mathrm{d}B_2(t),\\
\mathrm{d}X_7&=\left[-\frac{\partial H}{\partial X_3}-d_{33}X_7+\frac{1}{4}\frac{\partial b_{33}}{\partial X_7}\right]\mathrm{d}t+\sigma_{33}\mathrm{d}B_3(t),\\
\mathrm{d}X_8&=\left[-\frac{\partial H}{\partial X_4}-d_{44}X_8+\frac{1}{4}\frac{\partial b_{44}}{\partial X_8}\right]\mathrm{d}t+\sigma_{44}\mathrm{d}B_4(t),\\
\mathrm{d}X_9&=\left[-d_{55}X_9+\frac{1}{4}\frac{\partial b_{55}}{\partial X_9}\right]\mathrm{d}t+\sigma_{55}\mathrm{d}B_5(t).
\end{aligned} \tag{10.3.30}$$

式中,

$$\begin{aligned}
&\boldsymbol{X}=[X_1,X_2,\cdots,X_9]^{\mathrm{T}}=[Y_1,Y_2,Y_3,Y_4,\dot{Y}_1,\dot{Y}_2,\dot{Y}_3,\dot{Y}_4,Y_5]^{\mathrm{T}},\\
&H=H_1+H_2+C_1,\quad H_1=\bar{H}_1+\bar{H}_2,\quad \bar{H}_1=\omega_1 I_1=\frac{X_5^2+\omega_1^2X_1^2}{2},\\
&\bar{H}_2=\omega_2 I_2=\frac{X_6^2+\omega_2^2X_2^2}{2},\quad H_2=\frac{X_7^2+X_8^2}{2}+U(X_3,X_4),\quad C_1=\frac{X_9^2}{2},\\
&\qquad d_{ii}=d_{ii0}+d_{ii1}X_5^2+d_{ii2}X_6^2+d_{ii3}X_9^2+d_{ii4}X_7^2+d_{ii5}X_8^2\quad (i=1,2,\cdots,5),\\
&\qquad b_{ii}=\sigma_{ii}^2=2\pi K_i g_{ii}^2\quad (i=1,2,\cdots,5),\\
&\qquad \theta_1=\tan^{-1}\left(\frac{X_5}{\omega_1X_1}\right),\quad \theta_2=\tan^{-1}\left(\frac{X_6}{\omega_2X_2}\right).
\end{aligned} \tag{10.3.31}$$

其中，d_{12}, d_{21} 为常数，$B_i(t)$ 为独立单位维纳过程.

与式(10.3.30)相应的广义哈密顿系统是部分可积的，且其变量具有可分离的形式，对照式(3.3.3)，可得其结构矩阵为

$$
\boldsymbol{J} = \begin{bmatrix} \mathbf{0} & \boldsymbol{I}_4 & 0 \\ -\boldsymbol{I}_4 & \mathbf{0} & 0 \\ 0 & 0 & 0 \end{bmatrix} \tag{10.3.32}
$$

式中 $\boldsymbol{I}_4$ 是 4×4 阶单位矩阵，$\mathbf{0}$ 是 4×4 阶零矩阵，结构矩阵 $\boldsymbol{J}$ 的秩为 8，因此存在一个 Casimir 函数 C_1.

式(10.3.30)中与 H_1 相应的子系统是可积的，当 ω_1, ω_2 不存在如下共振关系

$$
k_1^1\omega_1 + k_2^1\omega_2 = O_1(\varepsilon) \tag{10.3.33}
$$

时，其中 k_i^1 为不全为零的整数，该哈密顿子系统为非内共振的，当存在内共振关系(10.3.33)时，该哈密顿子系统为内共振的.

1. 非内共振情形

设与式(10.3.30)相应的广义哈密顿系统不存在共振关系(10.3.33)，$I_1, I_2, \Theta_1, \Theta_2, H_2, C_1$ 的伊藤随机微分方程形如式(10.3.8)，X_3, X_4, X_8 的伊藤随机微分方程为式(10.3.30)，其中 I_1, I_2, H_2, C_1 是慢变过程，而 $\Theta_1, \Theta_2, X_3, X_4, X_8$ 是快变过程，利用 10.3.1 节拟部分可积非共振广义哈密顿系统随机平均法，$[I_1, I_2, H_2, C_1]^{\mathrm{T}}$ 为近似马尔可夫扩散矢量过程，按式(10.3.2)，其平均伊藤随机微分方程为

$$
\begin{aligned}
\mathrm{d}I_1 &= \bar{m}_1(I_1, I_2, H_2, C_1)\mathrm{d}t + \bar{\sigma}_{11}(I_1, I_2, H_2, C_1)\mathrm{d}B_1(t), \\
\mathrm{d}I_2 &= \bar{m}_2(I_1, I_2, H_2, C_1)\mathrm{d}t + \bar{\sigma}_{22}(I_1, I_2, H_2, C_1)\mathrm{d}B_2(t), \\
\mathrm{d}H_2 &= \bar{m}_3(I_1, I_2, H_2, C_1)\mathrm{d}t + \bar{\sigma}_{33}(I_1, I_2, H_2, C_1)\mathrm{d}B_3(t) \\
&\quad + \bar{\sigma}_{44}(I_1, I_2, C_1, H_2)\mathrm{d}B_4(t), \\
\mathrm{d}C_1 &= \bar{m}_4(I_1, I_2, H_2, C_1)\mathrm{d}t + \bar{\sigma}_{55}(I_1, I_2, H_2, C_1)\mathrm{d}B_5(t).
\end{aligned} \tag{10.3.34}
$$

按式(10.3.9)，漂移系数与扩散系数为

$$
\begin{aligned}
\bar{m}_1(I_1, I_2, H_2, C_1) = &-d_{110}I_1 - \frac{3}{2}d_{111}\omega_1 I_1^2 - d_{112}\omega_2 I_1 I_2 - 2d_{113}C_1 I_1 - \frac{\delta}{1+\delta}(d_{114} \\
&+ d_{115})I_1 H_2 + \frac{\pi K_1 g_{11}^2}{\omega_1}, \\
\bar{m}_2(I_1, I_2, H_2, C_1) = &-d_{220}I_2 - d_{221}\omega_1 I_1 I_2 - \frac{3}{2}d_{222}\omega_2 I_2^2 - 2d_{223}C_1 I_2 - \frac{\delta}{1+\delta}(d_{224} \\
&+ d_{225})I_2 H_2 + \frac{\pi K_2 g_{22}^2}{\omega_2},
\end{aligned}
$$

$$
\begin{aligned}
\bar{m}_3(I_1,I_2,H_2,C_1)=&\frac{-\delta}{1+\delta}[d_{330}H_2+d_{331}\omega_1 I_1 H_2+d_{332}\omega_2 I_2 H_2+2d_{333}C_1 H_2\\
&+d_{440}H_2+d_{441}\omega_1 I_1 H_2+d_{442}\omega_2 I_2 H_2+2d_{443}C_1 H_2]\\
&+\frac{\delta^2 H_2}{(1+\delta)(1+2\delta)}(3d_{334}+3d_{445}+d_{335}+d_{444})+\pi K_3 g_{33}^2\\
&+\pi K_4 g_{44}^2,\\
\bar{m}_4(I_1,I_2,H_2,C_1)=&-2d_{550}C_1-2d_{551}C_1\omega_1 I_1-2d_{552}C_1\omega_2 I_2\\
&-4d_{553}C_1^2-\frac{2\delta}{1+\delta}(d_{554}+d_{555})C_1 H_2+\pi K_5 g_{55}^2,\\
\bar{\sigma}_{11}^2(I_1,I_2,H_2,C_1)=&\frac{2\pi K_1 g_{11}^2 I_1}{\omega_1},\quad \bar{\sigma}_{22}^2(I_1,I_2,H_2,C_1)=\frac{2\pi K_2 g_{22}^2 I_2}{\omega_2},\\
(\bar{\sigma}_{33}^2+\bar{\sigma}_{44}^2)(I_1,I_2,H_2,C_1)=&\frac{2\delta H_2}{1+\delta}(\pi K_3 g_{33}^2+\pi K_4 g_{44}^2),\\
\bar{\sigma}_{55}^2(I_1,I_2,H_2,C_1)=&4\pi K_5 g_{55}^2 C_1,\quad \sum_{s=1}^{5}\bar{\sigma}_{is}\bar{\sigma}_{js}(I_1,I_2,H_2,C_1)=0,\ (i,j=1,2,3,4;\ i\neq j).
\end{aligned}
\tag{10.3.35}
$$

当阻尼系数与激励强度满足如下相容条件时

$$
\begin{aligned}
&\frac{d_{112}}{K_1 g_{11}^2}=\frac{d_{221}}{K_2 g_{22}^2},\quad \frac{2d_{113}}{K_1 g_{11}^2}=\frac{d_{551}}{K_5 g_{55}^2},\quad \frac{(d_{114}+d_{115})\delta}{K_1 g_{11}^2(1+\delta)}=\frac{d_{331}+d_{441}}{K_3 g_{33}^2+K_4 g_{44}^2},\\
&\frac{2d_{223}}{K_2 g_{22}^2}=\frac{d_{552}}{K_5 g_{55}^2},\quad \frac{(d_{224}+d_{225})\delta}{K_2 g_{22}^2(1+\delta)}=\frac{d_{332}+d_{442}}{K_3 g_{33}^2+K_4 g_{44}^2},\quad \frac{(d_{554}+d_{555})\delta}{K_5 g_{55}^2(1+\delta)}=\frac{2(d_{333}+d_{443})}{K_3 g_{33}^2+K_4 g_{44}^2}.
\end{aligned}
\tag{10.3.36}
$$

可得到与伊藤随机微分方程(10.3.34)对应的形如式(10.3.4)的 FPK 方程精确平稳解为

$$
\begin{aligned}
p(I_1,I_2,h_2,c_1)=&\frac{\bar{C}H_2^{1/\delta}}{\sqrt{c_1}}\exp\left\{-\left[\frac{d_{110}\omega_1 I_1}{K_1 g_{11}^2}+\frac{d_{220}\omega_2 I_2}{K_2 g_{22}^2}+\frac{d_{330}+d_{440}}{K_3 g_{33}^2+K_4 g_{44}^2}h_2+\frac{d_{550}c_1}{K_5 g_{55}^2}\right.\right.\\
&+\frac{3d_{111}\omega_1^2 I_1^2}{4K_1 g_{11}^2}+\frac{3d_{222}\omega_2^2 I_2^2}{4K_2 g_{22}^2}+\frac{\delta(3d_{334}+3d_{445}+d_{335}+d_{444})}{2(K_3 g_{33}^2+K_4 g_{44}^2)(1+2\delta)}h_2+\frac{d_{553}c_1^2}{K_5 g_{55}^2}\\
&+\frac{d_{112}\omega_1\omega_2 I_1 I_2}{K_1 g_{11}^2}+\frac{(d_{114}+d_{115})\delta\omega_1}{K_1 g_{11}^2(1+\delta)}I_1 h_2+\frac{d_{113}\omega_1 I_1 c_1}{K_1 g_{11}^2}+\frac{(d_{224}+d_{225})\delta\omega_2}{K_2 g_{22}^2(1+\delta)}I_2 h_2\\
&\left.\left.+\frac{2d_{223}\omega_2 I_2 c_1}{K_2 g_{22}^2}+\frac{(d_{554}+d_{555})\delta}{K_5 g_{55}^2(1+\delta)}c_1 h_2\right]\right\}.
\end{aligned}
\tag{10.3.37}
$$

在此例中，按式(10.3.9)至式(10.3.11)，得雅可比矩阵行列式 A_4' 及周期 T_4' 分别为

$$
A_4' = \left|\frac{\partial(I_1, I_2, \theta_1, \theta_2, X_3, X_4, H_2, X_8, C_1)}{\partial \boldsymbol{X}}\right| = \left|\frac{\partial H_2}{\partial X_7}\right|\left|\frac{\partial C_1}{\partial X_9}\right| = |X_7 X_9|,
$$

$$
T_4' = \int_0^{2\pi}\int_{\Omega}\left(\frac{1}{A_4'}\right)\mathrm{d}X_3\mathrm{d}X_4\mathrm{d}X_8\mathrm{d}\theta_1\mathrm{d}\theta_2 = \frac{4\sqrt{2}\pi^4}{\omega_1\omega_2 b^{1/\delta}}\frac{H_2^{1/\delta}}{\sqrt{C_1}}, \tag{10.3.38}
$$

$$
\Omega = \{(X_3, X_4, X_8) | H_2(X_3, X_4, 0, X_8) \leqslant H_2\}.
$$

应用式(10.3.13), 原系统(10.3.30)的近似平稳概率密度为

$$
p(\boldsymbol{x}) = \left.\frac{p(I_1, I_2, h_2, c_1)}{T_4'}\right|_{I_1=I_1(x_1,x_5),\, I_2=I_2(x_2,x_6),\, h_2=h_2(x_3,x_4,x_7,x_8),\, c_1=c_1(x_9)}. \tag{10.3.39}
$$

2. 内共振情形

设与式(10.3.30)相应的广义哈密顿系统存在如式(10.3.33)的内共振关系, 例如, 考虑 $\omega_1 - \omega_2 = 0$ 的主内共振情形, 引入新变量

$$
\varPsi_1 = \varTheta_1 - \varTheta_2 \tag{10.3.40}
$$

此时, $I_1, I_2, \varPsi_1, H_2, C_1$ 是慢变过程, 而 $\varTheta_2, X_3, X_4, X_8$ 是快变过程, 通过对快变过程的确定性平均, 得到形如式(10.3.17)的支配 $I_1, I_2, \varPsi_1, H_2, C_1$ 的平均伊藤随机微分方程

$$
\begin{aligned}
\mathrm{d}I_1 &= \bar{\bar{m}}_1'(I_1, I_2, \varPsi_1, H_2, C_1)\mathrm{d}t + \bar{\bar{\sigma}}_{11}'(I_1, I_2, \varPsi_1, H_2, C_1)\mathrm{d}B_1(t),\\
\mathrm{d}I_2 &= \bar{\bar{m}}_2'(I_1, I_2, \varPsi_1, H_2, C_1)\mathrm{d}t + \bar{\bar{\sigma}}_{22}'(I_1, I_2, \varPsi_1, H_2, C_1)\mathrm{d}B_2(t),\\
\mathrm{d}\varPsi_1 &= \bar{\bar{m}}_3'(I_1, I_2, \varPsi_1, H_2, C_1)\mathrm{d}t + \bar{\bar{\sigma}}_{31}'(I_1, I_2, \varPsi_1, H_2, C_1)\mathrm{d}B_1(t)\\
&\quad + \bar{\bar{\sigma}}_{32}'(I_1, I_2, \varPsi_1, H_2, C_1)\mathrm{d}B_2(t),\\
\mathrm{d}H_2 &= \bar{\bar{m}}_4'(I_1, I_2, \varPsi_1, H_2, C_1)\mathrm{d}t + \bar{\bar{\sigma}}_{53}'(I_1, I_2, \varPsi_1, H_2, C_1)\mathrm{d}B_3(t)\\
&\quad + \bar{\bar{\sigma}}_{54}'(I_1, I_2, \varPsi_1, H_2, C_1)\mathrm{d}B_4(t),\\
\mathrm{d}C_1 &= \bar{\bar{m}}_5'(I_1, I_2, \varPsi_1, H_2, C_1)\mathrm{d}t + \bar{\bar{\sigma}}_{45}'(I_1, I_2, \varPsi_1, H_2, C_1)\mathrm{d}B_5(t).
\end{aligned} \tag{10.3.41}
$$

式中漂移系数与扩散系数按式(10.3.23)得为

$$
\begin{aligned}
\bar{\bar{m}}_1'(I_1, I_2, \varPsi_1, H_2, C_1) &= \bar{m}_1(I_1, I_2, H_2, C_1) - \frac{d_{112}\omega_2 I_1 I_2}{2}\cos(2\varPsi_1) - d_{12}\sqrt{\omega_2 I_1 I_2/\omega_1}\cos\varPsi_1,\\
\bar{\bar{m}}_2'(I_1, I_2, \varPsi_1, H_2, C_1) &= \bar{m}_2(I_1, I_2, H_2, C_1) - \frac{d_{221}\omega_1 I_1 I_2}{2}\cos(2\varPsi_1) - d_{21}\sqrt{\omega_1 I_1 I_2/\omega_2}\cos\varPsi_1,\\
\bar{\bar{m}}_3'(I_1, I_2, \varPsi_1, H_2, C_1) &= \frac{d_{112}\omega_2 I_2}{4}\sin(2\varPsi_1) + \frac{d_{221}\omega_1 I_1}{4}\sin(2\varPsi_1) + \frac{d_{21}}{4}\sqrt{\frac{\omega_2 I_2}{\omega_1 I_1}}\sin\varPsi_1\\
&\quad + \frac{d_{12}}{4}\sqrt{\frac{\omega_1 I_1}{\omega_2 I_2}}\sin\varPsi_1,
\end{aligned} \tag{10.3.42}
$$

$$
\begin{aligned}
&\bar{\bar{m}}_4'(I_1,I_2,\Psi_1,H_2,C_1)=\bar{m}_3(I_1,I_2,H_2,C_1),\\
&\bar{\bar{m}}_5'(I_1,I_2,\Psi_1,H_2,C_1)=\bar{m}_4(I_1,I_2,H_2,C_1),\\
&(\bar{\bar{\sigma}}_{31}'\bar{\bar{\sigma}}_{31}'+\bar{\bar{\sigma}}_{32}'\bar{\bar{\sigma}}_{32}')(I_1,I_2,\Psi_1,H_2,C_1)=\frac{\pi K_1 g_{11}^2}{2\omega_1 I_1}+\frac{\pi K_2 g_{22}^2}{2\omega_2 I_2},\\
&\bar{\bar{\sigma}}_{11}'^2=\bar{\sigma}_{11}^2,\quad \bar{\bar{\sigma}}_{22}'^2=\bar{\sigma}_{22}^2,\quad \bar{\bar{\sigma}}_{44}'^2=\bar{\sigma}_{33}^2,\quad \bar{\bar{\sigma}}_{53}'^2+\bar{\bar{\sigma}}_{54}'^2=\bar{\sigma}_{43}^2+\bar{\sigma}_{44}^2,\\
&\sum_{s=1}^{5}\bar{\bar{\sigma}}_{is}'\bar{\bar{\sigma}}_{js}'=0,\ (i,j=1,2,3,4,5;\ i\neq j).
\end{aligned}
$$

当阻尼系数与激励强度满足相容条件(10.3.36)及

$$
\frac{d_{12}}{K_1 g_{11}^2}=\frac{d_{21}}{K_2 g_{22}^2} \tag{10.3.43}
$$

时，与伊藤随机微分方程(10.3.41)对应的形如式(10.3.19)的 FPK 方程精确平稳解为

$$
\begin{aligned}
p(I_1,I_2,\psi_1,h_2,c_1)=\frac{\bar{C}h_2^{1/\delta}}{\sqrt{c_1}}\exp\Bigg\{-\Bigg[&\frac{d_{110}\omega_1 I_1}{K_1 g_{11}^2}+\frac{d_{220}\omega_2 I_2}{K_2 g_{22}^2}+\frac{d_{550}c_1}{K_5 g_{55}^2}+\frac{d_{330}+d_{440}}{K_3 g_{33}^2+K_4 g_{44}^2}h_2\\
&+\frac{3d_{111}\omega_1^2 I_1^2}{4K_1 g_{11}^2}+\frac{3d_{222}\omega_2^2 I_2^2}{4K_2 g_{22}^2}+\frac{d_{553}c_1^2}{K_5 g_{55}^2}+\frac{\delta(3d_{334}+3d_{445}+d_{335}+d_{444})}{2(K_3 g_{33}^2+K_4 g_{44}^2)(1+2\delta)}h_2\\
&+\frac{d_{112}\omega_1\omega_2 I_1 I_2}{K_1 g_{11}^2}+\frac{d_{113}\omega_1 I_1 c_1}{K_1 g_{11}^2}+\frac{(d_{114}+d_{115})\delta\omega_1}{K_1 g_{11}^2(1+\delta)}I_1 h_2+\frac{2d_{223}\omega_2 I_2 c_1}{K_2 g_{22}^2}\\
&+\frac{(d_{224}+d_{225})\delta\omega_2}{K_2 g_{22}^2(1+\delta)}I_2 h_2+\frac{(d_{554}+d_{555})\delta}{K_5 g_{55}^2(1+\delta)}c_1 h_2+\frac{d_{112}\omega_1\omega_2 I_1 I_2}{2K_1 g_{11}^2}\cos(2\psi_1)\\
&+\frac{2d_{12}\sqrt{\omega_1\omega_2 I_1 I_2}}{K_1 g_{11}^2}\cos\psi_1\Bigg]\Bigg\}.
\end{aligned} \tag{10.3.44}
$$

在此例中，式(10.3.24)中雅可比矩阵行列式 A_5' 和式(10.3.25)中 T_5' 分别为

$$
\begin{aligned}
A_5'&=\left|\frac{\partial(\psi_1,\theta_2,X_3,X_4,I_1,I_2,H_2,X_8,C_1)}{\partial(X_1,X_2,X_3,X_4,X_5,X_6,X_7,X_8,X_9)}\right|=\left|\frac{\partial(\psi_1,\theta_2,I_1,I_2)}{\partial(X_1,X_2,X_5,X_6)}\right|\left|\frac{\partial(X_3,X_4,H_2,X_8)}{\partial(X_3,X_4,X_7,X_8)}\right|\left|\frac{\partial C_1}{\partial X_9}\right|\\
&=\bar{\bar{C}}X_7X_9,\\
T_5'&(I_1,I_2,\psi_1,H_2,C_1)=2\pi\int_\Omega\left(\frac{1}{A_5'}\right)\mathrm{d}X_3\mathrm{d}X_4\mathrm{d}X_8=\frac{2\sqrt{2}\pi^3}{\omega_1\omega_2 b^{1/\delta}}\frac{H_2^{1/\delta}}{\sqrt{C_1}},\\
\Omega&=\{(X_3,X_4,X_8)\,|\,H_2(X_3,X_4,0,X_8)\leqslant H_2\}.
\end{aligned} \tag{10.3.45}
$$

应用式(10.3.27)，原系统(10.3.30)的近似平稳概率密度为

$$p(\boldsymbol{x}) = \left.\frac{p(I_1, I_2, \psi_1, h_2, c_1)}{T_5'}\right|_{I_1=I_1(x_1,x_5),\, I_2=I_2(x_2,x_6),\, \psi_1=\psi_1(x_1,x_2,x_5,x_6),\, h_2=h_2(x_3,x_4,x_7,x_8),\, c_1=c_1(x_9)} . \tag{10.3.46}$$

图 10.3.1(a),(b),(c)分别给出了非内共振情形由随机平均法得到的第一、第二振子作用量 I_1, I_2 及 X_5 的平稳边缘概率密度. 图中●表示系统(10.3.28)数值模拟得到的结果. 图 10.3.2(a),(b)分别是非内共振情形由随机平均法及系统(10.3.28)数值模拟得到的第一振子位移与速度联合平稳概率密度. 图 10.3.2(c),(d)分别是非内共振时由随机平均法及系统(10.3.28)数值模拟得到的第二振子位移与速度联合平稳概率密度. 图 10.3.3(a),(b),(c)分别为内共振情形由随机平均法得到的第一振子作用量 I_1、相位差 ψ_1 及 X_5 的平稳边缘概率密度, 其中●为系统(10.3.28)数值模拟结果. 图 10.3.4(a),(b)分别为内共振情形由随机平均法及系统(10.3.28)数值模拟得到的第一振子位移与速度联合平稳概率密度.

由图 10.3.1 至图 10.3.4 知, 用拟广义哈密顿系统随机平均法得到的结果与原系统(10.3.28)数值模拟的结果吻合得相当好.

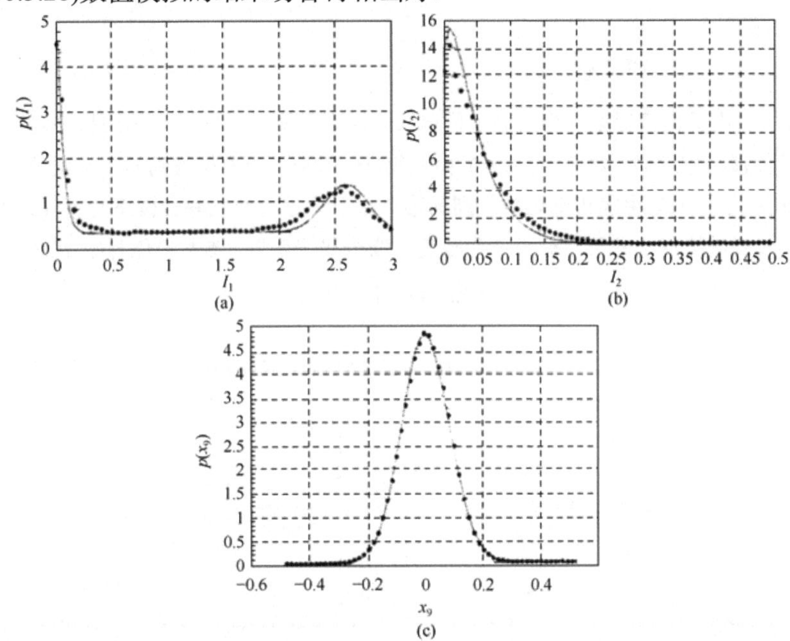

图 10.3.1　非内共振情形第一第二振子作用量 I_1, I_2 及 x_9 的平稳边缘概率密度
—— 由随机平均法得到; ● 由系统(10.3.28)数值模拟得到; 参数 $\omega_1 = 1$, $\omega_2 = 1.414$, $\omega_3 = 1$, $\omega_4 = 1.5$, $g_{ii} = 1, \pi K_{ii} = 0.0005\ (i = 1, \cdots, 5)$, $b = 1$, $\delta = 2$, $d_{110} = d_{220} = -0.04$, $d_{330} = d_{440} = d_{550} = -0.02$, $d_{12} = d_{21} = 0.02$, $d_{111} = d_{113} = d_{114} = d_{115} = d_{222} = d_{223} = d_{224} = d_{225} = d_{334} = d_{335} = d_{444} = d_{445} = d_{553} = d_{554} = d_{555} = 0.01$, $d_{112} = d_{221} = d_{551} = d_{552} = 0.02$, $d_{331} = d_{332} = d_{441} = d_{442} = 0.0133$, $d_{333} = d_{443} = 0.00667$ (Huang and Zhu, 2009)

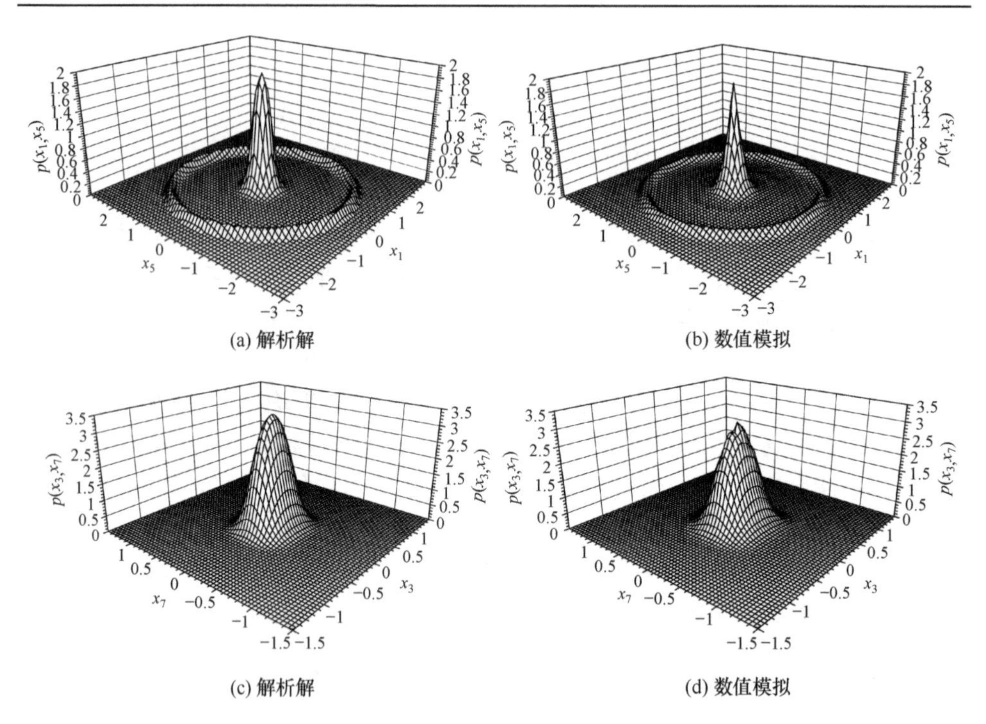

图 10.3.2　非内共振情形第一第二振子位移与速度联合概率密度, (a) 由随机平均法得到的第一振子位移与速度联合概率密度; (b) 由系统(10.3.28)数值模拟得到的第一振子位移与速度联合概率密度; (c) 由随机平均法得到的第二振子位移与速度联合概率密度; (d) 由系统(10.3.28)数值模拟得到的第二振子位移与速度联合概率密度, 参数取值与图 10.3.1 中相同 (Huang and Zhu, 2009)

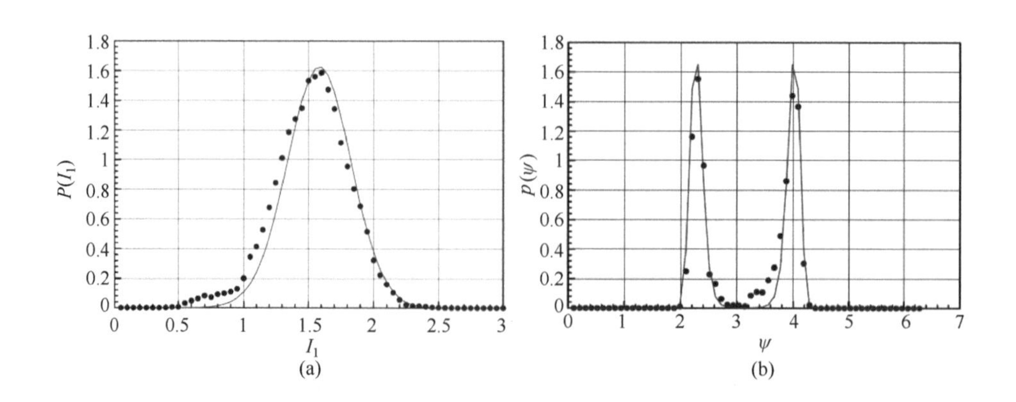

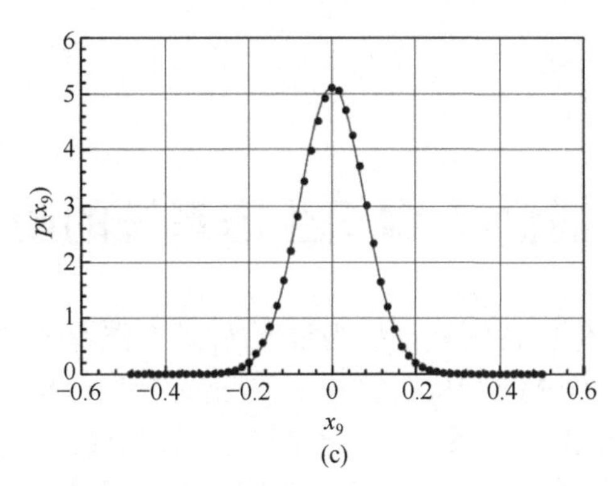

(c)

图 10.3.3　内共振情形第一振子作用量 I_1、相位差 ψ_1 及 x_9 的平稳边缘概率密度

—— 由随机平均法得到; ● 由式(10.3.28)数值模拟得到; 除 $\omega_2=1$ 外, 其他参数与图 10.3.1 相同 (Huang and Zhu, 2009)

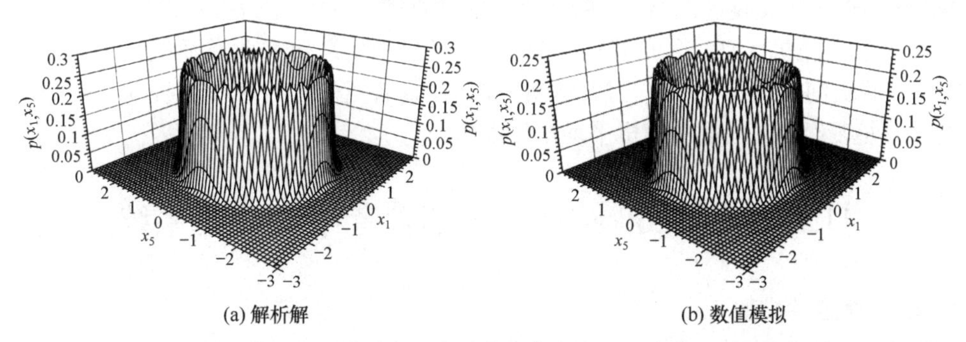

图 10.3.4　内共振情形第一振子位移与速度联合概率密度, (a) 由随机平均法得到; (b) 由系统(10.3.28)数值模拟得到

除 $\omega_2=1$ 外, 其他参数与图 10.3.1 相同(Huang and Zhu, 2009)

参 考 文 献

黄志龙. 2005. 几类非线性随机系统动力学与控制研究. 杭州: 浙江大学博士学位论文.

李继彬, 赵晓华, 刘正荣. 2007. 广义哈密顿系统理论及其应用. 北京: 科学出版社.

Huang Z L, Zhu W Q. 2009. Stochastic averaging of quasi-generalized Hamiltonian systems. International Journal of Non-Linear Mechanics, 44: 71-80.

Khasminskii R Z. 1968. On the averaging principle for Itô stochastic differential equations. Kibernetika, 3(4): 260-279. (in Russian)

第 11 章　捕食者-食饵生态系统的随机平均法

生态或生物的进化在各领域都极为重要.科研工作者已对不同情形物种总数作过研究(Bazykin, 1998; May, 1981; May and Verga, 1973; Murray, 1993), 一个典型的类型就是捕食者-食饵生态系统. 在此系统中, 食饵(或宿主)和捕食者(寄生者)相互作用, 且受环境影响. 由于环境变化的不确定性, 系统本质上是随机的. 随机平均法是研究捕食者-食饵系统动力学的有效工具.

在本章中, 首先介绍捕食者-食饵生态系统经典的确定性模型, 即 Lotka-Volterra 模型及其改进模型. 然后在此基础上通过在食饵出生(生长)率和捕食者死亡率中引入随机扰动, 形成随机模型, 再用随机平均法研究此类随机系统的动力学. 一些更前沿的课题, 包括捕食者饱和、捕食者竞争、有色噪声扰动、时滞系统及环境复杂性, 也都用随机平均法加以研究.

11.1　经典 Lotka-Volterra 捕食者-食饵生态系统

11.1.1　确定性模型

描述捕食者-食饵生态系统的早期数学模型是 Lotka-Volterra 模型(Lotka, 1925; Volterra, 1926), 它由下列微分方程支配

$$\begin{aligned}\dot{x}_1 &= x_1(a - bx_2),\\ \dot{x}_2 &= x_2(-c + fx_1).\end{aligned} \tag{11.1.1}$$

方程中 x_1 和 x_2 分别是食饵和捕食者种群总数, a, b, c 和 f 是正常数. 第一个方程右边的 ax_1 项表示在没有捕食者的情况下, 食饵的总数将会指数增长, 而第二个方程的 $-cx_2$ 项表明在没有食饵的情况下, 捕食者的总数将会指数地衰减. 参数 a 和 c 分别是食饵的出生(增长)率和捕食者的死亡率. 两个方程中的交叉项 x_1x_2 则提供了两者之间的一种平衡.

系统(11.1.1)有一个不稳定的平稳点(0, 0), 和一个稳定但非渐近稳定的平衡点

$$x_{10} = \frac{c}{f}, \qquad x_{20} = \frac{a}{b}. \tag{11.1.2}$$

并且, 系统有首次积分

$$r(x_1,x_2)=fx_1-c-c\ln\frac{fx_1}{c}+bx_2-a-a\ln\frac{bx_2}{a}. \tag{11.1.3}$$

可证 $r(x_{10},x_{20})=0$，且对任意正的 x_1 和 x_2，$r(x_1,x_2)\geqslant 0$．对正常数 R，$r(x_1,x_2)=R$ 表示周期轨道，其周期可从下式得到

$$T(R)=\oint \mathrm{d}t=\oint\frac{\mathrm{d}x_2}{x_2(fx_1-c)}=\oint\frac{\mathrm{d}x_1}{x_1(a-bx_2)}. \tag{11.1.4}$$

式中 x_1 和 x_2 满足 $r(x_1,x_2)=R$.

图 11.1.1 显示了对应于 $R=0$ 的平衡点 O，以及对应于三个不同 R 值的周期轨道，系统参数为 $a=0.9$, $b=1$, $c=0.5$ 和 $f=0.5$. 可见食饵和捕食者的总数是随时间周期变化的，在相平面(x_1, x_2)上，轨道依赖于 x_1 和 x_2 的初始状态. 该图也表明，即使在不变的环境中，初始高的食饵总数和/或高的捕食者总数也会导致两者都进入极低总数.

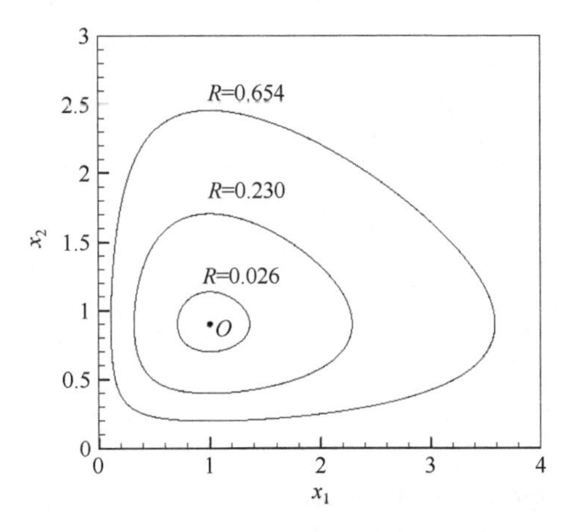

图 11.1.1 系统(11.1.1)的平衡点和周期解

系统(11.1.1)表明，在没有捕食者的情形下，食饵的数量会无限制地增长，这与现实捕食者-食饵生态系统所预期的相反. 为了改进经典 Lotka-Volterra 模型，需要给系统(11.1.1)中的食饵方程增加种内竞争项 $-sx_1^2$ (Volterra, 1931; May and Verga, 1973)，即

$$\begin{aligned}\dot{x}_1&=x_1(a_1-sx_1-bx_2),\\ \dot{x}_2&=x_2(-c+fx_1).\end{aligned} \tag{11.1.5}$$

系统(11.1.5)在 $x_1=c/f$ 和 $x_2=(a_1-sc/f)/b$ 处有渐近稳定点. 注意到系统(11.1.1)和(11.1.5)有相同的平衡点(c/f, a/b)，只要满足

$$a = a_1 - \frac{sc}{f}. \tag{11.1.6}$$

因此, 系统(11.1.5)也可以写成

$$\begin{aligned} \dot{x}_1 &= x_1[a - bx_2 - \frac{s}{f}(-c + fx_1)], \\ \dot{x}_2 &= x_2(-c + fx_1). \end{aligned} \tag{11.1.7}$$

在没有捕食者时, 食饵数量达到平衡状态 a_1/s, 如所预料的, 它与 s 成反比. 有捕食者时, 食饵与捕食者之间的相互作用是更重要因素, s 的值只影响在平衡状态时食饵总数.

图 11.1.2 显示了系统(11.1.5)的两条轨线, 分别对应于两个不同的值 $s = 0.1$ 和 $s = 0.02$, 而其他参数相同, $a_1 = 1$, $b = 1$, $c = 0.5$, $f = 0.5$. 系统从点(3.5,0.5)开始, 围绕着稳定平衡点作减幅运动, 最终到达平衡状态. $-sx_1^2$ 项体现了种内竞争. 对大一点的 $s = 0.1$, 系统较快到达平衡, 而对小一点的 $s = 0.02$, 系统较慢地到达平衡. 对比图 11.1.1 和图 11.1.2 可以看出, 种内竞争对原系统(11.1.1)起着耗散作用, 使周期轨道最终变成单个平衡点.

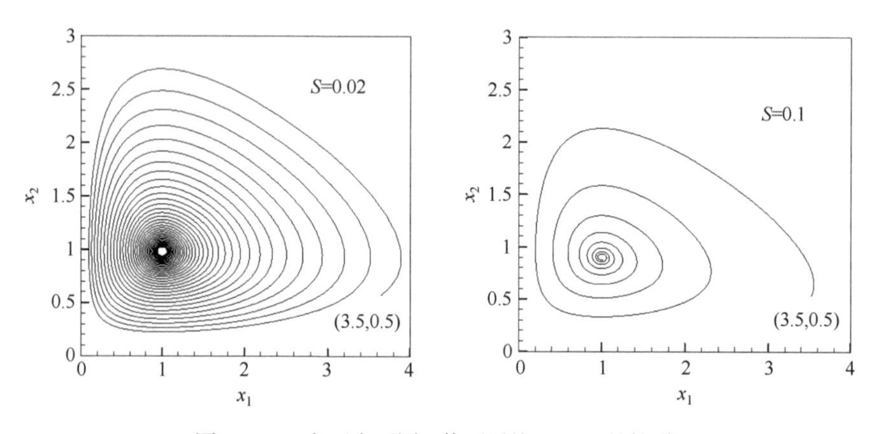

图 11.1.2　在两个不同 s 值下系统(11.1.5)的轨道

11.1.2　随机模型

方程(11.1.7)所描述的生态系统不能描述自然生态系统一个基本现象, 即改变环境可引起食饵增长率和捕食者死亡率的随机变化. 于是在确定性模型(11.1.7)的基础上,提出了如下随机模型

$$\begin{aligned} \dot{X}_1 &= X_1[a - bX_2 - \frac{s}{f}(-c + fX_1) + W_{g1}(t)], \\ \dot{X}_2 &= X_2[-c + fX_1 + W_{g2}(t)]. \end{aligned} \tag{11.1.8}$$

式中 $X_1(t)$和 $X_2(t)$是两个随机过程，分别表示食饵和捕食者总数. $W_{g1}(t)$和 $W_{g2}(t)$是两个相互独立的高斯白噪声过程，谱密度分别为K_1和K_2. 引入噪声 $W_{g1}(t)$和 $W_{g2}(t)$是为了分别描述食饵生长率和捕食者的死亡率的随机变化.

方程(11.1.8)可重写成如下伊藤随机微分方程

$$\begin{aligned} \mathrm{d}X_1 &= X_1[a - bX_2 - \frac{s}{f}(-c + fX_1) + \pi K_1]\mathrm{d}t + \sqrt{2\pi K_1}X_1\mathrm{d}B_1(t), \\ \mathrm{d}X_2 &= X_2[-c + fX_1 + \pi K_2]\mathrm{d}t + \sqrt{2\pi K_2}X_2\mathrm{d}B_2(t). \end{aligned} \tag{11.1.9}$$

式中 $B_1(t)$和 $B_2(t)$是两个相互独立的单位维纳过程. 与式(11.1.8)相比，附加项 $\pi K_1 X_1\mathrm{d}t$ 和项 $\pi K_2 X_2\mathrm{d}t$ 是 Wong-Zakai 修正项(Wong and Zakai, 1965). 当式(11.1.8)中的 $W_{g1}(t)$和 $W_{g2}(t)$被解释为斯特拉多诺维奇(Stratonovich, 1963)意义上的白噪声时，必须加上这些修正项.

考虑如下随机过程

$$R(X_1, X_2) = fX_1 - c - c\ln\frac{fX_1}{c} + bX_2 - a - a\ln\frac{bX_2}{a}. \tag{11.1.10}$$

它是系统首次积分(11.1.3)的随机化. 应用伊藤随机微分规则，可得如下支配 $R(X_1, X_2)$ 的伊藤随机微分方程

$$\begin{aligned} \mathrm{d}R =& \left[-\frac{s}{f}(fX_1 - c)^2 + \pi fK_1X_1 + \pi bK_2X_2\right]\mathrm{d}t \\ &+ \sqrt{2\pi K_1}(fX_1\text{-}c)\mathrm{d}B_1(t) + \sqrt{2\pi K_2}(bX_2 - a)\mathrm{d}B_2(t). \end{aligned} \tag{11.1.11}$$

11.1.3 随机平均

假定种内竞争项的系数 s 是小量，表示当食饵总数小时，该项只有小的影响. 再假定 K_1 和 K_2 也是小量，即随机扰动是小的. 那么，方程(11.1.11)的右边是小量，$R(t)$是慢变随机过程. 在此情形下，可应用随机平均法得到支配R的平均伊藤随机微分方程

$$\mathrm{d}R = m(R)\mathrm{d}t + \sigma(R)\mathrm{d}B(t). \tag{11.1.12}$$

方程中漂移系数 m 和扩散系数σ^2 按下式得到

$$m(R) = \pi fK_1\langle X_1\rangle_t + \pi bK_2\langle X_2\rangle_t - \frac{s}{f}\left\langle (fX_1 - c)^2\right\rangle_t, \tag{11.1.13}$$

$$\sigma^2(R) = 2\pi K_1\left\langle (fX_1 - c)^2\right\rangle_t + 2\pi K_2\left\langle (bX_2 - a_1)^2\right\rangle_t, \tag{11.1.14}$$

式中$\langle[\cdot]\rangle_t$ 表示在拟周期上的时间平均，即

$$\langle [\cdot] \rangle_t = \frac{1}{T}\oint [\cdot]\mathrm{d}t = \frac{1}{T}\oint \frac{[\cdot]\mathrm{d}X_2}{X_2(fX_1 - c)} = \frac{1}{T}\oint \frac{[\cdot]\mathrm{d}X_1}{X_1(a - bX_2)} . \tag{11.1.15}$$

式(11.1.15)中的拟周期 T 由式(11.1.4)给出, 其中 x_1 和 x_2 分别代之以 X_1 和 X_2. 时间平均的结果是 R 的函数. 式(11.1.15)中的积分乃沿着由式(11.1.10)确定的封闭曲线进行. 可将式(11.1.1)改成如下形式

$$\begin{aligned} &\frac{\mathrm{d}}{\mathrm{d}t}\ln x_1 = a - bx_2, \\ &\frac{\mathrm{d}}{\mathrm{d}t}\ln x_2 = -c + fx_1. \end{aligned} \tag{11.1.16}$$

对式(11.1.16)中两个方程作式(11.1.15)定义的时间平均, 得

$$\langle X_1 \rangle_t = \frac{c}{f}, \quad \langle X_2 \rangle_t = \frac{a}{b}, \tag{11.1.17}$$

对式(11.1.1)中的第一个方程做同样的时间平均, 得

$$\langle X_1 X_2 \rangle_t = \frac{ac}{bf}, \tag{11.1.18}$$

从式(11.1.1), 得

$$\begin{aligned} &\frac{\mathrm{d}x_1^2}{\mathrm{d}t} = 2x_1^2(a - bx_2), \\ &\frac{\mathrm{d}(x_1x_2)}{\mathrm{d}t} = (a-c)x_1x_2 + fx_1^2x_2 - bx_1x_2^2, \\ &\frac{\mathrm{d}x_2^2}{\mathrm{d}t} = 2x_2^2(-c + fx_1), \end{aligned} \tag{11.1.19}$$

对上式做时间平均, 并利用式(11.1.18), 得

$$\begin{aligned} &\langle X_1^2 \rangle_t = \frac{b}{a}\langle X_1^2 X_2 \rangle_t, \quad \langle X_2^2 \rangle_t = \frac{f}{c}\langle X_1 X_2^2 \rangle_t, \\ &bf^2\langle X_1^2 X_2 \rangle_t - fb^2\langle X_1 X_2^2 \rangle_t = ac(c-a). \end{aligned} \tag{11.1.20}$$

上式导至

$$a\langle (fX_1 - c)^2 \rangle_t = c\langle (bX_2 - a)^2 \rangle_t, \tag{11.1.21}$$

定义

$$g(R) = a\oint \frac{fX_1 - c}{X_2}\mathrm{d}X_2 , \tag{11.1.22}$$

于是可按定义(11.1.15)得

$$\left\langle (fX_1-c)^2\right\rangle_t=\frac{g(R)}{aT(R)},\quad \left\langle (bX_2-a)^2\right\rangle_t=\frac{g(R)}{cT(R)}. \tag{11.1.23}$$

利用式(11.1.17)和式(11.1.23), 方程(11.1.13)和(11.1.14)中的漂移和扩散系数可写成

$$m(R)=\pi cK_1+\pi aK_2-\frac{s}{af}\frac{g(R)}{T(R)}, \tag{11.1.24}$$

$$\sigma^2(R)=\frac{2\pi}{ac}(cK_1+aK_2)\frac{g(R)}{T(R)}. \tag{11.1.25}$$

式(11.1.12), 式(11.1.24)和式(11.1.25)构成了一维马尔可夫扩散过程 $R(t)$的支配方程. 式(11.1.10)中定义的随机过程 $R(t)$可以被看成是系统状态的一个代表性的指标. 它是两个随机过程, 食饵总数 X_1 和捕食者总数 X_2 的函数.

11.1.4　平稳概率密度

支配 $R(t)$的简化 FPK 方程为

$$\frac{\mathrm{d}}{\mathrm{d}r}[m(r)p(r)]-\frac{1}{2}\frac{\mathrm{d}^2}{\mathrm{d}r^2}[\sigma^2(r)p(r)]=0. \tag{11.1.26}$$

该 FPK 方程的解为

$$p(r)=\frac{C_1}{\sigma^2(r)}\exp\int\frac{2m(r)}{\sigma^2(r)}\mathrm{d}r=C\frac{T(r)}{g(r)}\exp\int\frac{\pi ac(cK_1+aK_2)T(r)-\dfrac{sc}{f}g(r)}{\pi(cK_1+aK_2)g(r)}\mathrm{d}r. \tag{11.1.27}$$

其中 C 和 C_1 是两个概率归一化常数. 注意到

$$\frac{\mathrm{d}g(r)}{\mathrm{d}r}=a\oint\frac{f}{x_2}\frac{\partial x_1}{\partial r}\mathrm{d}x_2=a\oint\frac{fx_1\mathrm{d}x_2}{x_2(fx_1-c)}=afT(r)\left\langle x_1\right\rangle_t=acT(r). \tag{11.1.28}$$

可知

$$\int\frac{acT(r)}{g(r)}\mathrm{d}r=\int\frac{\mathrm{d}g(r)}{g(r)}=\ln g(r). \tag{11.1.29}$$

式(11.1.27) 可简化为

$$p(r)=CT(r)\exp(-\beta r). \tag{11.1.30}$$

式中 β 是下式给出的常数

$$\beta=\frac{sc}{\pi f(cK_1+aK_2)}. \tag{11.1.31}$$

$R(t)$ 和 $X_1(t)$ 的联合概率密度可表为

$$p(r,x_1)=p(r)p(x_1\,|\,r)\,. \tag{11.1.32}$$

式中 $p(x_1\,|\,r)$ 是给定 $R(t)=r$ 时, $X_1(t)$ 的条件概率密度, 可按下式得到

$$p(x_1\,|\,r)\mathrm{d}x_1=\frac{\mathrm{d}t}{T(r)}=\frac{\mathrm{d}x_1}{|\dot{x}_1|T(r)}=\frac{\mathrm{d}x_1}{|x_1(a-bx_2)|T(r)}\,. \tag{11.1.33}$$

将式(11.1.33) 代入式(11.1.32), 得

$$p(r,x_1)=\frac{p(r)}{|x_1(a-bx_2)|T(r)}\,. \tag{11.1.34}$$

式中 x_2 视为 x_1 和 r 的函数, 于是可得联合概率密度

$$p(x_1,x_2)=p(r,x_1)\left|\frac{\partial(r,x_1)}{\partial(x_1,x_2)}\right|=\frac{p(r)}{x_1x_2T(r)}=\frac{C}{x_1x_2}\exp\left[-\beta r(x_1,x_2)\right]. \tag{11.1.35}$$

其中 $\left|\dfrac{\partial(r,x_1)}{\partial(x_1,x_2)}\right|$ 是雅可比行列式. 式(11.1.3)代入式(11.1.35)得

$$p(x_1,x_2)=p(x_1)p(x_2)\,. \tag{11.1.36}$$

其中

$$p(x_1)=\frac{(\beta f)^{\beta c}}{\Gamma(\beta c)}x_1^{\beta c-1}\exp(-\beta f x_1)\,, \tag{11.1.37}$$

$$p(x_2)=\frac{(\beta b)^{\beta a}}{\Gamma(\beta \alpha)}x_2^{\beta a-1}\exp(-\beta b x_2)\,. \tag{11.1.38}$$

$\Gamma(\cdot)$是 Gamma 函数. 式(11.1.36)表明, 在到达平稳状态后, $X_1(t)$ 和 $X_2(t)$ 是独立的. 这个性质对在 X_1 和 X_2 之间有非线性耦合的系统(11.1.8)中是意想不到的. 式(11.1.37)和式(11.1.38)表明, 只有当$\beta>0$ 和 $a>0$ 时, 不存在非平凡的 $p(x_1)$和 $p(x_2)$. 这些条件导致

$$0<s<\frac{fa_1}{c}\,. \tag{11.1.39}$$

当没有种内竞争项, 即 $s=0$ 时, 由于食饵的增加没有受到限制, 系统是发散的. 另外, 如果 $s>\dfrac{fa_1}{c}$, 食饵的增加受到过度限制, 又会导致捕食者灭绝.

在条件(11.1.39)下, 食饵和捕食者的总数的概率密度存在表明: ① 生态系统是动态的, 它不会停留在食饵和捕食者总数固定不变的状态; ② 食饵和捕食者都不会灭绝, 除非发生了某种模型中未计及的意外事件; ③ 不可能预测到食饵和捕食者的准确总数, 只能估计它们的概率密度.

Cai 和 Lin 进行了数值计算(2004). 图 11.1.3 显示了对两个 s 值 0.1 和 0.02 及 $a_1=1, b=1, c=0.5, f=0.5$, $\pi K_1 = \pi K_2 = 0.01$ 由式(11.1.37)算出的食饵总数的概率密度. 图 11.1.3 同时显示了蒙特卡罗模拟结果, 两种情形理论计算与模拟结果都符合得很好. 在大的种内竞争系数 $s=0.1$ 情形, 食饵总数几乎在 $x_1=c/f=1$ 附近, 该中心正是无随机扰动时确定性系统的平衡点. 在小值 $s=0.02$ 时, 食饵总数概率密度的峰值位置移向比平衡点 $x_1=1$ 更小的位置, 大总数食饵的概率变大了, 这表明系统较不稳定.

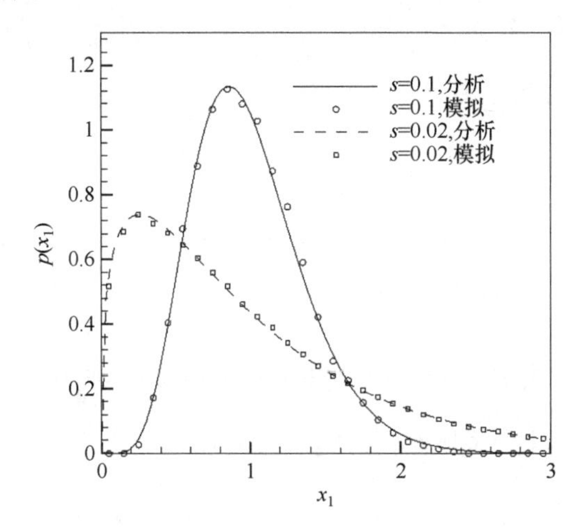

图 11.1.3　食饵总数 $X_1(t)$的平稳概率密度

对系统渐近行为和趋于灭绝的时间也进行了研究(Cai and Lin, 2004).

11.2　捕食者饱和与捕食者竞争的生态系统

11.2.1　确定性模型

系统(11.1.5)中的耦合项表明, 食饵和捕食者的变化率依赖于食饵和捕食者的各自总数. 考虑食饵极大丰富的情形, 那么食饵的消耗量仅依赖于捕食者的总数, 不再依赖于食饵数量. 在此情形下, 食饵增长率和捕食者死亡率也不再依赖于食饵总数, 系统(11.1.5)两方程右边的相互作用项仅与 x_2 而不与 x_1 成正比. 考虑到这一点, 方程(11.1.5)可修改为

$$\begin{aligned}\dot{x}_1 &= a_1 x_1 - s x_1^2 - \frac{b_1 x_1 x_2}{1+Ax_1},\\ \dot{x}_2 &= -c x_2 + \frac{f_1 x_1 x_2}{1+Ax_1}.\end{aligned} \tag{11.2.1}$$

当食饵数量极大, 比如 $Ax_1 \gg 1$ 时, 式(11.2.1)中第一个方程退化到式(11.1.5)中第一个方程, 就如式(11.2.1)中第二个方程所示, 捕食者总数不再依赖于食饵总数. 系统(11.2.1)的渐近稳定平衡点是

$$x_{10}=\frac{c}{f_1-cA},\qquad x_{20}=\frac{f_1}{b_1(f_1-cA)}(a_1-\frac{sc}{f_1-cA})\,. \tag{11.2.2}$$

令

$$f=f_1-cA,\quad a=a_1-\frac{sc}{f}=a_1-\frac{sc}{f_1-cA},\quad b=\frac{fb_1}{f+cA}=\frac{b_1}{f_1}(f_1-cA)\,. \tag{11.2.3}$$

系统(11.2.2)的平衡点简化为

$$x_{10}=\frac{c}{f},\qquad x_{20}=\frac{a}{b}\,. \tag{11.2.4}$$

这表明, 有了式(11.2.3)中的参数关系, 系统(11.2.1)有着和系统(11.1.1)和(11.1.5)一样的平衡点. 事实上, 系统(11.2.1)可写成

$$\begin{aligned}\dot{x}_1&=x_1[a-bx_2-\frac{s}{f}(-c+fx_1)+g_1(x_1,x_2)],\\ \dot{x}_2&=x_2[-c+fx_1+g_2(x_1,x_2)].\end{aligned} \tag{11.2.5}$$

式中,

$$g_1(x_1,x_2)=\frac{b}{f}Ax_2\frac{fx_1-c}{1+Ax_1},\quad g_2(x_1,x_2)=-Ax_1\frac{fx_1-c}{1+Ax_1}\,. \tag{11.2.6}$$

考虑捕食者总数极大的情形. 那么食饵的消耗量仅依赖于食饵供给, 捕食者为了有限的食饵进行竞争. 食饵的出生率和捕食者的死亡率仅依赖于食饵供给. 在此情形下, 系统方程可修改为

$$\begin{aligned}\dot{x}_1&=a_1x_1-sx_1^2-\frac{b_1x_1x_2}{1+Bx_2},\\ \dot{x}_2&=-cx_2+\frac{f_1x_1x_2}{1+Bx_2}.\end{aligned} \tag{11.2.7}$$

系统(11.2.7)和(11.1.5)有着相同的平衡点 $x_{10}=c/f, x_{20}=a/b$, 其中

$$a=a_1-\frac{sc}{f},\quad b=b_1-aB,\quad f=\frac{bf_1}{b+aB}, \tag{11.2.8}$$

采用新的系数 a, b 和 f 后. 式(11.2.7)也可重写成式(11.2.5)形式, 连同另一对 $g_1(x_1,x_2)$ 和 $g_2(x_1,x_2)$

$$g_1(x_1,x_2)=-Bx_2\frac{a-bx_2}{1+Bx_2},\quad g_2(x_1,x_2)=\frac{f}{b}Bx_1\frac{a-bx_2}{1+Bx_2}. \tag{11.2.9}$$

总之, 改进的模型(11.2.1)和(11.2.7)都可用统一的方程(11.2.5)来表示, 只是系数 a, b, f 和函数 $g_1(x_1,x_2)$, $g_2(x_1,x_2)$ 不同. 它们都有着相同的平衡点 $x_{10}=c/f, x_{20}=a/b$.

11.2.2　随机模型

与(11.2.5)相对应的随机模型可以是

$$\begin{aligned}\dot{X}_1&=X_1[a-bX_2-\frac{s}{f}(-c+fX_1)+g_1(X_1,X_2)+W_{g1}(t)],\\ \dot{X}_2&=X_2[-c+fX_1+g_2(X_1,X_2)+W_{g2}(t)].\end{aligned} \tag{11.2.10}$$

其中 $W_{g1}(t)$和 $W_{g2}(t)$是谱密度分别为 K_1 和 K_2 的两个独立的高斯白噪声. 方程组(11.2.10)可重写成以下伊藤随机微分方程

$$\begin{aligned}\mathrm{d}X_1&=X_1[a-bX_2-\frac{s}{f}(-c+fX_1)+g_1(X_1,X_2)+\pi K_1]\mathrm{d}t+\sqrt{2\pi K_1}X_1\mathrm{d}B_1(t),\\ \mathrm{d}X_2&=X_2[-c+fX_1+g_2(X_1,X_2)+\pi K_2]\mathrm{d}t+\sqrt{2\pi K_2}X_2\mathrm{d}B_2(t).\end{aligned} \tag{11.2.11}$$

式中 $B_1(t)$和 $B_2(t)$是两个独立的单位维纳过程. 考虑由式(11.1.10)导出的随机过程

$$R(t)=fX_1-c-c\ln\frac{fX_1}{c}+bX_2-a-a\ln\frac{bX_2}{a}. \tag{11.2.12}$$

应用伊藤微分规则, 可从式(11.2.11)和式(11.2.12)导得支配 $R(X_1,X_2)$ 的伊藤随机微分方程

$$\begin{aligned}\mathrm{d}R=&\Big[-\frac{s}{f}(fX_1-c)^2+(fX_1-c)g_1(X_1,X_2)+(bX_2-a)g_2(X_1,X_2)-\frac{s}{f}(fX_1-c)^2\\ &+(fX_1-c)g_1(X_1,X_2)+(bX_2-a)g_2(X_1,X_2)+f\pi K_1X_1+\frac{1}{2}b\pi K_2X_2\Big]\mathrm{d}t\\ &+\sqrt{2\pi K_1}(fX_1-c)\mathrm{d}B_1(t)+\sqrt{2\pi K_2}(bX_2-a)\mathrm{d}B_2(t).\end{aligned} \tag{11.2.13}$$

11.2.3　随机平均

类似于 11.1 节, 假定种内竞争项的系数 s 是小量, 噪声强度也是小的. 再假定式(11.2.1)中的系数 A 是小的, 这是因为只有当食饵总数大时才会出现捕食者饱和现象; 式(11.2.7)中的系数 B 也为小量, 以使得只有出现大量的捕食者才会引起

种内竞争. 函数 g_1, g_2 也是小量. 在这些假设下, 式(11.2.13)的右侧是小量, $R(t)$ 成了慢变随机过程. 此时, 可用随机平均法获得以下支配 R 的平均伊藤随机微分方程

$$\mathrm{d}R = m(R)\mathrm{d}t + \sigma(R)\mathrm{d}B(t). \tag{11.2.14}$$

方程中的漂移系数 $m(R)$和扩散系数 $\sigma(R)$ 可按下式得到

$$\begin{aligned} m(R) = {} & f\pi K_1 \langle X_1 \rangle_t + \frac{1}{2} b\pi K_2 \langle X_2 \rangle_t - \frac{s}{f}\left\langle (fX_1 - c)^2 \right\rangle_t \\ & + \left\langle (fX_1 - c) g_1(X_1, X_2) + (bX_2 - a) g_2(X_1, X_2) \right\rangle_t, \end{aligned} \tag{11.2.15}$$

$$\sigma^2(R) = 2\pi K_1 \left\langle (fX_1 - c)^2 \right\rangle_t + 2\pi K_2 \left\langle (bX_2 - a_1)^2 \right\rangle_t. \tag{11.2.16}$$

上式中的时间平均 $\langle [\cdot] \rangle_t$ 由式(11.1.15)给出. 时间平均的结果是 R 的函数. 方程(11.2.14), (11.2.15)和(11.2.16)构成了一维马尔可夫扩散过程 $R(t)$的支配方程.

令

$$\left\langle (fX_1 - c) g_1(X_1, X_2) \right\rangle_t + \left\langle (bX_2 - a) g_2(X_1, X_2) \right\rangle_t = \frac{G(R)}{T(R)}. \tag{11.2.17}$$

式中 $G(R)$可以从捕食者饱和的式(11.2.6)或捕食者竞争的式(11.2.9)中的 g_1, g_2 导得

$$G(R) = \begin{cases} \dfrac{bA}{f} \displaystyle\oint \frac{fX_1 - c}{1 + AX_1} \mathrm{d}X_2, & \text{捕食者饱和,} \\ \dfrac{fB}{b} \displaystyle\oint \frac{bX_2 - a}{1 + BX_2} \mathrm{d}X_1, & \text{捕食者竞争.} \end{cases} \tag{11.2.18}$$

利用式(11.1.23)和式(11.2.17), 可从式(11.2.15)和式(11.2.16)得到

$$m(R) = c\pi K_1 + a\pi K_2 - \frac{s}{af} \frac{g(R)}{T(R)} + \frac{G(R)}{T(R)}, \tag{11.2.19}$$

$$\sigma^2(R) = \frac{2\pi}{ac}(cK_1 + aK_2) \frac{g(R)}{T(R)}. \tag{11.2.20}$$

式中 $g(R)$由式(11.1.22)给出.

$R(t)$的平稳概率密度 $p(r)$可得如下

$$\begin{aligned} p(r) & = \frac{C_1}{\sigma^2(r)} \exp \int \frac{2m(r)}{\sigma^2(r)} \mathrm{d}r \\ & = C \frac{T(r)}{g(r)} \exp \int \frac{2\pi ac(cK_1 + aK_2) T(r) - \dfrac{2sc}{f} g(r) + 2acG(r)}{2\pi (cK_1 + aK_2) g(r)} \mathrm{d}r. \end{aligned} \tag{11.2.21}$$

式中 C 和 C_1 是归一化常数. 注意到式(11.1.28), 并引入式(11.1.31)中定义的常数 β, 式(11.2.21)可被简化为

$$p(r) = CT(r)\exp\left\{\beta\left[-r + \frac{af}{s}\int\frac{G(r)}{g(r)}\mathrm{d}r\right]\right\}. \tag{11.2.22}$$

$X_1(t)$和 $X_2(t)$的联合概率密度以及它们各自的边缘概率密度都可按 11.1.4 节中描述的步骤从 $p(r)$ 导得.

Cai 和 Lin 作了数值计算(Cai and Lin, 2007a). 给定参数 $a_1 = 1, b_1 = 1, c = 0.5, f_1 = 0.5, s = 0.1, 2\pi K_1 = 2\pi K_2 = 0.01$ 和两个不同的 A 值 0 和 0.05, 图 11.2.1 显示了捕食者饱和随机模型的食饵 X_1 概率密度 $p(x_1)$ 和捕食者 X_2 概率密度 $p(x_2)$. 图 11.2.1 也给出了蒙特卡罗模拟结果. 两种情形理论与模拟结果都很吻合. 当发生捕食者饱和时, 系统性态发生了显著的变化. 对小的= 0.05, 系统变得较不稳定, 概率密度峰值降低, 总数小和大的概率都有所增大. 因此, 在模型中包含捕食者饱和项是重要的.

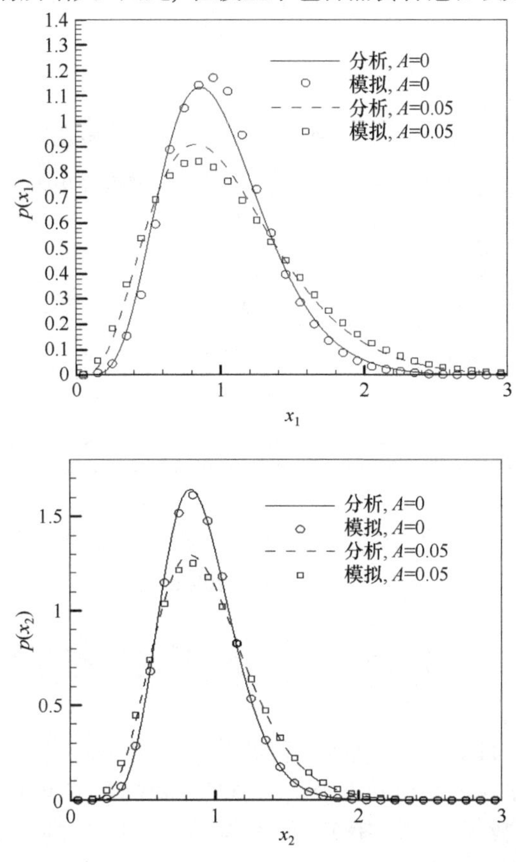

图 11.2.1　捕食者饱和模型在 $s = 0.1$ 和两个不同 A 值时, 食饵 X_1 和捕食者 X_2 的概率密度(Cai and Lin, 2007a)

类似地, 捕食者竞争随机模型的概率密度 $p(x_1)$ 和 $p(x_2)$ 示于图 11.2.2, 从图中可看出捕食者竞争项的影响并不显著.

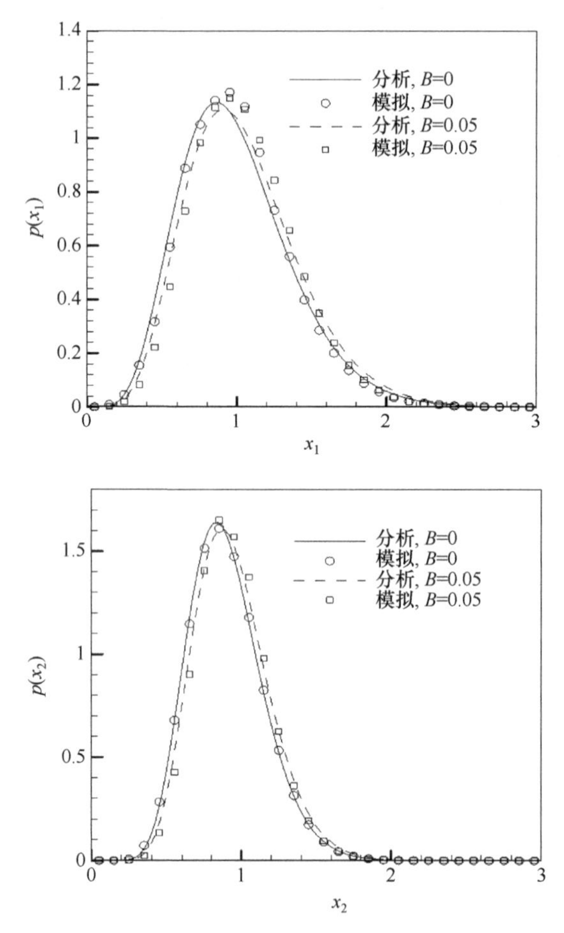

图 11.2.2　捕食者竞争模型在 $s = 0.1$ 和两个不同 B 值时, 食饵 X_1 和捕食者 X_2 的概率密度(Cai and Lin, 2007a)

11.3　色噪声激励下的生态系统

在 11.1 节和 11.2 节中, 都假设随机扰动是为在整个频段[0, ∞)上为常数谱值的高斯白噪声. 虽然泊松白噪声曾被用来描述随机噪声(Wu and Zhu, 2008), 但其谱密度仍然是常数. 用白噪声模型的原因在于: ① 它的确是许多环境噪声的恰当近似模型; ② 数学处理上可行与方便. 然而, 也有许多环境噪声远非白噪声, 它们没有常数谱密度, 称为色噪声. 需要有色噪声的代表性模型. 为此 Vaseur 和

Yodzis 发表综述讨论环境噪声的色性(Vaseur and Yodzis, 2004). 文章指出, 噪声的谱代表了噪声的色性, 是噪声的一个重要特性, 不同的环境噪声有不同的谱. 结论是, 指数型谱 $1/f^{\beta}$(f 是频率)是一个非常好的模型. 陆地噪声倾向于较"白" ($\beta < 0.5$), 而海洋噪声较"红"($\beta \approx 1$)或较"褐"($\beta \approx 2$). 为了获得噪声色性对捕食者-食饵系统的影响, Naess 等采用了两种不同的模型(Naess et al., 2008). 一个是白噪声与谐和噪声的组合, 另一个是随机化谐和噪声. 采用路径积分的数值方法来得到食饵和捕食者的概率密度函数.

本节中, 将宽带色噪声引入捕食者-食饵生态系统的随机模型, 同时考虑 11.2 节中讨论的两种情形, 即捕食者饱和(丰富的食饵供给)和捕食者竞争(大的捕食者总数). 随机模型(11.2.1)修改为

$$\begin{aligned}\dot{X}_1 &= X_1[a - bX_2 - \frac{s}{f}(fX_1 - c) + g_1(X_1, X_2) + \xi_1(t)],\\ \dot{X}_2 &= X_2[fX_1 - c + g_2(X_1, X_2) + \xi_2(t)].\end{aligned} \tag{11.3.1}$$

式中假定$\xi_1(t)$和$\xi_2(t)$为两个具有非常数谱密度的独立的平稳随机过程(色噪声). 噪声的色度与谱形状相关. 谱形越平坦, 噪声频带越宽, 色度越低.

考虑在式(11.1.10)中定义的随机过程 $R(t)$. 以 $R(t)$代替 $X_2(t)$为系统的状态变量, 式(11.3.1)中的系统运动方程可变换为

$$\begin{aligned}\frac{\mathrm{d}}{\mathrm{d}t}R(t) &= -\frac{s}{f}(fX_1 - c)^2 + (fX_1 - c)g_1(X_1, X_2) + (bX_2 - a)g_2(X_1, X_2)\\ &\quad + (fX_1 - c)\xi_1(t) + (bX_2 - a)\xi_2(t),\\ \frac{\mathrm{d}}{\mathrm{d}t}X_1(t) &= X_1[a - bX_2 - \frac{s}{f}(fX_1 - c) + g_1(X_1, X_2)] + X_1\xi_1(t).\end{aligned} \tag{11.3.2}$$

除了 $R(t)$, $X_1(t)$选为第二个状态变量. 在式(11.3.2)中, $X_2(t)$被作为 $R(t)$和 $X_1(t)$的函数. $X_2(t)$也可作运动方程的第二个状态变量. 假定$\xi_1(t)$和$\xi_2(t)$的噪声强度是小量, 亦即系统动力学的随机变化是小的. 在这些假设下, 式(11.3.2)中第一个方程右侧是小量, $R(t)$是慢变随机过程. 此时可应用随机平均法得到支配 $R(t)$的伊藤随机微分方程

$$\mathrm{d}R = m(R)\mathrm{d}t + \sigma(R)\mathrm{d}B(t). \tag{11.3.3}$$

式中漂移系数 $m(R)$ 和扩散系数$\sigma^2(R)$可按式(4.1.27)和式(4.1.28)得到如下

$$\begin{aligned}m(R) &= -\frac{s}{f}\left\langle (fX_1 - c)^2 \right\rangle_t + \left\langle (fX_1 - c)g_1(X_1, X_2) \right\rangle_t + \left\langle (bX_2 - a)g_2(X_1, X_2) \right\rangle_t\\ &\quad + \int_{-\infty}^{0} \left\langle h_{21}(t+\tau)\frac{\partial}{\partial X_1}h_{11}(t) \right\rangle_t R_{11}(\tau)\mathrm{d}\tau + \int_{-\infty}^{0} \left\langle h_{12}(t+\tau)\frac{\partial}{\partial R}h_{12}(t) \right\rangle_t R_{22}(\tau)\mathrm{d}\tau,\end{aligned} \tag{11.3.4}$$

$$\sigma^2(R)=\int_{-\infty}^{\infty}\langle h_{11}(t+\tau)h_{11}(t)\rangle_t R_{11}(\tau)\mathrm{d}\tau+\int_{-\infty}^{\infty}\langle h_{12}(t+\tau)h_{12}(t)\rangle_t R_{22}(\tau)\mathrm{d}\tau . \quad (11.3.5)$$

式中函数 h_{ij} 是方程(11.3.2)中激励前的系数，即

$$h_{11}(t)=fX_1(t)-c,\quad h_{12}(t)=bX_2(t)-a,\quad h_{21}(t)=X_1(t),\quad h_{22}(t)=0\text{，}\quad (11.3.6)$$

式中 $\langle[\cdot]\rangle_t$ 由式(11.1.15)定义，表示一个拟周期上的时间平均，$R_{11}(\tau)$和 $R_{22}(\tau)$分别是 $\xi_1(t)$和$\xi_2(t)$的自相关函数，即

$$R_{11}(\tau)=E[\xi_1(t)\xi_1(t+\tau)],\quad R_{22}(\tau)=E[\xi_2(t)\xi_2(t+\tau)] . \quad (11.3.7)$$

式(11.3.3)～式(11.3.7)构成了一维马尔可夫扩散过程 $R(t)$的支配方程.

式(11.3.4)右侧的前三项已在 11.2.3 节进行运算. 式(11.3.4)和式(11.3.5)中涉及 $R_{11}(\tau)$和 $R_{22}(\tau)$的项运算如下

$$\int_{-\infty}^{0}\left\langle h_{21}(t+\tau)\frac{\partial}{\partial X_1}h_{11}(t)\right\rangle_t R_{11}(\tau)\mathrm{d}\tau=\frac{1}{2}cD_1 . \quad (11.3.8)$$

$$\int_{-\infty}^{0}\left\langle h_{12}(t+\tau)\frac{\partial}{\partial R}h_{12}(t)\right\rangle_t R_{22}(\tau)\mathrm{d}\tau=\frac{1}{2}aD_2 . \quad (11.3.9)$$

$$\int_{-\infty}^{\infty}\langle h_{11}(t+\tau)h_{11}(t)\rangle_t R_{11}(\tau)\mathrm{d}\tau=f^2\int_{-\infty}^{\infty}K_1(R,\tau)R_{11}(\tau)\mathrm{d}\tau-c^2D_1 . \quad (11.3.10)$$

$$\int_{-\infty}^{\infty}\langle h_{12}(t+\tau)h_{12}(t)\rangle_t R_{22}(\tau)\mathrm{d}\tau=b^2\int_{-\infty}^{\infty}K_2(R,\tau)R_{22}(\tau)\mathrm{d}\tau-a^2D_2 . \quad (11.3.11)$$

式中，

$$D_1=\int_{-\infty}^{\infty}R_{11}(\tau)\mathrm{d}\tau,\quad D_2=\int_{-\infty}^{\infty}R_{22}(\tau)\mathrm{d}\tau . \quad (11.3.12)$$

$$K_1(R,\tau)=\langle X_1(t+\tau)X_1(t)\rangle_t=\frac{1}{T(R)}\oint X_1(t+\tau)X_1(t)\mathrm{d}t . \quad (11.3.13)$$

$$K_2(R,\tau)=\langle X_2(t+\tau)X_2(t)\rangle_t=\frac{1}{T(R)}\oint X_2(t+\tau)X_2(t)\mathrm{d}t . \quad (11.3.14)$$

将式(11.1.23)，式(11.2.17)，式(11.3.8)和式(11.3.9) 代入式(11.3.4)，式(11.3.10)和式(11.3.11) 代入式(11.3.5)，可得

$$m(R)=-\frac{s}{af}\frac{g(R)}{T(R)}+\frac{G(R)}{T(R)}+\frac{1}{2}cD_1+\frac{1}{2}aD_2 . \quad (11.3.15)$$

$$\sigma^2(R) = f^2\int_{-\infty}^{\infty} K_1(R,\tau)R_{11}(\tau)\mathrm{d}\tau + b^2\int_{-\infty}^{\infty} K_2(R,\tau)R_{22}(\tau)\mathrm{d}\tau - (c^2D_1 + a^2D_2). \tag{11.3.16}$$

式 (11.3.15)和式(11.3.16)中的 $T(R)$, $g(R)$和 $G(R)$ 分别由式(11.1.23), 式(11.2.18)给出, D_1 和 D_2 由式(11.3.12)给出, $K_1(R,\tau)$ 和 $K_2(R,\tau)$ 由式(11.3.13)和式(11.3.14)给出. 给定一个 R 值, 漂移系数 $m(R)$ 和扩散系数$\sigma^2(R)$可通过数值计算得到.

在$\xi_1(t)$ 和 $\xi_2(t)$ 是高斯白噪声的特殊情形下, 即

$$R_{11}(\tau) = 2\pi K_{11}\delta(\tau), \quad R_{22}(\tau) = 2\pi K_{22}\delta(\tau). \tag{11.3.17}$$

式(11.3.15) 保持不变, 而式(11.3.16) 退化为

$$\sigma^2(R) = (\frac{1}{a}D_1 + \frac{1}{c}D_2)\frac{g(R)}{T(R)}. \tag{11.3.18}$$

式中 $D_1 = 2\pi K_{11}$, $D_2 = 2\pi K_{22}$. 式(11.3.15)和式(11.3.18) 分别与式(11.2.19)和式(11.2.20)相同.

$R(t)$的平稳概率密度 $p(r)$, $X_1(t)$和 $X_2(t)$的联合平稳概率密度 $p(x_1, x_2)$, 以及 $X_1(t)$的边缘概率密度 $p(x_1)$和 $X_2(t)$的边缘概率密度 $p(x_2)$, 都可用 11.1.4 节叙述的步骤计算得到.

以下算例中将会考虑两种不同色噪声. 一种是谱峰在零频上的低通滤波过程, 另一种是谱峰在非零频率上的随机化谐和过程.

11.3.1　低通滤波噪声激励

考虑低通滤波随机噪声 $\xi_1(t)$和 $\xi_2(t)$, 它们由下列一阶线性微分方程产生

$$\dot{\xi}_i + \alpha_i\xi_i = W_{gi}(t), \quad i = 1,\ 2. \tag{11.3.19}$$

$W_{g1}(t)$与 $W_{g2}(t)$相互独立的，它们的自相关函数和功率谱密度为

$$R_{ii}(\tau) = H_i e^{-\alpha_i|\tau|}, \quad S_{ii}(\omega) = \frac{H_i\alpha_i}{\pi(\omega^2 + \alpha_i^2)}, \quad i = 1,2. \tag{11.3.20}$$

式中，

$$H_i = \frac{\pi K_i}{\alpha_i} = R_{ii}(0) = E[\xi_i^2(t)]. \tag{11.3.21}$$

由式(11.3.12), 可得

$$D_i = \frac{2H_i}{\alpha_i} = \frac{2\pi K_i}{\alpha_i^2}. \tag{11.3.22}$$

可见α_i和 H_i分别是带宽和强度参数. 大的 H_i值对应于强激励, 而大的 α_i值导致较宽的带宽. 噪声的色度直接对应于带宽参数α_i. 较大的 α_i值意味着较低的色度.

图 11.3.1 显示了 $H_1 = H_2 = 0.01$ 和三个不同 $\alpha\ (= \alpha_1 = \alpha_2)$值时低通滤波噪声的

谱密度. 式(11.3.21)表明, 相同 H_i 值意味着相同的均方值. 按式(11.3.20), 低通滤波噪声的最大谱值总在零频率, $\alpha = 3$ 时噪声是宽带的, 而 $\alpha = 1.5$ 时带宽要窄得多. 与 Vaseur 和 Yodzis 提出的指数型谱 $1/f^{\beta}(\omega = 2\pi f)$相比较(Vaseur and Yodzis, 2004), 随频率增加两者有着相同的衰减谱形. 但是在接近零频处谱值不会趋于无穷大, 表明低通滤波噪声式(11.3.19)比指数谱形 $1/f^{\beta}$ 噪声要更接近实际.

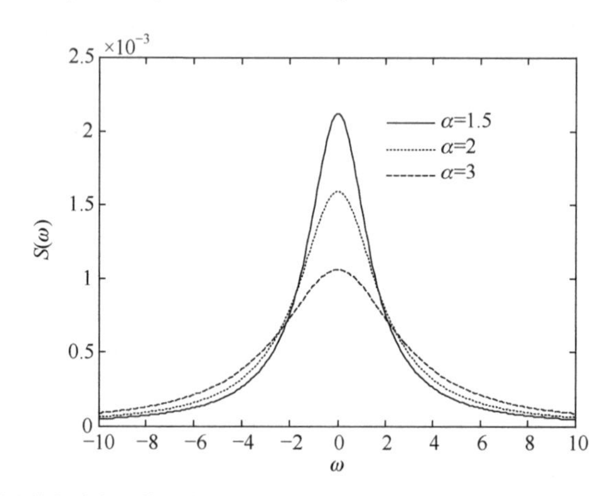

图 11.3.1　不同带宽参数α值的低通滤波过程(11.3.19)的功率谱密度(Qi and Cai, 2013)

Qi 和 Cai(Qi and Cai, 2013)计算了上述低通滤波噪声激励的捕食者饱和模型(11.3.1)中食饵和捕食者的概率密度. 系统参数为 $a_1=1$, $b_1=1$, $c = 1.5$, $f_1 = 0.5$, $s = 0.1$ 和 $A=0.05$. 结果示于图 11.3.2. 当噪声带宽相当宽时($\alpha_1 = \alpha_2 = 3$), 即较低色度时, 食饵和捕食者的概率密度函数中心更靠近无噪声确定性系统的平衡点(3.53, 0.76). 对于色度较高的噪声($\alpha_1 = \alpha_2 = 1.5$), 概率密度峰稍微移向左侧, 偏差也较大, 表明系统较不稳定.

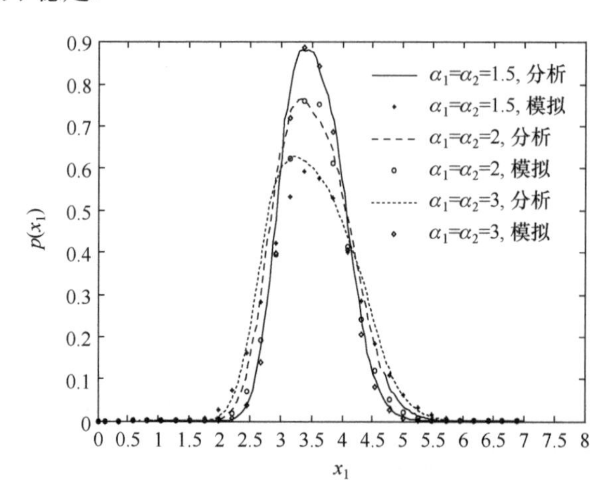

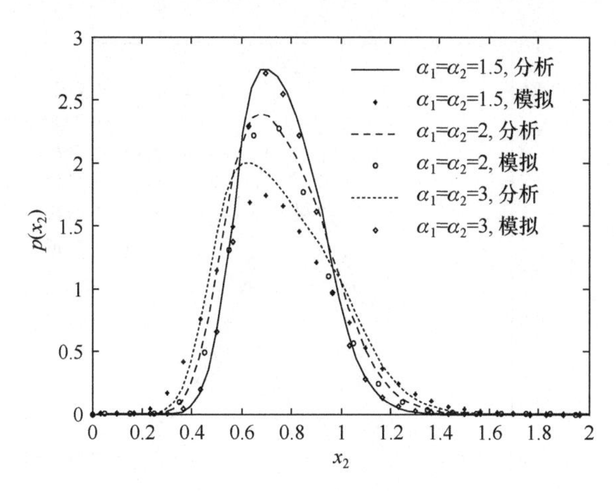

图 11.3.2　受低通滤波噪声激励的捕食者饱和模型中食饵和捕食者的概率密度(Qi and Cai, 2013)

图 11.3.3 分别显示了受低通滤波噪声激励的捕食者竞争模型中食饵和捕食者的概率密度，系统参数为 $a_1=1.5$, $b_1=1$, $c=0.5$, $f_1=0.5$, $s=0.1$ 和 $B=0.05$. 观察到类似于图 11.3.2 的现象，无随机噪声的确定性系统的平衡点为(1.07, 1.50).

用滤波器(11.3.19)产生低通滤波噪声做了蒙特卡罗模拟，结果也示于图 11.3.2 和图 11.3.3. 理论分析结果与模拟结果在合理的误差范围内一致. 对 $\alpha_1=\alpha_2=1.5$ 情形，理论分析结果与模拟结果的误差较大. 这是因为随机平均法要求相对于系统带宽，噪声要有更宽的频谱，而图 11.3.1 显示参数 $\alpha=\alpha_1=\alpha_2=1.5$ 时噪声的谱相当的窄.

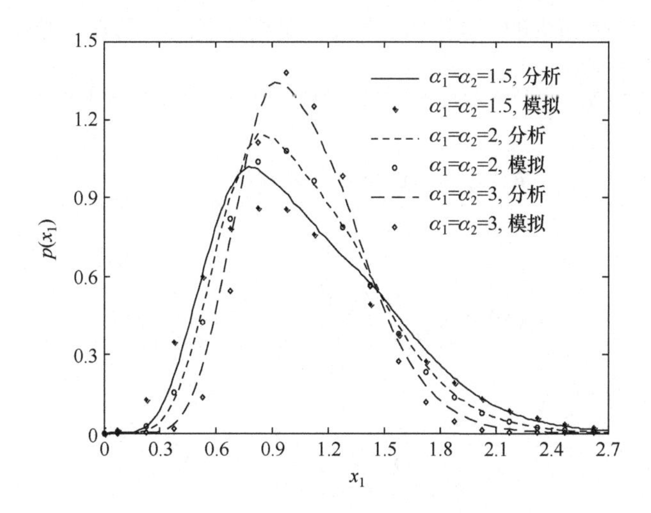

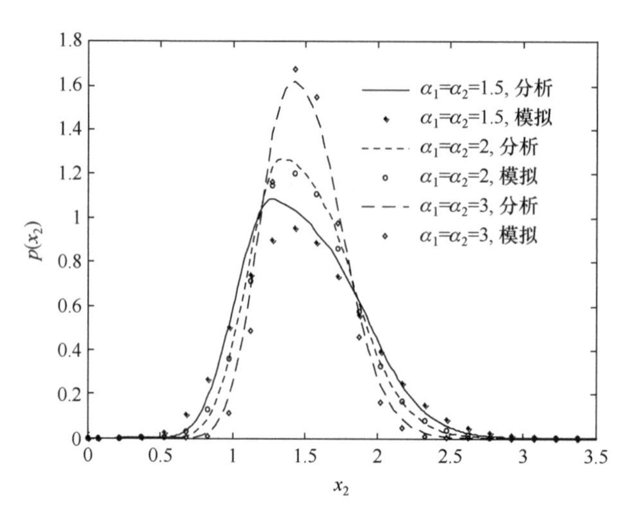

图 11.3.3 受低通滤波噪声激励的捕食者竞争模型中食饵和捕食者的概率密度(Qi and Cai, 2013)

11.3.2 随机化谐和噪声激励

考虑另一个色噪声，即在 2.6.3 节介绍的随机化谐和噪声

$$\xi_i(t) = A_i \sin[\omega_i t + \sigma_i B_i(t) + U_i], \quad i = 1,2 . \tag{11.3.23}$$

式中的 A_i 是表示过程幅值的正常数，ω_i 和 σ_i 是分别表示平均频率和相角随机程度的正常数，$B_i(t)$ 是独立单位维纳过程，U_i 是在 $[0,2\pi)$ 上均匀分布的随机变量. 假定 U_1 和 U_2 相互独立，且都独立于 $B_i(t)$. 物理上，在式(11.3.23)中引入随机变量 U_i 意味着初始相角是随机的，也使得过程 $\xi_i(t)$ 是弱平稳的. 已知参数 σ_i 控制着谱宽. 大的 σ_i 值对应于大的带宽.

$\xi_i(t)$ 的相关函数为

$$R_{ii}(\tau) = \frac{1}{2} A_i^2 \cos(\omega_i \tau) \exp(-\frac{1}{2} \sigma_i^2 |\tau|) . \tag{11.3.24}$$

功率谱密度为

$$S_{ii}(\omega) = \frac{A_i^2 \sigma_i^2 (\omega^2 + \omega_i^2 + \sigma_i^4 / 4)}{4\pi[(\omega^2 - \omega_i^2 - \sigma_i^4 / 4)^2 + \sigma_i^4 \omega^2]} . \tag{11.3.25}$$

式(11.3.12)中的参数 D_i 为

$$D_i = \frac{2 A_i^2 \sigma_i^2}{4\omega_i^2 + \sigma_i^4} . \tag{11.3.26}$$

在数值计算中，$A_1 = A_2 = 0.2$ 使得所有的噪声都有相同的均方值，也有相同的平均频率$\omega_1 = \omega_2 = 3$.

图 11.3.4 显示了三个不同σ ($=\sigma_1 = \sigma_2$)值的随机化谐和噪声的谱密度, 峰值在$\omega = 3$ 附近. 较小σ的值对应较窄的带宽和较高的色度.

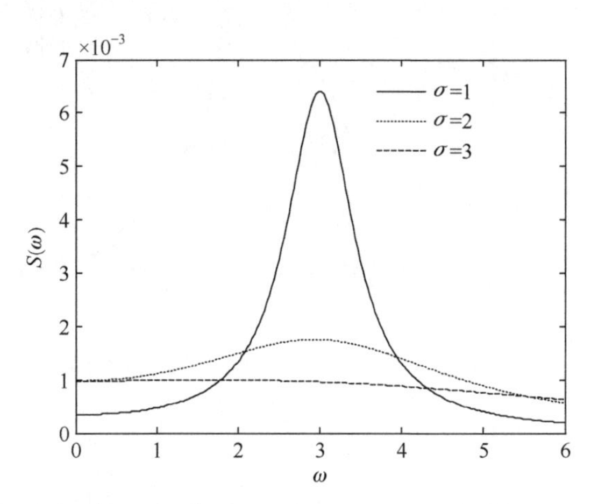

图 11.3.4　不同带宽参数σ值的随机化谐和噪声(11.3.23)的功率谱密度(Qi and Cai, 2013)

图 11.3.5 显示了捕食者饱和模型中食饵和捕食者的概率密度. 系统参数取为$a_1 = 1, b_1 = 1, c = 1$,　$f_1 = 0.5, s = 0.1$ 和 $A = 0.05$. 具有捕食者竞争模型的结果示于图 11.3.6, 系统参数为 $a_1 = 2, b_1 = 1, c = 0.5, f_1 = 0.5, s = 0.1$ 和 $B = 0.05$. 以上两图可得类似结论: ① 概率密度峰位于无随机噪声的确定性系统的平衡点附近; ② 激励噪声带宽越窄, 概率密度越偏离概率峰; ③ 激励噪声带宽越窄, 概率密度峰偏离静态平衡点越远; ④ 解析结果与模拟结果的误差在允许范围之内; ⑤ 在$\sigma_1 = \sigma_2 = 1$ 窄带情形, 误差较大.

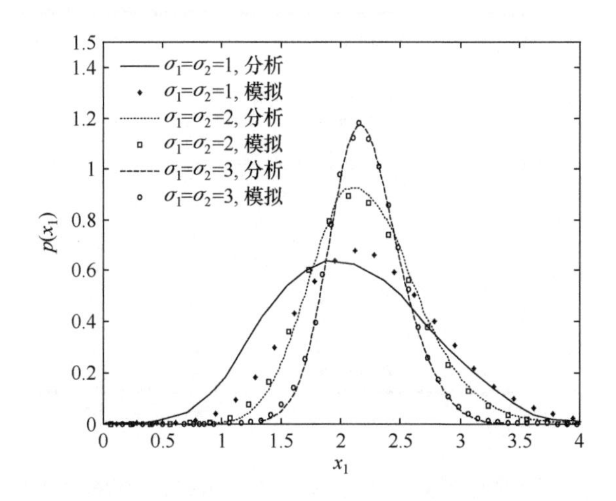

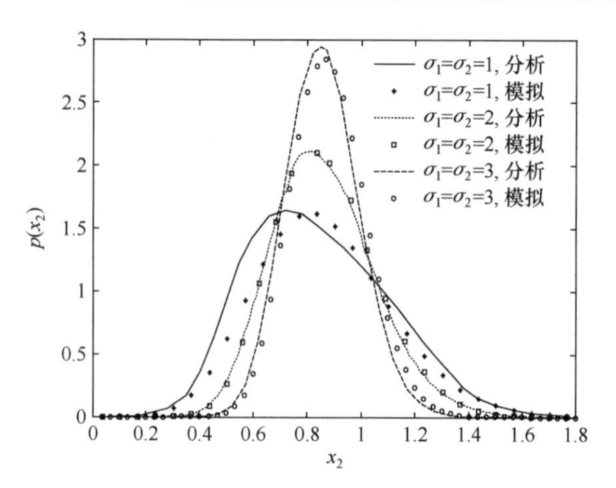

图 11.3.5　随机化谐和噪声激励下捕食者饱和模型的食饵和捕食者概率密度(Qi and Cai, 2013)

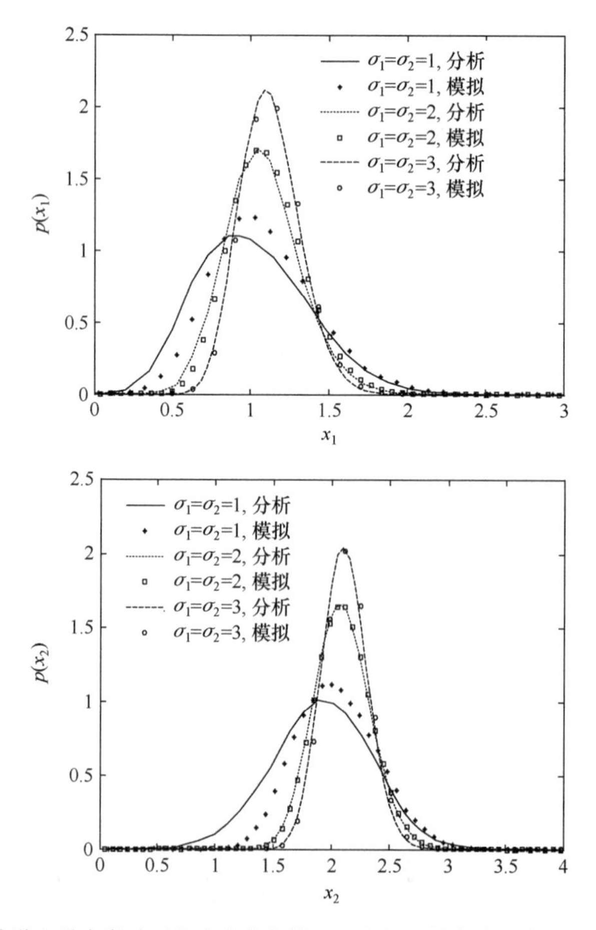

图 11.3.6　随机化谐和噪声激励下捕食者竞争模型的食饵和捕食者概率密度(Qi and Cai, 2013)

总之，噪声色度这个术语可用来区分具有不同功率谱密度，即能量在整个频域上有不同分布的随机过程. 需识别两个重要特性，一个是带宽，另一个是谱峰位置. 窄带意味着比白噪声更高的色度，而谱峰位置指出噪声有何种颜色. 本节考虑的两种色噪声，其谱峰位置分别在零频率处和非零频率处，有可调的带宽.

对所研究的两个捕食者-食饵模型，谱峰位置对系统平稳响应并无大的影响，而带宽却有很大的影响. 较窄频带的随机噪声使得系统较不稳定，而食饵和捕食者的概率密度偏离峰位置更远. 带宽的另一个较小的影响是，当带宽较窄时，概率密度峰偏离静态平衡点较远.

需要指出的是，本研究中采用的色噪声相对于系统带宽是宽带噪声，这是随机平均法所要求的. 概率密度通常是单峰形式. Naess 等发现若色噪声相对于系统是窄带的话，可能会出现双峰概率密度(Naess et al., 2008).

11.4　时滞生态系统

在 11.1 节至 11.3 节中，捕食者与食饵之间的相互作用是瞬间发生的，食饵总数的增长或减少都会立刻引起捕食者总数增长率的变化. 然而在现实世界中，食饵总数发生变化后要经历一段时间才会引起捕食者总数增长率的变化. 已引入多种模型(Hornfeldt, 1994; Hutchinson, 1948; Korpimaki and Norrdahl, 1991; MacDonald, 1976, 1977; May, 1981; May and Verga, 1973; Nisbet and Gurney, 1982; Turchin, 2003)计及这种时滞效应，并发现时滞效应的确从根本上改变系统性态. 然而所有这些模型都是确定性的，控制方程的系数都假定为已知常数，系统的输入也假定为精确已知. 因为这些假设都是理想化的，环境变化总会出现，而且在大多数情形下，不能事先预测. 尽管在 11.1 节至 11.3 节中，已经考虑了系统属性的随机变化，但只针对非时滞的捕食者-食饵模型. 为了计及时滞效应，Cai 和 Lin 扩展了随机模型及其分析(Cai and Lin, 2007b).

11.4.1　确定性模型

在确定性模型(11.1.5)中，在第二个方程中的 fx_1x_2 项意味着食饵总数 x_1 的变化会立刻影响捕食者总数的变化率. 另一方面，捕食者的增长会消费更多的食饵，从而导致食饵总数立刻减少. 因此，时滞效应主要出现在捕食者总数上. 为了计及这种时滞效应，建议将 fx_1x_2 项改成(May and Verga, 1973; May, 1981; Macdonald, 1976, 1977)

$$f x_2 \int_{-\infty}^{t} F(t-\tau) x_1(\tau) \mathrm{d}\tau . \tag{11.4.1}$$

式中 $F(t)$称为时滞函数, 对特定的捕食者-食饵系统是恰当的. 式(11.4.1)意味着时滞效应并不依赖于过去某个特定时刻的总数, 而是依赖于过去总数的平均值. 因此, 式(11.1.5)可修正为

$$\begin{aligned} \dot{x}_1 &= a_1 x_1 - s x_1^2 - b x_1 x_2, \\ \dot{x}_2 &= -c x_2 + f x_2 \int_{-\infty}^{t} F(t-\tau) x_1(\tau) \mathrm{d}\tau. \end{aligned} \tag{11.4.2}$$

更方便将式(11.4.2)写成下列形式

$$\begin{aligned} \dot{x}_1 &= a_1 x_1 - s x_1^2 - b x_1 x_2, \\ \dot{x}_2 &= -c x_2 + f x_2 \int_{0}^{\infty} F(\tau) x_1(t-\tau) \mathrm{d}\tau. \end{aligned} \tag{11.4.3}$$

并将函数 $F(t)$归一化

$$\int_{0}^{\infty} F(\tau) \mathrm{d}\tau = 1 . \tag{11.4.4}$$

定义

$$\gamma = \int_{0}^{\infty} \tau F(\tau) \mathrm{d}\tau . \tag{11.4.5}$$

它是平均时滞时间的度量. 函数 $F(\tau)$ 的两个合理的选择

$$F(t) = \frac{1}{\gamma} e^{-t/\gamma} . \tag{11.4.6}$$

$$F(t) = \frac{4}{\gamma^2} t e^{-2t/\gamma} . \tag{11.4.7}$$

式(11.4.6)表明, 随着时滞时间递增, 食饵总数对捕食者总数的影响是递减的. 相反, 时滞模型式(11.4.7)中, 这种影响在某一时刻达到最大值.

将 $x_1(t-\tau)$在$\tau = 0$ 处作泰勒展开, 取一阶近似, 并代入到式(11.4.3)中的第二个方程, 应用式(11.4.5), 可得

$$\dot{x}_2 = -c x_2 + f x_1 x_2 - f \gamma x_2 \dot{x}_1 . \tag{11.4.8}$$

联合式(11.4.3)中第一个方程和式(11.4.8), 得

$$\begin{aligned}\dot{x}_1 &= a_1x_1 - sx_1^2 - bx_1x_2,\\ \dot{x}_2 &= -cx_2 + f(1-\gamma a_1)x_1x_2 + sf\gamma x_1^2x_2 + bf\gamma x_1x_2^2.\end{aligned} \tag{11.4.9}$$

注意, 若

$$a = a_1 - \frac{sc}{f}. \tag{11.4.10}$$

则系统(11.1.7)和式(11.4.9)有相同的平衡点

$$x_{10} = \frac{c}{f}, \qquad x_{20} = \frac{a}{b}. \tag{11.4.11}$$

因此, 系统(11.4.9)将用来研究时滞效应. 有趣的是, 研究中仅需时滞函数 $F(t)$的均值γ, 而不是 $F(t)$的具体形式.

可证, 若$\gamma = 0$, 其他参数不为零时, 式(11.4.11)中的平衡点(x_{10}, x_{20})是渐近稳定的. 当 $s = 0$, 其他参数不为零时, 是不稳定的. 因此, 食饵的种内竞争项使系统稳定, 但时滞项起着使系统不稳定的作用. 组合这两种效应, 在其他参数固定不变情形下, 可将整个正的 s 和γ区域分成稳定区与不稳定区. 图 11.4.1 显示了 $a_1 = 0.9, b = 1, c = 0.5$ 和 $f = 0.5$ 时,系统(11.4.9)的稳定区与不稳定区. 对有物理意义的稳定的生态系统, s 和γ的必须在稳定区内取值.

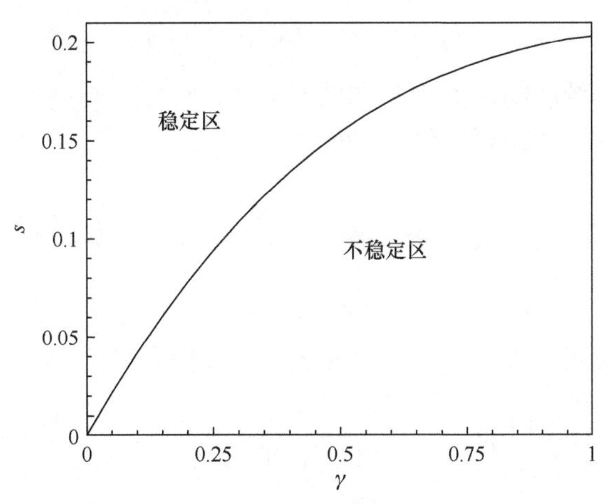

图 11.4.1　确定性系统(11.4.9)的稳定区和不稳定区

参数 $a_1 = 0.9, b = 1, c = 0.5$ 和 $f = 0.5$(Cai and Lin, 2007b)

图 11.4.2 显示了系统(11.4.9)从相同的初始点(3.0, 1.0)出发的两条轨线. 对应于稳定区域内, 相同γ值和不同 s 值. 一条轨迹是 $s = 0.07$, 靠近稳定域边界, 另一条轨迹是 $s = 0.15$, 远离稳定域边界, 其他参数与图 11.4.1 相同, $a_1 = 0.9, b =$

1, $c = 0.5$ 和 $f = 0.5$. 图中显示, $s = 0.07$ 时, 系统轨线由许多幅值逐渐递减的环组成, 系统缓慢地到达平衡点. 而在 $s = 0.15$ 时, 环形轨线很少, 系统迅速地到达平衡点.

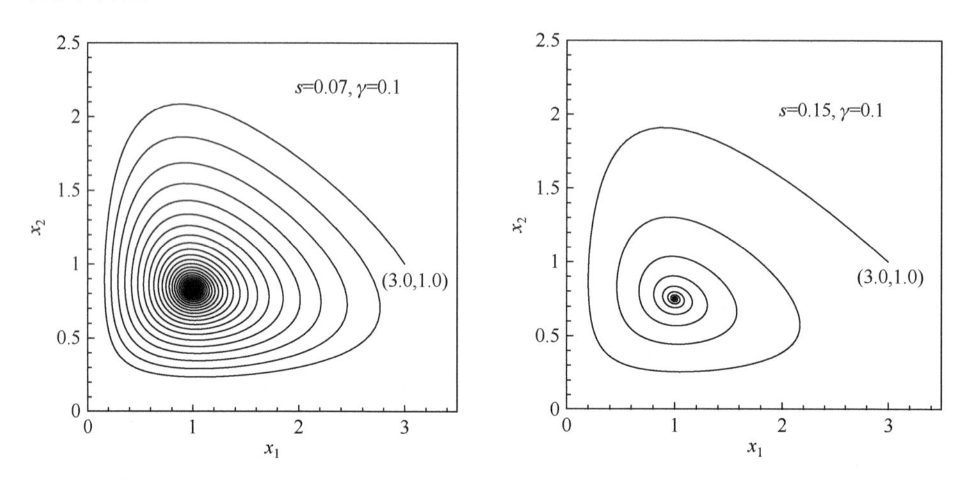

图 11.4.2　$s = 0.07, 0.15$ 时确定性系统(11.4.9)的运动轨线(Cai and Lin, 2007b)

考虑对应于(11.4.9)的保守系统

$$\begin{aligned}\dot{x}_1 &= x_1(a - bx_2),\\ \dot{x}_2 &= x_2(-c + fx_1)(1 + s\gamma x_1).\end{aligned} \tag{11.4.12}$$

系统(11.4.12)与系统(11.4.9)有着相同的平衡点, 然而, 该平衡点是稳定的但非渐近稳定的. 系统(11.4.12)有如下首次积分

$$r(x_1, x_2) = fx_1 - c - c\ln\frac{fx_1}{c} + bx_2 - a - a\ln\frac{bx_2}{a} - cs\gamma x_1 + \frac{1}{2}fs\gamma x_1^2 + \frac{c^2 s\gamma}{2f}. \tag{11.4.13}$$

可知在平衡点$(c/f,\ a/b)$处 $r(x_1, x_2) = 0$, 而在 x_1 和 x_2 为正值的其他任意点处 $r(x_1, x_2) > 0$. 给定正值 R, $r(x_1, x_2) = R$ 表示一个周期轨道, 周期可由下式确定

$$T(R) = \oint[\cdot]\mathrm{d}t = \oint\frac{\mathrm{d}x_2}{x_2(fx_1 - c)(1 + s\gamma x_1)} = \oint\frac{\mathrm{d}x_1}{x_1(a - bx_2)}. \tag{11.4.14}$$

式中 x_1 和 x_2 通过方程 $r(x_1, x_2) = R$ 相关联. 系统(11.4.12)是应用随机平均法的基础.

图 11.4.3 显示了参数 $a = 0.9, b = 1, c = 0.5, f = 0.5, s = 0.1$ 和 $\gamma = 0.2$ 时(11.4.12)系统的平衡点 O 和 3 个周期轨线. 平衡点对应于 $R = 0$, 3 个不同的周期轨线分别对应于三个不同的 R 值.

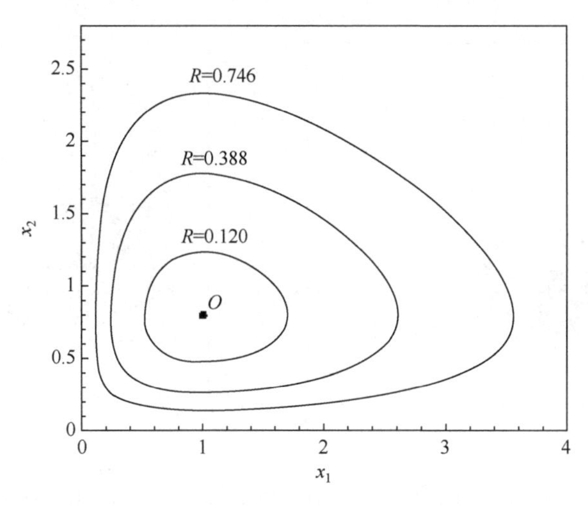

图 11.4.3　确定性系统(11.4.12)的平衡点和周期轨线(Cai and Lin, 2007b)

11.4.2　随机模型

现从式(11.4.9)推广到随机模型

$$\begin{aligned} \dot{X}_1 &= X_1[a_1 - sX_1 - bX_1X_2 + W_{g1}(t)], \\ \dot{X}_2 &= X_2[-c + f(1-\gamma a_1)X_1 + sf\gamma X_1^2 + bf\gamma X_1X_2 + W_{g2}(t)]. \end{aligned} \tag{11.4.15}$$

式中 $W_{g1}(t)$和 $W_{g2}(t)$分别是功率谱密度为 K_1 和 K_2 的独立高斯白噪声. 应用式(11.4.10), 式(11.4.15)可改写成

$$\begin{aligned} \dot{X}_1 &= X_1[a - bX_2 - \frac{s}{f}(fX_1 - c) + W_{g1}(t)], \\ \dot{X}_2 &= X_2[(-c + fX_1)(1 + s\gamma X_1) + f\gamma X_1(bX_2 - a) + W_{g2}(t)]. \end{aligned} \tag{11.4.16}$$

由于食饵增长率和捕食者死亡率都是随机的, 随机系统(11.4.15)的动力学性态本质上不同于对应的确定性系统. 一个显著的变化是不再存在确定性系统所有的平衡状态, 而代之以用概率或统计描述的分布状态. 图 11.4.4 显示了 $a_1 = 0.9$, $b = 1$, $c = 0.5$, $f = 0.5$, $2\pi K_1 = 2\pi K_2 = 0.01$ 与两组不同的 s 和 γ值时, 随机系统(11.4.15)的这种分布. $s = 0.07$ 和 $\gamma = 0.1$ 的情形对应于图 11.4.1 中靠近稳定边界的状态. $s = 0.2$ 和 $\gamma = 0.2$ 的情形对应于远离稳定边界的状态. 前一种情形有着更大的平稳分布区域, 表明系统更不稳定.

以上观察表明须用概率方法来描述系统的随机行为, 后续将有详细研究.

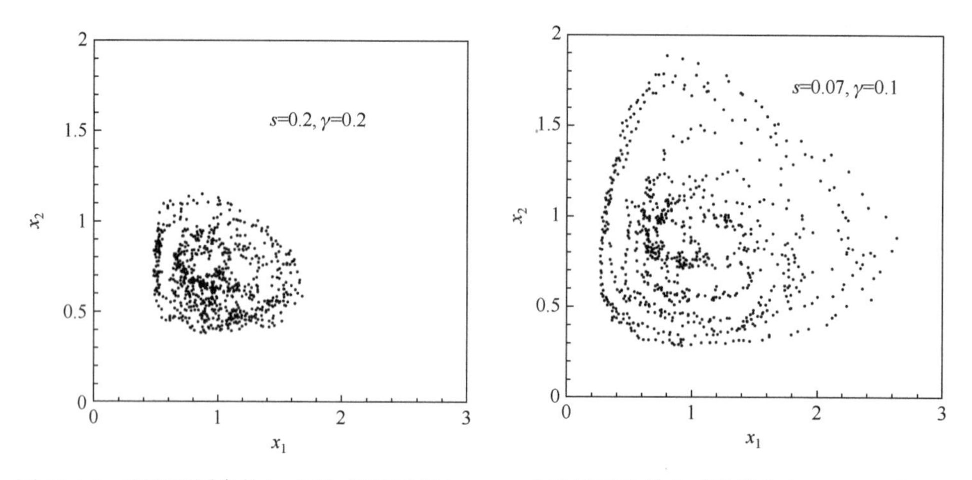

图 11.4.4 两组不同参数(s, γ)下，随机系统(11.4.15)在统计平稳状态时的样本点. $s = 0.2$ 和 $\gamma = 0.2$ 远离稳定边界; $s = 0.07$ 和$\gamma = 0.1$ 靠近稳定边界 (Cai and Lin, 2007b)

11.4.3 随机平均

对应于式(11.4.16)的伊藤随机微分方程为

$$
\begin{aligned}
\mathrm{d}X_1 &= X_1[a - bX_2 + \frac{s}{f}(fX_1 - c) + \pi K_1]\mathrm{d}t + \sqrt{2\pi K_1}X_1\mathrm{d}B_1(t), \\
\mathrm{d}X_2 &= X_2[(-c + fX_1)(1 + s\gamma X_1) + f\gamma X_1(bX_2 - a) + \pi K_2]\mathrm{d}t + \sqrt{2\pi K_2}X_2\mathrm{d}B_2(t).
\end{aligned}
\tag{11.4.17}
$$

首次积分式(11.4.13)的随机形式为

$$
R(X_1, X_2) = fX_1 - c - c\ln\frac{fX_1}{c} + bX_2 - a - a\ln\frac{bX_2}{a} - cs\gamma X_1 + \frac{1}{2}fs\gamma X_1^2 + \frac{c^2 s\gamma}{2f}.
\tag{11.4.18}
$$

它是随机过程 X_1 和 X_2 的函数，也是随机过程. 对式(11.4.18)运用伊藤微分规则，可从式(11.4.17)得支配$R(X_1, X_2)$的伊藤随机微分方程

$$
\begin{aligned}
\mathrm{d}R = &[-\frac{s}{f}(fX_1 - c)^2(1 + s\gamma X_1) + f\gamma X_1(bX_2 - a)^2 + \pi K_1 X_1(f - sc\gamma + 2fs\gamma X_1) \\
&+ b\pi K_2 X_2]\mathrm{d}t + \sqrt{2\pi K_1}(fX_1 - c)(1 + s\gamma X_1)\mathrm{d}B_1(t) + \sqrt{2\pi K_2}(bX_2 - a)\mathrm{d}B_2(t).
\end{aligned}
\tag{11.4.19}
$$

假设种内竞争项的系数s和时滞参数γ都为小量，白噪声 $W_{g1}(t)$ 和 $W_{g2}(t)$的强度也为小量，这些假设对实际生态系统通常有效. 那么式(11.4.19)右边是小量，表明$R(t)$是慢变随机过程，可用随机平均法. 式(11.4.19)平均后得如下标准伊藤方程

$$dR = m(R)dt + \sigma(R)dB(t). \tag{11.4.20}$$

式中 $m(R)$ 和 $\sigma(R)$ 按下式得到

$$\begin{aligned} m(R) = &-\frac{s}{f}\left\langle (fX_1 - c)^2(1 + s\gamma X_1)\right\rangle_t + f\gamma\left\langle X_1(bX_2 - a)^2\right\rangle_t \\ &+ \pi K_1\left\langle X_1(f - sc\gamma + 2fs\gamma X_1)\right\rangle_t + a\pi K_2, \end{aligned} \tag{11.4.21}$$

$$\sigma^2(R) = 2\pi K_1\left\langle (fX_1 - c)^2(1 + s\gamma X_1)^2\right\rangle_t + 2\pi K_2\left\langle (bX_2 - a)^2\right\rangle_t. \tag{11.4.22}$$

$\langle[\cdot]\rangle_t$ 表示在一个拟周期上的平均运算, 定义为

$$\langle[\cdot]\rangle_t = \frac{1}{T}\oint[\cdot]dt = \frac{1}{T}\oint\frac{[\cdot]dX_2}{X_2(fX_1 - c)(1 + s\gamma X_1)} = \frac{1}{T}\oint\frac{[\cdot]dX_1}{X_1(a - bX_2)}. \tag{11.4.23}$$

给定 R, X_1 和 X_2 之间关系由式(11.4.18)确定. 给定参数 a, b, c, f, s 和 γ, 可用数值方法对式(11.4.21)和 (11.4.22)作平均.

$X_1(t)$的平稳概率密度 $p(x_1)$和 $X_2(t)$的平稳概率密度 $p(x_2)$可按 11.1.4 节中的步骤获得. 对 $2\pi K_1 = 2\pi K_2 = 0.01$, $a_1 = 0.9$, $b = 1$, $c = 0.5$ 和 $f = 0.5$, 与图 11.4.1 相同的其他参数, 得到了一些时滞随机系统(11.4.15)的数值计算结果. 图 11.4.5 显示了处于图 11.4.1 所示稳定区域内几个不同 s 和 γ 组合下,食饵和捕食者的平稳概率密度. 给定 s 值, 较大γ值使得食饵数量处于小和大的概率较大, 表明系统较不稳定. 另一方面, 较大 s 值的系统较为稳定. 图中也显示蒙特卡罗模拟的结果. 理论与模拟结果相符合甚好.

图 11.4.6 显示了分别对应于稳定区内两个不同点的两组 s 和γ值的, 食饵和捕食者的平稳概率密度. 对应于 $s = 0.2$ 和 $\gamma = 0.2$ 的点远离稳定区边界, 对应于 $s = 0.07$ 和$\gamma = 0.1$ 的点接近稳定区边界. 在后一组参数下, 概率密度峰值较低, 通过在低数量和高数量区域的较大概率进行补偿. 这是所预期的, 因为系统接近稳定区边界时, 较不稳定.

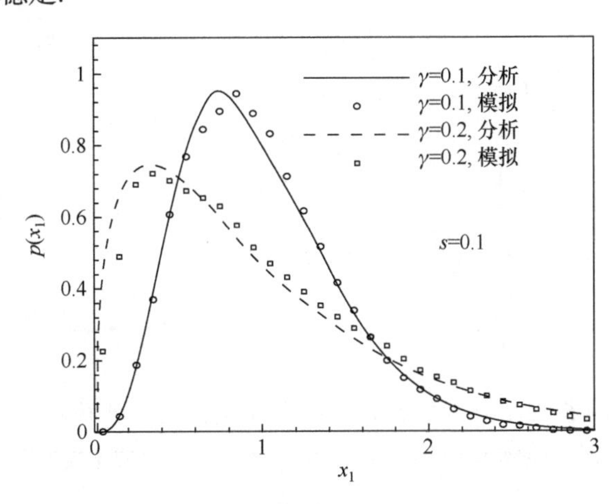

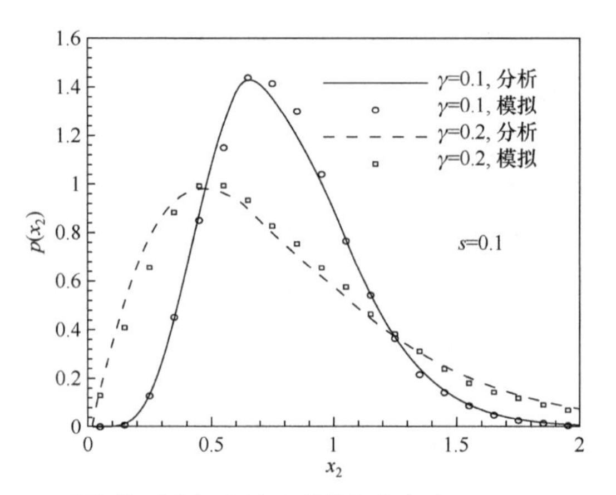

图 11.4.5 不同γ值下食饵和捕食者的概率密度(Cai and Lin, 2007b)

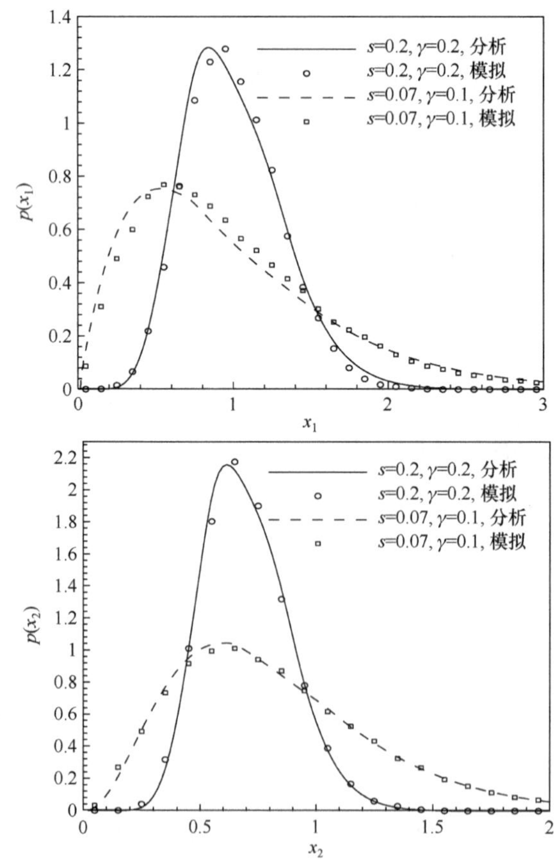

图 11.4.6 两组不同参数(s, γ)下, 食饵和捕食者的平稳概率密度

$s = 0.2$ 和 $\gamma = 0.2$ 对应于远离稳定区边界; $s = 0.07$ 和$\gamma = 0.1$ 对应于接近稳定区边界 (Cai and Lin, 2007b)

11.5　复杂环境中的生态系统

在 11.1～11.4 节中, 忽略了生存环境的复杂性, 假定食饵和捕食者两物种间是完全耦合. 但在现实中, 如文献(Alstad, 2001; Grabowski, 2004; Luckinbill, 1973; Manatunge et al., 2000; Savino and Stein, 1982)报导的环境复杂性对两个物种间的耦合程度有非常大的影响. 为计及生存环境的复杂性, Bairagi 和 Jana 研究了复杂环境中的确定性捕食者-食饵系统的稳定性和分岔(Bairagi and Jana, 2011). 本节按照 Cai 和 Qi 研究复杂环境中的随机捕食者-食饵系统(Cai and Qi, 2016). 用随机平均法和蒙特卡罗模拟计算食饵和捕食者的概率分布. 考虑了弱、中、强三种环境复杂度. 探究环境复杂性对系统动力学的影响.

11.5.1　确定性模型

描述计及环境复杂性的捕食者-食饵生态系统的数学模型(Bairagi and Jana, 2011)是

$$\begin{aligned}\dot{x}_1 &= qx_1(1-\frac{x_1}{k}) - \frac{\alpha(1-c)x_1x_2}{1+\alpha(1-c)hx_1},\\ \dot{x}_2 &= -dx_2 + \frac{\theta\alpha(1-c)x_1x_2}{1+\alpha(1-c)hx_1}.\end{aligned} \tag{11.5.1}$$

其中 x_1 和 x_2 分别是食饵和捕食者的总数, q, k, α, c, h, d 和 θ是正常数. 参数 q 和 k 分别是食饵的增长率和食饵的承载能力. 在没有捕食者时, 食饵总数一旦到达承载能力 k 就保持不变. 参数 c $(0 < c < 1)$反映了环境复杂度. 较大的 c 值对应于大的环境复杂度, 也意味着物种间较弱的相互作用和较强的独立性. 极限情形 $c \to 0$ 表示可忽略的环境复杂度, 两物种充分地相互作用, 称为 Holling II 型模型(Holling, 1959). 参数α, h 和 θ分别称为冲击率, 处理时间和转化效率. 模型(11.5.1)表明: ① 捕食者的增加会消耗掉更多的食饵, 导致食饵总数减少; ② 食饵增加会引起捕食者增加.

本节中, 关注点是环境复杂性的影响, 因此, 针对某个特定系统, 系统其他参数将取固定值.

11.5.2　平衡和稳定性

令方程(11.5.1)右边为零, 可得系统的 3 个平衡点

① 平凡平衡点 E_0: $x_1=0$, $x_2=0$;

② 无捕食者平衡点 E_1: $x_1=k$, $x_2=0$;

③ 共存平衡点 E^*:

$$x_1^* = \frac{d}{\alpha(1-c)(\theta-hd)}, \quad x_2^* = \frac{q(k-x_1^*)[1+\alpha h(1-c)x_1^*]}{\alpha k(1-c)}. \tag{11.5.2}$$

式(11.5.2)表明存在平衡点 E^*要求① $\theta > hd$, ② $k > x_1^*$, 因为 x_1 和 x_2 都必须是非负的. 由于实际系统的 h 非常小, 第一个条件$\theta > hd$ 满足. 第二个条件要求

$$k > \frac{d}{\alpha(1-c)(\theta-hd)} \quad 或 \quad c < c_2 = 1 - \frac{d}{\alpha k(\theta-hd)}. \tag{11.5.3}$$

为了研究平衡点 $\tilde{x}_1$ 和 $\tilde{x}_2$ 的局部稳定性,令

$$u = x_1 - \tilde{x}_1, \quad v = x_2 - \tilde{x}_2. \tag{11.5.4}$$

把式(11.5.4)作为一个变换, 可从式(11.5.1)得到 u 和 v 满足的方程, 再对该方程线性化, 可得

$$\begin{aligned} \dot{u} &= Au + Bv, \\ \dot{v} &= Cu + Dv. \end{aligned} \tag{11.5.5}$$

其中

$$\begin{aligned} &A = q - \frac{2q}{k}\tilde{x}_1 - \frac{\alpha(1-c)\tilde{x}_2}{[1+\alpha(1-c)h\tilde{x}_1]^2}, \quad B = -\frac{\alpha(1-c)\tilde{x}_1}{1+\alpha h(1-c)\tilde{x}_1}, \\ &C = \frac{\theta\alpha(1-c)\tilde{x}_2}{[1+\alpha(1-c)h\tilde{x}_1]^2}, \quad D = \frac{\theta\alpha(1-c)\tilde{x}_1}{1+\alpha h(1-c)\tilde{x}_1} - d. \end{aligned} \tag{11.5.6}$$

系统(11.5.5)的特征方程

$$\begin{vmatrix} \eta - A & -B \\ -C & \eta - D \end{vmatrix} = 0. \tag{11.5.7}$$

式(11.5.7)的两根 w 为

$$\eta_{1,2} = \frac{A+D}{2} \pm \frac{\sqrt{(A-D)^2 + 4BC}}{2}. \tag{11.5.8}$$

可通过η_1和η_2的实部的正负来判别平衡点的局部稳定性.

先考虑平凡平衡点 E_0. 令 $\tilde{x}_1 = 0$ 和 $\tilde{x}_2 = 0$ 代入式(11.5.6)和式(11.5.8), 得 $\eta_1 = q > 0$ 和 $\eta_2 = -d < 0$. 可见 $E_0\,(0, 0)$是一个鞍点, 不稳定.

再看无捕食者平衡点 E_1, 令 $\tilde{x}_1 = k$ 和 $\tilde{x}_2 = 0$, 代入式(11.5.6)和式(11.5.8)得

$$A = -q, \quad B = -\frac{\alpha k(1-c)}{1+\alpha hk(1-c)}, \quad C = 0, \quad D = \frac{\theta\alpha k(1-c)}{1+\alpha hk(1-c)} - d. \tag{11.5.9}$$

$$\eta_1 = D = \frac{\theta\alpha k(1-c)}{1+\alpha hk(1-c)} - d, \quad \eta_2 = A = -q. \tag{11.5.10}$$

E_1 的局部稳定性要求 $D<0$, 使得

$$c > c_2 = 1 - \frac{d}{\alpha k(\theta - hd)}. \tag{11.5.11}$$

对共存平衡点 E^*, 式(11.5.6) 和式(11.5.8)导至

$$A = \frac{q}{d}\left[hd - \frac{x_1^*(\theta+hd)}{k}\right], \quad B = -\frac{d}{k}, \\ C = \frac{q(k-x_1^*)(\theta-hd)}{k}, \quad D = 0. \tag{11.5.12}$$

$$\eta_{1,2} = \frac{A}{2} \pm \frac{\sqrt{A^2+4BC}}{2}. \tag{11.5.13}$$

式中 x_1^* 在式(11.5.2)中给出. 考虑某些实际情形出现的真实情况 $A^2+4BC<0$, E^* 的稳定性要求 η_1 和 η_2 都有负实部, 即 $A<0$, 使得

$$c > c_1 = 1 - \frac{\theta+hd}{\alpha kh(\theta-hd)}. \tag{11.5.14}$$

可验证 $c_1<c_2$, 三个平衡点的稳定性条件可总结如下

① 当 $0<c<c_1$, 所有三个平衡点都是不稳定的.

② 当 $c_1<c<c_2$, $E_0(0,0)$ 和 $E_1(k,0)$ 是不稳定的, $E^*(x_1^*,x_2^*)$ 是局部渐近稳定的, 意味着食饵和捕食者的共存状态.

③ 当 $c_2<c<1$, $E_0(0,0)$是不稳定的, $E^*(x_1^*,x_2^*)$不存在, $E_1(\mathrm{k},0)$是渐近稳定的.

为了更加直观地阐明系统(11.5.1)的动力学性态, 考虑一个由双核草履虫和鼻栉毛虫构成的捕食者-食饵系统. 以下实验数据来自文献(Luckinbill, 1973; Bairagi and Jana, 2011): $q=2.65$, $k=898$, $\alpha=0.045$, $h=0.0437$, $d=1.06$ 和 $\theta=0.215$. 这组参数值用于本节的数值计算. 可算得两个阈值 c_1 和 c_2

$$c_1 = 0.1227, \quad c_2 = 0.8445. \tag{11.5.15}$$

数值计算结果表明, 当 $0<c<c_1$ 时出现极限环. 图 11.5.1(a)显示的是 $c=0.05$ 时的极限环. 系统分别从(150, 40)和 (300, 30)出发, 最终沿着极限环轨道运动. 图 11.5.1(b)绘制了对应于 3 个不同 c 值的极限环. 可见, c 值增大会引起极限环缩小, 表明随着 c 接近于上界值 c_1, x_1 和 x_2 的变化范围在缩小.

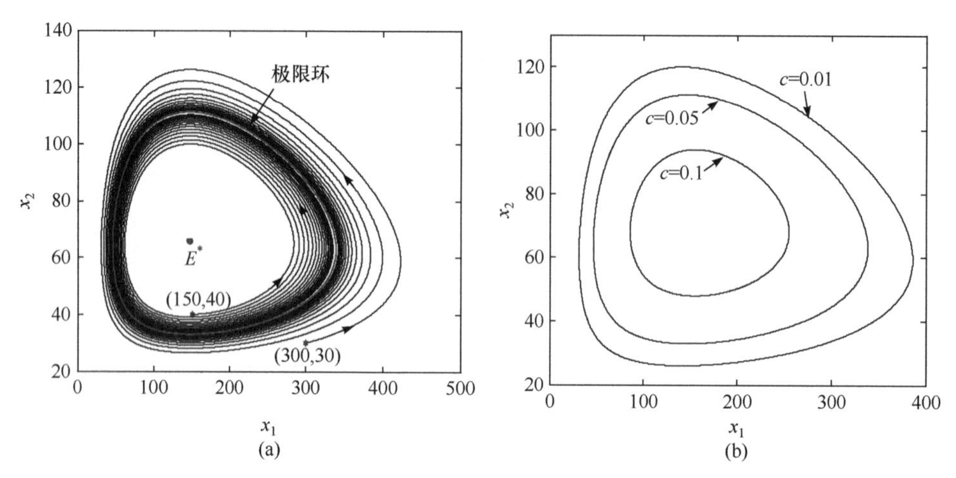

图 11.5.1 当 $0<c<c_1$ 时系统(11.5.1)的极限环, (a) $c=0.05$; (b) 三个不同 c 值(Cai and Qi, 2016)

当 $c_1<c<c_2$ 时, 仅共存平衡点 E^*是稳定的, 系统从任意合理的状态出发, 都将收敛于该平衡点. 图 11.5.2(a)和图 11.5.2(b)分别显示了环境复杂度参数 c 取两个不同值时对应的两条运动轨迹. 系统围绕着稳定平衡点做减幅运动, 并最终到达平衡点 E^*. 在大的 c 值时, 很快地达到平衡点. 在小的 c 值时, 缓慢地绕许多圈后才到达平衡点.

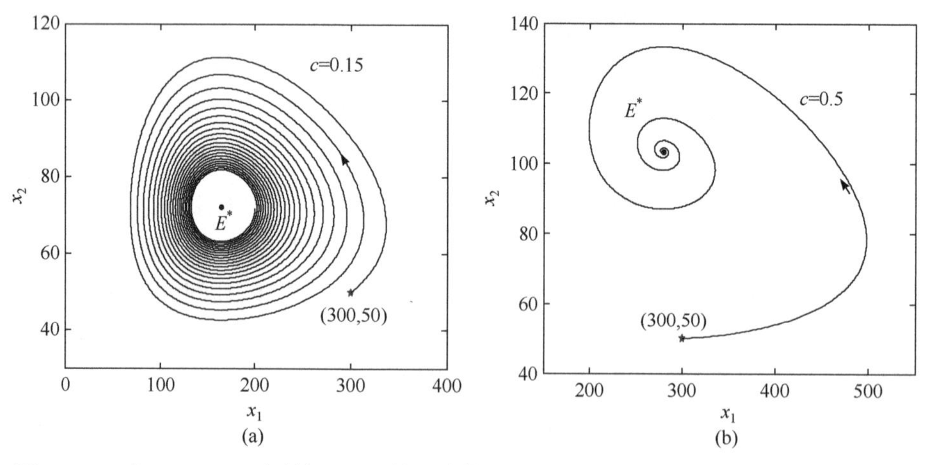

图 11.5.2 当 $c_1<c<c_2$ 时系统(11.5.1)的运动轨迹, (a) $c=0.15$; (b) $c=0.5$(Cai and Qi, 2016)

图 11.5.3 显示了参数 c 变化时, 种群总数 x_1 和 x_2 的分岔图. 在 $0<c<c_1$ 范围, 环境复杂度弱, 两物种间相互作用强, 导致它们维持共存, 同时数量在变化.随 c 值增大变化范围减小. 在 $c_1<c<c_2$ 范围, 中等环境复杂度, 两物种收敛于固定的稳定点, 表明两者之间相互影响减弱. 无论是弱的还是中等的环境复杂度, 两物种都是共存的, 有着各自的动力学性态. 当环境复杂性参数 c 超出 c_2 值时, 两物

种之间相互作用如此弱，以致于它们遵循各自的动力学. 在经过过渡状态后，食饵总数将达到承载能力 k，捕食者将会由于食饵供给不足生存需求而灭绝.

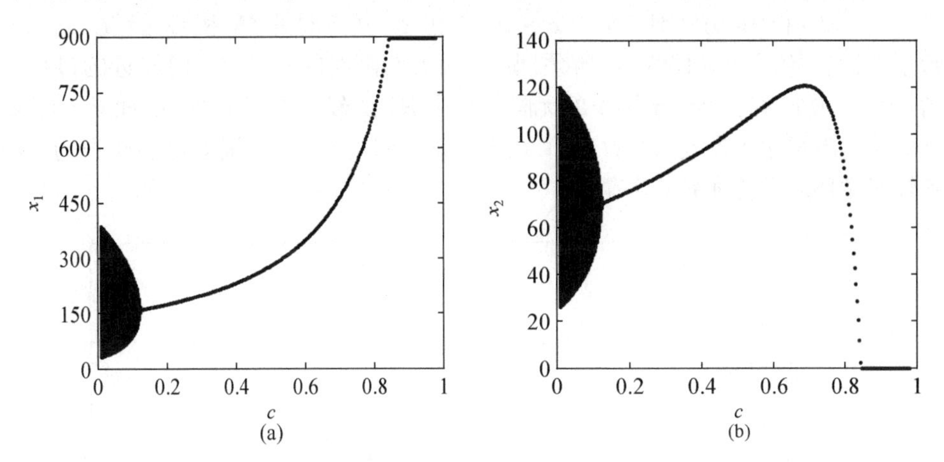

图 11.5.3　系统(11.5.1)的分岔图, (a) 食饵 x_1; (b) 捕食者 x_2(Cai and Qi, 2016)

11.5.3　修正的 Lotka-Volterra 模型

系统(11.5.1)可改成如下修正的 Lotka-Volterra 模型

$$\begin{aligned}\dot{x}_1 &= x_1[a - bx_2 + G_1(x_1,x_2)],\\ \dot{x}_2 &= x_2[fx_1 - d + G_2(x_1,x_2)].\end{aligned} \tag{11.5.16}$$

式中

$$\begin{aligned}G_1(x_1,x_2) &= -\frac{q}{kf}(fx_1 - d) + Ex_2\frac{b(fx_1 - d)}{f(1+Ex_1)},\\ G_2(x_1,x_2) &= -Ex_1\frac{fx_1 - d}{1+Ex_1}.\end{aligned} \tag{11.5.17}$$

即原系统(11.5.1)的参数，式(11.5.16) 和式(11.5.17)中的参数 a, b, f 和 E 有如下关系

$$a = q - \frac{qd}{kf},\ \ b = \frac{f}{\theta},\ \ f = \alpha(1-c)(\theta - hd),\ \ E = \alpha h(1-c)\,. \tag{11.5.18}$$

因为模型式(11.5.16)与模型式(11.5.1)相同，系统(11.5.16)的动力学性质依赖于环境复杂度 c 的值. 考虑 $c_1 < c < c_2$ 的情形，可证系统(11.5.16)和经典 Lotka-Volterra 模型(11.1.1)有相同的不稳定平衡点(0, 0)和稳定平衡点$(d/f, a/b)$. 差别在于稳定平衡点在系统(11.5.16)中是渐近的，而在系统(11.1.1)中是非渐近的.

对经典 Lotka-Volterra 模型(11.1.1)，即没有了 G_1 和 G_2 函数的(11.5.16)，有一个平衡点 O 对应于 $R=0$，有周期轨道对应于不同的 R 值，也就是图 11.1.1 中的不同初始状态. 从修正模型(11.5.16)的图 11.5.1 和图 11.5.2 可见, G_1 和 G_2 函数起着能量耗散的作用, 使得越来越小的轨线趋于平衡点.

图 11.5.4(a)和(b)分别显示了 $c = 0.15$ 和 $c = 0.5$ 时的 G_1 和 G_2 函数, 它们开始于相同初始点(300,100). 如所预期的, 两者都随时间趋于零, 但趋近的过程不同. 在 $c = 0.15$ 时, 类似于振子的无阻尼自由振动, 经历许多个循环. 而 $c = 0.5$ 则类似于过阻尼振子振动. 小的 c 值意味着系统阻尼是小的, 需要经历较长的时间和较多循环后系统才到达平衡点.

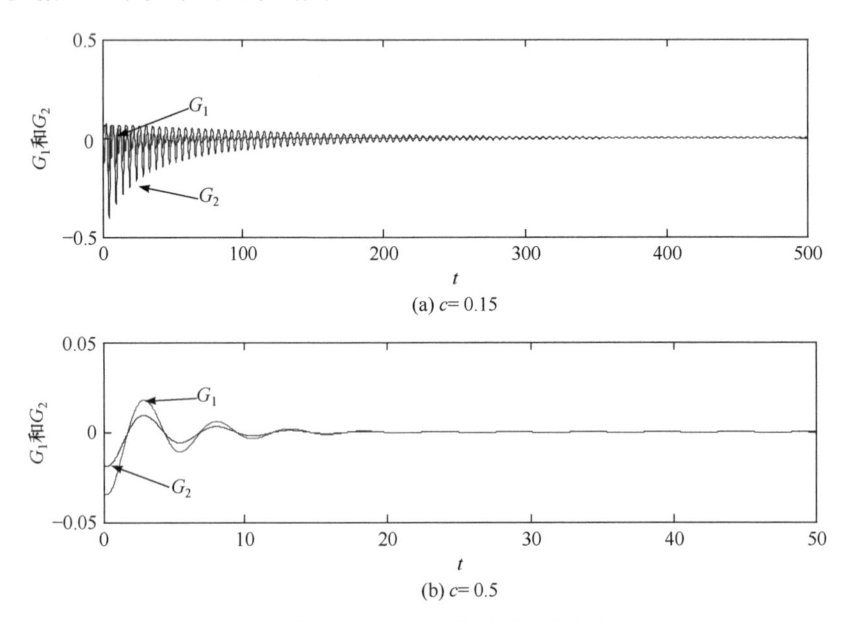

图 11.5.4　两个不同 c 值时 G_1 和 G_2 函数随时间的变化(Cai and Qi, 2016)

下节中, 修正的 Lotka-Volterra 模型(11.5.16)将用于随机分析.

11.5.4　随机模型和随机平均法

和前面几节一样, 在模型(11.5.16)中引入随机扰动, 就得到如下随机模型

$$\begin{aligned}\dot{X}_1 &= X_1[a - bX_2 + G_1(X_1, X_2) + W_{g1}(t)],\\ \dot{X}_2 &= X_2[fX_1 - d + G_2(X_1, X_2) + W_{g2}(t)].\end{aligned}\tag{11.5.19}$$

式中的 $W_{g1}(t)$ 和 $W_{g2}(t)$是具有零均值和功率谱密度分别为 K_1 和 K_2 的独立高斯白噪声. 由于确定性系统(11.5.16)的动力学性态依赖于环境复杂度 c, 随机系统(11.5.19)的分析也要分三种情况进行, ① 弱环境复杂度, $0 < c < c_1$, ② 中等环境复杂度, $c_1 < c < c_2$, ③ 强环境复杂度, $c_2 < c < 1$.

1. 弱环境复杂度, $0 < c < c_1$

在此情形, 没有解析的方法可用于处理系统(11.5.19), 只能采用了蒙特卡罗模拟进行研究. 图 11.5.5 显示了 $c = 0.1$ 时, 确定性系统(11.5.16)的极限环与随机模型(11.5.19)的样本点之间的对比. 两个不同的噪声水平分别为 $2\pi K_1 = 2\pi K_2 = 0.00001$ 和 $2\pi K_1 = 2\pi K_2 = 0.005$. 显然, 由于噪声存在, 变成扩散的极限环了, 系统状态扩散分布在确定性系统的极限环周围. 噪声水平越高, 系统状态就越散布. 就图 11.5.5 中的两种情形计算了食饵和捕食者的概率密度, 并示于图 11.5.6. 可见噪声水平对种群概率密度的影响.

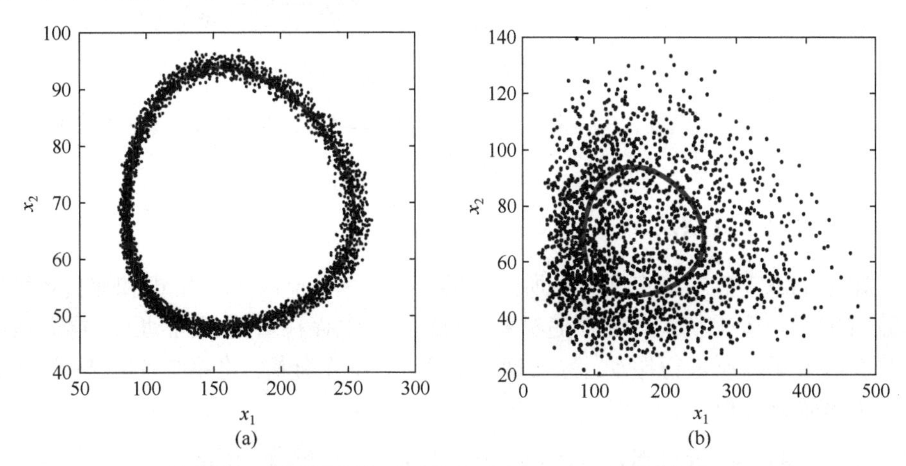

图 11.5.5　$c = 0.1$ 和两个不同噪声水平时, 随机模型(11.5.19)的样本点, (a) $2\pi K_1 = 2\pi K_2 = 0.00001$; (b) $2\pi K_1 = 2\pi K_2 = 0.005$(Cai and Qi, 2016)

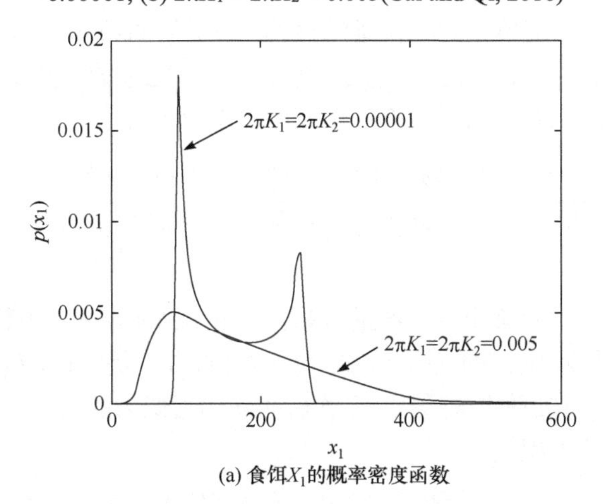

(a) 食饵X_1的概率密度函数

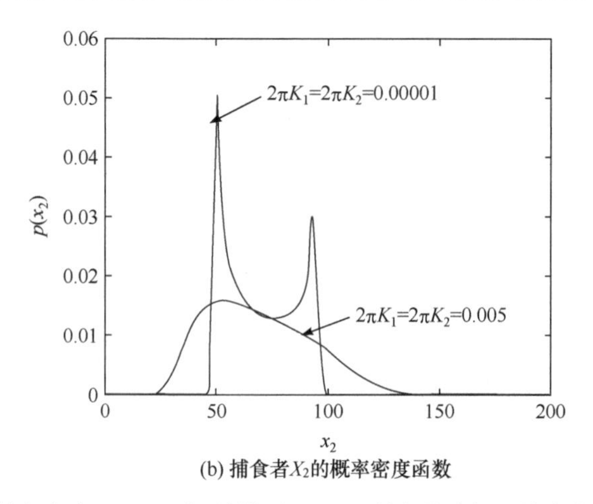

(b) 捕食者X_2的概率密度函数

图 11.5.6　弱的环境复杂度 $c = 0.1$ 时，从模型(11.5.19)算得的食饵和捕食者概率密度(Cai and Qi, 2016)

2. 中等环境复杂度, $c_1 < c < c_2$

如在 11.5.3 节中确定性分析所指出的，在 $c_1 < c < c_2$ 时，食饵和捕食者种群总数收敛于一个平衡点. 由于随机系统(11.5.19)中存在着随机扰动，种群总数将围绕着这个平衡点进行振动，称为动态平衡. 为了作分析，将系统(11.5.19)转化成如下伊藤微分方程

$$\begin{aligned}\mathrm{d}X_1 &= X_1[a - bX_2 + G_1(X_1, X_2) + \pi K_1]\mathrm{d}t + \sqrt{2\pi K_1}X_1\mathrm{d}B_1(t),\\ \mathrm{d}X_2 &= X_2[fX_1 - d + G_2(X_1, X_2) + \pi K_2]\mathrm{d}t + \sqrt{2\pi K_2}X_2\mathrm{d}B_2(t).\end{aligned} \tag{11.5.20}$$

式中 $B_1(t)$ 和 $B_2(t)$ 是独立的单位维纳过程. 增加的两项 πK_1 和 πK_2 是由参激项而产生的 Wong-Zakai 修正项. 考虑式(11.1.10)中定义的函数 $R(X_1, X_2)$，应用伊藤微分规则,可从式(11.5.20)得到 R 的伊藤随机微分方程

$$\begin{aligned}\mathrm{d}R(t) = {}&[(fX_1 - d)G_1(X_1, X_2) + (bX_2 - a)G_2(X_1, X_2) + \pi K_1 fX_1 + \pi K_2 bX_2]\mathrm{d}t\\ &+ \sqrt{2\pi K_1}(fX_1 - d)\mathrm{d}B_1(t) + \sqrt{2\pi K_2}(bX_2 - a)\mathrm{d}B_2(t).\end{aligned} \tag{11.5.21}$$

按照 11.5.3 节中对确定性系统的分析，如图 11.5.4 所示，函数 G_1 和 G_2 收敛于零. 假设随机扰动是弱的，那么，式(11.5.21)的右边是小的，$R(t)$是慢变随机过程. 在此情形下，随机平均法适用，平均后的 $R(t)$近似为的马尔可夫扩散过程，受以下伊藤随机微分方程支配

$$\mathrm{d}R = m(R)\mathrm{d}t + \sigma(R)\mathrm{d}B(t). \tag{11.5.22}$$

式中，

$$m(R)=\left\langle (fX_1-d)G_1(X_1,X_2)+(bX_2-a)G_2(X_1,X_2)\right\rangle_t+\pi K_1 f\left\langle X_1\right\rangle_t+\pi K_2 b\left\langle X_2\right\rangle_t. \tag{11.5.23}$$

$$\sigma^2(R)=2\pi K_1\left\langle (fX_1-d)^2\right\rangle_t+2\pi K_2\left\langle (bX_2-a)^2\right\rangle_t. \tag{11.5.24}$$

式中$\langle[\cdot]\rangle_t$表示在式(11.1.15)中定义的拟周期上的时间平均. 完成时间平均后, 式(11.5.23)和式(11.5.24)简化为

$$m(R)=\pi K_1 d+\pi K_2 a-\frac{q}{af}\frac{\varphi(R)}{T(R)}+\frac{\psi(R)}{T(R)}. \tag{11.5.25}$$

$$\sigma^2(R)=\frac{(2\pi K_1 d+2\pi K_2 a)}{ad}\frac{\varphi(R)}{T(R)}. \tag{11.5.26}$$

式中,

$$\varphi(R)=a\oint\frac{fX_1-d}{X_2}\mathrm{d}X_2,\quad \psi(R)=\frac{bE}{f}\oint\frac{fX_1-d}{1+EX_1}\mathrm{d}X_2. \tag{11.5.27}$$

按照类似于 11.1.3 节的步骤, 可得一维马尔可夫扩散过程 $R(t)$的平稳概率密度 $p(r)$, 联合概率密度 $p(x_1, x_2)$, 食饵和捕食者的边缘概率密度 $p(x_1)$和 $p(x_2)$. 按上述分析步骤, 数值计算了食饵和捕食者的平稳概率密度. 图 11.5.7 显示了 $2\pi K_1 = 2\pi K_2 = 0.005$, 及两个不同环境复杂度 $c = 0.15$ 和 0.5 的计算结果. $c = 0.15$ 和 0.5 时, 无噪声确定性系统的平衡点分别是(164, 72) 和 (279, 103). 如所预期, 图 11.5.7 中概率峰位置接近平衡点. 随着环境复杂度参数 c 增加, 概率密度峰位置向右移动, 表明食饵和捕食者的数量都增加. 同时, 概率密度峰更高, 偏差更小. 这是因为食饵和捕食者之间的相互作用因较大的环境复杂度而变得较弱了, 即两物种较为独立了. 蒙特卡罗模拟结果也示于各图中以便作比较. 可见分析结果精度较高.

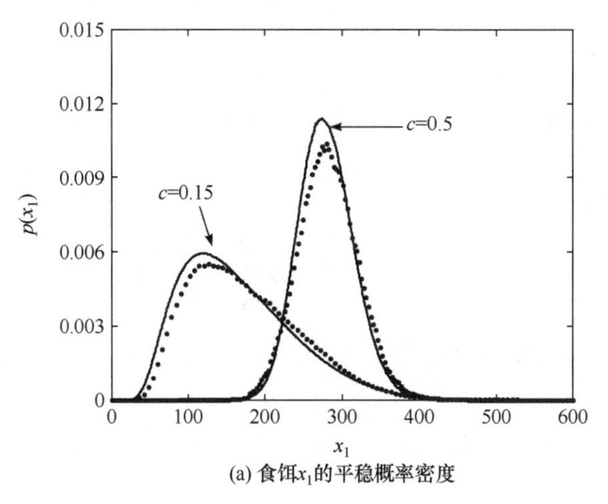

(a) 食饵x_1的平稳概率密度

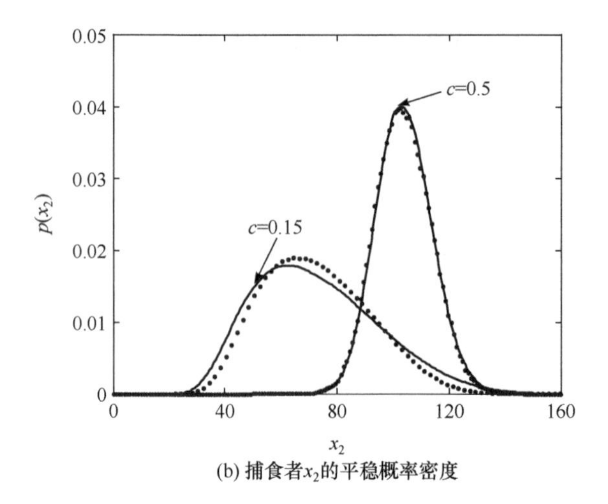

(b) 捕食者x_2的平稳概率密度

图 11.5.7 从模型(11.5.19)算得的食饵和捕食者的平稳概率密度

噪声水平 $2\pi K_1 = 2\pi K_2$ =0.005, 中度环境复杂度 c = 0.15 和 0.5. 曲线表示分析结果, 点表示模拟结果(Cai and Qi, 2016)

3. 强环境复杂度, $c_2 < c < 1$

在强环境复杂度时, 食饵和捕食者之间的相互作用是弱的, 图 11.5.8 显示了 c = 0.9 噪声水平 $2\pi K_1 = 2\pi K_2 = 0.005$, 其他参数保持不变时, 食饵和捕食者的一对模拟样本函数. 可见, 捕食者终将灭绝, 因为: ① 食饵供给太少, ② 噪声不够强, 不足以克服捕食者死亡率的影响. 另一方面, 食饵总数在其承载能力 k 附近波动. 令 $X_2 = 0$, 食饵总数 X_1 的支配方程可简化为

$$\dot{X}_1 = q\left(1 - \frac{X_1}{k}\right)X_1 + X_1 W_{g1}(t) . \tag{11.5.28}$$

相应的伊藤方程为

$$\mathrm{d}X_1 = \left[(q + \pi K_1)X_1 - \frac{qX_1^2}{k}\right]\mathrm{d}t + \sqrt{2\pi K_1}X_1\mathrm{d}B_1(t) . \tag{11.5.29}$$

可解得 X_1 的平稳概率密度为

$$p(x_1) = Cx_1^{q/(\pi K_1)-1}\exp\left(-\frac{q}{k\pi K_1}x_1\right). \tag{11.5.30}$$

式中 C 是归一化常数, 可确定如下

$$C = \left[\left(\frac{k\pi K_1}{q}\right)^{q/\pi K_1} \Gamma(\frac{q}{\pi K_1})\right]^{-1} . \tag{11.5.31}$$

其中$\Gamma(\cdot)$是 Gamma 函数.

图 11.5.9 显示了 $c = 0.9$, 及两个不同随机强度时, 食饵总数 X_1 的平稳概率密度. 来自式(11.5.30)的分析结果用曲线表示, 相应的模拟结果用点表示. 两者符合得很好.

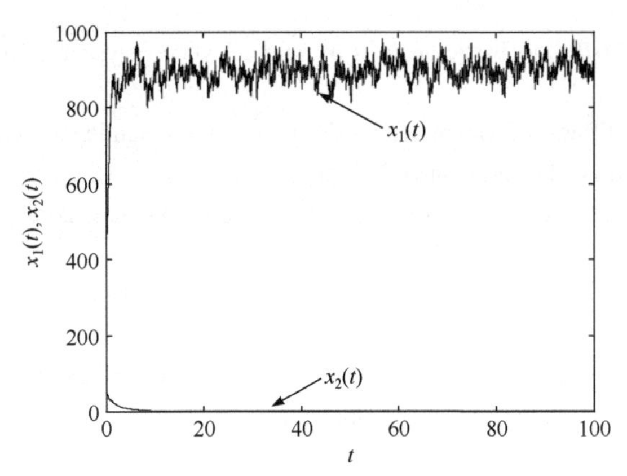

图 11.5.8　强环境复杂度 $c = 0.9$, 及噪声水平 $2\pi K_1 = 2\pi K_2 = 0.005$ 时, 随机模型(11.5.19)的样本函数 $X_1(t)$ 和 $X_2(t)$

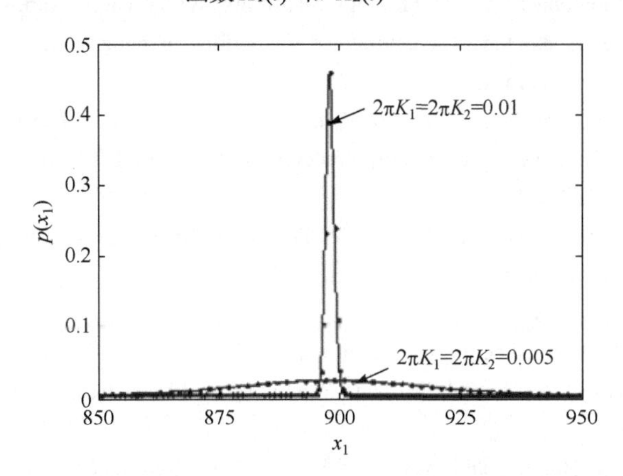

图 11.5.9　强环境复杂度 $c = 0.9$ 时, 食饵总数 $X_1(t)$的平稳概率密度
曲线表示分析结果, 点表示模拟结果(Cai and Qi, 2016)

参 考 文 献

Alstad D. 2001. Basic populas models of ecology. NJ: Prentice Hall.

Bairagi N, Jana D. 2011. On the stability and Hopf bifurcation of delay-induced predator-prey system with habitat complexity. Applied Mathematical Modeling, 35: 3255-3267.

Bazykin A D. 1998. Nonlinear dynamics of interacting populations. World Scientific Series on nonlinear science. Series A: monographs and treatises, 11. River Edge: World Scientific Publishing

Co., Inc.

Cai G Q, Lin Y K. 2004. Stochastic analysis of the Lotka-Volterra model for ecosystems. Physical Review E, 70: 041910.

Cai G Q, Lin Y K. 2007a. Stochastic analysis of predator-prey type ecosystems. Ecological Complexity, 4: 241-249.

Cai G Q, Lin Y K. 2007b. Stochastic analysis of time-delayed ecosystems. Physical Review E, 76: 041913.

Cai G Q, Qi L. 2016. Effects of habitat complexity on stochastic nonlinear ecosystems. International Journal of Dynamics and Control, 4(3): 275-283.

Grabowski J G. 2004. Habitat complexity disrupts predator-prey interactions but not the trophic cascade on oyster reefs. Ecology, 85: 995-1004.

Holling C S. 1959. Some characteristics of some types of predation and parasitism. Canadian Entomologist, 91: 385-398.

Horndeldt B. 1994. Delayed density dependence as a determinant of vole cycles. Ecology, 75: 791-806.

Hutchinson G E. 1948. Circular causal systems in ecology. Annals of the New York Academy of Sciences, 50: 221-246.

Korpimaki E, Norrdahl K. 1991. Do breeding nomadic avian predators dampen population fluctuations of small mammals? Oikos, 62: 195-208.

Lotka A J. 1925. Elements of physical biology. Baltimore: William and Wilkins.

Luckinbill L. 1973. Coexistence in laboratory populations of paramecium aurelia and its predator didinium nasutum. Ecology, 54: 1320-1327.

Macdonald N. 1976. Time delay in prey-predator models. Mathematical Biosiences, 28: 321-330.

Macdonald N. 1977. Time delay in prey-predator models – II. Bifurcation Theory. Mathematical Biosiences, 33: 227-234.

Manatunge J, Asaeda T, Priyadarshana T. 2000. The influence of structural complexity on fish-zooplankton interactions: a study using artificial submerged microphytes. Environmental Biologo of Fishes, 59: 425-438.

May R M. 1981. Theoretical ecology, principles and applications, sunderland: Sinauer Associates.

May R M, Verga A D. 1973. Stability and Complexity in Model Ecosystems. Princeton: Princeton University Press.

Murray J D. 1993. Mathematical biology. 3rd Ed, Vol. I: An Introduction, Vol. II: Spatial Models and Biomedical Applications, Springer.

Naess A, Dimenberg M F, Gaidai O. 2008. Lotka-Volterra systems in environments with randomly disordered temporal periodicity. Physical Review E, 78: 021126.

Nisbet R, Gurney W. 1982. Modeling fluctuating populations. New York: Wiley.

Qi L, Cai G Q. 2013. Dynamics of nonlinear ecosystems under colored noise disturbances. Nonlinear Dynamics, 71: 463-474.

Savino J F, Stein R A. 1982. Predator-prey interaction between largemouth bass and bluegills as influenced by simulated, submersed vegetation. Trans American Fisheries Society, Vol. 111, 255-266.

Stratonovich R L. 1963. Topics in the theory of random noise, 1, New York: Gordon and Breach.
Turchin P. 2003. Complex population dynamics. Princeton: Princeton University Press.
Uchaikin V V. 2012a. Fractional derivatives for physicists and engineers: I, Background and Theory, Berlin: Springer-Verlag.
Uchaikin V V. 2012b. Fractional derivatives for physicists and engineers: II, Applications, Berlin: Springer-Verlag.
Vaseur D A, Yodzis P. 2004. The color of environmental noise. Ecology, 85: 1146-1152.
Volterra V. 1926. Variazioni e fluttuazioni del numerod'individui in specie d'animaniconviventi, Mem. Acad. Lincei, 2: 31-113.
Volterra V. 1931. Leconssur la theoriemathematique de la lutte pour la vie. Paris: Gauthiers-Vilars.
Wong E, Zakai M. 1965. On the relation between ordinary and stochastic equations. International Journal of Engineering Sciences, 47(1): 150-154.
Wu Y, Zhu W Q. 2008. Stochastic analysis of a pulse-type prey-predator model. Physical Review E, 77: 041911.

第 12 章　随机平均法在自然科学中的若干应用

许多物理学、化学和生物学中的系统都是非线性的, 并受到了各种随机因素的影响, 如生物化学反应受到环境的热扰动、生物体运动受到气候影响等 . 为了更加准确地描述和研究这些系统, 有必要建立非线性随机系统模型. 随机平均法, 特别是拟哈密顿系统随机平均法在研究这些非线性随机动力学系统中有着独特的优势. 本章将较详细地阐述随机平均法在若干物理学、化学及生命科学中的应用(邓茂林和朱位秋, 2009; Deng and Zhu, 2009).

12.1　活性布朗粒子运动

活性运动(Active Motion), 也称为主动运动, 或称为自驱运动, 它广泛存在于生物界的不同物种当中, 从细胞或微生物到鸟类或鱼类等生物都有发现(Alt, 1980; Dickinson and Tranquillo, 1993; Schienbein and Gruler, 1993), 活性布朗粒子模型是描述此类运动的重要模型(Romanczuk et al, 2012). 活性布朗粒子能够从外界环境中获取能量, 并以内能形式储存在自身的能量库中, 还能把库存内能转化为机械能来实现运动. 通过将单个活性布朗粒子向群体扩展, 并为群体粒子之间建立耦合机制, 就得到了群体活性布朗粒子模型. 本节用随机平均法研究单个活性布朗粒子和群体活性布朗粒子的平稳运动.

12.1.1　确定性活性布朗粒子运动

布朗粒子的运动受到磨擦的影响, 当出现正磨擦时, 粒子在运动中就会消耗能量, 消耗的能量散失在环境中, 这是“被动”的布朗粒子. 而活性布朗粒子则能够从环境中获取能量, 并用以补偿运动消耗的能量. 活性布朗粒子获取的运动能量不仅来源于噪声, 还来源于蓄能池, 必要时能够把部分库存内能转化成自身运动的机械能.

考虑二维平面 (x_1,x_2) 上运动的活性布朗粒子, 其势能 $U(x_1,x_2)$ 对布朗粒子的作用表现为对粒子的恢复力. 采用以下抛物线型谐和势能(Schienbein and Gruler, 1993)

$$U(x_1,x_2)=\frac{1}{2}\omega^2(x_1^2+x_2^2). \tag{12.1.1}$$

再引入以下瑞利型阻尼系数

$$\alpha(x,\dot{x}) = -\gamma_1 + \gamma_2 \dot{x}^2. \tag{12.1.2}$$

可建立如下运动方程

$$\begin{aligned} &\dot{x}_1 = v_1, \quad \dot{v}_1 + [-\gamma_1 + \gamma_2(v_1^2 + v_2^2)]v_1 + \omega^2 x_1 = 0, \\ &\dot{x}_2 = v_2, \quad \dot{v}_2 + [-\gamma_1 + \gamma_2(v_1^2 + v_2^2)]v_2 + \omega^2 x_2 = 0. \end{aligned} \tag{12.1.3}$$

已知在一维势情形, 在瑞利型阻尼作用下作自激振动, 在相平面上表现为极限环. 对此处考虑的二维势系统(12.1.3), 将出现在四维相空间里的两个极限环(Ebeling et al., 1999). 若把极限环投影到平面 (v_1,v_2) 上, 可得到如下柱面

$$v_1^2 + v_2^2 = v_0^2. \tag{12.1.4}$$

这里的 v_0 是临界速度, 在瑞利型阻尼系数情形, $v_0 = \sqrt{\gamma_1/\gamma_2}$. 极限环在平面 (x_1,x_2) 上的投影为另一个柱面

$$x_1^2 + x_2^2 = r_0^2. \tag{12.1.5}$$

这里的 r_0 也是一个常数, 考虑到确定性情况下, 粒子作圆周运动, 根据离心力与向心力的平衡关系

$$\frac{v_0^2}{r_0} = \left.\frac{\mathrm{d}U(r)}{\mathrm{d}r}\right|_{r=r_0}. \tag{12.1.6}$$

可以得到常数

$$r_0 = v_0/\omega. \tag{12.1.7}$$

在极限环上的周期运动保持了不变的总能量

$$E_0 = \frac{1}{2}(v_1^2 + v_2^2) + \frac{1}{2}\omega^2(x_1^2 + x_2^2) = \frac{1}{2}v_0^2 + \frac{1}{2}\omega^2 r_0^2. \tag{12.1.8}$$

给定任何初始能量 H , 粒子运动的能量最终会趋近于不变量 E_0 (Ebeling et al., 1999)

$$H \to E_0 = v_0^2, \qquad t \to \infty. \tag{12.1.9}$$

为了对确定性情形下活性布朗粒子运动系统(12.1.3)有一个清晰的理解, 下面给出运动方程(12.1.3)的一组解, 它对应着四维相空间上两个极限环中的一个(Erdmann et al., 2000)

$$\begin{aligned} &x_1 = r_0\cos(\omega_0 t + \varphi_0), \quad v_1 = -r_0\omega\sin(\omega_0 t + \varphi_0), \\ &x_2 = r_0\sin(\omega_0 t + \varphi_0), \quad v_2 = r_0\omega\cos(\omega_0 t + \varphi_0). \end{aligned} \tag{12.1.10}$$

式中 ω_0 是粒子以速度 v_0 绕半径为 r_0 的圆转动的角频率, 因此有

$$\omega_0 = v_0/r_0 = \omega. \tag{12.1.11}$$

式(12.1.11)意味着，在确定性情形，活性布朗粒子的运动频率都由线性系统的固有频率 ω 所决定. 在三维相空间 (x_1, x_2, v_2) 上，解(12.1.10)的轨迹像一个呼拉圈. 此外，通过如下变换

$$t \to -t,\ v_1 \to -v_1,\ v_2 \to -v_2. \tag{12.1.12}$$

可从式(12.1.10)得到另一个极限环

$$\begin{aligned} x_1 &= r_0\cos(-\omega_0 t + \varphi_0), \quad v_1 = r_0\omega\sin(-\omega_0 t + \varphi_0), \\ x_2 &= r_0\sin(-\omega_0 t + \varphi_0), \quad v_2 = -r_0\omega\cos(-\omega_0 t + \varphi_0). \end{aligned} \tag{12.1.13}$$

在三维子空间 (x_1, x_2, v_2) 上，解(12.1.13)的轨迹仍然像一个呼拉圈. 所不同的是，粒子的转动方向与前一个解(12.1.10)恰好相反. 为了更直观地理解这两个解，图 12.1.1(a)至图 12.1.1(c)给出了它们在三个不同的子空间上的投影. 图 12.1.1(a)表示的是解(12.1.10)和(12.1.13)在子空间 (x_1, x_2, v_2) 上的投影，从中可以看到两个交叉的极限环. 图 12.1.1(b)表示的是在平面 (v_1, v_2) 上投影，在平面 (x_1, x_2) 上的投影与此类似，都表现为圆形. 图 12.1.1(c)表示的是在 (x_1, v_2) 平面上的投影，是两个交叉的直线段. 在平面 (x_2, v_1) 上的投影也是两个交叉的直线段.

最后，关于活性布朗粒子的确定运动方程(12.1.3)，再给出两个极限环之间的分形线

$$x_1 x_2 v_1 v_2 = 0. \tag{12.1.14}$$

在分析活性布朗粒子随机动力学特性时，分形线起着重要的作用，它将两种不同的运动状态分开，在随机激励的作用下，发生在两种运动状态之间的转换都要穿越这个分形线.

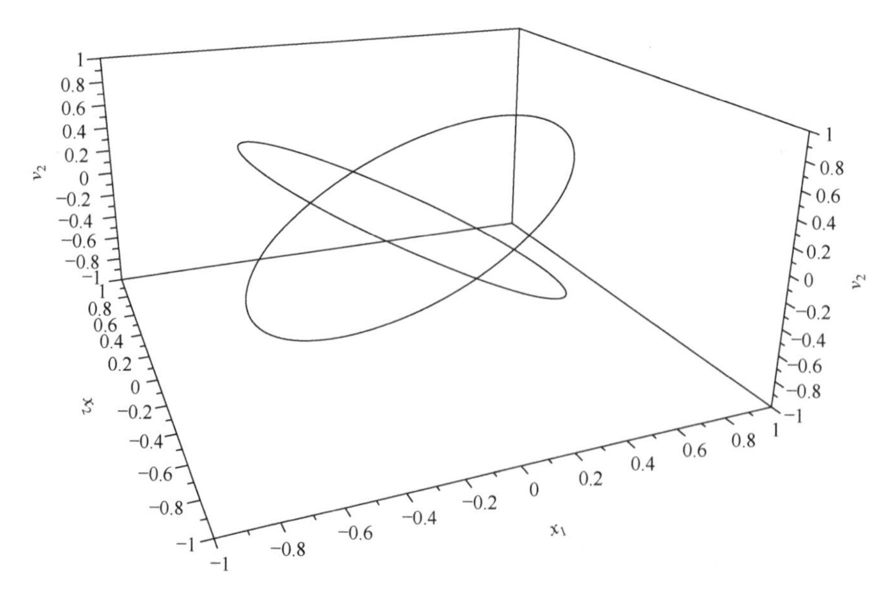

(a)

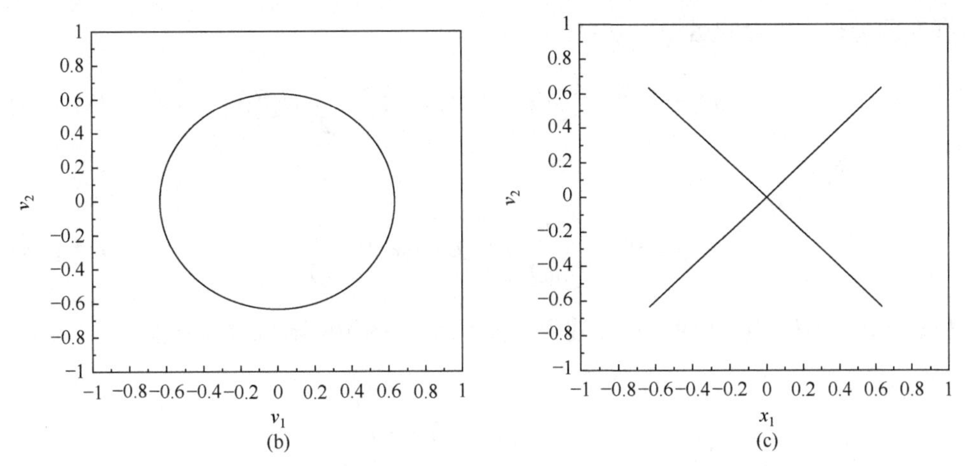

图 12.1.1　极限环(12.1.10)和(12.1.13): (a) 在子空间(x_1,x_2,v_2)上的投影 (b) 在二维平面(v_1,v_2)上的投影; (c) 在二维平面(x_1,v_2)上的投影

12.1.2　随机活性布朗粒子运动

1. 抛物线型谐和势能情形

真实的生物体运动必然受到食物分布、环境温度和气候等随机因素的影响. 为了描述受随机因素扰动的生物体运动, 有必要为活性布朗粒子运动引入随机因素. 随机因素施加在布朗粒子运动系统上的形式是多样的, 它可以出现在粒子管理能量的机制中, 也可以出现在势能或其他系统参数中. 目前, 考虑较多的还是外部随机激励, 也即环境噪声, 特别是高斯白噪声. 本小节引入高斯白噪声激励, 将原确定性运动方程(12.1.3)转变成以下随机激励的活性布朗粒子运动方程(Deng and Zhu, 2004)

$$
\begin{aligned}
&\dot{X}_1 = V_1, \quad \dot{V}_1 + [-\gamma_1 + \gamma_2(V_1^2 + V_2^2)]V_1 + \omega^2 X_1 = \sqrt{2D}W_{g1}(t),\\
&\dot{X}_2 = V_2, \quad \dot{V}_2 + [-\gamma_1 + \gamma_2(V_1^2 + V_2^2)]V_2 + \omega^2 X_2 = \sqrt{2D}W_{g2}(t).
\end{aligned}
\tag{12.1.15}
$$

式中 ω 是振子的固有频率, $W_{g1}(t)$ 和 $W_{g2}(t)$ 是独立的单位高斯白噪声, $2D$ 是激励强度, γ_1,γ_2,D 为同阶小量.

令 $Q_1 = X_1, Q_2 = X_2$, $P_1 = \dot{X}_1, P_2 = \dot{X}_2$, 可将原系统(12.1.15)转化为如下伊藤随机微分方程

$$
\begin{aligned}
&\mathrm{d}Q_1 = P_1\mathrm{d}t, \quad \mathrm{d}P_1 = -\{\omega^2 Q_1 + [-\gamma_1 + \gamma_2(P_1^2 + P_2^2)]P_1\}\mathrm{d}t + \sqrt{2D}\mathrm{d}B_1(t),\\
&\mathrm{d}Q_2 = P_2\mathrm{d}t, \quad \mathrm{d}P_2 = -\{\omega^2 Q_2 + [-\gamma_1 + \gamma_2(P_1^2 + P_2^2)]P_2\}\mathrm{d}t + \sqrt{2D}\mathrm{d}B_2(t).
\end{aligned}
\tag{12.1.16}
$$

式中 $B_1(t)$ 和 $B_2(t)$ 是独立单位维纳过程. 与系统(12.1.16)相应的哈密顿系统可积,

存在两个独立对合的运动积分 H_1 和 H_2

$$H_1 = \frac{1}{2}P_1^2 + \frac{1}{2}\omega^2 Q_1^2,\quad H_2 = \frac{1}{2}P_2^2 + \frac{1}{2}\omega^2 Q_2^2. \tag{12.1.17}$$

引入角变量 θ_1 和 θ_2

$$\theta_1 = \tan^{-1}\left(\frac{P_1}{\omega Q_1}\right),\quad \theta_2 = \tan^{-1}\left(\frac{P_2}{\omega Q_2}\right). \tag{12.1.18}$$

根据式(5.2.4)和式(5.2.19), 可以建立 $H_1, H_2, \theta_1, \theta_2$ 的伊藤随机微分方程

$$\begin{aligned}
\mathrm{d}H_1 &= \{-[-\gamma_1 + \gamma_2(P_1^2 + P_2^2)]P_1^2 + D\}\mathrm{d}t + \sqrt{2D}P_1\mathrm{d}B_1(t),\\
\mathrm{d}H_2 &= \{-[-\gamma_1 + \gamma_2(P_1^2 + P_2^2)]P_2^2 + D\}\mathrm{d}t + \sqrt{2D}P_2\mathrm{d}B_2(t),\\
\mathrm{d}\theta_1 &= \left\{\omega - \frac{\omega[-\gamma_1 + \gamma_2(P_1^2 + P_2^2)]Q_1P_1}{P_1^2 + \omega^2 Q_1^2} + \frac{2\omega D Q_1 P_1}{(P_1^2 + \omega^2 Q_1^2)^2}\right\}\mathrm{d}t + \frac{\omega Q_1}{P_1^2 + \omega^2 Q_1^2}\mathrm{d}B_1(t),\\
\mathrm{d}\theta_2 &= \{\omega - \frac{\omega[-\gamma_1 + \gamma_2(P_1^2 + P_2^2)]Q_2P_2}{P_2^2 + \omega^2 Q_2^2} + \frac{2\omega D Q_2 P_2}{(P_2^2 + \omega^2 Q_2^2)^2}\}\mathrm{d}t + \frac{\omega Q_2}{P_2^2 + \omega^2 Q_2^2}\mathrm{d}B_2(t).
\end{aligned} \tag{12.1.19}$$

鉴于系统(12.1.15)中两个固有频率同为 ω，存在形如式(5.2.5)的内共振关系，其中 $k_1 = -1$，$k_2 = 1$. 可应用 5.2.2 节中拟可积共振哈密顿系统随机平均法. 令相位差 $\Psi = \theta_2 - \theta_1$，由(12.1.19)可导得支配 $\Psi(t)$ 的伊藤随机微分方程

$$\begin{aligned}
\mathrm{d}\Psi = \{&\frac{\omega[-\gamma_1 + \gamma_2(P_1^2 + P_2^2)]Q_1P_1}{P_1^2 + \omega^2 Q_1^2} - \frac{\omega[-\gamma_1 + \gamma_2(P_1^2 + P_2^2)]Q_2P_2}{P_2^2 + \omega^2 Q_2^2} + \frac{2\omega D Q_2 P_2}{(P_2^2 + \omega^2 Q_2^2)^2}\\
&- \frac{2\omega D Q_1 P_1}{(P_1^2 + \omega^2 Q_1^2)^2}\}\mathrm{d}t + \frac{\omega Q_2}{P_2^2 + \omega^2 Q_2^2}\mathrm{d}B_2(t) - \frac{\omega Q_1}{P_1^2 + \omega^2 Q_1^2}\mathrm{d}B_1(t).
\end{aligned} \tag{12.1.20}$$

按 5.2.2 节描述的拟可积共振哈密顿系统随机平均法, 平均后矢量慢变过程 $[H_1, H_2, \Psi]^{\mathrm{T}}$ 构成一个三维马尔可夫扩散过程, 其平稳概率密度 $p(h_1, h_2, \psi)$ 满足如下平稳 FPK 方程

$$\begin{aligned}
0 = &-\frac{\partial}{\partial h_1}(a_1 p) - \frac{\partial}{\partial h_2}(a_2 p) - \frac{\partial}{\partial \psi}(a_\psi p) + \frac{1}{2}\frac{\partial^2}{\partial h_1^2}(b_{11}p) + \frac{1}{2}\frac{\partial^2}{\partial h_2^2}(b_{22}p)\\
&+ \frac{1}{2}\frac{\partial^2}{\partial \psi^2}(b_{\psi\psi}p) + \frac{1}{2}\frac{\partial^2}{\partial h_1 \partial h_2}(b_{12}p) + \frac{1}{2}\frac{\partial^2}{\partial h_1 \partial \psi}(b_{1\psi}p) + \frac{1}{2}\frac{\partial^2}{\partial h_2 \partial h_1}(b_{21}p)\\
&+ \frac{1}{2}\frac{\partial^2}{\partial h_2 \partial \psi}(b_{2\psi}p) + \frac{1}{2}\frac{\partial^2}{\partial \psi \partial h_1}(b_{\psi 1}p) + \frac{1}{2}\frac{\partial^2}{\partial \psi \partial h_2}(b_{\psi 2}p).
\end{aligned} \tag{12.1.21}$$

式中一、二阶导数矩为

$$
\begin{aligned}
& a_1=\left\langle-[-\gamma_1+\gamma_2(p_1^2+p_2^2)]p_1^2+D\right\rangle_t, \\
& a_2=\left\langle-[-\gamma_1+\gamma_2(p_1^2+p_2^2)]p_2^2+D\right\rangle_t, \\
& a_\psi=\left\langle-\frac{\omega}{2}[-\gamma_1+\gamma_2(p_1^2+p_2^2)](\frac{q_2p_2}{h_2}-\frac{q_1p_1}{h_1})+\frac{\omega D}{2}(\frac{q_1p_1}{h_1^2}-\frac{q_2p_2}{h_2^2})\right\rangle_t, \\
& b_{11}=\left\langle 2Dp_1^2\right\rangle_t,\quad b_{12}=b_{1\psi}=0, \\
& b_{22}=\left\langle 2Dp_2^2\right\rangle_t,\quad b_{21}=b_{2\psi}=0, \\
& b_{\psi\psi}=\left\langle\frac{\omega^2D}{2}(\frac{q_1^2}{h_1^2}+\frac{q_2^2}{h_2^2})\right\rangle_t,\quad b_{\psi1}=b_{\psi2}=0.
\end{aligned}
\tag{12.1.22}
$$

上式中的 p_1,p_2 应按式(12.1.17)代之以 h_1,h_2,q_1,q_2；$\langle[\bullet]\rangle_t$ 表示时间平均运算，它可代之以如下对 θ_1 的平均

$$
\langle[\bullet]\rangle_t=\frac{1}{2\pi}\int_0^{2\pi}[\bullet]\Big|_{q_1=\frac{\sqrt{2h_1}}{\omega}\cos\theta_1,\,q_2=\frac{\sqrt{2h_2}}{\omega}\cos(\psi+\theta_1)}\mathrm{d}\theta_1. \tag{12.1.23}
$$

完成式(12.1.22)中的平均后，得如下一、二阶导数矩

$$
\begin{aligned}
& a_1=\gamma_1h_1-\frac{3}{2}\gamma_2h_1^2-\gamma_2(1+\frac{1}{2}\cos2\psi)h_1h_2+D,\quad b_{11}=2Dh_1, \\
& a_2=\gamma_1h_2-\frac{3}{2}\gamma_2h_2^2-\gamma_2(1+\frac{1}{2}\cos2\psi)h_2h_1+D,\quad b_{22}=2Dh_2, \\
& a_\psi=\frac{1}{4}\gamma_2\sin2\psi(h_1+h_2),\quad b_{\psi\psi}=\frac{1}{2}D(\frac{1}{h_1}+\frac{1}{h_2}).
\end{aligned}
\tag{12.1.24}
$$

求解平稳 FPK 方程(12.1.21)，可得平稳概率密度 $p(h_1,h_2,\psi)$. 可以验证，满足以下方程组的解同样也满足方程(12.1.21)

$$
\begin{aligned}
& -a_1p+\frac{1}{2}\frac{\partial}{\partial h_1}(b_{11}p)+\frac{1}{2}\frac{\partial}{\partial h_2}(b_{12}p)+\frac{1}{2}\frac{\partial}{\partial\psi}(b_{1\psi}p)=0, \\
& -a_2p+\frac{1}{2}\frac{\partial}{\partial h_2}(b_{22}p)+\frac{1}{2}\frac{\partial}{\partial\psi}(b_{2\psi}p)+\frac{1}{2}\frac{\partial}{\partial h_1}(b_{21}p)=0, \\
& -a_\psi p+\frac{1}{2}\frac{\partial}{\partial\psi}(b_{\psi\psi}p)+\frac{1}{2}\frac{\partial}{\partial h_1}(b_{\psi1}p)+\frac{1}{2}\frac{\partial}{\partial h_2}(b_{\psi2}p)=0.
\end{aligned}
\tag{12.1.25}
$$

假设式(12.1.25)存在如下指数函数形式的解析解

$$
p(h_1,h_2,\psi)=C\exp[-\lambda(h_1,h_2,\psi)]. \tag{12.1.26}
$$

式中 $\lambda(h_1,h_2,\psi)$ 为概率势，C 为归一化常数. 将形式解(12.1.26)代入式(12.1.25), 得 $\lambda(h_1,h_2,\psi)$ 必须满足的线性偏微分方程组

$$b_{11}\frac{\partial\lambda}{\partial h_1}=2D-2a_1,\quad b_{22}\frac{\partial\lambda}{\partial h_2}=2D-2a_2,\quad b_{\psi\psi}\frac{\partial\lambda}{\partial\psi}=-2a_\psi. \tag{12.1.27}$$

将式(12.1.24)中各系数代入式(12.1.27)后得

$$\begin{aligned}
\frac{\partial\lambda}{\partial h_1}&=\frac{1}{D}[-\gamma_1+\frac{3}{2}\gamma_2 h_1+\gamma_2(1+\frac{1}{2}\cos 2\psi)h_2],\\
\frac{\partial\lambda}{\partial h_2}&=\frac{1}{D}[-\gamma_1+\frac{3}{2}\gamma_2 h_2+\gamma_2(1+\frac{1}{2}\cos 2\psi)h_1],\\
\frac{\partial\lambda}{\partial\psi}&=-\frac{1}{D}\gamma_2 h_1 h_2\sin 2\psi.
\end{aligned} \tag{12.1.28}$$

因为以下相容性条件自然满足

$$\frac{\partial^2\lambda}{\partial h_1\partial h_2}=\frac{\partial^2\lambda}{\partial h_2\partial h_1},\quad \frac{\partial^2\lambda}{\partial h_1\partial\psi}=\frac{\partial^2\lambda}{\partial\psi\partial h_1},\quad \frac{\partial^2\lambda}{\partial\psi\partial h_2}=\frac{\partial^2\lambda}{\partial h_2\partial\psi}. \tag{12.1.29}$$

无需对系统参数施加任何约束, 即可从式(12.1.28)得到概率势 $\lambda(h_1,h_2,\psi)$，将它代入形式解(12.1.26), 就得到了 FPK 方程(12.1.21)的精确平稳解

$$p(h_1,h_2,\psi)=C\exp\{\frac{\gamma_1}{D}(h_1+h_2)-\frac{\gamma_2}{D}[\frac{3}{4}(h_1^2+h_2^2)+(1+\frac{1}{2}\cos 2\psi)h_1h_2]\}. \tag{12.1.30}$$

根据式(5.2.57), 活性布朗粒子位移 X_1,X_2 与速度 V_1,V_2 的平稳联合概率密度 $p(x_1,x_2,v_1,v_2)$ 可以从平稳解(12.1.30)得到如下

$$\begin{aligned}
p(x_1,x_2,v_1,v_2)=C\exp\{&\frac{\gamma_1}{2D}[v_1^2+v_2^2+\omega^2(x_1^2+x_2^2)]-\frac{\gamma_2}{16D}[3\omega^4(x_1^2+x_2^2)^2\\
&+3(v_1^2+v_2^2)^2+6\omega^2(x_1v_1+x_2v_2)^2+2\omega^2(x_1v_2-x_2v_1)^2]\}.
\end{aligned} \tag{12.1.31}$$

平稳解(12.1.31)是随机活性布朗粒子作平稳运动时位移与速度的平稳联合概率密度. 其他平稳边缘概率密度和平稳统计量都可以从对 $p(x_1,x_2,v_1,v_2)$ 作积分得到.

解析解(12.1.31)和原方程(12.1.15)的模拟结果显示在图 12.1.2 至图 12.1.4 中, 参数选取与文献(Erdmann et al., 2002)相同, 包括近平衡态参数($\gamma_2=1$，$\gamma_1/\gamma_2=-1$)和远离平衡态参数($\gamma_2=1$，$\gamma_1/\gamma_2=4$), 其中远离平衡态指的是布朗粒子做活性运动的状态, 激励强度 $2D=2$. 由图可见, 用随机平均法所的理论结果与模拟结果符合得较好.

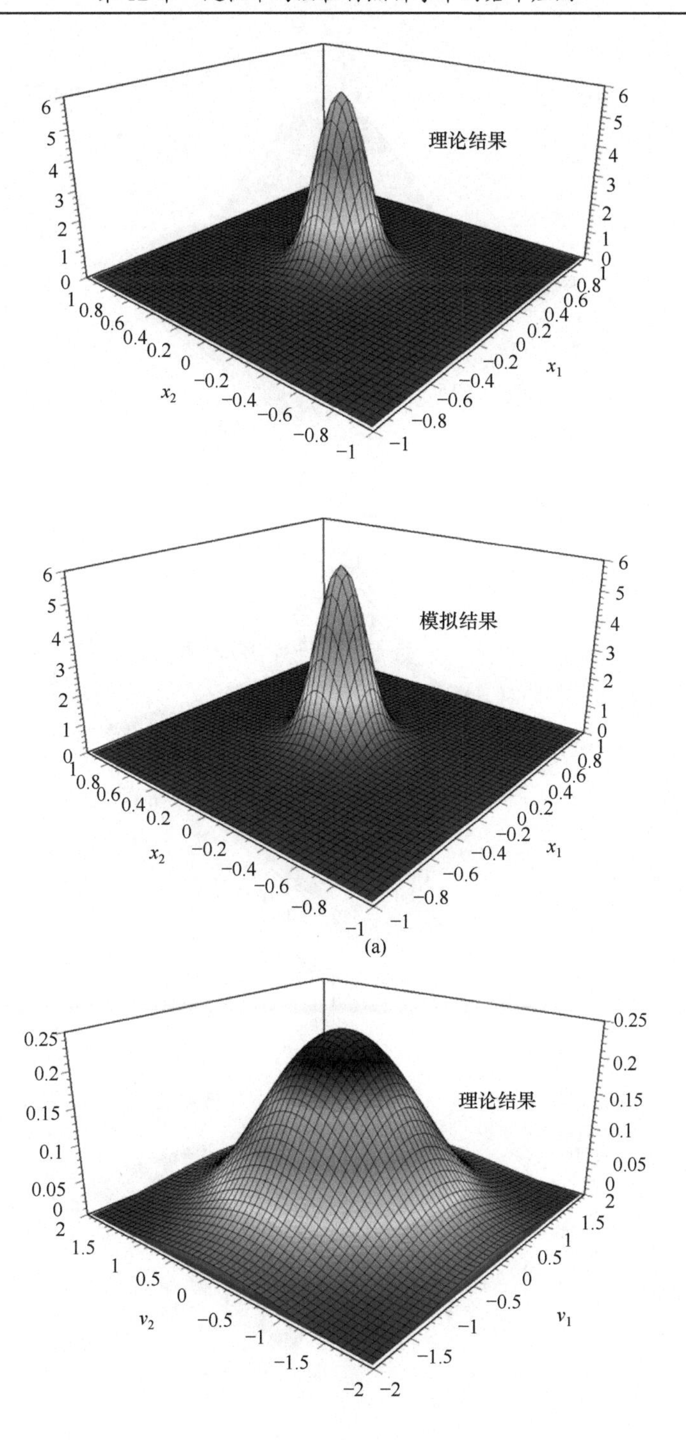

(a)

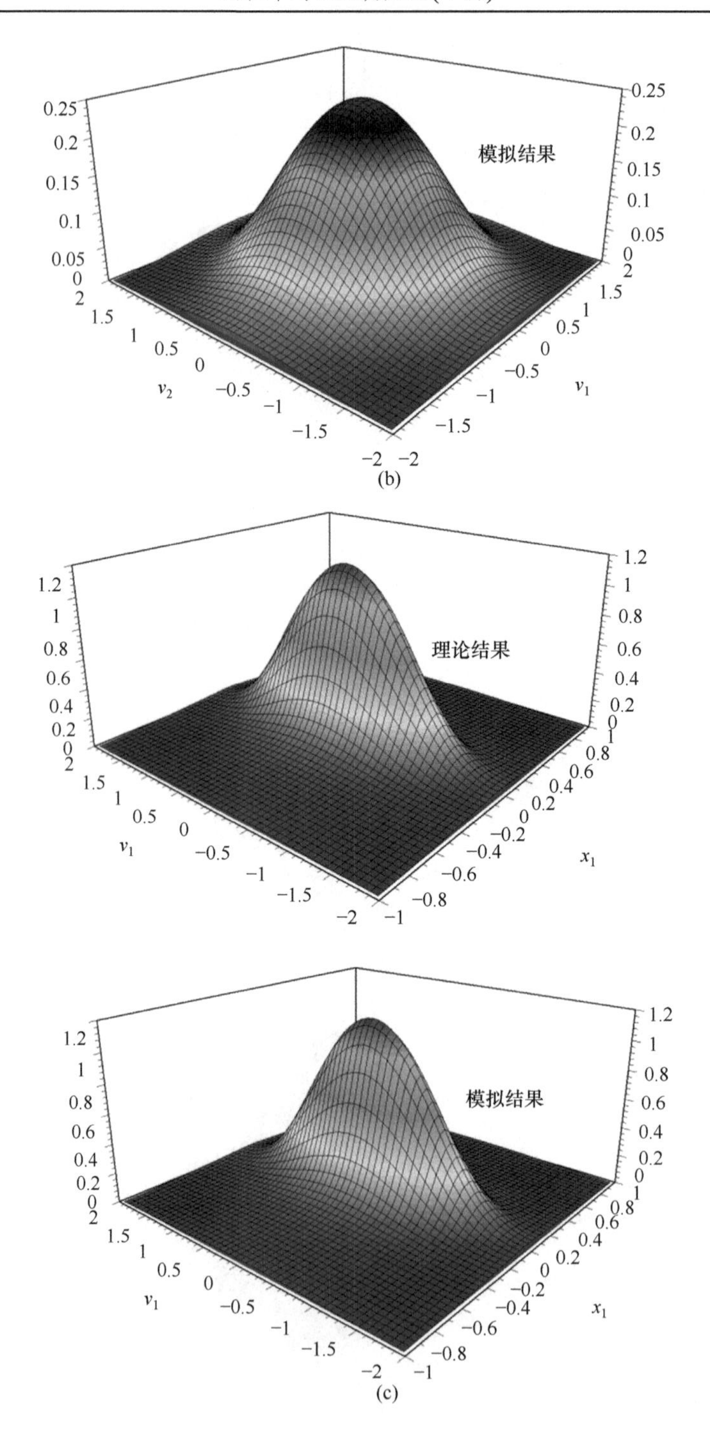

0.25
0.2
0.15
0.1
0.05
0
模拟结果
2
1.5
1
0.5
0
−0.5
−1
−1.5
−2
v_2
v_1
理论结果
1.2
1
0.8
0.6
0.4
0.2
v_1
x_1
−0.2
−0.4
−0.6
−0.8
模拟结果

(b)

(c)

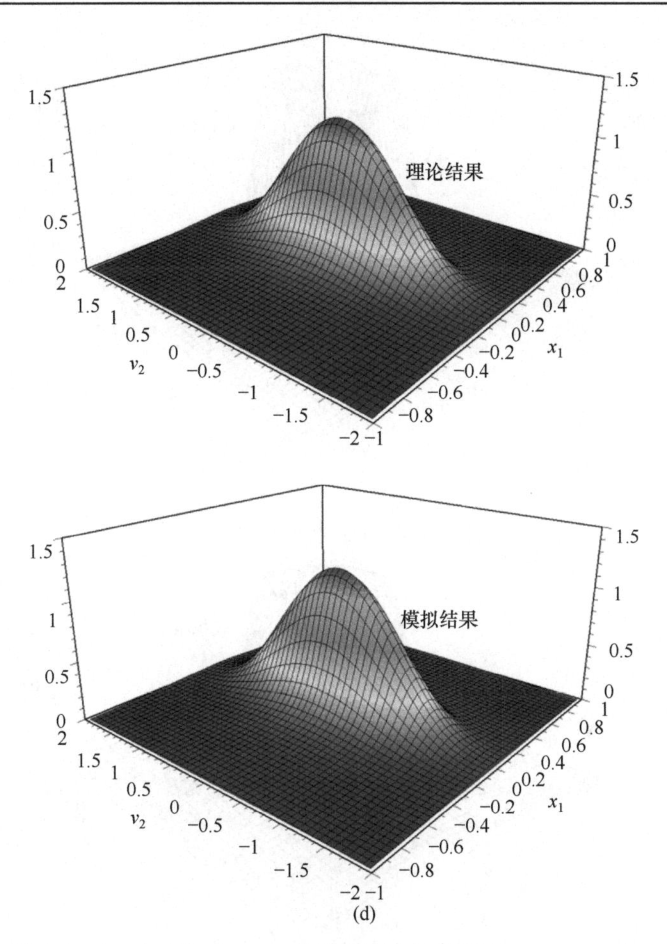

图 12.1.2　系统(12.1.15)的(a)位移 X_1, X_2 的平稳联合概率密度，$\gamma_2 = 1$，$\gamma_1/\gamma_2 = -1$；(b)速度 V_1, V_2 的平稳联合概率密度，$\gamma_2 = 1$，$\gamma_1/\gamma_2 = -1$；(c)位移 X_1 和速度 V_1 的平稳联合概率密度，$\gamma_2 = 1$，$\gamma_1/\gamma_2 = -1$；(d)位移 X_1 和速度 V_2 的平稳联合概率密度，$\gamma_2 = 1$，$\gamma_1/\gamma_2 = -1$ (Deng and Zhu, 2004)

除瑞利型阻尼系数外，拟可积共振哈密顿系统随机平均法也适用于其他类型阻尼系数情形. 用 Erdmann 型阻尼系数 $\alpha(x,\dot{x}) = \gamma_0 - d_2 q_0 / (c + d_2 \dot{x}^2)$ (Erdmann et al., 2000)代替系统(12.1.2)中瑞利型阻尼系数，得到不同能量管理机制的活性布朗粒子运动系统. 应用 5.2.2 节阐述的拟可积共振哈密顿系统随机平均法，可得如下系统平稳响应的概率密度(Deng and Zhu, 2004)

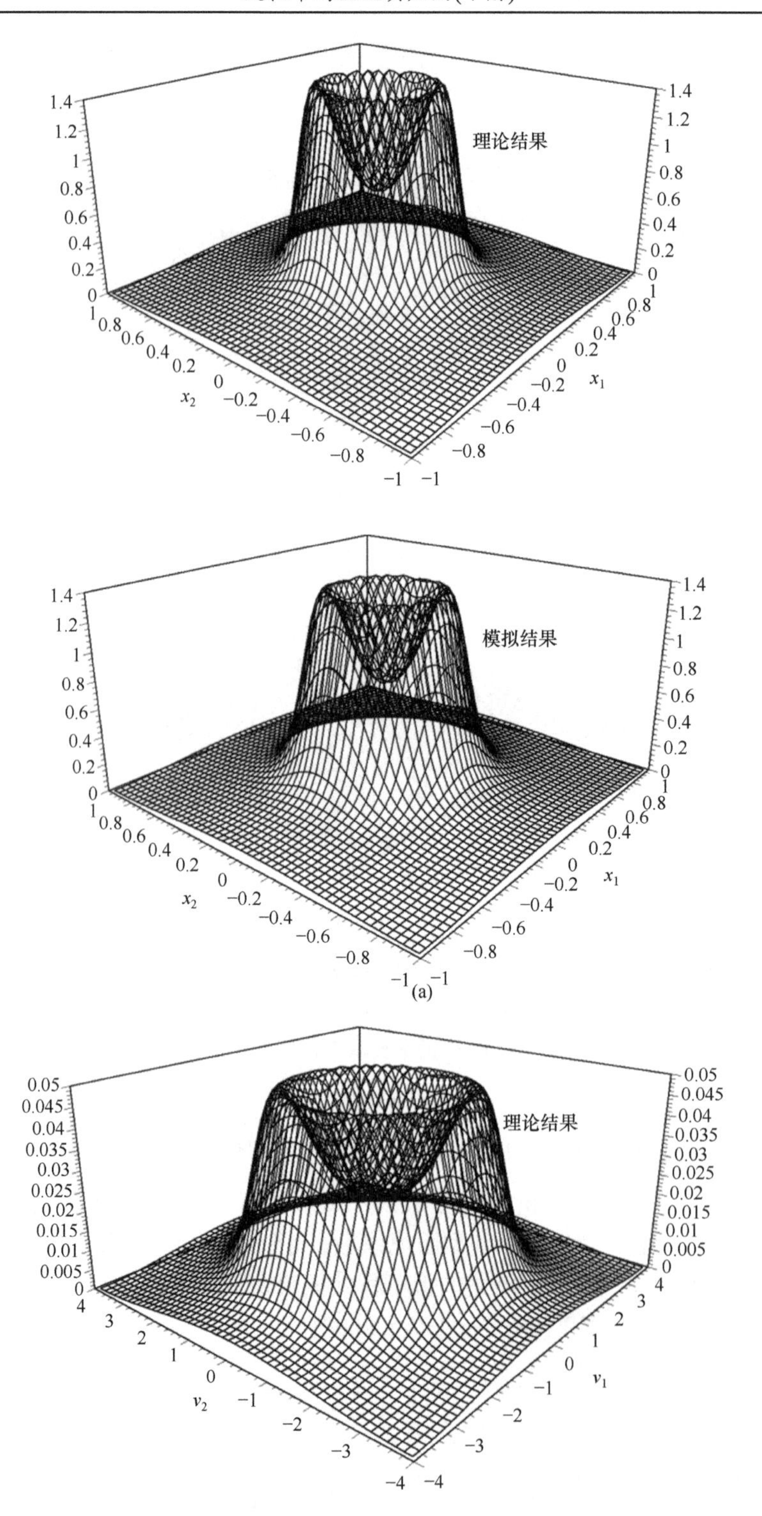
理论结果
x_1
x_2
模拟结果
x_1
x_2
(a)
理论结果
v_1
v_2

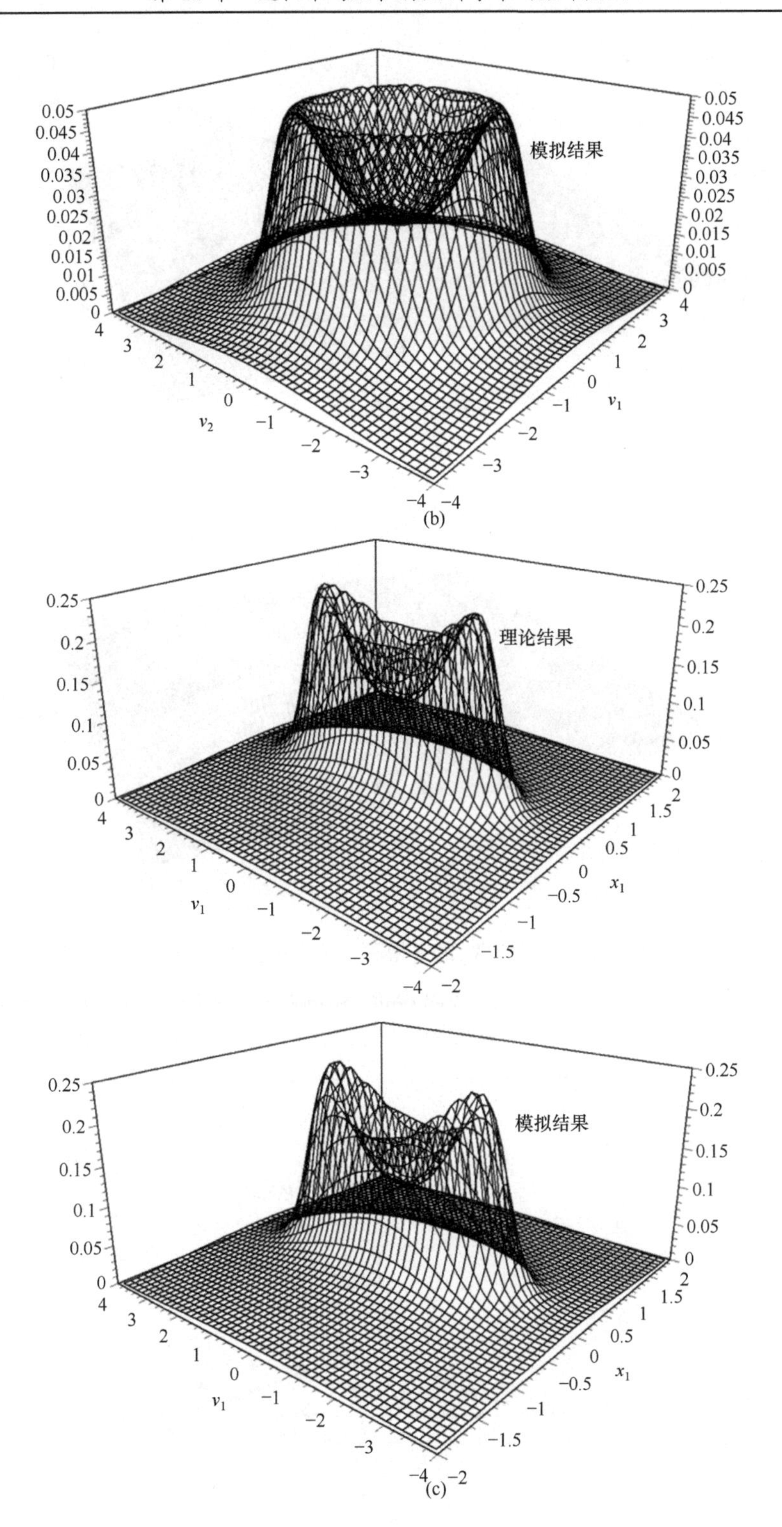

(b)

(c)

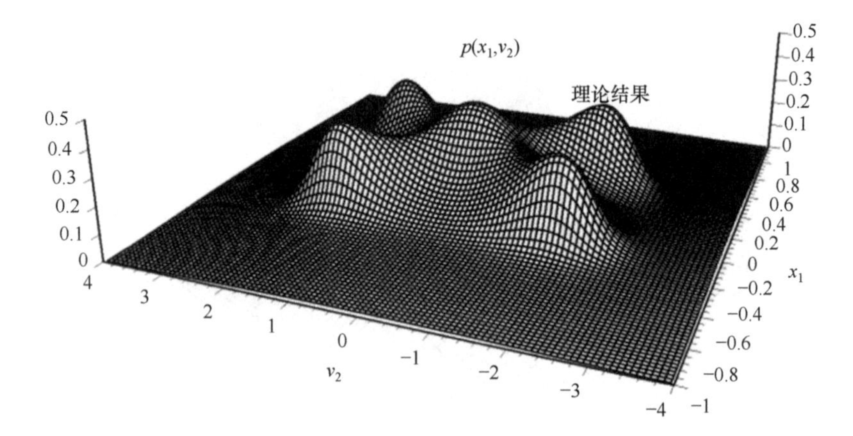

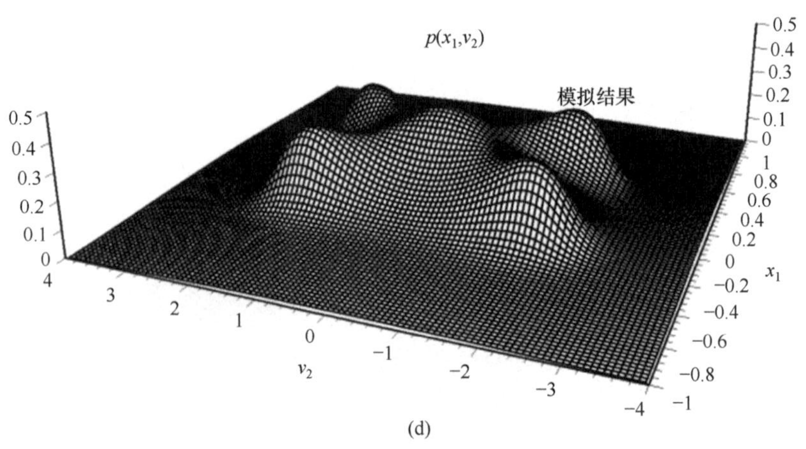

(d)

图 12.1.3　系统(12.1.15)的(a)位移 X_1, X_2 的平稳联合概率密度，$\gamma_2=1$，$\gamma_1/\gamma_2=4$;(b)速度 V_1,V_2 的平稳联合概率密度，$\gamma_2=1$，$\gamma_1/\gamma_2=4$;(c)位移 X_1 和速度 V_1 的平稳联合概率密度，$\gamma_2=1$，$\gamma_1/\gamma_2=4$;(d)位移 X_1 和速度 V_2 的平稳联合概率密度，$\gamma_2=1$，$\gamma_1/\gamma_2=4$ (Deng and Zhu, 2004)

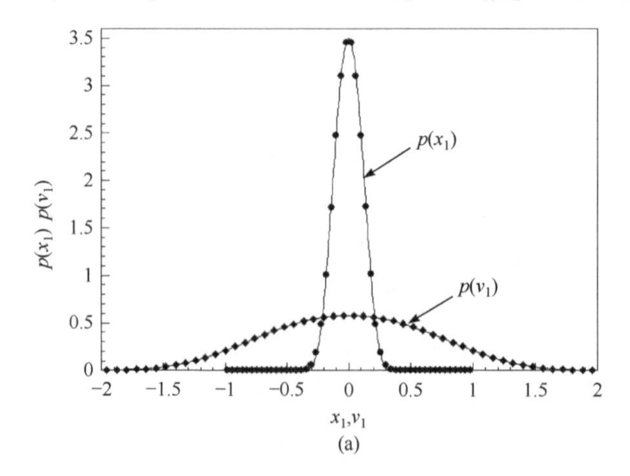

(a)

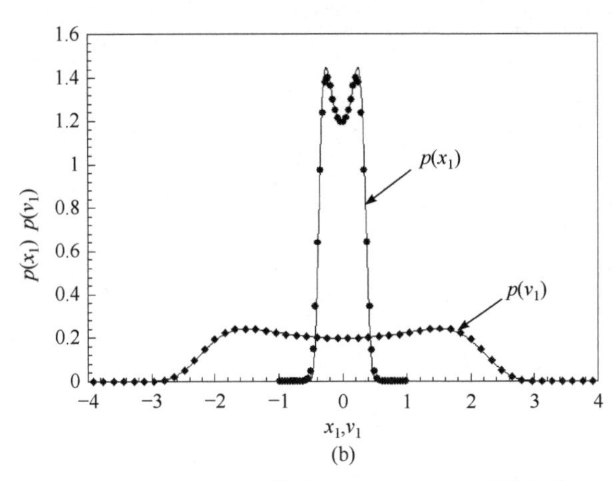

(b)

图 12.1.4 系统(12.1.15)的位移 X_1 和速度 V_1 的平稳概率密度

实线 —— 表示随机平均法结果, 符号●, ♦表示模拟结果, (a) $\gamma_2=1$, $\gamma_1/\gamma_2=-1$; (b) $\gamma_2=1$, $\gamma_1/\gamma_2=4$ (Deng and Zhu, 2004)

$$p(h_1,h_2,\psi)= \\ C\exp\{-\frac{\gamma_0}{D}(h_1+h_2)+\frac{q_0}{\pi D}\int_0^{2\pi}\ln[\frac{c}{d_2}+2h_1\sin^2\theta+2h_2\sin^2(\psi+\phi)]\mathrm{d}\phi\}. \tag{12.1.32}$$

类似地, 以 Schienbein-Gruler 型阻尼系数 $\alpha(x,\dot{x})=\gamma_0(1-v_0/\dot{x})$ (Schienbein and Gruler, 1993)代替式(12.1.2)中的阻尼系数, 应用同样的随机平均法, 可得平稳概率密度为(Deng and Zhu, 2004)

$$p(h_1,h_2,\psi)=C\exp[-\frac{\gamma_0}{D}(h_1+h_2)+\frac{\sqrt{2}v_0\gamma_0}{\pi D}\int_0^{2\pi}\sqrt{h_1\sin^2\phi+h_2\sin^2(\psi+\phi)}\mathrm{d}\phi]. \tag{12.1.33}$$

应用式(5.2.57), 还可以得到位移与速度的平稳联合概率密度 $p(x_1,x_2,v_1,v_2)$ 及其他平稳统计量. 图 12.1.5 表示分别从实验和式(12.1.33)计算得到的细胞运动速度的概率密度函数 $p(v)$, 其中实验数据来自 Franke 和 Gruler 对粒性白细胞的实验结果(用符号●表示)(Franke and Gruler, 1990), 理论结果(用实线 —— 表示)乃按下式由解(12.1.33)得到

$$p(v)=\frac{\mathrm{d}}{\mathrm{d}v}\{\iint_{\sqrt{v_1^2+v_2^2}<v}[\int\int_{-\infty}^{\infty}p(h_1,h_2,\psi)\Big|_{\substack{h_1=(v_1^2+\omega^2x_1^2)/2\\ h_2=(v_2^2+\omega^2x_2^2)/2\\ \psi=\tan^{-1}(v_2^2/\omega x_2)-\tan^{-1}(v_1^2/\omega x_1)}}\mathrm{d}x_1\mathrm{d}x_2]\mathrm{d}v_1\mathrm{d}v_2\}. \tag{12.1.34}$$

实验数据验证了解析解(12.1.33)有较好的适用性.

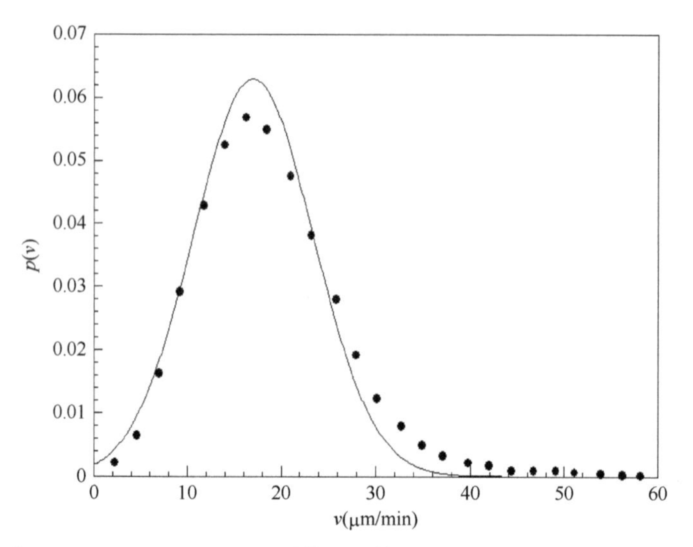

图 12.1.5　含 Schienbein-Gruler 型阻尼系数的系统(12.1.15)的粒子速度平稳概率密度 $\gamma_0/2D=81\mu\text{m/min}$, $v_0=17\,\mu\text{m/min}$　(Deng and Zhu, 2004)

2. 椭圆型谐和势能情形

当活性布朗粒子在二维椭圆型谐和势能 $U(x_1,x_2)=(\omega_1^2x_1^2+\omega_2^2x_2^2)/2$ 场中运动时, 两个振动固有频率 ω_1 和 ω_2 可以不相同, 不满足式(5.2.5)中的内共振关系, 相应的布朗粒子运动系统就处于非内共振情形. 此时宜应用拟可积非共振哈密顿系统随机平均法进行研究.

考虑布朗粒子在二维椭圆型谐和势能场中运动, $\omega_1\neq\omega_2$, 瑞利型阻尼系数(12.1.2)及高斯白噪声激励, 活性布朗粒子运动方程为(Deng and Zhu, 2004)

$$\begin{aligned}&\dot{X}_1=V_1,\quad \dot{V}_1+[-\gamma_1+\gamma_2(V_1^2+V_2^2)]V_1+\omega_1^2X_1=\sqrt{2D}W_{g1}(t),\\&\dot{X}_2=V_2,\quad \dot{V}_2+[-\gamma_1+\gamma_2(V_1^2+V_2^2)]V_2+\omega_2^2X_2=\sqrt{2D}W_{g2}(t).\end{aligned}\tag{12.1.35}$$

$W_{g1}(t)$ 和 $W_{g2}(t)$ 是独立的高斯白噪声; $2D$ 是激励强度; γ_1,γ_2,D 为同阶小量. 令 $Q_1=X_1,Q_2=X_2$, $P_1=\dot{X}_1,P_2=\dot{X}_2$, 相应哈密顿系统的两个独立对合的运动积分为

$$H_1=\frac{1}{2}P_1^2+\frac{1}{2}\omega_1^2Q_1^2,\quad H_2=\frac{1}{2}P_2^2+\frac{1}{2}\omega_2^2Q_2^2.\tag{12.1.36}$$

原运动方程(12.1.35)可变为如下伊藤随机微分方程

$$\begin{aligned}&\mathrm{d}Q_1=P_1\mathrm{d}t,\quad \mathrm{d}P_1=-\{\omega_1^2Q_1+[-\gamma_1+\gamma_2(P_1^2+P_2^2)]P_1\}\mathrm{d}t+\sqrt{2D}\mathrm{d}B_1(t),\\&\mathrm{d}Q_2=P_2\mathrm{d}t,\quad \mathrm{d}P_2=-\{\omega_2^2Q_2+[-\gamma_1+\gamma_2(P_1^2+P_2^2)]P_2\}\mathrm{d}t+\sqrt{2D}\mathrm{d}B_2(t).\end{aligned}\tag{12.1.37}$$

式中 $B_1(t)$ 和 $B_2(t)$ 是独立单位维纳过程. 按伊藤微分规则, 可由式(12.1.36)和式

(12.1.37)建立 H_1,H_2 的伊藤随机微分方程

$$\begin{aligned} \mathrm{d}H_1 &= \{-[-\gamma_1+\gamma_2(P_1^2+P_2^2)]P_1^2+D\}\mathrm{d}t+\sqrt{2D}P_1\mathrm{d}B_1(t), \\ \mathrm{d}H_2 &= \{-[-\gamma_1+\gamma_2(P_1^2+P_2^2)]P_2^2+D\}\mathrm{d}t+\sqrt{2D}P_2\mathrm{d}B_2(t). \end{aligned} \tag{12.1.38}$$

应用 5.2.1 节中的拟可积非共振哈密顿系统随机平均法，可以建立如下平稳 FPK 方程

$$\begin{aligned} 0 = &-\frac{\partial}{\partial h_1}(a_1 p)-\frac{\partial}{\partial h_2}(a_2 p)+\frac{1}{2}\frac{\partial^2}{\partial h_1^2}(b_{11}p)+\frac{1}{2}\frac{\partial^2}{\partial h_2^2}(b_{22}p) \\ &+\frac{1}{2}\frac{\partial^2}{\partial h_1\partial h_2}(b_{12}p)+\frac{1}{2}\frac{\partial^2}{\partial h_2\partial h_1}(b_{21}p). \end{aligned} \tag{12.1.39}$$

式中一、二阶导数矩为

$$\begin{aligned} a_1 &= \left\langle -[-\gamma_1+\gamma_2(p_1^2+p_2^2)]p_1^2+D \right\rangle_t, \quad b_{11}=\left\langle 2Dp_1^2\right\rangle_t, \quad b_{12}=0, \\ a_2 &= \left\langle -[-\gamma_1+\gamma_2(p_1^2+p_2^2)]p_2^2+D \right\rangle_t, \quad b_{22}=\left\langle 2Dp_2^2\right\rangle_t, \quad b_{21}=0. \end{aligned} \tag{12.1.40}$$

式中的 p_1,p_2 需代之以 h_1,h_2,q_1,q_2；$\langle[\bullet]\rangle_t$ 表示时间平均，可代之以相位平均

$$\langle[\bullet]\rangle_t = \frac{1}{4\pi^2}\int_0^{2\pi}\int_0^{2\pi}[\bullet]\Big|_{q_1=\frac{\sqrt{2h_1}}{\omega_1}\cos\theta_1,\ q_2=\frac{\sqrt{2h_2}}{\omega_2}\cos\theta_2}\mathrm{d}\theta_1\mathrm{d}\theta_2. \tag{12.1.41}$$

完成式(12.1.40)中的平均运算，得到如下一、二阶导数矩的表达式

$$\begin{aligned} a_1 &= \gamma_1 h_1-\frac{3}{2}\gamma_2 h_1^2-\gamma_2 h_1 h_2+D, \quad b_{11}=2Dh_1, \\ a_2 &= \gamma_1 h_2-\frac{3}{2}\gamma_2 h_2^2-\gamma_2 h_2 h_1+D, \quad b_{22}=2Dh_2. \end{aligned} \tag{12.1.42}$$

类似于从式(12.1.25)至式(12.1.30)的推导过程，可以得到平稳 FPK 方程(12.1.39)的精确平稳解，先令解析解有如下指数函数的形式

$$p(h_1,h_2)=C\exp[-\lambda(h_1,h_2)]. \tag{12.1.43}$$

将解(12.1.43)代入平稳 FPK 方程(12.1.39)，得到概率势 $\lambda(h_1,h_2)$ 必须满足的线性偏微分方程组

$$\frac{\partial\lambda}{\partial h_1}=\frac{1}{D}(-\gamma_1+\frac{3}{2}\gamma_2 h_1+\gamma_2 h_2), \quad \frac{\partial\lambda}{\partial h_2}=\frac{1}{D}(-\gamma_1+\frac{3}{2}\gamma_2 h_2+\gamma_2 h_1). \tag{12.1.44}$$

由于以下相容条件自然满足

$$\frac{\partial^2\lambda}{\partial h_1\partial h_2}=\frac{\partial^2\lambda}{\partial h_2\partial h_1}. \tag{12.1.45}$$

因此，无需对系统参数施加任何约束，可以从式(12.1.44)解得 $\lambda(h_1,h_2)$，将它代入(12.1.43)，得到精确平稳解

$$p(h_1,h_2)=C\exp\{\frac{\gamma_1}{D}(h_1+h_2)-\frac{\gamma_2}{D}[\frac{3}{4}(h_1^2+h_2^2)+h_1 h_2]\}. \tag{12.1.46}$$

按式(5.2.36)，布朗粒子位移与速度的平稳联合概率密度 $p(x_1,x_2,v_1,v_2)$ 可从式

(12.1.46)得到如下

$$p(x_1,x_2,v_1,v_2)=C\exp\{\frac{\gamma_1}{2D}(v_1^2+v_2^2+\omega_1^2x_1^2+\omega_2^2x_2^2)-\frac{\gamma_2}{16D}[3(\omega_1^2x_1^2+\omega_2^2x_2^2)^2$$
$$+3(v_1^2+v_2^2)^2+6(\omega_1x_1v_1+\omega_2x_2v_2)^2+4(\omega_1x_1v_2-\omega_2x_2v_1)^2$$
$$-2(\omega_1\omega_2x_1x_2+v_1v_2)^2]\}. \tag{12.1.47}$$

其他平稳边缘概率密度和平稳统计量都可以由 $p(x_1,x_2,v_1,v_2)$ 导得.

图 12.1.6 至图 12.1.7 显示了解析解(12.1.47)和原方程(12.1.35)模拟结果的比较, 系统参数为 $\gamma_1=0.2$, $\gamma_2=0.1$, $\omega_1=1.414$, $\gamma_2=2.236$, $D=0.02$. 由图可见, 解析解与模拟结果吻合较好, 说明了随机平均法的有效性.

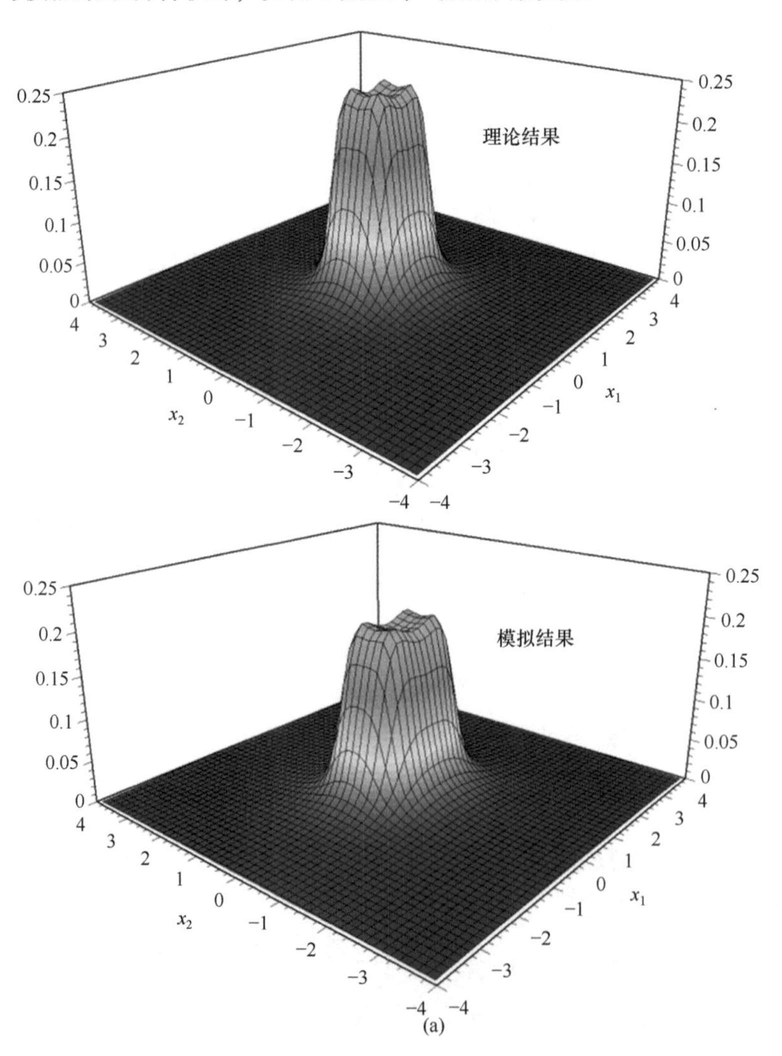

(a)

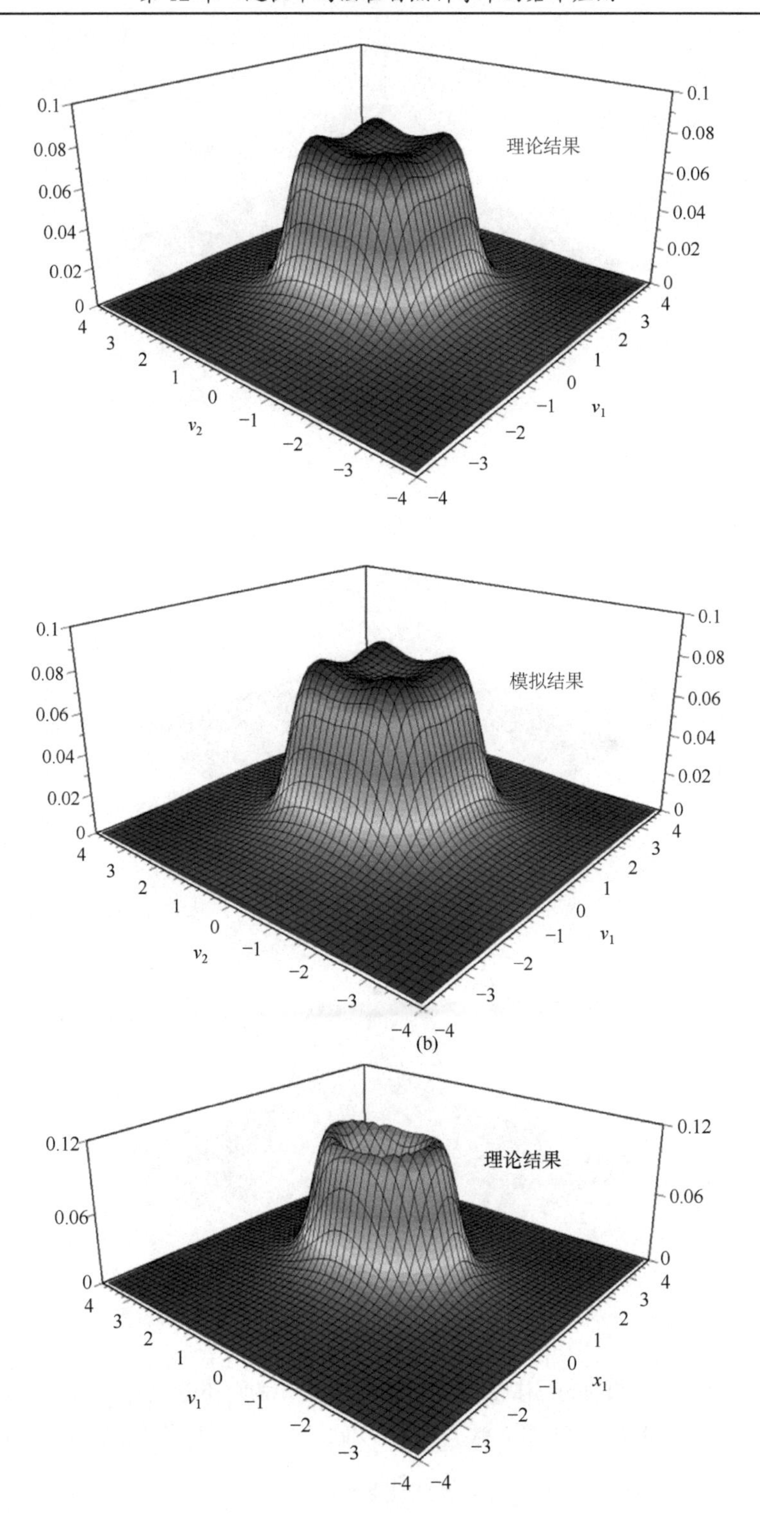

0.1
0.08
0.06
0.04
0.02
0
理论结果
v_2
v_1
模拟结果
(b)
0.12
0.06
理论结果
v_1
x_1

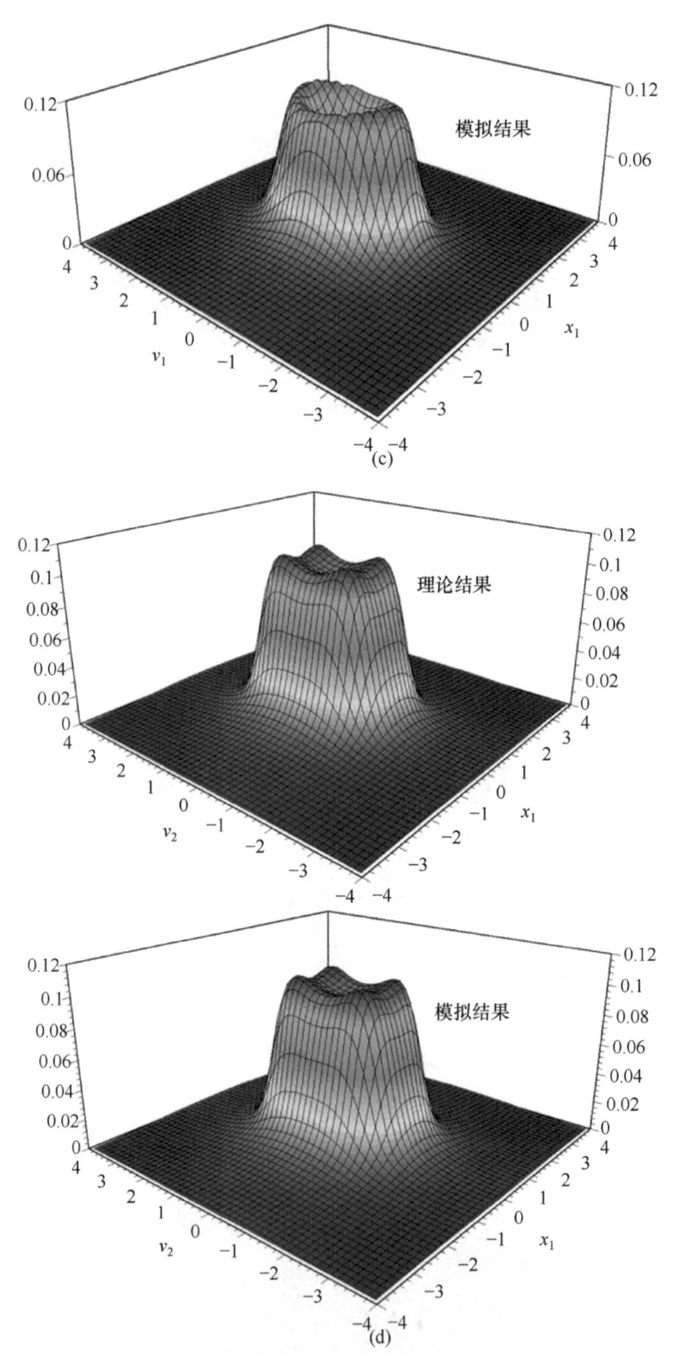

图 12.1.6　系统(12.1.35)的(a)位移 X_1,X_2 的平稳联合概率密度; (b)速度 V_1,V_2 的平稳联合概率密度; (c)位移 X_1 和速度 V_1 的平稳联合概率密度; (d)位移 X_1 和速度 V_2 的平稳联合概率密度(Deng and Zhu, 2004)

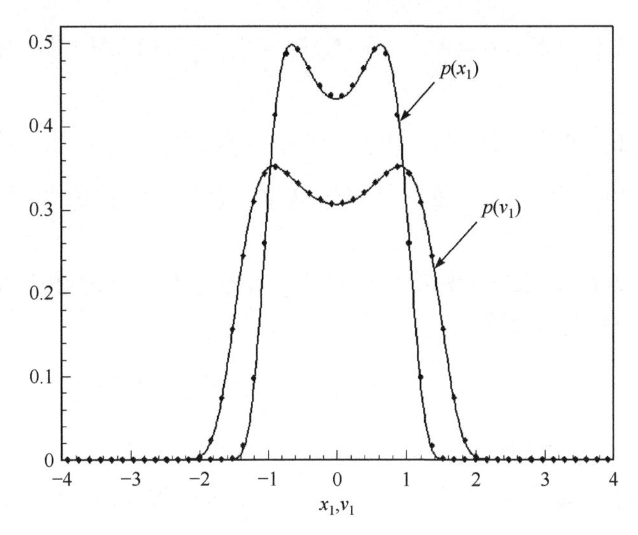

图 12.1.7　系统(12.1.35)的位移 x_1 和速度 v_1 的平稳概率密度

实线 —— 表示解析结果, 符号•, ♦表示模拟结果(Deng and Zhu, 2004)

3. 非谐和势情形

Erdmann 曾经在活性布朗粒子运动中引入了中心对称的四次方势能函数(Erdmann et al., 2000)

$$U(r)=\frac{1}{4}kr^4,\quad r=\sqrt{x_1^2+x_2^2}. \tag{12.1.48}$$

并指出确定性情形下解的形式和在抛物线型谐和势能中的解(12.1.10)和(12.1.13)的形式相同, 所不同的是本情形极限环的半径 r_0 和粒子旋转的角频率 ω_0 为

$$r_0=v_0^{1/2}\big/k^{1/4},\quad \omega_0=v_0^{1/2}k^{1/4}. \tag{12.1.49}$$

与式(12.1.7)和式(12.1.11)对比可知, 在抛物线型谐和势情形, 布朗粒子旋转角频率 ω_0 就是固有频率 ω, 它不随粒子运动能量的改变而改变, 而四次方势能情形, 布朗粒子旋转角频率 ω_0 随粒子运动能量的改变而改变, 原因在于四次方势能(12.1.48)是非谐和势能, 引入非谐和势能将导致活性布朗粒子运动系统成为非线性系统. 拟哈密顿系统随机平均法仍能处理这种非线性随机动力学系统.

设势能为(12.1.48)、阻尼系数为瑞利型(12.1.2)、受弱高斯白噪声激励, 活性布朗粒子确定性运动方程(12.1.3)变成以下非线性随机动力学方程(邓茂林, 2005)

$$\begin{aligned}&\dot{X}_1=V_1,\quad \dot{V}_1+[-\gamma_1+\gamma_2(V_1^2+V_2^2)]V_1+k\left(X_1^2+X_2^2\right)X_1=\sqrt{2D}W_{g1}(t),\\&\dot{X}_2=V_2,\quad \dot{V}_2+[-\gamma_1+\gamma_2(V_1^2+V_2^2)]V_2+k\left(X_1^2+X_2^2\right)X_2=\sqrt{2D}W_{g2}(t).\end{aligned} \tag{12.1.50}$$

式中 $W_{g1}(t)$ 和 $W_{g2}(t)$ 是独立的单位高斯白噪声; $2D$ 为激励强度; γ_1,γ_2,D 为同阶

小量. 作变换 $Q_1 = X_1, Q_2 = X_2$, $P_1 = \dot{X}_1, P_2 = \dot{X}_2$ ，式(12.1.50)可转化为如下伊藤随机微分方程

$$\begin{aligned}
&\mathrm{d}Q_1 = P_1\mathrm{d}t, \quad \mathrm{d}P_1 = -\{k(Q_1^2 + Q_2^2)Q_1 + [-\gamma_1 + \gamma_2(P_1^2 + P_2^2)]P_1\}\mathrm{d}t + \sqrt{2D}\mathrm{d}B_1(t), \\
&\mathrm{d}Q_2 = P_2\mathrm{d}t, \quad \mathrm{d}P_2 = -\{k(Q_1^2 + Q_2^2)Q_2 + [-\gamma_1 + \gamma_2(P_1^2 + P_2^2)]P_2\}\mathrm{d}t + \sqrt{2D}\mathrm{d}B_2(t).
\end{aligned} \tag{12.1.51}$$

式中 $B_1(t)$ 和 $B_2(t)$ 是独立的标准维纳过程. 因为与式(12.1.51)相应的哈密顿系统只存在一个独立的运动积分 H

$$H = \frac{1}{2}(P_1^2 + P_2^2) + \frac{1}{4}k(Q_1^2 + Q_2^2)^2. \tag{12.1.52}$$

式(12.1.51)为拟不可积哈密顿系统, 可运用 5.1 节描述的拟不可积哈密顿系统随机平均法, $H(t)$ 依概率弱收敛于一维马尔可夫扩散过程, 支配 $H(t)$ 的伊藤随机微分方程为

$$\mathrm{d}H = m(H)\mathrm{d}t + \sigma(H)\mathrm{d}B(t). \tag{12.1.53}$$

其对应的平稳 FPK 方程为

$$0 = -\frac{\partial}{\partial h}[m(h)p(h)] + \frac{1}{2}\frac{\partial}{\partial h^2}[\sigma^2(h)p(h)]. \tag{12.1.54}$$

式中一、二阶导数矩按(5.1.10)至(5.1.13)可得为

$$\begin{aligned}
&m(h) = \frac{1}{T(h)}\int_{\Omega}\left(\{-[-\gamma_1 + \gamma_2(p_1^2 + p_2^2)](p_1^2 + p_2^2) + 2D\}/|p_1|\right)\mathrm{d}q_1\mathrm{d}q_2\mathrm{d}p_2, \\
&\sigma^2(h) = \frac{1}{T(h)}\int_{\Omega}\left(2D(p_1^2 + p_2^2)/|p_1|\right)\mathrm{d}q_1\mathrm{d}q_2\mathrm{d}p_2, \\
&T(h) = \frac{1}{T(h)}\int_{\Omega}\left(1/|p_1|\right)\mathrm{d}q_1\mathrm{d}q_2\mathrm{d}p_2, \quad \Omega = \{(q_1, q_2, p_2) | p_2^2/2 + U(q_1, q_2) \leqslant h\}.
\end{aligned} \tag{12.1.55}$$

式中 $p_1 = (2h - 2U - p_2^2)^{1/2}$ ，变换成极坐标后, 可完成式(12.1.55)中的积分, 得到如下表达式

$$m(h) = 2D + \frac{4}{3}\gamma_1 h - \frac{32}{15}\gamma_2 h^2, \quad \sigma^2(h) = \frac{8}{3}Dh. \tag{12.1.56}$$

平稳 FPK 方程(12.1.54)有如下精确解

$$p(h) = C\exp(\frac{1}{2}\ln h + \frac{\gamma_1}{D}h - \frac{4\gamma_2}{5D}h^2). \tag{12.1.57}$$

图 12.1.8 显示了解析解(12.1.57)和原方程(12.1.50)的蒙特卡罗模拟结果, 可见两者符合得较好, 说明随机平均法的有效性. 此外, 原系统位移 x_1, x_2 和速度 v_1, v_2 的平稳联合概率密度 $p(x_1, x_2, v_1, v_2)$ 可按(5.1.18)从(12.1.57)导得.

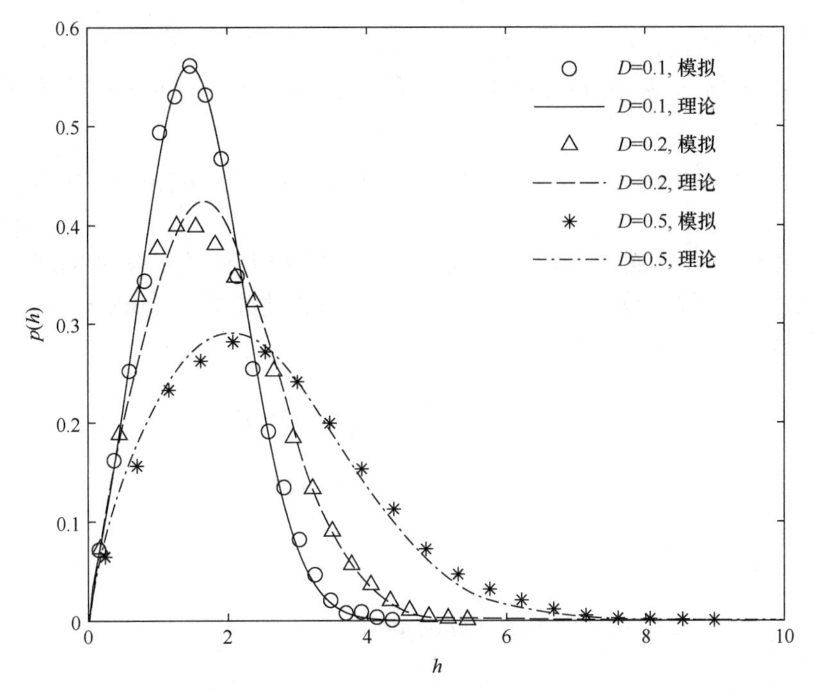

图 12.1.8　系统(12.1.50)能量的平稳概率密度

其中理论结果来自解析解(12.1.57), 参数为 $\gamma_1 = 0.2$ ， $\gamma_2 = 0.1$ ， $k = 5$

4. 阻尼系数依赖位移的情形

生物体在运动区域内获取能量的机会并非均匀, 在某些区域内由于食物充足, 可导致生物体获取能量的速率较大, 而在另外的区域内, 可能由于食物缺乏, 生物体获取能量较少或者不能获取. 为此引入如下同时依赖位移和速度的阻尼系数

$$\alpha(x,\dot{x}) = -\gamma_1 + \gamma_2\dot{x}^2 + \gamma_3 x^2. \tag{12.1.58}$$

考虑一个受高斯白噪声激励、四次方势能(12.1.48)、具有(12.1.58)阻尼系数的活性布朗粒子, 其运动方程为(邓, 2005)

$$\begin{aligned}
&\dot{X}_1 = V_1,\quad \dot{V}_1 + [-\gamma_1 + \gamma_2(V_1^2 + V_2^2) + \gamma_3(X_1^2 + X_2^2)]V_1 + k\left(X_1^2 + X_2^2\right)X_1 = \sqrt{2D}W_{g1}(t),\\
&\dot{X}_2 = V_2,\quad \dot{V}_2 + [-\gamma_1 + \gamma_2(V_1^2 + V_2^2) + \gamma_3(X_1^2 + X_2^2)]V_2 + k\left(X_1^2 + X_2^2\right)X_2 = \sqrt{2D}W_{g2}(t).
\end{aligned} \tag{12.1.59}$$

式中 $W_{g1}(t)$ 和 $W_{g2}(t)$ 是独立单位高斯白噪声; $2D$ 为激励强度; $\gamma_1,\gamma_2,\gamma_3,D$ 为同阶小量.

令 $Q_1 = X_1, Q_2 = X_2$ ， $P_1 = \dot{X}_1, P_2 = \dot{X}_2$ ，类似于式(12.1.51), 可以建立如下伊藤随机微分方程

$$
\begin{aligned}
&\mathrm{d}Q_1 = P_1\mathrm{d}t,\\
&\mathrm{d}P_1 = -\{k(Q_1^2+Q_2^2)Q_1+[-\gamma_1+\gamma_2(P_1^2+P_2^2)+\gamma_3(Q_1^2+Q_2^2)]P_1\}\mathrm{d}t+\sqrt{2D}\mathrm{d}B_1(t),\\
&\mathrm{d}Q_2 = P_2\mathrm{d}t,\\
&\mathrm{d}P_2 = -\{k(Q_1^2+Q_2^2)Q_2+[-\gamma_1+\gamma_2(P_1^2+P_2^2)+\gamma_3(Q_1^2+Q_2^2)]P_2\}\mathrm{d}t+\sqrt{2D}\mathrm{d}B_2(t).
\end{aligned}
\tag{12.1.60}
$$

式中 $B_1(t)$ 和 $B_2(t)$ 是独立的单位维纳过程. 与系统(12.1.60)相对应的哈密顿系统是不可积的, 哈密顿函数 H 同(12.1.52). 应用5.1节描述的拟不可积哈密顿随机平均法, 可以建立如下平稳FPK方程

$$
0=-\frac{\partial}{\partial h}\left[m(h)p\right]+\frac{1}{2}\frac{\partial}{\partial h^2}\left[\sigma^2(h)p\right]. \tag{12.1.61}
$$

式中 $p=p(h)$ 是平稳概率密度, 一、二阶导数矩可按式(5.1.10)至式(5.1.13)导得为

$$
\begin{aligned}
&m(h)=\frac{1}{T(h)}\int_{\Omega}\left(\{-[-\gamma_1+\gamma_2(p_1^2+p_2^2)+\gamma_3(q_1^2+q_2^2)](p_1^2+p_2^2)+2D\}/|p_1|\right)\mathrm{d}q_1\mathrm{d}q_2\mathrm{d}p_2,\\
&\sigma^2(h)=\frac{1}{T(h)}\int_{\Omega}\left(2D(p_1^2+p_2^2)/|p_1|\right)\mathrm{d}q_1\mathrm{d}q_2\mathrm{d}p_2,\\
&T(h)=\frac{1}{T(h)}\int_{\Omega}\left(1/|p_1|\right)\mathrm{d}q_1\mathrm{d}q_2\mathrm{d}p_2,\quad \Omega=\{(q_1,q_2,p_2)|\,p_2^2/2+U(q_1,q_2)\leqslant h\}.
\end{aligned}
\tag{12.1.62}
$$

注意到 $p_1=(2h-2U-p_2^2)^{1/2}$, 变换为极坐标后, 可完成(12.1.62)中的积分, 得到如下一、二阶导数矩表达式

$$
m(h)=2D+\frac{4}{3}\gamma_1 h-\frac{32}{15}\gamma_2 h^2-\gamma_3 h\sqrt{\frac{h}{k}},\quad \sigma^2(h)=\frac{8}{3}Dh. \tag{12.1.63}
$$

式(12.1.61)之解为

$$
p(h)=C\exp\left(\frac{1}{2}\ln h+\frac{\gamma_1}{D}h-\frac{4\gamma_2}{5D}h^2-\frac{\gamma_3}{2D}h\sqrt{\frac{h}{k}}\right). \tag{12.1.64}
$$

图12.1.9显示了解析解(12.1.64)和原方程(12.1.59)的蒙特卡罗模拟结果, 可见两者符合得较好, 证实了随机平均法的有效性. 此外, 原系统位移 X_1, X_2 和速度 V_1, V_2 的平稳联合概率密度 $p(x_1,x_2,v_1,v_2)$ 可按式(5.1.18)从式(12.1.64)导得.

5. 参数激励情形

真实的生物体运动受到环境温度、气候变化及其他物种的干扰等随机因素的

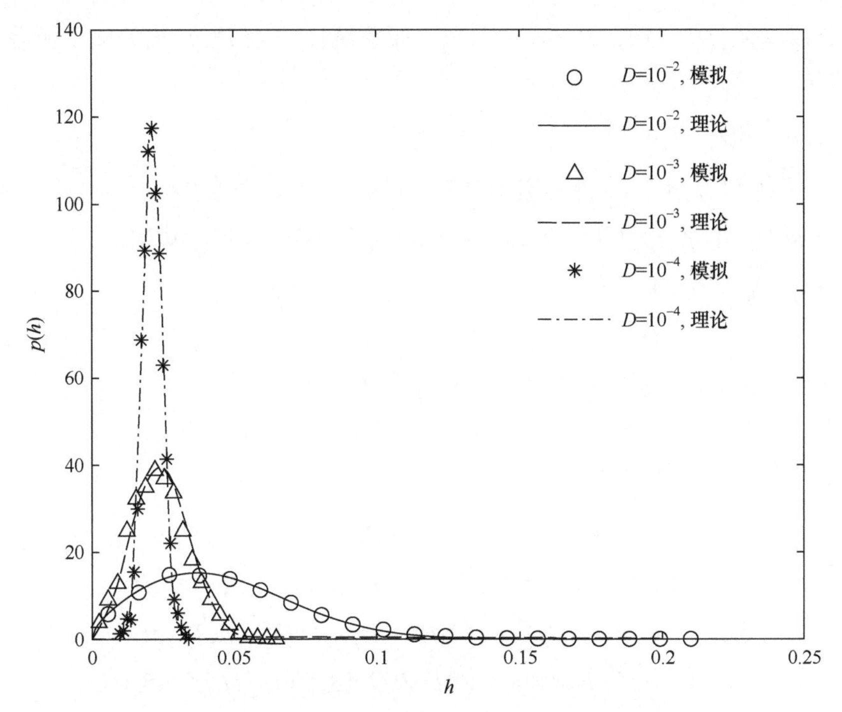

图 12.1.9　系统(12.1.59)能量 H 的平稳概率密度

其中理论结果来自解析解(12.1.64)，$\gamma_1=0.2$，$\gamma_2=4.7$，$\gamma_3=0.4$，$k=1$

影响. 在研究活性布朗粒子随机动力学时，目前大多数模型仅考虑简单的外部激励. 研究随机因素的不同作用机制也有积极的意义，有望建立更加符合实际的随机动力学模型，同时也增加了理论分析上的难度. 本小节考虑随机参数激励下的活性布朗粒子运动.

考虑抛物线型谐和势能(12.1.1)、瑞利型阻尼系数函数(12.1.2)，同时受随机外激和参激的活性布朗粒子，其运动方程为(邓茂林, 2005)

$$
\begin{aligned}
&\dot{X}_1=V_1,\\
&\dot{V}_1+[-\gamma_1+\gamma_2(V_1^2+V_2^2)]V_1+\omega^2X_1=\sqrt{2D_1}W_{g1}(t)+\sqrt{2D_3}X_1W_{g3}(t)+\sqrt{2D_5}V_1W_{g5}(t),\\
&\dot{X}_2=V_2,\\
&\dot{V}_2+[-\gamma_1+\gamma_2(V_1^2+V_2^2)]V_2+\omega^2X_2=\sqrt{2D_2}W_{g2}(t)+\sqrt{2D_4}X_2W_{g4}(t)+\sqrt{2D_6}V_2W_{g6}(t).
\end{aligned}
\tag{12.1.65}
$$

式中 ω 为系统固有频率；$W_{gk}(t),\ k=1,2,\cdots,6$ 是独立单位高斯白噪声；其中 $W_{g1}(t),W_{g2}(t)$ 是外激；$X_1W_{g3}(t),X_2W_{g4}(t)$ 是位移参激；$V_1W_{g5}(t),V_2W_{g6}(t)$ 是速度参激；$2D_k$，$k=1,2,\cdots,6$ 是激励强度；γ_1,γ_2,D_k 为同阶小量.

令 $Q_1 = X_1, Q_2 = X_2$， $P_1 = V_1, P_2 = V_2$，原系统(12.1.65)可转化为如下伊藤随机微分方程

$$
\begin{aligned}
&\mathrm{d}Q_1 = P_1\mathrm{d}t, \quad \mathrm{d}Q_2 = P_2\mathrm{d}t, \\
&\mathrm{d}P_1 = -\{\omega^2 Q_1 + [-\gamma_1 + \gamma_2(P_1^2 + P_2^2)]P_1\}\mathrm{d}t + \sqrt{2D_1}\mathrm{d}B_1(t) + \sqrt{2D_3}Q_1\mathrm{d}B_3(t) + \sqrt{2D_5}P_1\mathrm{d}B_5(t), \\
&\mathrm{d}P_2 = -\{\omega^2 Q_2 + [-\gamma_1 + \gamma_2(P_1^2 + P_2^2)]P_2\}\mathrm{d}t + \sqrt{2D_2}\mathrm{d}B_2(t) + \sqrt{2D_4}Q_2\mathrm{d}B_4(t) \\
&\qquad + \sqrt{2D_6}P_2\mathrm{d}B_6(t).
\end{aligned}
\tag{12.1.66}
$$

式中 $B_k(t),\ k = 1,2,\cdots,6$ 都是独立单位维纳过程.

式(12.1.66)为拟可积共振哈密顿系统，类似于式(12.1.17)至式(12.1.20)，可为 H_1, H_2 和 Ψ 建立伊藤随机微分方程

$$
\begin{aligned}
\mathrm{d}H_1 &= \{-[-\gamma_1 + \gamma_2(P_1^2 + P_2^2)]P_1^2 + D_1 + D_3Q_1^2 + D_5P_1^2\}\mathrm{d}t \\
&\quad + \sqrt{2D_1}P_1\mathrm{d}B_1(t) + \sqrt{2D_3}P_1Q_1\mathrm{d}B_3(t) + \sqrt{2D_5}P_1^2\mathrm{d}B_5(t), \\
\mathrm{d}H_2 &= \{-[-\gamma_1 + \gamma_2(P_1^2 + P_2^2)]P_2^2 + D_2 + D_4Q_2^2 + D_6P_2^2\}\mathrm{d}t \\
&\quad + \sqrt{2D_2}P_2\mathrm{d}B_2(t) + \sqrt{2D_4}P_2Q_2\mathrm{d}B_4(t) + \sqrt{2D_6}P_2^2\mathrm{d}B_6(t),
\end{aligned}
$$

$$
\begin{aligned}
\mathrm{d}\Psi &= \frac{\omega}{2}\{[-\gamma_1 + \gamma_2(P_1^2 + P_2^2)](\frac{Q_1P_1}{H_1} - \frac{Q_2P_2}{H_2}) \\
&\quad + \frac{Q_2P_2}{H_2^2}(D_2 + D_4Q_2^2 + D_6P_2^2) - \frac{Q_1P_1}{H_1^2}(D_1 + D_3Q_1^2 + D_5P_1^2)\}\mathrm{d}t \\
&\quad + \frac{\omega}{2H_2}[\sqrt{2D_2}Q_2\mathrm{d}B_2(t) + \sqrt{2D_4}Q_2^2\mathrm{d}B_4(t) + \sqrt{2D_6}Q_2P_2\mathrm{d}B_6(t)] \\
&\quad - \frac{\omega}{2H_1}[\sqrt{2D_1}Q_1\mathrm{d}B_1(t) + \sqrt{2D_3}Q_1^2\mathrm{d}B_3(t) + \sqrt{2D_5}Q_1P_1\mathrm{d}B_5(t)].
\end{aligned}
\tag{12.1.67}
$$

按 5.2 节中方法平均后，可得 H_1, H_2, Ψ 的平均伊藤随机微分方程和类似于式(12.1.21)的支配平稳概率密度 $p(h_1, h_2, \psi)$ 的平稳 FPK 方程，所不同的是此处一、二阶导数矩为

$$
\begin{aligned}
&a_1 = \gamma_1 h_1 - \frac{3}{2}\gamma_2 h_1^2 - \gamma_2(1 + \frac{1}{2}\cos 2\psi)h_1h_2 + D_1 + D_3\frac{h_1}{\omega^2} + D_5h_1, \\
&a_2 = \gamma_1 h_2 - \frac{3}{2}\gamma_2 h_2^2 - \gamma_2(1 + \frac{1}{2}\cos 2\psi)h_2h_1 + D_2 + D_4\frac{h_2}{\omega^2} + D_6h_2, \\
&a_\psi = \frac{1}{4}\gamma_2 \sin 2\psi\left(h_1 + h_2\right), \quad b_{12} = b_{1\psi} = 0, \quad b_{21} = b_{2\psi} = 0, \quad b_{\psi 1} = b_{\psi 2} = 0,
\end{aligned}
\tag{12.1.68}
$$

$$b_{11}=2D_1h_1+D_3\frac{h_1^2}{\omega^2}+3D_5h_1^2,\quad b_{22}=2D_2h_2+D_4\frac{h_2^2}{\omega^2}+3D_6h_2^2,$$

$$b_{\psi\psi}=\frac{D_1}{2h_1}+\frac{3D_3}{4\omega^2}+\frac{D_5}{4}+\frac{D_2}{2h_2}+\frac{3D_4}{4\omega^2}+\frac{D_6}{4}.$$

用类似于式(12.1.25)至式(12.1.28)的步骤，先得到形式解中的概率势 $\lambda(h_1,h_2,\psi)$ 的导数

$$\begin{aligned}
\frac{\partial\lambda}{\partial h_1}&=\frac{-\gamma_1+3\gamma_2h_1/2+\gamma_2(1+\cos 2\psi/2)h_2-D_3/\omega^2-D_5}{D_1+D_3h_1/2\omega^2+3D_5h_1/2},\\
\frac{\partial\lambda}{\partial h_2}&=\frac{-\gamma_1+3\gamma_2h_2/2+\gamma_2(1+\cos 2\psi/2)h_1-D_4/\omega^2-D_6}{D_2+D_4h_2/2\omega^2+3D_6h_2/2},\\
\frac{\partial\lambda}{\partial\psi}&=\frac{-\gamma_2\sin 2\psi(h_1+h_2)}{D_1/h_1+3D_3/2\omega^2+D_5/2+D_2/h_2+3D_4/2\omega^2+D_6/2}.
\end{aligned}\tag{12.1.69}$$

分析式(12.1.69)后发现只有当 $D_1=D_2$，$D_3=D_4=D_5=D_6=0$，即完全退化到式(12.1.28)的情形，才可能得到 $p(h_1,h_2,\psi)$ 的精确解析解. 对其他参数条件目前尚未得到解析解，可通过数值求解得到平稳概率密度 $p(h_1,h_2,\psi)$，进而按式(5.2.57)得到平稳联合概率密度 $p(x_1,x_2,v_1,v_2)$ 的数值解，以及其他统计量的数值解.

12.1.3　随机活性布朗粒子群体运动

理解和研究生物群体的运动是非常有意义的，因为低等单细胞生物以及鸟类和昆虫等动物的运动往往表现为群体运动. 将单个活性布朗粒子的模型扩展到群体模型是研究群体运动一种常见的方法(Czirok and Vicsek, 2000; Mikhailov and Zanette, 1999). 布朗粒子群体中个体之间通过局部的或全局的耦合联系在一起，可能同时影响个体运动与群体运动.

将多个活性布朗粒子组成群体，并为粒子之间建立耦合机制，就获得了布朗粒子群体运动的模型. 在本节中，考虑群体粒子关于群体质量中心的耦合. 对于由 n 个粒子组成的群体，在二维平面上，粒子运动位移为 (x_{1i},x_{2i}) $i=1,2,\cdots,n$，群体的质心为 (C_1,C_2)，其中

$$C_1=\frac{1}{n}\sum_{i=1}^{n}x_{1i},\quad C_2=\frac{1}{n}\sum_{i=1}^{n}x_{2i}.\tag{12.1.70}$$

设每个粒子的能量管理机制都为式(12.1.2)中的瑞利型阻尼系数，受到独立高斯白噪声激励，势能为抛物线型谐和势能(12.1.1)，粒子之间通过群体质心(12.1.70)进行耦合，则布朗粒子群体的随机动力学方程为(Zhu and Deng, 2005)

$$
\begin{aligned}
&\dot{X}_{1i}=V_{1i},\\
&\dot{V}_{1i}+[-\gamma_1+\gamma_2(V_{1i}^2+V_{2i}^2)]V_{1i}+\omega^2(X_{1i}-\frac{1}{n}\sum_{j=1}^{n}X_{1j})=\sqrt{2D}W_{g1i}(t),\\
&\dot{X}_{2i}=V_{2i},\\
&\dot{V}_{2i}+[-\gamma_1+\gamma_2(V_{1i}^2+V_{2i}^2)]V_{2i}+\omega^2(X_{2i}-\frac{1}{n}\sum_{j=1}^{n}X_{2j})=\sqrt{2D}W_{g2i}(t),\\
&i=1,2,\cdots,n.
\end{aligned}
\tag{12.1.71}
$$

通常把粒子群体的运动分成两种运动, 一是群体质心的运动, 二是所有粒子相对于质心的运动. 一般采用以下几个指标, 质心位移幅值的平方 $R^2(t)$ 、质心速度的平方 $V^2(t)$ 以及粒子速度平方的平均值 $v^2(t)$

$$
\begin{gathered}
R^2(t)=(\frac{1}{n}\sum_{j=1}^{n}x_{1j})^2+(\frac{1}{n}\sum_{j=1}^{n}x_{2j})^2,\quad V^2(t)=(\frac{1}{n}\sum_{j=1}^{n}V_{1j})^2+(\frac{1}{n}\sum_{j=1}^{n}V_{2j})^2,\\
v^2(t)=\frac{1}{n}\sum_{j=1}^{n}(V_{1j}^2+V_{2j}^2).
\end{gathered}
\tag{12.1.72}
$$

在参数 $\gamma_1=0.2$, $\gamma_2=0.1$, $\omega=2$ 和 $D=1\times10^{-4}$ 下, 对 20000 个活性布朗粒子组成的群体运动进行了数值模拟, 取两种初始运动状态, 即初始速度分别低于临界速度 v_0 的 $(0,0,0,0)$ 和高于临界速度 v_0 的 $(0,0,2,2)$. 图 12.1.10 表明, 在经历了足够长的时间之后, 两种情形的质心位移幅值的平方 $R^2(t)$ 都会稳定在某个常数上. 图 12.1.11 表明, 质心速度的平方 $V^2(t)$ 逐渐趋近于零, 粒子速度平方的平均值

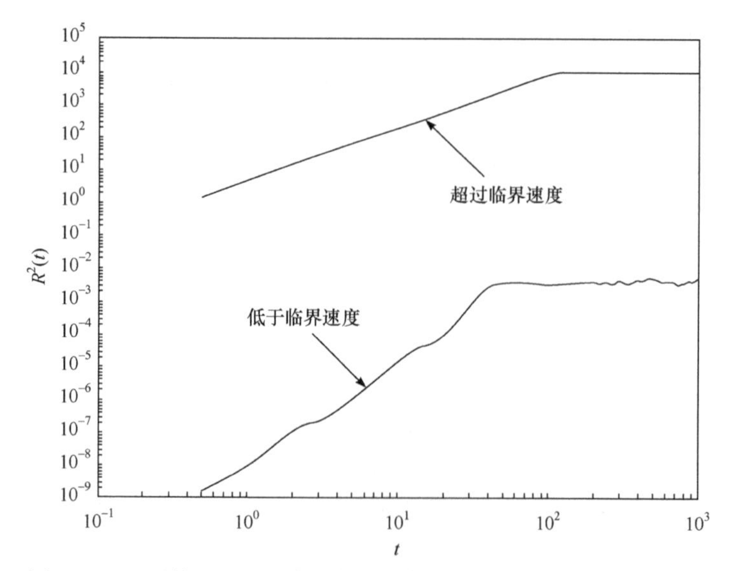

图 12.1.10 系统(12.1.71)质心位移幅值的平方 $R^2(t)$ 随时间 t 的变化

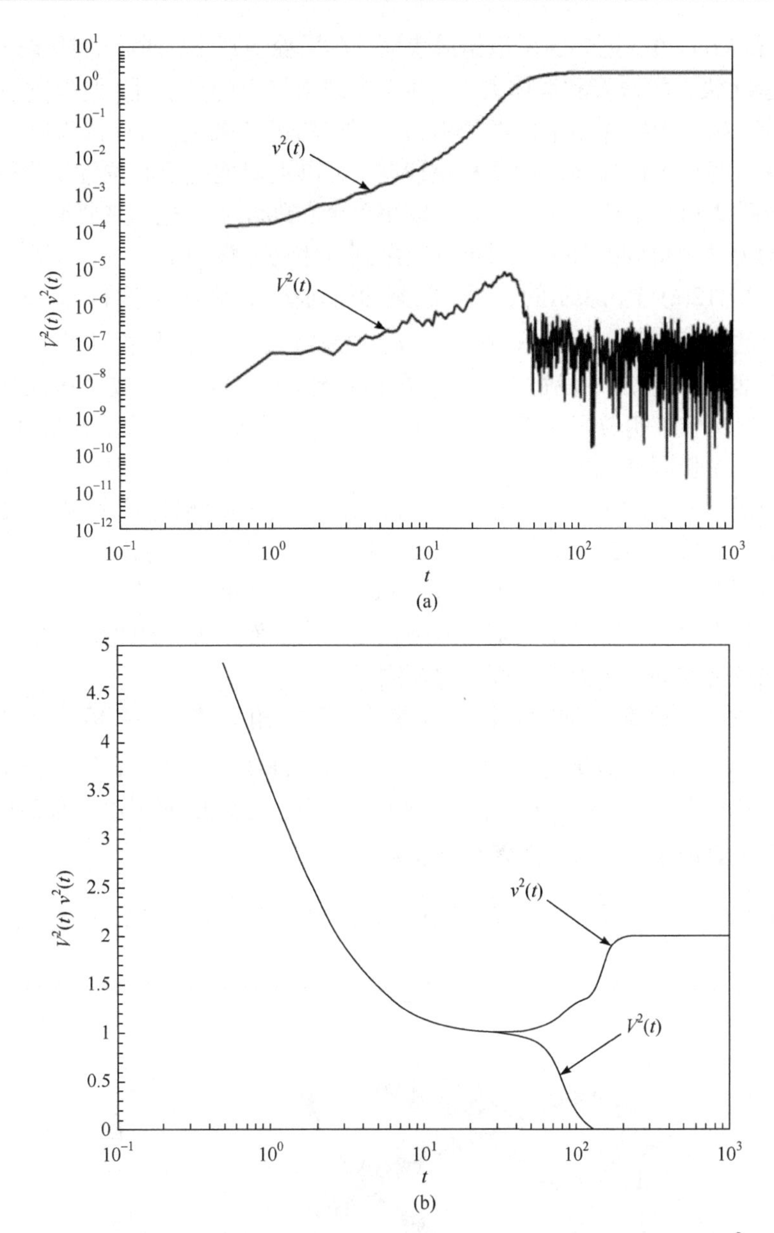

图 12.1.11　粒子群体系统(12.1.71)质心速度的平方 $V^2(t)$ 和粒子速度平方的均值 $v^2(t)$ 随时间 t 的变化, (a) 粒子初始速度低于临界速度 v_0 ; (b) 粒子初始速度高于临界速度 v_0 (Zhu and Deng, 2005)

$v^2(t)$ 则趋近于 $v_0^2 = 2$. 质心的这种平稳性质与初始运动状态没有关系. Ebeling 曾得到类似的结论(Ebeling and Schweitzer, 2001), 认为群体运动趋于平稳后, 质心的

$\dot{R}(t) \approx 0$ 和 $\dot{V}(t) \approx 0$. 更多的模拟结果表明, 在平稳情形下, 质心的具体位置有赖于初始运动状态的选择和群体大小, 并且表现出极大的随机性. 但是质心的速度接近于零, 相对于群体中个体粒子更为“强烈”的运动来说, 可以认为质心是静止的, 研究布朗粒子群体运动的平稳响应时, 可以近似地把质心位置视为原点, 那么, 粒子群体相对于质心的运动就可以用单个布朗粒子的运动来研究, 在单个布朗粒子动力学中得到的许多结果可以应用到群体动力学中来.

图 12.1.12(a)与(b)表示的是四个时刻的运动状态分别在空间 (x_1, x_2, v_2) 和平面 (x_1, x_2) 上的投影, $\gamma_1 = 4$, $\gamma_2 = 10$, $\omega = 1$, $D = 10^{-8}$, 使用的是相对于质心的坐标. 表明粒子群体在经历一段过渡态后, 在相对坐标系里最终形成了极限环. 与图 12.1.1(a)中单个布朗粒子在三维相空间形成的交叉极限环类似, 在群体运动中, 也存在这两个极限环. 图 12.1.13 表明, 随着激励强度增大, 三维空间中的极限环逐渐扩散成扩散了的极限环. 在二维平面 (x_1, v_2) 上, 则表现为线段(见图 12.1.1(c))向棒形的扩散(见图 12.1.14). 利用单个布朗粒子情形下得到的解析式(12.1.31), 分别可以得到图 12.1.13 和图 12.1.14 中扩散了的极限环的概率密度. 由于粒子在两种极限环状态之间穿越的机会随着激励强度的增加而增加, 因此在大激励强度下, 两个极限环之间的分形界线逐渐变得模糊了.

研究中一般都关注群体的总能量 E、角动量 L 和相应的角位置 $\psi = \tan^{-1}(x_2/x_1)$ 的平稳响应(Ebeling and Röpke, 2004). 可以从单个布朗粒子的精确解(12.1.30)导得群体粒子 E, L, ψ 的平稳概率密度. 比如, 对于单个布朗粒子, 可以得到粒子总能量 $E^{(1)}$ 的平稳概率密度为

$$p(E^{(1)}) = \frac{\mathrm{d}}{\mathrm{d}E}\left\{ \iint\limits_{h_1 + h_2 \leqslant E^{(1)}} \left[\int_0^{2\pi} p(h_1, h_2, \psi)\mathrm{d}\psi\right]\mathrm{d}h_1\mathrm{d}h_2 \right\}. \tag{12.1.73}$$

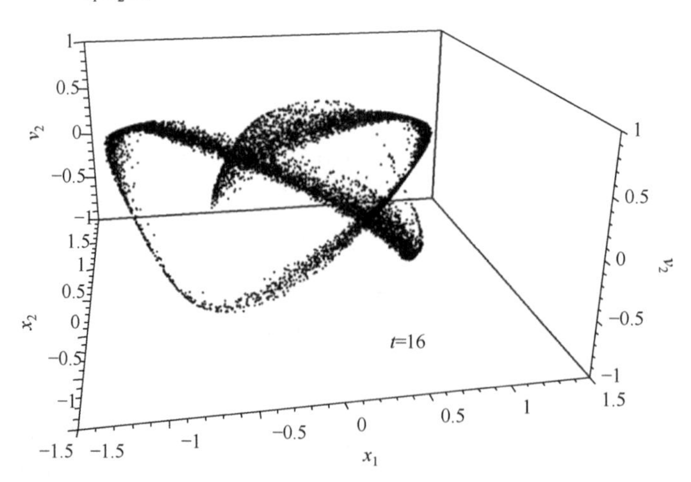

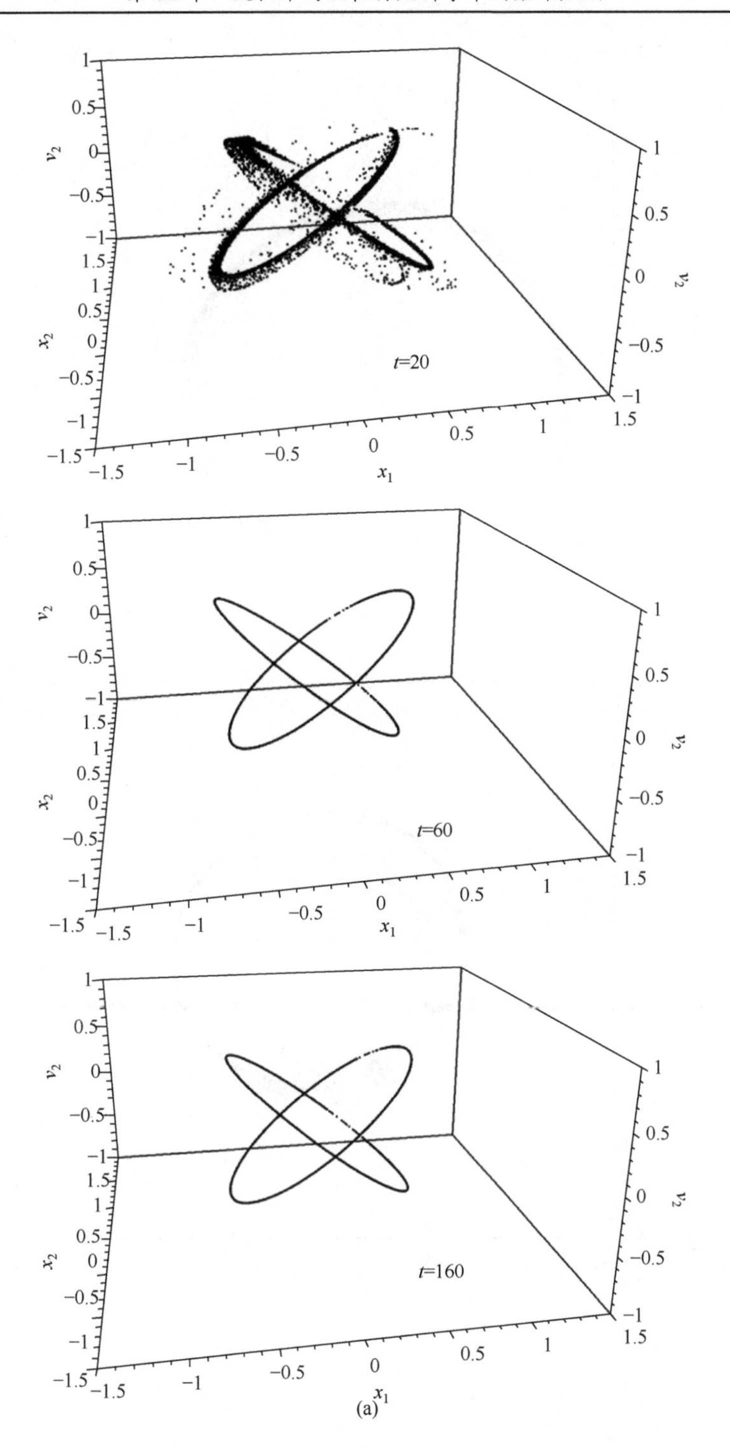

(a)

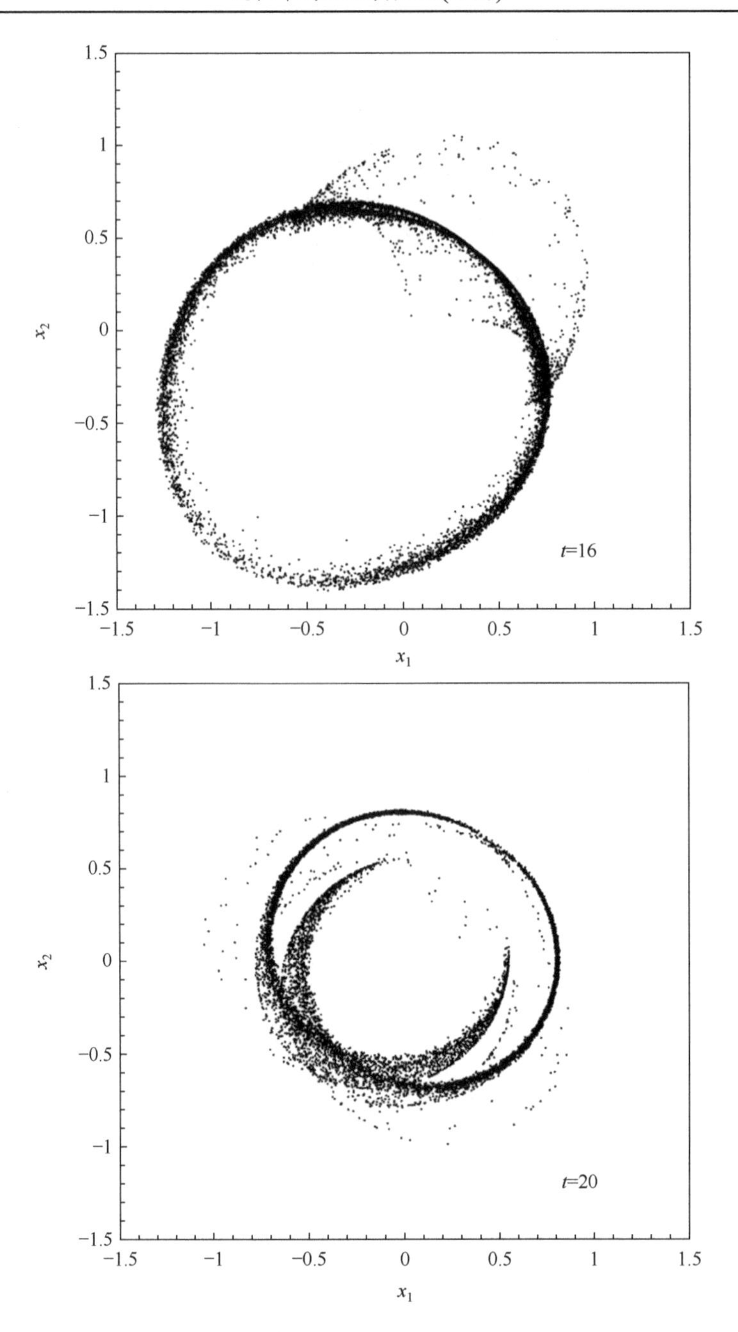
1.5
1
0.5
0
−0.5
−1
−1.5
x_2
x_1
t=16
t=20

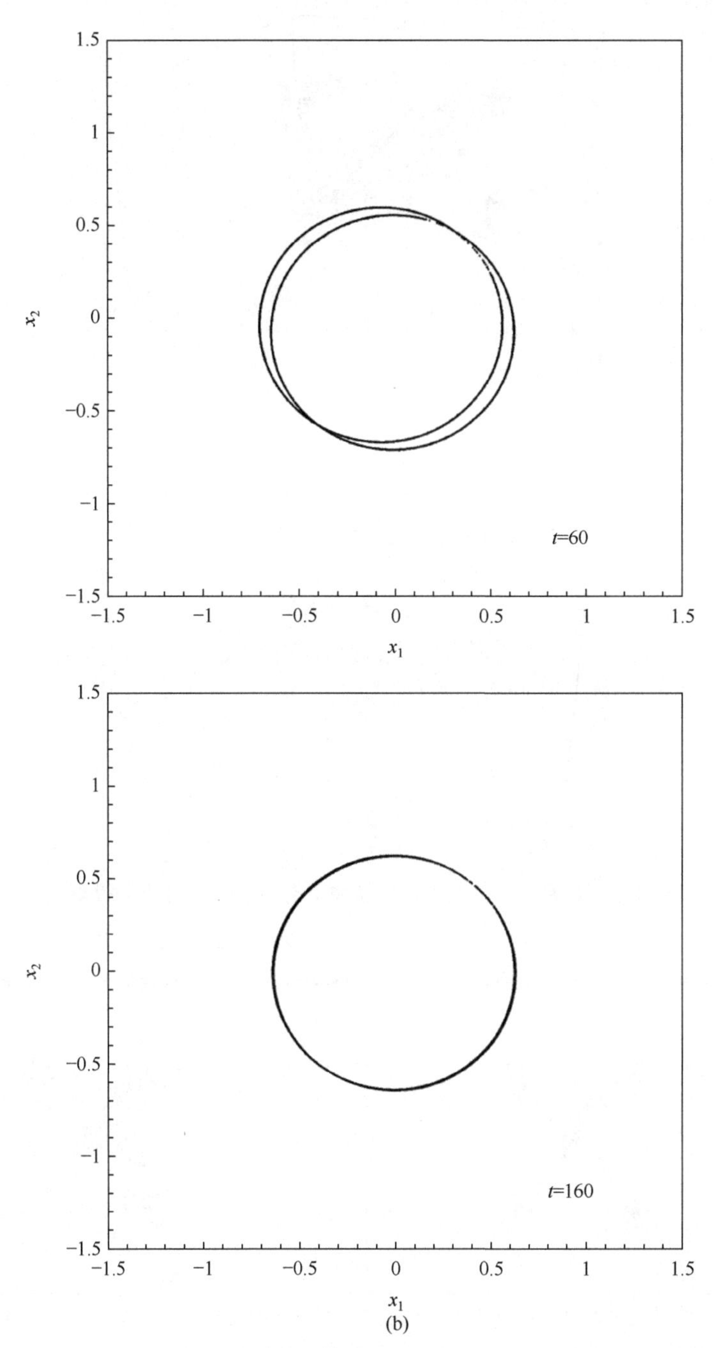

图 12.1.12　(a) 10000 个布朗粒子组成的群体运动在子空间 $\{x_1, x_2, v_2\}$ 上投影的演变(Zhu and Deng, 2005)；(b) 10000 个布朗粒子组成的群体运动在平面 $\{x_1, x_2\}$ 投影的演变(Zhu and Deng, 2005)

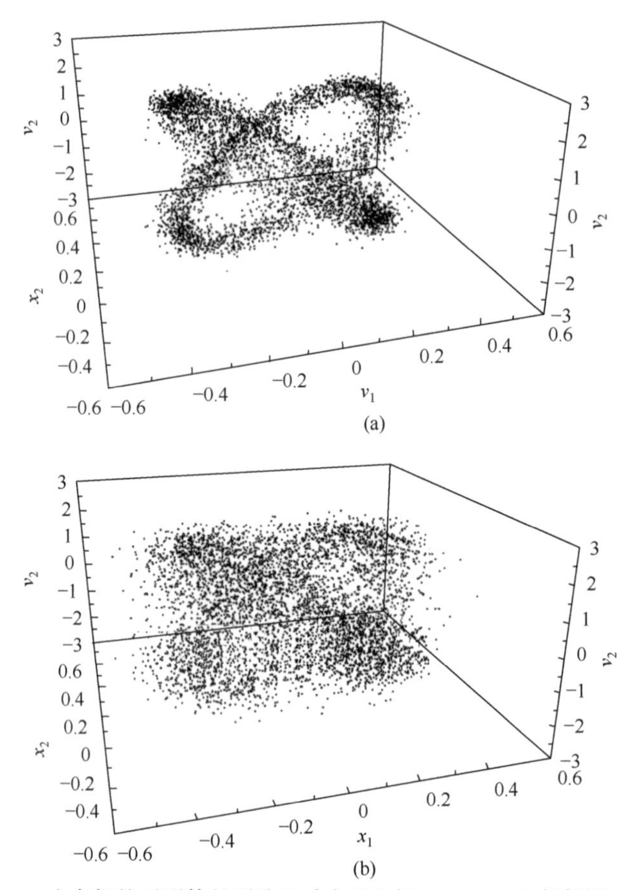

图 12.1.13　5000 个布朗粒子群体的平稳运动在子空间 $\{x_1, x_2, v_2\}$ 上的投影，$\gamma_1 = 4$，$\gamma_2 = 1$，$\omega = 6$, (a) $D = 0.2$; (b) $D = 0.8$ (Zhu and Deng, 2005)

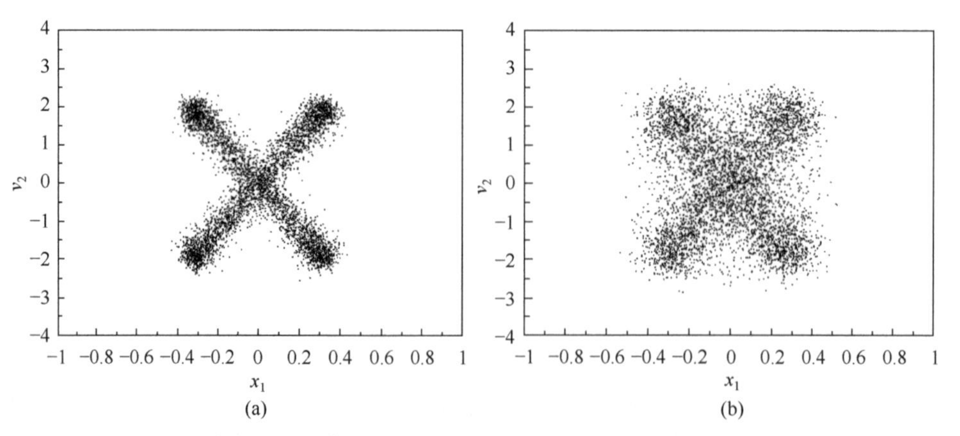

图 12.1.14　5000 个布朗粒子群体的平稳运动在平面 $\{x_1, v_2\}$ 上的投影，$\gamma_1 = 4$，$\gamma_2 = 1$，$\omega = 6$，(a) $D = 0.2$; (b) $D = 0.8$ (Zhu and Deng, 2005)

对于布朗粒子群体，在相对于质心的坐标中，所有粒子个体的能量是独立同分布的,可得如下关于 n 个布朗粒子能量的联合概率密度

$$p(E^{(1)},E^{(2)},\cdots,E^{(n)})=\prod_{i=1}^{n}p(E^{(i)}) \tag{12.1.74}$$

式中 $p(E^{(i)})$ 表示第 i 个粒子能量的概率密度，形同(12.1.73)，群体的总能量 $E=\sum_{i=1}^{n}E^{(i)}$ 的概率密度可按下式得到

$$p(E)=\frac{\mathrm{d}}{\mathrm{d}E}\{\iint\limits_{\sum_{i=1}^{n}E^{(i)}\leqslant E}[\prod_{i=1}^{n}p(E^{(i)})]\mathrm{d}E^{(1)}\mathrm{d}E^{(2)}\cdots\mathrm{d}E^{(n)}\}. \tag{12.1.75}$$

对于更大的群体规模，完成(12.1.75)的多重积分是很困难的，此时可运用中心极限定理，当 $n\to\infty$ 时，群体的总能量符合正态分布 $N(n\mu,n\sigma^2)$，即

$$p(E)=\frac{1}{\sqrt{2\pi n}\sigma}\exp[-\frac{(E-n\mu)^2}{2n\sigma^2}]. \tag{12.1.76}$$

式中均值 μ 和方差 σ^2 可由式(12.1.73)中的概率密度获得.

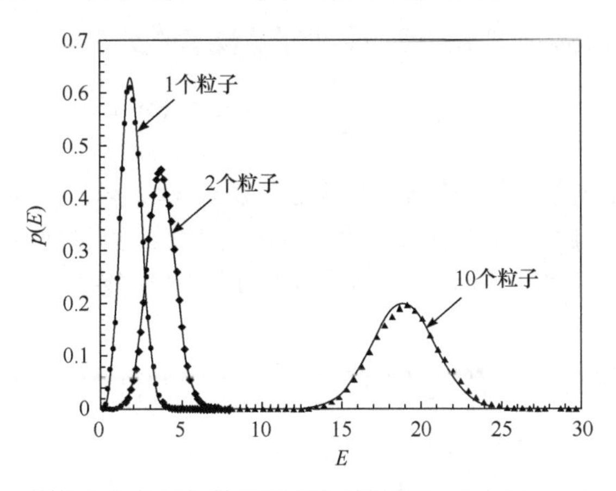

图 12.1.15　群体布朗粒子总能量的平稳概率密度 $p(E)$ (Zhu and Deng, 2005)

给定参数 $\gamma_1=0.2$，$\omega=2$ 和 $D=0.05$，图 12.1.15 显示分别含 1 个, 2 个和 10 个粒子的活性布朗粒子群体的总能量的概率密度 $p(E)$，实线 —— 表示分别来自解析解(12.1.73)、(12.1.75)和(12.1.76)的结果，符号● ♦ ▲表示来自式(12.1.71)的数值模拟结果. 可以看出，理论方法可以很好地预测活性布朗粒子群体总能量的平稳响应.

布朗粒子的角动量 L 可由独立的积分 H_1 和 H_2 来表示

$$L=\dot{x}_1x_2-x_1\dot{x}_2=\frac{2\sin\psi}{\omega}(h_1h_2)^{1/2}. \tag{12.1.77}$$

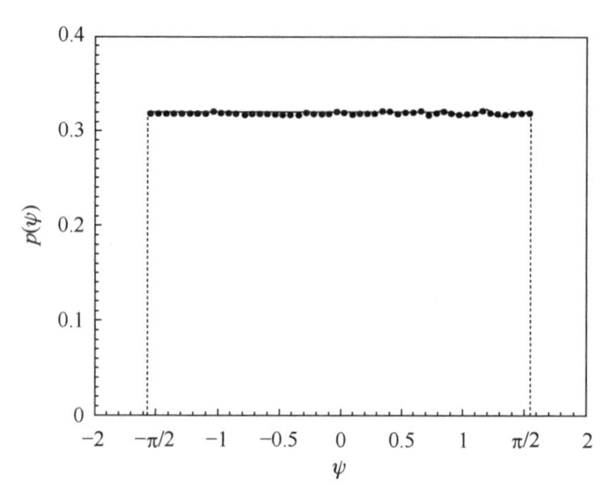

图 12.1.16　群体布朗粒子角位置的平稳概率密度 $p(\psi)$ (Zhu and Deng, 2005)

粒子角动量L的平稳概率密度就可以由下式得到

$$p(L)=\frac{\mathrm{d}}{\mathrm{d}L}[\iiint_{\frac{2\sin\psi}{\omega}(h_1h_2)^{1/2}\leqslant L}p(h_1,h_2,\psi)\mathrm{d}h_1\mathrm{d}h_2\mathrm{d}\psi]. \tag{12.1.78}$$

类似地, 可以得到布朗粒子角位移的平稳概率密度

$$p(\psi)=\frac{\mathrm{d}}{\mathrm{d}\psi}[\iint_{\tan^{-1}(x_2/x_1)\leqslant\psi}p(x_1,x_2)\mathrm{d}x_1\mathrm{d}x_2]. \tag{12.1.79}$$

式中 $p(x_1,x_2)$ 由解析解(12.1.31)导得. 给定参数$\gamma_1=4$，$\gamma_2=1$，$\omega=6$和$D=1$，图 12.1.16 给出了来自解(12.1.79)和数值模拟的结果比较, 可见两者吻合得很好.

关于布朗粒子相对于质心的位移幅值r的平稳概率密度$p(r)$，可按下式从解析解(12.1.31)得到

$$\begin{aligned}F(r)&=\iint_{(x_1^2+x_2^2)^{1/2}\leqslant r}\int_{-\infty}^{\infty}\int_{-\infty}^{\infty}p(x_1,x_2,v_1,v_2)\mathrm{d}v_1\mathrm{d}v_2\mathrm{d}x_1\mathrm{d}x_2\\&=\int_0^{2\pi}\int_0^{r}\int_{-\infty}^{\infty}\int_{-\infty}^{\infty}ap(a\cos\theta,a\sin\theta,v_1,v_2)\mathrm{d}v_1\mathrm{d}v_2\mathrm{d}a\mathrm{d}\theta.\end{aligned}$$

$$p(r)=\frac{\mathrm{d}F(r)}{\mathrm{d}r}=\int_0^{2\pi}\int_{-\infty}^{\infty}\int_{-\infty}^{\infty}rp(r\cos\theta,r\sin\theta,v_1,v_2)\mathrm{d}v_1\mathrm{d}v_2\mathrm{d}\theta. \tag{12.1.80}$$

Erdmann 曾用标准随机平均法得到了如下的 $p(r)$ (Erdmann et al., 2002)

$$p(r)=C\exp[\frac{\gamma_1\omega^2}{D}r^2(1-\frac{r^2}{2r_0^2})]. \tag{12.1.81}$$

图 12.1.17 分别显示了从模拟结果、式(12.1.80)及式(12.1.81)导出的 $p(x_1,x_2)$，其中从 $p(r)$ 推导 $p(x_1,x_2)$ 使用了变换 $x_1=r\cos\theta,\ x_2=r\sin\theta$. 从图可见, 虽然本节的解析解(12.1.80)比 Erdmann 的解析解(12.1.81)更复杂, 但计算精确度更高.

关于布朗粒子运动速度的概率密度，可按下式从 $p(x_1, x_2, v_1, v_2)$ 得到

$$p(v) = \int_0^{2\pi} \int_{-\infty}^{\infty} \int_{-\infty}^{\infty} v p(x_1, x_2, v\cos\theta, v\sin\theta) \mathrm{d}x_1 \mathrm{d}x_2 \mathrm{d}\theta. \tag{12.1.82}$$

图 12.1.18 同时显示了式(12.1.80)和式(12.1.82)中 $p(r)$ 和 $p(v)$ 的解析结果与模拟结果的比较，同样说明了对单个布朗粒子动力学研究得到的一系列解析解同样适用于群体运动.

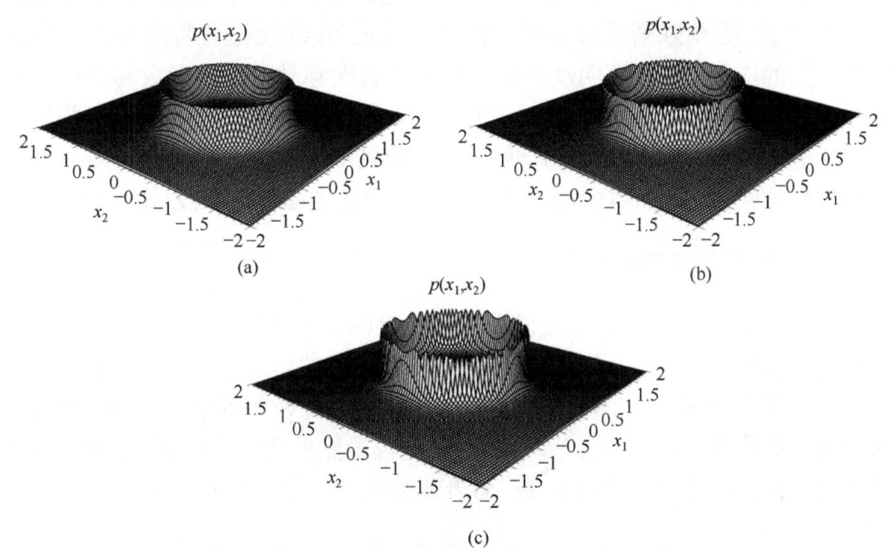

图 12.1.17　群体布朗粒子位移 X_1, X_2 的平稳概率密度 $p(x_1, x_2)$，(a) 模拟结果；(b) 从(12.1.80)计算的结果；(c) 从(12.1.81)计算的结果，参数与文献(Erdmann et al., 2002)中图 2 相同 (Zhu and Deng, 2005)

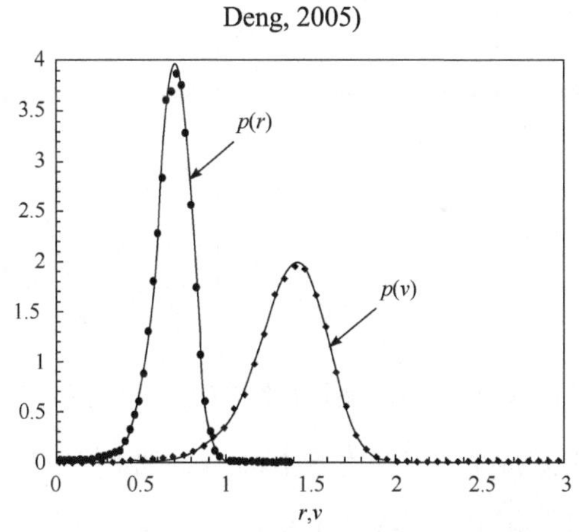

图 12.1.18　群体布朗粒子位移幅值 r 和速度 V 的平稳概率密度 $p(r)$ 和 $p(v)$，$\gamma_1 = 0.2$，$\gamma_2 = 0.1$，$\omega = 2$，$D = 0.01$，—— 表示来自式(12.1.80)和式(12.1.82)的计算结果，● ♦ 表示数值模拟结果(Zhu and Deng, 2005)

12.2　反应速率理论

克莱默斯(Kramers, 1940)经典反应速率理论把反应过程看成为反应粒子在随机扰动下跨越势垒的过程. 按反应粒子所受阻尼力的大小, 克莱默斯分别得到了中到大阻尼下受位移扩散支配的反应速率表达式和小阻尼下受能量扩散支配的反应速率表达式. 克莱默斯反应速率理论经过修正与改进后, 在物理学和生命科学中有着广泛的应用. 已经证明反应粒子的平均首次穿越时间的倒数与反应速率是等价的(Reimann et al., 1999). 因此, 研究随机动力学系统的首次穿越问题将有助于发展反应速率理论. 本节将拟哈密顿系统随机平均法应用于研究反应动力学模型的首次穿越问题, 进而得到反应速率的解析表达式(Deng and Zhu, 2007a).

12.2.1　克莱默斯反应速率理论

可用图 12.2.1 所示双稳系统模型描述经典的克莱默斯反应速率理论, 一个单位质量的布朗粒子(反应粒子)在势函数为 $U(x)$ 的双势阱之间运动, 反应粒子跨越势垒就表示反应完成. 对于粒子跨越势垒的反应可有两种理解, 一种理解是粒子位移跨越势垒位置, 即 $x > x_b$; 另一种理解是粒子能量超过势垒能量, 即 $E > \Delta U$, 前者称受位移扩散支配的反应速率, 后者称受能量扩散支配的反应速率.

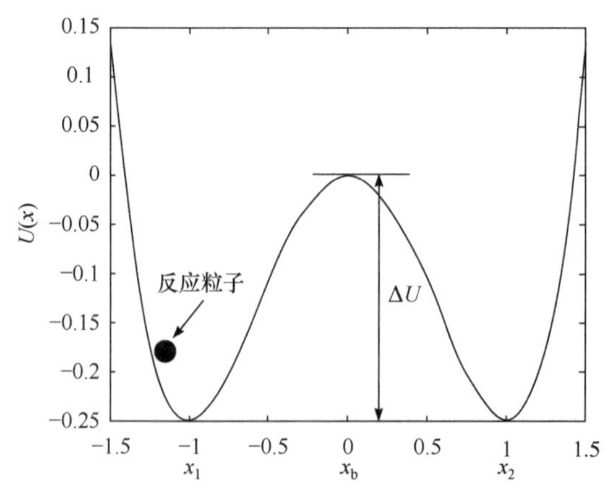

图 12.2.1　随机激励下反应粒子在双势阱 $U(x) = -x^2/2 + x^4/4$ 中的运动

反应粒子的位移 $X(t)$ 受如下朗之万(Langevin)方程支配

$$\frac{\mathrm{d}^2 X}{\mathrm{d}t^2} + \gamma \frac{\mathrm{d}X}{\mathrm{d}t} + \frac{\mathrm{d}U(X)}{\mathrm{d}X} = \sqrt{2D} W_g(t). \tag{12.2.1}$$

式中 $W_g(t)$ 是单位高斯白噪声, 根据涨落耗散定理(爱因斯坦关系式), 可以为随机

激励的强度 $2D$，线性阻尼系数 γ 和热扰动温度 T 之间建立如下关系

$$D=\gamma k_{\mathrm{B}}T. \tag{12.2.2}$$

作为一个特殊的例子，克莱默斯反应速度理论考虑过如下对称的双势阱势能函数

$$U(x)=-\frac{a}{2}x^2+\frac{b}{4}x^4,\quad a,b>0. \tag{12.2.3}$$

从式(12.2.3)可确定左右两个势阱位置 $x_{1,2}=\mp\sqrt{a/b}$ 和势垒位置 $x_{\mathrm{b}}=0$；势阱底部的线性化频率为 $\omega_0^2=U''(x_1)=2a$；势垒顶部的线性化频率为 $\omega_{\mathrm{b}}^2=\left|U''(x_{\mathrm{b}})\right|=a$；势垒高度 $\Delta U=a^2/4b$.

将图 12.2.1 左边反应粒子所在的势阱看成是不断提供反应粒子的"源泉"，右边势阱看成是吸收反应粒子的"陷阱". 反应粒子从"源泉"出发，在热扰动下，一旦位移跨越势垒位置，即 $x>x_{\mathrm{b}}$ 时，将被"陷阱"吸收而不再返回. 当反应粒子处在"源泉"中时，代表反应物，当它处于"陷阱"时，代表产物. 克莱默斯反应速率理论就是根据阻尼系数 γ 的大小，获取反应速率表达式. 当 γ 较大时，反应粒子耗散的能量较大，同时，式(12.2.2)表明热扰动能量也较大，克莱默斯提供的反应粒子跨越势垒的速率为(Kramers, 1940)

$$k_{\mathrm{M}}=\frac{\omega_0\omega_{\mathrm{b}}}{2\pi\gamma}\exp\left(-\frac{\Delta U}{k_{\mathrm{B}}T}\right). \tag{12.2.4}$$

可见 k_{M} 是受位移扩散支配的反应速率.

当 γ 足够小时，反应粒子耗散的能量与热扰动能量均较小，两者近乎达到平衡，此时反应粒子跨越势垒的速率就受粒子自身能量扩散的支配，据此，克莱默斯得到了如下支配粒子能量概率密度 $p(E,t)$ 的方程

$$\frac{\partial p(E,t)}{\partial t}=\frac{\gamma}{2\pi}\frac{\partial}{\partial E}\left[I(E)\left(1+k_{\mathrm{B}}T\frac{\partial}{\partial E}\right)\omega(E)p(E,t)\right]. \tag{12.2.5}$$

式中 E 是系统能量，$I(E)$ 是对应于无阻尼系统的作用量

$$I(E)=\oint\sqrt{2\big(E-U(x)\big)}\mathrm{d}x. \tag{12.2.6}$$

而 $\omega(E)=2\pi\partial E/\partial I$ 是对应于无阻尼系统的角频率. 在阻尼足够小时，一旦反应粒子获得略大于势垒能量 E_{b} 的能量时，粒子就能跨越势垒，据此可以提出反应速率的近似式. 在高势垒的条件下，即 $\Delta U/k_{\mathrm{B}}T\gg 1$ 时，由式(12.2.5)可以得到适合于小阻尼情形下的反应速率 k_{W}

$$k_{\mathrm{W}}=\frac{\gamma\omega_0 I(\Delta U)}{2\pi k_{\mathrm{B}}T}\exp\left(-\frac{\Delta U}{k_{\mathrm{B}}T}\right). \tag{12.2.7}$$

如果再作线性化近似，即令 $U(x)\approx\omega_0^2x^2/2$，式(12.2.7)可近似为

$$k_{\mathrm{W}}=\frac{\gamma\Delta U}{k_{\mathrm{B}}T}\exp(\frac{-\Delta U}{k_{\mathrm{B}}T}). \tag{12.2.8}$$

可见 k_{W} 是受能量扩散支配的反应速率.

实际应用克莱默斯反应速率理论时, 可以组合式(12.2.4)和式(12.2.8), 得到如下反应速率的表达式

$$k_{\mathrm{kramers}}=(k_{\mathrm{M}}^{-1}+k_{\mathrm{W}}^{-1})^{-1}. \tag{12.2.9}$$

可见克莱默斯反应速率 k_{kramers} 综合了受位移扩散支配和受能量扩散支配的反应速率, 该式同时适用于小、中、大阻尼情形.

12.2.2 受能量扩散支配的反应速率

本节将运用第 5 章中描述的拟哈密顿系统随机平均法得到更为一般的反应速率表达式. 在一定条件下, 所得结果可退化到克莱默斯反应速率表达式(12.2.8).

将系统(12.2.1)看成是随机激励的耗散的哈密顿系统, 可以得到如下相应的伊藤随机微分方程

$$\begin{aligned}&\mathrm{d}Q=P\mathrm{d}t,\\&\mathrm{d}P=-(\frac{\mathrm{d}U(Q)}{\mathrm{d}Q}+\gamma P)\mathrm{d}t+\sqrt{2\gamma k_{\mathrm{B}}T}\mathrm{d}B(t).\end{aligned} \tag{12.2.10}$$

式中, $Q=X$ 为广义位移, $P=\mathrm{d}X/\mathrm{d}t$ 为广义动量; $B(t)$ 是单位维纳过程. 系统(12.2.10)的哈密顿函数(系统总能量) $H(t)$ 是

$$H=P^2/2+U(Q). \tag{12.2.11}$$

运用伊藤随机规则(Itô, 1951a)由方程(12.2.10)可导得支配 $H(t)$ 的伊藤随机微分方程

$$\mathrm{d}H=(-\gamma P^2+\gamma k_{\mathrm{B}}T)\mathrm{d}t+\sqrt{2\gamma k_{\mathrm{B}}T}P\mathrm{d}B(t). \tag{12.2.12}$$

系统由方程(12.2.10)中第一式与式(12.2.12)描述, 其中 P 按式(12.2.11)代之以 $P=\pm\sqrt{2H-2U(Q)}$. 假定阻尼和激励都是弱的, 从方程(12.2.12)可知, 哈密顿函数 $H(t)$ 是慢变过程, 而广义位移 Q 是快变过程. 应用拟哈密顿系统随机平均法, 可得如下平均后 $H(t)$ 的伊藤方程

$$\mathrm{d}H=m(H)\mathrm{d}t+\sigma(H)\mathrm{d}B(t). \tag{12.2.13}$$

按式(5.1.10)至式(5.1.13), 上式中的漂移系数 $m(H)$ 和扩散系数 $\sigma(H)$ 用如下空间平均得到

$$m(H)=\frac{1}{T(H)}\int_{\Omega}\left(-\gamma p^{2}+\gamma k_{\mathrm{B}}T\right)\mathrm{d}q,\quad \sigma^{2}(H)=\frac{1}{T(H)}\int_{\Omega}\left(2\gamma k_{\mathrm{B}}Tp^{2}\right)\mathrm{d}q,$$
$$T(H)=\int_{\Omega}(1/p)\mathrm{d}q,\quad \varOmega=\left\{q\middle|U(q)\leqslant H\right\}. \tag{12.2.14}$$

完成式(12.2.14)中对 q 的积分, 得到如下 $m(H)$ 和 $\sigma^2(H)$ 的表达式

$$m(H)=\gamma k_{\mathrm{B}}T-\gamma S(H),\quad \sigma^{2}(H)=2\gamma k_{\mathrm{B}}TS(H),$$
$$S(H)=\frac{1}{3b}\left(a+\sqrt{a^{2}-4bH}\right)\left(a\frac{E(e)}{K(e)}-\sqrt{a^{2}-4bH}\right),\quad e=\frac{a-\sqrt{a^{2}-4bH}}{a+\sqrt{a^{2}-4bH}}. \tag{12.2.15}$$

式中 $K(\cdot)$ 和 $E(\cdot)$ 分别是第一类和第二类完全椭圆积分, 式(12.2.15)可以等价地表示成如下形式

$$m(H)=\gamma k_{\mathrm{B}}T-\frac{\gamma}{2\pi}I(H)\omega(H),\quad \sigma^{2}(H)=\frac{1}{\pi}\gamma k_{\mathrm{B}}TI(H)\omega(H). \tag{12.2.16}$$

式中 $I(H)$ 是(12.2.6)中的作用量, $\omega(H)$ 是相应的角频率, 它们都由系统能量 H 决定. 与平均伊藤方程(12.2.13)相应的平均 FPK 方程是

$$\frac{\partial p(h,t)}{\partial t}=\frac{-\partial}{\partial h}\left[m(h)p(h,t)\right]+\frac{1}{2}\frac{\partial^{2}}{\partial h^{2}}\left[\sigma^{2}(h)p(h,t)\right]. \tag{12.2.17}$$

将式(12.2.16)中两系数代入 FPK 方程(12.2.17)并展开, 注意到 $\partial I/\partial H=2\pi/\omega(H)$, 就可以验证, 应用随机平均法得到的平均 FPK 方程(12.2.17)和克莱默斯在小阻尼情形下描述能量概率密度的方程(12.2.5)相同.

给定阈值 $h_{\mathrm{C}}=\varDelta U$, 哈密顿函数 $H(t)$ 的首次穿越时间定义为当初始能量 $h_0=H(0)$ 小于阈值 h_{C}, $h(t)$ 首次超过阈值 h_{C} 的时间. 平均首次穿越时间 $\mu(H_0)$ 受如下庞特里亚金方程支配(Pontryagin et.al., 1933)

$$\frac{1}{2}\sigma^{2}(h_{0})\frac{\mathrm{d}^{2}\mu}{\mathrm{d}h_{0}^{2}}+m(h_{0})\frac{\mathrm{d}\mu}{\mathrm{d}h_{0}}=-1. \tag{12.2.18}$$

方程(12.2.18)的定义域为 $0\leqslant h_0<h_{\mathrm{C}}$. 由式(12.2.6)知, 在边界 $h_0=0$ 即 $E=0$ 上, $I(0)=0$, $\sigma^2(0)=0$. 由式(12.2.18)可得方程(12.2.18)的一个边界条件是

$$\left.\frac{\mathrm{d}\mu}{\mathrm{d}h_{0}}\right|_{h_{0}=0}=\frac{-1}{\gamma k_{\mathrm{B}}T}. \tag{12.2.19}$$

在另一个边界 $h_0=h_{\mathrm{C}}$ 即阈值上的条件是

$$\mu(h_{0}=h_{\mathrm{C}})=0. \tag{12.2.20}$$

在边界条件(12.2.19)和式(12.2.20)下, 可得方程(12.2.18)解的解析表达式

$$\mu(h_0) = 2\int_{h_0}^{h_C} \mathrm{d}u \int_0^u \frac{1}{\sigma^2(v)} \exp\left[-2\int_v^u \frac{m(w)}{\sigma^2(w)} \mathrm{d}w\right] \mathrm{d}v. \tag{12.2.21}$$

反应速率与平均首次穿越时间的倒数是等价的(Reimann et al., 1999), 据此, 受能量支配的反应速率 k_E 是初始能量 $h_0 = 0$ 时平均首次穿越时间 $\mu(0)$ 的倒数, 即

$$k_E = 1/\mu(0)\big|_{h_C = \Delta U}. \tag{12.2.22}$$

图 12.2.2 中显示了本节所得的式(12.2.22)、克莱默斯小阻尼预测式(12.2.8)及蒙特卡罗模拟结果的比较. 本节理论方法所得结果虽然只适用于小阻尼情形, 但比克莱默斯的结果(12.2.8)更精确, 并且在推导式(12.2.22)的过程中, 并没有作线性化近似 $U(x) \approx \omega_0^2 x^2/2$ 和高势垒假定 $\Delta U/k_B T \gg 1$, 所以式(12.2.22)比克莱默斯的预测式(12.2.8)更具一般性.

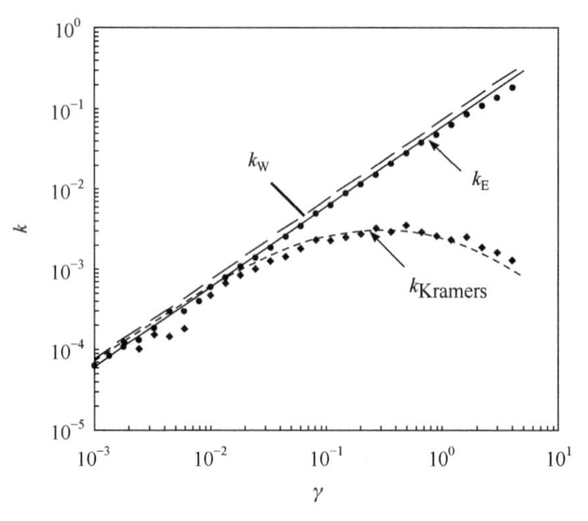

图 12.2.2　系统(12.2.1)的反应速率

其中实线——表示式(12.2.22)的结果, 短虚线-----表示式(12.2.9)的结果, 长虚线— —表示式(12.2.8)的结果, 棱形♦表示受位移扩散支配的反应速率模拟结果; 点形●表示受能量扩散支配的反应速率模拟结果, $a=1$, $b=1$, $\Delta U/k_B T = 4$ (Deng and Zhu, 2007a)

在线性化近似和高势垒假定下, 本节所得的理论式(12.2.22)可以退化到克莱默斯预测式(12.2.8). 首先考虑线性化近似 $U(x) \approx \omega_0^2 x^2/2$, (12.2.6)中的作用量 $I(H)$ 和角频率 $\omega(H)$ 将分别退化为 $2\pi H/\omega_0$ 和 ω_0, 式(12.2.16)中的漂移系数 $m(H)$ 和扩散系数 $\sigma(H)$ 退化为

$$m(H) = \gamma k_B T - \gamma H, \quad \sigma^2(H) = 2\gamma k_B T H. \tag{12.2.23}$$

将式(12.2.23)中两系数代入式(12.2.21)和式(12.2.22)就可得到线性化近似下的反应

速率 k_L

$$k_L = \gamma \left(\int_0^{\frac{\Delta U}{k_B T}} \frac{e^t - 1}{t} \mathrm{d}t \right)^{-1}. \tag{12.2.24}$$

再考虑高势垒假定 $\Delta U / k_B T \gg 1$，注意到存在如下极限

$$\operatorname*{Limit}_{x \to \infty} \left[\left(\int_0^x \frac{e^t - 1}{t} \mathrm{d}t \right) \Big/ \left(\frac{1}{x} e^x \right) \right] = 1. \tag{12.2.25}$$

式(12.2.24)中反应速率 k_L 进一步退化为式(12.2.8)中的 k_W . 图 12.2.3 显示了线性化近似和高势垒假定给反应速率带来的误差，可见，仅线性近似所得结果 k_L 与未做近似的结果 k_E 误差较小. 加上高势垒假定后，所得结果 k_W 误差大得多. 随着势垒 $\Delta U / k_B T$ 增高，k_W 和 k_L 趋于接近.

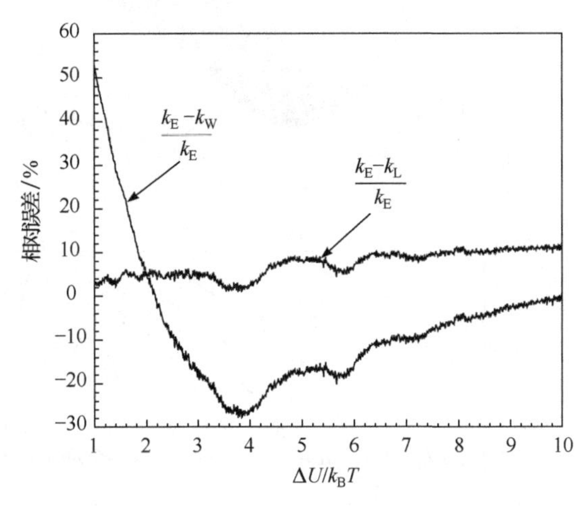

图 12.2.3　以(12.2.22)中 k_E 为基准，克莱默斯预测式(12.2.8)中 k_W 与线性化近似的预测式(12.2.24)中 k_L 的相对误差 $a = 1$， $b = 1$， $\gamma = 0.01$ (Deng and Zhu, 2007a)

12.2.3　多维势能曲面上的反应速率

除上述一维势能反应速率模型外，尚有许多更复杂的反应过程需用反应粒子在多维势能面上的运动来描述. 拟哈密顿系统随机平均法的一个优点是，它可用于预测多维势能曲面上的反应速率. 对于大阻尼情形，Langer 得到了多维势能曲面上的反应速率(Hänggi et al., 1990; Langer, 1969). 对于小阻尼情形的多维势能曲面上的反应速率，目前尚无较好的理论预测. 下面将运用拟哈密顿系统随机平均法，得到小阻尼情形多维势能曲面上反应速率的较好理论预测式.

为便于阐述，此处仅考虑二维势能曲面上的反应粒子运动，势能函数为

$$U(x_1,x_2)=-\frac{ax_1^2}{2}+\frac{bx_1^4}{4}+\frac{cx_2^2}{2}-\varepsilon x_1x_2,\quad a,b,c,\varepsilon>0. \tag{12.2.26}$$

如图 12.2.4(a)所示, 势能$U(x_1,x_2)$具有两个势阱, 反应过程可以用一个反应粒子从其中一个势阱跨越势垒进入另一个势阱的行为来描述. 这个势垒的高度ΔU是

$$\Delta U=\left(ac+\varepsilon^2\right)^2\Big/4bc^2 . \tag{12.2.27}$$

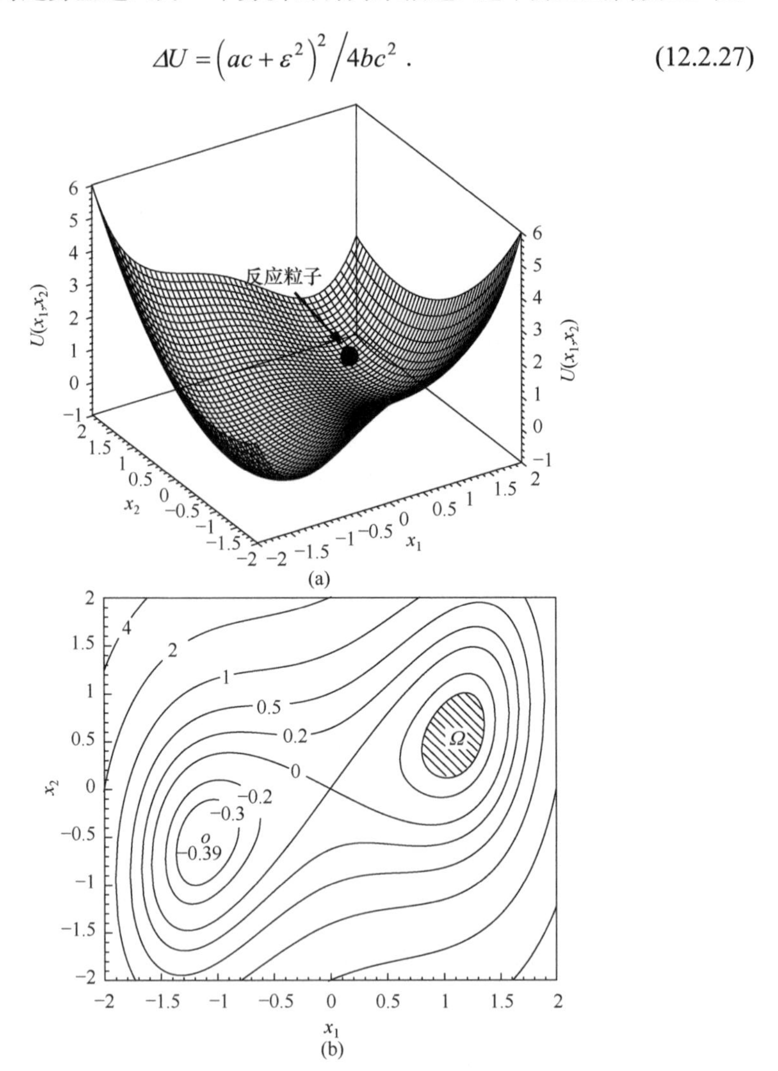

图 12.2.4 (a) 反应粒子在二维势能曲面(12.2.26)上的运动; (b) 势能曲面(12.2.26)的等势线, 阴影部分表示(12.2.33)中的积分域Ω, $a=1$, $b=1$, $c=1$, $\varepsilon=0.5$ (Deng and Zhu, 2007a)

支配这个反应过程的随机动力学方程是(邓茂林, 2007)

$$
\begin{aligned}
&\frac{\mathrm{d}^2 X_1}{\mathrm{d}t^2}+\gamma\frac{\mathrm{d}X_1}{\mathrm{d}t}+\frac{\partial U(X_1,X_2)}{\partial X_1}=\sqrt{2\gamma k_{\mathrm{B}}T}W_{g1}(t),\\
&\frac{\mathrm{d}^2 X_2}{\mathrm{d}t^2}+\gamma\frac{\mathrm{d}X_2}{\mathrm{d}t}+\frac{\partial U(X_1,X_2)}{\partial X_2}=\sqrt{2\gamma k_{\mathrm{B}}T}W_{g2}(t).
\end{aligned}
\tag{12.2.28}
$$

这里仍然运用了爱因斯坦关系式，由于热扰动而引入随机激励和阻尼．方程(12.2.28)中的 $W_{g1}(t)$ 和 $W_{g2}(t)$ 是独立的单位高斯白噪声．令 $Q_1=X_1, Q_2=X_2$，$P_1=\mathrm{d}X_1/\mathrm{d}t, P_2=\mathrm{d}X_2/\mathrm{d}t$，将系统(12.2.28)变换为随机激励的耗散的哈密顿系统，继而将系统方程(12.2.28)转换成如下伊藤随机微分方程

$$
\begin{aligned}
&\mathrm{d}Q_1=P_1\mathrm{d}t,\\
&\mathrm{d}Q_2=P_2\mathrm{d}t,\\
&\mathrm{d}P_1=\left(-\partial U/\partial X_1-\gamma P_1\right)\mathrm{d}t+\sqrt{2\gamma k_{\mathrm{B}}T}\mathrm{d}B_1(t),\\
&\mathrm{d}P_2=\left(-\partial U/\partial X_2-\gamma P_2\right)\mathrm{d}t+\sqrt{2\gamma k_{\mathrm{B}}T}\mathrm{d}B_2(t).
\end{aligned}
\tag{12.2.29}
$$

式中 $B_1(t)$ 和 $B_2(t)$ 是独立的单位维纳过程．系统哈密顿函数是

$$
H=(P_1^2+P_2^2)/2+U(X_1,X_2). \tag{12.2.30}
$$

由于二维势能式(12.2.16)不可分离，式(12.2.30)是不可积哈密顿系统的哈密顿函数，应用伊藤微分规则(Itô, 1951a)，可从式(12.2.29)导得如下支配 $H(t)$ 的伊藤随机微分方程

$$
\mathrm{d}H=(-\gamma P_1^2-\gamma P_2^2+2\gamma k_{\mathrm{B}}T)\mathrm{d}t+P_1\sqrt{2\gamma k_{\mathrm{B}}T}\mathrm{d}B_1(t)+P_2\sqrt{2\gamma k_{\mathrm{B}}T}\mathrm{d}B_2(t). \tag{12.2.31}
$$

在弱阻尼与随机激励情形，式(12.2.29)为拟不可积哈密顿系统．应用 5.1 节中描述的拟不可积哈密顿系统随机平均法，可得形如式(12.2.13)的平均后 $H(t)$ 的伊藤随机微分方程，漂移和扩散系数为

$$
\begin{aligned}
&m(H)=\frac{1}{T(H)}\int_{\Omega}\left(-\gamma p_1-\gamma p_2+2\gamma k_{\mathrm{B}}T\right)\mathrm{d}q_1\mathrm{d}q_2\mathrm{d}p_2,\\
&\sigma^2(H)=\frac{1}{T(H)}\int_{\Omega}\left(2\gamma k_{\mathrm{B}}Tp_1^2+2\gamma k_{\mathrm{B}}Tp_2^2\right)\mathrm{d}q_1\mathrm{d}q_2\mathrm{d}p_2,\\
&T(H)=\int_{\Omega}\left(1/p_1\right)\mathrm{d}q_1\mathrm{d}q_2\mathrm{d}p_2,\quad \Omega=\left\{(q_1,q_2,p_2)\middle|\, p_2^2/2+U(q_1,q_2)\leqslant H\right\}.
\end{aligned}
\tag{12.2.32}
$$

完成对 P_2 的积分后，得如下漂移系数与扩散系数表达式

$$
\begin{aligned}
&m(H)=2\gamma k_{\mathrm{B}}T-2\gamma H+2\gamma G(H),\quad \sigma^2(H)=4\gamma k_{\mathrm{B}}TH-4\gamma k_{\mathrm{B}}TG(H),\\
&G(H)=\int_{\Omega}U(q_1,q_2)\mathrm{d}q_1\mathrm{d}q_2\bigg/\int_{\Omega}\mathrm{d}q_1\mathrm{d}q_2,\quad \Omega=\left\{(q_1,q_2)\,|\,U(q_1,q_2)\leqslant H\right\}.
\end{aligned}
\tag{12.2.33}
$$

式(12.2.33)中积分域Ω显示在图 12.2.4(b)中，从中可以看出 $G(H)$ 相当于在积分域

Ω上的平均势能. 应用式(12.2.21)和式(12.2.22), 就可以得到受能量扩散支配的二维势能曲面上的反应速率k_{E}. 图 12.2.5 分别给出了理论计算结果和蒙特卡罗数值模拟结果, 可见两者甚为相符.

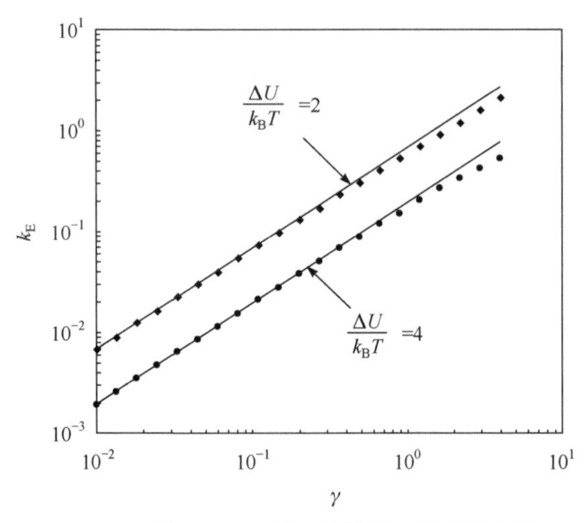

图 12.2.5　系统(12.2.28)能量扩散支配的反应速率k_{E}

按式(12.2.22)得到的理论预测结果用实线——表示, 由数值模拟得到的结果用符号•和•表示, 参数与图 12.2.4 相同. (Deng and Zhu, 2007a)

12.2.4　色噪声情形的反应速率

在克莱默斯反应速率理论中, 热扰动或热噪声被视为高斯白噪声. 然而, 对于更一般的热扰动, 白噪声假设往往不成立. 真实的热扰动总是具有一定功率谱密度的色噪声, 研究色噪声下的反应速率更有实际意义. 如 12.2.1 节所述, 在高斯白噪声激励情形, 应用涨落耗散定理可以为激励强度与阻尼之间建立爱因斯坦关系式(12.2.2). 在色噪声激励下, 激励强度与阻尼之间的关系不再简单(Hänggi et al., 1990). 由于指数相关噪声的相关函数和功率谱密度都较为简单, 长期以来, 在涉及色噪声的理论研究中, 常使用指数相关噪声, 它是高斯白噪声通过一阶线性滤波产生的噪声. 用$\xi(t)$表示指数相关噪声, 该噪声的相关函数和谱密度函数为

$$E\left[\xi(t)\xi(t')\right]=\frac{D}{\tau}\exp\left(-\frac{|t'-t|}{\tau}\right),\quad S(\omega)=\frac{D}{\pi(\tau^2\omega^2+1)}. \tag{12.2.34}$$

图 12.2.6(a)显示了指数相关噪声的功率谱函数, 可见当$\tau\to 0$时, 功率谱趋于平坦, 指数相关噪声趋于激励强度为$2D$的白噪声. 目前尚无在整个区间$\tau\in[0,\infty)$上适用的统一的反应速率表达式, 只有$\tau\to 0$或者$\tau\to\infty$两种极端情形下的反应速率表达式.

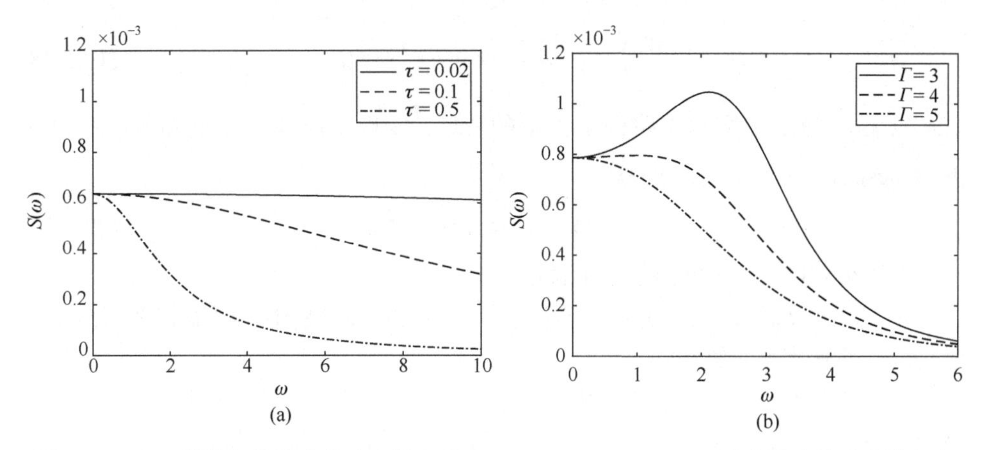

图 12.2.6　(a) 指数相关噪声的功率谱密度(12.2.34)，$D=0.002$；(b) 谐和噪声的功率谱密度(12.2.67)，$D=0.2$，$\Omega=3$

Hänggi 等(Hänggi et al., 1984)研究过指数相关噪声激励下反应粒子的在对称双稳势能$U(x)=-x^2/2+x^4/4$中的反应速率. 在大阻尼(一般令阻尼系数$\gamma=1$)和$\tau=0$的情形，由于指数相关噪声退化为高斯白噪声，可应用反应速率式(12.2.4)(此时，$\omega_0=\sqrt{2}$，$\omega_b=1$，$\Delta U=1/4$，$\gamma=1$，$\gamma k_B T=D$)得

$$k_s=\frac{1}{\sqrt{2\pi}}\exp(-\frac{1}{4D}). \tag{12.2.35}$$

对于大阻尼和$\tau\neq 0$的情形, Hänggi 等(Hänggi et al., 1984)联立以下两个方程来描述反应粒子动力学，即

$$\frac{dX}{dt}-X+X^3=\xi,\quad \tau\frac{d\xi}{dt}+\xi=\sqrt{2D}W(t). \tag{12.2.36}$$

其中第一个方程表示反应粒子在对称双稳势能$U(x)=-x^2/2+x^4/4$中的运动，注意，大阻尼条件下，方程中的惯性项力dX^2/dt^2可忽略；第 2 个方程表示高斯白噪声$\sqrt{2D}W(t)$输入一阶线性滤波器产生指数相关噪声$\xi(t)$. 通过研究系统(12.2.36)，最终得到以下在大阻尼和$\tau\neq 0$情形下的反应速率表达式$k(\tau)$，它是对(12.2.35)中k_s的修正(Jung and Hänggi, 1988; Luciani and Verga, 1988)

$$\begin{aligned}&k(\tau)=k_s(1-\frac{3}{2}\tau)\exp[-\frac{\tau^2}{8D}+\frac{3\tau^4}{10D}+O(\frac{\tau^6}{D})],\quad 当\tau\to 0,\\&k(\tau)\propto\exp(-\frac{2\tau}{27D}),\quad 当\tau\to\infty.\end{aligned} \tag{12.2.37}$$

当阻尼系数γ较小并在指数相关噪声$\xi(t)$激励下，支配反应粒子在对称双稳势能(12.2.3)中位移过程$X(t)$的朗之万方程为

$$\frac{\mathrm{d}^2 X}{\mathrm{d}t^2}+\gamma\frac{\mathrm{d}X}{\mathrm{d}t}-aX+bX^3=\xi(t). \tag{12.2.38}$$

Marchesoni 等使用模拟电路做了大量的实验, 发现反应速率满足如下经验公式(Marchesoni et al., 1988a, 1988b)

$$k(\tau)=k(0)\exp(-\kappa_0\tau^2). \tag{12.2.39}$$

并对经验公式(12.2.39)做出了如下说明:

① $k(0)=k_{\mathrm{W}}$ 表示 $\tau=0$ 时的反应速率, 可由式(12.2.8)中小阻尼和高斯白噪声激励的反应速率 k_{W} 确定;

② κ_0 正比于 $\Delta U/k_{\mathrm{B}}T$, 这说明色噪声下反应速率 $k(\tau)$ 不再正比于阿累尼乌斯(Arrhenius)经验因子 $\exp\left(-\Delta U/k_{\mathrm{B}}T\right)$, 或者说, 阿累尼乌斯因子需要做相应变化;

③ κ_0 的值不依赖于阻尼系数 γ;

④ 若给定比值 $\Delta U/k_{\mathrm{B}}T$, 则 κ_0 正比于势能参数 a, 可以得到结论 $\kappa_0\propto(\Delta U/k_{\mathrm{B}}T)\omega_0^2$, 其中 $\omega_0=\sqrt{2a}$ 是势阱底部的频率.

虽然爱因斯坦关系式 $D=\gamma k_{\mathrm{B}}T$ 仅适用于用高斯白噪声来对环境热扰动进行模型化, 但是考虑到指数相关噪声可以退化为功率谱为 D/π 的高斯白噪声, 合理的假设是, 指数相关噪声的功率谱密度(12.2.34)也可应用爱因斯坦关系式 $D=\gamma k_{\mathrm{B}}T$. 在不违反上述实验结果的前提下, Marchesoni 猜测高斯白噪声情形的反应速率和指数相关噪声情形的反应速率之间存在如下替换关系

$$k_{\mathrm{B}}T\leftrightarrow k_{\mathrm{B}}T\big/(\tau^2\omega^2+1). \tag{12.2.40}$$

把(12.2.40)引入到 k_{W} 的表达式(12.2.8), 即可得如下指数相关噪声激励的反应速率(Marchesoni et al., 1988a, 1988b)

$$k(\tau)=k(0)(1+\omega_0^2\tau^2)\exp\left(\frac{-\Delta U}{k_{\mathrm{B}}T}\omega_0^2\tau^2\right). \tag{12.2.41}$$

式(12.2.41)是在 γ 较小和 $\Delta U\gg k_{\mathrm{B}}T$ 情况下的有效近似.

12.2.5 用宽带噪声激励的拟可积哈密顿系统随机平均法预测色噪声情形的反应速率

本节使用 8.1 节中阐述的宽带随机激励下拟可积哈密顿系统随机平均法研究一维势能中反应粒子在色噪声激励下跨越势垒的速率. 支配反应粒子位移 $X(t)$ 的运动方程为(Deng and Zhu, 2007b)

$$\frac{\mathrm{d}^2 X}{\mathrm{d}t^2}+\gamma\frac{\mathrm{d}X}{\mathrm{d}t}+g(X)=\xi(t). \tag{12.2.42}$$

式中恢复力 $g(x)$ 和对应的势能 $U(x)$ 是

$$g(x)=\omega_0^2x+\beta x^2+\alpha x^3,\quad U(x)=\frac{1}{2}\omega_0^2x^2+\frac{1}{3}\beta x^3+\frac{1}{4}\alpha x^4. \tag{12.2.43}$$

$\xi(t)$ 是功率谱密度为 $S(\omega)$ 的平稳宽带随机过程; 阻尼系数 γ 与激励强度都较弱. 式(12.2.43)中的势能具有一般性, 反应速率研究中常用的单势阱、对称双势阱和非对称势阱等模型都可以通过调节参数 ω_0, β 和 α 来得到.

假定(12.2.43)中的恢复力函数 $g(x)$ 和势能函数 $U(x)$ 满足式(8.1.5)下所述的 4 个条件, 拟哈密顿系统(12.2.42)作如下随机周期运动

$$X(t)=A\cos\Phi(t)+B,\quad \dot{X}(t)=-Av(A,\Phi)\sin\Phi(t),\quad \Phi(t)=\Psi(t)+\Theta(t). \tag{12.2.44}$$

式中 A, Φ 和 B 都是随机过程, 瞬时频率 $v(a,\phi)$ 与式(8.1.9)相同, 即

$$v(a,\phi)=\frac{1}{2}v_0(a)+\sum_{r=1}^{\infty}v_r(a)\cos r\phi. \tag{12.2.45}$$

式中 a,ϕ 分别为确定性运动的幅值和相角. 系统(12.2.42)的平均频率为 $\bar{\omega}_0(a)$, 它由式(8.1.10)确定, 即

$$\bar{\omega}_0(a)=\frac{1}{2\pi}\int_0^{2\pi}v(a,\phi)\mathrm{d}\phi=\frac{1}{2}v_0(a). \tag{12.2.46}$$

将式(12.2.44)看成是从 X, $\dot{X}$ 到 A, Φ 的变换, 就可以将原方程(12.2.42)变换成如下关于幅值 A 和相角 Φ 的一阶微分方程

$$\frac{\mathrm{d}A}{\mathrm{d}t}=m_1(A,\Phi)+\sigma_1(A,\Phi)\xi(t),\quad \frac{\mathrm{d}\Phi}{\mathrm{d}t}=v(A,\Phi)+m_2(A,\Phi)+\sigma_2(A,\Phi)\xi(t). \tag{12.2.47}$$

方程中

$$\begin{aligned}m_1&=-A^2G\gamma v^2\sin^2\Phi,\quad \sigma_1=-AGv\sin\Phi,\\ m_2&=-AG\gamma v^2(\cos\Phi+d)\sin\Phi,\quad \sigma_2=-Gv(\cos\Phi+d).\end{aligned} \tag{12.2.48}$$

其中 $G=1/[g(A+B)(1+d)]$; d 按(8.1.15)计算. 对式(12.2.47)应用 8.1 节介绍的宽带随机激励下的拟可积哈密顿系统随机平均法, 可得支配平均后 $A(t)$ 的伊藤方程

$$\mathrm{d}A=m(A)\mathrm{d}t+\sigma(A)\mathrm{d}B(t). \tag{12.2.49}$$

式中 $B(t)$ 是单位维纳过程, 漂移系数和扩散系数按下式得到

$$\begin{aligned}m(A)&=\left\langle m_1+\int_{-\infty}^{0}\left((\partial\sigma_1/\partial A)\big|_t\,\sigma_1\big|_{t+\tau}+(\partial\sigma_1/\partial\Phi)\big|_t\,\sigma_2\big|_{t+\tau}\right)R(\tau)\mathrm{d}\tau\right\rangle_t,\\ \sigma^2(A)&=\left\langle\int_{-\infty}^{\infty}\left(\sigma_1\big|_t\,\sigma_1\big|_{t+\tau}\right)R(\tau)\mathrm{d}\tau\right\rangle_t.\end{aligned} \tag{12.2.50}$$

式中 $R(\tau)$ 是色噪声 $\xi(t)$ 的相关函数;

$$\langle[\bullet]\rangle_t = \lim_{T\to\infty}\frac{1}{T}\int_0^T[\bullet]\mathrm{d}t. \tag{12.2.51}$$

表示时间平均. 将式(12.2.50)中各项展开成 Φ 的傅里叶级数, 再对 τ 积分和对 Φ 作平均, 在平均过程中使用近似关系式 $\Phi = \bar{\omega}_0(A)t + \Theta$, 最后可得如下级数形式的 $m(A)$ 和 $\sigma^2(A)$ 的表达式

$$m(A) = \frac{-\gamma GA^2}{16}(8\omega_0^2 + 16B\beta + 5A^2\alpha + 24B^2\alpha) + \frac{\pi GA}{8}\times$$
$$\sum_{i=0}^{\infty}\left\{(v_i - v_{i+2})\left[\frac{\mathrm{d}[GA(v_i - v_{i+2})]}{\mathrm{d}A} + (i+1)G(v_i + 2hv_{i+1} + v_{i+2})\right]S\left((i+1)\bar{\omega}_0\right)\right\},$$

$$\sigma^2(A) = \frac{\pi G^2A^2}{4}\sum_{i=0}^{\infty}\left[(v_i - v_{i+2})^2 S\left((i+1)\bar{\omega}_0\right)\right]. \tag{12.2.52}$$

由式(12.2.43)知, 幅值 A 和系统总能量 E 之间有如下关系

$$E = U(A). \tag{12.2.53}$$

运用伊藤微分规则, 可从方程(12.2.49)导得如下支配能量 E 的伊藤随机微分方程

$$\mathrm{d}E = \bar{m}(E)\mathrm{d}t + \bar{\sigma}^2(E)\mathrm{d}B(t). \tag{12.2.54}$$

式中漂移系数 $\bar{m}(E)$ 和扩散系数 $\bar{\sigma}^2(E)$ 是

$$\begin{aligned}\bar{m}(E) &= \left\{\left(\frac{\mathrm{d}E}{\mathrm{d}A}\right)m(A) + \frac{1}{2}\frac{\mathrm{d}^2E}{\mathrm{d}A^2}\sigma^2(A)\right\}\Bigg|_{A=U^{-1}(E)},\\ \bar{\sigma}^2(E) &= \left\{\left(\frac{\mathrm{d}E}{\mathrm{d}A}\right)^2\sigma^2(A)\right\}\Bigg|_{A=U^{-1}(E)}.\end{aligned} \tag{12.2.55}$$

支配平均首次穿越时间的庞特里亚金方程可从伊藤方程(12.2.54)导得如下

$$\frac{1}{2}\bar{\sigma}^2(e_0)\frac{\partial^2\mu}{\partial e_0^2} + \bar{m}(e_0)\frac{\partial\mu}{\partial e_0} = -1. \tag{12.2.56}$$

式中 $\mu(e_0)$ 是平均首次穿越时间, 它是系统初始能量 e_0 的函数. 式(12.2.56)的边界条件为

$$\mu(e_0 = 0) = \text{有界}, \quad \mu(e_0 = e_{\mathrm{C}}) = 0. \tag{12.2.57}$$

方程(12.2.56)是伯努利型微分方程, 求解该方程可以得到平均首次穿越时间的解析表达式

$$\mu(e_0) = 2\int_{e_0}^{e_{\mathrm{C}}}\mathrm{d}u\int_0^u\frac{1}{\bar{\sigma}^2(v)}\exp\left[-2\int_v^u\frac{\bar{m}(w)}{\bar{\sigma}^2(w)}\mathrm{d}w\right]\mathrm{d}v. \tag{12.2.58}$$

令

$$U(x)=\varepsilon_1 x^2-\sqrt{\varepsilon_1\varepsilon_2}\,x^3+\frac{\varepsilon_2}{4}x^4,\quad \varepsilon_1,\varepsilon_2>0. \tag{12.2.59}$$

图 12.2.7 显示了反应粒子在该对称双稳势 $U(x)$ 中运动的示意图，可见势能(12.2.59)是由克莱默斯使用的对称双稳势(12.2.3)作座标平移后形成的，其本质并没有发生变化，与一般势能(12.2.43)的关系为 $\omega_0=\sqrt{2\varepsilon_1}$ ，$\beta=-3\sqrt{\varepsilon_1\varepsilon_2}$ ，$\alpha=\varepsilon_2$. 令 $e_C=\Delta U$ ，$\Delta U=\varepsilon_1^2/4\varepsilon_2$ 是势垒高度，$e_0=0$ ，将上述各式及色噪声的功率谱密度 $S(\omega)$ 代入式(12.2.58)，得色噪声激励下反应粒子在双稳势(12.2.59)中的平均首次穿越时间 $\mu(0)$ 和反应速率 k_{E} (Deng and Zhu, 2007b)

$$\mu(0)=2\int_0^{\Delta U}\mathrm{d}u\int_0^u\frac{1}{\bar{\sigma}^2(v)}\exp\left[-2\int_v^u\frac{\bar{m}(w)}{\bar{\sigma}^2(w)}\mathrm{d}w\right]\mathrm{d}v,\quad k_{\mathrm{E}}=\frac{1}{\mu(0)}. \tag{12.2.60}$$

式中的反应速率 k_{E} 更具一般性，经过下述三次简化，可得克莱默斯的结果(12.2.8).

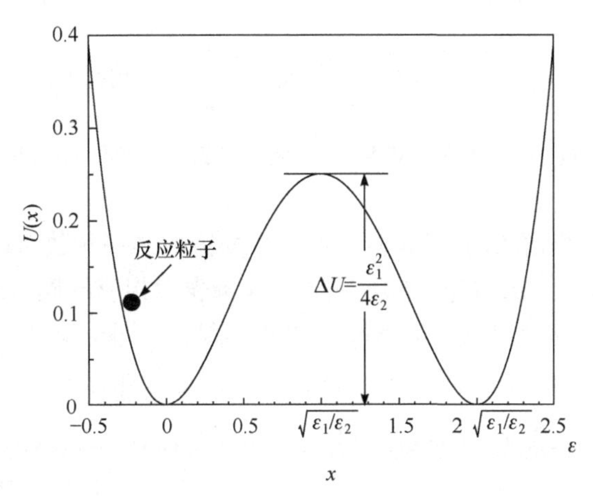

图 12.2.7　在色噪声激励下，反应粒子在双势阱势能(12.2.59)中的运动

首先，在线性近似下，即令势能(12.2.59)中 $\varepsilon_2=0$ ，使得非线性项消失，得 $U(X)=\omega_0^2X^2/2$ ，然后从式(12.2.46)、(8.1.8)、(8.1.9)和(8.1.15)得

$$\bar{\omega}_0(A)=\omega_0,\quad B=0,\quad d=0,\quad v_i(A)=0.\quad (i=1,2,\cdots) \tag{12.2.61}$$

将式(12.2.61)代入式(12.2.52)和(12.2.55)，可得如下简化系数

$$\begin{gathered}m(A)=-\frac{1}{2}\gamma A+\frac{\pi}{2\omega_0^2A}S(\omega_0),\quad \sigma^2(A)=\frac{\pi}{\omega_0^2}S(\omega_0),\\ \bar{m}(E)=-\gamma E+\pi S(\omega_0),\quad \bar{\sigma}^2(E)=2\pi ES(\omega_0).\end{gathered} \tag{12.2.62}$$

将(12.2.62)中的两系数 $\bar{m}(E)$ 和 $\bar{\sigma}^2(E)$ 代入式(12.2.60)，得到如下线性化近似

反应速率

$$k_{\mathrm{E}}=\left(\frac{1}{\gamma}\int_{0}^{x}\frac{e^{t}-1}{t}\mathrm{d}t\right)^{-1},\quad x=\frac{\gamma\Delta U}{\pi S(\omega_0)}. \tag{12.2.63}$$

其次，在上述线性化近似的基础上，再假定势垒障碍 ΔU 足够高，即 $\gamma\Delta U/\pi S(\omega_0)\gg 1$，同时注意到存在(12.2.25)中的极限，可得到如下简化反应速率

$$k_{\mathrm{E}}=\frac{\gamma^{2}\Delta U}{\pi S(\omega_0)}\exp\left(\frac{-\gamma\Delta U}{\pi S(\omega_0)}\right). \tag{12.2.64}$$

最后，以白噪声的功率谱密度 $S(\omega)=D/\pi$ 代入式(12.2.64)，同时运用爱因斯坦关系式 $D=\gamma k_{\mathrm{B}}T$，最后得与克莱默斯反应速率(12.2.8)完全相同的反应速率.

本节所得反应速率(12.2.60)和相应系数(12.2.52)和(12.2.55)中包含了色噪声的功率谱密度函数 $S(\omega)$，适用于包括指数相关噪声在内的任意宽带噪声. 在指数相关噪声情形，将式(12.2.34)中的功率谱密度 $S(\omega)$ 和 $D=\gamma k_{\mathrm{B}}T$ 代入(12.2.64)，得

$$k_{\mathrm{E}}=\frac{\gamma\Delta U}{k_{\mathrm{B}}T}(1+\omega_0^{2}\tau^{2})\exp\left[\frac{-\Delta U}{k_{\mathrm{B}}T}(1+\omega_0^{2}\tau^{2})\right]. \tag{12.2.65}$$

联系式(12.2.39)之后中对 $k(0)$ 的说明，可见式(12.2.65)和 Marchesoni 所得的结果(12.2.41)一致.

图 12.2.8(a)和(b)给出了指数相关噪声激励情形的一些数值计算结果，其中实线——表示 k_{E} 的理论结果(12.2.60)；符号●, ♦, ■表示相应的模拟结果；符号○, ◊, □表示由位移首次穿越导出的反应速率 k_{d} 的模拟结果，即反应粒子位移超过势垒位置 $X(t)=\sqrt{\varepsilon_1/\varepsilon_2}$ 的平均时间的倒数. 位移穿越速率与能量穿越速率相符表明反应速率是受能量扩散支配的. 随着相关时间 τ 从 0 变化到 1.2, (12.2.34)中的功率谱密度表明指数相关噪声逐渐从白噪声变成了宽带噪声. 图 12.2.8(b)显示了来自于(12.2.60)和 Marchesoni 的预测式(12.2.41)的结果(虚线-----表示)，以及来自蒙特卡罗数值模拟结果的比较. 相对于其他理论结果来说，在较大的相关时间 τ 变化范围内，用随机平均法所得结果(12.2.60)所预测指数相关噪声下的反应速率有更高的精度.

谐和噪声是高斯白噪声通过二阶线性滤波器产生的色噪声，将高斯白噪声 $W_g(t)$ 输入以下谐和振子可得到谐和噪声 $\xi(t)$，即

$$\frac{\mathrm{d}^{2}\xi}{\mathrm{d}t^{2}}+\Gamma\frac{\mathrm{d}\xi}{\mathrm{d}t}+\Omega^{2}\xi=\sqrt{2D}W_g(t). \tag{12.2.66}$$

其功率谱密度为

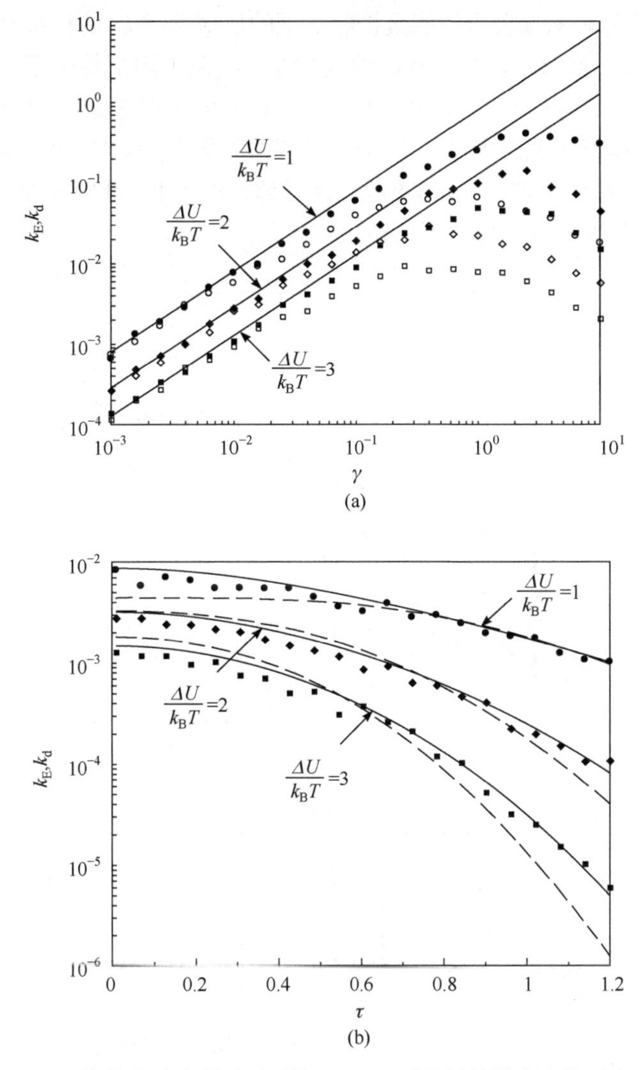

图 12.2.8　指数相关声激励下系统(12.2.42)受能量扩散支配的反应速率

(a) k_E 和 k_d 随 γ 的变化，$\tau=0.2$；(b) k_E 和 k_d 随相关时间 τ 的变化，$\gamma=0.01$ (Deng and Zhu, 2007b)

$$S(\omega)=\frac{D}{\pi\left(\omega^2\Gamma^2+(\omega^2-\Omega^2)^2\right)}.\tag{12.2.67}$$

式中的 Γ 和 Ω 是滤波器的阻尼系数和固有频率；$2D$ 是输入高斯白噪声的强度. 图 12.2.6(b)显示了式(12.2.67)中的功率谱密度曲线. 可见不同形式的功率谱密度曲线, 包括平稳宽带和窄带噪声, 都可以通过调节参数 D，Γ 和 Ω 来得到.

将系统(12.2.42)中的噪声换成谐和噪声, 仍用随机平均法做类似处理. 图 12.2.9 给出了谐和噪声激励情形的数值计算结果, 其中实线——代表 k_E 的理论结果(12.2.60), 符号●, ♦, ■表示受能量扩散支配的反应速率 k_E 的模拟结果, ○, ◊, □表示位移首次穿越导出的反应速率 k_d 的模拟结果. 在小阻尼情形下, k_E 与 k_d 颇为接近, 数值模拟结果和理论结果符合较好. 进一步的研究发现, 对于受窄带噪声激励下的反应速率预测, 特别是当功率谱密度曲线具有尖峰, 且尖峰接近系统线性化频率 ω_0 附近时, 式(12.2.60)的适用性较差. 实际上, 此时宽带随机激励下的拟可积哈密顿系统随机平均法不再适用.

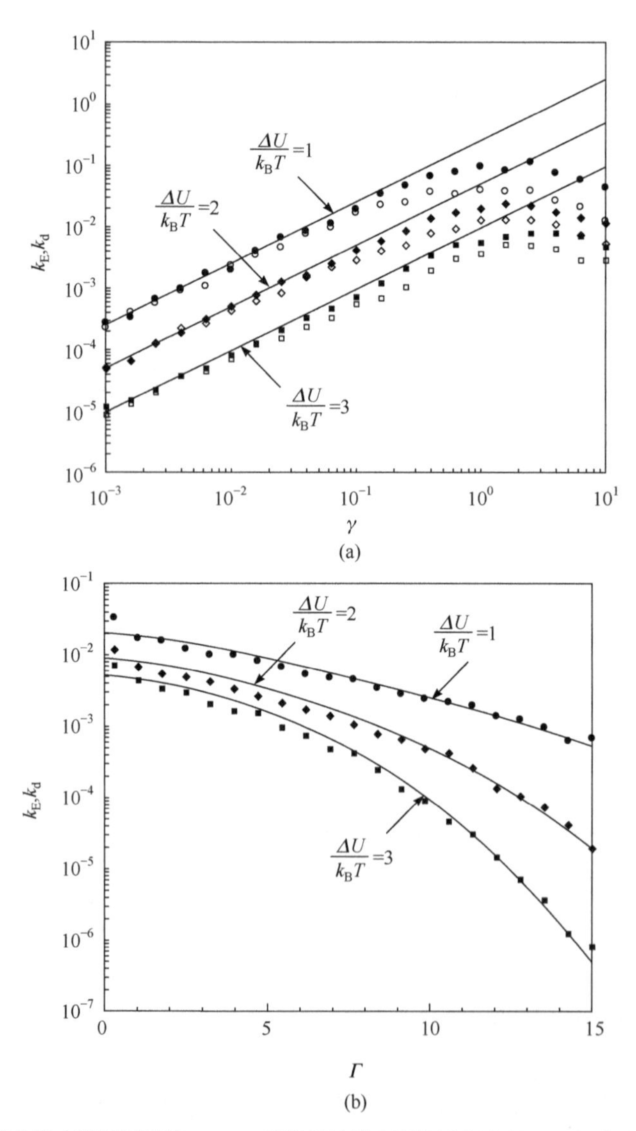

图 12.2.9　谐和噪声激励下系统(12.2.42)受能量扩散支配的反应速率, (a) k_E 和 k_d 随 γ 的变化, $\Omega=3$, $\Gamma=10$; (b) k_E 和 k_d 随滤波器阻尼系数 Γ 的变化, $\Omega=3$, $\gamma=0.01$ (Deng and Zhu, 2007b)

12.3　费米共振

费米共振源于美籍意大利物理学家费米对 CO_2 做拉曼效应的研究(Fermi, 1931). 根据费米的描述, CO_2 中的三个原子组成三个振子, 其中两个振子的固有频率比是 1∶2. 由于振子间的耦合作用, CO_2 存在特殊的共振现象, 这种现象被称为费米共振. 蛋白质分子中也存在费米共振现象(Volkenstein, 1947; Shidlovskaya et al., 2000), 它可以解释为什么在酶分子的活性位置上, 共振可以提高蛋白质分子的反应速率. 通过建立一个由两个耦合振子构成的振动系统, 可以对费米共振进行理论研究(Fermi, 1931; Fermi and Rasetti, 1931).

12.3.1　费米共振的 Pippard 模型

通常生物大分子的反应活动都涉及到数以千计的自由度, 为了探索基本的反应机理, 往往建立相对比较简单的模型. 一种常见的模型是考虑一个质量为 m 的反应粒子在二维势能场 $U(x_1,x_2)$ 中的运动. 粒子的运动方程为

$$m\ddot{x}_1+\frac{\partial U(x_1,x_2)}{\partial x_1}=0,\quad m\ddot{x}_2+\frac{\partial U(x_1,x_2)}{\partial x_2}=0. \tag{12.3.1}$$

酶促反应中肽键的费米共振现象即采用模型(12.3.1). 为了描述费米共振, 可以有多个势能形式(Ebeling, 2003; Netrebko, 1994; Shidlovskaya et al., 2000), 此处考虑的是如下常用的 Pippard 势能(Pippard et al., 1983)

$$U(x_1,x_2)=\omega_1^2x_1^2/2+\omega_2^2(x_2-cx_1^2)^2/2. \tag{12.3.2}$$

图 12.3.1 显示了 Pippard 势能(12.3.2), 它关于 x_1 对称, 关于 x_2 非对称. 以下即是研究酶促反应中肽键费米共振现象的 Pippard 模型

$$\ddot{x}_1+\omega_1^2x_1-2c\omega_2^2x_1x_2+2c^2\omega_2^2x_1^3=0,\quad \ddot{x}_2+\omega_2^2x_2-c\omega_2^2x_1^2=0. \tag{12.3.3}$$

系统(12.3.3)中第一个振子表示肽键的伸缩振动以及断裂等行为, 称为反应振子; 第二个振子表示邻近肽键的原子团簇上发生的振动, 通过共振关系, 它可以影响反应振子的行为, 称为激励振子. 反应振子和激励振子通过参数 c 耦合, c 称为耦合系数, 该值大小体现了两个振子间的耦合强弱.

Pippard 模型中两振子的线性化固有频率分别为 ω_1 和 ω_2, 当 c 很小时, 忽略高阶小量 $2c^2\omega_2^2x_1^3$ 后, 式(12.3.3)转变为

$$\ddot{x}_1+\omega_1^2x_1-2c\omega_2^2x_1x_2=0,\quad \ddot{x}_2+\omega_2^2x_2-c\omega_2^2x_1^2=0. \tag{12.3.4}$$

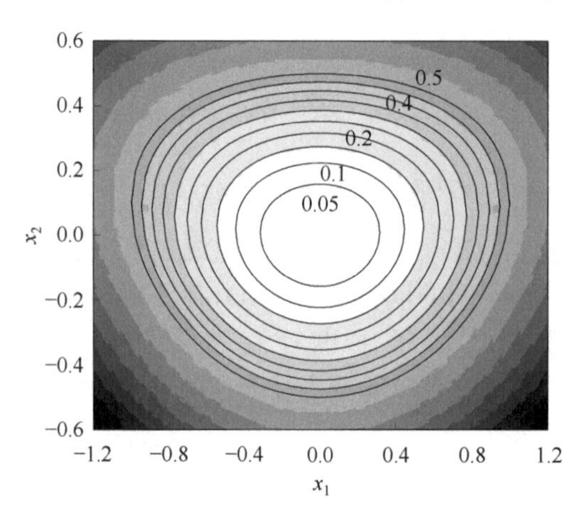

图 12.3.1 Pippard 势能(12.3.2)的云图, $c=0.1$, $\omega_1=1$, $\omega_2=2\omega_1$

可应用拟线性系统的确定性平均法(Bogolyubov and Mitroplskii, 1974)分析系统(12.3.4), 得反应振子能量 e_1 的变化率

$$\frac{\mathrm{d}e_1}{\mathrm{d}t}=\frac{-ce_1\sqrt{2e_2}m^2\left[4n\sin(m\pi)\sin(m\pi-\psi/n)+m\sin(4n\pi)\sin(\psi/n)\right]}{2\pi n^2(4n^2-m^2)}. \tag{12.3.5}$$

通过分析式(12.3.5), 不难发现频率比 $n:m$ 对反应振子能量变化率 $\mathrm{d}e_1/\mathrm{d}t$ 的影响为

$$\frac{\mathrm{d}e_1}{\mathrm{d}t}=\begin{cases}-2ce_1\sqrt{2e_2}\sin\psi, & n:m=1:2,\\ 0, & n:m\neq 1:2.\end{cases} \tag{12.3.6}$$

式中 ψ 为两振子的相位差. 类似地, 可以得到如下 $\mathrm{d}e_2/\mathrm{d}t$ 和 $\mathrm{d}\psi/\mathrm{d}t$ 在 $n:m=1:2$ 时的表达式

$$\frac{\mathrm{d}e_2}{\mathrm{d}t}=2ce_1\sqrt{2e_2}\sin\psi,\quad \frac{\mathrm{d}\psi}{\mathrm{d}t}=\frac{\sqrt{2}c(e_1-2e_2)\cos\psi}{\sqrt{e_2}},\quad n:m=1:2. \tag{12.3.7}$$

式(12.3.6)和(12.3.7)给出了能量在两振子间的流动速率. 可以看出, 反应振子能量变化率与激励振子能量变化率大小相等, 符号相反, 表明系统的总能量不变, 这种能量流动仅仅在频率比 $\omega_1:\omega_2=1:2$ 时才存在. 鉴于式(12.3.4)的非线性形式, 只有在这种情形, 系统(12.3.4)才存在内共振, 这个频率比即是费米共振所必要的. 此外, 还可以看出, 当两振子的相位差 $\psi=0$ 或 π 时, 即使频率比满足内共振关系, 振子间也无能量流动.

12.3.2 随机激励下费米共振的首次穿越时间

温度是酶促反应的重要影响因素, 因此, 更有意义的是研究热环境下的费米共振. 通过涨落耗散定理和爱因斯坦关系式 $D=\gamma k_{\mathrm{B}}T$ 引入热扰动, k_{B} 是玻耳兹曼常数(无量纲化后令 $k_B=1$), T 是热浴温度, 原确定性 Pippard 系统(12.3.4)变成如下随机激励的 Pippard 系统(Deng and Zhu, 2008a, 2010, 2012)

$$\begin{aligned}&\ddot{X}_1+\gamma\dot{X}_1+\omega_1^2X_1-2c\omega_2^2X_1X_2=\sqrt{2\gamma T}W_{g1}(t),\\&\ddot{X}_2+\gamma\dot{X}_2+\omega_2^2X_2-c\omega_2^2X_1^2=\sqrt{2\gamma T}W_{g2}(t).\end{aligned}\tag{12.3.8}$$

式中 γ 是阻尼系数; $W_{g1}(t)$ 和 $W_{g2}(t)$ 是独立单位高斯白噪声. 对系统(12.3.8)做蒙特卡罗模拟, 可以观察其动力学行为. 其中高斯白噪声样本 $W_{gi}(t)$ 乃用 Box-Muller 方法产生的(Box and Muller, 1958). 图 12.3.2 显示在随机扰动下, 6 种不同频率比对应的振子能量 E_1,E_2 的变化情况, 从中可以看出, 只有 $\omega_1:\omega_2=1:2$ 的情况下, 两振子间的能量交换最频繁. 图 12.3.3 显示的是反应振子位移的变化情况, 可以看出, 只有 $\omega_1:\omega_2=1:2$ 的情况下, 反应振子的位移变化最频繁. 文献(Ebeling et al., 2004)中也有类似的报道, 这种反应振子能量与位移的频繁变化, 直接导致了反应振子的首次穿越时间的缩短和反应速率的提高. 正是由于能量变化在反应振子首次穿越中起决定性作用, 可以把反应振子的能量作为研究对象, 并应用 5.2 节中的拟可积哈密顿系统随机平均法, 预测其平均首次穿越时间与反应速率.

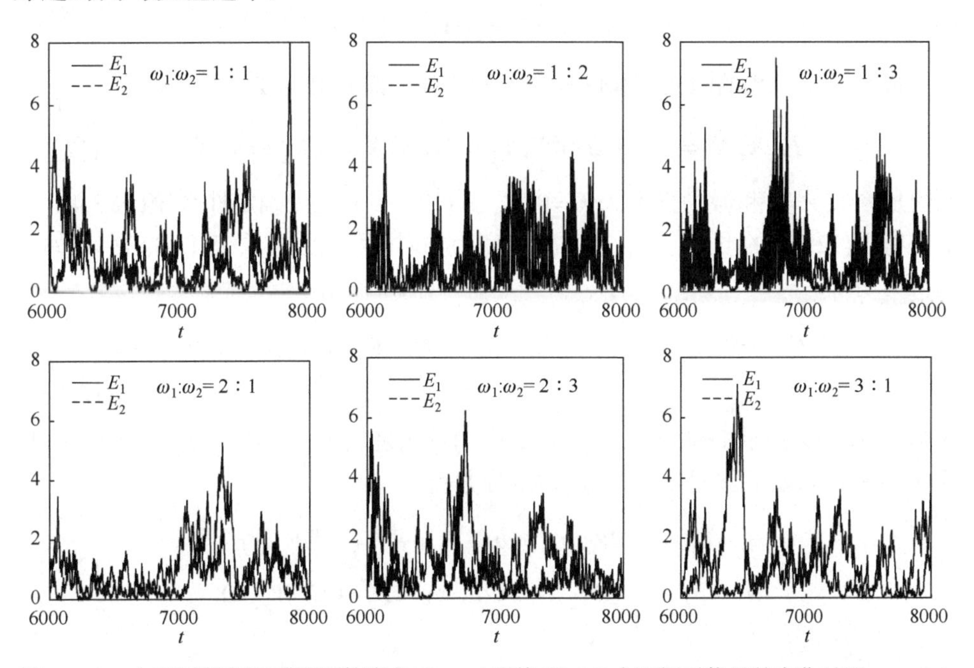

图 12.3.2　在不同频率比时随机激励下 Pippard 系统(12.3.8)中两振子能量的变化过程, $c=0.1$, $\gamma=0.01$, $\gamma T=0.01$, $\omega_1=1$ (Deng and Zhu, 2008a)

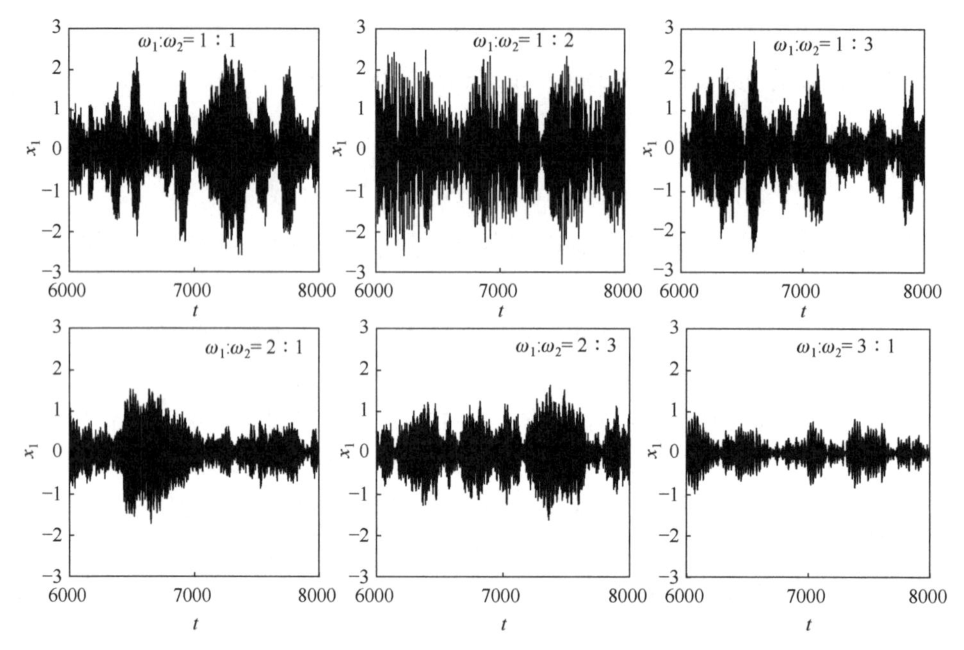

图 12.3.3　在不同频率比时随机激励下 Pippard 系统(12.3.8)中反应振子位移的变化过程, 参数同图 12.3.2(Deng and Zhu, 2008a)

将系统(12.3.8)的阻尼力和恢复力中的非线性部分组合成如下函数

$$F_1(\boldsymbol{X},\dot{\boldsymbol{X}})=\gamma\dot{X}_1-2c\omega_2^2X_1X_2,\quad F_2(\boldsymbol{X},\dot{\boldsymbol{X}})=\gamma\dot{X}_2-c\omega_2^2X_1^2. \tag{12.3.9}$$

当阻尼系数 $\gamma=0$ 和激励强度 $2\gamma T=0$ 时, 式(12.3.8)退化为确定性系统(12.3.4), 其解具有式(12.3.5)的形式. 当 γ 与激励强度为弱时, 可以假设系统(12.3.8)存在如下随机周期解

$$X_i=A_i(t)\cos\Phi_i(t),\quad \dot{X}_i=-\omega_iA_i(t)\sin\Phi_i(t),\quad \Phi_i(t)=\omega_it+\Theta_i(t),\quad i=1,2. \tag{12.3.10}$$

式中 A_i,Φ_i,Θ_i 都是随机过程. 将式(12.3.10)看成是从 $X_i,\dot{X}_i$ 到 A_i,Φ_i 的变换, 可从式(12.3.8)得到如下支配 A_i,Φ_i 的运动微分方程

$$\begin{aligned}&\dot{A}_1=F_1^A+G_{11}^AW_{g1}(t),\quad \dot{\Phi}_1=\omega_1+F_1^{\Phi}+G_{11}^{\Phi}W_{g1}(t),\\&\dot{A}_2=F_2^A+G_{22}^AW_{g2}(t),\quad \dot{\Phi}_2=\omega_2+F_2^{\Phi}+G_{22}^{\Phi}W_{g2}(t).\end{aligned} \tag{12.3.11}$$

其中各系数为

$$
\begin{aligned}
&F_1^A = F_1\sin\Phi_1/\omega_1,\quad G_{11}^A = -\sqrt{2\gamma T}\sin\Phi_1/\omega_1,\\
&F_1^\Phi = F_1\cos\Phi_1/(A_1\omega_1),\quad G_{11}^\Phi = -\sqrt{2\gamma T}\cos\Phi_1/(A_1\omega_1),\\
&F_2^A = F_2\sin\Phi_2/\omega_2,\quad G_{22}^A = -\sqrt{2\gamma T}\sin\Phi_2/\omega_2,\\
&F_2^\Phi = F_2\cos\Phi_2/(A_2\omega_2),\quad G_{22}^\Phi = -\sqrt{2\gamma T}\cos\Phi_2/(A_2\omega_2).
\end{aligned}
\tag{12.3.12}
$$

在随机系统(12.3.11)中，相角 Φ_1 和 Φ_2 是快变过程，而幅值 A_1 和 A_2 是慢变过程. 平均后伊藤随机微分方程维数依赖于系统(12.3.8)是否存在内共振关系.

在非共振情形下，假设两振子的线性化频率比 $\omega_1:\omega_2$ 远离 $1:2$，系统(12.3.11)的幅值 A_1 和 A_2 弱收敛于一个二维的马尔可夫扩散过程. 用 5.2.1 节中描述的随机平均法可得支配转移概率密度 $p=p(\boldsymbol{a},t\,|\,\boldsymbol{a}_0,t_0)$ 的 FPK 方程(Deng and Zhu, 2008a)

$$
\frac{\partial p}{\partial t} = -\sum_{i=1}^{2}\frac{\partial}{\partial a_i}(a_i' p) + \frac{1}{2}\sum_{i,j=1}^{2}\frac{\partial^2}{\partial a_i\partial a_j}(b_{ij}p),\quad i,j=1,2. \tag{12.3.13}
$$

式中 $\boldsymbol{a}=[a_1,a_2]^{\mathrm{T}}$，一、二阶导数矩为

$$
\begin{aligned}
&a_i'(\boldsymbol{a}) = \left\langle F_i^A + \gamma T\sum_{n,k=1}^{2}\frac{\partial G_{ik}^A}{\partial a_n}G_{nk}^A + \gamma T\sum_{n,k=1}^{2}\frac{\partial G_{ik}^A}{\partial \phi_n}G_{nk}^\Phi \right\rangle_t,\\
&b_{ij}(\boldsymbol{a}) = \left\langle 2\gamma T\sum_{k=1}^{2}G_{ik}^A G_{jk}^A \right\rangle_t,\quad i,j=1,2.
\end{aligned}
\tag{12.3.14}
$$

式(12.3.14)中的时间平均可用以下关于相角 ϕ_1 的 ϕ_2 的平均代替

$$
\langle[\bullet]\rangle_t = \frac{1}{4\pi^2}\int_0^{2\pi}\int_0^{2\pi}[\bullet]\mathrm{d}\phi_1\mathrm{d}\phi_2. \tag{12.3.15}
$$

将式(12.3.12)代入到式(12.3.14)，完成平均可得

$$
a_1' = -\frac{\gamma a_1}{2} + \frac{\gamma T}{2a_1\omega_1^2},\quad a_2' = -\frac{\gamma a_2}{2} + \frac{\gamma T}{8a_2\omega_1^2},\quad b_{11} = \frac{\gamma T}{\omega_1^2},\quad b_{22} = \frac{\gamma T}{4\omega_1^2},\quad b_{12}=b_{21}=0. \tag{12.3.16}
$$

由于系统(12.3.3)中振子的幅值 A_1,A_2 和振子能量 E_1,E_2 之间满足以下确定性的关系

$$
E_1 = \omega_1^2 A_1^2/2,\quad E_2 = \omega_2^2 A_2^2/2. \tag{12.3.17}
$$

运用伊藤微分规则可从关于 A_1,A_2 的伊藤方程导得支配能量扩散过程 $\boldsymbol{E}=[E_1,E_2]^{\mathrm{T}}$ 的伊藤方程和及相应的 FPK 方程，其一、二阶导数矩为

$$
\overline{a}_1 = \gamma T - \gamma E_1,\quad \overline{a}_2 = \gamma T - \gamma E_2,\quad \overline{b}_{11} = 2\gamma T E_1,\quad \overline{b}_{22} = 2\gamma T E_2. \tag{12.3.18}
$$

由此可以建立以下支配反应振子能量平均首次穿越时间的庞特里亚金方程

$$\frac{1}{2}\bar{b}_{11}(e_{10})\frac{\partial^2\tau}{\partial e_{10}^2}+\frac{1}{2}\bar{b}_{22}(e_{20})\frac{\partial^2\tau}{\partial e_{20}^2}+\bar{a}_1(e_{10})\frac{\partial\tau}{\partial e_{10}}+\bar{a}_2(e_{20})\frac{\partial\tau}{\partial e_{20}}=-1. \tag{12.3.19}$$

式中 $\tau(e_{10},e_{20})$ 表示反应振子的能量过程 $E_1(t)$ 首次穿越能量阈值 E_C 的平均时间，其定义域是初始能量 $0\leqslant e_{10}<E_C$ 和 $0<e_{20}$ 围成的区域(如图 12.3.4 所示). 方程(12.3.19)的边界条件为

$$\tau(e_{10}=0,e_{20})=\text{有限值},\quad \tau(e_{10}=E_C,e_{20})=0. \tag{12.3.20}$$

$$\tau(e_{10}<E_C,e_{20}=0)=\text{有限值},\quad \tau(e_{10}<E_C,e_{20}\to\infty)=\text{有限值}. \tag{12.3.21}$$

幸运的是，在边界条件(12.3.20)和(12.3.21)下，庞特里亚金方程(12.3.19)有如下精确解

$$\tau(e_{10},e_{20})=\frac{1}{\gamma}\int_{\frac{e_{10}}{T}}^{\frac{E_C}{T}}\frac{e^t-1}{t}\mathrm{d}t. \tag{12.3.22}$$

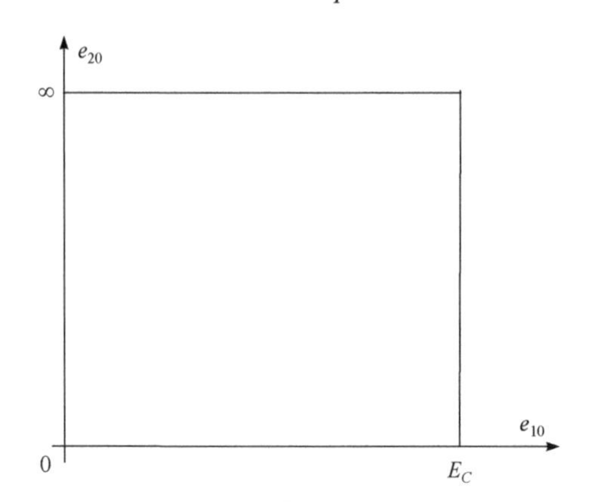

图 12.3.4　方程(12.3.19)中 $\tau(e_{10},e_{20})$ 的定义域

在内共振情形，在共振区内，$\omega_1:\omega_2=1:(2+\sigma)$，$\sigma$ 为小量，除了幅值 A_1 和 A_2，相位差 $\varPsi(t)=2\varPhi_1-\varPhi_2$ 也是慢变过程，由式(12.3.11)可导出支配 $\varPsi$ 的微分方程

$$\dot{\varPsi}=-\sigma\omega_1+F_3^A+G_{31}^A W_1(t)+G_{32}^A W_2(t). \tag{12.3.23}$$

式中 $F_3^A=2F_1^{\varPhi}-F_2^{\varPhi}$，$G_{31}^A=2G_{11}^{\varPhi}$，$G_{32}^A=-G_{22}^{\varPhi}$. 将频率比代入系统(12.3.8)，并与阻尼力及恢复力中非线性部分组合，得

$$\begin{aligned}F_1(\boldsymbol{X},\dot{\boldsymbol{X}})&=\gamma\dot{X}_1-2c(\omega_2^2+2\sigma\omega_1\omega_2)X_1X_2,\\F_2(\boldsymbol{X},\dot{\boldsymbol{X}})&=\gamma\dot{X}_2-c(\omega_2^2+2\sigma\omega_1\omega_2)X_1^2+2\sigma\omega_1\omega_2X_2.\end{aligned} \tag{12.3.24}$$

这里忽略了含高阶小量 c^2 和 σ^2 的项. 幅值 $\boldsymbol{A}$ 和相位差 $\varPsi$ 组成的矢量 $[A_1,A_2,\varPsi]^{\mathrm{T}}$ 收敛于一个三维马尔可夫扩散过程. 运用 5.2.2 节中拟可积共振哈密顿系统随机平均法，可得支配其转移概率密度 $p=p(\boldsymbol{a},\psi,t\,|\,\boldsymbol{a}_0,\psi_0,t_0)$ 的 FPK 方程(Deng and Zhu, 2008a)

$$\frac{\partial p}{\partial t}=-\sum_{i=1}^{2}\frac{\partial}{\partial a_i}(\bar{a}_i p)-\frac{\partial}{\partial\psi}(\bar{a}_3 p)+\frac{1}{2}\sum_{i,j=1}^{2}\frac{\partial^2}{\partial a_i\partial a_j}(\bar{b}_{ij}p)+\frac{1}{2}\frac{\partial^2}{\partial\psi^2}(\bar{b}_{33}p)$$
$$+\frac{1}{2}\sum_{i=1}^{2}\frac{\partial^2}{\partial a_i\partial\psi}(\bar{b}_{i3}p)+\frac{1}{2}\sum_{j=1}^{2}\frac{\partial^2}{\partial\psi\partial a_j}(\bar{b}_{3j}p),\quad i,j=1,2. \tag{12.3.25}$$

一、二阶导数矩为

$$\bar{a}_i(\boldsymbol{a},\psi)=\left\langle F_i^A+\gamma T\sum_{n,k=1}^{2}\frac{\partial G_{ik}^A}{\partial a_n}G_{nk}^A+\gamma T\sum_{k=1}^{2}\frac{\partial G_{ik}^A}{\partial\psi}G_{3k}^A+\gamma T\sum_{k=1}^{2}\frac{\partial G_{ik}^A}{\partial\phi_2}G_{2k}^{\Phi}\right\rangle_t,$$
$$\bar{b}_{ij}(\boldsymbol{a},\psi)=\left\langle 2\gamma T\sum_{k=1}^{2}G_{ik}^A G_{jk}^A\right\rangle_t,\quad i,j=1,2,3. \tag{12.3.26}$$

与非共振情形不同的是，根据关系 $\phi_1=(\phi_2+\psi)/2$，G_{ik}^A,G_{ik}^{Φ} 中的 ϕ_1 被 ϕ_2,ψ 代替，时间平均用以下关于 ϕ_2 的平均代替

$$\langle[\bullet]\rangle_t=\frac{1}{2\pi}\int_0^{2\pi}[\bullet]\mathrm{d}\phi_2. \tag{12.3.27}$$

将式(12.3.12)和式(12.3.23)下一行的表达式代入到(12.3.26)可以得到

$$\bar{a}_1=-\frac{\gamma a_1}{2}+\frac{\gamma T}{2a_1\omega_1^2}-2c(1+\sigma)a_1a_2\omega_1\sin\psi,$$
$$\bar{a}_2=-\frac{\gamma a_2}{2}+\frac{\gamma T}{8a_2\omega_1^2}+\frac{1}{2}c(1+\sigma)a_1^2\omega_1\sin\psi,$$
$$\bar{a}_3=-\sigma\omega_1+\frac{c(1+\sigma)\omega_1(a_1^2-8a_2^2)\cos\psi}{2a_2}, \tag{12.3.28}$$
$$\bar{b}_{11}=\frac{\gamma T}{\omega_1^2},\quad \bar{b}_{22}=\frac{\gamma T}{4\omega_1^2},\quad \bar{b}_{33}=\frac{4\gamma T}{a_1^2\omega_1^2}+\frac{\gamma T}{4a_2^2\omega_1^2},\quad \bar{b}_{12}=\bar{b}_{13}=\bar{b}_{23}=0.$$

应用伊藤微分规则，可以从方程(12.3.11)和(12.3.23)相应的伊藤随机微分方程以及确定性关系(12.3.17)，得到支配能量过程 $\boldsymbol{E}=[E_1,E_2]^{\mathrm{T}}$ 和相位差 Ψ 的伊藤方程及相应 FPK 方程. 其一阶导数矩 $\bar{\bar{a}}_i$ 和二阶导数矩 $\bar{\bar{b}}_{ij}$ 为

$$\bar{\bar{a}}_1=\gamma T-\gamma E_1-2c(1+\sigma)E_1\sqrt{2E_2}\sin\psi,$$
$$\bar{\bar{a}}_2=\gamma T-\gamma E_2+2c(1+\sigma)E_1\sqrt{2E_2}\sin\psi,$$
$$\bar{\bar{a}}_3=-\sigma\omega_1+\frac{\sqrt{2}c(1+\sigma)(E_1-2E_2)\cos\psi}{\sqrt{E_2}}, \tag{12.3.29}$$
$$\bar{\bar{b}}_{11}=2\gamma TE_1,\quad \bar{\bar{b}}_{22}=2\gamma TE_2,\quad \bar{\bar{b}}_{33}=\gamma T\left(\frac{2}{E_1}+\frac{1}{2E_2}\right),\quad \bar{\bar{b}}_{12}=\bar{\bar{b}}_{13}=\bar{\bar{b}}_{23}=0.$$

定义 $\tau(e_{10},e_{20},\psi_0)$ 为在初始能量 $0\leqslant e_{10}<E_{\mathrm{C}}$，$0\leqslant e_{20}$ 和初始相位差 $0\leqslant\psi_0<2\pi$ 内，反应能量过程 $E_1(t)$ 首次穿越能量阈值 E_{C} 的平均时间. 它满足以式(12.3.29)为导数矩的庞特里亚金方程(Pontryagin et al., 1933)

$$\frac{1}{2}\bar{\bar{b}}_{11}\frac{\partial^2\tau}{\partial e_{10}^2}+\frac{1}{2}\bar{\bar{b}}_{22}\frac{\partial^2\tau}{\partial e_{20}^2}+\frac{1}{2}\bar{\bar{b}}_{33}\frac{\partial^2\tau}{\partial\psi_0^2}+\bar{\bar{a}}_1\frac{\partial\tau}{\partial e_{10}}+\bar{\bar{a}}_2\frac{\partial\tau}{\partial e_{20}}+\bar{\bar{a}}_3\frac{\partial\tau}{\partial\psi_0}=-1. \tag{12.3.30}$$

其边界条件为

$$\tau(e_{10}=0,e_{20},\psi_0)=\text{有限值},\quad \tau(e_{10}=E_{\mathrm{C}},e_{20},\psi_0)=0. \tag{12.3.31}$$

$$\tau(e_{10}<E_C,e_{20}=0,\psi_0)=\text{有限值},\quad \tau(e_{10}<E_C,e_{20}\to\infty,\psi_0)=\text{有限值}. \tag{12.3.32}$$

$$\tau(e_{10}<E_C,e_{20},\psi_0=2\pi)=\tau(e_{10}<E_C,e_{20},\psi_0=0). \tag{12.3.33}$$

三维抛物线型偏微分方程(12.3.30)目前没有精确解析解，此处采用差分法数值求解. 为便于计算，通过作变换 $\overline{e}_{20}=1-\exp(-e_{20})$，把 e_{20} 无界的求解域 $[0,\infty)$ 转换成有界域 $[0,1]$. 据此，边界条件(12.3.31)和(12.3.32)转变为

$$\begin{aligned}&\tau(e_{10}=0,\overline{e}_{20}<1,\psi_0)=\text{有限值},\quad \tau(e_{10}=E_{\mathrm{C}},\overline{e}_{20}<1,\psi_0)=0,\\&\tau(e_{10}<E_C,\overline{e}_{20}=0,\psi_0)=\text{有限值},\quad \tau(e_{10}<E_C,\overline{e}_{20}=1,\psi_0)=\text{有限值},\\&\tau(e_{10}<E_C,\overline{e}_{20}<1,\psi_0=2\pi)=\tau(e_{10}<E_C,\overline{e}_{20}<1,\psi_0=0).\end{aligned} \tag{12.3.34}$$

相应的庞特里亚金方程(12.3.30)转变成

$$\frac{1}{2}\bar{\bar{b}}_{11}\frac{\partial^2\tau}{\partial e_{10}^2}+\frac{1}{2}\tilde{b}_{22}\frac{\partial^2\tau}{\partial \overline{e}_{20}^2}+\frac{1}{2}\bar{\bar{b}}_{33}\frac{\partial^2\tau}{\partial\psi_0^2}+\bar{\bar{a}}_1\frac{\partial\tau}{\partial e_{10}}+\tilde{a}_2\frac{\partial\tau}{\partial \overline{e}_{20}}+\bar{\bar{a}}_3\frac{\partial\tau}{\partial\psi_0}=-1. \tag{12.3.35}$$

式中两系数 $\tilde{a}_2(e_{10},\overline{e}_{20},\psi_0)$ 和 $\tilde{b}_{22}(e_{10},\overline{e}_{20},\psi_0)$，可按伊藤微分规则从(12.3.29)中的 $\bar{\bar{a}}_2$ 和 $\bar{\bar{b}}_{22}$ 得到

$$\tilde{a}_2=\bar{\bar{a}}_2\frac{\mathrm{d}}{\mathrm{d}e_2}[1-\exp(-e_2)]+\frac{1}{2}\bar{\bar{b}}_{22}\frac{\mathrm{d}^2}{\mathrm{d}e_2^2}[1-\exp(-e_2)],\quad \tilde{b}_{22}=\{\frac{\mathrm{d}}{\mathrm{d}e_2}[1-\exp(-e_2)]\}^2\bar{\bar{b}}_{22}. \tag{12.3.36}$$

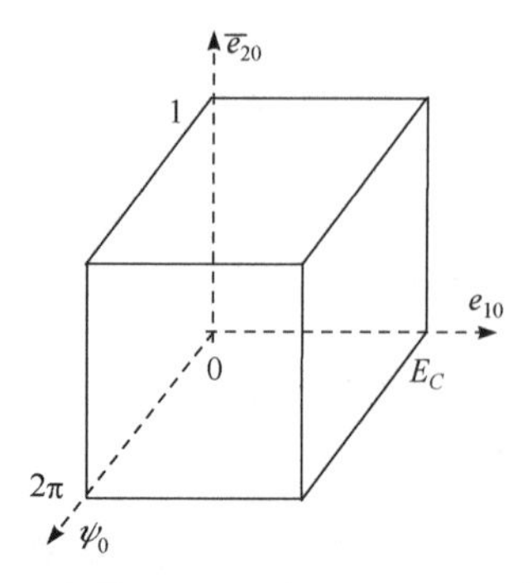

图 12.3.5 方程(12.3.35)中 $\tau(e_{10},\overline{e}_{20},\psi_0)$ 的定义域

图 12.3.5 显示了方程(12.3.35)中 $\tau(e_{10},\overline{e}_{20},\psi_0)$ 的定义域. 图 12.3.6 显示了方程(12.3.35)在边界条件(12.3.34)下的数值解, 图中用灰度和数值表示平均穿越时间 τ 的值. 随着反应振子初始能量 e_{10} 的提高, 平均首次穿越时间 τ 都是减小的. 激励振子的初始能量 $\overline{e}_{20}$ 对穿越时间的影响则与初始相位差 ψ_0 和反应振子能量 e_{10} 有关系, 在 e_{10} 较小时, 随着激励振子初始能量 $\overline{e}_{20}$ 的提高, 平均穿越时间 τ 是减小的; 图 12.3.6(b)至图 12.3.6(d)显示, 当反应振子能量 e_{10} 接近穿越阈值 $E_C=1$ 时, 激励振子能量 $\overline{e}_{20}$ 对 τ 的影响并不是单调的. 针对图 12.3.6(c)中 $\psi_0=\pi/2$, 从式(12.3.6)可以分析出 $\mathrm{d}e_1/\mathrm{d}t$ 为负, 即能量是流出反应振子的, 激励振子的能量 $\overline{e}_{20}$ 对反应振子起着抑制穿越的作用, 从而导致平均穿越时间延长. 图 12.3.6 显示平均穿越时间 τ 是关于 $\psi_0=\pi/2$ 和 $\psi_0=3\pi/2$ 对称的, 给定 e_{10} 和 $\overline{e}_{20}$, τ 在 $\psi_0=\pi/2$ 和 $\psi_0=3\pi/2$ 处分别达到最大和最小值, 联系确定性情况下的式(12.3.6)和式(12.3.7)可知, 此两处分别对应于反应振子能量的最大输出和最大输入. 为了检验图 12.3.6 中理论计算结果的正确性, 对系统(12.3.8)作了蒙特卡罗数值模拟计算, 给定初始值 e_{10} , $\overline{e}_{20}$ 和 ψ_0 , Runge Kutta 法求解系统方程得到反应振子能量过程 $E_1(t)$, 当能量穿越阈值 E_C 时, 记录下穿越时间, 平均首次穿越时间是从 2000 个样本统计得到的. 图 12.3.7 显示了相应的数值模拟结果, 可以看到与图 12.3.6 理论结果符合较好, 证实了理论计算的正确性.

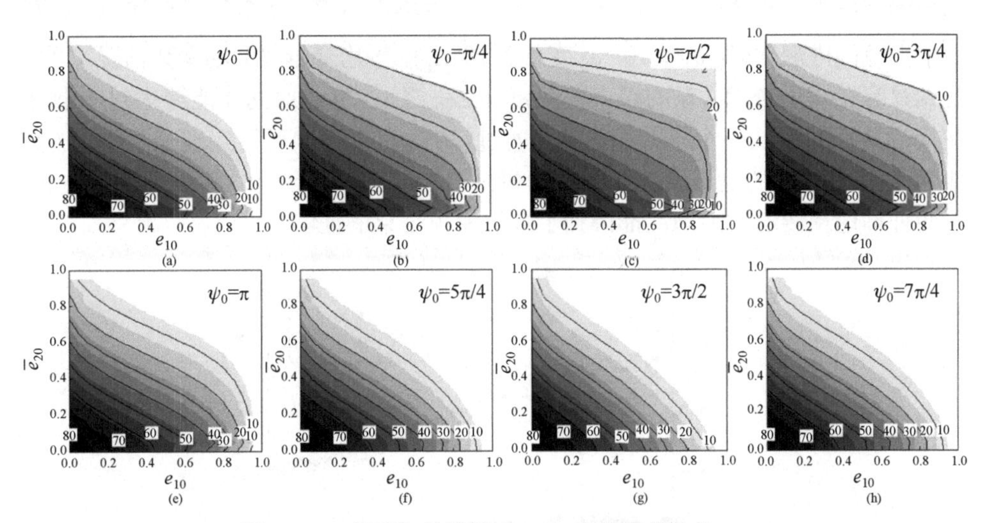

图 12.3.6　给定初始能量 e_{10} , $\overline{e}_{20}$ 和初始相位差 ψ_0

由方程(12.3.35)解得平均穿越时间 τ , $c=0.1$, $\sigma=0$, $\gamma=0.01$, $\gamma T=0.01$, $E_C=1$, $\omega_1=1$, $\omega_2=2\omega_1$ (Deng and Zhu, 2008a)

在共振情形下, 耦合系数 c 对反应振子与激励振子之间的能量交换行为起着重要的作用. 图 12.3.8 显示了两个穿越阈值 E_C 下, 平均首次穿越时间 τ 随 c 的变

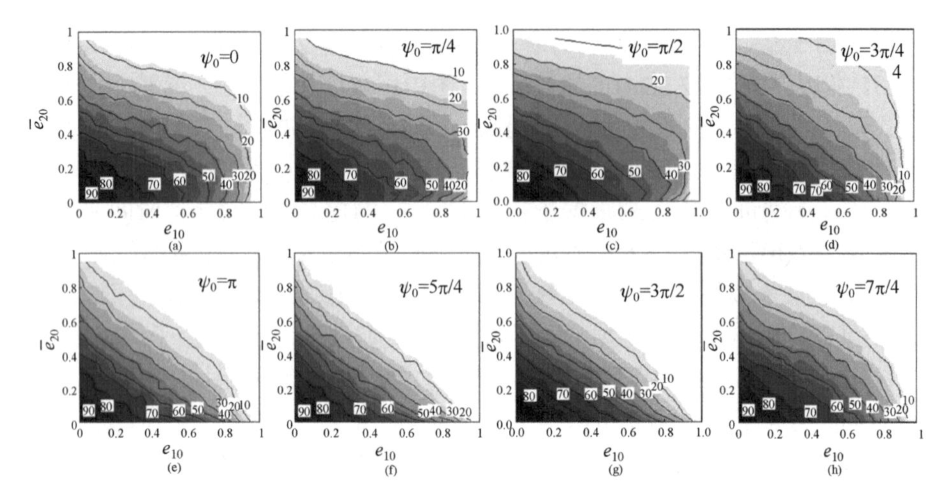

图 12.3.7　与图 12.3.6 中理论结果相应的数值模拟结果(Deng and Zhu, 2008a)

化曲线. 可以看到τ随E_C的增加而提高, 而随c的增加而减小. 这是因为, 提高穿越阈值, 反应振子必然要花更多的时间来达到阈值. 减小耦合强度, 那么激励振子的激励作用就变弱, 给反应振子提供的能量变少, 导致反应振子穿越时间延长. 需要注意的是, 本节的理论是基于弱耦合假定的, 因此随着耦合系数c增加, 理论结果的准确性将逐渐降低. 图 12.3.9 直接显示了当两振子线性频率比$\omega_1:\omega_2$在一个大范围内变化时(ω_2从$10^{-2}\omega_1$变化到$10^2\omega_1$), 平均穿越时间的变化情况. 可以看到只有在满足费米共振的频率关系$\omega_2=2\omega_1$之下, 穿越时间才能够达到最小值, 在接近共振频率的一个小共振区内, 通过解方程(12.3.35)可得到理论预测值. 其他频率范围对应的是非共振情形, 通过式(12.3.22)得到穿越时间的理论预测值. 这两种理论预测值的准确性都得到了数值模拟结果的证实.

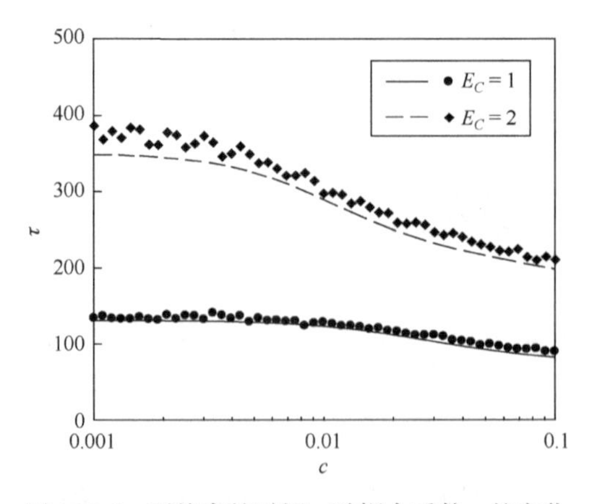

图 12.3.8　平均穿越时间τ随耦合系数c的变化

曲线表示随机平均法结果; ●, ◆表示模拟结果, 参数同图 12.3.6(Deng and Zhu, 2008a)

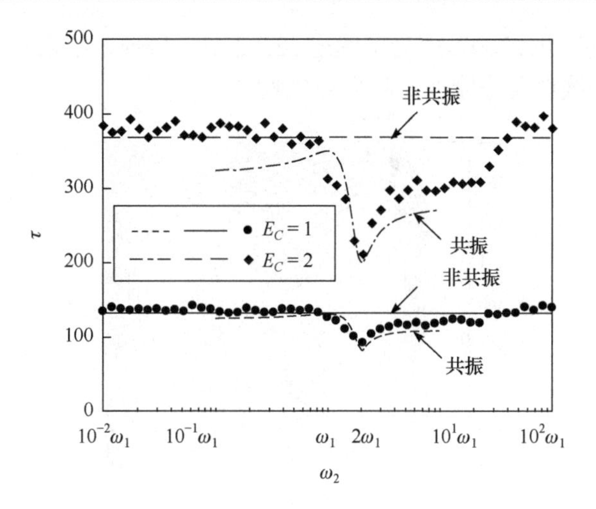

图 12.3.9　平均穿越时间 τ 随频率比的变化, 曲线表示随机平均法结果

共振区的结果来自解方程(12.3.35), 非共振区的结果来自(12.3.22), •, ♦表示模拟结果, 参数同图 12.3.6(Deng and Zhu, 2008a)

12.3.3　随机激励下费米共振的反应速率

如图 12.2.1 所描述, 经典的克莱默斯反应速率理论所用的模型是一个受随机扰动的反应粒子在双势阱势能上的运动, 其双势阱势能为

$$U_0(x_1) = ax^2 - \sqrt{ab}x_1^3 + bx_1^4/4. \tag{12.3.37}$$

式(12.3.37)与克莱默斯所用对称双势阱势能(12.2.3)是相同的, 不同的只是做了坐标平移. 在本节中, 研究的是费米共振下, 激励振子对反应振子反应速率的影响. 为此需要建立二维反应势能, Ebeling 在式(12.3.37)中的一维势能的基础上构造了如下二维势能(Ebeling et al., 2003)

$$U(x_1, x_2) = U_0(x_1) + \alpha[x_2 - cU_0(x_1)]^2. \tag{12.3.38}$$

图 12.3.10 显示了这个二维势能, 可以看出, 势能(12.3.38)在 x_1 轴上是对称双势阱的, 在 x_2 轴方向上则是非对称的. 将势能(12.3.38)代入系统方程(12.3.1), 就得到了双势阱反应振子与激励振子耦合的二维系统. c 是体现耦合强度的系数, 两个振子的线性化频率分别为 $\omega_1 = \sqrt{2a}$ 和 $\omega_2 = \sqrt{2\alpha}$. 当 $\alpha = 4a$ 时, 对应着频率比 $\omega_1 : \omega_2 = 1:2$. 在反应粒子处于如图 12.3.10 所示左侧势阱底部时, 这个频率比将产生费米共振. 以势能(12.3.38)代替系统(12.3.8)中的 Pippard 势能, 形成新的随机激励下的二自由系统, 如 12.2 节所述, 在小阻尼情形下, 所得克莱默斯反应速率表达式(12.2.8)即是根据线性化势能近似 $U_0(x_1) \approx ax_1^2$ 和高势垒假定 $\Delta U/k_\mathrm{B}T \gg 1$ 来

得到的(Deng and Zhu, 2007a). 为了阐述 12.3.2 节所得理论结果对反应速率理论的应用, 仍然采用线性化势能近似和高势垒假定.

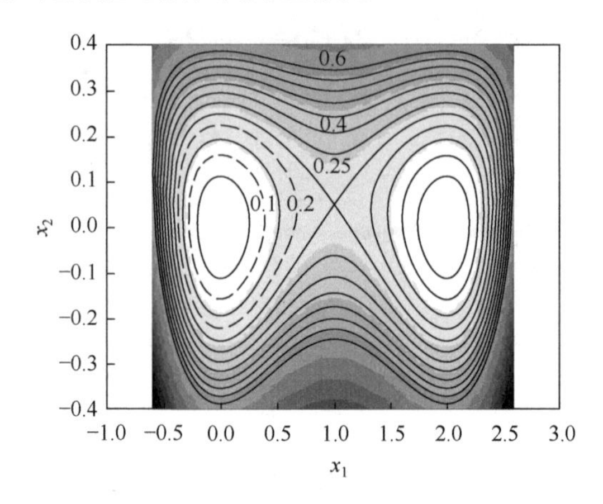

图 12.3.10　势能(12.3.38)云图, 图中数值是势能值

$a=1$, $b=1$, $\alpha=4a$, $c=0.2$ (Deng and Zhu, 2008a)

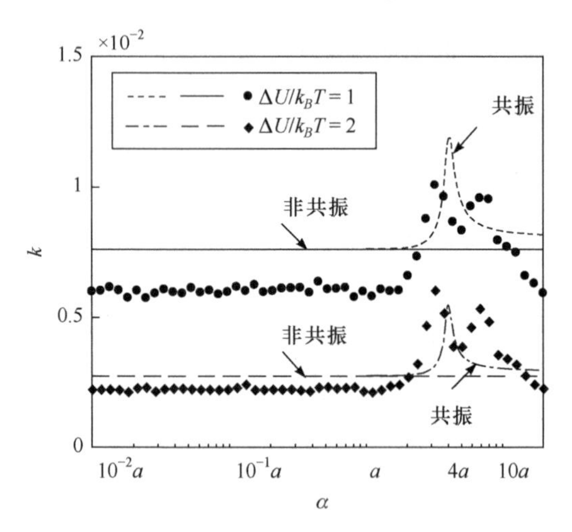

图 12.3.11　反应速率 k 随 α 的变化, 曲线表示随机平均法结果

共振区的结果来自解方程(12.3.35), 非共振区的结果来自(12.3.22), •, ♦表示模拟结果, $c=0.1$, 其他参数同图 12.3.10(Deng and Zhu, 2008a)

将式(12.3.28), (12.3.29)和(12.3.31)中的 ω_1, c, E_C 分别用 $\sqrt{2a}, ca, \Delta U$ 代替, 那么与本节势能(12.3.38)相关的反应振子在共振区的平均穿越时间 $\tau(e_{10},\overline{e}_{20},\boldsymbol{\psi}_0)$ 就可以通过在边界条件(12.3.31)至(12.3.34)下求解庞特里亚金方程(12.3.35)得到. 用 $\tau(0,0,0)$ 表示在初始条件 $e_{10}=0$, $\overline{e}_{20}=0$ 和 $\psi_0=0$ 下的平均穿越时间. 非共振情形下的穿越时间从式(12.3.22)获得. 反应速率 k 由平均首次穿越时间的倒数获得

(Reimann et al., 1999)，即共振区用 $k=1/\tau(0,0,0)$，非共振区用 $k=1/\tau(0,0)$.

图 12.3.11 显示了参数 α 从 $10^{-2}a$ 变化到 $20a$，反应速率 k 的变化. 可以看到在接近 $\alpha=4a$ (对应 $\omega_1:\omega_2=1:2$)处，反应速率达到峰值. 图 12.3.11 同时显示提高势垒高度 ΔU 有降低反应速率的作用. 与 12.3.2 节的结果相比，本节的理论结果与模拟结果之间的误差更大，部分原因在于 12.3.2 节中的 Pippard 模型是拟线性系统，与理论方法的假设接近，而本节对非谐和势能(12.3.38)做了 $U_0(x_1)\approx ax_1^2$ 的线性近似，造成了较大的偏差.

前述研究费米共振都是基于弱耦合假定的，所得的系列理论结果也只适用于耦合系数 c 较小的情形. 在强耦合，即 c 值较大时，反应振子和激励振子作为一个整体系统共同运动，此时可将整个两自由度系统视为拟不可积哈密顿系统，系统的哈密顿函数 H 或总能量为

$$H=v_1^2/2+v_2^2/2+U(x_1,x_2). \tag{12.3.39}$$

将势能(12.3.38)代入(12.3.39)，可发现系统总能量表达式(12.3.39)是不可分离的，12.3.2 节中那种把能量分别归属于反应振子和激励振子的做法在不可积系统中已不可行.

应用拟不可积哈密顿系统随机平均法研究了两自由度拟不可积哈密顿系统的首次穿越问题(Deng and Zhu, 2008a)，得到了如下系统总能量 $H(t)$ 穿越阈值 E_{C} 的平均时间

$$\tau(h_0)=2\int_{h_0}^{E_{\mathrm{C}}}\mathrm{d}u\int_0^u\frac{1}{\sigma^2(v)}\exp\left[-2\int_v^u\frac{m(w)}{\sigma^2(w)}\mathrm{d}w\right]\mathrm{d}v. \tag{12.3.40}$$

这里的初始能量 $h_0<E_{\mathrm{C}}$，漂移系数 $m(H)$ 和扩散系数 $\sigma^2(H)$ 为

$$\begin{aligned}&m(H)=2\gamma k_{\mathrm{B}}T-2\gamma H+2\gamma G(H),\quad \sigma^2(H)=4\gamma k_{\mathrm{B}}TH-4\gamma k_{\mathrm{B}}TG(H),\\&G(H)=\iint_{\Sigma}U(x_1,x_2)\mathrm{d}x_1\mathrm{d}x_2\Big/\iint_{\Sigma}\mathrm{d}x_1\mathrm{d}x_2,\quad \Sigma=\{(x_1,x_2)\,|\,U(x_1,x_2)\leqslant H\}.\end{aligned} \tag{12.3.41}$$

将势能(12.3.38)代入式(12.3.41)和(12.3.40)得到首次穿越时间 $\tau(h_0)$，再通过 $k=1/\tau(0)$ 得到反应速率 k.

图 12.3.12 和图 12.3.13 显示了强耦合情形下，理论结果和相应的数值模拟结果，可见两者吻合较好，还可看到若干参数 E_{C},α,c 对反应速率 k 的影响. 各图都显示阈值 E_{C} 提高有降低反应速率的作用. 图 12.3.12 显示理论结果只在小阻尼范围内 $\gamma<1$ 适用. 图 12.3.13 显示系统内部两振子之间的线性化频率比并不影响反应速率，即使满足共振关系 $\alpha=4a$ 也是如此. 图 12.3.13 则显示系统内部两振子之间的耦合强度也不会影响反应速率. 作为不可积系统，系统内部两振子之间共振与否和耦合强度只影响两振子能量的比值，对于由系统总能量支配的反应速率，则没有影响.

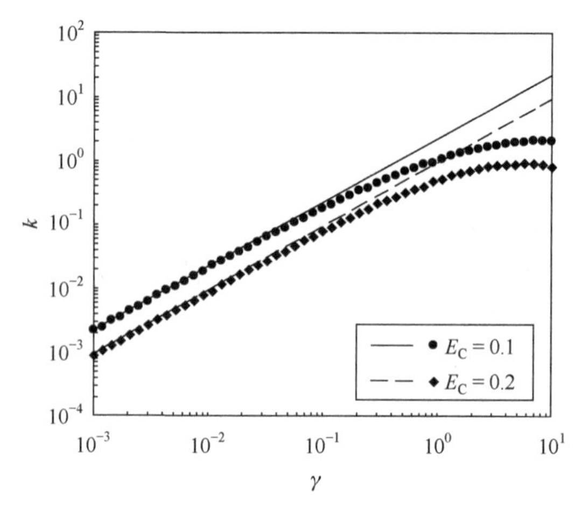

图 12.3.12　在强耦合和弱阻尼下, 系统总能量支配的反应速率 k

曲线表示随机平均法结果; •, ♦表示模拟结果, $c=1$, $a=1$, $b=1$, $\alpha=4a$, $\Delta U/k_{\mathrm{B}}T=2$ (Deng and Zhu, 2008a)

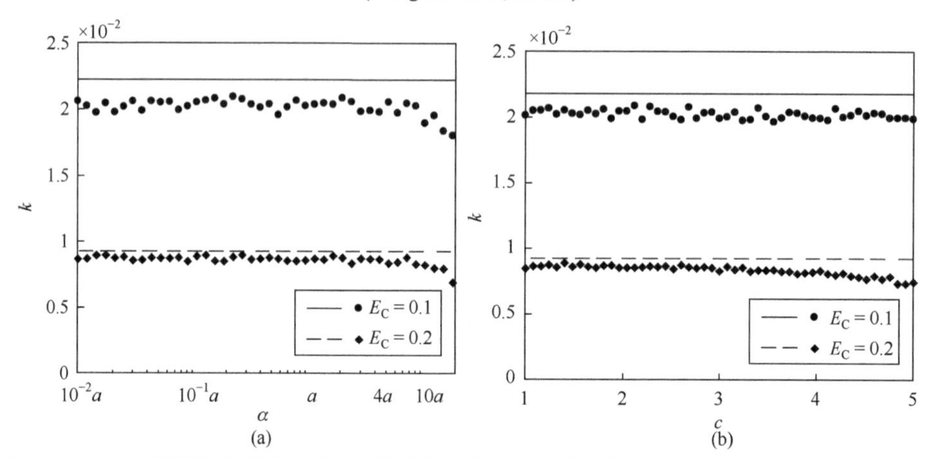

图 12.3.13　在强耦合和弱阻尼下, 系统总能量支配的反应速率 k, (a) 反应速率随参数 α 的变化; (b) 反应速率随耦合参数 c 的变化

曲线表示随机平均法结果; •, ♦表示模拟结果, $\gamma=0.01$, 其他参数同图 12.3.12(Deng and Zhu, 2008a)

12.4　DNA 分子的热变性

脱氧核糖核酸(DNA)分子的静态结构不足以解释它的生命属性. DNA 分子双链的解开和闭合运动是复制、转录和结合蛋白质等生命活动所必须的. DNA 分子双链的解开过程称为 DNA 变性或熔化. DNA 分子局部双链的不断解开又闭合是

一个永不停息的过程, 被形象地称为 DNA 呼吸. 目前, 大部分研究 DNA 变性动力学的理论方法都基于两个模型, Poland-Scherage 自由能模型(Poland and Scheraga, 1966)和 Peyrard-Bishop-Dauxois(PBD)模型(Dauxois, 1991; Peyrard and Bishop, 1989). 其中 PBD 模型可以用来估计 DNA 变性熔点温度、热稳定性和转录起点的识别等(Campa and Giansanti, 1998; Kalosakas, 2004; Theodorakopoulos, 2004; van Erp et al.,). 本节通过把 DNA 分子的 PBD 模型视为热扰动下的多自由度强非线性动力学系统, 应用随机平均法研究 DNA 分子的平稳运动和变性过程(Deng and Zhu, 2008b; 邓茂林, 2007).

12.4.1 DNA 分子的 PBD 模型

图 12.4.1 是 PBD 模型示意图, 模型中两条主链表示 DNA 分子的两条糖-磷酸链, 在主链上连接有许多侧链表示碱基. 一条主链上的碱基通过氢键与另一条主链上的碱基相互作用. DNA 分子的热变性, 即两条核苷酸链在热浴作用下分开的过程, 也叫 DNA 熔化. 在电镜下观察, 局部已经开链的区域形成松散结构, 被形象地称为变性泡, 变性泡的大小和数量随温度增加而增大和增多, 在变性温度上, 整个 DNA 分子的双链将全部解开(见图 12.4.2).

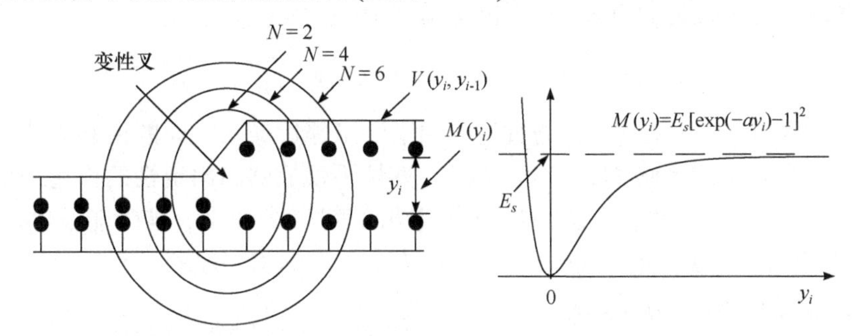

图 12.4.1　DNA 的 PBD 模型以及变性叉示意图, 碱基对之间通过 Morse 势能(12.4.1)相互作用, 邻近碱基之间由 PBD 堆砌势能(12.4.2)相互作用(Deng and Zhu, 2008b)

在 DNA 分子变性动力学的 PBD 模型中, 用以下 Morse 势能描述碱基对之间的相互作用

$$M(y_i) = E_S(e^{-ay_i} - 1)^2 \tag{12.4.1}$$

这里的 y_i 表示第 i 个碱基对之间偏离平衡位置的相对距离(Dauxois, 1991; Peyrard and Bishop, 1989); E_S 是碱基对之间的分离能, a 是描述势能空间尺度的参数(Peyrard, 2004). 碱基对 A-T(腺嘌呤-胸腺嘧啶)和 C-G(胞嘧啶-鸟嘌呤)之间的氢键数目分别为两个和三个, 使得碱基对之间作用力的强弱并不相同, 相应 Morse 势能的 E_S 和 a 的值也不同. 因此, 若考虑碱基序列信息对 DNA 分子运动的影响, PBD 模型将变得极其复杂. 在本节中仅考虑具有均一碱基对序列的 DNA 分子及

其 PBD 模型的运动.

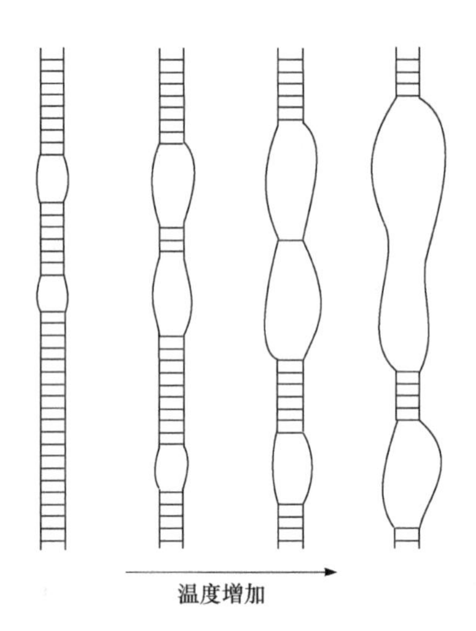

图 12.4.2　DNA 分子的变性过程, 随着温度增加, 变性泡逐渐增大(Deng and Zhu, 2008b)

在主链上, 仅考虑邻近碱基之间的弯曲效应(图 12.4.1 所示), 并用由此引起的势能 $V(y_i, y_{i-1})$ 来描述邻近碱基之间的堆砌作用

$$V(y_i, y_{i-1}) = \frac{1}{2}K\left\{1+\rho\exp\left[-\alpha\left(y_i + y_{i-1}\right)\right]\right\}\left(y_i - y_{i-1}\right)^2 \tag{12.4.2}$$

从势能(12.4.2)中可以看出, 它通过指数项来修正邻近碱基之间的谐和势能, 实现了非线性耦合. 由于势能(12.4.2)对 DNA 变性不仅能够给出定性的描述, 还能够给出定量的计算, 因此它被证明是相当成功的表达式. 此外, 堆砌能量也是高度依赖于碱基序列信息的(Saenger, 1984), 但本节仅考虑均一序列.

为了模拟 DNA 分子的热变性, 这里假定局部碱基对的打开是由于主链的分开造成的, 作为 DNA 分子二级结构的螺旋的效应被忽略了, 以简化理论分析. 由于考虑均一的碱基序列, 所有碱基的质量都是相同的, 据此可以得到图 12.4.1 所示 PBD 模型的运动方程

$$\frac{\mathrm{d}^2 y_i}{\mathrm{d}t^2} = -\frac{\partial U(\boldsymbol{y})}{\partial y_i},\quad U(\boldsymbol{y}) = \sum_{i=1}^{N} M(y_i) + \sum_{i=2}^{N} V(y_i, y_{i-1}),\quad i = 1,2,\cdots,N. \tag{12.4.3}$$

其中碱基质量因归一化处理而恒等于1; $\boldsymbol{y}=[y_1, y_2,\cdots, y_N]^{\mathrm{T}}$; N 是碱基对数目. 运动系统(12.4.3)的哈密顿函数或系统总能量是

$$H = \frac{1}{2}\sum_{j=1}^{N}\left(\frac{\mathrm{d}y_j}{\mathrm{d}t}\right)^2 + U(\boldsymbol{y}). \tag{12.4.4}$$

12.4.2　DNA 分子的平稳运动

如前所述, DNA 分子局部双链的不断解开又闭合的运动称为 DNA 呼吸, 其本质就是热扰动下 DNA 分子的平稳运动. 研究中, 为了给 PBD 模型引入热浴环境, 一般是给每个自由度都加入随机扰动力 $\sqrt{2D}W_{gi}(t),(i=1,2,\cdots,N)$ 和磨擦力 $\gamma\,\mathrm{d}y_i/\mathrm{d}t$, 其中 $W_{gi}(t)$ 是独立单位高斯白噪声, γ 是线性阻尼系数. 同时应用涨落耗散定理或爱因斯坦关系式 $D=\gamma k_BT$ (T 是热浴温度). 在给原系统加入随机 $\sqrt{2D}W_{gi}(t)$ 和摩擦力 $\gamma\,\mathrm{d}y_i/\mathrm{d}t$ 后, 系统(12.4.3)变成如下随机激励的动力学系统

$$\frac{\mathrm{d}^2y_i}{\mathrm{d}t^2}+\gamma\frac{\mathrm{d}y_i}{\mathrm{d}t}+\frac{\partial U(\boldsymbol{y})}{\partial y_i}=\sqrt{2\gamma k_BT}W_{gi}(t),\quad i=1,2,\cdots,N. \tag{12.4.5}$$

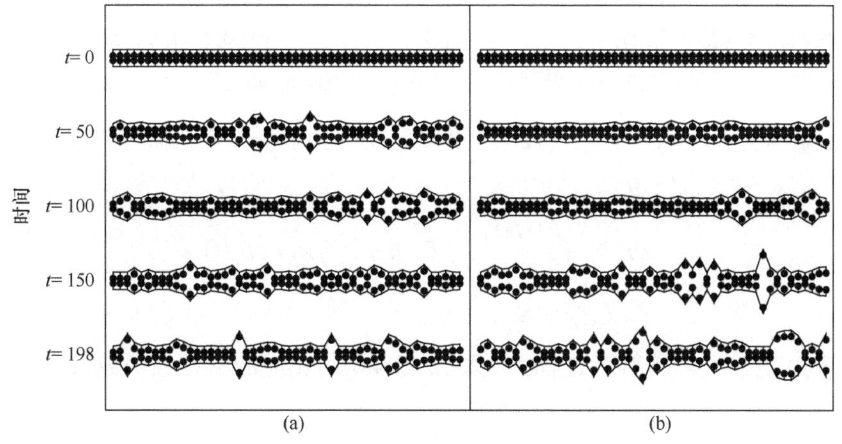

图 12.4.3　对含 50 个碱基对的 PBD 模型做数值模拟得到的热变性快照. (a) $\gamma k_BT=0.01$; (b) 随着时间 t 增长, γk_BT 从 0 增加到 0.02 (Deng and Zhu, 2008b)

图 12.4.3 和图 12.4.4 分别以运动快照和灰度图显示了用含 50 个碱基对的 PBD 模型模拟的 DNA 变性过程. 图 12.4.3(a)显示的是激励强度 γk_BT =0.01 保持不变时, 碱基对的打开与闭合的运动进入了平稳状态, 一部分的碱基对打开, 随后闭合, 其他部分又有碱基对打开, 再闭合, 如此动态地平稳运动, 也即 DNA 呼吸. 在图 12.4.3(b)中, 阻尼系数 γ 保持不变, 温度 T 逐渐增加, 使得 γk_BT 从 0 增加到 0.02, 可见随着时间 t 增长, 打开的碱基对越来越多, 气泡也越来越大. 图 12.4.4(a)和图 12.4.4(b)用灰度显示碱基对打开的距离随温度的变化. 除了碱基对打开距离, PBD 平均能量 E (用模型总能量除以总的碱基对数)也可以用来衡量 DNA 的呼吸强度. 图 12.4.4(c)显示了 PBD 平均能量随时间的变化过程, 可以看出, 在常温情况下(对应于图 12.4.4(a)), PBD 平均能量在一定常量上下波动, 而随温度提高(对应于图 12.4.4(b)), 变性泡增多和增大, PBD 平均能量逐渐增加.

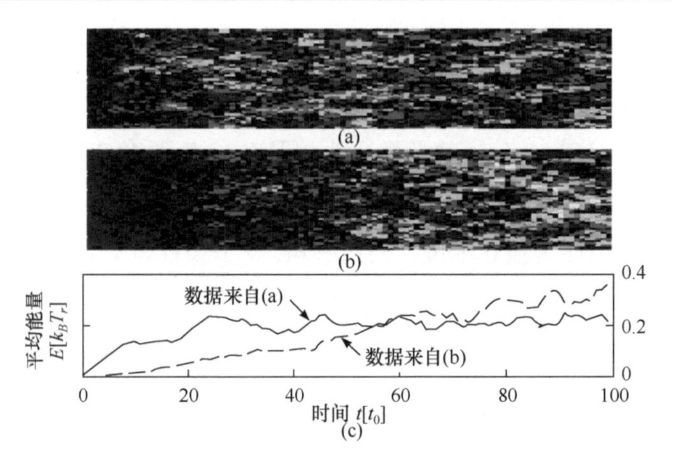

图 12.4.4 对含 50 个碱基对的 PBD 模型做数值模拟得到对热变性的观察

灰度越低表明碱基对打开距离增大. $\gamma=1$. (a) $\gamma k_BT=0.02$; (b) 随着时间 t 增长, γk_BT 从 0 增加到 0.04; (c) 碱基对平均能量的变化(Deng and Zhu, 2008b)

令 $Q_i=y_i$, $P_i=\mathrm{d}y_i/\mathrm{d}t$,式(12.4.5)可以转变为如下伊藤随机微分方程

$$\begin{aligned}
&\mathrm{d}Q_i=P_i\mathrm{d}t,\\
&\mathrm{d}P_i=-\left(\frac{\partial U(\boldsymbol{Q})}{\partial Q_i}+\gamma P_i\right)\mathrm{d}t+\sqrt{2\gamma k_BT}\,\mathrm{d}B_i(t),\\
&i=1,2,\cdots,N.
\end{aligned}\tag{12.4.6}$$

式中 $B_i(t)$ 是独立单位维纳过程, 与系统(12.4.6)的相应的哈密顿函数 H 或系统总能量是

$$H=\sum_{j=1}^{N}\frac{1}{2}P_j^2+U(\boldsymbol{Q}).\tag{12.4.7}$$

假定 γ 为小量, 方程(12.4.6)描述了一个拟不可积哈密顿系统.

式(12.4.7)表明, 哈密顿函数 H 是位移 $\boldsymbol{Q}$ 和速度 $\boldsymbol{P}$ 的函数, 运用伊藤微分规则就可从式(12.4.6)导得如下支配 H 的伊藤随机微分方程

$$\mathrm{d}H=\left(N\gamma k_BT-\gamma\sum_{j=1}^{N}P_i^2\right)\mathrm{d}t+\sqrt{2\gamma k_BT}\sum_{j=1}^{N}P_j\mathrm{d}B_j(t).\tag{12.4.8}$$

式中 P_1 需按下式用 $\boldsymbol{Q},H,P_2,\cdots,P_N$ 替代

$$P_1=\pm\sqrt{2\left[H-U(\boldsymbol{Q})\right]-\sum_{j=2}^{N}P_j^2}.\tag{12.4.9}$$

运用 5.1 节中描述的拟不可积哈密顿系统随机平均法, 得平均后 $H(t)$ 的伊藤方程

$$\mathrm{d}H = m(H)\mathrm{d}t + \sigma^2(H)\mathrm{d}B(t). \tag{12.4.10}$$

式中漂移和扩散系数为

$$\begin{aligned}
m(H) &= \frac{1}{T(H)}\int_{\Omega}(N\gamma k_B T - \gamma\sum_{j=1}^{N} p_j^2)\mathrm{d}q_1\cdots\mathrm{d}q_N\mathrm{d}p_2\cdots\mathrm{d}p_N,\\
\sigma^2(H) &= \frac{1}{T(H)}\int_{\Omega}(2\gamma k_B T\sum_{j=1}^{N} p_j^2)\mathrm{d}q_1\cdots\mathrm{d}q_N\mathrm{d}p_2\cdots\mathrm{d}p_N,\\
T(H) &= \int_{\Omega}(\frac{1}{p_1})\mathrm{d}q_1\cdots\mathrm{d}q_N\mathrm{d}p_2\cdots\mathrm{d}p_N.
\end{aligned} \tag{12.4.11}$$

Ω 是式(12.4.11)中$(2N-1)$重积分的积分域, 由下式确定

$$\Omega = \left\{(q_1,q_2,\cdots,q_N,p_2,\cdots,p_N)\middle|\frac{1}{2}\sum_{j=2}^{N} p_i^2 + U(\boldsymbol{q}) \leqslant H\right\}. \tag{12.4.12}$$

完成式(12.4.11)中对 P_i 的积分, 可以得到两系数 $m(H)$ 和 $\sigma^2(H)$ 如下表达式

$$\begin{gathered}
m(H) = N\gamma k_B T - 2\gamma\, A(H)/B(H),\quad \sigma^2(H) = 4\gamma k_B T\, A(H)/B(H),\\
T(H) = \frac{\pi^{N/2}2^{3N/2-2}}{\Gamma(N/2)}B(H),\\
A(H) = \int_{\Sigma}[H-U(\boldsymbol{q})]^{N/2}\mathrm{d}q_1\cdots\mathrm{d}q_N,\quad B(H) = \int_{\Sigma}[H-U(\boldsymbol{q})]^{N/2-1}\mathrm{d}q_1\cdots\mathrm{d}q_N.
\end{gathered} \tag{12.4.13}$$

其中 $\Gamma(\cdot)$ 是 Gamma 函数, (12.4.13)中 N 重积分的积分域 Σ 如下式确定

$$\Sigma = \{(q_1,q_2,\cdots,q_N)\,|\,U(\boldsymbol{q}) \leqslant H\}. \tag{12.4.14}$$

可用广义椭圆坐标变换(5.1.48)将式(12.4.13)中的 n 重域积分变换 n 重积分.

与伊藤方程(12.4.10)相应的 FPK 方程为

$$\frac{\partial p}{\partial t} = -\frac{\partial}{\partial h}\left[m(h)p\right] + \frac{1}{2}\frac{\partial^2}{\partial h^2}\left[\sigma^2(h)p\right]. \tag{12.4.15}$$

式中 $p = p(h,t|h_0)$ 是哈密顿函数 H 的转移概率密度函数, 初始条件为

$$p(h,0|h_0) = \delta(h-h_0). \tag{12.4.16}$$

或者 $p = p(h,t)$ 是 H 的概率密度, 其初始条件是

$$p(h,0) = p(h_0). \tag{12.4.17}$$

FPK 方程(12.4.15)通常有如下边界条件

$$\begin{aligned}
&p\text{有界},\quad \text{当}h=0,\\
&p,\ \partial p/\partial h \to 0,\quad \text{当}h\to\infty.
\end{aligned} \tag{12.4.18}$$

FPK 方程(12.4.15)通常只能数值求解. 令 $\partial p/\partial t=0$，可得(12.4.15)如下精确平稳解(5.1.14)，即

$$p(h)=\frac{C}{\sigma^2(h)}\exp\left[2\int_z^h\frac{m(x)}{\sigma^2(x)}\mathrm{d}x\right]. \tag{12.4.19}$$

这里的 z 是不为零的任意正常数；C 是归一化常数，通过令概率密度 $p(h)$ 在域 $(0,\infty)$ 上的积分为 1 得到.

平稳解(12.4.19)是原系统(12.4.6)的哈密顿函数的平稳概率密度. 相应的联合平稳概率密度 $p(\boldsymbol{q},\boldsymbol{p})$ 可以按(5.1.17)得到

$$p(\boldsymbol{q},\boldsymbol{p})=\left[p(h)/T(h)\right]\Big|_{h=H(\boldsymbol{q},\boldsymbol{p})}. \tag{12.4.20}$$

其他平稳统计量，比如平均能量 $E=H/N$ 的平稳概率密度 $p(e)$，碱基对距离平稳概率密度 $p(y_i)$，距离的均方 $E[Y_i^2]$ 可从 $p(h)$ 或 $p(\boldsymbol{q},\boldsymbol{p})$ 按下式得到

$$\begin{gathered}p(e)=N\,p(h)\big|_{h=Ne},\quad p(y_i)=\int_{-\infty}^{\infty}p(\boldsymbol{q},\boldsymbol{p})\mathrm{d}q_1\cdots\mathrm{d}q_{i-1}\mathrm{d}q_{i+1}\cdots\mathrm{d}q_N\mathrm{d}p_1\cdots\mathrm{d}p_N,\\ E[Y_i^2]=\int_{-\infty}^{\infty}q_i^2\,p(\boldsymbol{q},\boldsymbol{p})\mathrm{d}q_1\cdots\mathrm{d}q_N\mathrm{d}p_1\cdots\mathrm{d}p_N.\end{gathered} \tag{12.4.21}$$

为了检验理论结果(12.4.21)的精确性，对原系统(12.4.6)做了数值模拟，通过 Box-Muller 方法产生独立的高斯白噪声样本 $W_{gi}(t),(i=1,2,\cdots,N)$ (Box and Muller, 1958)，用四阶 Runge-Kutta 法求解系统微分方程得到系统响应，时间步长为 0.02，20000 步以后作为平稳响应，按各态历经进行统计得到平稳统计量.

图 12.4.5 显示了平均能量的平稳概率密度 $p(e)$. 图 12.4.6 显示碱基对距离的概率密度 $p(y_i)$. 图 12.4.7 显示了碱基对距离的均方 $E[Y_i^2]$，理论结果和数值模拟

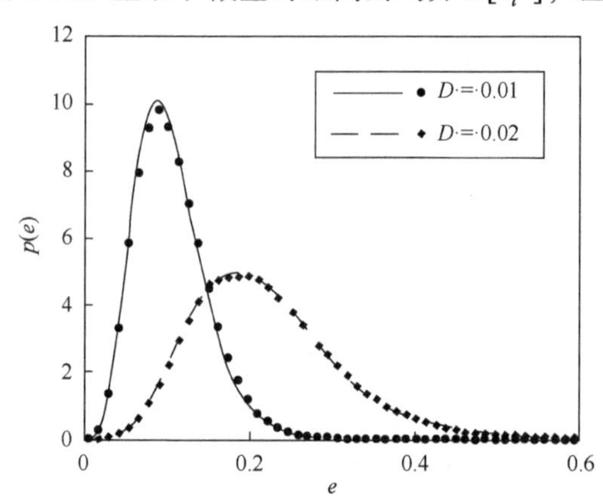

图 12.4.5　PBD 模型上平均能量 E 的平稳概率密度 $p(e)$

$N=6$，$\varepsilon=0.1$，$\gamma=0.6$ (Deng and Zhu, 2008b)

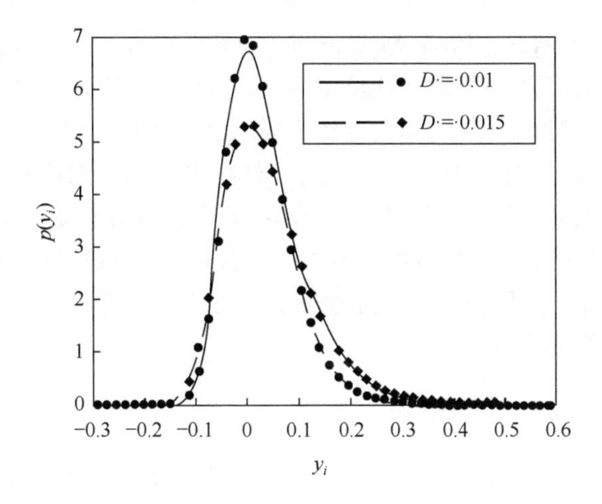

图 12.4.6　碱基对距离 y_i 的平稳概率密度 $p(y_i)$，$N=3$

其他参数同图 12.4.5(Deng and Zhu, 2008b)

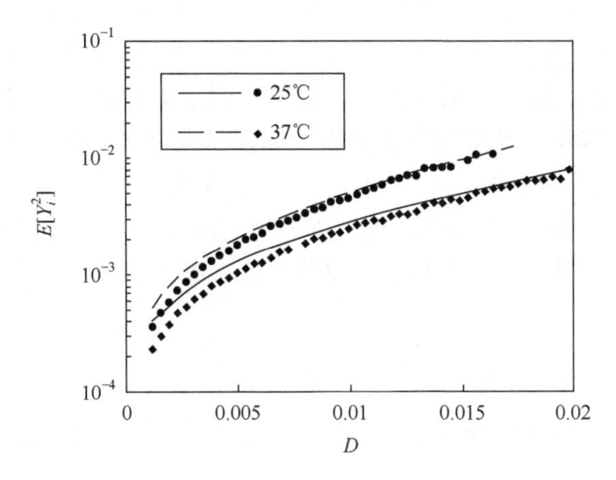

图 12.4.7　碱基对距离 y_i 的均方值 $E[Y_i^2]$ 随激励强度的变化

37℃时 $\gamma=0.6$，25°C 时 $\gamma=1$，$N=3$，其他参数同图 12.4.5(Deng and Zhu, 2008b)

结果分别用实线虚线和符号● ♦表示. 理论结果和模拟结果符合很好. 因此, 可以相信, 式(12.4.19)至式(12.4.21)是获得热扰动下 PBD 模型平稳概率统计量较好的解析式.

12.5　生物大分子的构象变换

生物大分子的构象是其生命存在的物质基础, 许多生命活动表现为生物大分子的构象变换. 要研究生物大分子的生命活动就必须研究其构象变换的动力学

(Frauenfelder and Wolynes, 1985; McCammon and Harvey, 1987). 长期以来, 生物大分子构象变换的研究乃基于确定性模型(Mezić, 2006a; 2006b). 实际上, 生物大分子是有着数千自由度的复杂的非线性动力学系统, 已知生物分子每时每刻都处于周围环境分子的碰撞(对应于热噪声)之下, 热扰动和温度对生物大分子构象变换有着重要影响, 因此, 研究生物大分子在热扰动下的构象变换动力学更有意义. 研究指出, 生物大分子的构象变换是随机行为(Ebeling et al., 2003). 本节将在前人研究工作的基础上, 应用拟不可积哈密顿系统随机平均法, 研究了生物大分子在热扰动下构象变换动力学.

12.5.1　构象变换的模型及其运动

生物大分子的运动自由度一般非常巨大, 结构又高度非线性, 使得分子的运动往往是混沌的, 只有建立相对简单的模型才可能理解其动力学行为并作理论分析. Mezić 研究的是如图 12.5.1 所示的一种生物大分子构象变换模型(Mezić, 2006a; 2006b), 该模型由上下两个支架与安装在支架上的刚性摆构成. 上下摆的小球之间存在吸引或排斥力. 下支架和其上的摆都是不动的, 上支架可以作弹性扭转, 其上的摆可以摆动, 摆动范围从图示一侧铅垂向下翻转到另一侧铅垂向下. 生物大分子的构象变换可以理解为模型上支架的摆从一个势阱状态(对应于 $(0,\pi)$ 中的某个摆角)翻转到另一个势阱状态(对应于 $(\pi,2\pi)$ 的另一个摆角).

模型中上支架的摆和下支架的摆之间的吸引与排斥力是通过 Morse 势能来描述的, 相邻的摆之间通过支架的扭转弹性势能来相互作用. 以下是上支架上摆的运动方程

$$\begin{aligned} mh^2\ddot{\theta}_i &= D_{\mathrm{b}}\left\{\exp\left[-a_{\mathrm{d}}(h(1-\cos\theta_i)-x_0)\right]-1\right\} \\ &\quad\times\exp[-a_{\mathrm{d}}(h(1-\cos\theta_i)-x_0)]\sin\theta_i+k(\theta_{i+1}-2\theta_i+\theta_{i-1}), \qquad (12.5.1)\\ i&=1,2,\cdots,N. \end{aligned}$$

方程(12.5.1)右侧的第 1 项和第 2 项分别是由 Morse 势能和扭转势能决定的恢复力; $i=1,2,\cdots,N$ 是上支架的摆的编号, N 是摆的总数; θ_i 是第 i 个摆偏离铅垂向下方向的摆角, 常令 $\theta_{N+1}=\theta_1$ 以形成封闭的支架; h 是摆的长度; x_0 是摆之间氢键的平衡距离; a_{d} 是 Morse 势能的衰减系数; D_{b} 是 Morse 势能的幅值; k 是上支架的扭转刚度. Mezić 对系统(12.5.1)作了数值模拟研究(Mezić, 2006a; 2006b).

为便于理解图 12.5.1 模型及其方程(12.5.1)如何用于描述构象变换, 令 $N=1$, 图 12.5.2 绘制了模型能量函数的一系列等值线, 两个局部能量最低点(即势阱位置)为 $\theta_1=\cos^{-1}(1-x_0/h)$ 和 $\theta_1=2\pi-\cos^{-1}(1-x_0/h)$, 它们关于 $\theta_1=\pi$ 或 $\theta_1=0$ 对称. 由于 $\theta_1=0$ 的势能远大于 $\theta_1=\pi$ 的势能, 因此势阱间的运动都是跨越 $\theta_1=\pi$ 进行. 当 $N>1$ 时, 如果所有的摆都停在一个势阱位置, 对应于生物大分子的一个稳定

构象(Mezić, 2006a; 2006b), 模型从稳定构象开始运动, 跨越图 12.5.2 所示的分界线, 进入另一个势阱, 也即另一个稳定构象, 就是构象变换.

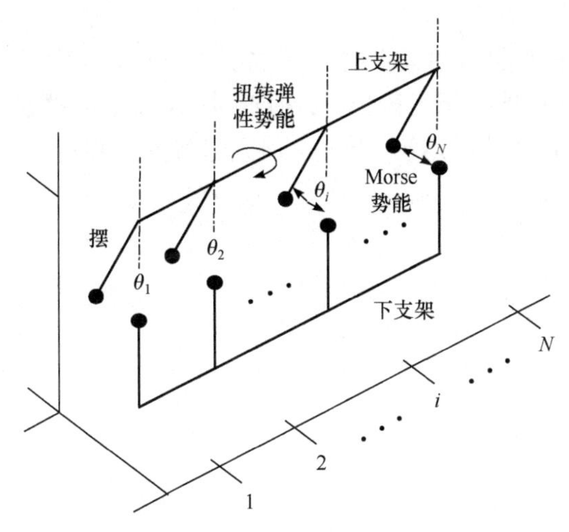

图 12.5.1　生物大分子构象变换模型

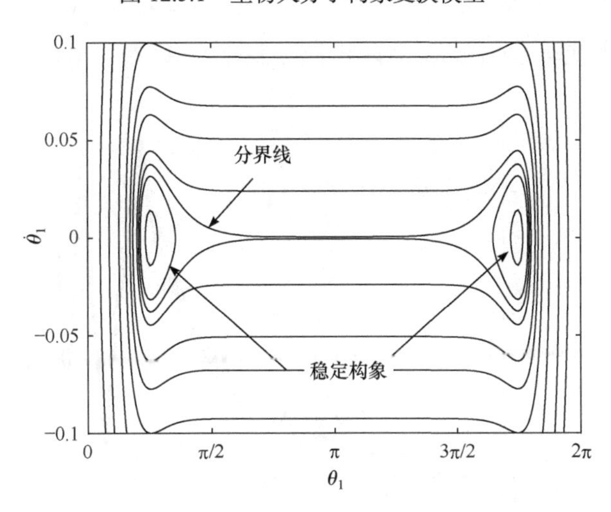

图 12.5.2　构象变换模型(12.5.1)的相平面 $(\theta_1,\dot{\theta}_1)$

N=1

上述模型的一个重要的特性就是它能够把局部扰动扩展为整个模型上的大范围协同运动. 图 12.5.3 显示了一系列快照, 它是对含 30 个摆的模型的自由振动做数值模拟得到的结果. 图 12.5.3(a)是初始时刻, 只有一个摆处于 Morse 势能的排斥区域内, 其他摆都静止地处于平衡位置, 称单个扰动; 随着运动进行, 从图 12.5.3(b)至图 12.5.3(d), 单个摆上的能量逐渐扩散到多个摆, 引起多个摆的运动;

图 12.5.3(e)显示参与运动的摆足够多时，这些摆通过自组织形成协同运动，即图 12.5.3(f)所示；然后整体翻转到支架右侧，如图 12.5.3(g)和图 12.5.3(h)所示，实现了构象的转变.

图 12.5.4 用三个摆角的运动时程图说明了这种协同运动. 在初始时刻，除 $\theta_1 = 0$，其他摆都静止地处于平衡位置，随着时间进程，各摆被顺序带动，最后达到所有摆角大体一致的协同运动，超过 π 值意味着整体翻转.

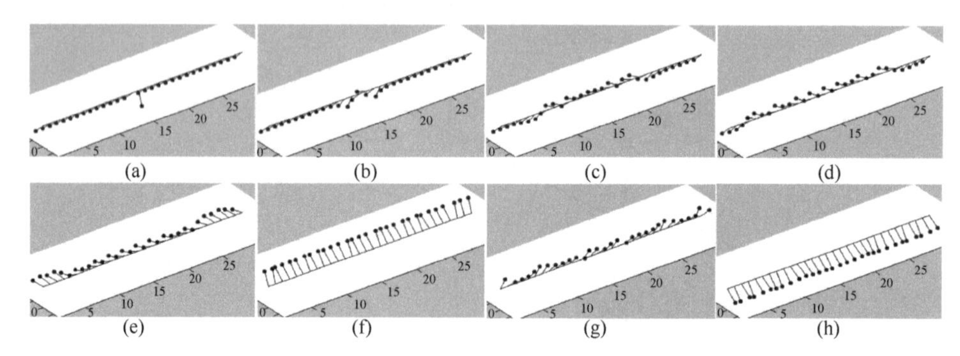

图 12.5.3 模型系统(12.5.1)在 $N=30$ 时自由振动的快照(Mezić, 2006a)

初始扰动为单个扰动，逐渐引起所有摆的协同运动，实现构象变换

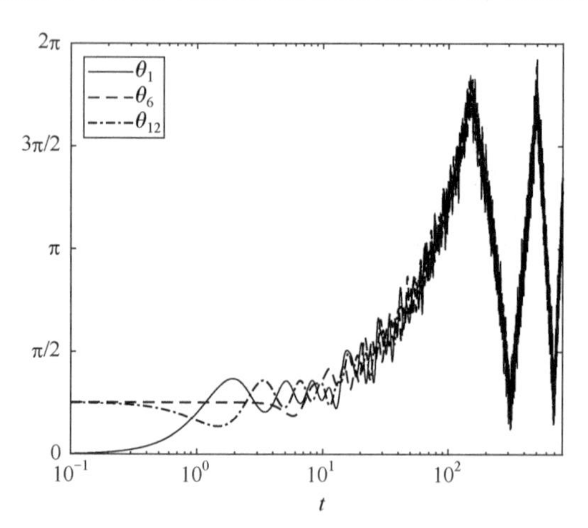

图 12.5.4 模型系统(12.5.1)在 $N=12$ 时 1、6、12 号摆角 $\theta_1,\theta_6,\theta_{12}$ 的运动时程图

12.5.2 构像变换的随机动力学

生物大分子构象变换所受到的随机力来源于环境分子的碰撞和热扰动. 下面研究构象变换的随机动力学. 为便于分析，设摆的质量 $m \equiv 1$，引入以下新参数 L 和 S

$$L = h\big/\sqrt{D_{\mathrm{b}}}, \quad S = k\big/h^2. \tag{12.5.2}$$

考虑模型支架上各摆都受到随机激励，那么确定性模型方程(12.5.1)变换为如下随机激励的模型方程

$$\ddot{\Theta}_i + \gamma\dot{\Theta}_i + \frac{\partial U(\boldsymbol{\Theta})}{\partial \Theta_i} = W_{gi}(t), \quad i = 1, 2, \cdots, N. \tag{12.5.3}$$

这里的$\boldsymbol{\Theta} = [\Theta_1, \Theta_2, \cdots, \Theta_N]^{\mathrm{T}}$；$\gamma$表示线性阻尼系数；方程(12.5.3)中的势能$U(\boldsymbol{\Theta})$包括 Morse 势能$M(\Theta_i)$和扭转势能$V(\boldsymbol{\Theta})$，即

$$U(\boldsymbol{\Theta}) = V(\boldsymbol{\Theta}) + \sum_{j=1}^{N} M(\Theta_j),$$

$$M(\Theta_i) = \frac{1}{2L^2 a_{\mathrm{d}} h}\{\exp[-a_{\mathrm{d}}(h(1-\cos\Theta_i) - x_0)] - 1\}^2, \quad i = 1, 2, \cdots, N, \tag{12.5.4}$$

$$V(\boldsymbol{\Theta}) = \sum_{j=1}^{N}[\frac{1}{2}S(\Theta_{j-1} - \Theta_j)^2].$$

方程(12.5.3)中的$W_{gi}(t)$是强度为$2D$的独立高斯白噪声. 本节所有的理论分析和数值模拟都采用如下相同的参数取值：$L=1$，$h=4$，$a_{\mathrm{d}} = 0.5$和$x_0 = 0.3$.

令$Q_i = \Theta_i, P_i = \dot{\Theta}_i$，系统(12.5.3)可以转换为随机激励的耗散的哈密顿系统，再进一步转换成如下伊藤随机微分方程(Deng and Zhu, 2007c；邓茂林, 2007)

$$\begin{gathered} \mathrm{d}Q_i = P_i \mathrm{d}t, \quad \mathrm{d}P_i = -(\frac{\partial U(\boldsymbol{Q})}{\partial Q_i} + \gamma P_i)\mathrm{d}t + \sqrt{2D}\mathrm{d}B_i(t) \\ i = 1, 2, \cdots, N. \end{gathered} \tag{12.5.5}$$

式中$B_i(t)$是独立的单位维纳过程，与(12.5.5)相应的哈密顿函数H是

$$H = \sum_{i=1}^{N}\frac{P_i^2}{2} + U(\boldsymbol{Q}). \tag{12.5.6}$$

式(12.5.5)所对应的哈密顿系统是不可积的，可运用 5.1 节阐述的拟不可积哈密顿系统随机平均法. 应用伊藤微分规则(Itô, 1951a)可从式(12.5.5)与(12.5.6)得到如下关于$H(t)$的伊藤随机微分方程

$$\mathrm{d}H = (ND - \gamma\sum_{j=1}^{N}P_j^2)\mathrm{d}t + \sqrt{2D}\sum_{j=1}^{N}P_i \mathrm{d}B_i(t). \tag{12.5.7}$$

式(12.5.5)和(12.5.7)中的P_1用下式代替

$$P_1 = \pm\sqrt{2[H - U(\boldsymbol{Q})] - \sum_{j=2}^{N}P_i^2}. \tag{12.5.8}$$

现系统由除$\mathrm{d}P_1$方程外的式(12.5.5)与(12.5.8)组成. 在系数γ和激励强度$2D$都小时，按 5.1 节描述的拟不可积哈密顿系统随机平均法，得如下平均后$H(t)$的伊藤

方程

$$\mathrm{d}H = m(H)\mathrm{d}t + \sigma^2(H)\mathrm{d}B(t). \tag{12.5.9}$$

按式(5.1.9)至(5.1.12), 方程的漂移系数 $m(H)$ 和扩散系数 $\sigma^2(H)$ 由下式给出

$$\begin{aligned} m(H) &= \frac{1}{T(H)}\int_{\Omega}(ND - \gamma\sum_{j=1}^{N}p_j^2)\mathrm{d}q_1\cdots\mathrm{d}q_N\mathrm{d}p_2\cdots\mathrm{d}p_N, \\ \sigma^2(H) &= \frac{1}{T(H)}\int_{\Omega}(2D\sum_{j=1}^{N}p_i^2)\mathrm{d}q_1\cdots\mathrm{d}q_N\mathrm{d}p_2\cdots\mathrm{d}p_N, \\ T(H) &= \int_{\Omega}(\frac{1}{p_1})\mathrm{d}q_1\cdots\mathrm{d}q_N\mathrm{d}p_2\cdots\mathrm{d}p_N. \end{aligned} \tag{12.5.10}$$

式中的各 $(2N-1)$ 重积分的积分域 Ω 是

$$\Omega = \left\{(q_1, q_2, \cdots, q_N, p_2, \cdots, p_N) \middle| \frac{1}{2}\sum_{j=2}^{N}p_i^2 + U(\boldsymbol{q}) \leqslant H\right\}. \tag{12.5.11}$$

用式(12.5.8)中的 p_1 表达式代入(12.5.10)后, 可以作广义椭圆坐标变换(5.1.32), 解析地完成对 $p_2,\cdots,p_N$ 的 $(N-1)$ 重积分, 得到如下两系数的表达式

$$\begin{aligned} m(H) = ND - 2\gamma A(H)/B(H), \quad & \sigma^2(H) = 4D\,A(H)/B(H), \\ T(H) &= \pi^{N/2}2^{3N/2-2}B(H)/\Gamma(N/2), \\ A(H) &= \int_{\Sigma}[H - U(\boldsymbol{q})]^{N/2}\mathrm{d}q_1\cdots\mathrm{d}q_N, \\ B(H) &= \int_{\Sigma}[H - U(\boldsymbol{q})]^{N/2-1}\mathrm{d}q_1\cdots\mathrm{d}q_N. \end{aligned} \tag{12.5.12}$$

这里的 $\Gamma(\cdot)$ 是 Gamma 函数; Σ 是以下 N 重积分的积分域

$$\Sigma = \{(q_1, q_2, \cdots, q_N) \mid U(\boldsymbol{q}) \leqslant H\}. \tag{12.5.13}$$

可运用广义椭圆坐标变换(5.1.48)将上述 n 重域积分变成 n 重积分, 并进一步完成积分.

将构象变换等价为能量的首次穿越, 引入等待时间的概率分布函数 $W(t|h_0)$, 它定义为具有初始能量 $h_0 < H_C$ 的能量过程 $H(t)$, 在时刻 t 之前一次也没有超过 H_C 的概率, 即

$$W(t|h_0) = \mathrm{Prob}\{H(t') < H_C, t' \in (0,t] \,|\, 0 \leqslant h_0 < H_C\}. \tag{12.5.14}$$

为了导出概率分布函数 $W(t|h_0)$ 所满足的方程, 引入条件转移概率密度函数 $p = p(h,t|h_0)$, 它是使初始值为 h_0 的随机过程 $H(t)$ 在时段 $[0,t)$ 内处于非穿越状态的转移概率密度, 满足以下后向柯尔莫哥洛夫方程

$$\frac{\partial p}{\partial t}=m(h)\frac{\partial p}{\partial h}+\frac{1}{2}\sigma^2(h)\frac{\partial^2 p}{\partial h^2}. \tag{12.5.15}$$

初始条件为

$$p(h,t=0|h_0)=\delta(h-h_0). \tag{12.5.16}$$

边界条件为

$$p(h,t|h_0=0)=\text{有限值},\quad p(h,t|h_0=h_C)=0. \tag{12.5.17}$$

式(12.5.17)表明，一旦能量$H(t)$到达阈值H_C，就越出边界而不返回，即被边界吸收，因此，边界$h_0=H_C$称吸收边界. 显然，等待时间的概率分布函数$W(t|h_0)$是条件概率密度$p(h,t|h_0)$在未穿越域上的积分，即

$$W(t|h_0)=\int_0^{H_C}p(h,t|h_0)\mathrm{d}h. \tag{12.5.18}$$

对方程(12.5.15)两边作形如式(12.5.18)的积分，就得到如下等待时间概率分布函数满足的后向柯尔莫哥洛夫方程

$$\frac{\partial W}{\partial t}=m(h_0)\frac{\partial W}{\partial h_0}+\frac{1}{2}\sigma^2(h_0)\frac{\partial^2 W}{\partial h_0^2}. \tag{12.5.19}$$

对边界条件(12.5.17)作类似的积分，就得到方程(12.5.19)的边界条件

$$W(t|h_0=0)=\text{有限值},\quad W(t|h_0=H_C)=0. \tag{12.5.20}$$

方程(12.5.19)的初始条件为

$$W(t=0|h_0<H_C)=1. \tag{12.5.21}$$

结合初始条件(12.5.21)和边界条件(12.5.20)，方程(12.5.19)可以用 Crank-Nicolson 格式的有限差分法数值求解. 在得到等待时间概率分布函数$W(t|h_0)$后，可按下式得到首次穿越时间的概率密度$\rho(t|h_0)$

$$\rho(t|h_0)=-\partial W(t|h_0)/\partial t. \tag{12.5.22}$$

和平均首次穿越时间$\tau(h_0)$

$$\tau(h_0)=\int_0^{\infty}t\rho(t|h_0)\mathrm{d}t=\int_0^{\infty}W(t|h_0)\mathrm{d}t. \tag{12.5.23}$$

$\tau(h_0)$受如下庞特里亚金方程支配(Pontryagin et al., 1933)

$$\frac{1}{2}\sigma^2(h_0)\frac{\partial^2\tau}{\partial h_0^2}+m(h_0)\frac{\partial\tau}{\partial h_0}=-1. \tag{12.5.24}$$

方程(12.5.24)的边界条件为

$$\tau(h_0=0)=\text{有限值},\quad \tau(H_C=0)=0. \tag{12.5.25}$$

通过解方程(12.5.24), 可以得到如下首次穿越时间均值$\tau(h_0)$的解析表达式

$$\tau(h_0)=2\int_{h_0}^{H_C}\mathrm{d}u\int_0^u\frac{1}{\sigma^2(v)}\exp[-2\int_v^u\frac{m(w)}{\sigma^2(w)}\mathrm{d}w]\mathrm{d}v. \tag{12.5.26}$$

在本节的蒙特卡罗数值模拟和理论计算当中, 初始能量h_0都被赋值为零, 对应于初始状态为某个稳定构象. 等待时间概率分布$W(t|h_0)$, 首次穿越时间的概率密度$\rho(t|h_0)$及平均首次穿越时间$\tau(h_0)$相应地分别简记为$W(t)$, $\rho(t)$和τ. 图 12.5.5 和图 12.5.6 显示了一些解析结果与数值模拟结果, 从中可以看出理论结果和模拟结果符合得较好. 图 12.5.6 显示, 对于首次穿越时间τ的预测, 理论结果略低于模拟结果.

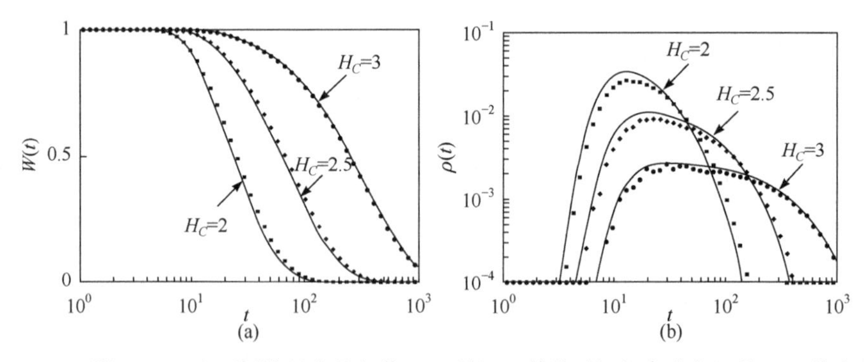

图 12.5.5　系统(12.5.3)在不同能量穿越阈值H_C下的(a) 等待时间概率分布函数; (b) 首次穿越时间概率密度函数. —— 随机平均法结果, •, ⧫, ▪ 模拟结果, $S=1$, $D=0.032$, $\gamma=0.2$, $N=8$ (Deng and Zhu, 2007c)

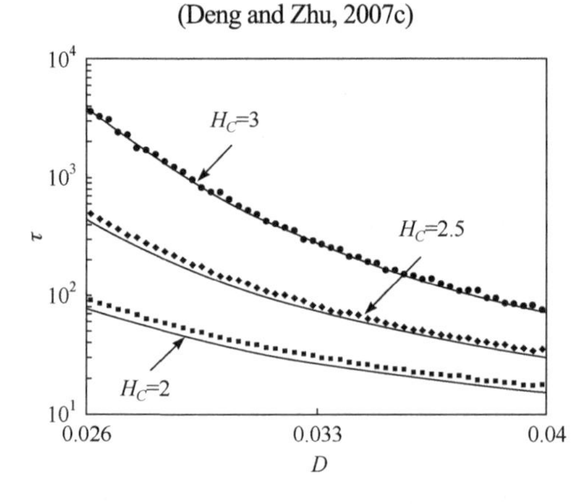

图 12.5.6　系统(12.5.3)在不同能量穿越阈值H_C下的平均穿越时间

—— 随机平均法结果, •, ⧫, ▪ 模拟结果, $S=1$, $\gamma=0.2$, $N=8$ (Deng and Zhu, 2007c)

12.5.3　DNA 分子的变性过程

DNA 的变性也是一种生物大分子的构象变换, 从双链闭合的结构变换成

双链解开的松散结构. 如图 12.4.2 所示, 在变性过程中, 可以在变性泡的两端看到由若干闭合的碱基和若干打开的碱基所构成的叉形结构(见图 12.4.1). 显然地, 位于叉形结构附近的碱基对对碱基对的打开有重要影响, 距离叉形结构越远的碱基对, 则影响相应越弱. 因此, 有理由为叉形结构建立局部的随机动力学系统, 只考虑由若干碱基对形成的有限自由度系统, 来研究碱基对的平均打开时间.

首先需要确定考虑叉形结构附近多少碱基对才足够准确, 图 12.5.7 的数值模拟结果表明, 随着叉形结构的碱基对数 N 增加, 碱基对的平均打开时间逐渐趋于常数, $N=10$ 时将比较准确. 考虑到计算量的限制和本节的目的只在于阐述理论方法, 选取 $N=6$ 产生的误差不会造成数量级上的差异. 另一个问题是关于碱基对距离多少才算是打开, 和其他文献一致(Kalosakas et al., 2004), 本节取打开阈值 $y_{th}=1\,\text{Å}$, 当第 i 个碱基对的距离达到 y_{th} 时, 就认为已处于打开状态.

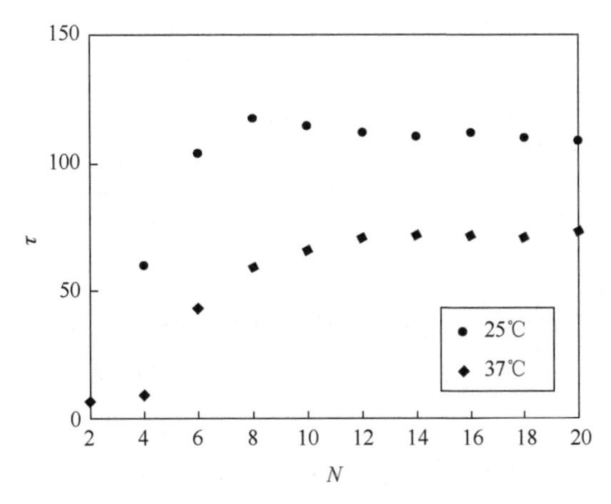

图 12.5.7　变性叉上打开一个碱基对的时间 τ 与考虑附近碱基对数目 N 的关系(Deng and Zhu, 2008b)

取碱基对数 $N=6$, 得到 6 自由度拟不可积哈密顿系统(12.4.7), 如图 12.5.8(a) 所示, 系统的初始状态是 3 个碱基对闭合和 3 个碱基对打开, 图 12.5.8(b)所示系统的终止状态是 2 个碱基对闭合和 4 个碱基对打开. 在理论研究中, 将这种碱基对的打开时间问题转化为叉形结构的能量的首次穿越问题. 换言之, 碱基对的打开时间代之以能量在初始状态 H_0 (对应于图 12.5.8(a)的能量)首次超越阈值 H_C (对应于图 12.5.8(b)的能量)的时间.

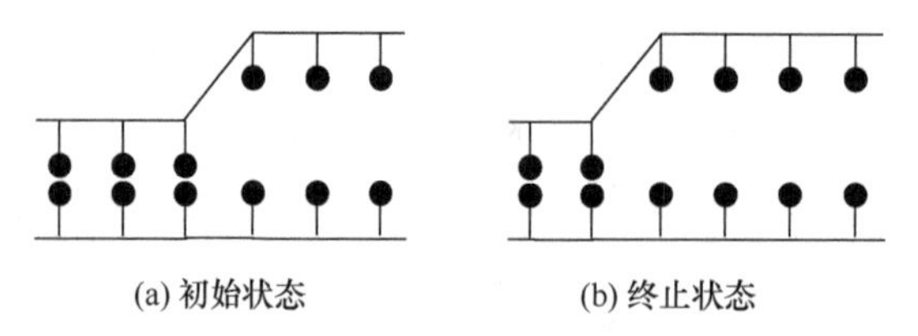

图 12.5.8　变性叉上的变性过程(Deng and Zhu, 2008b)

类似于式(12.5.18)至(12.5.26)推导，可得 $H_0=0$ 时变性叉系统(12.4.7)等待时间的概率分布函数 $W(t)$ 、首次穿越时间的概率密度 $\rho(T)$ 和碱基对平均打开时间 τ . 变性过程的速率 k 可以取为平均穿越时间的倒数，即 $k=1/\tau$.

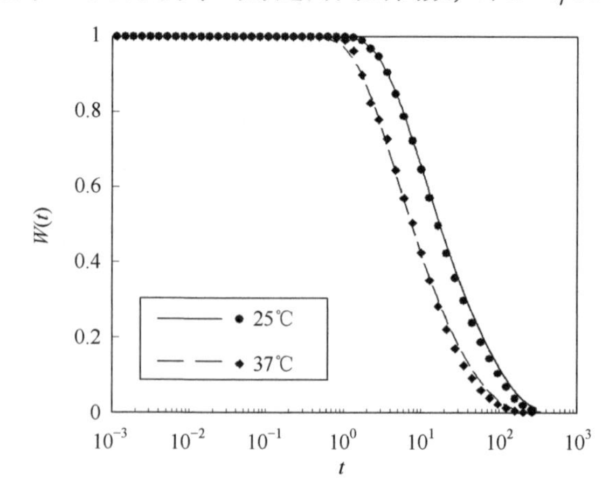

图 12.5.9　变性叉系统等待时间概率分布函数 $W(t)$,

$N=6$ ， $\gamma=0.01$ (Deng and Zhu, 2008b)

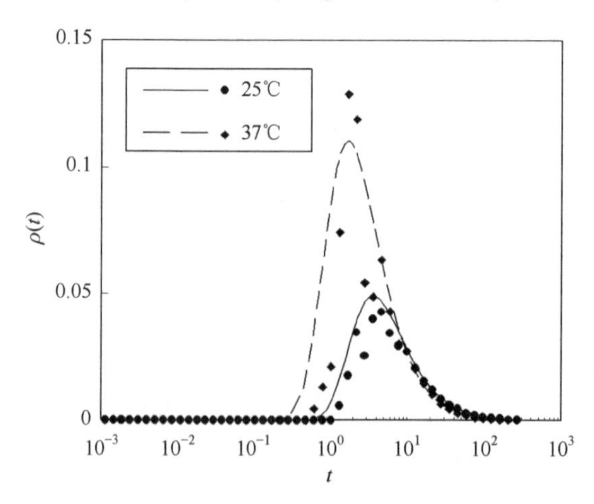

图 12.5.10　变性叉系统能量首次穿越时间的概率密度 $\rho(T)$,

参数同图 12.5.9(Deng and Zhu, 2008b)

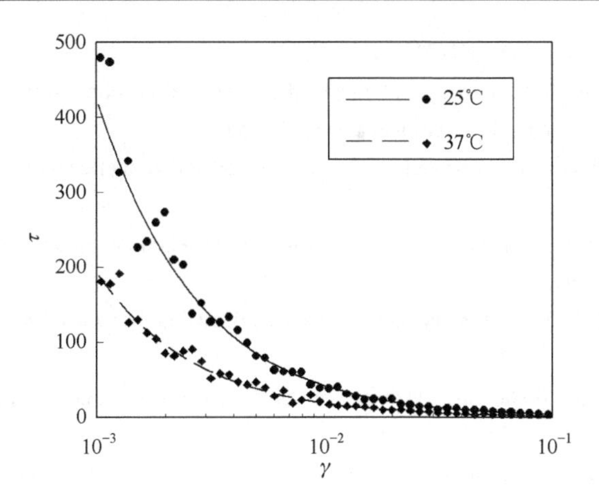

图 12.5.11　碱基对平均打开时间 τ 与阻尼系数 γ 的关系(Deng and Zhu, 2008b)

图 12.5.9 和图 12.5.10 分别显示了等待时间概率分布 $W(t)$ 和首次穿越时间概率密度 $\rho(T)$ 的解析结果与模拟结果. 解析结果用——和-----表示, 模拟结果用符号● ♦表示, 两者吻合较好. 图 12.5.9 中等待时间概率分布 $W(t)$ 和 G. Altan-Bonnet 的生存概率函数及实验结果的轮廓是相似的(Altan-Bonnet et al., 2003). 图 12.5.11 显示当阻尼系数 γ 在 10^{-3} 至 10^{-1} 之间时, 计算得到碱基对的平均打开时间约在 10～400ps 区间, 这个值比用核磁共振技术得到的值约低 2～3 个数量级, 比实验测量值 20～100μs 低 5～6 个数量级(Altan-Bonnet et al., 2003). 从图 12.5.11 中的变化趋势可以估计, 如果磨擦系数取值在 10^{-6} 数量级时, 得到的碱基对平均打开时间将可能与实验测量值处于相同数量级. 实际上, 为了和实验数据相符, 很多理论结果都采用了参数对比进行调整的办法(Altan-Bonnet et al., 2003; Campa and Giansanti, 1998).

参 考 文 献

邓茂林. 2005. 活性 Brown 粒子随机动力学. 杭州: 浙江大学博士学位论文.

邓茂林. 2007. 生物大学分子随机动力学. 杭州: 浙江大学博士后研究工作报告.

邓茂林, 朱位秋. 2009. 拟哈密顿系统随机平均法在物理学中的若干应用. 中国科学 G 辑, 物理、力学、天文学, 39(6): 821-829.

Alt W. 1980. Biased random walk models for chemotaxis and related diffusion approximations. Journal of Mathematical Biology, 9: 147-177.

Altan-Bonnet G, Libchaber A, Krichevsky O. 2003. Bubble dynamics in double-stranded DNA. Physical Review Letters, 90: 138101.

Bogolyubov N N, Mitroplskii Yu A. 1974. Asymptotic methods in nonlinear vibration theory. Moscow: Nauka. (in Russian)

Box G E P, Muller M E. 1958. A note on the generation of random normal deviates. Annals of

Mathematical Statistics, 29: 610-611.
Campa A, Giansanti A. 1998. Experimental tests of the Peyrard-Bishop model applied to the melting of very short DNA chains. Physical Review E, 58: 3585.
Czirok A, Vicsek T. 2000. Collective behavior of interacting self-propelled particles. Physica A, 281(1-4): 17-29.
Dauxois T. 1991. Dynamics of breather modes in a nonlinear helicoidal model of DNA. Physics Letters A, 159(8-9): 390-395.
Deng M L, Zhu W Q. 2004. Stationary motion of active Brownian particles. Physical Review E, 69(4): 046105.
Deng M L, Zhu W Q. 2007a. Energy diffusion controlled reaction rate in dissipative Hamiltonian system. Chinese Physics, 16: 1510-1515.
Deng M L, Zhu W Q. 2007b. Energy diffusion controlled reaction rate of reacting particle driven by broad-band noise. European Physical Journal B, 59(3): 391-397.
Deng M L, Zhu W Q. 2007c. On the stochastic dynamics of molecular conformation. Journal of Zhejiang University Science A, 8(9): 1401-1407.
Deng M L, Zhu W Q. 2008a. Fermi resonance and its effect on the mean transition time and rate. Physical Review E, 77(6): 061114.
Deng M L, Zhu W Q. 2008b. Stochastic dynamics and denaturation of thermalized DNA. Physical Review E, 77(2): 021918.
Deng M L, Zhu W Q. 2009. Some applications of stochastic averaging method for quasi Hamiltonian systems in physics. Science in China Series G: Physics, Mechanics & Astronomy, 52(8): 1213-1222.
Deng M L, Zhu W Q. 2010. Energy transition rate at peptide-bond using stochastic averaging method. Proceeding of IUTAM Symposium on Nonlinear Stochastic Dynamics and Control, May 10-14, Hangzhou, China.
Deng M L, Zhu W Q. 2012. Stochastic energy transition of peptide-bond under action of hydrolytic enzyme. Probabilistic Engineering Mechanics, 27(1): 8-13.
Dickinson R, Tranquillo R T. 1993. A stochastic model for adhesion-mediated cell random motility and haptotaxis. Journal of Mathematical Biology, 31: 563-600.
Ebeling W, Kargovsky A, Netrebko A, Romanovsky Yu M. 2004. Fermi resonance – new applications of an old effect. Fluctuation and Noise Letters, 4: L183-L193.
Ebeling W, Röpke G. 2004. Statistical mechanics of confined systems with rotational excitations. Physica D, 187(1-4): 268-280.
Ebeling W, Schimansky-Geier L, Romanovsky Yu M. 2003. Stochastic Dynamics of Reacting Biomolecules. Singapore: World Scientific.
Ebeling W, Schweitzer F. 2001. Swarms of particle agents with harmonic interactions. Theory in Bioscience, 120: 207-224.
Ebeling W, Schweitzer F, Tilch B. 1999. Active Brownian particles with energy depots modeling animal mobility. Biosystems, 49: 17-29.
Erdmann U, Ebeling W, Anishchenko V S. 2002. Excitation of rotational modes in two-dimensional

systems of driven Brownian particles. Physical Review E, 65: 061106.

Erdmann U, Ebeling W, Schimansky-Geier L, Schweitzer F. 2000. Brownian particles far from equilibrium. European Physical Journal B, 15(1): 105-112.

Fermi E. 1931. Über den Ramaneffekt des Kohlendioxyds. Zeitschrift für Physik A, 71: 250-259. (in German)

Fermi E, Rasetti F. 1931. Über den Ramaneffekt des Steinsalzes. Zeitschrift für Physik A, 71: 689-695. (in German)

Franke K, Gruler H. 1990. Galvanotaxis of human granulocytes: electric field jump studies. European Biophysics Journal, 18: 335-346.

Frauenfelder H, Wolynes P G. 1985. Rate theories and the puzzles of hemoprotein kinetics. Science, 229: 337-345.

Hänggi P. Marchesoni F. Grigolini P. 1984. Bistable flow driven by colored Gaussian noise: a critical study. Zeitschrift für Physik B, 56: 333-339.

Hänggi P, Talkner P. Borkovec M. 1990. Reaction-rate theory: fifty years after Kramers. Reviews of Modern Physics, 62: 251-341.

Itô K. 1951a. On stochastic differential equations. Memoirs of the American Mathematical Society, 4: 289-302.

Jung P, Hänggi P. 1988. Bistability and colored noise in nonequilibrium systems: theory versus precise numerics. Physical Review Letters, 61(1): 11-14.

Kalosakas G, Rasmussen K Ø, Bishop A R, Choi C H, Usheva A. 2004. Sequence-specific thermal fluctuations identify start sites for DNA transcription. Europhysics Letters, 68(1): 127-133.

Kramers H A. 1940. Brownian motion in field of force and the diffusion model of chemical reactions. Physica, 4: 284-304.

Langer J S. 1969. Statistical theory of the decay of metastable states. Annals of Physics (N.Y.), 54: 258.

Luciani J F, Verga A D. 1988. Bistability driven by correlated noise: functional integral treatment. Journal of Statistical Physics, 50: 567-597.

Marchesoni F, Menichella-Saetta E, Pochini M, Santucci S. 1988a. Analog simulation of underdamped stochastic systems driven by colored noise: spectral densities. Physical Review A, 37(8): 3058-3066.

Marchesoni F, Menichella-Saetta E, Pochini M, Santucci S. 1988b. Escape rates underdamped bistable potentials driven by colored noise. Physics Letters A, 130: 467-470.

Mezić I. 2006a. On the dynamics of molecular conformation. Proceedings of the National Academy of Sciences of USA, 103: 7542-7547.

Mezić I. 2006b. Biomolecules as nonlinear oscillators: life-enabling dynamics. The 2nd International Conference On Dynamics, Vibration and Control, August 23-26, Beijing, China.

McCammon J A, Harvey S C. 1987. Dynamics of proteins and nucleic acids. Cambridge: Cambridge University Press.

Mikhailov A, Zanette D H. 1999. Noise-induced breakdown of coherent collective motion in swarms. Physical Review E, 60: 4571.

Netrebko A, Netrebko N, Romanovsky Yu M, Khurgin Yu, Shidlovskaya E. 1994. Complex modulation regimes and vibration stochastization in cluster dynamics models of macromolecules. Izv. Vuzov: Prikladnaya Nelineinaya Dinamika, 2: 26-43. (in Russian)

Peyrard M. 2004. Nonlinear dynamics and statistical physics of DNA. Nonlinearity, 17: R1-R40.

Peyrard M, Bishop A R. 1989. Statistical mechanics of a nonlinear model for DNA denaturation. Physical Review Letters, 62(23): 2755-2758.

Pippard A B. 1983. The Physics of Vibration. The simple vibrator in quantum mechanics. Cambridge: Cambridge University Press.

Poland D, Scheraga H A. 1966. Phase transitions in one dimension and the helix-coil transition in polyamino acids. Journal of Chemical Physics, 45: 1456-1463.

Pontryagin L S, Andronov A A, Vitt A A. 1933. On the statistical treatment of dynamical systems. Journal of Experimental and Theoretical Physics, 3: 165-180.

Reimann P, Schmid G J, Hänggi P. 1999. Universal equivalence of mean first-passage time and Kramers rate. Physical Review E, 60(1): R1-R4.

Romanczuk P, Bär M, Ebeling W, Lindner B, Schimansky-Geier L. 2012. Active Brownian particles. The European Physical Journal Special Topics, 202: 1-162.

Saenger W. 1984. Principles of Nucleic Acid Structure. Berlin: Springer.

Schienbein M, Gruler H. 1993. Langevin equation, Fokker-Planck equation and cell migration. Bulletin of Mathematical Biology, 55: 585-608.

Shidlovskaya E, Schimansky-Geier L, Romanovsky Yu M. 2000. Nonlinear vibrations in 2-dimensional protein cluster model with linear bonds. Zeitschrift für Physikalische Chemie, 214: 65-82.

Theodorakopoulos N, Peyrard M, Mackay R S. 2004. Nonlinear structures and thermodynamic instabilities in a one-dimensional lattice system. Physical Review Letters, 93: 258101.

van Erp T S, Cuesta-Lopez S, Hagmann J G, Peyrard M. 2005. Can one predict DNA transcription start sites by studying bubbles? Physical Review Letters, 95: 218104.

Volkenstein M V. 1947. Structure of molecules. Izd. Akad. Moscow: Nauk. (in Russian).

Zhu W Q, Deng M L. 2005. Stationary swarming motion of active Brownian particles in parabolic external potential. Physica A, 354(2-4): 127-142.

第 13 章　随机平均法在技术科学中的若干应用

许多工程结构都受到了各种随机因素的扰动, 如桥梁和高层建筑受到随机风载荷、电力系统受到发电产生的随机功率与负载波动、船舶受到海浪的冲击等. 本章以若干例子, 来阐述随机平均法在技术科学中的应用, 以及在非线性随机系统的稳定性和最优控制中的应用.

13.1　涡激振动

涡激振动是输电导线、拉索、烟囱和海洋立管等细长结构在风场或水流场中极易诱发的振动形式. 垂直于结构轴线方向的流体会在结构背面产生漩涡, 漩涡交替地脱落, 形成了对结构的交变力, 由此产生的受迫振动就是涡激振动(Simiu and Scanlan, 1996). 涡激振动在一定条件下可以演变成涡激共振, 是导致结构破坏的重要原因. 本质上说, 涡激振动是结构与流体之间流固耦合的复杂的非线性振动. 尾流振子模型是创立已久研究涡激振动非常成功的力学模型(Gabbai and Benaroya, 2005; Facchinetti et al., 2004), 该模型由描述结构振动的结构振子和描述流场升力的激励振子组成, 模型除了能够定性地描述涡激共振特有的频率锁定效应之外, 还可以在一定程度上对振动响应做出定量预测. 大气中的风场本质上是随机场, 本节通过引入脉动风, 把经典的尾流振子模型改造成随机激励的尾流振子模型, 使之能够用来研究更符合实际的涡激振动. 随机平均法在其理论研究中得到了成功的应用(Deng et al., 2021).

13.1.1　Hartlen-Currie 尾流振子模型

涡激振动, 特别是涡激共振的力学机理研究历史悠久, 早在 1898 年斯特罗哈就对风吹过竖琴引起的振动现象进行了研究, 发现流体绕过圆柱后, 出现交替脱落的漩涡, 且漩涡脱落频率 f, 风速 V 和圆柱直径 D 之间存在关系式 $S_t = fD/V$, 其中 S_t 为斯特罗哈数, 对于圆柱钝体, $S_t \approx 0.2$. 目前, 圆柱绕流的涡激振动模型主要有简谐力模型、经验非线性模型和尾流振子模型(亦称升力振子模型). 本节中用的是确定性尾流振子模型和随机激励的尾流振子模型.

图 13.1.1 是圆柱体涡激振动的示意图. 一个细长圆柱型刚体用弹簧安装在固定面板上, 圆柱体受到来风的吹拂, 在圆柱体的背面产生交替脱落的漩涡, 漩涡

的作用力激起圆柱体振动. 为了把研究局限于横风向振动, 圆柱体被约束为只能沿着横风方向产生位移. 经典的尾流振子 Hartlen-Currie 模型已被广泛用于描述这样的横风向振动系统. Hartlen-Currie 尾流振子模型的支配方程为(Hartlen and Currie, 1970)

$$
\begin{aligned}
&M(\ddot{y}+2\zeta\omega_n\dot{y}+\omega_n^2 y)=\frac{1}{2}\rho_a V^2 LDC_L,\\
&\ddot{C}_L+\left(\frac{4}{3}\frac{G}{\omega_s}\dot{C}_L^2-\omega_s GC_{L0}^2\right)\dot{C}_L+\omega_s^2 C_L=\omega_s F\frac{\dot{y}}{D}.
\end{aligned}
\tag{13.1.1}
$$

其中 y 是圆柱体横风向的位移; 作用在圆柱上的 C_L 是无量纲的升力系数. 式(13.1.1)中的第一个方程描述结构的振动, 称为结构振子; 第二个方程描述升力系数的动力学, 称为激励振子. ω_n 是结构振子的固有频率, ζ 是阻尼比, D 是圆柱的直径, L 是圆柱的长度, M 是圆柱的质量, ρ_a 是空气密度, V 是恒定来风的速度, $\omega_s=2\pi VS_t/D$ 称为风激频率, 它与风速 V 成正比, S_t 是无量纲的斯特罗哈数, C_{L0} 是当结构振子固定不动时, 周期变化升力系数的幅值. 式(13.1.1)中激励振子的参数是经过特定设计的, 使得在 $y=\dot{y}=0$ 且 $t\to\infty$ 时 C_L 的幅值恰好等于 C_{L0} (Gabbai and Benaroya, 2005; Skop and Griffin, 1973). 要说明的是, 尾流振子模型都是经验或半经验模型, 式(13.1.1)中激励振子的瑞利阻尼形式表明它是自激振子, 恰当地模拟了脱落漩涡产生周期性激励力的特性. 经验模型的一些参数物理意义不明确, 取值必须通过实验数据校核.

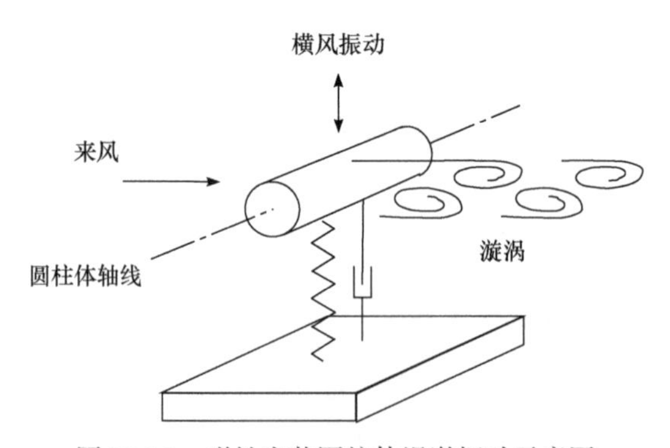

图 13.1.1　弹性安装圆柱体涡激振动示意图

令 $x_1=y/D, x_2=C_L$, 引入一些新的变量 $\mu=\rho_a LD^2/(8\pi^2 MS_t^2)$, $\alpha=GC_{L0}^2$, $\gamma=4G/3$, $b=F\omega_s/\omega_n$, 模型(13.1.1)转化为

$$
\begin{aligned}
&\ddot{x}_1+2\zeta\omega_n\dot{x}_1+\omega_n^2 x_1=\mu\omega_s^2 x_2,\\
&\ddot{x}_2+(\frac{\gamma}{\omega_s}\dot{x}_2^2-\alpha\omega_s)\dot{x}_2+\omega_s^2 x_2=b\omega_n\dot{x}_1.
\end{aligned}
\tag{13.1.2}
$$

考虑微风激励下的涡激振动，方程(13.1.2)中的两个振子之间为弱耦合，即耦合参数 μ 和 b 都是小量. 实际上，由于 $\mu=\rho_a/(2\pi^3\rho_s S_t^2)$，其中 ρ_s 是圆柱的密度，μ 已经被限定为一个小量. 已报道的实验证实 S_t 和 C_{L0} 在相当大的雷诺数范围内大体上保持为常数 $S_t=0.21$ 和 $C_{L0}=0.3$. 在理论研究中，模型参数的选取与实际参数及已报道的实验数据相符(Deng et al., 2021). 系统(13.1.2)的参数取值为：$\zeta=0.0043$，$\mu=0.0086$，$\omega_n=75.4\text{rad/s}$，$b=0.26$，$\alpha=0.045$，$\gamma=2/3$，$D=0.06\text{m}$.

13.1.2　脉动风激励下的 Hartlen-Currie 模型-共振情形

经典 Hartlen-Currie 模型(13.1.2)中的风速 V 是常数，而真实风速是随机过程. 在风工程中，真实风速乃由平均风速和脉动风速叠加而成. 把 Hartlen-Currie 模型(13.1.1)中的风速 V 替换成

$$V=\bar{V}+\sqrt{2\eta}\xi(t). \tag{13.1.3}$$

式中 $\bar{V}$ 是平均风速，$\sqrt{2\eta}\xi(t)$ 是脉动风速, Hartlen-Currie 方程(13.1.2)改为

$$\begin{aligned}&\ddot{X}_1+2\zeta\omega_n\dot{X}_1+\omega_n^2X_1=\mu\omega_s^2X_2+\frac{4\bar{V}}{\pi D^2}X_2\sqrt{2\eta}\xi(t),\\&\ddot{X}_2+\left(\frac{\gamma}{\omega_s}\dot{X}_2^2-\alpha\omega_s\right)\dot{X}_2+\omega_s^2X_2=b\omega_n\dot{X}_1.\end{aligned} \tag{13.1.4}$$

这里考虑脉动速度 $\sqrt{2\eta}\xi(t)$ 相对于平均风速为小量的情形. 不同国家采用不同的功率谱密度函数来描述脉动风速. 本节根据中国国家标准, 选用以下 Davenport 功率谱密度

$$\begin{aligned}&S_D(f)=\frac{4k\bar{V}_{10}^2\bar{f}^2}{f(1+\bar{f}^2)^{4/3}},\quad \bar{f}=\frac{1200f}{\bar{V}_{10}},\\&S(\omega)=\frac{1}{2\pi}S_D\left(\frac{\omega}{2\pi}\right).\end{aligned} \tag{13.1.5}$$

式中 k 是地面粗糙度，$\bar{V}_{10}$ 是离地面高度 10m 处的平均风速. 图 13.1.2 显示了 Davenport 脉动风速谱密度 $S_D(f)$ 及其等效的圆频率功率谱密度 $S(\omega)$. 本节研究 Hartlen-Currie 模型中结构振子固有频率 $\omega_n=75.4\text{rad/s}$，由图 13.1.2 可见，谱密度曲线 $S(\omega)$ 在 ω_n 附近变化较为缓慢，因此脉动风对结构的随机激励可视为一种宽带随机过程. 图 13.1.3(a)显示了一段根据式(13.1.3)和(13.1.5)产生的风速样本，可用来模拟真实风速. 图 13.1.3(b)和图 13.1.3(c)分别显示了无脉动风与有脉动风时结构的位移响应样本. 图 13.1.3(b)表明，无脉动风时结构的位移响应振幅是不变的. 图 13.1.3(c)表明，有脉动风激励时，结构的位移响应像是调幅信号，快速变化的位移信号受慢变的振幅信号调制，它是典型的窄带随机过程样本(见图 2.1.3).

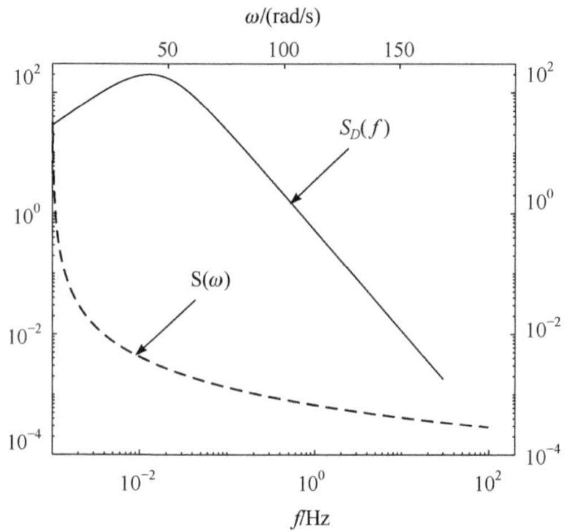

图 13.1.2　Davenport 脉动风速功率谱密度，$k=0.005$，$\bar{V}_{10}=20$

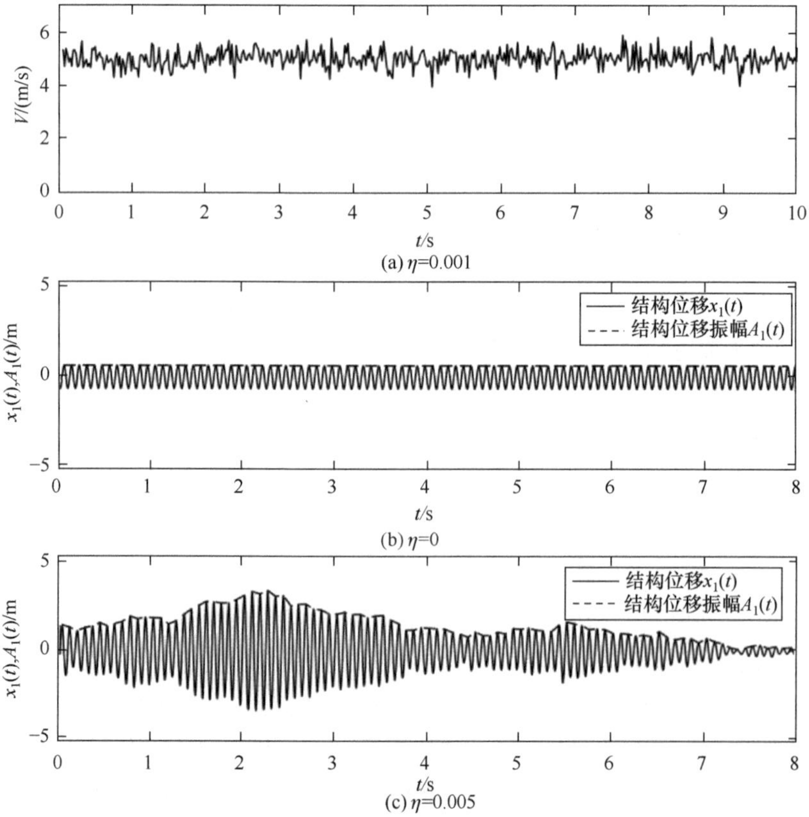

(a) η=0.001

(b) η=0

(c) η=0.005

图 13.1.3　(a) 脉动风速样本; (b) 无脉动风时结构的位移响应样本; (c) 有脉动风时结构的位移响应样本(Deng et al., 2021)

对脉动风激励下的 Hartlen-Currie 模型方程(13.1.4). 可以运用 8.1 节描述的宽带噪声激励下拟可积哈密顿系统随机平均法. 令广义位移 $Q_1 = X_1, Q_2 = X_2$ 以及广义动量 $P_1 = \dot{X}_1, P_2 = \dot{X}_2$，原运动方程(13.1.4)可转换成如下随机激励的耗散的哈密顿系统

$$\begin{aligned} &\dot{Q}_1 = P_1, \quad \dot{P}_1 = -\frac{\partial H}{\partial Q_1} - c_1 + f\xi(t), \\ &\dot{Q}_2 = P_2, \quad \dot{P}_2 = -\frac{\partial H}{\partial Q_2} - c_2. \end{aligned} \tag{13.1.6}$$

式中 $c_1(\boldsymbol{Q},\boldsymbol{P}) = 2\zeta\omega_n P_1 - \mu\omega_s^2 Q_2$；$c_2(\boldsymbol{Q},\boldsymbol{P}) = -\alpha\omega_s P_2 + \gamma P_2^3/\omega_s - b\omega_n P_1$ 是弱阻尼力与弱耦合力；$\boldsymbol{Q} = [Q_1, Q_2]^{\mathrm{T}}$，$\boldsymbol{P} = [P_1, P_2]^{\mathrm{T}}$，$f = 4\bar{V}Q_2\sqrt{2\eta}/\pi D^2$ 是脉动风速的幅值; $f\xi(t)$ 是参数随机激励; $H = H(\boldsymbol{Q},\boldsymbol{P})$ 是哈密顿函数. 与方程(13.1.6)相对应的哈密顿系统是可积的, 并且哈密顿函数是可分离的, 即

$$\begin{aligned} &H = H_1 + H_2, \quad H_1 = \frac{1}{2}P_1^2 + U_1(Q_1), \quad H_2 = \frac{1}{2}P_1^2 + U_2(Q_2), \\ &U_1(Q_1) = \frac{1}{2}\omega_n^2 Q_1^2, \quad U_2(Q_2) = \frac{1}{2}\omega_s^2 Q_2^2. \end{aligned} \tag{13.1.7}$$

式中 H_1 是结构振子的能量; H_2 是激励振子的首次积分. 在弱耦合、弱阻尼及弱激励的条件下, 系统(13.1.6)有如下随机周期解

$$\begin{aligned} &Q_1(t) = \frac{\sqrt{2H_1(t)}}{\omega_n}\cos\Phi_1(t), \quad P_1(t) = -\sqrt{2H_1(t)}\sin\Phi_1(t), \quad \Phi_1(t) = \omega_n t + \Theta_1(t), \\ &Q_2(t) = \frac{\sqrt{2H_2(t)}}{\omega_s}\cos\Phi_2(t), \quad P_2(t) = -\sqrt{2H_2(t)}\sin\Phi_2(t), \quad \Phi_2(t) = \omega_s t + \Theta_2(t). \end{aligned} \tag{13.1.8}$$

哈密顿函数矢量 $\boldsymbol{H} = [H_1(t), H_2(t)]^{\mathrm{T}}$ 和相角矢量 $\boldsymbol{\Phi} = [\Phi_1(t), \Phi_2(t)]^{\mathrm{T}}$ 都是随机过程. 将式(13.1.8)视为从 $\boldsymbol{Q},\boldsymbol{P}$ 到 $\boldsymbol{H},\boldsymbol{\Phi}$ 的变换, 原系统(13.1.6)可转化为以下等效的支配 $\mathbf{H},\boldsymbol{\Phi}$ 的运动方程

$$\begin{aligned} &\dot{H}_1 = F_1^{(H)} + G_1^{(H)}\xi(t), \quad \dot{\Phi}_1 = \omega_n + F_1^{(\Phi)} + G_1^{(\Phi)}\xi(t), \\ &\dot{H}_2 = F_2^{(H)} + G_2^{(H)}\xi(t), \quad \dot{\Phi}_2 = \omega_s + F_2^{(\Phi)} + G_2^{(\Phi)}\xi(t), \end{aligned} \tag{13.1.9}$$

式中

$$\begin{aligned} &F_1^{(H)} = c_1\sqrt{2H_1}\sin\Phi_1, \quad F_2^{(H)} = c_2\sqrt{2H_2}\sin\Phi_2, \quad G_1^{(H)} = -\sqrt{2H_1}f\sin\Phi_1, \\ &F_1^{(\Phi)} = \frac{c_1}{\sqrt{2H_1}}\cos\Phi_1, \quad F_2^{(\Phi)} = \frac{c_2}{\sqrt{2H_2}}\cos\Phi_2, \quad G_1^{(\Phi)} = \frac{-1}{\sqrt{2H_1}}f\cos\Phi_1, \\ &G_2^{(H)} = 0, \quad G_2^{(\Phi)} = 0. \end{aligned} \tag{13.1.10}$$

下面对系统(13.1.9)分共振与非共振两种情形分别进行研究(Deng et al., 2021).

在共振区, 即 $\omega_s : \omega_n \approx 1:1$, 风激频率 ω_s 与结构固有频率 ω_n 接近, 随机 Hartlen-Currie 模型(13.1.4)的两个振子之间将发生内共振, 除了哈密顿过程 $H_1(t), H_2(t)$ 是慢

变过程之外, 还有相位差$\varPsi(t)=\varPhi_1(t)-\varPhi_2(t)=\tan^{-1}(P_1/\omega_n Q_1)-\tan^{-1}(P_2/\omega_s Q_2)$也是慢变过程. 将$H_1(t),H_2(t)$和$\varPsi(t)$一起组成矢量过程$\bar{\boldsymbol{H}}=[H_1,H_2,\varPsi]^{\mathrm{T}}$, 其中$\varPsi$由下列方程支配

$$\begin{aligned}&\dot{\varPsi}=F_3^{(H)}+G_3^{(H)}\xi(t),\\&F_3^{(H)}=\omega_n-\omega_s+F_1^{(\varPhi)}-F_2^{(\varPhi)},\quad G_3^{(H)}=G_1^{(\varPhi)}-G_2^{(\varPhi)}.\end{aligned}\tag{13.1.11}$$

令$\omega_s:\omega_n=(1+\sigma):1$, 其中$\sigma$是小参数, 系统(13.1.6)中的$c_1$和$c_2$变为

$$\begin{aligned}c_1(\boldsymbol{Q},\boldsymbol{P})&=2\zeta\omega_n P_1-\mu(1+2\sigma)\omega_n^2 Q_2,\\c_2(\boldsymbol{Q},\boldsymbol{P})&=-\alpha\omega_n(1+\sigma)P_2+\frac{\gamma}{\omega_n}(1-\sigma)P_2^3-b\omega_n P_1+2\sigma\omega_n^2 Q_2.\end{aligned}\tag{13.1.12}$$

式中已略去含σ^2的高阶小量. 应用宽带随机激励下拟可积共振哈密顿系统随机平均法, 可得支配$\bar{\boldsymbol{H}}(t)$的平均伊藤随机微分方程

$$\begin{aligned}\mathrm{d}H_1&=a_1(\bar{\boldsymbol{H}})\mathrm{d}t+\sigma_1(\bar{\boldsymbol{H}})\mathrm{d}B(t),\\\mathrm{d}H_2&=a_2(\bar{\boldsymbol{H}})\mathrm{d}t+\sigma_2(\bar{\boldsymbol{H}})\mathrm{d}B(t),\\\mathrm{d}\varPsi&=a_3(\bar{\boldsymbol{H}})\mathrm{d}t+\sigma_3(\bar{\boldsymbol{H}})\mathrm{d}B(t).\end{aligned}\tag{13.1.13}$$

式中$B(t)$是单位维纳过程, 漂移和扩散系数为

$$\begin{aligned}&a_i(\bar{\boldsymbol{H}})=\left\langle F_i^{(H)}+\int_{-\infty}^{0}\Big[\sum_{l=1}^{2}\Big(\frac{\partial G_i^{(H)}}{\partial H_l}\bigg|_t G_l^{(H)}\Big|_{t+\tau}\Big)+\frac{\partial G_i^{(H)}}{\partial\varPsi}\bigg|_t G_3^{(H)}\Big|_{t+\tau}+\frac{\partial G_i^{(H)}}{\partial\varPhi_2}\bigg|_t G_2^{(\varPhi)}\Big|_{t+\tau}\Big]R(\tau)\mathrm{d}\tau\right\rangle_t,\\&b_{ij}(\bar{\boldsymbol{H}})=\sigma_i\sigma_j=\left\langle\int_{-\infty}^{\infty}G_i^{(H)}\Big|_t G_j^{(H)}\Big|_{t+\tau}R(\tau)\mathrm{d}\tau\right\rangle_t,\\&i,j=1,2,3.\end{aligned}\tag{13.1.14}$$

式中各系数$F_i^{(H)},G_i^{(H)},G_i^{(\varPhi)}$中的$\varPhi_1$被$\varPsi-\varPhi_2$代替, $\langle[\bullet]\rangle_t$表示时间平均, 可代之以对相位$\varPhi_2$的平均, 即$\langle[\bullet]\rangle_t=\int_0^{2\pi}[\bullet]\mathrm{d}\varPhi_2/2\pi$, 式(13.1.14)中的$R(\tau)$是脉动风的自相关函数.

与平均伊藤随机微分方程(13.1.13)对应的简化平均 FPK 方程是

$$\begin{aligned}&\sum_{i=1}^{2}\frac{-\partial}{\partial h_i}\big[a_i(h_1,h_2,\psi)p\big]-\frac{\partial}{\partial\psi}\big[a_3(h_1,h_2,\psi)p\big]+\frac{1}{2}\sum_{i,j=1}^{2}\frac{\partial^2}{\partial h_i\partial h_j}\big[b_{ij}(h_1,h_2,\psi)p\big]\\&\quad+\frac{\partial^2}{\partial h_1\partial\psi}\big[b_{13}(h_1,h_2,\psi)p\big]+\frac{\partial^2}{\partial h_2\partial\psi}\big[b_{23}(h_1,h_2,\psi)p\big]=0.\end{aligned}\tag{13.1.15}$$

方程中$p=p(h_1,h_2,\psi)$, 漂移和扩散系数为

$$\begin{aligned}&a_i(h_1,h_2,\psi)=a_i(\bar{\boldsymbol{H}})\Big|_{\bar{\boldsymbol{H}}=[h_1,h_2,\psi]^T},\quad b_{ij}(h_1,h_2,\psi)=b_{ij}(\bar{\boldsymbol{H}})\Big|_{\bar{\boldsymbol{H}}=[h_1,h_2,\psi]^T},\\&i,j=1,2,3.\end{aligned}\tag{13.1.16}$$

方程(13.1.15)的边界条件是

$$
\begin{gathered}
p(h_1=0,h_2,\psi)=\text{有限值},\quad p(h_1,h_2=0,\psi)=\text{有限值},\\
p(h_1\to\infty,h_2,\psi)=0,\quad p(h_1,h_2\to\infty,\psi)=0,\\
p(h_1,h_2,\psi+2\pi)=p(h_1,h_2,\psi).
\end{gathered}
\tag{13.1.17}
$$

将式(13.1.10)和(13.1.11)代入到式(13.1.14)，将 $F_i^{(H)},G_i^{(H)},G_i^{(\Phi)}$ 展开成 Φ_1,Φ_2 的傅里叶级数，以 $\Phi_1=\Psi-\Phi_2$ 代替 Φ_1 对 τ 积分，然后对 Φ_2 做平均运算，得到如下一、二阶导数矩

$$
\begin{aligned}
a_1&=-2\zeta\omega_n h_1-\omega_n\mu(1+2\sigma)\sqrt{h_1h_2}\sin\psi+\frac{16\eta\bar{V}^2h_2}{\pi D^4\omega_n^2}[S(0)+S(2\omega_n)],\\
a_2&=\alpha(1+\sigma)\omega_n h_2-\frac{3\gamma}{2\omega_n}(1-\sigma)h_2^2+\omega_n b\sqrt{h_1h_2}\cos\psi,
\end{aligned}
\tag{13.1.18}
$$

$$
a_3=-\sigma\omega_n-\frac{b\omega_n\sin\psi}{2}\sqrt{h_1/h_2}-\frac{\mu(1+2\sigma)\omega_n\cos\psi}{2}\sqrt{h_2/h_1}-\frac{8\eta\bar{V}^2h_2\sin2\psi}{\pi D^4\omega_n^2h_1}S(0),
$$

$$
b_{11}=\frac{32\eta\bar{V}^2h_1h_2}{\pi D^4\omega_n^2}[2\sin^2\psi S(0)+S(2\omega_n)],\ b_{13}=b_{31}=\frac{16\eta\bar{V}^2h_2\sin2\psi}{\pi D^4\omega_n^2}S(0),
$$

$$
b_{33}=\frac{8\eta\bar{V}^2h_2}{\pi D^4\omega_n^2h_1}[2\cos^2\psi S(0)+S(2\omega_n)],\ b_{12}=b_{21}=b_{23}=b_{32}=b_{22}=0.
$$

式中的 $S(\omega)$ 是式(13.1.5)中脉动风速 $\xi(t)$ 的功率谱密度. 数值求解方程(13.1.15)得平稳概率分布 $p(\bar{\boldsymbol{h}})$. 按(5.2.57)及其后的说明可得位移与速度的平稳联合概率密度

$$
p(q_1,q_2,p_1,p_2)=Cp(\bar{\boldsymbol{h}})\Big|_{h_1=\frac{1}{2}p_1^2+\frac{1}{2}\omega_n^2q_1^2,\ h_2=\frac{1}{2}p_2^2+\frac{1}{2}\omega_s^2q_2^2,\ \psi=\tan^{-1}(\frac{p_1}{\omega q_1})-\tan^{-1}(\frac{p_2}{\omega q_2})}.
\tag{13.1.19}
$$

式中 C 为归一化常数，其他平稳边缘概率密度和统计量可以从 $p(\bar{\boldsymbol{h}})$ 或 $p(q_1,q_2,p_1,p_2)$ 得到.

图 13.1.4 至图 13.1.7 给出了多个概率密度与统计量的近似解析解与从原系统(13.1.6)作蒙特卡罗模拟得到的结果. 由图可见，解析解与数值模拟结果甚为吻合.

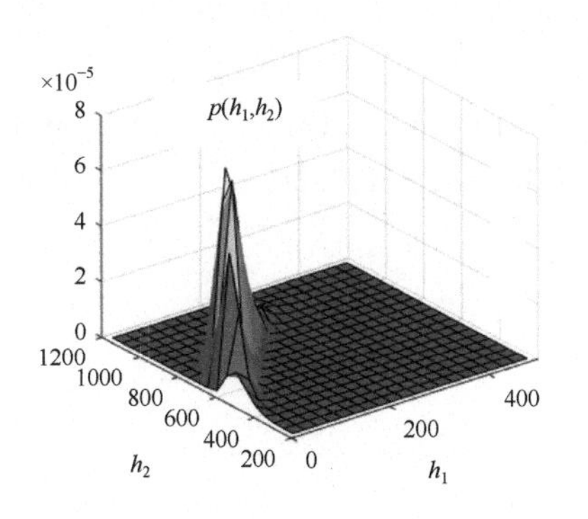

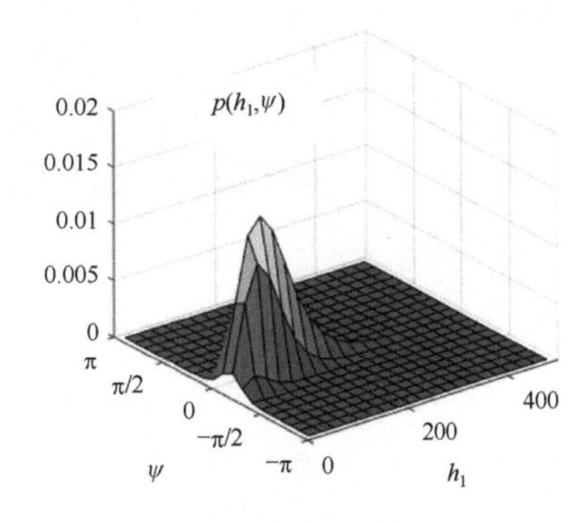

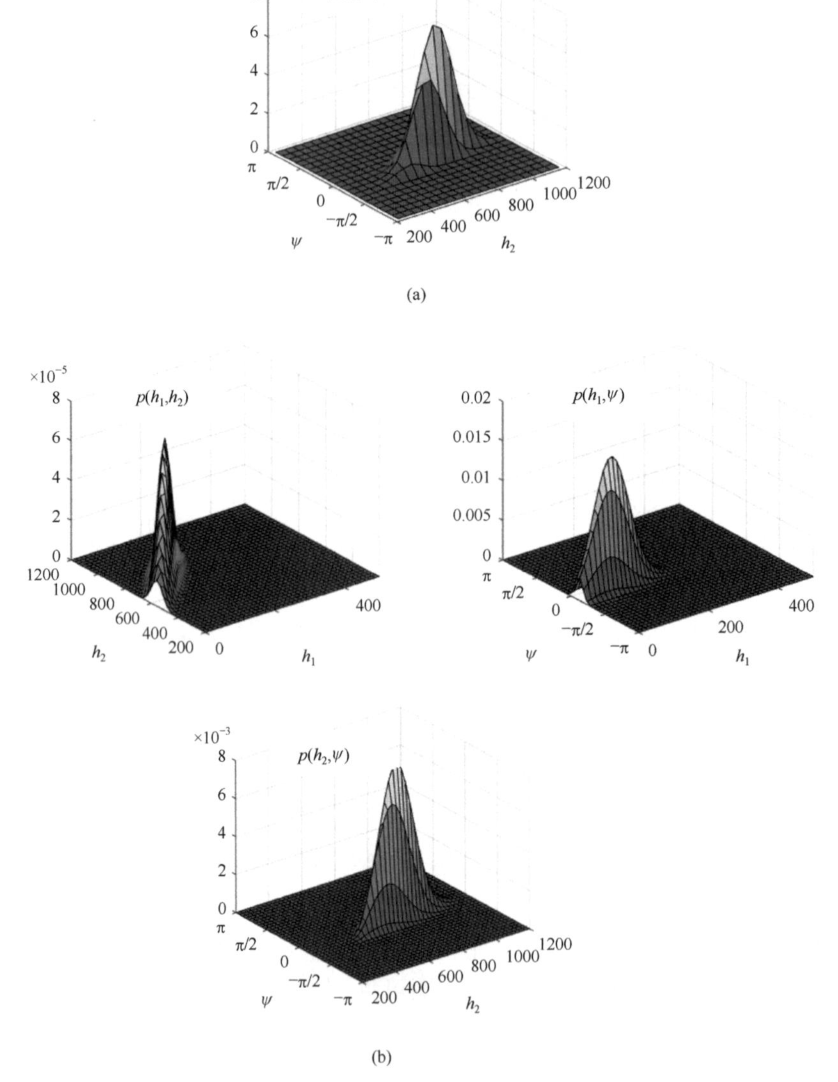

图 13.1.4　共振情形下系统(13.1.6)平稳联合概率密度 $p(h_1,h_2)$，$p(h_1,\psi)$，$p(h_2,\psi)$，(a) 数值模拟结果; (b) 随机平均法结果(Deng et al., 2021)

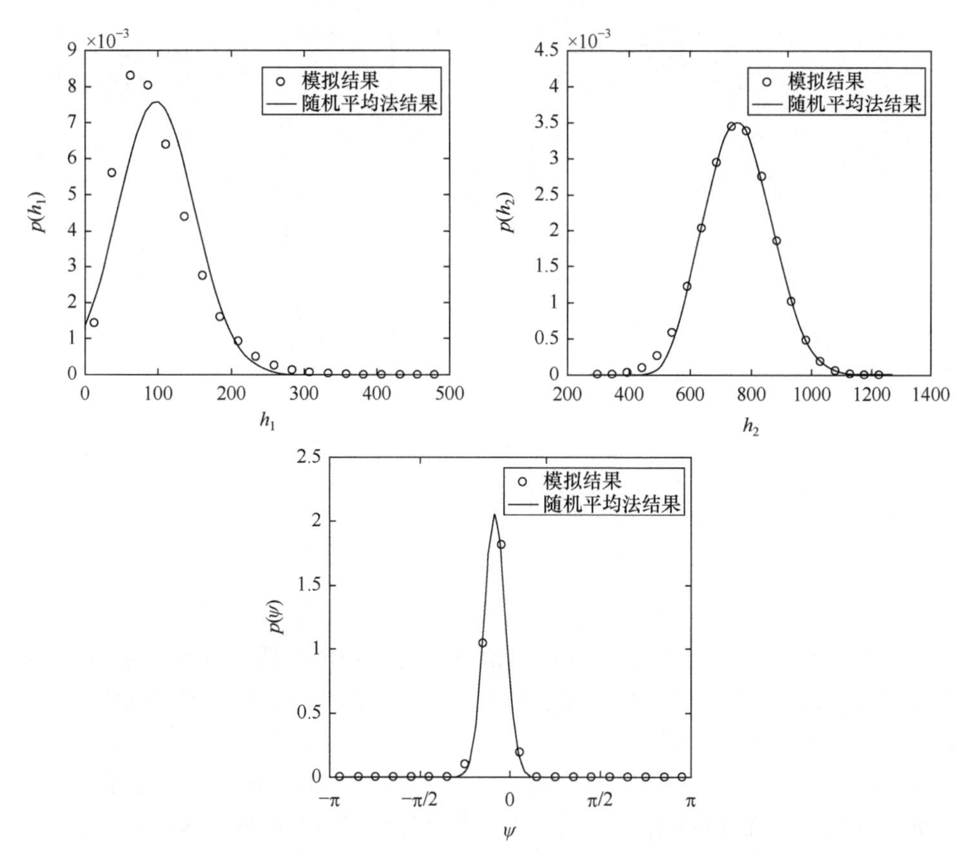

图 13.1.5　共振情形下系统(13.1.6)平稳边缘概率密度 $p(h_1)$， $p(h_2)$， $p(\psi)$, (Deng et al., 2021)

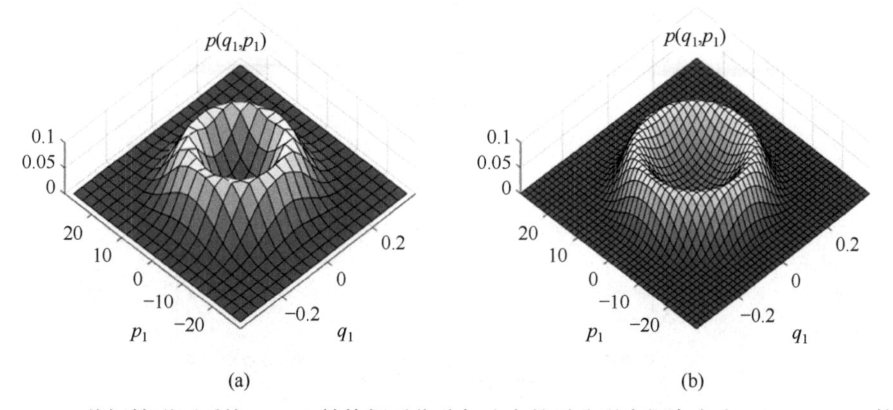

图 13.1.6　共振情形下系统(13.1.6)结构振子位移与速度的平稳联合概率密度 $p(q_1,p_1)$, (a) 数值模拟结果; (b) 随机平均法结果(Deng et al., 2021)

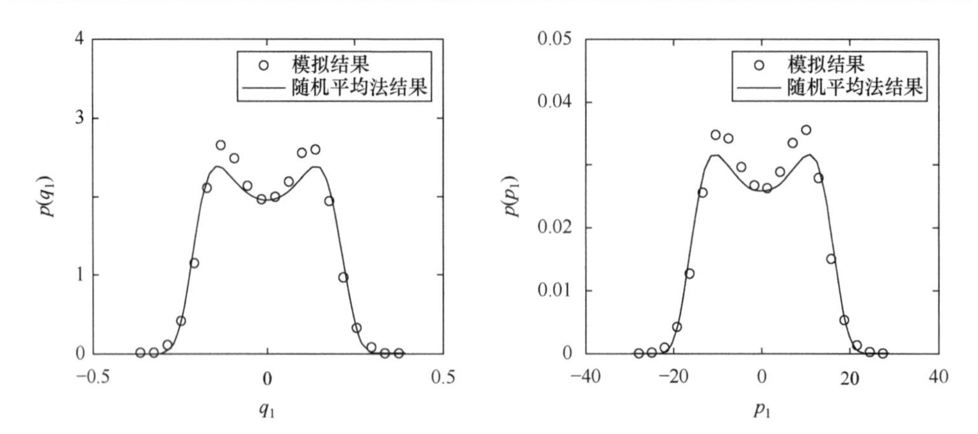

图 13.1.7　共振情形下系统(13.1.6)结构振子位移和速度的平稳边缘概率密度 $p(q_1)$ 和 $p(p_1)$ (Deng et al., 2021)

13.1.3　脉动风激励下的 Hartlen-Currie 模型-非共振情形

当来风的风激频率 ω_s 远离结构固有频率 ω_n 时，式(13.1.6)将进入非共振区. 实验表明，在非共振区，结构响应的幅值将保持在一个较低的水平，同时响应频率 ω_r 和 ω_s 相同. 图 13.1.8 展示了相位差 $\Psi = \Phi_1 - \Phi_2$ 的平稳概率密度函数. 表明在 $\omega_s/\omega_n = 1$ 的情况下(即共振情形)，区间 $[-\pi/2, 0)$ 内存在概率峰，表明共振情形下激励振子与结构振子大概率是同步的. 当 $\omega_s/\omega_n = 1.5$ 时(即非共振情形)，相位差 Ψ 几乎均匀分布于区间 $[-\pi, \pi]$ 上，表明非共振情形下激励振子与结构振子的步调是失谐的.

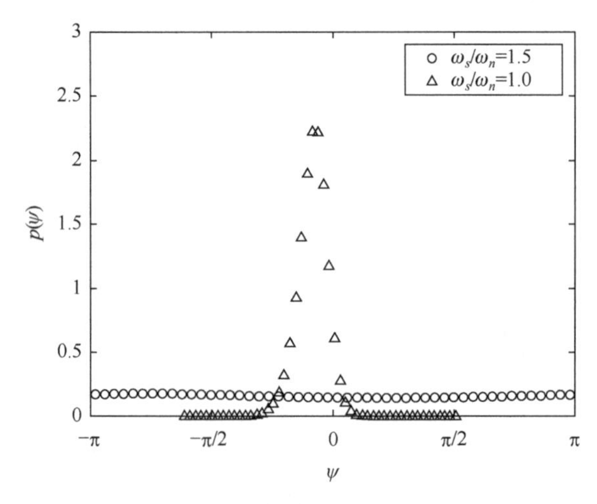

图 13.1.8　系统(13.1.6)两振子相角差 ψ 的平稳概率密度(Deng et al., 2021)

在非共振情形下，可应用 8.1.2 节描述的宽带随机激励下拟可积非共振哈密顿系统随机平均法预测随机 Hartlen-Currie 模型(13.1.6)的响应. 此时方程(13.1.9)中的矢量过程 $\boldsymbol{H}=[H_1,H_2]^{\mathrm{T}}$ 收敛于一个二维的马尔可夫扩散过程. 应用随机平均法, 可得如下平均伊藤随机微分方程

$$\mathrm{d}H_i=a_i(\boldsymbol{H})\mathrm{d}t+\sigma_i(\boldsymbol{H})\mathrm{d}B(t),\quad i=1,2. \tag{13.1.20}$$

式中漂移和扩散系数为

$$\begin{aligned}
&a_i(\boldsymbol{H})=\left\langle F_i^{(H)}+\int_{-\infty}^{0}\sum_{l=1}^{2}\left(\left.\frac{\partial G_i^{(H)}}{\partial H_l}\right|_t G_l^{(H)}\Big|_{t+\tau}+\left.\frac{\partial G_i^{(H)}}{\partial \varPhi_l}\right|_t G_l^{(\varPhi)}\Big|_{t+\tau}\right)R(\tau)\mathrm{d}\tau\right\rangle_t,\\
&b_{ij}(\boldsymbol{H})=\sigma_i\sigma_j=\left\langle\int_{-\infty}^{\infty}G_i^{(H)}\Big|_t G_j^{(H)}\Big|_{t+\tau}R(\tau)\mathrm{d}\tau\right\rangle_t,\\
&i,j=1,2.
\end{aligned} \tag{13.1.21}$$

式中 $\langle[\bullet]\rangle_t$ 表示时间平均, 可代之以对相位 $\varPhi_1,\varPhi_2$ 的平均, 即 $\langle[\bullet]\rangle_t=\int_0^{2\pi}\int_0^{2\pi}[\bullet]\mathrm{d}\varPhi_1\mathrm{d}\varPhi_2\big/4\pi^2$, 式(13.1.21)中的 $R(\tau)$ 是脉动风的自相关函数.

与平均伊藤随机微分方程(13.1.20)对应的简化平均稳态 FPK 方程及其边界条件为

$$\begin{gathered}
-\sum_{i=1}^{2}\frac{\partial}{\partial h_i}\left[a_i(\boldsymbol{h})p(\boldsymbol{h})\right]+\frac{1}{2}\sum_{i,j=1}^{2}\frac{\partial^2}{\partial h_i\partial h_j}\left[b_{ij}(\boldsymbol{h})p(\boldsymbol{h})\right]=0,\\
p(h_1=0,h_2)=\text{有限值},\quad p(h_1,h_2=0)=\text{有限值},\\
p(h_1\to\infty,h_2)=0,\quad p(h_1,h_2\to\infty)=0.
\end{gathered} \tag{13.1.22}$$

方程中 $\boldsymbol{h}=[h_1,h_2]^{\mathrm{T}}$, 方程的一、二阶导数矩为

$$\begin{aligned}
&a_i(\boldsymbol{h})=a_i(\boldsymbol{H})\big|_{\boldsymbol{H}=\boldsymbol{h}},\quad b_{ij}(\boldsymbol{h})=b_{ij}(\boldsymbol{H})\big|_{\boldsymbol{H}=\boldsymbol{h}},\\
&i,j=1,2.
\end{aligned} \tag{13.1.23}$$

经推导可得

$$\begin{gathered}
a_1=-2\zeta\omega_n h_1+\frac{16\eta\bar{V}^2h_2}{\pi D^4\omega_s^2}[S(\omega_n-\omega_s)+S(\omega_n+\omega_s)],\\
a_2=\alpha\omega_s h_2-\frac{3\gamma}{2\omega_s}h_2^2,\\
b_{11}=\frac{32\eta\bar{V}^2h_1h_2}{\pi D^4\omega_s^2}[S(\omega_n-\omega_s)+S(\omega_n+\omega_s)],\\
b_{12}=b_{21}=b_{22}=0.
\end{gathered} \tag{13.1.24}$$

应用高斯截断矩方程法, 可得如下平稳 H_1,H_2 的一阶矩和二阶矩

$$
\mu_1 = E[H_1] = \frac{16\eta \bar{V}^2 \alpha[S(\omega_n - \omega_s) + S(\omega_n + \omega_s)]}{3\pi D^4 \gamma \zeta \omega_n},
$$

$$
\mu_2 = E[H_2] = \frac{2\alpha \omega_s^2}{3\gamma}, \quad E[H_1^2] = 2\mu_1^2, \tag{13.1.25}
$$

$$
E[H_2^2] = \mu_2^2, \quad E[H_1 H_2] = \mu_1 \mu_2.
$$

方程(13.1.22)的精确解为

$$
p(h_1, h_2) = \frac{1}{\mu_1} \exp\left(\frac{-h_1}{\mu_1}\right) \delta(h_2 - \mu_2). \tag{13.1.26}
$$

按式(5.2.36)可从(13.1.26)导得结构响应的平稳概率密度和统计量

$$
p(q_1, p_1) = \frac{\omega_n}{2\pi\mu_1} \exp[\frac{-1}{2\mu_1}(p_1^2 + \omega_n^2 q_1^2)],
$$

$$
p(q_1) = \frac{1}{2}\sqrt{\frac{\omega_n}{2\pi\mu_1}} \exp\left(\frac{-\omega_n^2 q_1^2}{2\mu_1}\right), \quad p(p_1) = \frac{1}{2\sqrt{2\pi\mu_1}} \exp\left(\frac{-p_1^2}{2\mu_1}\right), \tag{13.1.27}
$$

$$
E[Q_1^2] = \frac{\mu_1}{\omega_n^2}, \quad E[P_1^2] = \mu_1.
$$

图 13.1.9 和图 13.1.10 显示了非共振情形系统(13.1.6)中结构振子的平稳概率密度, 解析解(13.1.27)与数值模拟结果吻合得很好. 不同于共振情形下的火山口形(图 13.1.6)和双峰(图 13.1.7), 非共振情形下结构振子平稳响应的概率密度均为单峰. 图 13.1.11 综合了共振情形下的解析解(13.1.19)和非共振情形下的解析解(13.1.27), 显示了大范围频率比(对应于从低风速到高风速)内的结构的均方响应. 可见随机平均法给出了较满意的响应预测.

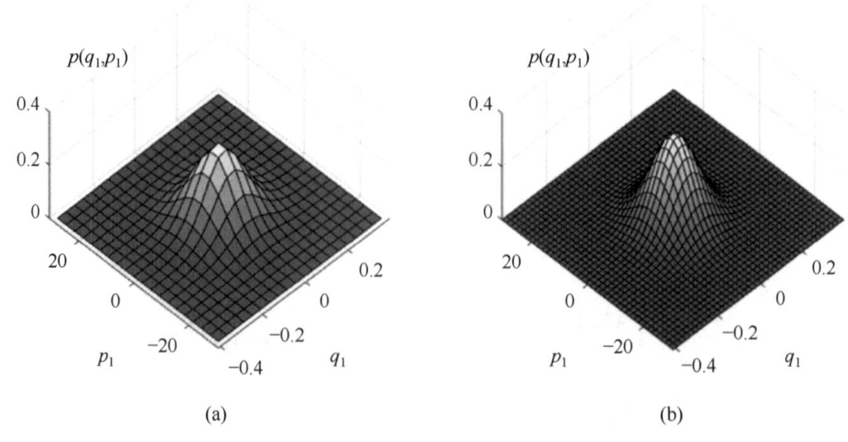

图 13.1.9　非共振情形下系统(13.1.6)中结构振子位移与速度的平稳联合概率密度, (a) 数值模拟结果; (b) 随机平均法结果(Deng et al., 2021)

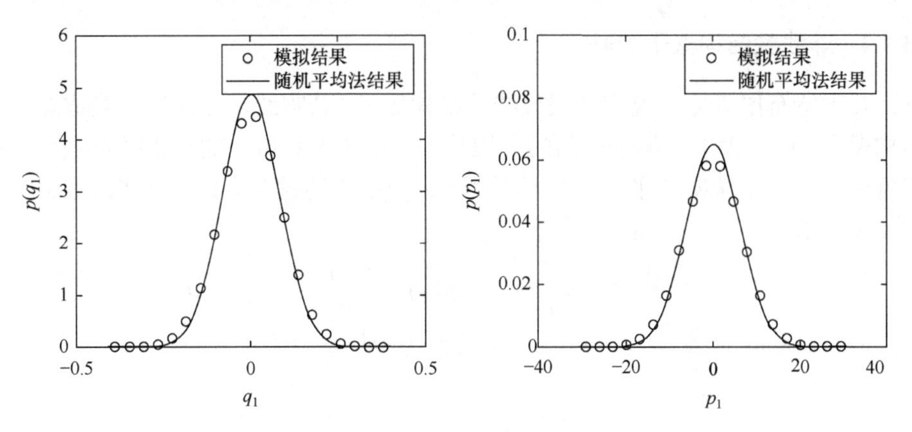

图 13.1.10　非共振情形下系统(13.1.6)中结构振子位移与速度的平稳边缘概率密度(Deng et al., 2021)

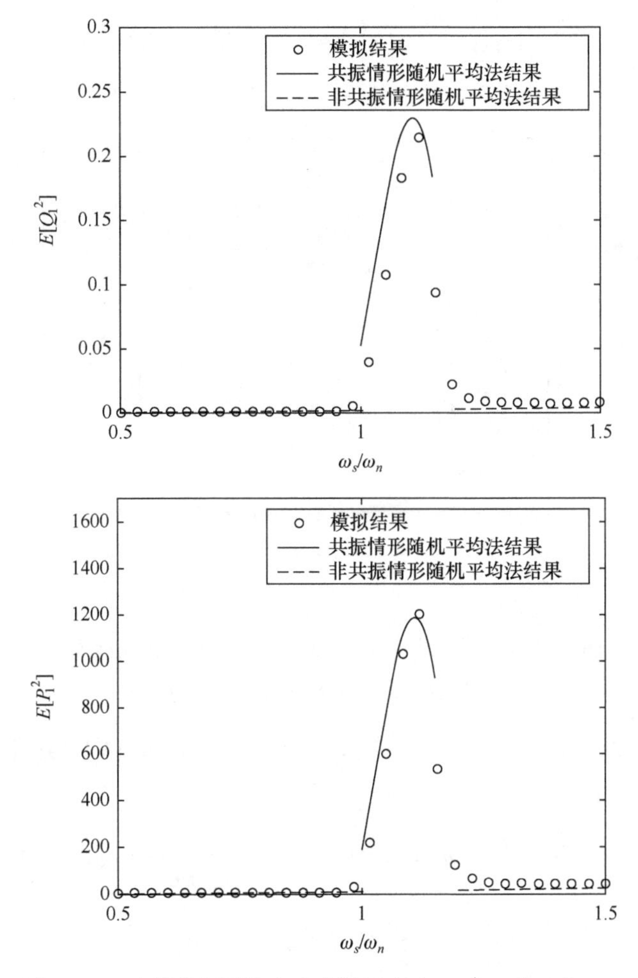

图 13.1.11　系统(13.1.6)中结构振子均方响应随频率比 ω_s/ω_n 的变化(Deng et al., 2021)

13.1.4 非线性结构振子情形

几乎所有尾流振子模型都假设线性结构振子. 若将线性结构振子换成非线性结构振子, 可扩大尾流振子模型的应用范围. 此时 8.1 节中的宽带随机激励下的拟可积哈密顿系统随机平均法仍然适用. 为便于阐述理论方法, 设结构振子具有如下较简单的非线性势能和恢复力

$$U_1(x)=\frac{1}{2}\omega_n^2x^2+\frac{1}{4}kx^4,\quad g_1(x)=\frac{\mathrm{d}U_1(x)}{\mathrm{d}t}=\omega_n^2x+kx^3. \tag{13.1.28}$$

相应的 Hartlen-Currie 运动方程(13.1.1)可修正为如下方程

$$\begin{aligned}&\frac{\ddot{y}}{D}+2\zeta\omega_n\frac{\dot{y}}{D}+\omega_n^2\frac{y}{D}+k\left(\frac{y}{D}\right)^3=\frac{1}{2}\rho_aV^2\frac{L}{M}C_L,\\&\ddot{C}_L+\left(\frac{4}{3}\frac{G}{\omega_s}\dot{C}_L^2-\omega_sGC_{L0}^2\right)\dot{C}_L+\omega_s^2C_L=\omega_sF\frac{\dot{y}}{D}.\end{aligned} \tag{13.1.29}$$

图 13.1.12 显示了非线性参数 k 对结构振子偏离线性运动(对应于 $k=0$)的程度.

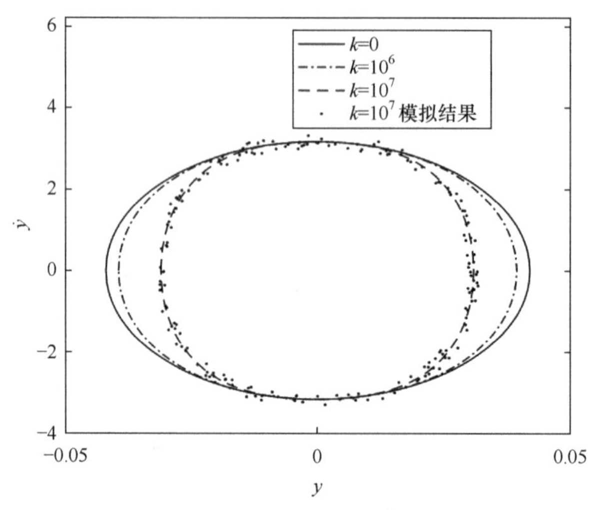

图 13.1.12 保守结构振子在相空间 $(y,\dot{y})$ 上的运动轨迹

总能量 $h_1=5$ (Deng et al., 2021)

令 $X_1=y/D, X_2=C_L$ 以及 $V=\bar{V}+\sqrt{2\eta}W(t)$. 与系统(13.1.29)相应的受脉动风激励的非线性 Hartlen-Currie 方程为

$$\begin{aligned}&\ddot{X}_1+2\zeta\omega_n\dot{X}_1+\omega_n^2X_1+kX_1^3=\mu\omega_s^2X_2+\frac{4\bar{V}}{\pi D^2}X_2\sqrt{2\eta}\xi(t),\\&\ddot{X}_2+(\frac{\gamma}{\omega_s}\dot{X}_2^2-\alpha\omega_s)\dot{X}_2+\omega_s^2X_2=b\omega_n\dot{X}_1.\end{aligned} \tag{13.1.30}$$

令 $Q_1 = X_1, Q_2 = X_2$ 以及 $P_1 = \dot{X}_1, P_2 = \dot{X}_2$，运动方程(13.1.30)可写成拟哈密顿系统. 激励振子的哈密顿函数 H_2 和势能 $U_2(Q_2)$ 的表达式和方程(13.1.7)中的是一样的, 而结构振子的哈密顿函数 H_1 和势能 $U_1(Q_1)$是

$$H_1 = \frac{1}{2}P_1^2 + U_1(Q_1), \quad U_1(Q_1) = \frac{1}{2}\omega_n^2 Q_1^2 + \frac{1}{4}kQ_1^4. \tag{13.1.31}$$

与式(13.1.30)相应的哈密顿系统是可积的, 又因为结构振子的振动频率 $\omega_1(H_1)$ 随 H_1 变化, 使得共振条件 $\omega_s : \omega_1(H_1) = 1:1$ 并不总能满足, 因此要用宽带随机激励下拟可积非共振哈密顿系统随机平均法. $k > 0$ 时, (13.1.30)具有如下随机周期解

$$\begin{aligned} &Q_1 = U_1^{-1}(H_1)\cos\Phi_1(t), \quad P_1 = -U_1^{-1}(H_1)\nu_1\sin\Phi_1(t), \quad \Phi_1(t) = \Gamma_1(t) + \Theta_1(t), \\ &Q_2 = \frac{\sqrt{2H_2(t)}}{\omega_s}\cos\Phi_2(t), \quad P_2 = -\sqrt{2H_2(t)}\sin\Phi_2(t), \quad \Phi_2(t) = \omega_s t + \Theta_2(t). \end{aligned} \tag{13.1.32}$$

式中 $U_1^{-1}(H_1) = A_1$ 是结构振子的振幅;

$$\nu_1 = \nu_1(H_1, \Phi_1) = \frac{\mathrm{d}\Phi_1}{\mathrm{d}t} = \sqrt{\frac{2[H_1 - U_1[U_1^{-1}(H_1)\cos\Phi_1]}{(U_1^{-1}(H_1))^2\sin^2\Phi_1}}. \tag{13.1.33}$$

是结构振子的瞬时频率. 注意到 ν_1 是 Φ_1 的偶函数, 可展开为傅里叶级数

$$\begin{aligned} &\nu_1(H_1, \Phi_1) = \frac{1}{2}\kappa_0(H_1) + \sum_{i=1}^{\infty}\kappa_{2i}(H_1)\cos(2i\Phi_1), \\ &\kappa_0 = \nu\left(2 - \frac{\lambda^2}{8}\right), \quad \kappa_2 = \nu\left(\frac{\lambda}{2} + \frac{3\lambda^3}{64}\right), \quad \kappa_4 = \nu\left(\frac{-\lambda^2}{16}\right), \quad \kappa_6 = \nu\left(\frac{\lambda^3}{64}\right), \cdots \\ &\lambda = \frac{kA_1^2}{4\nu^2}, \quad \nu = \left(\omega_n^2 + \frac{3kA_1^2}{4}\right)^{1/2}, \quad A_1 = U^{-1}(H_1). \end{aligned} \tag{13.1.34}$$

其中 $\omega_1(H_1) = \kappa_0(H_1)/2$ 是结构振子的平均频率. 下面作随机平均运算时将要用到以下的近似关系

$$\Phi_1(t) = \omega_1(H_1)t + \Theta_1(t). \tag{13.1.35}$$

受脉动风 $\xi(t)$ 的影响, H_1, H_2 的运动方程形如式(13.1.9), 部分系数改为

$$\begin{aligned} &F_1^{(H)} = c_1 U_1^{-1}(H_1)\nu_1\sin\Phi_1, \quad F_1^{(\Phi)} = \frac{c_1\nu_1}{g_1[U_1^{-1}(H_1)]}\cos\Phi_1, \\ &G_1^{(H)} = -U_1^{-1}(H_1)\nu_1 f\sin\Phi_1, \quad G_1^{(\Phi)} = \frac{-\nu_1}{g_1[U_1^{-1}(H_1)]}f\cos\Phi_1. \end{aligned} \tag{13.1.36}$$

其他系数同式(13.1.10). 支配扩散过程 $[H_1, H_2]^{\mathrm{T}}$ 的平均伊藤随机微分方程形如式(13.1.20), 平均简化FPK方程如同式(13.1.22), 只是其中一阶导数矩和二阶导数矩改为

$$
\begin{aligned}
a_1 &= -\frac{1}{2}\xi\omega_n[U_1^{-1}(h_1)]^2\left[2\omega_1^2+\sum_{i=0}^{\infty}(\kappa_{2i+2}^2-\kappa_{2i}\kappa_{2i+2})\right] \\
&\quad +\frac{2\eta\bar{V}^2h_2}{\pi D^4 g_1(U_1^{-1}(h_1))\omega_s^2}\sum_{i=0}^{\infty}\beta_i\{S[(2i+1)\omega_1-\omega_s]+S[(2i+1)\omega_1+\omega_s]\}, \\
a_2 &= \alpha\omega_s h_2-\frac{3\gamma}{2\omega_s}h_2^2, \\
b_{11} &= \frac{4\eta\bar{V}^2[U_1^{-1}(h_1)]^2h_2}{\pi D^4\omega_s^2}\sum_{i=0}^{\infty}(\kappa_{2i}-\kappa_{2i+2})^2\{S[(2i+1)\omega_1-\omega_s]+S[(2i+1)\omega_1+\omega_s]\}, \\
b_{12} &= b_{21}=b_{22}=0, \\
\beta_i &= (2i+1)U_1^{-1}(h_1)(\kappa_{2i}^2-\kappa_{2i+2}^2)+\frac{1}{2}g_1(U_1^{-1}(h_1))\frac{\mathrm{d}\{[U_1^{-1}(h_1)]^2(\kappa_{2i}-\kappa_{2i+2})^2\}}{\mathrm{d}h_1}.
\end{aligned}
\tag{13.1.37}
$$

当 $k\to 0$ 时，式(13.1.37)中的一、二阶导数矩将趋于式(13.1.24)中的相应导数矩. 求解以式(13.1.37)为一、二阶导数矩的平稳 FPK 方程(13.1.22)，得到如下结构振子哈密顿函数(能量)的平稳概率密度

$$
p(h_1)=C\exp\left\{-\int_0^{h_1}\left[\left(\frac{\mathrm{d}b_{11}}{\mathrm{d}h_1}-2a_1\right)\Big/b_{11}\right]_{h_2=\frac{2\alpha\omega_s^2}{3\gamma}}\mathrm{d}h_1\right\}. \tag{13.1.38}
$$

式中 C 是归一化常数. 按式(5.2.36)，原系统(13.1.29)的近似平稳概率密度和统计量为

$$
\begin{aligned}
&p(q_1,p_1)=C'p(h_1)\big|_{h_1=\frac{1}{2}p_1^2+\frac{1}{2}\omega_n^2q_1^2+\frac{1}{4}kq_1^4}, \\
&p(q_1)=\int_{-\infty}^{\infty}p(q_1,p_1)\mathrm{d}p_1,\quad p(p_1)=\int_{-\infty}^{\infty}p(q_1,p_1)\mathrm{d}q_1, \\
&E[Q_1^2]=\int_{-\infty}^{\infty}q_1^2p(q_1)\mathrm{d}q_1,\quad E[P_1^2]=\int_{-\infty}^{\infty}p_1^2p(p_1)\mathrm{d}p_1.
\end{aligned}
\tag{13.1.39}
$$

图 13.1.13 显示了强非线性参数 $k=10^7$ 情况下，系统(13.1.30)的结构振子响应概率密度 $p(q_1)$ 和 $p(p_1)$. 图 13.1.14 表明，随着平均风速增加，结构振子的位移均方响应 $E[Q_1^2]$ 和速度均方响应 $E[P_1^2]$ 随之增加. 图 13.1.15 显示了随结构振子非线性参数 k 增大结构振子均方响应的变化. 所有图中理论值和模拟值都符合，表明随机平均法适用于研究计及结构振子非线性时的涡激振动. 图 13.1.15 同时也表明，在其他参数不变的条件下，仅增加结构振子非线性强度会降低位移的均方响应 $E[Q_1^2]$，而对速度均方响应 $E[P_1^2]$ 几乎没有影响.

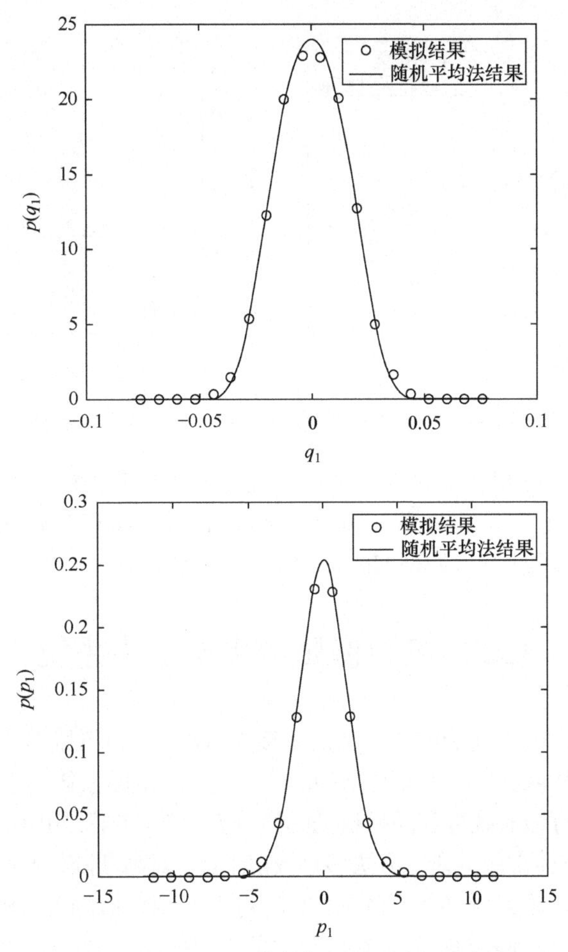

图 13.1.13　非线性随机系统(13.1.30)结构振子的平稳概率密度(Deng et al., 2021)

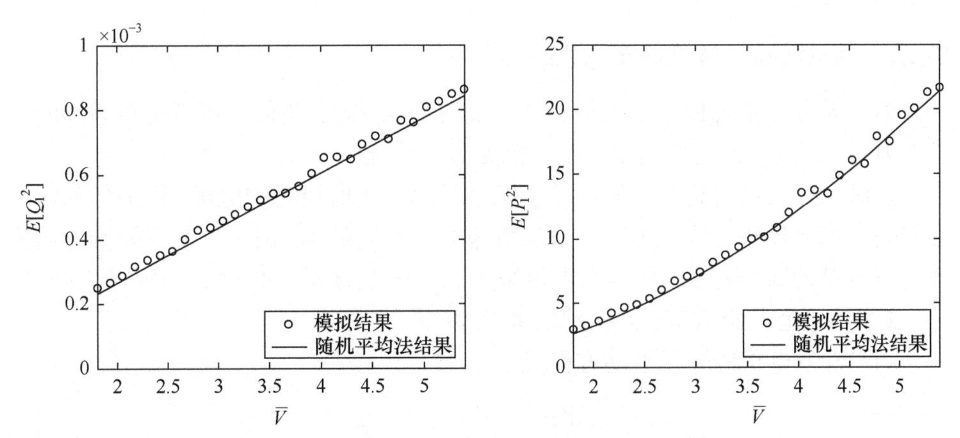

图 13.1.14　非线性随机系统(13.1.30)结构振子均方响应随平均风速 $\bar{V}$ 的变化(Deng et al., 2021)

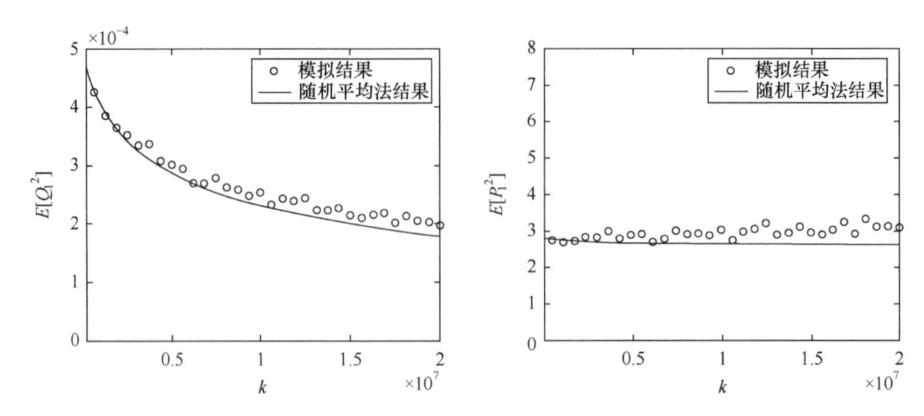

图 13.1.15　非线性随机系统(13.1.30)结构振子均方响应随非线性参数 k 的变化(Deng et al., 2021)

拟哈密顿系统随机平均法还可用于研究受真实风激励的多种其他尾流振子模型，如 Skop-Griffin 模型和 Krenk-Nielsen 模型(Krenk and Nielsen, 1999; Skop and Griffin, 1973)，处理过程与处理 Hartlen-Currie 模型类似，不再赘述.

13.2　随机激励的多机电力系统

随着风电和光电等新能源和电动汽车接入电网，随机激励对电力系统的影响日益受到关注. 电力系统是庞大而复杂的动态系统，随机因素影响下的多机电力系统的数学模型是具有强非线性和随机扰动的微分方程组(鞠平, 2010). 鉴于系统的高维性与强非线性，目前常用的研究方法多是数值求解. 对高斯随机激励下的单、多机电力系统应用拟哈密顿系统随机平均法，有时可以得到近似的解析解，且与数值模拟结果吻合较好，对该领域的研究具有指导意义(Ju, 2018; 李洪宇等, 2015; 陈林聪和朱位秋, 2010).

13.2.1　随机激励的单/多机电力系统模型

单机无穷大系统模型是多机电力系统模型的基础，为便于理解随机激励的多机电力系统模型，此处先简单介绍单机无穷大系统模型.

单机无穷大系统特指电网中同步机容量远大于所研究的电机，即把外部电网看作是大型电压源，其电压幅值和频率基本上不受影响. 由于本节主要研究随机激励下电机的暂态过程，所以发电机采用二阶摇摆方程，并假设：①内电势 E' 恒定；②忽略暂态凸极效应；③机械功率 P_m 恒定.

确定性发电机的转子运动方程(即摇摆方程)为

$$M\frac{\mathrm{d}^2\delta}{\mathrm{d}t^2}+D\frac{\mathrm{d}\delta}{\mathrm{d}t}=P_m-P_e. \tag{13.2.1}$$

式中 δ 是功角；P_m 是机械功率；P_e 是电磁功率；M 是惯性时间常数；D 是阻尼系数；电磁功率 P_e 的表达式为

$$P_e = P_{\max}\sin(\delta - \nu). \tag{13.2.2}$$

式中 $P_{\max}$ 是最大电功率；ν 是阻抗角，一般为正值. 如果忽略电阻，则有

$$P_{\max} = \frac{E'U}{X_\Sigma}. \tag{13.2.3}$$

式中 E' 是内电势；U 是无穷大母线电压；X_Σ 是系统的总电抗. 平稳时满足

$$P_m = P_e(0) = P_{\max}\sin(\delta_0 - \nu). \tag{13.2.4}$$

式中 $P_e(0)$ 是 P_e 的平稳值；δ_0 是 δ 的平稳值. 需要注意的是，所有变量和参数均为标幺值(包括 ω, t, M)，其中时间参数要以秒乘以

$$\omega_N = 2\pi f_N = 314.16, \quad \omega = \frac{\mathrm{d}\delta}{\mathrm{d}t}. \tag{13.2.5}$$

式中 ω_N 是发电机转子额定角速度；ω 是发电机转子角速度；f_N 是额定频率，即 50Hz.

随机激励可以是新能源发电产生的随机功率波动，也可以是电动汽车等负荷产生的随机功率波动，其结果都是造成了机械功率与电磁功率之间的不平衡. 此处用随机激励项 P_L 来表示这些功率波动的总和，所以 P_L 前面取正号或负号均可. 因为在较短时间内随机激励一般围绕某一均值波动(Haesen, 2009)，所以这些波动在一般情况下可以近似假设为高斯过程. 在发电机转子运动方程(13.2.1)右侧加上 P_L，即有

$$M\frac{\mathrm{d}^2\delta}{\mathrm{d}t^2} + D\frac{\mathrm{d}\delta}{\mathrm{d}t} = P_m - P_{\max}\sin(\delta - \nu) - P_L. \tag{13.2.6}$$

假设随机激励项为

$$P_L = \sigma W_g(t). \tag{13.2.7}$$

式中 $W_g(t)$ 是标准高斯白噪声；σ^2 是 P_L 的方差.

将式(13.2.5)和(13.2.7)代入式(13.2.6)得(鞠等, 2013)

$$M\frac{\mathrm{d}^2\delta}{\mathrm{d}t^2} + D\frac{\mathrm{d}\delta}{\mathrm{d}t} = P_{\max}\sin(\delta_0 - \nu) - P_{\max}\sin(\delta - \nu) - \sigma W(t). \tag{13.2.8}$$

方程(13.2.8)即为随机激励的单机无穷大系统模型，与确定性模型(13.2.1)相比只多了随机激励项.

多机电力系统是一个多自由度非线性系统，加入随机性以后模型更为复杂. 为此作如下简化假设(李洪宇等, 2015):

假设 1: 多机电力系统中有一个无穷大系统, 以该系统母线电压作为参考相量(参考坐标系). 如果不假设无穷大系统或者无穷大参考机, 则方程奇异, 这时需要假设某台参考机(有限容量), 然后每台发电机方程与参考机方程相减, 处理起来比较麻烦.

假设 2: ① E' 恒定; ②忽略暂态凸极效应; ③机械功率 P_m 恒定.

在确定性情况下, 第 i 台发电机的转子运动方程为

$$M_i \frac{\mathrm{d}^2\delta_i}{\mathrm{d}t^2} + D_i \frac{\mathrm{d}\delta_i}{\mathrm{d}t} = P_{mi} - P_{ei}. \tag{13.2.9}$$

式中 M_i 和 D_i 分别为第 i 台发电机的惯性时间常数和阻尼系数. 电功率为

$$P_{ei} = E_i'^2 G_{ii} + E_i' \sum_{j=1,\, j\neq i}^{n} E_j' Y_{ij} \sin(\delta_i - \delta_j - \alpha_{ij}). \tag{13.2.10}$$

式中 G_{ii} 是节点 i 的自电导; Y_{ij} 是节点 i 与节点 j 之间的互导纳; α_{ij} 是节点 i 与节点 j 之间的阻抗角.

对于第 i 台发电机节点, 其机械功率的随机波动, 可以反映在 P_{mi} 中; 对于电动汽车等负荷的随机性, 考虑负荷表达为节点的并联导纳, 即可以包含在电功率(13.2.10)中第一项 G_{ii} 里, 由于假设暂态电势恒定, 所以这项功率正比于 G_{ii}; 对于新能源发电的功率波动, 可以理解为节点注入功率, 直接加入到式(13.2.10)中. 所以, 上述随机激励可以近似表达为多个不同随机过程的叠加

$$P_{Li} = \sum_k \sigma_{ik} W_{ik}(t). \tag{13.2.11}$$

式中 $W_{ik}(t)$ 和 σ_{ik}^2 表示不同出现频率的标准高斯随机过程及其方差, 不同过程之间互相独立. 高频分量一般对应于电动汽车等电气因素引起的随机功率波动, 低频分量一般对应于风力发电等机械因素引起的随机功率波动. 将式(13.2.11)中的随机激励引入到确定性系统(13.2.9)后, 得到以下随机激励的多机电力系统的运动方程(鞠平等, 2013)

$$M_i \frac{\mathrm{d}^2\delta_i}{\mathrm{d}t^2} + D_i \frac{\mathrm{d}\delta_i}{\mathrm{d}t} = P_{mi} - P_{ei} - P_{Li}. \tag{13.2.12}$$

13.2.2 随机平均

负荷位于发电机附近, 或者分区等值后, 随机激励的多机电力系统模型可写为

$$\frac{\mathrm{d}\delta_i}{\mathrm{d}t} = \omega_N \omega_i, \quad M_i \frac{\mathrm{d}\omega_i}{\mathrm{d}t} = P_{mi} - P_{ei} - D_i\omega_i + \sigma_i W_{gi}(t), \quad i = 1, 2, \cdots, n. \tag{13.2.13}$$

式中 D, ω_i 为标幺值; M_i, t 为有名值; ω_i 为真实值的标幺值减去其稳定值的标

标幺值；δ_i 为真实值的标幺值；其中 P_{mi} 已包含 $G_{ii}E_i^2$；$W_{gi}(t)$ 为相互独立的标准高斯白噪声。

$$P_{ei}=\sum_{j=1,j\neq i}^{n}\frac{E_iE_j}{x_{ij}}\sin(\delta_i-\delta_j). \tag{13.2.14}$$

可见系统(13.2.13)的无阻尼无激励的退化系统是不可积哈密顿系统，哈密顿函数即是电力系统中常用的能量函数

$$\begin{aligned}H=&\frac{1}{2}\sum_{i=1}^{n}M_i\omega_N\omega_i^2-\sum_{i=1}^{n}P_{mi}(\delta_i-\delta_{i0})-\\&\left[\sum_{i=1}^{n}\sum_{j=i+1}^{n}\frac{E_iE_j}{x_{ij}}\cos(\delta_i-\delta_j)-\sum_{i=1}^{n}\sum_{j=i+1}^{n}\frac{E_iE_j}{x_{ij}}\cos(\delta_{i0}-\delta_{j0})\right].\end{aligned} \tag{13.2.15}$$

式中 $\frac{1}{2}\sum_{i=1}^{n}M_i\omega_N\omega_i^2$ 为系统所有电机转子动能；$\sum_{i=1}^{n}P_{mi}(\delta_i-\delta_{i0})$ 为系统所有电机转子势能；$\left[\sum_{i=1}^{n}\sum_{j=i+1}^{n}\frac{E_iE_j}{x_{ij}}\cos(\delta_i-\delta_j)-\sum_{i=1}^{n}\sum_{j=i+1}^{n}\frac{E_iE_j}{x_{ij}}\cos(\delta_{i0}-\delta_{j0})\right]$ 是系统中所有支路内所存储的磁场能量；需要说明的是，以上能量均不是系统真实能量，即单位不为J(焦耳)，而真实能量需乘以固定系数 $1/T_N$，T_N 是系统转矩的基本值.

H 对状态变量的偏导数为

$$\begin{aligned}&\frac{\partial H}{\partial\omega_i}=M_i\omega_N\omega_i,\quad\frac{\partial H}{\partial\delta_i}=-P_{mi}+\sum_{j=1,j\neq i}^{n}\frac{E_iE_j}{x_{ij}}\sin(\delta_i-\delta_j)=-P_{mi}+P_{ei},\\&\frac{\partial^2H}{\partial\omega_i^2}=M_i\omega_N,\quad i=1,2,\cdots,n.\end{aligned} \tag{13.2.16}$$

物理上，只要在振动一周中，随机激励输入哈密顿系统的能量与阻尼消耗的能量之差同系统本身能量相比为小，即可视为拟哈密顿系统. 实际电力系统中，随机激励不会过大，系统的阻尼也相对较小，因此含随机激励的多机电力系统确实为拟哈密顿系统.

利用式(13.2.16), (13.2.13)可改写为

$$\frac{\mathrm{d}\delta_i}{\mathrm{d}t}=\frac{1}{M_i}\frac{\partial H}{\partial\omega_i},\quad\frac{\mathrm{d}\omega_i}{\mathrm{d}t}=-\frac{\partial H}{\partial\delta_i}-\frac{D_i}{M_i^2\omega_N}\frac{\partial H}{\partial\omega_i}+\frac{\sigma_i}{M_i}W_{gi}(t),\quad i=1,2,\cdots,n. \tag{13.2.17}$$

还可进一步写成伊藤随机微分方程

$$\mathrm{d}\delta_i=\frac{1}{M_i}\frac{\partial H}{\partial\omega_i}\mathrm{d}t,\quad\mathrm{d}\omega_i=\left(-\frac{1}{M_i}\frac{\partial H}{\partial\delta_i}-\frac{D_i}{M_i^2\omega_N}\frac{\partial H}{\partial\omega_i}\right)\mathrm{d}t+\frac{\sigma_i}{M_i}\mathrm{d}B_i(t),\quad i=1,2,\cdots,n. \tag{13.2.18}$$

此即为多机电力系统作为拟哈密顿系统的伊藤随机微分方程.

如果式(13.2.17)中没有随机激励项 $\sigma_i W_i(t)/M_i$ 和阻尼项 $D_i/(M_i^2\omega_N)$，那么可以根据全微分方程写出

$$\mathrm{d}H=\sum_{i=1}^{n}\left(\frac{\partial H}{\partial \delta_i}\mathrm{d}\delta_i+\frac{\partial H}{\partial \omega_i}\mathrm{d}\omega_i\right). \tag{13.2.19}$$

引入随机激励 $\sigma_i W_{gi}(t)/M_i$，并写成伊藤方程，需要在式(13.2.19)式中加入 Wong-Zakai 修正项，可得

$$\mathrm{d}H=\sum_{i=1}^{n}\left\{\frac{\partial H}{\partial \omega_i}\left[\left(\frac{-\partial H}{M_i\partial \delta_i}-\frac{D_i}{M_i^2\omega_N}\frac{\partial H}{\partial \omega_i}\right)\mathrm{d}t+\frac{\sigma_i}{M_i}\mathrm{d}B_i(t)\right]+\frac{1}{M_i}\frac{\partial H}{\partial \delta_i}\frac{\partial H}{\partial \omega_i}\mathrm{d}t+\frac{1}{2}\frac{\sigma_i^2}{M_i^2}\frac{\partial^2 H}{\partial \omega_i^2}\mathrm{d}t\right\}. \tag{13.2.20}$$

整理可得

$$\mathrm{d}H=\sum_{i=1}^{n}\left\{\left[\frac{-D_i}{M_i^2\omega_N}\left(\frac{\partial H}{\partial \omega_i}\right)^2+\frac{1}{2}\frac{\sigma_i^2}{M_i^2}\frac{\partial^2 H}{\partial \omega_i^2}\right]\mathrm{d}t+\frac{\sigma_i}{M_i}\frac{\partial H}{\partial \omega_i}\mathrm{d}B_i(t)\right\}. \tag{13.2.21}$$

将式(13.2.16)代入到方程(13.2.21)右边，消去方程(13.2.21)右边的各偏导数，用状态变量表示. 可得

$$\begin{aligned}\mathrm{d}H&=\sum_{i=1}^{n}\left[\left(-D_i\omega_N\omega_i^2+\frac{\sigma_i^2\omega_N}{2M_i}\right)\mathrm{d}t+\sigma_i\omega_N\omega_i\mathrm{d}B_i(t)\right]\\&=\sum_{i=1}^{n}\left(-D_i\omega_N\omega_i^2+\frac{\sigma_i^2\omega_N}{2M_i}\right)\mathrm{d}t+\sum_{i=1}^{n}\sigma_i\omega_N\omega_i\mathrm{d}B_i(t).\end{aligned} \tag{13.2.22}$$

可知，如果系统的阻尼 D_i 与随机激励强度 σ_i^2 均为小参数时，按哈斯敏斯基定理(Khasminskii, 1968)，随 D_i，$\sigma_i^2\to 0$，式(13.2.22)中的哈密顿过程 $H(t)$ 弱收敛于一维马尔可夫扩散过程，按 5.1 节，支配该过程的伊藤随机微分方程为

$$\mathrm{d}H=m(H)\mathrm{d}t+\sigma(H)\mathrm{d}B(t). \tag{13.2.23}$$

式中，

$$\begin{aligned}&m(H)=\frac{1}{T(H)}\int_{\Omega}\left[\sum_{i=1}^{n}\left(-D_i\omega_N\omega_i^2+\frac{\sigma_i^2\omega_N}{2M_i}\right)\Big/\frac{\partial H}{\partial \omega_1}\right]\mathrm{d}\delta_1\cdots\mathrm{d}\delta_n\mathrm{d}\omega_2\cdots\mathrm{d}\omega_n,\\&\sigma^2(H)=\frac{1}{T(H)}\int_{\Omega}\left[\sum_{i=1}^{n}(\sigma_i\omega_N\omega_i)^2\Big/\frac{\partial H}{\partial \omega_1}\right]\mathrm{d}\delta_1\cdots\mathrm{d}\delta_n\mathrm{d}\omega_2\cdots\mathrm{d}\omega_n,\\&T(H)=\int_{\Omega}\left(1\Big/\frac{\partial H}{\partial \omega_1}\right)\mathrm{d}\delta_1\cdots\mathrm{d}\delta_n\mathrm{d}\omega_2\cdots\mathrm{d}\omega_n,\\&\Omega=\{(\delta_1,\cdots,\delta_n,\omega_2,\cdots,\omega_n)\,|\,H(\delta_1,\cdots,\delta_n,0,\omega_2,\cdots,\omega_n)\leqslant H\}.\end{aligned} \tag{13.2.24}$$

式中的积分域 Ω 以及积分结果，对于简单的系统可以直接推导求得，对于复杂系

统可通过数值计算获得.

13.2.3　多机电力系统可靠性

若以系统能量作为多机电力系统的可靠性评判标准(李洪宇等, 2015), 则可建立条件可靠性函数 $R(t|h_0)$, 其定义为能量随机过程 $H(t)$ 的初始值 $H(0)=h_0$ 处于安全域 Σ 内, 而在 $(0,t]$ 内一直保持在 Σ 内的概率, 即

$$R(t|h_0)=\text{Prob}\{H(s)\in\Sigma,\ s\in(0,t]\,|\,H(0)=h_0\in\Sigma\}. \tag{13.2.25}$$

此外, 还可以定义首次穿越时间(即寿命)的概率密度函数, 以及首次穿越时间的均值(即平均寿命), 它们都是非线性随机动力学系统可靠性的评价指标, 可用于评判随机激励下的多机电力系统的可靠性.

基于上节应用拟不可积哈密顿系统随机平均法得到的随机激励下的多机电力系统(13.2.13)的系统能量 $H(t)$ 满足的平均伊藤随机微分方程(13.2.23), 可建立与之相应的条件可靠性函数所满足的后向柯尔莫哥洛夫方程(Zhu et al., 2002c)

$$\frac{\partial R(t|h_0)}{\partial t}=m(h_0)\frac{\partial R(t|h_0)}{\partial h_0}+\frac{1}{2}\sigma^2(h_0)\frac{\partial^2 R(t|h_0)}{\partial h_0^2}. \tag{13.2.26}$$

式中一阶导数矩 $m(h_0)$ 和二阶导数矩 $\sigma^2(h_0)$ 由式(13.2.24)中以 h_0 代替 H 给出.

式(13.2.25)中的安全域 Σ 是指系统能量 H 小于临界值 h_{cr} 的所有系统状态. 由于系统不同, 以及暂态过程不同等, 使系统临界能量 h_{cr} 难以确定. 因此现有电力系统能量法的研究中, 经常采用系统临界势能 h_{pcr} 来替代 h_{cr}, 虽然偏于保守, 但至少可用于一部分系统可靠性的研究. 随着研究的深入, 临界能量 h_{cr} 与临界势能 h_{pcr} 的确定方法也越来越多, 可参考(Kundur et al., 1994; 倪以信等, 2002). 此处将临界势能 h_{pcr} 代表临界能量 h_{cr}.

方程(13.2.26)的初始与边界条件为(陈林聪和朱位秋, 2010)

$$R(0|h_0)=1,\quad h_{\min}<h_0<h_{pcr}. \tag{13.2.27}$$

$$\begin{gathered}R(t|h_0)=0,\quad h_0=h_{pcr},\\ \frac{\partial R}{\partial t}=m(h_{\min})\frac{\partial R}{\partial h_0},\quad h_0=h_{\min}.\end{gathered} \tag{13.2.28}$$

式(13.2.26)为抛物型偏微分方程, 其解析解难以得到, 常需数值求解. 常用的偏微分方程的数值解法如有限差分法, 有限元法等. 有限差分法中又有向前差分格式、向后差分格式、Grank-Nicholson 格式等均可应用.

支配系统(13.2.13)的平均寿命 T_a 的庞特里亚金方程为

$$\frac{1}{2}\sigma^2(h_0)\frac{\mathrm{d}^2T_a}{\mathrm{d}h_0^2}+m(h_0)\frac{\mathrm{d}T_a}{\mathrm{d}h_0}=-1. \tag{13.2.29}$$

在边界条件

$$T_a(h_0 = h_{pcr}) = 0, \quad \left.\frac{\mathrm{d}T_a}{\mathrm{d}h_0}\right|_{h_0=h_{\min}} = -1. \tag{13.2.30}$$

下之解析解为

$$T_a(h_0) = 2\int_{h_0}^{h_{pcr}} \mathrm{d}u \int_{h_{\min}}^{u} \frac{1}{\sigma(v)} \exp\left[-2\int_{v}^{u} \frac{m(w)}{\sigma^2(w)}\mathrm{d}w\right]\mathrm{d}v. \tag{13.2.31}$$

例 13.2.1 本算例采用四机两区系统(鞠平等, 2013), 原系统负荷视为恒阻抗负荷, 发电机采用 2 阶转子运动方程. 进行网络化简, 保留发电机内电势节点, 并视随机功率波动被分配到各内电势节点(Kundur et al., 1994), 可得含有随机激励的 4 机电力系统伊藤随机微分方程(李洪宇等, 2015)

$$\begin{aligned}
\mathrm{d}\delta_1 &= \omega_N \omega_1 \mathrm{d}t, \\
\mathrm{d}\delta_2 &= \omega_N \omega_2 \mathrm{d}t, \\
\mathrm{d}\delta_3 &= \omega_N \omega_3 \mathrm{d}t, \\
\mathrm{d}\delta_4 &= \omega_N \omega_4 \mathrm{d}t, \\
\mathrm{d}\omega_1 &= \frac{1}{M_1}[P_{m1} - D_1\omega_1 - E_1E_2B_{12}\sin(\delta_1-\delta_2) - E_1E_3B_{13}\sin(\delta_1-\delta_3) \\
&\quad - E_1E_4B_{14}\sin(\delta_1-\delta_4)]\mathrm{d}t + \frac{\sigma_1}{M_1}\mathrm{d}B_1(t), \\
\mathrm{d}\omega_2 &= \frac{1}{M_2}[P_{m2} - D_2\omega_2 - E_2E_1B_{21}\sin(\delta_2-\delta_1) - E_2E_3B_{23}\sin(\delta_2-\delta_3) \\
&\quad - E_2E_4B_{24}\sin(\delta_2-\delta_4)]\mathrm{d}t + \frac{\sigma_2}{M_2}\mathrm{d}B_2(t), \\
\mathrm{d}\omega_3 &= \frac{1}{M_3}[P_{m3} - D_3\omega_3 - E_3E_1B_{31}\sin(\delta_3-\delta_1) - E_3E_2B_{32}\sin(\delta_3-\delta_2) \\
&\quad - E_3E_4B_{34}\sin(\delta_3-\delta_4)]\mathrm{d}t + \frac{\sigma_3}{M_3}\mathrm{d}B_3(t), \\
\mathrm{d}\omega_4 &= \frac{1}{M_4}[P_{m4} - D_4\omega_4 - E_4E_1B_{41}\sin(\delta_4-\delta_1) - E_4E_1B_{42}\sin(\delta_4-\delta_2) \\
&\quad - E_4E_3B_{43}\sin(\delta_4-\delta_3)]\mathrm{d}t + \frac{\sigma_4}{M_4}\mathrm{d}B_4(t).
\end{aligned} \tag{13.2.32}$$

式中 $M_1 = 13s$； $M_2 = 13s$； $M_3 = 12.35s$； $M_4 = 12.35s$； $E_1 = 1.03s$； $E_2 = 1.01s$； $E_3 = 1.03s$； $E_4 = 1.01s$； $P_{m1} = 0.2$； $P_{m2} = 0.25$； $P_{m3} = -0.22$； $P_{m4} = -0.23$； $B_{12} = B_{21} = 2.843$； $B_{13} = B_{31} = 0.19$； $B_{14} = B_{41} = 0.187$； $B_{23} = B_{32} = 0.187$；

$B_{24}=B_{42}=0.184$；$B_{34}=B_{43}=2.843$；P_{mi} 已包含 $G_{ii}E_i^2$.

以合适的初值与参数代入系统(13.2.32), 设置随机激励为零, 采用龙格库塔法对系统(13.2.32)进行数值计算, 可以解得系统的平稳值为 $\delta_1-\delta_4=1.784\times10^{-2}$, $\delta_2-\delta_4=2.503\times10^{-2}$, $\delta_3-\delta_4=-3.086\times10^{-3}$.

按式(13.2.15)可得系统的能量函数为

$$H=\frac{1}{2}M_1\omega_N\omega_1^2+\frac{1}{2}M_2\omega_N\omega_2^2+\frac{1}{2}M_3\omega_N\omega_3^2+\frac{1}{2}M_4\omega_N\omega_4^2+H_p. \tag{13.2.33}$$

式中 H_p 是势能

$$\begin{aligned}H_p=&-P_{m1}(\delta_1-\delta_{1s})-P_{m2}(\delta_2-\delta_{2s})-P_{m3}(\delta_3-\delta_{3s})-P_{m4}(\delta_4-\delta_{4s})\\&-E_1E_2B_{12}\cos(\delta_1-\delta_2)-E_1E_3B_{13}\cos(\delta_1-\delta_3)-E_1E_4B_{14}\cos(\delta_1-\delta_4)\\&-E_2E_3B_{23}\cos(\delta_2-\delta_3)-E_2E_4B_{24}\cos(\delta_2-\delta_4)-E_3E_4B_{34}\cos(\delta_3-\delta_4)\\&+E_1E_2B_{12}\cos(\delta_{1s}-\delta_{2s})+E_1E_3B_{13}\cos(\delta_{1s}-\delta_{3s})+E_1E_4B_{14}\cos(\delta_{1s}-\delta_{4s})\\&+E_2E_3B_{23}\cos(\delta_{2s}-\delta_{3s})+E_2E_4B_{24}\cos(\delta_{2s}-\delta_{4s})+E_3E_4B_{34}\cos(\delta_{3s}-\delta_{4s}).\end{aligned} \tag{13.2.34}$$

按式(13.2.22)可得系统能量的伊藤随机微分方程

$$\begin{aligned}\mathrm{d}H=&\left(-D_1\omega_N\omega_1^2-D_2\omega_N\omega_2^2-D_3\omega_N\omega_3^2-D_4\omega_N\omega_4^2+\frac{\sigma_1^2\omega_N}{2M_1}+\frac{\sigma_2^2\omega_N}{2M_2}+\frac{\sigma_3^2\omega_N}{2M_3}\right.\\&\left.+\frac{\sigma_4^2\omega_N}{2M_4}\right)\mathrm{d}t+\sigma_1\omega_N\omega_1\mathrm{d}B_1(t)+\sigma_2\omega_N\omega_2\mathrm{d}B_2(t)+\sigma_3\omega_N\omega_3\mathrm{d}B_3(t)+\sigma_4\omega_N\omega_4\mathrm{d}B_4(t).\end{aligned} \tag{13.2.35}$$

由于 $P_{m4}=-P_{m1}-P_{m2}-P_{m3}$, 故以 4 号发电机为参考机, 势能 H_p 可写为

$$\begin{aligned}H_p=&-P_{m1}\delta_1'-P_{m2}\delta_2'-P_{m3}\delta_3'+P_{m1}\delta_{1s}'+P_{m2}\delta_{2s}'+P_{m3}\delta_{3s}'\\&-E_1E_2B_{12}\cos(\delta_1'-\delta_2')-E_1E_3B_{13}\cos(\delta_1'-\delta_3')-E_2E_3B_{23}\cos(\delta_2'-\delta_3')\\&+E_1E_2B_{12}\cos(\delta_{1s}'-\delta_{2s}')+E_1E_3B_{13}\cos(\delta_{1s}'-\delta_{3s}')+E_2E_3B_{23}\cos(\delta_{2s}'-\delta_{3s}')\\&-E_1E_4B_{14}\cos\delta_1'-E_2E_4B_{24}\cos\delta_2'-E_3E_4B_{34}\cos\delta_3'\\&+E_1E_4B_{14}\cos\delta_{1s}'+E_2E_4B_{24}\cos\delta_{2s}'+E_3E_4B_{34}\cos\delta_{3s}'.\end{aligned} \tag{13.2.36}$$

式中 $\delta_1'=\delta_1-\delta_4$, $\delta_2'=\delta_2-\delta_4$, $\delta_3'=\delta_3-\delta_4$; $\delta_{1s}'=1.784\times10^{-2}$, $\delta_{2s}'=2.503\times10^{-2}$, $\delta_{3s}'=-3.086\times10^{-3}$. 可以看出, H_p 是 δ_1'、δ_2'、δ_3' 的函数, 关系见图 13.2.1.

当系统等势面出现相切时, 对应的能量为系统的临界能量. 当系统能量到达 14 时, 已与其他吸引区域连通, 而能量为 13 时却没有连通, 故该系统的临界势能 h_{cr} 在 13 至 14 之间. 因此, 设定 h_{pcr} 等于 13.

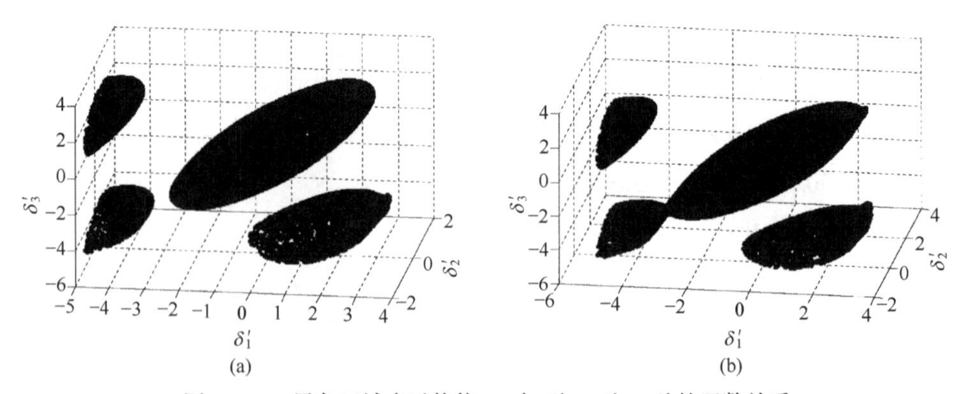

图 13.2.1　黑色区域表示势能 H_p 与 δ_1'、δ_2'、δ_3' 的函数关系

(a) $H_p = 13$ 的状态; (b) $H_p = 14$ 的状态(李洪宇等, 2015)

通过一次积分数值计算，代入参数 D_1、D_2、D_3、D_4、σ_1、σ_2、σ_3、σ_4、h_{pcr} 后，可从式(13.2.24)算得漂移系数函数 $m(H)$ 和扩散系数平方函数 $\sigma^2(H)$，见图 13.2.2.

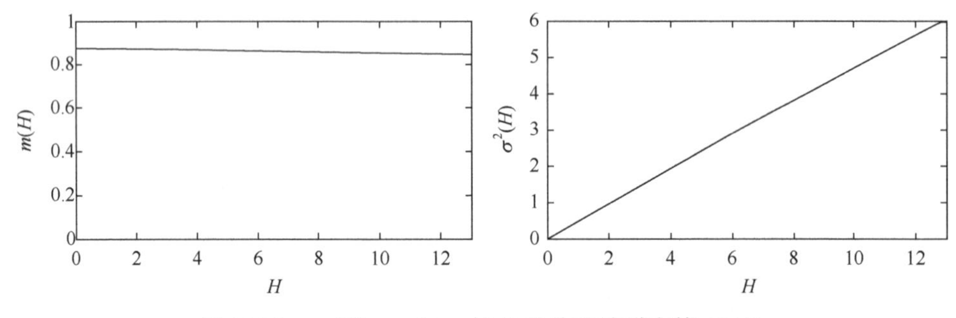

图 13.2.2　$m(H)$、$\sigma^2(H)$ 与 H 的关系(李洪宇等, 2015)

应用 Grank-Nicholson 格式差分法，可求得方程(13.2.26)在初边值条件(13.2.27)和边界条件(13.2.28)下的理论解. 为了与蒙特卡罗结果对比，运用 Heun 算法对原系统(13.2.32)进行数值计算(刘咏飞等, 2014). 计算步长为 0.001，初值设置为 $\delta_{10} = 1.784\times10^{-2}$，$\delta_{20} = 2.503\times10^{-2}$，$\delta_{30} = -3.086\times10^{-3}$，$\delta_{40} = 0$，$\omega_{10} = 0$，$\omega_{20} = 0$，$\omega_{30} = 0$，$\omega_{40} = 0$，即 $H(0) = 0$，$D_1 = 0.02$，$D_1 = 0.025$，$D_3 = 0.03$，$D_4 = 0.035$，$\sigma_4 = 0.15$，$\sigma_3 = 0.14$，$\sigma_2 = 0.13$，$\sigma_1 = 0.12$，其他系统参数与随机平均法一致. 两种结果见图 13.2.3. 由图 13.2.3 可知，理论解与蒙特卡罗结果符合较好. 更多系统参数对系统(13.2.32)可靠性的影响研究可参见文献(李洪宇等, 2015).

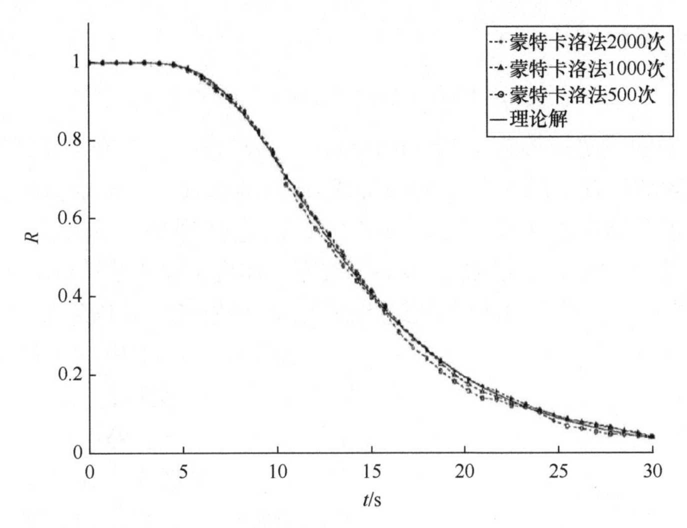

图 13.2.3　可靠性函数理论解与蒙特卡罗模拟结果的对比(李洪宇等, 2015)

值得注意的是, 2000 次蒙特卡罗的计算时间为 20 秒左右, 而求得理论解只需要 0.1 秒左右. 方程(13.2.23)表明, 将随机激励的多机电力系统能量响应过程简化为一维扩散过程, 其系数与电力系统的状态也有清晰的对应关系, 使研究者能更深入地理解随机激励下多机电力系统的本质.

13.3　船舶滚转运动

船舶在不规则海浪上的运动本质上是非线性随机运动, 且船舶的滚转运动与平移及俯仰运动是耦合的. 此外, 不规则海浪激励本身也非常复杂. 因此, 完全描述不规则海浪激励下的船舶运动需要建立复杂的多自由度非线性随机动力学方程. 为作理论分析, 必须简化. 当船舶只受到横向海浪驱动时, 滚转运动可与其他运动解耦, 从而可以仅研究滚转运动(Roberts, 1982a). 海浪激励可以被模型化为高斯随机过程(Ochi, 1986). 于是可建立高斯随机激励下的单自由度随机动力学系统, 且可应用随机平均法进行研究.

13.3.1　不规则海浪激励下船舶滚转运动方程

如图 13.3.1 所示, 船舶在横向海浪驱动下作滚转运动, 可建立船舶滚转运动方程(Cai et al., 1994)

$$\ddot{X}+\alpha\dot{X}+\beta\left|\dot{X}\right|\dot{X}+\gamma X-\delta X^{3}=X\xi_{1}(t)+\xi_{2}(t). \tag{13.3.1}$$

式中 X 是滚转角位移, α,β,γ 和 δ 是正值参数; $\xi_1(t)$ 和 $\xi_2(t)$ 是平稳高斯过程,

具有以下相关函数

$$E[\xi_j(t)\xi_k(t+\tau)] = R_{jk}(\tau), \quad j,k=1,2. \tag{13.3.2}$$

方程(13.3.1)中的阻尼力形式由 Froude(Froude, 1955)引入, 并在许多研究中证明了是船舶滚转运动较好的阻尼力形式(Dalzell, 1973; Roberts, 1985). 方程(13.3.1)中参激与外激的组合形式由 Grim(Grim, 1952)引入, 它体现了海浪激励力也受船舶运动影响的事实. 方程(13.3.1)中恢复力的三次方项体现了船舶滚转运动的特点, 说明船舶滚转运动有临界值, 当滚转角超过此临界值时船舶将倾覆(Dalzell, 1971, 1973).

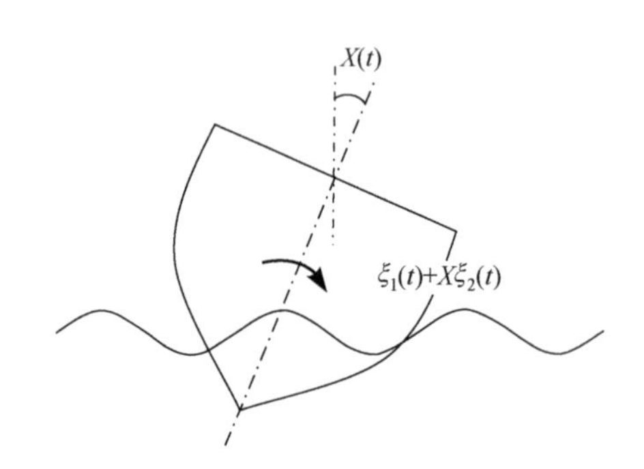

图 13.3.1　船舶在横向海浪驱动下的滚转运动

若方程(13.1.1)中的平稳高斯随机激励 $\xi_1(t),\xi_2(t)$ 是宽带过程, 则可应用随机平均法, Roberts 曾用随机平均法进行了研究. 在他的首篇论文(Roberts, 1982a)中, 船舶滚转运动方程中引入了强非线性恢复力项和外激. 在他的第二篇论文(Roberts, 1982b)中, 船舶滚转运动方程中同时引入了外激及参激, 但却忽略了强非线性恢复力项. 在本节中, 将同时计及强非线性恢复力、外激及参激.

先分析无阻尼无激励的船舶自由滚转运动, 其方程为

$$\ddot{x} + \gamma x - \delta x^3 = 0. \tag{13.3.3}$$

滚转运动的周期为

$$T = 4T_{1/4} = 4\int_0^a \frac{\mathrm{d}x}{\sqrt{2e-2U(x)}}. \tag{13.3.4}$$

式中 $U(x)$ 和 e 分别是势能函数和系统能量, 它们可表示为

$$U(x) = \frac{1}{2}\gamma x^2 - \frac{1}{4}\delta x^4. \tag{13.3.5}$$

$$e = \frac{1}{2}\dot{x}^2 + U(x). \tag{13.3.6}$$

式(13.3.4)中的积分上限 a 是振幅, 由方程 $U(a)=e$ 确定.式(13.3.4)表明自由振动周期 T 是随能量 e 变化的. 图 13.3.2 显示的是势能函数 $U(x)$ 及其恢复力函数, 可见势能函数形成一个势阱, 其可到达的最大值为

$$U_{\max} = \frac{\gamma^2}{4\delta}. \tag{13.3.7}$$

在系统能量 $e < U_{\max}$ 时，船舶自由滚转运动为稳态周期运动，且保持在势阱之内．一旦 e 达到 $U_{\max}$，滚转角将会增大至船舶倾覆的临界值，因此，可定义临界系统能量 $E_c = U_{\max}$．

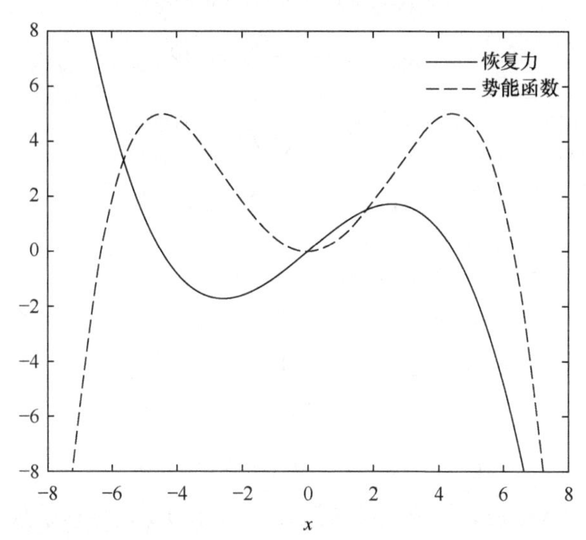

图 13.3.2　船舶滚转运动的恢复力和势能函数，$\gamma = 1$，$\delta = 0.05$

13.3.2　平均伊藤随机微分方程

回到有激励有阻尼的随机系统(13.3.1)，引入变换

$$\begin{aligned} &\sqrt{U(X)} = \sqrt{E}\cos\Phi, \quad 0 \leqslant \Phi < 2\pi, \\ &\dot{X} = -\sqrt{2E}\sin\Phi. \end{aligned} \tag{13.3.8}$$

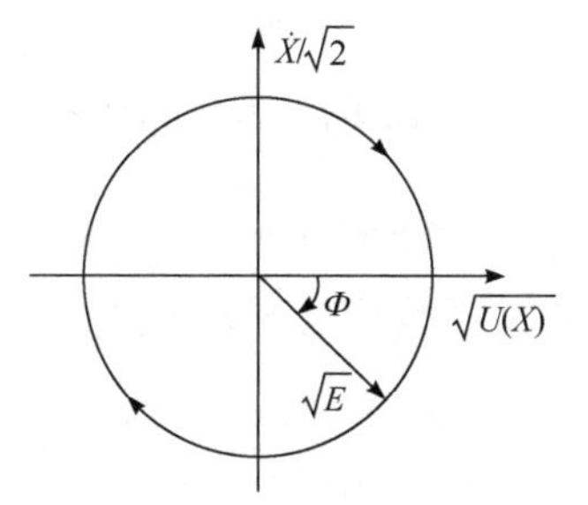

图 13.3.3　$X, \dot{X}$ 与 E, ϕ 之间的关系

图 13.3.3 表明，通过变换(13.3.8)，任意时刻的运动状态对应于圆上一个点，可用半径 $\sqrt{E}$ 和相角 Φ 表示．

能量 $E(t)$ 和相角 $\Phi(t)$ 都是时间函数,式(13.3.8)两边对时间微分，并代入系统(13.3.1)，可得以下支配 $E(t), \Phi(t)$ 的运动方程

$$\dot{E} = f_1(E,\Phi) + g_{11}(E,\Phi)\xi_1(t) + g_{12}(E,\Phi)\xi_2(t). \tag{13.3.9}$$

$$\dot{\Phi} = f_2(E,\Phi) + g_{21}(E,\Phi)\xi_1(t) + g_{22}(E,\Phi)\xi_2(t). \tag{13.3.10}$$

式中，

$$f_1(E,\Phi) = -2E\sin^2\Phi\left(\alpha + \beta\sqrt{2E}\left|\sin\Phi\right|\right). \tag{13.3.11}$$

$$f_2(E,\Phi)=-\sin\Phi\cos\Phi\left(\alpha+\beta\sqrt{2E}\left|\sin\Phi\right|\right)+\frac{\gamma X-\delta X^3}{\sqrt{2E}\cos\Phi}. \tag{13.3.12}$$

$$g_{11}(E,\Phi)=-\sqrt{2E}X\sin\Phi. \tag{13.3.13}$$

$$g_{12}(E,\Phi)=-\sqrt{2E}\sin\Phi. \tag{13.3.14}$$

$$g_{21}(E,\Phi)=-\frac{1}{\sqrt{2E}}X\cos\Phi. \tag{13.3.15}$$

$$g_{22}(E,\Phi)=-\frac{1}{\sqrt{2E}}\cos\Phi. \tag{13.3.16}$$

以上各式中的 X 是 E,Φ 的函数, 由式(13.3.8)确定.

当 $\xi_1(t),\xi_2(t)$ 的相关时间远小于系统的松弛时间时, $[E(t),\Phi(t)]^{\mathrm{T}}$ 可被近似为矢量马尔可夫扩散过程, 支配它的伊藤随机微分方程为

$$\mathrm{d}E=m_E\mathrm{d}t+\sigma_{EE}\mathrm{d}B_1(t)+\sigma_{E\Phi}\mathrm{d}B_2(t). \tag{13.3.17}$$

$$\mathrm{d}\Phi=m_\Phi\mathrm{d}t+\sigma_{\Phi E}\mathrm{d}B_1(t)+\sigma_{\Phi\Phi}\mathrm{d}B_2(t). \tag{13.3.18}$$

方程中 $B_1(t)$ 和 $B_2(t)$ 是独立的单位维纳过程; m_E 和 m_Φ 是漂移系数; σ_{EE}、$\sigma_{E\Phi}$、$\sigma_{\Phi E}$ 和 $\sigma_{\Phi\Phi}$ 是扩散系数. 其中漂移系数为

$$m_E(E,\Phi)=f_1(E,\Phi)+\sum_{k,l=1}^{2}\int_{-\infty}^{0}\left[g_{1k}(t+\tau)\frac{\partial g_{1l}(t)}{\partial E}+g_{2k}(t+\tau)\frac{\partial g_{1l}(t)}{\partial\Phi}\right]R_{kl}(\tau)\mathrm{d}\tau. \tag{13.3.19}$$

$$m_\Phi(E,\Phi)=f_2(E,\Phi)+\sum_{k,l=1}^{2}\int_{-\infty}^{0}\left[g_{1k}(t+\tau)\frac{\partial g_{2l}(t)}{\partial E}+g_{2k}(t+\tau)\frac{\partial g_{2l}(t)}{\partial\Phi}\right]R_{kl}(\tau)\mathrm{d}\tau. \tag{13.3.20}$$

扩散系数从以下方程得到

$$\sigma_{EE}^2+\sigma_{E\Phi}^2=\sum_{k,l=1}^{2}\int_{-\infty}^{\infty}g_{1k}(t+\tau)g_{1k}(t)R_{kl}(\tau)\mathrm{d}\tau. \tag{13.3.21}$$

$$\sigma_{EE}\sigma_{\Phi E}+\sigma_{E\Phi}\sigma_{\Phi\Phi}=\sum_{k,l=1}^{2}\int_{-\infty}^{\infty}g_{1k}(t+\tau)g_{2l}(t)R_{kl}(\tau)\mathrm{d}\tau. \tag{13.3.22}$$

$$\sigma_{\Phi E}^2+\sigma_{\Phi\Phi}^2=\sum_{k,l=1}^{2}\int_{-\infty}^{\infty}g_{2k}(t+\tau)g_{2l}(t)R_{kl}(\tau)\mathrm{d}\tau. \tag{13.3.23}$$

通常, 由以上各式得到的漂移系数和扩散系数是 E 和 Φ 的函数, 这也表明 $[E(t),\Phi(t)]^{\mathrm{T}}$ 是二维矢量马尔可夫扩散过程.

在船舶运动的一般情形, 阻尼和海浪激励都较弱时, $\Phi(t)$ 是快变过程, 能量

$E(t)$ 是慢变过程，随着阻尼和激励趋于零，它弱收敛于一维马尔可夫扩散过程，支配它的平均伊藤随机微分方程为

$$\mathrm{d}E = m(E)\mathrm{d}t + \sigma(E)\mathrm{d}B(t). \tag{13.3.24}$$

式中

$$\begin{aligned} m(E) &= \left\langle m_E(E,\Phi)\right\rangle_t \\ &= \left\langle f_1(E,\Phi)\right\rangle_t + \left\langle \sum_{k,l=1}^{2}\int_{-\infty}^{0}[g_{1k}(t+\tau)\frac{\partial g_{1l}(t)}{\partial E} + g_{2k}(t+\tau)\frac{\partial g_{1l}(t)}{\partial \Phi}]R_{kl}(\tau)\mathrm{d}\tau \right\rangle_t . \end{aligned} \tag{13.3.25}$$

$$\sigma^2(E) = \left\langle \sigma_{EE}^2 + \sigma_{E\Phi}^2 \right\rangle_t = \left\langle \sum_{k,l=1}^{2}\int_{-\infty}^{\infty} g_{1k}(t+\tau)g_{1k}(t)R_{kl}(\tau)\mathrm{d}\tau \right\rangle_t . \tag{13.3.26}$$

式中 $\langle [g]\rangle_t$ 表示时间平均算子，下面介绍其运算过程.

能量 $E(t)$ 是慢变过程，式(13.3.4)中的 e,x 代之以 E,X，那么 T 就可被认为是随机系统(13.3.1)的平均周期. 对任意函数 $F(E,\Phi)$ 的时间平均可以在一个平均周期内进行，即

$$\left\langle F(E,\Phi)\right\rangle_t = \frac{1}{T}\int_0^T F(E,\Phi)\mathrm{d}t = \frac{1}{T}\int_0^T F[E(X,\dot{X}),\Phi(X,\dot{X})]\mathrm{d}t. \tag{13.3.27}$$

在一个周期内，能量 $E(t)$ 几乎是常值. 在计算式(13.3.27)中的积分时，E 当作常数，T 是 E 的函数，从自由振动方程(13.3.3)中解出 $X,\dot{X}$ 是时间 t 的函数，据此可完成积分，得到拟周期 T.

式(13.3.25)中右边第一项的平均运算为

$$\left\langle f_1(E,\Phi)\right\rangle_t = \frac{-1}{T_{1/4}}\int_0^{T_{1/4}} 2E\sin^2\Phi(\alpha+\beta\sqrt{2E}\sin\Phi)\mathrm{d}t = \frac{-1}{T_{1/4}}\int_0^{T_{1/4}} \dot{X}^2(\alpha+\beta\dot{X})\mathrm{d}t. \tag{13.3.28}$$

上式表示单位时间内阻尼耗散的能量. 为完成式(13.3.25)中其他项的平均运算，先作如下处理

$$g_{11}(t+\tau)\frac{\partial g_{11}(t)}{\partial E} = (X\sin\Phi)_{t+\tau}(X\sin\Phi)_t + (X\sin\Phi)_{t+\tau}\left(2E\sin\Phi\frac{\partial X}{\partial E}\right)_t . \tag{13.3.29}$$

$$g_{11}(t+\tau)\frac{\partial g_{12}(t)}{\partial E} = (X\sin\Phi)_{t+\tau}(\sin\Phi)_t . \tag{13.3.30}$$

$$g_{12}(t+\tau)\frac{\partial g_{11}(t)}{\partial E} = (\sin\Phi)_{t+\tau}(X\sin\Phi)_t + (\sin\Phi)_{t+\tau}\left(2E\sin\Phi\frac{\partial X}{\partial E}\right)_t . \tag{13.3.31}$$

$$g_{12}(t+\tau)\frac{\partial g_{12}(t)}{\partial E} = (\sin\Phi)_{t+\tau}(\sin\Phi)_t . \tag{13.3.32}$$

$$g_{21}(t+\tau)\frac{\partial g_{11}(t)}{\partial \Phi}=(X\cos\Phi)_{t+\tau}(X\cos\Phi)_t+(X\cos\Phi)_{t+\tau}\left(\sin\Phi\frac{\partial X}{\partial \Phi}\right)_t. \tag{13.3.33}$$

$$g_{21}(t+\tau)\frac{\partial g_{12}(t)}{\partial \Phi}=(X\cos\Phi)_{t+\tau}(\cos\Phi)_t. \tag{13.3.34}$$

$$g_{22}(t+\tau)\frac{\partial g_{11}(t)}{\partial \Phi}=(\cos\Phi)_{t+\tau}(X\cos\Phi)_t+(\cos\Phi)_{t+\tau}\left(\sin\Phi\frac{\partial X}{\partial \Phi}\right)_t. \tag{13.3.35}$$

$$g_{22}(t+\tau)\frac{\partial g_{12}(t)}{\partial \phi}=(\cos\phi)_{t+\tau}(\cos\phi)_t. \tag{13.3.36}$$

由于 X 是周期为 T 的函数,式(13.3.29)至(13.3.36)也是周期为 T 的函数，据此可以作以下傅里叶展开

$$\sin\Phi(t)=\sum_{n=1}^{\infty}a_n\sin[(2n-1)\omega_T t]. \tag{13.3.37}$$

$$\cos\Phi(t)=\sum_{n=1}^{\infty}b_n\cos[(2n-1)\omega_T t]. \tag{13.3.38}$$

$$X(t)\sin\Phi(t)=\sum_{n=1}^{\infty}c_n\sin(2n\omega_T t). \tag{13.3.39}$$

$$X(t)\cos\Phi(t)=\sum_{n=1}^{\infty}d_n\cos(2n\omega_T t). \tag{13.3.40}$$

$$2E\sin\Phi(t)\frac{\partial X(t)}{\partial E}=\sum_{n=1}^{\infty}e_n\sin(2n\omega_T t). \tag{13.3.41}$$

$$\sin\Phi(t)\frac{\partial X(t)}{\partial \Phi}=\sum_{n=1}^{\infty}f_n\cos(2n\omega_T t). \tag{13.3.42}$$

式中 $\omega_T=2\pi/T$，系数 a_n 至 f_n 按下式计算

$$a_n=\frac{-2}{\sqrt{2ET_{1/4}}}\int_0^{T_{1/4}}\dot{X}\sin[(2n-1)\omega_T t]\mathrm{d}t. \tag{13.3.43}$$

$$b_n=\frac{1}{\sqrt{E}T_{1/4}}\int_0^{T_{1/4}}X\sqrt{2\gamma-\delta X^2}\cos[(2n-1)\omega_T t]\mathrm{d}t. \tag{13.3.44}$$

$$c_n=\frac{-2}{\sqrt{2E}T_{1/4}}\int_0^{T_{1/4}}X\dot{X}\sin(2n\omega_T t)\mathrm{d}t. \tag{13.3.45}$$

$$d_n=\frac{1}{\sqrt{E}T_{1/4}}\int_0^{T_{1/4}}X^2\sqrt{2\gamma-\delta X^2}\cos(2n\omega_T t)\mathrm{d}t. \tag{13.3.46}$$

$$e_n = \frac{-1}{\sqrt{2E}T_{1/4}} \int_0^{T_{1/4}} \frac{\dot{X}X(2\gamma - \delta X^2)}{\gamma - \delta X^2} \sin(2n\omega_T t) \mathrm{d}t. \tag{13.3.47}$$

$$f_n = \frac{-1}{\sqrt{E}T_{1/4}} \int_0^{T_{1/4}} \frac{\dot{X}^2 \sqrt{2\gamma - \delta X^2}}{\gamma - \delta X^2} \cos(2n\omega_T t) \mathrm{d}t. \tag{13.3.48}$$

运用式(13.3.29)至(13.3.42)，完成(13.3.25)中各项平均后得

$$\begin{aligned} m(E) = & \frac{-1}{T_{1/4}} \int_0^{T_{1/4}} \dot{X}^2 (\alpha + \beta \dot{X}) \mathrm{d}t + \frac{1}{2}\pi \sum_{n=1}^{\infty} (c_n^2 + c_n e_n + d_n^2 + d_n f_n) S_{11}(2n\omega_T) \\ & + \frac{1}{2}\pi \sum_{n=1}^{\infty} (a_n^2 + b_n^2) S_{22}[(2n-1)\omega_T]. \end{aligned} \tag{13.3.49}$$

式中 $S_{11}(\omega), S_{22}(\omega)$ 分别是 $\xi_1(t)$ 和 $\xi_2(t)$ 的功率谱密度. 类似地，可以得到式(13.3.26)中的扩散系数为

$$\sigma^2(E) = 2\pi E \sum_{n=1}^{\infty} \{c_n^2 S_{11}(2n\omega_T) + a_n^2 S_{22}[(2n-1)\omega_T]\}. \tag{13.3.50}$$

给定 E，先通过式(13.3.3)解得 $0 \leqslant t < T_{1/4}$ 内的 $X, \dot{X}$，再通过式(13.3.43)至(13.3.48)得到 a_n 至 f_n，最后通过式(13.3.49)和(13.3.50)得到 $m(E)$ 和 $\sigma^2(E)$. 数值计算时，可根据精度要求保留傅里叶展开式前几项. 多数情形下，保留 3 至 4 项的精度已足够.

平均伊藤随机微分方程(13.3.24)可进一步导出与其相应的 FPK 方程，由于方程的边界 $E = E_c$ 是吸收边界，此 FPK 方程只能数值求解，得到能量 E 的转移概率密度以及平稳概率密度和平稳响应统计量.

13.3.3　船舶倾覆概率

当船舶滚转角 X 第一次达到临界值 x_c，等价地于能量 E 达到临界值 e_c 时，船舶将发生倾覆. 这是随机动力学中的首次穿越问题. 给定初始时刻的能量 $E(t=0) = e_0$，$e_0 < e_c$，令 T_f 为首次发生倾覆的时间，显然 T_f 是随机变量. 由于 $E[t]$ 是一维扩散过程，其均值 $\mu_1 = E[T_f]$ 受以下庞特里亚金方程支配(朱和蔡，2017)

$$\frac{1}{2}\sigma^2(e_0)\frac{\mathrm{d}^2 \mu_1}{\mathrm{d}e_0^2} + m(e_0)\frac{\mathrm{d}\mu_1}{\mathrm{d}e_0} = -1. \tag{13.3.51}$$

方程的临界边界条件为

$$\mu_1(e_c) = 0. \tag{13.3.52}$$

式(13.3.7)中临界值$e_c=\gamma^2/4\delta$. 边界条件(13.3.52)表明, 当$e_0=e_c$, 即初始能量就等于临界值时, 认为已经发生了倾覆, $T_f=0$. 当初始能量$e_0=0$时

$$\omega_T=\sqrt{\gamma},\quad a_n=b_n=1,\quad c_n=d_n=e_n=f_n=0. \tag{13.3.53}$$

从式(13.3.49)和(13.3.50)可得$m(0)=\pi S_{22}(\sqrt{\gamma}),\sigma(0)=0$, 进而可从式(13.3.51)得以下边界条件

$$\left.\frac{\mathrm{d}\mu_1}{\mathrm{d}e_0}\right|_{e_0=0}=\frac{-1}{\pi S_{22}(\sqrt{\gamma})}. \tag{13.3.54}$$

在边界条件(13.3.52)和(13.3.54)下, 方程(13.3.51)可以数值求解, 得到船舶首次发生倾覆的平均时间μ_1.

数值计算时需要用到海浪激励$\xi_1(t),\xi_2(t)$的功率谱密度函数, 这里引用以下形式的功率谱密度(Dalzell, 1971, 1973)

$$S_{kk}(\omega)=\frac{P_k}{\omega/\omega_p}\exp\left[-\left(\frac{1+\pi/8}{4\omega^4/\omega_p^4}+\frac{\pi\omega^2/\omega_p^2}{16}-\frac{1}{4}-\frac{3\pi}{32}\right)\right],\quad k=1,2. \tag{13.3.55}$$

式中P_k是谱峰值, 为方便计, 称P_k为激励的强度; ω_p是谱峰值处的频率. 参激$\xi_1(t)$和外激$\xi_2(t)$都取功率谱密度函数(13.3.55), 仅参数取值不同. 图13.3.4显示了不同参数值时功率谱密度(13.3.55)曲线, 可见越大的ω_p值对应于越宽的谱密度.

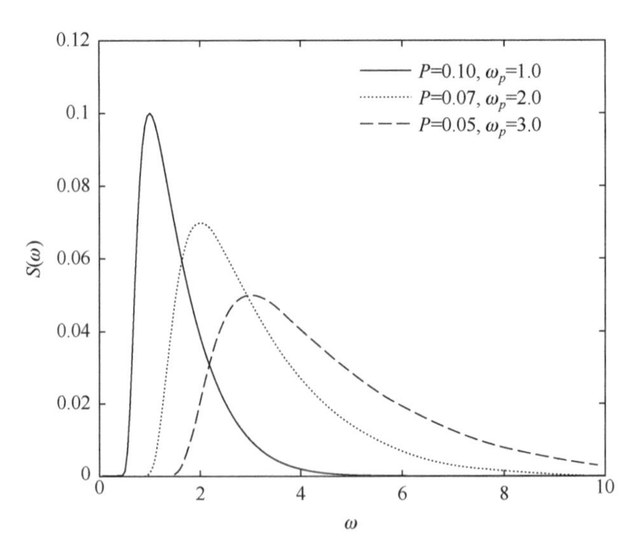

图13.3.4　海浪激励的功率谱密度

给定参数 $\alpha=0.1$，$\beta=0.1$，$\gamma=1.0$，$\delta=0.05$，$\omega_p=1$ 和 4 个参激强度参数 $P_1=0$，0.01，0.02 和 0.05，外激强度参数 $P_2=0.05$ 保持不变，图 13.3.5 和图 13.3.6 分别绘制了式(13.3.49)和(13.3.50)中的漂移系数和扩散系数平方. 可见随参激强度 P_i 增加, 漂移系数和扩散系数增大.

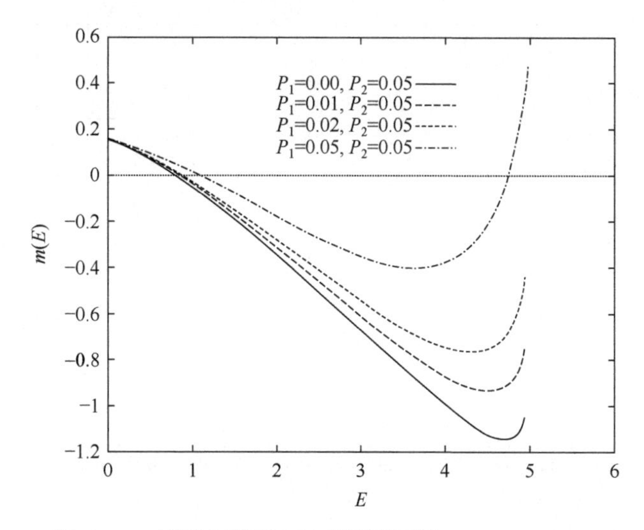

图 13.3.5　平均后能量 $E(t)$ 的漂移系数(Cai et al., 1994)

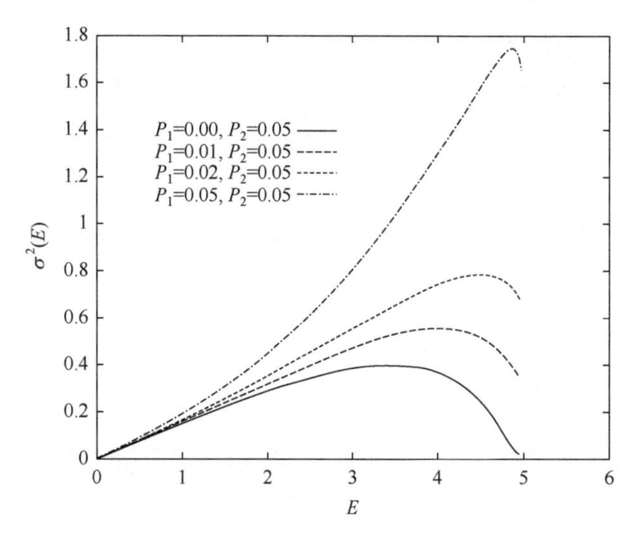

图 13.3.6　平均后能量 $E(t)$ 的扩散系数平方(Cai et al., 1994)

图 13.3.7 显示以参激强度 P_1 为参数, 船舶首次倾覆平均时间 μ_1 随外激强度 P_2 的变化. 图 13.3.8 则显示不同外激强度 P_2 时, 船舶首次倾覆平均时间 μ_1 随参激强度 P_1 的变化. 两图的其他参数同图 13.3.5. 以上两图表明, 评估船舶倾覆的

安全性时，必须同时考虑外激和参激. 参数 δ 体现了系统恢复力中非线性项的强弱，图 13.3.9 显示不同非线性强度下，首次倾覆平均时间 μ_1 随 $P_1=P_2$ 的变化. 可见系统非线性对首次倾覆平均时间是有影响的，特别是在海浪激励强度较低的区域.

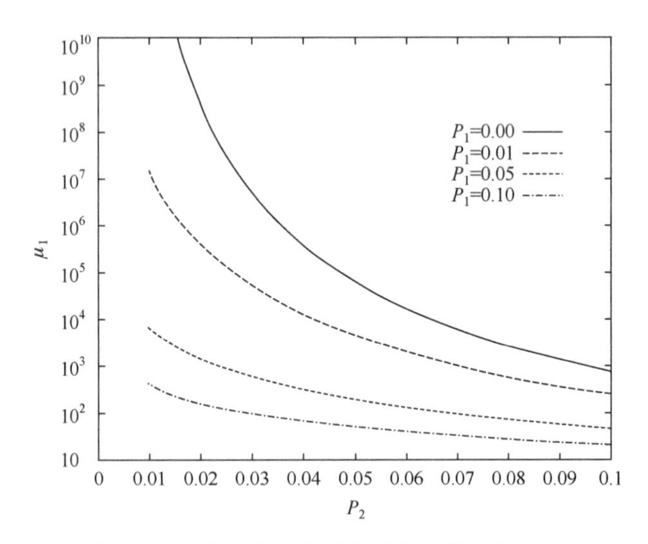

图 13.3.7　首次倾覆平均时间 μ_1 随外激强度 P_2 的变化(Cai et al., 1994)

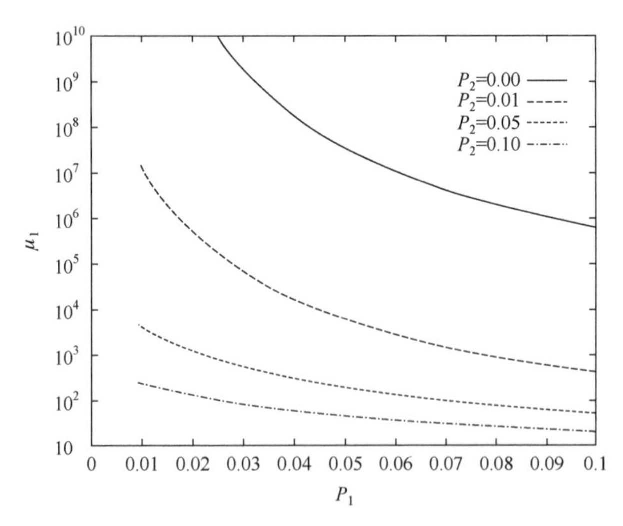

图 13.3.8　首次倾覆平均时间 μ_1 随参激强度 P_1 的变化(Cai et al., 1994)

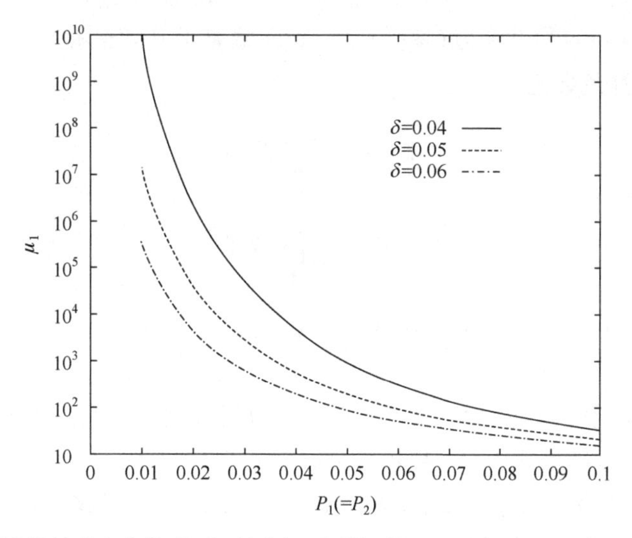

图 13.3.9　不同非线性强度参数 δ 下，首次倾覆平均时间 μ_1 随 P_1 和 P_2 的变化(Cai et al., 1994)

13.4　拟哈密顿系统的概率为 1 渐近稳定性

随机稳定性理论研究当初值偏离平衡状态或平稳状态时，随机动力学系统之解与该平衡位置或平稳状态间的距离在半无限时间区间上是否有界以及在时间趋于无穷时是否收敛于该平衡位置或平稳状态. 鉴于有多种收敛方式，随机稳定性有多种定义，人们最感兴趣的是概率为 1(几乎肯定)李亚普诺夫渐近稳定性. 研究该稳定性的最好方法是最大李亚普诺夫指数方法. 本节主要介绍如何用拟哈密顿系统随机平均法求最大李亚普诺夫指数从而确定拟不可积哈密顿系统和拟可积哈密顿系统概率为 1 李亚普诺夫渐近稳定性. 拟哈密顿系统随机平均法在随机稳定性研究中的更多应用参见(朱位秋, 2003).

13.4.1　随机微分方程的概率为 1 李亚普诺夫渐近稳定性

通常用描述偏离平衡状态或平稳状态的变分方程研究稳定性，因此，随机稳定性研究中总是研究随机动力学(变分)方程的平凡解稳定性.

考虑随机微分方程

$$\dot{\boldsymbol{X}} = \boldsymbol{F}(\boldsymbol{X},t) + \boldsymbol{G}(\boldsymbol{X},t)\boldsymbol{\xi}(t),\ \ \boldsymbol{X}(t_0) = \boldsymbol{x}_0 . \tag{13.4.1}$$

式中 $\boldsymbol{X}(t)$ 为 n 维矢量随机过程；$\boldsymbol{F}$ 为 n 维矢量值函数；$\boldsymbol{G}$ 为 $n\times m$ 维矩阵值函数；$\boldsymbol{\xi}(t)$ 为 m 维矢量随机过程. 设 $\boldsymbol{X}(t)=0$ 是方程(13.4.1)的平凡解，这要求

$$\boldsymbol{F}(0,t)=0,\ \ \boldsymbol{G}(0,t)=0 . \tag{13.4.2}$$

$\boldsymbol{\xi}(t)$ 是式(13.4.1)的乘性激励(参激). 解 $\boldsymbol{X}(t)$ 偏离平凡解的距离用范数 $\|\boldsymbol{X}(t)\|$ 表示, 常用的几种范数定义为

$$\|\boldsymbol{X}(t)\| = \sum_{i=1}^{n} |X_i(t)|, \tag{13.4.3}$$

$$\|\boldsymbol{X}(t)\| = \sum_{i=1}^{n} [X_i X_i]^{1/2}, \tag{13.4.4}$$

$$\|\boldsymbol{X}(t)\| = \sum_{i,j=1}^{n} \left[a_{ij} X_i(t) X_j(t)\right]^{1/2}. \tag{13.4.5}$$

式中 a_{ij} 为某正定矩阵的元素. 显然, $\|\boldsymbol{X}(t)\|$ 为随机过程. 鉴于随机过程的有界性与收敛性可有多种方式定义, 随机稳定性有多种定义(Kozin, 1969), 下面只给出最常用的概率为 1(几乎肯定)李亚普诺夫稳定性的定义. 以 $\boldsymbol{X}(t;\boldsymbol{x}_0,t_0)$ 记为 t_0 时初值为 $\boldsymbol{x}_0$ 的系统(13.4.1)之解.

概率为 1 李亚普诺夫稳定性: 若对任意 $\varepsilon_1,\varepsilon_2>0$, 存在 $\delta(\varepsilon_1,\varepsilon_2,t_0)>0$, 有

$$\text{Prob}\left\{\underset{\|\mathbf{x}_0\|<\delta}{U}\left[\sup_{t\geqslant t_0}\|\mathbf{X}(t;\mathbf{x}_0,t_0)\|\geqslant\varepsilon_1\right]\right\}\leqslant\varepsilon_2. \tag{13.4.6}$$

则称(13.4.1)之平凡解以概率为 1 李亚普诺夫稳定. 其意义为, 除任意小概率 ε_2 的样本函数外, 几乎所有样本函数在李亚普诺夫意义上稳定. 由于 $\varepsilon_1,\varepsilon_2$ 可任意小, 这种稳定性也称几乎肯定稳定性.

概率为 1 李亚普诺夫渐近稳定性: 若(13.4.6)成立, 且对每个 $\varepsilon>0$, 存在一个 $\delta(\varepsilon,t_0)>0$, 使得只要 $\|\mathbf{x}_0\|\leqslant\delta$, 就有

$$\lim_{t_1\to\infty}\text{Prob}\left\{\sup_{t\geqslant t_1}\|X(t;\mathbf{x}_0,t_0)\|\geqslant\varepsilon\right\}=0. \tag{13.4.7}$$

则称(13.4.1)之平凡解以概率为 1 李亚普诺夫渐近稳定或几乎肯定渐近稳定.

由于(13.4.6)与(13.4.7)只在 $\|\boldsymbol{x}_0\|\leqslant\delta$ 时成立, 上述稳定性是局部概率为 1 李亚普诺夫渐近稳定性. 若 $\|\boldsymbol{x}_0\|\leqslant\delta$ 代之以有限 $\boldsymbol{x}_0$ 而(13.4.6)、(13.4.7)仍成立, 则称它们为大范围概率为 1 李亚普诺夫渐近稳定性. 若 $\boldsymbol{x}_0$ 可为 n 维空间任意点而(13.4.6)、(13.4.7)成立, 则称它们是全局概率为 1 李亚普诺夫渐近稳定性. 对线性随机系统, 这三种稳定性等价.

在式(13.4.6)、(13.4.7)中, 所考虑的是式(13.4.1)解过程之范数在半无限时间区间 $[t_0,\infty)$ 的上确界这个随机变量的概率, 对不同的样本函数, 它的范数到达上确界的时刻是不同的, 因此, 式(13.4.6)、(13.4.7)所定义的稳定性是一种样本稳定性. 实际上, 式(13.4.6)、(13.4.7)表明, 方程(13.4.1)解过程的几乎所有样本都是李亚普

诺夫稳定与渐近稳定的. 概率为 1 李亚普诺夫稳定性是李亚普诺夫稳定性在随机系统中的推广, 最为自然合理, 研究得最多.

式(13.4.1)中 $\boldsymbol{\xi}(t)$ 可为平稳遍历过程(实噪声), 亦可为高斯白噪声. 对前一种情形的概率为 1 李亚普诺夫渐近稳定性, 迄今只得到线性系统(主要是二维)一些稳定性的充分条件, 这方面的研究成果已在 Lin 与 Cai 的专著(Lin and Cai, 1995)中作了概括. 对伊藤随机微分方程的概率为 1 李亚普诺夫稳定性, 存在若干定理(Khasminskii, 1980), 据此可用李亚普诺夫函数判定稳定性, 主要困难在于构造李亚普诺夫函数, 迄今, 该法也只主要用于伊藤线性随机微分方程. 李亚普诺夫函数法的一个缺点是, 所得到的往往只是稳定性的充分条件而非必要条件.

13.4.2　最大李亚普诺夫指数

近三十多年来的一个新趋势是用最大李亚普诺夫指数研究概率为 1 李亚普诺夫渐近稳定性, 其理论依据是 Oseledec 乘性遍历定理(Oseledec, 1968). 考虑方程(13.4.1)在平凡解处的线性化方程

$$\dot{\boldsymbol{X}} = \boldsymbol{A}\boldsymbol{X} + \sum_{k=1}^{m} \boldsymbol{B}_k \boldsymbol{X} \xi_k(t),\quad \boldsymbol{X}(0) = \boldsymbol{x}_0. \tag{13.4.8}$$

式中

$$\boldsymbol{A} = \left[\frac{\partial F_i}{\partial x_j}\right]_{\boldsymbol{x}=0},\quad \boldsymbol{B}_k = \left[\frac{\partial G_{ik}}{\partial x_j}\right]_{\boldsymbol{x}=0}. \tag{13.4.9}$$

式(13.4.8)的分量形式为

$$X_i = \sum_{j=1}^{n} a_{ij} X_j + \sum_{j=1}^{n}\sum_{k=1}^{m} b_{ijk} X_j \xi_k(t),\quad X_i(0) = X_{0i},\quad i = 1,2,\cdots,n. \tag{13.4.10}$$

李亚普诺夫指数定义为式(13.4.8)或(13.4.10)之解的平均指数增长率

$$\lambda = \lim_{t\to\infty} \frac{1}{t} \ln \left\| \boldsymbol{X}(t;\boldsymbol{x}_0) \right\| \tag{13.4.11}$$

按照 Oseledec 乘性遍历定理, 当 $\boldsymbol{\xi}(t)$ 为遍历过程时, 存在 r $(1 \leqslant r \leqslant n)$ 个确定性李亚普诺夫指数 λ_s 与 r 个线性子空间(Oseledec 空间) E_s 及 r 个整数 d_s, 对几乎所有初值 $\boldsymbol{x}_0$, 有 $\lambda(\boldsymbol{x}_0) \in \{\lambda_1, \lambda_2, \cdots, \lambda_r\}$, 其中

$$\lambda_s = \lim_{t\to\infty} \frac{1}{t} \ln \left\| \boldsymbol{X}(t;\boldsymbol{x}_0) \right\|,\quad \boldsymbol{x}_0 \in E_s \setminus \{\boldsymbol{0}\} \tag{13.4.12}$$

它表示子空间 E_s 中方程(13.4.8)或(13.4.10)之解的平均指数增长率. $\lambda_1, \lambda_2, \cdots, \lambda_r$ 构成李亚普诺夫谱, 它与范数定义的选取无关. 状态空间可分解为 Oseledec 空间,

即 $R^n = \oplus_{s=1}^{r} E_s$． λ_s 的重数与 E_s 的维数同为 d_s． r 个李亚普诺夫指数按大小排列为 $\lambda_1 \geqslant \lambda_2 \geqslant \cdots \geqslant \lambda_r$，$\lambda_1$ 称为最大李亚普诺夫指数,

$$\lambda_{\Sigma} = \frac{1}{n} trE\left[\boldsymbol{A} + \boldsymbol{B}_k \xi_k(t)\right]. \tag{13.4.13}$$

称为平均李亚普诺夫指数，$n\lambda_{\Sigma}$ 表示平均相空间体积变化率. 最大、平均及最小李亚普诺夫指数之间的关系为

$$\lambda_1 \geqslant \lambda_{\Sigma} \geqslant \lambda_r . \tag{13.4.14}$$

若 $\boldsymbol{X}(t)$ 为遍历马尔可夫过程, 则几乎所有式(13.4.8)或(13.4.10)的解轨道具有相同的指数增长率, 即最大李亚普诺夫指数. 因此, 若只对式(13.4.8)或(13.4.10)的马尔可夫解感兴趣, 则可只研究最大李亚普诺夫指数. 若 $\lambda_1 < 0$，则式(13.4.8)或(13.4.10)的平凡解以概率 1 李亚普诺夫渐近稳定; 若 $\lambda_1 > 0$，则该解以概率 1 李亚普诺夫不稳定; $\lambda_1 = 0$ 时, (13.4.8)或(13.4.10)之解可任意大, 也可任意小.

哈斯敏斯基给出了线性伊藤随机微分方程最大李亚普诺夫指数的表达式(Khasminskii, 1967). 考虑线性常系数伊藤随机微分方程

$$\mathrm{d}X_i = \sum_{j=1}^{n} m_{ij} X_j \mathrm{d}t + \sum_{j=1}^{n}\sum_{k=1}^{m} \sigma_{ijk} X_j \mathrm{d}B_k(t), \quad X_i(0) = x_{0i} . \tag{13.4.15}$$

其生成算子为

$$L = \sum_{i=1}^{n} a_i \frac{\partial}{\partial x_i} + \frac{1}{2}\sum_{i,j=1}^{n} b_{ij} \frac{\partial^2}{\partial x_i \partial x_j} . \tag{13.4.16}$$

其中,

$$a_i = \sum_{j=1}^{n} m_{ij} x_j , \quad b_{ij} = \sum_{r,s}^{n}\sum_{k=1}^{m} \sigma_{irk}\sigma_{jsk} x_r x_s . \tag{13.4.17}$$

设矩阵 $\boldsymbol{B} = [b_{ij}]$ 非负定, 且非退化, 即对任意 n 维矢量 $\boldsymbol{\alpha}$，有

$$(\boldsymbol{B}(\boldsymbol{x})\boldsymbol{\alpha}, \boldsymbol{\alpha}) \geqslant c|\boldsymbol{x}|^2 |\boldsymbol{\alpha}|^2 . \tag{13.4.18}$$

式中$(\cdot,\cdot)$表示矢量内积, c 为正常数. 引入变换

$$\rho = \ln\|\boldsymbol{X}\| = \ln\sum_{i=1}^{n} (X_i X_i)^{1/2} , \tag{13.4.19}$$

$$U_s = X_s / \|\boldsymbol{X}\|. \tag{13.4.20}$$

变换式(13.4.20)产生一个$(n-1)$维单位球面$\|\boldsymbol{X}\| = 1$上的扩散过程 $\boldsymbol{U}(t)$，它在满足条件(13.4.18)时为非奇异(遍历). 支配 ρ 与 U_s 的伊藤随机微分方程可从方程(13.4.15)运用伊藤微分公式导出

$$d\rho = Q(\boldsymbol{U})dt + \sum_{i,j=1}^{n}\sum_{k=1}^{m}\sigma_{ijk}U_iU_j dB_k(t). \tag{13.4.21}$$

$$dU_s = L(U_s)dt + \sum_{i,j=1}^{n}\sum_{k=1}^{m}\sigma_{ijk}U_j(\delta_{is} - U_iU_s)dB_k(t). \tag{13.4.22}$$

式中

$$Q(\boldsymbol{U}) = L(\rho) = \sum_{i,j=1}^{n} m_{ij}U_iU_j + \frac{1}{2}\sum_{i,j,p,q=1}^{n}\sum_{k=1}^{m}\sigma_{ijk}\sigma_{pqk}U_jU_q(\delta_{ip} - 2U_iU_p),$$

$$L(U_s) = \sum_{i,j=1}^{n} m_{ij}U_j(\delta_{is} - U_iU_s) + \frac{1}{2}\sum_{i,j,p,q=1}^{n}\sum_{k=1}^{m}\sigma_{ijk}\sigma_{pqk}U_jU_q(3U_iU_sU_p - U_s\delta_{ip} - U_p\delta_{ps}). \tag{13.4.23}$$

从 0 到 t 积分(13.4.21)并除以 t，得

$$\frac{1}{t}\ln\|\boldsymbol{X}(t;\boldsymbol{x}_0)\| = \frac{1}{t}\ln\|\boldsymbol{x}(0)\| + \frac{1}{t}\int_0^t Q(\boldsymbol{U}(\tau))d\tau + \sum_{i,j=1}^{n}\sum_{k=1}^{m}\sigma_{ijk}\frac{1}{t}\int_0^t U_i(\tau)U_j(\tau)dB_k(\tau). \tag{13.4.24}$$

当 $t\to\infty$ 时，上式右边第一、三项为零，因为 $\boldsymbol{x}(0)$ 、U_i 、U_j 有界，$B_k(\tau)$ 按 $[2\tau\ln(\ln\tau)]^{1/2}$ 增长. 于是

$$\lambda = \lim_{t\to\infty}\ln\frac{1}{t}\|\boldsymbol{X}(t;\boldsymbol{x}_0)\| = \lim_{t\to\infty}\frac{1}{t}\int_0^t Q(\boldsymbol{U}(\tau))d\tau. \tag{13.4.25}$$

鉴于 $\boldsymbol{U}$ 在单位球面上遍历,

$$\lambda = E[Q(\boldsymbol{U})] = \int Q(\boldsymbol{U})p(\boldsymbol{U})d\boldsymbol{U}. \tag{13.4.26}$$

按 Oseledec 乘性遍历定理，式(13.4.25)与(13.4.26)中得 λ 为 λ_1，即最大李亚普诺夫指数. $p(\boldsymbol{U})$ 是 $\boldsymbol{U}(t)$ 的平稳概率密度.

当 $\lambda_1 < 0$ 时，式(13.4.15)的平凡解以概率 1 李亚普诺夫渐近稳定，且对高阶随机扰动具有鲁棒性，即导致(13.4.15)的原非线性伊藤随机微分方程 $d\boldsymbol{X} = F(\boldsymbol{X})dt + G(\boldsymbol{X})dB(t)$ 的平凡解也以概率 1 李亚普诺夫渐近稳定(Khasminskii, 1996). 由 $\lambda_1 < 0$ 得到的是概率为 1 李亚普诺夫渐近稳定的充要条件，这是用最大李亚普诺夫指数判别稳定性的一大优点.

当条件(13.4.18)不满足时，$\boldsymbol{U}$ 可能奇异，式(13.4.25)不一定收敛于 λ_1，而取决于初始条件，例见(Lin and Cai, 1995). 条件(13.4.18)可放松(Arnold et al., 1968).

上述结果可推广于具有齐一次漂移与扩散系数的非线性自治伊藤随机微分方程(Kozin and Zhang, 1991)

$$\mathrm{d}\boldsymbol{X} = \boldsymbol{F}(\boldsymbol{X})\mathrm{d}t + \boldsymbol{G}(\boldsymbol{X})\mathrm{d}B(t) . \tag{13.4.27}$$

式中 $\boldsymbol{F}$ 、$\boldsymbol{G}$ 除满足条件(13.4.2)外, 还满足齐一次条件

$$k\boldsymbol{F}(\boldsymbol{X}) = \boldsymbol{F}(k\boldsymbol{X}) ,\quad k\boldsymbol{G}(\boldsymbol{X}) = \boldsymbol{G}(k\boldsymbol{X}) . \tag{13.4.28}$$

与非退化条件

$$(\boldsymbol{G}(\boldsymbol{X})\boldsymbol{G}^{\mathrm{T}}(\boldsymbol{X})\boldsymbol{\alpha},\boldsymbol{\alpha}) \geqslant c\left|\boldsymbol{X}\right|^2\left|\boldsymbol{\alpha}\right|^2 . \tag{13.4.29}$$

作变换(13.4.19)、(13.4.20), 类似的推导给出形如(13.4.21)、(13.4.22)的方程, 其中

$$Q(\boldsymbol{U}) = \boldsymbol{U}^{\mathrm{T}}\boldsymbol{F}(\boldsymbol{U}) + \frac{1}{2}\sum_{i=1}^{n}\left[\boldsymbol{G}(\boldsymbol{U})\boldsymbol{G}^{\mathrm{T}}(\boldsymbol{U})\right]_{ii}\left(\sum_{j=1}^{n}U_j^2 - 2U_i^2\right) - \sum_{\substack{i,j=1\\ i\neq j}}^{n}\left[(\boldsymbol{G}(\boldsymbol{U})\boldsymbol{G}^{\mathrm{T}}(\boldsymbol{U}))_{ij}U_iU_j\right]. \tag{13.4.30}$$

将它代入式(13.4.25)或(13.4.26), 可得最大李亚普诺夫指数.

按方程(13.4.26)计算最大李亚普诺夫指数, 需知 $\boldsymbol{U}(t)$ 的平稳概率密度. 当 $\boldsymbol{U}(t)$ 的维数大于 1 时, 难以求此平稳概率密度, 可用 2.5.4 节中数值方法求解(13.4.22), 再按方程(13.4.25)计算最大李亚普诺夫指数(Kloeden and Platen, 1992; Talay, 1999). 当噪声强度较小时, 可用摄动法计算最大李亚普诺夫指数(Wihstutz, 1999).

13.4.3 拟不可积哈密顿系统概率为 1 李亚普诺夫渐近稳定性

考虑形如式(5.1.5)的 n 自由度拟不可积哈密顿系统, 设它只含高斯白噪声参激, 现研究如何通过计算最大李亚普诺夫指数判定该系统平凡解的概率为 1 李亚普诺夫渐近稳定性. 按 13.4.2 节,需先将(5.1.5)在平凡解处线性化, 然后求线性化伊藤随机微分方程的最大李亚普诺夫指数. 该线性化方程是 $2n$ 维的, 而且线性化方程的扩散矩阵是退化的, 不满足条件(13.4.18), 因此, 当 $n>1$ 时很难求得其最大李亚普诺夫指数.

为克服这一困难, 引入新的范数定义. 记 $\boldsymbol{Z} = [\boldsymbol{Q}^{\mathrm{T}}\boldsymbol{P}^{\mathrm{T}}]^{\mathrm{T}}$, 定义 Z 的范数为

$$\left\|\boldsymbol{Z}\right\| = H^{1/2}(\boldsymbol{Q},\boldsymbol{P}) . \tag{13.4.31}$$

对机械/结构系统, $H(\boldsymbol{Q},\boldsymbol{P})$ 表示系统的总能量, 它是非负的. 对线性哈密顿系统, H 为 Q_i 、P_i 的齐二次式, 式(13.4.31)形同(13.4.5). 对非线性哈密顿系统, $H(\boldsymbol{Q},\boldsymbol{P})$ 非为 Q_i 、 P_i 的齐二次式, 式(13.4.31)与(13.4.5)不同, 但它仍可作为相空间中系统状态至平凡解距离的度量, 况且在平凡解邻域, $H(\boldsymbol{Q},\boldsymbol{P})$ 中 Q_i 、 P_i 的二次式常占主导地位, 以 $H^{1/2}(\boldsymbol{Q},\boldsymbol{P})$ 定义范数在物理上是合理的.

以 $H^{1/2}(\boldsymbol{Q},\boldsymbol{P})$ 代替式(13.4.6)、(13.4.7)及(13.4.11)中 $\left\|\boldsymbol{X}\left(t,\boldsymbol{x}_0\right)\right\|$，就得到拟不可积哈密顿系统概率为 1 李亚普诺夫稳定性、概率为 1 李亚普诺夫渐近稳定性及李亚普诺夫指数的新定义.

为计算拟不可积哈密顿系统的李亚普诺夫指数，将它的平均伊藤随机微分方程(5.1.7)在 $H=0$ 处线性化，得

$$\mathrm{d}H = m'(0)H\mathrm{d}t + \sigma'(0)H\mathrm{d}B(t). \tag{13.4.32}$$

齐次线性随机微分方程(13.4.32)之解为

$$H(t)=H(0)\exp\left\{\int_0^t\left[m'(0)-\left(\sigma'(0)\right)^2/2\right]\mathrm{d}s+\int_0^t\sigma'(0)\mathrm{d}B(s)\right\}. \tag{13.4.33}$$

于是，拟不可积哈密顿系统的李亚普诺夫指数近似为

$$\begin{aligned}\lambda &= \lim_{t\to\infty}\frac{1}{t}\ln H^{1/2}\left(\boldsymbol{Q},\boldsymbol{P}\right)=\lim_{t\to\infty}\frac{1}{2t}\ln H\left(\boldsymbol{Q},\boldsymbol{P}\right)\\ &= \lim_{t\to\infty}\frac{1}{2t}\left\{\ln H(0)+\int_0^t\left[m'(0)-\left(\sigma'(0)\right)^2/2\right]\mathrm{d}s+\int_0^t\sigma'(0)\mathrm{d}B(s)\right\}\\ &= \left[m'(0)-\left(\sigma'(0)\right)^2/2\right]\Big/2.\end{aligned} \tag{13.4.34}$$

上述李亚普诺夫指数还可以从关于 $Y(t)=H^{1/2}(t)$ 的平均伊藤随机微分方程导出. 描述 $Y(t)$ 的伊藤随机微分方程可用伊藤微分公式从(5.1.7)导出为

$$\mathrm{d}Y = \bar{m}(Y)\mathrm{d}t + \bar{\sigma}^2(Y)\mathrm{d}B(t). \tag{13.4.35}$$

式中，

$$\begin{aligned}&\bar{m}(Y)=Y^{-1}m(Y)/2-Y^{-3}\sigma^2(Y)/8,\quad \bar{\sigma}(Y)=Y^{-2}\sigma^2(Y)/4,\\ &m(Y)=m(H)\big|_{H=Y^2},\quad \sigma^2(Y)=\sigma^2(H)\big|_{H=Y^2}.\end{aligned} \tag{13.4.36}$$

类似于式(13.4.33)、(13.4.34)的推导给出

$$\lambda=\lim_{t\to\infty}\frac{1}{t}\ln Y(t)=\bar{m}'(0)-\left(\bar{\sigma}'(0)\right)^2\Big/2. \tag{13.4.37}$$

式(13.4.34)与(13.4.37)将给出相同的李亚普诺夫指数值.

求拟不可积哈密顿系统的平均方程相当于一个非线性运算，按照 Oseledec 乘性遍历定理(Oseledec, 1968)，由平均方程之线性化方程求得的李亚普诺夫指数(13.4.34)或(13.4.37)应是由式(5.1.7)直接线性化所得方程求得的 n 个李亚普诺夫指数中最大者的近似. 因此，可用式(13.4.34)或(13.4.37)中的李亚普诺夫指数近似判定拟不可积哈密顿系统(5.1.5)的局部概率为 1 李亚普诺夫渐近稳定性.

例 13.4.1 考虑非线性耦合的两个非线性阻尼振子受高斯白噪声参激(Zhu

and Huang, 1998), 其运动方程为

$$\begin{aligned}
&\dot{Q}_1 = P_1, \\
&\dot{P}_1 = -\omega_1^2 Q_1 - aQ_2 - b\left|Q_1 - Q_2\right|^{\delta} \operatorname{sgn}\left(Q_1 - Q_2\right) - \beta_1 P_1 - \alpha_1 Q_1^2 P_1 + f_1 Q_1 W_{g1}(t), \\
&\dot{Q}_2 = P_2, \\
&\dot{P}_2 = -\omega_2^2 Q_2 - aQ_1 - b\left|Q_1 - Q_2\right|^{\delta} \operatorname{sgn}\left(Q_2 - Q_1\right) - \beta_2 P_2 - \alpha_2 Q_2^2 P_2 + f_2 Q_2 W_{g2}(t).
\end{aligned} \tag{13.4.38}$$

式中ω_1、ω_2为两个非耦合振子的固有频率; β_i、α_i分别为线性与非线性阻尼系数; a、b分别为线性与非线性耦合系数; δ为非线性耦合幂次; f_i为激励幅值; $W_{gk}(t)$是强度为$2D_k$的独立高斯白噪声. 假定β_i、α_i、D_k同为ε阶小量.

系统(13.4.38)中的 Wong-Zakai 修正项为零, 与之相应的哈密顿系统的哈密顿函数为

$$H = \left(p_1^2 + p_2^2\right)/2 + U\left(q_1, q_2\right). \tag{13.4.39}$$

式中

$$U\left(q_1, q_2\right) = \left(\omega_1^2 q_1^2 + \omega_2^2 q_2^2\right)/2 + a q_1 q_2 + b\left|q_1 - q_2\right|^{1+\delta}/\left(1+\delta\right). \tag{13.4.40}$$

当$b \neq 0, \delta \neq 0,1,3$时, $U\left(q_1, q_2\right)$不可分离, 因此,式(13.4.38)为拟不可积哈密顿系统. $q_1 = q_2 = p_1 = p_2 = 0$是它的平凡解. 要研究该解的概率为 1 李亚普诺夫渐近稳定性, 可先用 5.1 节中拟不可积哈密顿系统随机平均法, 得式(13.4.38)之平均伊藤方程(5.1.7), 其漂移与扩散系数按式(5.1.8)至(5.1.13)得到为(Zhu and Huang, 1998)

$$\begin{aligned}
m(H) = \frac{1}{T(H)} \int_{\Omega} \Big\{ \Big[&-\left(\beta_1 + \alpha_1 q_1^2\right) p_1^2 - \left(\beta_2 + \alpha_2 q_2^2\right) p_2^2 \\
&+ f_1^2 D_1 q_1^2 + f_2^2 D_2 q_2^2 \Big] / p_1 \Big\} \mathrm{d}q_1 \mathrm{d}q_2 \mathrm{d}p_2,
\end{aligned} \tag{13.4.41}$$

$$\sigma^2(H) = \frac{1}{T(H)} \int_{\Omega} \left[2\left(f_1^2 D_1 q_1^2 p_1^2 + f_2^2 D_2 q_2^2 p_2^2\right)/p_1 \right] \mathrm{d}q_1 \mathrm{d}q_2 \mathrm{d}p_2.$$

式中,

$$\begin{aligned}
&T(H) = \int_{\Omega} \left(1/p_1\right) \mathrm{d}q_1 \mathrm{d}q_2 \mathrm{d}p_2, \\
&\Omega = \left\{ \left(q_1, q_2, p_2\right) \middle| H\left(q_1, q_2, 0, p_2\right) \leqslant H \right\}.
\end{aligned} \tag{13.4.42}$$

完成式(13.4.41)中对p_2的积分, 然后引入极坐标

$$q_1 = \left(R/\omega_1\right)\cos\theta, \qquad q_2 = \left(R/\omega_2\right)\sin\theta. \tag{13.4.43}$$

式(13.4.41)变成

$$m(H)=\frac{2\pi}{T(H)}\int_0^{\pi}\left[-(\beta_1+\beta_2)A(H,\theta)-\left(\frac{\alpha_1}{\omega_1^2}\cos^2\theta+\frac{\alpha^2}{\omega_2^2}\sin^2\theta\right)B(H,\theta)\right.$$
$$\left.+\frac{R^4}{2}\left(\frac{f_1^2D_1}{\omega_1^2}\cos^2\theta+\frac{f_2^2D_2}{\omega_2^2}\sin^2\theta\right)\right]\mathrm{d}\theta\sigma^2(H), \tag{13.4.44}$$
$$=\frac{4\pi}{T(H)}\int_0^{\pi}\left(\frac{f_1^2D_1}{\omega_1^2}\cos^2\theta+\frac{f_2^2D_2}{\omega_2^2}\sin^2\theta\right)B(H,\theta)\mathrm{d}\theta.$$

式中,

$$T(H)=(2\pi/\omega_1\omega_2)\int_0^{\pi}R^2\mathrm{d}\theta,$$
$$A(H,\theta)=HR^2-\frac{R^4}{4}\left(1+\frac{a}{\omega_1\omega_2}\sin2\theta\right)-\frac{2b}{(1+\delta)(3+\delta)}R^{3+\delta}\left|\frac{\cos\theta}{\omega_1}-\frac{\sin\theta}{\omega_2}\right|^{1+\delta},$$
$$B(H,\theta)=HR^4-\frac{R^6}{4}\left(1+\frac{a}{\omega_1\omega_2}\sin2\theta\right)-\frac{2b}{(1+\delta)(5+\delta)}R^{5+\delta}\left|\frac{\cos\theta}{\omega_1}-\frac{\sin\theta}{\omega_2}\right|^{1+\delta}. \tag{13.4.45}$$

R 是下列方程之解

$$H-\frac{R^2}{4}\left(1+\frac{a}{\omega_1\omega_2}\sin2\theta\right)-\frac{b}{(1+\delta)}R^{1+\delta}\left|\frac{\cos\theta}{\omega_1}-\frac{\sin\theta}{\omega_2}\right|^{1+\delta}=0. \tag{13.4.46}$$

下面分 $0<\delta<1$ 与 $\delta>1$ 两种情形讨论.

情形 1: $0<\delta<1$. 此时, 式(13.4.38)的平均伊藤方程在 $H=0$ 处的线性化方程形为

$$\mathrm{d}H=\mu_1H\mathrm{d}t+\mu_2^{1/2}H\mathrm{d}B(t). \tag{13.4.47}$$

式中,

$$\mu_1=-\frac{1}{3}(\beta_1+\beta_2)\eta_1+\frac{7}{9}\frac{f_1^2D_1+f_2^2D_2}{2a+\omega_1^2+\omega_2^2},$$
$$\mu_2=\frac{2}{3}\frac{f_1^2D_1+f_2^2D_2}{2a+\omega_1^2+\omega_2^2}\eta_2,$$
$$\eta_1=\frac{11}{6}-\frac{1+\delta}{4(4+\delta)}-\frac{2(2-\delta)}{(2+\delta)(3+\delta)}+\frac{\delta^2-1}{24(5+\delta)}, \tag{13.4.48}$$
$$\eta_2=\frac{13}{12}-\frac{16}{(5+\delta)(2+\delta)}+\frac{4}{3+\delta}-\frac{3+\delta}{2(4+\delta)}+\frac{(3+\delta)(1+\delta)}{24(5+\delta)}.$$

$H=0$ 是方程(13.4.47)的平凡解. 按式(13.4.34), (13.4.38)的平均伊藤方程的李亚普诺夫指数为

$$\lambda=\frac{1}{2}\mu_1-\frac{1}{4}\mu_2=-\frac{1}{6}(\beta_1+\beta_2)\eta_1+\frac{1}{18}(7-3\eta_2)\frac{f_1^2D_1+f_2^2D_2}{2a+\omega_1^2+\omega_2^2}. \tag{13.4.49}$$

于是, 式(13.4.38)的平凡解以概率 1 李亚普诺夫渐近稳定的充要条件近似为 $\lambda<0$, 即

$$\beta_1+\beta_2>\left(\frac{7}{3\eta_1}-\frac{\eta_2}{\eta_1}\right)\frac{f_1^2D_1+f_2^2D_2}{2a+\omega_1^2+\omega_2^2}. \tag{13.4.50}$$

情形 2: $\delta>1$. 此时, 式(13.4.38)的平均伊藤方程在 $H=0$ 处的线性化方程形为

$$\mathrm{d}H=\mu_3H\mathrm{d}t+\mu_4^{1/2}H\mathrm{d}B(t). \tag{13.4.51}$$

式中,

$$\begin{aligned}
\mu_3&=-\frac{1}{2}(\beta_1+\beta_2)+\frac{1}{2}\left(\frac{f_1^2D_1}{\omega_1^2}+\frac{f_2^2D_2}{\omega_2^2}\right)\eta,\\
\mu_4&=\frac{1}{3}\left(\frac{f_1^2D_1}{\omega_1^2}+\frac{f_2^2D_2}{\omega_2^2}\right)\eta,\\
\eta&=\int_0^{\pi}\left[1+(a/\omega_1\omega_2)\sin\theta\right]^{-2}\mathrm{d}\theta\Big/\int_0^{\pi}\left[1+(a/\omega_1\omega_2)\sin\theta\right]^{-1}\mathrm{d}\theta.
\end{aligned} \tag{13.4.52}$$

按式(13.4.34), (13.4.38)的平均伊藤随机微分方程的李亚普诺夫指数为

$$\lambda=\frac{\mu_3}{2}-\frac{\mu_4}{4}=-\frac{1}{4}(\beta_1+\beta_2)\eta_1+\frac{1}{6}\left(\frac{f_1^2D_1}{\omega_1^2}+\frac{f_2^2D_2}{\omega_2^2}\right). \tag{13.4.53}$$

于是, 式(13.4.38)的平凡解以概率 1 李亚普诺夫渐近稳定的充要条件近似为 $\lambda<0$, 即

$$\beta_1+\beta_2>\frac{2}{3}\left(\frac{f_1^2D_1}{\omega_1^2}+\frac{f_2^2D_2}{\omega_2^2}\right)\eta. \tag{13.4.54}$$

13.4.4　拟可积哈密顿系统概率为 1 李亚普诺夫渐近稳定性

考虑形如式(5.1.5)的 n 自由度拟哈密顿系统, 假定相应的哈密顿系统可积, 在非共振情形, 其平均伊藤方程为式(5.2.6)或(5.2.20). 设(5.1.5)中只含随机参激, $\boldsymbol{Q}=\boldsymbol{P}=0$ 是它的平凡解, $\boldsymbol{I}=0$ 与 $\boldsymbol{H}=0$ 分别是(5.2.6)与(5.2.20)的平凡解, 从而

$$\lim_{|\boldsymbol{I}|\to 0}m_r(\boldsymbol{I})=0,\quad \lim_{|\boldsymbol{I}|\to 0}\sigma_{rk}(\boldsymbol{I})=0, \tag{13.4.55}$$

$$\lim_{|\boldsymbol{H}|\to 0}m_r(\boldsymbol{H})=0,\quad \lim_{|\boldsymbol{H}|\to 0}\sigma_{rk}(\boldsymbol{H})=0. \tag{13.4.56}$$

$$r=1,2,\cdots,n;\quad k=1,2,\cdots,m.$$

将 m_r 、 σ_{rk} 在 $\boldsymbol{I}=0$ 处或在 $\boldsymbol{H}=0$ 处线性化, 或取其 I_s ， H_s 的齐一次式, 得

$$\mathrm{d}I_r=F_r(\boldsymbol{I})\mathrm{d}t+\sum_{k=1}^{m}G_{rk}(\boldsymbol{I})\mathrm{d}B_k(t)\,. \tag{13.4.57}$$

$$\begin{gathered}\mathrm{d}H_r=F_r\left(\boldsymbol{H}\right)\mathrm{d}t+\sum_{k=1}^{m}G_{rk}\left(\boldsymbol{H}\right)\mathrm{d}B_k\left(t\right),\\ r=1,2,\cdots,n.\end{gathered} \tag{13.4.58}$$

式中 F_r 、 G_{rk} 满足条件(13.4.55)、(13.4.56)及齐一次条件

$$kF_r\left(\boldsymbol{I}\right)=F_r\left(k\boldsymbol{I}\right),\ \ kG_{rk}\left(\boldsymbol{I}\right)=G_{rk}\left(k\boldsymbol{I}\right), \tag{13.4.59}$$

$$kF_r\left(\boldsymbol{H}\right)=F_r\left(k\boldsymbol{H}\right),\ \ kG_{rk}\left(\boldsymbol{H}\right)=G_{rk}\left(k\boldsymbol{H}\right). \tag{13.4.60}$$

对式(13.4.57), 定义范数为

$$\|\boldsymbol{Z}\|=\overline{I}^{1/2}=\left(\sum_{r=1}^{n}I_r\right)^{1/2}. \tag{13.4.61}$$

引入变换

$$\rho=\ln\overline{I}^{1/2}=\left(\ln\overline{I}\right)/2\,. \tag{13.4.62}$$

$$\alpha_r=I_r/\overline{I},\quad r=1,2,\cdots,n. \tag{13.4.63}$$

应用伊藤微分公式, 可从式(13.4.57)导出关于 ρ 、 α_r 的伊藤随机微分方程

$$\mathrm{d}\rho=Q(\boldsymbol{\alpha})\mathrm{d}t+\sum_{k=1}^{m}\overline{\sigma}_k(\boldsymbol{\alpha})\mathrm{d}B_k(t)\,. \tag{13.4.64}$$

$$\begin{gathered}\mathrm{d}\alpha_r=m_r(\boldsymbol{\alpha})\mathrm{d}t+\sum_{k=1}^{m}\sigma_{rk}(\boldsymbol{\alpha})\mathrm{d}B_k(t),\\ r=1,2,\cdots,n.\end{gathered} \tag{13.4.65}$$

式中 $\boldsymbol{\alpha}=[\alpha_1\alpha_2\cdots\alpha_n]^{\mathrm{T}}$,

$$\begin{aligned}&Q(\boldsymbol{\alpha})=\frac{1}{2}\sum_{s=1}^{n}F_s(\boldsymbol{\alpha})-\frac{1}{4}\sum_{s,s'=1}^{n}\sum_{k=1}^{m}G_{sk}(\boldsymbol{\alpha})G_{s'k}\left(\boldsymbol{\alpha}\right),\\ &m_r(\boldsymbol{\alpha})=-\alpha_r\sum_{s=1}^{n}F_s(\boldsymbol{\alpha})+F_r\left(\boldsymbol{\alpha}\right)+\frac{1}{2}\alpha_r\sum_{s,s'=1}^{n}\sum_{k=1}^{m}G_{sk}(\boldsymbol{\alpha})G_{s'k}(\boldsymbol{\alpha})\\ &\qquad-\frac{1}{2}\sum_{s=1}^{n}\sum_{k=1}^{m}G_{rk}(\boldsymbol{\alpha})G_{sk}(\boldsymbol{\alpha}),\\ &\sigma_{rk}(\boldsymbol{\alpha})=G_{rk}(\boldsymbol{\alpha})-\alpha_r\sum_{s=1}^{n}G_{sk}(\boldsymbol{\alpha}).\end{aligned} \tag{13.4.66}$$

注意，$\sum_{r=1}^{n}\alpha_r=1$，式(13.4.65)中只有$(n-1)$个方程是独立的. 设取前$(n-1)$个方程，记$\boldsymbol{\alpha}'=[\alpha_1\alpha_2\cdots\alpha_{n-1}]^{\mathrm{T}}$，并以$1-\sum_{r=1}^{n-1}\alpha_r$代替$\alpha_n$.

定义式(13.4.57)的李亚普诺夫指数为$\bar{I}^{1/2}$的平均指数变化率

$$\lambda=\lim_{t\to\infty}\frac{1}{2t}\ln\bar{I}. \tag{13.4.67}$$

从0到t积分方程(13.4.64)并除以t，得

$$\frac{1}{2t}\ln\bar{I}(t)=\frac{1}{2t}\ln\bar{I}(0)+\frac{1}{t}\int_0^t Q\big(\boldsymbol{\alpha}'(\tau)\big)\mathrm{d}\tau+\frac{1}{t}\int_0^t\sum_{k=1}^{m}\big(\boldsymbol{\alpha}'(\tau)\big)\mathrm{d}B_k(\tau). \tag{13.4.68}$$

当$t\to\infty$时, 上式右边第一、三项趋于零, 因此,

$$\lambda=\lim_{t\to\infty}\frac{1}{t}\int_0^t Q\big(\boldsymbol{\alpha}'(\tau)\big)\mathrm{d}\tau. \tag{13.4.69}$$

$\boldsymbol{\alpha}'$是在$0\leqslant\alpha_r\leqslant1$，$r=1,2,\cdots,n-1$上的扩散过程. 当式(13.4.57)中扩散系数满足形如(13.4.29)的非退化条件时，$\boldsymbol{\alpha}'$为遍历过程. 根据 Oseledec 乘性遍历定理(Oseledec, 1968), $\lambda\to\lambda_1$ (最大李亚普诺夫指数), 于是

$$\lambda_1=\lim_{t\to\infty}\frac{1}{t}\int_0^t Q\big(\boldsymbol{\alpha}'(\tau)\big)\mathrm{d}\tau=E\big[Q(\boldsymbol{\alpha}')\big]=\int Q(\boldsymbol{\alpha}')p(\boldsymbol{\alpha}')\mathrm{d}\boldsymbol{\alpha}' \tag{13.4.70}$$

式中$p(\boldsymbol{\alpha}')$为$\boldsymbol{\alpha}'$的平稳概率密度, 可从求解与式(13.4.65)的前$(n-1)$个方程相应的平稳 FPK 方程得到.

对式(13.4.58), 定义范数

$$\|\boldsymbol{Z}\|=\bar{H}=\left(\sum_{r=1}^{n}H_r\right)^{1/2}. \tag{13.4.71}$$

可导出类似于式(13.4.70)的最大李亚普诺夫指数表达式.

当式(13.4.57)或(13.4.58)中的扩散系数不满足形如(13.4.29)的非退化条件时，$\boldsymbol{\alpha}'$可能不在整个区间$0\leqslant\alpha_r\leqslant1$，$r=1,2,\cdots,n-1$上遍历, 而是该区间被奇异边界分成若干子区间, 在某些子区间上$\boldsymbol{\alpha}'$没有遍历解, 在某些子区间上有不同遍历解, 平稳概率密度与李亚普诺夫指数取决于初值所在的子区间, 此时, 需要特别研究, 例见(Ariaratnam and Xie, 1992; Lin and Cai, 1995).

上述计算最大李亚普诺夫指数的方法也可推广于平稳宽带随机激励下的拟可积哈密顿系统(8.1.4). 由 8.1.2 节知, 在非内共振情形, 位移幅值平均伊藤方程为(8.1.56). 为求最大李亚普诺夫指数, 宜先将(8.1.56)变换为各自由度能量H_i的平均伊藤方程(8.1.67), 即

$$
\begin{aligned}
&\mathrm{d}H_i = \bar{m}_i(\boldsymbol{H})\mathrm{d}t + \sum_{k=1}^{m} \bar{\sigma}_{ik}(\boldsymbol{H})\mathrm{d}B_k(t), \\
&i = 1, 2, \cdots, n.
\end{aligned} \tag{13.4.72}
$$

式中,

$$
\begin{aligned}
\bar{m}_i(\boldsymbol{H}) = \Big[& g_i(A_i + B_i)(1 + r_i)m_i(\boldsymbol{A}) \\
& + \frac{1}{2}[g_i(A_i + B_i)(1 + r_i)]' \sum_{k=1}^{m} \sigma_{ik}(\boldsymbol{A})\sigma_{ik}(\boldsymbol{A}) \Big]\Big|_{A_j = U_j^{-1}(H_j) - B_j},
\end{aligned}
$$

$$
\sum_{k=1}^{m} \bar{\sigma}_{ik}(\boldsymbol{H})\bar{\sigma}_{jk}(\boldsymbol{H}) = g_i(A_i + B_i)g_j(A_j + B_j)(1 + r_i)(1 + r_j)\sum_{k=1}^{m} \sigma_{ik}(\boldsymbol{A})\sigma_{jk}(\boldsymbol{A})\Big|_{A_j = U_j^{-1}(H_j) - B_j}. \tag{13.4.73}
$$

式(13.4.72)形同(13.4.58), 可按上述方法求最大李亚普诺夫指数.

当拟可积哈密顿系统的 n 个频率存在 α 个形如式(5.2.5)共振关系时, 可按(5.2.48)引入 α 个角变量组合 Ψ_u, 将这 α 个 Ψ_u 与(13.4.65)中($n-1$)个 α_r 一起看成 $\boldsymbol{\alpha}'$, 即令 $\boldsymbol{\alpha}' = [\alpha_1 \cdots \alpha_{n-1} \quad \Psi_1 \cdots \Psi_\alpha]^{\mathrm{T}}$, 若关于这个新的 $\boldsymbol{\alpha}'$ 的伊藤随机微分方程为遍历扩散过程, 则仍可用式(13.4.70)计算最大李亚普诺夫指数 λ_1.

例 13.4.2　随机非陀螺线性系统的稳定性(Zhu and Huang, 1999).

作为计算拟可积哈密顿系统最大李亚普诺夫指数方法的一个应用, 考虑平稳随机参激下 n 自由度非陀螺线性系统的概率为 1 李亚普诺夫渐近稳定性, 其运动方程为

$$
\begin{aligned}
&\dot{Q}_i = P_i, \\
&\dot{P}_i = -\omega_i^2 Q_i - 2\sum_{j=1}^{n} \beta_{ij} P_j - \omega_i \xi(t) \sum_{j=1}^{n} k_{ij} Q_j, \\
&i = 1, 2, \cdots, n.
\end{aligned} \tag{13.4.74}
$$

方程中 ω_i、β_{ij}、k_{ij} 为常数, $\xi(t)$ 为平稳宽带过程, 均值为零, 相关函数为 $R(\tau)$, β_{ij} 与 $R(0)$ 同为 ε 阶小量. 与式(13.4.74)相应的哈密顿系统为线性, 其哈密顿函数为

$$
H = \sum_{i=1}^{n} H_i = \sum_{i=1}^{n} \left(p_i^2 + \omega_i^2 q_i^2\right)\Big/2. \tag{13.4.75}
$$

对系统(13.4.74)应用 8.1.2 节中描述的随机平均法, 可得形如式(8.1.56)关于 A_i 的平均伊藤方程, 然后运用式(13.4.73)(此处 $g_i(A_i) = \omega_i^2 A_i$, $B_i = 0$)可得形如式(13.4.72)关于 H_i 的平均伊藤方程, 其中,

$$
\begin{aligned}
&\bar{m}_r(\boldsymbol{H})=\left[-2\beta_{rr}+\frac{1}{2}k_{rr}^2S(2\omega_r)+\frac{1}{4}\sum_{\substack{s=1\\s\neq r}}^{n}k_{rs}k_{sr}S_{rs}^{-}\right]H_r+\frac{1}{4}\omega_r^2\sum_{\substack{s=1\\s\neq r}}^{n}\frac{k_{rs}{}^2}{\omega_s^2}S_{rs}^{+}H_s,\\
&\sum_{k=1}^{m}\bar{\sigma}_{rk}\bar{\sigma}_{rk}(\boldsymbol{H})=\frac{1}{2}k_{rr}^2S(2\omega_r)H_r^2+\frac{1}{2}\omega_r^2H_r\sum_{\substack{s=1\\s\neq r}}^{n}\frac{k_{rs}^2}{\omega_s^2}S_{rs}^{+}H_s,\\
&\sum_{k=1}^{m}\bar{\sigma}_{rk}\bar{\sigma}_{sk}(\boldsymbol{H})=\frac{1}{2}k_{rs}k_{sr}S_{rs}^{-}H_rH_s,\quad s\neq r,\\
&S_{rs}^{\pm}=S(\omega_r+\omega_s)\pm S(\omega_r-\omega_s),\\
&S(\omega)=2\int_0^{\infty}R(\tau)\cos w\tau\mathrm{d}\tau,\\
&\quad r,s=1,2,\cdots,n.
\end{aligned}
\tag{13.4.76}
$$

它们满足条件(13.4.56)与式(13.4.60), 因此, 可按式(13.4.70)求最大李亚普诺夫指数.

以两个自由度系统为例, 式(13.4.76)化为

$$
\begin{aligned}
&\bar{m}_1(H_1,H_2)=\left[-2\beta_{11}+\frac{1}{2}k_{11}^2S(2\omega_1)\pm\frac{1}{4}k^2S^{-}\right]H_1+\frac{k^2}{4}\left(\frac{\omega_1}{\omega_2}\right)^2S^{+}H_2,\\
&\bar{m}_2(H_1,H_2)=\left[-2\beta_{22}+\frac{1}{2}k_{22}^2S(2\omega_2)\pm\frac{1}{4}k^2S^{-}\right]H_2+\frac{k^2}{4}\left(\frac{\omega_2}{\omega_1}\right)^2S^{+}H_1,\\
&\sum_{k=1}^{m}\bar{\sigma}_{1k}\bar{\sigma}_{1k}(H_1,H_2)=\frac{1}{2}k_{11}^2S(2\omega_1)H_1^2+\frac{k^2}{2}\left(\frac{\omega_1}{\omega_2}\right)^2S^{+}H_1H_2,\\
&\sum_{k=1}^{m}\bar{\sigma}_{2k}\bar{\sigma}_{2k}(H_1,H_2)=\frac{1}{2}k_{22}^2S(2\omega_2)H_2^2+\frac{k^2}{2}\left(\frac{\omega_2}{\omega_1}\right)^2S^{+}H_1H_2,\\
&\sum_{k=1}^{m}\bar{\sigma}_{1k}\bar{\sigma}_{2k}(H_1,H_2)=\pm\frac{k^2}{2}S^{-}H_1H_2,\\
&k_{12}=\pm k_{21}=k>0,\quad S^{\pm}=S_{12}^{\pm}.
\end{aligned}
\tag{13.4.77}
$$

引入范数

$$
\|\boldsymbol{Z}\|=H^{1/2}=(H_1+H_2)^{1/2}. \tag{13.4.78}
$$

式中 $\boldsymbol{Z}=[Q_1,Q_2,P_1,P_2]^{\mathrm{T}}$. 作变换

$$
\rho=\ln H^{1/2}=(\ln H)/2, \tag{13.4.79}
$$

$$
\alpha_r=H_r/H,\quad r=1,2. \tag{13.4.80}
$$

应用伊藤微分公式, 从形如式(13.4.72)关于 H_r 的平均伊藤方程导得关于 ρ 、α_1 的伊藤随机微分方程

$$\mathrm{d}\rho = Q(\alpha_1)\mathrm{d}t + \bar{\sigma}(\alpha_1)\mathrm{d}B(t). \tag{13.4.81}$$

$$\mathrm{d}\alpha_1 = m(\alpha_1)\mathrm{d}t + \sigma(\alpha_1)\mathrm{d}B(t). \tag{13.4.82}$$

式中,

$$\begin{aligned}
&Q(\alpha_1) = \mu_1\alpha_1 + \mu_2(1-\alpha_1) \pm k^2S^-/8 + \varphi(\alpha_1)/4,\\
&m(\alpha_1) = (1/2-\alpha_1)\varphi(\alpha_1) + 2(\mu_1-\mu_2)\alpha_1(1-\alpha_1),\\
&\sigma^2(\alpha_1) = \alpha_1(1-\alpha_1)\varphi(\alpha_1),\\
&\varphi(\alpha_1) = a\alpha_1^2 + b\alpha_1 + c.
\end{aligned} \tag{13.4.83}$$

$$a = \frac{1}{2}k^2\left[\left(\frac{\omega_1}{\omega_2}\right)^2 + \left(\frac{\omega_2}{\omega_1}\right)^2\right]S^+ - \frac{1}{2}k_{11}^2S(2\omega_1) - \frac{1}{2}k_{22}^2S(2\omega_2) \pm k^2S^-,$$

$$b = \frac{1}{2}k_{11}^2S(2\omega_1) + \frac{1}{2}k_{22}^2S(2\omega_2) mk^2S^+ - k^2\left(\frac{\omega_1}{\omega_2}\right)^2S^+,$$

$$c = \frac{1}{2}k^2\left(\frac{\omega_1}{\omega_2}\right)^2S^+,$$

$$\mu_1 = -\beta_{11} + \left(k_{11}^2/8\right)S(2\omega_1),\quad \mu_2 = -\beta_{22} + \left(k_{22}^2/8\right)S(2\omega_2).$$

注意, α_2 已代之以 $(1-\alpha_1)$, 并已消去关于 α_2 的方程.

由式(13.4.83)知, 若 $\varphi(\alpha_1)$ 在 $0<\alpha_1<1$ 上有限并不为零, 则 $\alpha_1=0,1$ 是扩散过程 $\alpha_1(t)$ 的两个第一类奇异边界, 在 $0<\alpha_1<1$ 上无其他奇点, 可由 $m(\alpha_1)$ 与 $\sigma^2(\alpha_1)$ 算出 $\alpha_1=0,1$ 上的扩散指数与特征标值为 1, 且 $m(0)>0$, $m(1)<0$, 查专著(Lin and Cai, 1995)中的表可知, $\alpha_1=0,1$ 皆为进入边界, 从而 $\alpha_1(t)$ 在 $0<\alpha_1<1$ 上遍历. 从求解与方程(13.4.82)相应的平稳 FPK 方程可得平稳概率密度

$$p(\alpha_1) = CF(\alpha_1)/\varphi(\alpha_1). \tag{13.4.84}$$

式中归一化常数

$$C = 4(\mu_1-\mu_2)/[F(1)-F(0)]. \tag{13.4.85}$$

将式(13.4.83)中 $Q(\alpha_1)$ 与式(13.4.84)中 $p(\alpha_1)$ 代入式(13.4.70), 得两个自由度系统(13.4.74)的最大李亚普诺夫指数

$$\lambda_1 = \int_0^1 Q(\alpha_1)p(\alpha_1)d\alpha_1 = \frac{1}{2}(\mu_1+\mu_2) \pm \frac{1}{8}k^2S^- + \frac{1}{2}(\mu_1-\mu_2)\frac{F(1)+F(0)}{F(1)-F(0)}. \tag{13.4.86}$$

其中 $F(\alpha_1)$ 取决于

$$\begin{aligned}\varDelta &= b^2 - 4ac \\ &= \left[k_{11}^2 S(2\omega_1) + k_{22}^2 S(2\omega_2)\right]^2 \Big/ 4 + k^2\left[k_{11}^2 S(2\omega_1) + k_{22}^2 S(2\omega_2)\right] \\ &\quad \times \left[S(\omega_1 \mp \omega_2) S(\omega_1 \pm \omega_2)\right] - 4k^4 S^2(\omega_1 \mp \omega_2) S(\omega_1 \pm \omega_2).\end{aligned} \tag{13.4.87}$$

$$F(\alpha_1) = \begin{cases} \exp\left[\dfrac{8(\mu_1 - \mu_2)}{\sqrt{\varDelta}} \tanh^{-1} \dfrac{b + 2a\alpha_1}{\sqrt{\varDelta}}\right], & \varDelta > 0 \\ \exp\left[\dfrac{8(\mu_1 - \mu_2)}{\sqrt{-\varDelta}} \tan^{-1} \dfrac{b + 2a\alpha_1}{\sqrt{-\varDelta}}\right], & \varDelta < 0 \\ \exp\left[-\dfrac{8(\mu_1 - \mu_2)}{b + 2a\alpha_1}\right], & \varDelta = 0 \end{cases} \tag{13.4.88}$$

式(13.4.86)与用标准随机平均法(Ariaratnam and Xie, 1992)得到的结果相同.

例 13.4.3 随机线性陀螺系统的稳定性(Huang and Zhu, 2000b).

上述通过计算最大李亚普诺夫指数确定概率为 1 的渐近稳定性方法也适用于随机线性陀螺系统. 下面以陀螺摆为例说明. 陀螺摆是导航仪中的核心部件, 用以提供垂直参考轴或人工平台, 因此, 陀螺摆的方向稳定性至关重要.

载体垂直方向的振动对陀螺摆起参激作用, 因而需研究这种参激对陀螺摆方向稳定性的影响. 已有多人研究过谐和参激下陀螺摆的稳定性. (Asokanthan and Ariaratnam, 2000; Sri Namchchivaya, 1987)中用古典随机平均法分别研究了平稳宽带随机参激下陀螺摆的矩稳定性与高斯白噪声参激下陀螺摆的概率为 1 李亚普诺夫渐近稳定性. 此处研究平稳宽带随机参激下陀螺摆的概率为 1 李亚普诺夫渐近稳定性.

在垂直支承随机参激下陀螺摆的拉格朗日运动方程为(Arnold, 1961)

$$\boldsymbol{M}\ddot{\boldsymbol{Q}} + \boldsymbol{G}\dot{\boldsymbol{Q}} + \boldsymbol{D}\dot{\boldsymbol{Q}} + \left[\boldsymbol{K} + \boldsymbol{K}_1\xi(t)\right]\boldsymbol{Q} = 0. \tag{13.4.89}$$

式中 $\boldsymbol{Q} = [\theta_2 \quad \theta_1]^{\mathrm{T}}$ 表示转子轴偏角的广义位移矢量,

$$\boldsymbol{M} = \begin{bmatrix} A_0 & 0 \\ 0 & B_0 \end{bmatrix}, \quad \boldsymbol{G} = \begin{bmatrix} 0 & -cn \\ cn & 0 \end{bmatrix}, \quad \boldsymbol{D} = \begin{bmatrix} d_1 & 0 \\ 0 & d_2 \end{bmatrix},$$
$$\boldsymbol{K} = \begin{bmatrix} k & 0 \\ 0 & k \end{bmatrix}, \quad \boldsymbol{K}_1 = \begin{bmatrix} k_1 & 0 \\ 0 & k_1 \end{bmatrix}. \tag{13.4.90}$$

注意, $\boldsymbol{G}$ 与通常陀螺矩阵差一负号. $\xi(t)$ 是功率谱密度为 $S(\omega)$ 的平稳宽带过程. 设 d_i 与 k_1^2, $S(\omega)$ 同为 ε 阶小量. 作勒让德变换(3.2.7), 得与式(13.4.89)相应的哈密顿运动方程为

$$\dot{\boldsymbol{Z}} = \boldsymbol{JSZ} - \left[\boldsymbol{B}_1 + \boldsymbol{B}_2\xi(t)\right]\boldsymbol{Z}. \tag{13.4.91}$$

式中 $\boldsymbol{Z} = [Q_1\ Q_2\ P_1\ P_2]^{\mathrm{T}}$，$\boldsymbol{J}$ 为 4×4 辛矩阵,

$$\boldsymbol{S} = \begin{bmatrix} (1/A_0)(cn/2)^2 + k & 0 & 0 & -cn/2A_0 \\ 0 & (1/B_0)(cn/2)^2 + k & cn/2B_0 & 0 \\ 0 & cn/2B_0 & 1/B_0 & 0 \\ -cn/2A_0 & 0 & 0 & 1/A_0 \end{bmatrix},$$

$$\boldsymbol{B}_1 = \begin{bmatrix} 0 & 0 \\ \boldsymbol{DM}^{-1}\boldsymbol{G}^{\mathrm{T}}/2 & \boldsymbol{DM}^{-1} \end{bmatrix},$$

$$\boldsymbol{B}_2 = \begin{bmatrix} 0 & 0 \\ \boldsymbol{K}_1 & 0 \end{bmatrix}. \tag{13.4.92}$$

0 为 2×2 零矩阵. 假定 $\boldsymbol{M}$ 、$\boldsymbol{K}$ 正定, 未扰系统平凡解稳定. 由特征方程 $|\boldsymbol{JS} \mp j\omega_r\boldsymbol{I}| = 0$ 可得固有频率

$$\omega_r = \left\{(k_{11} + k_{22} + g^2) \pm \left[g^4 + 2g^2(k_{11} + k_{22}) + (k_{11} - k_{22})^2\right]^{1/2}\right\}^{1/2} \Big/ \sqrt{2}. \tag{13.4.93}$$

式中,

$$k_{11} = k/B_0, k_{22} = k/A_0, g^2 = (cn)^2/A_0B_0. \tag{13.4.94}$$

作 3.2.4 节的正则变换, 其中变换矩阵为

$$\boldsymbol{T} = \begin{bmatrix} a_1 & -a_2\gamma_2 & -a_1 & -a_2\gamma_2 \\ a_1\gamma_1 & a_2 & a_1\gamma_1 & -a_2 \\ a_1\beta_1 & -a_2\alpha_2 & a_1\beta_1 & a_2\alpha_2 \\ a_1\alpha_1 & a_2\beta_2 & -a_1\alpha_1 & a_2\beta_2 \end{bmatrix}. \tag{13.4.95}$$

式中,

$$\begin{aligned} &a_r = 1/2(\beta_r - a_r\gamma_r), \quad \gamma_1 = \omega_1 cn/(B_0\omega_1^2 - k), \\ &\gamma_2 = \omega_2 cn/(A_0\omega_2^2 - k), \quad \alpha_1 = (cn/2) - B_0\omega_1\gamma_1, \\ &\alpha_2 = (cn/2) - A_0\omega_2\gamma_2, \quad \beta_1 = A_0\omega_1 - (cn/2)\gamma_1, \\ &\beta_2 = B_0\omega_2 - (cn/2)\gamma_2, \quad r = 1,2,\cdots \end{aligned} \tag{13.4.96}$$

式(13.4.91)变成

$$\begin{aligned} \dot{\overline{\boldsymbol{Q}}} &= \varOmega_1\overline{\boldsymbol{P}} - \left(\boldsymbol{A}_1^{11}\overline{\boldsymbol{Q}} + \boldsymbol{A}_1^{12}\overline{\boldsymbol{P}}\right) - \left(\boldsymbol{A}_2^{11}\overline{\boldsymbol{Q}} + \boldsymbol{A}_2^{12}\overline{\boldsymbol{P}}\right)\xi(t), \\ \dot{\overline{\boldsymbol{P}}} &= -\varOmega_1\overline{\boldsymbol{Q}} - \left(\boldsymbol{A}_1^{21}\overline{\boldsymbol{Q}} + \boldsymbol{A}_1^{22}\overline{\boldsymbol{P}}\right) - \left(\boldsymbol{A}_2^{21}\overline{\boldsymbol{Q}} + \boldsymbol{A}_2^{22}\overline{\boldsymbol{P}}\right)\xi(t). \end{aligned} \tag{13.4.97}$$

推导中用到下列关系式:

$$\boldsymbol{T}^{-1} = -\boldsymbol{J}\boldsymbol{T}^{\mathrm{T}}\boldsymbol{J}\,, \tag{13.4.98}$$

$$\boldsymbol{T}^{-1}\boldsymbol{J}\boldsymbol{S}\boldsymbol{T} = \boldsymbol{J}\boldsymbol{\Omega}\,, \tag{13.4.99}$$

$$\boldsymbol{A}_i = \boldsymbol{J}^{\mathrm{T}}\boldsymbol{T}^{\mathrm{T}}\boldsymbol{J}\boldsymbol{B}_i\boldsymbol{T} = \begin{bmatrix} A_i^{11} & A_i^{12} \\ A_i^{21} & A_i^{22} \end{bmatrix}, \tag{13.4.100}$$

$$\boldsymbol{\Omega} = \mathrm{diag}\{\omega_1 \quad \omega_2 \quad \omega_1 \quad \omega_2\} = \begin{bmatrix} \boldsymbol{\Omega}_1 & 0 \\ 0 & \boldsymbol{\Omega}_1 \end{bmatrix}. \tag{13.4.101}$$

与式(13.4.97)相应的哈密顿系统的哈密顿函数为

$$H(\bar{\boldsymbol{Q}},\bar{\boldsymbol{P}}) = \sum_{r=1}^{2} H_r(\bar{Q}_r,\bar{P}_r) = \sum_{r=1}^{2} \omega_r\left(\bar{Q}_r^2 + \bar{P}_r^2\right)\Big/2\,. \tag{13.4.102}$$

作变换

$$\bar{Q}_r = \sqrt{2H_r/\omega_r}\cos\theta,\quad \bar{P}_r = \sqrt{2H_r/\omega_r}\sin\theta\,. \tag{13.4.103}$$

$$H_r = \omega_r\left(\bar{Q}_r^2 + \bar{P}_r^2\right)/2,\quad \theta = tg^{-1}\bar{P}_r/\bar{Q}_r\,. \tag{13.4.104}$$

可从式(13.4.97)导出关于 H_r，θ 的微分方程. 在非内共振情形, 对所得之方程应用随机平均法, 可得关于 H_r 的平均伊藤随机微分方程

$$\mathrm{d}H_r = \bar{m}_r(H_1,H_2)\mathrm{d}t + \sum_{k=1}^{2}\bar{\sigma}_{rk}(H_1,H_2)\mathrm{d}B_k(t)\,. \tag{13.4.105}$$

式中

$$\begin{aligned}\bar{m}_1(H_1,H_2) = \Delta_1^2\Bigg\{&-\frac{2\omega_1}{\Delta_1}\left(\frac{d_1}{\gamma_1} + \gamma_1 d_2\right)\\ &+ k_1^2\left[\delta_1 + 2\left(\frac{1}{\gamma_1} - \gamma_1\right)^2 S(2\omega_1)\right]\Bigg\}H_1 - k_1^2\Delta_1^2\left(\frac{\omega_1}{\omega_2}\right)\delta_2 H_2,\end{aligned}$$

$$\begin{aligned}\bar{m}_2(H_1,H_2) = -k_1^2\Delta_1^2\left(\frac{\omega_2}{\omega_1}\right)\delta_2 H_1 + \Delta_1^2\Bigg\{&-\frac{2\omega_1}{\Delta_1}\left(\frac{d_2}{\gamma_2} + \gamma_2 d_1\right).\\ &+ k_1^2\left[\delta_1 + 2\left(\frac{1}{\gamma_2} - \gamma_2\right)^2 S(2\omega_2)\right]\Bigg\}H_2,\end{aligned}$$

$$\sum_{k=1}^{2}\bar{\sigma}_{1k}\bar{\sigma}_{1k}(H_1,H_2) = 2k_1^2\Delta_1^2(1/\gamma_1 - \gamma_1)^2 S(2\omega_1)H_1^2 - 2k_1^2\Delta_1^2(\omega_1/\omega_2)\delta_2 H_1 H_2,$$

$$\sum_{k=1}^{2}\bar{\sigma}_{2k}\bar{\sigma}_{2k}(H_1,H_2)=2k_1^2\Delta_1^2(1/\gamma_2-\gamma_2)^2S(2\omega_2)H_2^2-2k_1^2\Delta_1^2(\omega_2/\omega_1)\delta_2H_1H_2,$$
$$\sum_{k=1}^{2}\bar{\sigma}_{1k}\bar{\sigma}_{2k}(H_1,H_2)=2k_1^2\Delta_1^2\delta_1H_1H_2.$$

$$(13.4.106)$$

$$\delta_1=\left[(\gamma_1+\gamma_2)^2/\gamma_1\gamma_2\right]S(\omega_1-\omega_2)-\left[(-\gamma_1+\gamma_2)^2/\gamma_1\gamma_2\right]S(\omega_1+\omega_2),$$
$$\delta_2=\left[(\gamma_1+\gamma_2)^2/\gamma_1\gamma_2\right]S(\omega_1-\omega_2)+\left[(-\gamma_1+\gamma_2)^2/\gamma_1\gamma_2\right]S(\omega_1+\omega_2),$$
$$\Delta_1=cn/2A_0B_0\left(\omega_1^2-\omega_2^2\right).$$

引入范数(13.4.78), 作变换式(13.4.79)、(13.4.80), 得形如式(13.4.81)、(13.4.82)方程, 其中

$$Q(\alpha_1)=(\mu_1+\mu_2)/2+(\mu_1-\mu_2)(\alpha_1-1/2)+\varphi(\alpha_1)/4,$$
$$m(\alpha_1)=(1/2-\alpha_1)\varphi(\alpha_1)+2(\mu_1-\mu_2)\alpha_1(1-\alpha_1),$$
$$\sigma^2(\alpha_1)=\alpha_1(1-\alpha_1)\varphi(\alpha_1),$$
$$\varphi(\alpha_1)=a\alpha_1^2+b\alpha_1+c,$$

$$\begin{aligned}a&=-2k_1^2\Delta_1^2\delta_2(\omega_1/\omega_2+\omega_2/\omega_1)+4k_1^2\Delta_1^2\delta_1\\&\quad-2k_1^2\Delta_1^2\left[(1/\gamma_1-\gamma_1)^2S(2\omega_1)+(1/\gamma_2-\gamma_2)^2S(2\omega_2)\right],\\b&=4k_1^2\Delta_1^2\delta_2(\omega_1/\omega_2)-4k_1^2\Delta_1^2\delta_1\\&\quad+2k_1^2\Delta_1^2\left[(1/\gamma_1-\gamma_{11})^2S(2\omega_1)+(1/\gamma_2-\gamma_2)^2S(2\omega_2)\right],\\c&=-2k_1^2\Delta_1^2\delta_2(\omega_1/\omega_2).\\\mu_1&=\Delta_1^2\left\{-\frac{\omega_1}{\Delta_1}\left(\frac{d_1}{\gamma_1}+\gamma_1d_2\right)+k_1^2\left[\delta_1+\frac{1}{2}\left(\frac{1}{\gamma_1}-\gamma_1\right)^2S(2\omega_1)\right]\right\},\\\mu_1&=\Delta_1^2\left\{-\frac{\omega_2}{\Delta_1}\left(\frac{d_2}{\gamma_2}+\gamma_2d_1\right)+k_1^2\left[\delta_1+\frac{1}{2}\left(\frac{1}{\gamma_2}-\gamma_2\right)^2S(2\omega_2)\right]\right\}.\end{aligned}\tag{13.4.107}$$

类似于式(13.4.81)中的 α_1, 可证式(13.4.107)中的 α_1 也在 $0<\alpha_1<1$ 上遍历, 可得形同式(13.4.84)平稳概率密度, 仅 $\varphi(\alpha_1)$ 不同, 最后得最大李亚普诺夫指数

$$\lambda_1=(\mu_1+\mu_2)/2+(\mu_1-\mu_2)\left[F(1)+F(0)\right]/2\left[F(1)-F(0)\right].\tag{13.4.108}$$

$F(\alpha_1)$ 形同式(13.4.88), 其中 a, b 由式(13.4.107)确定, 而

$$
\begin{aligned}
\Delta = {} & 4k_1^4\Delta_1^4 \\
& \times\left[\left(\frac{1}{\gamma_1}-\gamma_1\right)^2 S(2\omega_1)+\left(\frac{1}{\gamma_2}-\gamma_2\right)^2 S(2\omega_2)+\frac{4(\gamma_2-\gamma_1)^2}{\gamma_1\gamma_2}S(\omega_1+\omega_2)\right] \\
& \times\left[\left(\frac{1}{\gamma_1}-\gamma_1\right)^2 S(2\omega_1)+\left(\frac{1}{\gamma_2}-\gamma_2\right)^2 S(2\omega_2)-\frac{4(\gamma_2+\gamma_1)^2}{\gamma_1\gamma_2}S(\omega_1-\omega_2)\right].
\end{aligned} \tag{13.4.109}
$$

当 $cn=0$ (陀螺项为零)时,式(13.4.108)化为

$$
\lambda_1=\begin{cases}\mu_1\ ,\ \mu_1>\mu_2, \\ \mu_2\ ,\ \mu_2>\mu_1.\end{cases} \tag{13.4.110}
$$

而当 $A_0=B_0=A$ 时,$\gamma_1=-\gamma_2=1$,$\Delta=0$,

$$
\begin{aligned}
&\mu_1=-(d_1+d_2)\Delta_1\omega_1+2\Delta_1^2k_1^2S(\omega_1+\omega_2), \\
&\mu_2=-(d_1+d_2)\Delta_1\omega_2+2\Delta_1^2k_1^2S(\omega_1+\omega_2), \\
&\varphi(\alpha_1)=\left(8k_1^2\Delta_1^2/\omega_1\omega_2\right)S(\omega_1+\omega_2)\left[(\omega_1+\omega_2)\alpha_1-\omega_1\right]^2.
\end{aligned} \tag{13.4.111}
$$

由式(13.4.107)、(13.4.111)知,除 $\alpha_1=0$, 1外,$\alpha_1^*=\omega_1/(\omega_1+\omega_2)$ 也是 α_1 的第一类奇异点,且 $m(\alpha_1^*)<0$,扩散指数 $\alpha(\alpha_1^*)=2$,由(Lin and Cai, 1995)可知,α_1^* 是 $[0\ ,\ \alpha_1^*]$ 的进入边界,α_1 在 $0\leqslant\alpha_1\leqslant\alpha_1^*$ 上遍历,存在平稳概率密度. 从求解相应平稳 FPK 方程,得

$$
p(\alpha_1)=CF_1(\alpha_1)/\varphi(\alpha_1)\ ,\ 0\leqslant\alpha_1\leqslant\alpha_1^*. \tag{13.4.112}
$$

式中

$$
\begin{aligned}
&F_1(\alpha_1)=\exp\left\{\frac{(\mu_1-\mu_2)\omega_1\omega_2}{2k_1^2\Delta_1^2(\omega_1+\omega_2)\left[\omega_1-(\omega_1+\omega_2)\alpha_1\right]S(\omega_1+\omega_2)}\right\}, \\
&C=-4(\mu_1-\mu_2)/F_1(0)
\end{aligned} \tag{13.4.113}
$$

而最大李亚普诺夫指数为

$$
\lambda_1=(\mu_1+\mu_2)/2+(\mu_1-\mu_2)\left[F_1(\alpha_1^*)+F_1(0)\right]/2\left[F_1(\alpha_1^*)-F_1(0)\right]=\mu_2. \tag{13.4.114}
$$

系统(13.4.89)之平凡解以概率 1 李亚普诺夫渐近稳定的充要条件近似为 $\mu_2<0$,即

$$
d_1+d_2>(2\Delta_1k_1^2/\omega_2)S(\omega_1+\omega_2)=\left[\omega_1k_1^2/k(\omega_1+\omega_2)\right]S(\omega_1+\omega_2). \tag{13.4.115}
$$

据此可得参数空间中的稳定域(Huang and Zhu, 2000b). (Sri Namchchivaya, 1987)中得到的系统(13.4.89)之平凡解均方渐近稳定的条件为

$$d_1 + d_2 > \left(k_1^2 / k\right) S\left(\omega_1 + \omega_2\right). \tag{13.4.116}$$

式(13.4.116)严于式(13.4.115), 这显然是合理的.

例 13.4.4　非线性随机系统的稳定性(Zhu and Huang, 1999).

本节所提出的计算最大李亚普诺夫指数的方法的最大优点是可用来研究非线性随机动力学系统的概率为 1 李亚普诺夫渐近稳定性, 下面用一个简单的例子说明. 考虑系统

$$\begin{aligned}
&\dot{Q}_1 = P_1, \\
&\dot{P}_1 = -\omega_1^2 Q_1 - \beta_{11} P_1 - \beta_{22} P_2 + f_{11} Q_1 W_{g1}(t) + f_{12} Q_2^2 W_{g2}(t), \\
&\dot{Q}_2 = P_2, \\
&\dot{P}_2 = -\alpha Q_2^3 - \beta_{21} P_1 - \beta_{22} P_2 + f_{21} Q_1 W_{g1}(t) + f_{22} Q_2^2 W_{g2}(t).
\end{aligned} \tag{13.4.117}$$

式中 $\omega_1, f_{ik}, \alpha > 0, \beta_{ij} > 0$ 为常数, $W_{gk}(t)$ 是强度为 $2D_k$ 的独立高斯白噪声, β_{ij} 与 D_k 同为 ε 阶小量. 与系统(13.4.117)相应的哈密顿系统的哈密顿函数为

$$H = H_1 + H_2. \tag{13.4.118}$$

式中

$$H_1 = \left(p_1^2 + \omega_1^2 q_1^2\right) \Big/ 2, \quad H_2 = \left(p_2^2 + \alpha Q_2^4 / 2\right) \Big/ 2. \tag{13.4.119}$$

应用 5.2 节中的描述的拟可积哈密顿系统随机平均法, 在非共振情形得形如式(5.2.20)关于 H_i 的平均伊藤方程, 其中

$$\begin{aligned}
&\bar{m}_1(H_1, H_2) = -\beta_{11} H_1 + f_{11}^2 D_1 H_1 / \omega_1^2 + \eta_1 f_{12}^2 D_2 H_2, \\
&\bar{m}_2(H_1, H_2) = -\eta_2 \beta_{22} H_2 + f_{21}^2 D_1 H_1 / \omega_1^2 + \eta_1 f_{22}^2 D_2 H_2, \\
&\sum_{k=1}^{m} \bar{\sigma}_{1k} \bar{\sigma}_{1k}(H_1, H_2) = f_{11}^2 D_1 H_1^2 / \omega_1^2, \\
&\sum_{k=1}^{m} \bar{\sigma}_{2k} \bar{\sigma}_{2k}(H_1, H_2) = 2\eta_3 f_{22}^2 D_2 H_2^2, \\
&\sum_{k=1}^{m} \bar{\sigma}_{1k} \bar{\sigma}_{2k}(H_1, H_2) = 0.
\end{aligned} \tag{13.4.120}$$

式中,

$$\begin{aligned}
&\eta_1 = (8/9\alpha)^{1/2} \Big/ \int_0^1 (1-t^4)^{-1/2} \mathrm{d}t, \quad \eta_2 = 2\int_0^1 (1-t^4)^{1/2} \mathrm{d}t \Big/ \int_0^1 (1-t^4)^{-1/2} \mathrm{d}t, \\
&\eta_3 = (8/\alpha) \int_0^1 t^4 (1-t^4)^{1/2} \mathrm{d}t \Big/ \int_0^1 (1-t^4)^{-1/2} \mathrm{d}t.
\end{aligned} \tag{13.4.121}$$

式(13.4.120)满足条件(13.4.56)与(13.4.60). 引入范数(13.4.78), 并作变换(13.4.79)、

(13.4.80), 得关于 ρ,α_1 形如式(13.4.81)、(13.4.82)的伊藤随机微分方程, 其中

$$Q(\alpha_1)=\left(\mu_1+f_{21}^2D_1/\omega_1^2\right)\alpha_1+\left(\mu_2+f_{12}^2D_2\eta_1\right)\left(1-\alpha_1\right)+A\alpha_1\left(1-\alpha_1\right)/4,$$
$$m(\alpha_1)=\left[2\left(\mu_1-\mu_2\right)+A\left(1-2\alpha_1\right)/2\right]\alpha_1\left(1-\alpha_1\right)+f_{12}^2D_2\eta_1\left(1-\alpha_1\right)^2-f_{21}^2D_1\alpha_1^2/\omega_1^2,$$
$$\sigma^2(\alpha_1)=A\alpha_1^2\left(1-\alpha_1\right)^2. \tag{13.4.122}$$

式中,

$$\begin{aligned}\mu_1&=-\beta_{11}/2+f_{11}^2D_1/4\omega_1^2,\\ \mu_2&=-\beta_{22}\eta_2/2+\left(\eta_1-\eta_3\right)f_{22}^2D_2/2,\\ A&=f_{11}^2D_1/\omega_1^2+2\eta_3f_{22}^2D_2.\end{aligned} \tag{13.4.123}$$

$\sigma^2(\alpha_1)$ 在 $0<\alpha_1<1$ 上不为零, 而 $\sigma^2(0)=\sigma^2(1)=0$, $\alpha=0$, 1是 $\alpha_1(t)$ 的第一类奇异边界, 可证它们是进入边界, 因此, α_1 在 $0\leqslant\alpha_1\leqslant1$ 上遍历. 从求解与 $\alpha_1(t)$ 的伊藤方程相应的平稳 FPK 方程可得平稳概率密度

$$p(\alpha_1)=\frac{C}{\alpha_1(1-\alpha_1)}\left(\frac{\alpha_1}{1-\alpha_1}\right)^{4(\mu_1-\mu_2)/A}\exp\left\{-\frac{2}{A}\left[\frac{\eta_1f_{12}^2D_2}{\alpha_1}+\frac{f_{21}^2D_1}{\omega_1^2(1-\alpha_1)}\right]\right\}. \tag{13.4.124}$$

从而最大李亚普诺夫指数

$$\lambda_1=\int_0^1Q(\alpha_1)p(\alpha_1)\mathrm{d}\alpha_1. \tag{13.4.125}$$

而系统(13.4.117)的平凡解以概率 1 李亚普诺夫渐近稳定的充要条件为 $\lambda_1<0$.

13.5　拟哈密顿系统非线性随机最优控制

随机最优控制的一个主要方法是贝尔曼的动态规划(Bellman, 1957; Fleming and Rishel, 1975). 按随机动态规划方法, 随机动力学系统的最优控制可通过建立与求解随机动态规划方程确定. 对于线性受控系统与二次型成本泛函、未控过程与已控过程均为高斯过程, 相应的随机动态规划方程可以精确求解, 从而完美地解决了最优控制问题. 对于非线性受控系统, 未控过程与已控过程皆为非高斯过程, 相应的动态规划方程难以求解, 特别是对高维非线性受控系统. 本节简单介绍如何在随机平均方程基础上应用动态规划原理确定最优控制(朱位秋, 2003; Zhu, 2006). 下面将会看到, 这将大大地简化动态规划方程的求解, 以及未控与已控系统的动态响应的预测.

13.5.1　受控的拟哈密顿系统

考虑受控的拟哈密顿系统，其运动方程为

$$
\begin{aligned}
&\dot{Q}_i=\frac{\partial H'}{\partial P_i},\\
&\dot{P}_i=-\frac{\partial H'}{\partial Q_i}-\varepsilon\sum_{j=1}^{n}c'_{ij}(\boldsymbol{Q},\boldsymbol{P})\frac{\partial H'}{\partial P_j}+u_i(\boldsymbol{Q},\boldsymbol{P})+\varepsilon^{1/2}\sum_{k=1}^{m}f'_{ik}(\boldsymbol{Q},\boldsymbol{P})\xi_k(t),\\
&i=1,2,\cdots,n.
\end{aligned}
\tag{13.5.1}
$$

式中 $H'=H'(\boldsymbol{Q},\boldsymbol{P})$ 是未控、无激励系统的哈密顿函数；$\varepsilon c'_{ij}$ 是拟线性阻尼系数；$\xi_k(t)$ 为随机过程；$\varepsilon^{1/2}f_{ik}'$ 为激励的幅值. 当 $\xi_k(t)$ 皆为高斯白噪声、相关函数为 $2\pi K_{kl}\delta(\tau)$ 时,式(13.5.1)可模型化为如下伊藤随机微分方程

$$
\begin{aligned}
&\mathrm{d}Q_i=\frac{\partial H''}{\partial P_i}\mathrm{d}t,\\
&\mathrm{d}P_i=-\left[\frac{\partial H''}{\partial Q_i}+\varepsilon\sum_{j=1}^{n}m'_{ij}(\boldsymbol{Q},\boldsymbol{P})\frac{\partial H''}{\partial P_j}-u_i(\boldsymbol{Q},\boldsymbol{P})\right]\mathrm{d}t+\varepsilon^{1/2}\sum_{k=1}^{m}\sigma'_{ik}(\boldsymbol{Q},\boldsymbol{P})\mathrm{d}B_k(t),\\
&i=1,2,\cdots n.
\end{aligned}
\tag{13.5.2}
$$

式中 $H''=H''(\boldsymbol{Q},\boldsymbol{P})$ 与 $\varepsilon m'_{ij}$ 分别为加上 Wong-Zakai 修正项修正后的哈密顿函数与拟线性阻尼系数；$\boldsymbol{\sigma}'\boldsymbol{\sigma}'^{\mathrm{T}}=2\pi\boldsymbol{f}'\boldsymbol{K}\boldsymbol{f}'^{\mathrm{T}}$. 式(13.5.1)、(13.5.2)中，u_i 为广义反馈控制力. 若系统中有 β 个控制执行机构，每个执行机构发出的控制力为 $U_\alpha=U_\alpha(\boldsymbol{Q},\boldsymbol{P})$，则 $u_i=\sum_{\alpha=1}^{\beta}g_{i\alpha}U_\alpha$，$[g_{i\alpha}]$ 为控制执行机构放置矩阵. 若 $g_{i\alpha}$ 不依赖于 $\boldsymbol{Q},\boldsymbol{P}$，则称相应 u_i 为外加控制力；若 $g_{i\alpha}$ 为 $\boldsymbol{Q},\boldsymbol{P}$ 的函数，则 u_i 称为参数控制力. 例如，在索的横向振动控制中，垂直于索轴向的控制力为外加控制力，而沿索的轴向的控制力为参数控制力.

研究随机最优控制的目的是，寻求最优反馈控制律使系统的某个性能最优，如响应最小，响应服从某个给定概率密度，稳定裕度最大，或可靠度最大，此处仅考虑响应最小，并预测最优控制系统的响应. Zhu(Zhu and Ying, 1999; Zhu et al., 2001a)提出的随机最优控制策略的基本思想是将反馈控制力 u_i 分成保守控制力 $u_i^{(1)}$ 与耗散控制力 $u_i^{(2)}$，用 $u_i^{(1)}$ 改变系统的哈密顿结构，从而改变系统中能量与响应的分布. 用 $u_i^{(2)}$ 耗散系统能量，从而增大稳定性，减小系统的能量与响应. $u_i^{(1)}$ 按保哈密顿系统最优控制理论确定，$u_i^{(2)}$ 则在拟哈密顿系统随机平均方程基础上运用随机动态规划方法确定.

保哈密顿系统或保拉格朗日系统控制，即未控与已控系统均为哈密顿系统或

均为拉格朗日系统的控制，是机械系统控制中的一个复杂问题，迄今所研究的主要是如何改变动能或势能使哈密顿系统或拉格朗日系统稳定化(Murray, 1997). 在结构振动控制中，未控的哈密顿系统往往是稳定的，保守控制力 $u_i^{(1)}$ 主要用来改变系统的可积性与共振性，使系统内能量与响应的分布尽量满足要求. 原则上，这可提为如下最优控制问题：设 H' 为未控系统哈密顿函数，H 为所要求的哈密顿函数，选取 $u_i^{(1)}$ 使某一性能指标最小，即

$$\inf_{\boldsymbol{u}^{(1)}} J\left(H', H, \boldsymbol{u}^{(1)}\right). \tag{13.5.3}$$

式中 $u^{(1)}=[u_1^{(1)} \quad u_2^{(1)} \cdots u_n^{(1)}]^{\mathrm{T}}$. 对此问题，目前尚无一般方法. 下面通过具体例子说明.

在确定 $u_i^{(1)}$ 后，将 $u_i^{(1)}$ 与 $-\partial H''/\partial Q_i$ 合并，得到最优哈密顿函数 $H=H(\boldsymbol{Q},\boldsymbol{P})$. 式(13.5.2)变成

$$\begin{aligned}
&\mathrm{d}Q_i=\frac{\partial H}{\partial P_i}\mathrm{d}t,\\
&\mathrm{d}P_i=-[\frac{\partial H}{\partial Q_i}+\varepsilon\sum_{j=1}^{n}m'_{ij}(\boldsymbol{Q},\boldsymbol{P})\frac{\partial H}{\partial P_j}-u_i^{(2)}(\boldsymbol{Q},\boldsymbol{P})]\mathrm{d}t+\varepsilon^{1/2}\sum_{k=1}^{m}\sigma'_{ik}(\boldsymbol{Q},\boldsymbol{P})\mathrm{d}B_k(t),\\
&i=1,2,\cdots,n.
\end{aligned} \tag{13.5.4}$$

虽然对式(13.5.4)可直接应用随机动态规划方法，但此时动态规划方程是 $2n$ 维的，而且由于扩散矩阵是退化的，从而动态规划方程无古典解，只有粘性解. 避免上述情况的一个办法是对(13.5.4)先应用拟哈密顿系统随机平均法，再对平均伊藤方程应用随机动态规划方法. 不仅可降低动态规划方程的维数，而且使扩散矩阵变成非退化，从而使动态规划方程有古典解.

为应用拟哈密顿系统随机平均法，须假设(13.5.4)中 $u_i^{(2)}$ 为 ε 阶小量，相应的控制称为弱控制. 应用中，只要随机激励输入系统的能量与阻尼力及控制力消耗的能量之差同系统本身能量相比为小，即可应用拟哈密顿系统随机平均法.

下面仅就拟不可积哈密顿系统平稳响应的控制问题，阐述随机平均法在非线性随机最优控制中的应用. 对于其他可积性和共振性情形的拟哈密顿系统、其他激励情形、部分可观测情形，以及稳定性和可靠性的控制问题中随机平均法的应用，可参见(朱位秋, 2003; Zhu, 2006; 朱位秋和应祖光, 2013).

13.5.2 拟不可积哈密顿系统随机最优控制

设与式(13.5.4)相应的哈密顿系统为不可积. 对式(13.5.4)应用 5.1 节中描述的拟不可积哈密顿系统随机平均法，得如下部分平均伊藤随机微分方程

$$\mathrm{d}H = [m(H) + \left\langle \sum_{i=1}^{n} u_i^{(2)} \frac{\partial H}{\partial P_i} \right\rangle_t]\mathrm{d}t + \sigma(H)\mathrm{d}B(t). \tag{13.5.5}$$

式中 $\bar{m}(H)$ 和 $\bar{\sigma}(H)$ 分别按(5.1.8)和(5.1.9)确定，而

$$\langle [\bullet] \rangle_t = \frac{1}{T(H)} \int_{\Omega} \left([\bullet] \Big/ \frac{\partial H}{\partial p_1} \right) \mathrm{d}q_1 \cdots \mathrm{d}q_n \mathrm{d}p_2 \cdots \mathrm{d}p_n. \tag{13.5.6}$$

注意，$u_i^{(2)}$ 为 $\boldsymbol{Q},\boldsymbol{P}$ 之函数，而 $\langle u_i^{(2)} \partial H / \partial P_i \rangle_t$ 为 H 之函数. 鉴于 $u_i^{(2)}$ 尚未确定，暂时无法完成对式(13.5.5)右边第二项的平均.

考虑式(13.5.5)在有限时间区间 $[0,t_f]$ 上的控制. 设成本泛函为

$$J(\boldsymbol{u}^{(2)}) = E\left[\int_0^{t_f} f\left(H(s), \left\langle \boldsymbol{u}^{(2)}(s) \right\rangle_t \right) \mathrm{d}s + g\left(H(t_f) \right) \right]. \tag{13.5.7}$$

最优控制的目标是使成本泛函极小或极大. 引入值函数

$$V(h,t) = \inf_{\boldsymbol{u}^{(2)}} E\left[\int_t^{t_f} f\left(H(s), \left\langle \boldsymbol{u}^{(2)}(s) \right\rangle_t \right) \mathrm{d}s + g\left(H(t_f) \right) \right]. \tag{13.5.8}$$

对控制问题(13.5.5)与(13.5.7)可建立如下动态规划方程(朱, 2003)

$$\frac{\partial V}{\partial t} = -\inf_{\boldsymbol{u}^{(2)}} \left\{ \frac{1}{2} \bar{\sigma}^2(h) \frac{\partial^2 V}{\partial h^2} + \left[\bar{m}(h) + \left\langle \sum_{i=1}^{n} u_i^{(2)} \frac{\partial h}{\partial p_i} \right\rangle_t \right] \frac{\partial V}{\partial h} + f\left(h, \left\langle \boldsymbol{u}^{(2)} \right\rangle_t \right) \right\}. \tag{13.5.9}$$

与终值条件

$$V(h,t_f) = g(h(t_f)). \tag{13.5.10}$$

式(13.5.9)右边取极小值的必要条件为

$$\frac{\partial}{\partial u_i^{(2)}} \left[\left\langle \sum_{i=1}^{n} u_i^{(2)} \frac{\partial h}{\partial p_i} \right\rangle_t \frac{\partial V}{\partial h} + f\left(h, \left\langle \boldsymbol{u}^{(2)} \right\rangle_t \right) \right] = 0, \quad i = 1,2,\cdots,n. \tag{13.5.11}$$

由此可确定最优控制律 $u_i^{(2)*}$. 例如，设

$$f\left(h, \left\langle \boldsymbol{u}^{(2)} \right\rangle_t \right) = f_1(h) + \left\langle \boldsymbol{u}^{(2)\mathrm{T}} \boldsymbol{R} \boldsymbol{u}^{(2)} \right\rangle_t. \tag{13.5.12}$$

R 为正定对称常数矩阵，则最优控制律为

$$u_i^{(2)*} = -\frac{1}{2} \sum_{j=1}^{n} \left(\boldsymbol{R}^{-1} \right)_{ij} \frac{\partial V}{\partial h} \frac{\partial h}{\partial p_j} = -\frac{1}{2} \sum_{j=1}^{n} \left(\boldsymbol{R}^{-1} \right)_{ij} \frac{\partial V}{\partial h} \dot{q}_j. \tag{13.5.13}$$

当 $\partial V / \partial h > 0$ 时，$u_i^{(2)*}$ 为耗散控制力. 注意，$\partial V / \partial h$ 一般为 h 的函数，$u_i^{(2)*}$ 一般为广义速度的拟线性函数，式(13.5.13)一般是非线性负反馈控制.

$u_i^{(2)*}$确实为最优控制律的充分条件是

$$\left.\frac{\partial^2}{\partial u_i^{(2)2}} f\left(h,\left\langle \boldsymbol{u}^{(2)}\right\rangle_t\right)\right|_{u_i^{(2)}=u_i^{(2)*}} \geqslant 0. \tag{13.5.14}$$

当f为式(13.5.12)时，式(13.5.14)确实满足. 因此，式(13.5.13)中$u_i^{(2)*}$确实为最优控制律.

将(13.5.13)中的$u_i^{(2)*}$代入式(13.5.9)以取代$u_i^{(2)}$，并按式(13.5.6)完成平均运算，可得最后动态规划方程. 例如，当R为对角阵时，将$u_i^{(2)*}$代入(13.5.9)代替$u_i^{(2)}$，完成平均运算，得如下最后动态规划方程

$$\frac{\partial V}{\partial t}=-\left\{\frac{1}{2}\bar{\sigma}^2(h)\frac{\partial^2 V}{\partial h^2}+\bar{m}(h)\frac{\partial V}{\partial h}-\sum_{i=1}^{n}\frac{1}{4R_i}\left\langle\left(\frac{\partial h}{\partial p_i}\right)^2\right\rangle_t\left(\frac{\partial V}{\partial h}\right)^2+f_1(h)\right\}. \tag{13.5.15}$$

它是一维非齐次非线性抛物型偏微分方程，终值条件仍为式(13.5.10). 将其解代入式(13.5.13)，得最优控制力$u_i^{(2)*}$.

在上述推导中，对控制力的大小并未加以限制，得到的是最优无界控制. 若控制力有界，即

$$|u_i|\leqslant b_i,\quad b_i>0,\quad i=1,2,\cdots,n. \tag{13.5.16}$$

则相应的最优控制称为最优有界控制. 此时，取与$\boldsymbol{u}^{(2)}$无关的成本泛函，即形为

$$J_1=E\left[\int_0^{t_f} f_1(H(s))\mathrm{d}s+g(H(t_f))\right]. \tag{13.5.17}$$

值函数定义为

$$V_1(h,t)=\inf_{\boldsymbol{u}^{(2)}} E\left[\int_t^{t_f} f_1\left(H(s)\right)\mathrm{d}s+g\left(H(t_f)\right)\right]. \tag{13.5.18}$$

相应的动态规划方程为

$$\frac{\partial V_1}{\partial t}=-\inf_{\boldsymbol{u}^{(2)}}\left\{\frac{1}{2}\bar{\sigma}^2(h)\frac{\partial^2 V_1}{\partial h^2}+\left[\bar{m}(h)+\left\langle\sum_{i=1}^{n}u_i^{(2)}\frac{\partial h}{\partial p_i}\right\rangle_t\right]\frac{\partial V_1}{\partial h}+f_1(h)\right\}. \tag{13.5.19}$$

终值条件为

$$V_1(h,t_f)=g(h(t_f)). \tag{13.5.20}$$

由方程(13.5.19)右边对$u_i^{(2)}$求极小，考虑到式(13.5.16)，得

$$u_i^{(2)*}=-b_i\mathrm{sgn}\left(\frac{\partial h}{\partial p_i}\frac{\partial V_1}{\partial h}\right). \tag{13.5.21}$$

由式(13.5.18)知，$\partial V_1/\partial H$ 的正负取决于 $f_1'(H)$，若取 $f_1'(H)>0$，

$$u_i^{(2)*}=-b_i\operatorname{sgn}\left(\frac{\partial H}{\partial P_i}\right)=-b_i\operatorname{sgn}(\dot{Q}_i). \tag{13.5.22}$$

它是干摩擦型控制或 Bang-Bang 控制，控制力的大小不变，方向与广义速度方向相反，在 $\dot{Q}=0$ 时改变方向．由于 $u_i^{(2)*}$ 与 V_1 无关，不必求解动态规划方程.

对系统(13.5.5)在半无限长时间区间上的无界遍历控制，可设成本泛函为

$$J_2(\boldsymbol{u}^{(2)})=\lim_{T\to\infty}\frac{1}{T}\int_0^T f\left(H(s),\left\langle\boldsymbol{u}^{(2)}(s)\right\rangle_t\right)\mathrm{d}s. \tag{13.5.23}$$

其动态规划方程为

$$\inf_{\boldsymbol{u}^{(2)}}\left\{\frac{1}{2}\bar{\sigma}^2(h)\frac{\mathrm{d}^2V_2}{\mathrm{d}h^2}+\left[\bar{m}(h)+\left\langle\sum_{i=1}^{n}u_i^{(2)}\frac{\partial h}{\partial p_i}\right\rangle_t\right]\frac{\mathrm{d}V_2}{\mathrm{d}h}+f\left(h,\left\langle\boldsymbol{u}^{(2)}\right\rangle_t\right)\right\}=\gamma. \tag{13.5.24}$$

式中

$$\gamma=\lim_{T\to\infty}\frac{1}{T}\int_0^T f\left(h(s),\left\langle\boldsymbol{u}^{(2)*}(s)\right\rangle_t\right)\mathrm{d}s. \tag{13.5.25}$$

表示最优平均成本．通过对式(13.5.24)左边求极小可得最优控制律．例如，设 $f(h,\langle\boldsymbol{u}^{(2)}\rangle_t)$ 形如(13.5.12)，可得形如式(13.5.13)的最优控制律 $u_i^{(2)*}$．当 R 为对角阵时，将它代入式(13.5.24)取代 $u_i^{(2)}$，得最后动态规划方程

$$\frac{1}{2}\bar{\sigma}^2(h)\frac{\mathrm{d}^2V_2}{\mathrm{d}h^2}+\bar{m}(h)\frac{\mathrm{d}V_2}{\mathrm{d}h}-\sum_{i=1}^{n}\frac{1}{4R_i}\left\langle\left(\frac{\partial h}{\partial p_i}\right)^2\right\rangle_t\left(\frac{\mathrm{d}V_2}{\mathrm{d}h}\right)^2+f_1(h)=\gamma. \tag{13.5.26}$$

它是一维非齐次非线性常微分方程．将其解代入式(13.5.13)，得最优控制力 $u_i^{(2)*}$.

对式(13.5.5)在半无限时间区间上有界遍历控制，成本泛函为

$$J_3=\lim_{T\to\infty}\frac{1}{T}\int_0^T f_1\left(H(s)\right)\mathrm{d}s. \tag{13.5.27}$$

相应的动态规划方程为

$$\inf_{\boldsymbol{u}^{(2)}}\left\{\frac{1}{2}\bar{\sigma}^2(h)\frac{\mathrm{d}^2V_3}{\mathrm{d}h^2}+\left[\bar{m}(h)+\left\langle\sum_{i=1}^{n}u_i^{(2)}\frac{\partial h}{\partial p_i}\right\rangle_t\right]\frac{\mathrm{d}V_3}{\mathrm{d}h}+f_1(h)\right\}=\gamma_1. \tag{13.5.28}$$

式中，

$$\gamma_1=\lim_{T\to\infty}\frac{1}{T}\int_0^T f_1\left(H(s)\right)\mathrm{d}s. \tag{13.5.29}$$

当控制力受约束式(13.5.16)时，由式(13.5.28)左边最小化条件导致最优控制力式(13.5.22).

最后，将式(13.5.13)或(13.5.22)中最优控制力 $u_i^{(2)*}$ 代入平均伊藤方程(13.5.5)以取代 $u_i^{(2)}$，完成平均 $\langle\sum_{i=1}^{n}u_i^{(2)*}\,\partial H/\partial P_i\rangle_t$，得最优控制系统的平均伊藤方程

$$\mathrm{d}H=\bar{m}(H)\mathrm{d}t+\sigma(H)\mathrm{d}B(t). \tag{13.5.30}$$

式中，

$$\bar{m}(H)=m(H)+\left\langle\sum_{i=1}^{n}u_i^{(2)*}\frac{\partial H}{\partial P_i}\right\rangle_t. \tag{13.5.31}$$

求解与平均伊藤方程(13.5.30)相应的平均 FPK 方程，可得最优控制系统的响应统计量.

为评价最优控制策略，引入如下两个准则. 一是控制效果

$$K_h=\frac{\sigma_h^u-\sigma_h^c}{\sigma_h^u}. \tag{13.5.32}$$

式中 σ 表示标准差；$h=h(\boldsymbol{Q},\boldsymbol{P})$ 为试验函数，例如，$h=Q_i^2$、P_i^2 等；上标 u、c 分别表示未控与已控系统. K 表示最优控制引起的系统某响应量的标准差的减小百分比. 二是控制效率

$$\mu_h=K_h\big/\sigma_{\boldsymbol{u}^{(2)*}}. \tag{13.5.33}$$

它表示单位标准差控制力的控制效果. 显然，K、μ 越大，控制策略越优.

下面通过一个算例来说明上述理论方法.

例 13.5.1　考虑杜芬振子在高斯白噪声外激下的随机最优控制，系统的运动方程为(Zhu et al., 2001a)

$$\dot{Q}=P,\quad \dot{P}=-a_0Q-b_0Q^3-cP+u+eW_g(t). \tag{13.5.34}$$

式中 a_0、b_0、c、e 为常数，$W_g(t)$ 是强度为 $2\pi K$ 的高斯白噪声. 令控制力为

$$u=u^{(1)}+u^{(2)}. \tag{13.5.35}$$

$$u^{(1)}=-(a_1Q+b_1Q^3). \tag{13.5.36}$$

$u^{(1)}$ 用以调整振子线性与非线性刚度. 式(13.5.35)、(13.5.36)代入(13.5.34)，得

$$\dot{Q}=P,\quad \dot{P}=-aQ-bQ^3-cP+u^{(2)}+eW_g(t). \tag{13.5.37}$$

式中 $a=a_0+a_1$，$b=b_0+b_1$. 假定 a、$b>0$. 与方程(13.5.37)相应的哈密顿系统的哈密顿函数为

$$H=p^2\big/2+aq^2\big/2+bq^4\big/4. \tag{13.5.38}$$

应用 5.1 节中描述的拟不可积哈密顿系统随机平均法，可导得如下部分平均

伊藤随机微分方程

$$dH = \left[\bar{m}(H) + \left\langle u^{(2)} \frac{\partial H}{\partial P} \right\rangle_t \right] dt + \bar{\sigma}(H) dB(t). \tag{13.5.39}$$

按式(5.1.8)和(5.1.9), 得

$$\bar{m}(H) = \pi e^2 K - cG(H), \quad \bar{\sigma}^2(H) = 2\pi e^2 KG(H). \tag{13.5.40}$$

式中

$$\begin{aligned} \langle [\bullet] \rangle_t &= \frac{1}{T(H)} \int_{\Omega} \left([\bullet] \Big/ \frac{\partial H}{\partial p} \right) dq, \\ G(H) &= [4/T(H)] \int_0^A \left(2H - aq^2 - bq^4/2 \right)^{1/2} dq, \\ T(H) &= \int_{\Omega} \left(1 \Big/ \frac{\partial H}{\partial p} \right) dq = 4 \int_0^A \left(2H - aq^2 - bq^4/2 \right)^{-1/2} dq, \\ \Omega &= \left\{ q \big| \left(aq^2/2 + bq^4/4 \right) \leqslant H \right\}, \\ A &= \left\{ \left[(a^2 + 4bH)^{1/2} - a \right] \big/ b \right\}^{1/2}. \end{aligned} \tag{13.5.41}$$

对半无限时间区间上无界遍历控制, 设式(13.5.23)中的成本函数为

$$f(H, \langle u^{(2)} \rangle_t) = f_1(H) + R \langle u^{(2)^2} \rangle_t. \tag{13.5.42}$$

$$f_1(H) = s_0 + s_1 H + s_2 H^2 + s_3 H^3. \tag{13.5.43}$$

按式(13.5.24), 动态规划方程为

$$\inf_{u^{(2)}} \left\{ \frac{1}{2} \sigma^2(h) \frac{d^2 V_2}{dh^2} + \left[m(h) + \left\langle u^{(2)} \frac{\partial h}{\partial p} \right\rangle_t \right] \frac{dV_2}{dh} + f\left(h, \left\langle u^{(2)} \right\rangle \right) \right\} = \gamma. \tag{13.5.44}$$

式中

$$\gamma = \lim_{T \to \infty} \frac{1}{T} \int_0^T f\left(H, \left\langle u^{(2)*} \right\rangle_t \right) dt. \tag{13.5.45}$$

由方程(13.5.44)左边对 $u^{(2)}$求极小值, 得最优控制律

$$u^{(2)*} = -\frac{1}{2R} \frac{dV_2}{dh} \frac{\partial h}{\partial p} = -\frac{1}{2R} \frac{dV_2}{dh} p. \tag{13.5.46}$$

将式(13.5.46)代入(13.5.44)取代 $u^{(2)}$, 并完成平均, 得最后动态规划方程

$$\frac{1}{2} \sigma^2(h) \frac{d^2 V_2}{dh^2} + m(h) \frac{dV_2}{dh} - \frac{G(h)}{4R} \left(\frac{dV_2}{dh} \right)^2 + f_1(h) = \gamma. \tag{13.5.47}$$

这是一个非齐次非线性常微分方程. 由于式(13.5.46)中只用到 dV_2/dh, 只需从式

(13.5.47)解得$\mathrm{d}V_2/\mathrm{d}h$. 当$h\to 0$时，$G(h)$、$\bar{\sigma}^2(h)\to 0$，$\bar{m}(h)\to e^2D$，方程(13.5.47)化为

$$\left.\frac{\mathrm{d}V_2}{\mathrm{d}h}\right|_{h=0}=\frac{\gamma-s_0}{\pi e^2K}. \tag{13.5.48}$$

这是$\mathrm{d}V_2/\mathrm{d}h$在$h=0$处的边界条件. 将从式(13.5.47)解得之$\mathrm{d}V_2/\mathrm{d}h$代入式(13.5.46), 得最优控制力$u^{(2)*}$.

将最优控制力$u^{(2)*}$代入(13.5.39)取代$u^{(2)}$，注意

$$\left\langle u^{(2)*}\frac{\partial h}{\partial p}\right\rangle_t=-\frac{G(h)}{2R}\frac{\mathrm{d}V_2}{\mathrm{d}h}. \tag{13.5.49}$$

得最优控制系统的平均伊藤方程

$$\mathrm{d}H=\bar{m}(H)\mathrm{d}t+\sigma(H)\mathrm{d}B(t). \tag{13.5.50}$$

式中，

$$\bar{m}(H)=m(H)-\left[G(H)/2R\right]\mathrm{d}V_2/\mathrm{d}H. \tag{13.5.51}$$

求解与式(13.5.50)相应的平稳 FPK 方程, 得最优控制系统哈密顿过程的平稳概率密度

$$p^c(h)=C^c\exp\left\{-\int_0^h\left[\left(-2m(x)+\mathrm{d}\sigma^2(x)/\mathrm{d}x+\left(G(x)/R\right)\mathrm{d}V_2/\mathrm{d}x\right)\Big/\sigma^2(x)\right]\mathrm{d}x\right\}. \tag{13.5.52}$$

只要在式(13.5.39)中令$u^{(2)}=0$，求解与(13.5.39)相应的平稳 FPK 方程可得未控系统的平稳概率密度

$$p^u(h)=C^u\exp\left\{-\int_0^h\left[\left(-2m(x)+\mathrm{d}\sigma^2(x)/\mathrm{d}x\right)\Big/\sigma^2(x)\right]\mathrm{d}x\right\}. \tag{13.5.53}$$

按式(5.1.18), 最优控制与未控系统的位移与动量的联合平稳概率密度分别为

$$p^c(q,p)=p^c(h)/T(h)\Big|_{h=h(q,p)}. \tag{13.5.54}$$

$$p^u(q,p)=p^u(h)/T(h)\Big|_{h=h(q,p)}. \tag{13.5.55}$$

由此可得最优控制与未控系统的位移与动量的平稳方差$(\sigma_Q^2)_c$、$(\sigma_P^2)_c$、$(\sigma_Q^2)_u$、$(\sigma_P^2)_u$，而最优控制力的方差$\sigma_{u^{(2)*}}^2$则可从式(13.5.46)与(13.5.54)求得. 最后, 按式(13.5.32)、(13.5.33)可计算控制效果K_Q、K_P与控制效率μ_Q、μ_P，从而对控制策略作出评价.

当$\xi(t)$为平稳宽带过程时, 上述步骤仍适用, 所不同的只是式(13.5.39)中$m(H)$与$\sigma(H)$表达式可以从例 8.1.1 中式(8.1.37)令$\omega_0^2=a$，$\alpha=b$，$-\beta_1=c$，$\beta_2=0$，$S_1(\omega)=0$，$S_2(\omega)=e^2S(\omega)$得到.

为了检验本节所述的控制理论方法的效果, 作为对比, 以下简单介绍改进的最优多项式控制方法, 其成本函数和值函数分别为

$$f = \boldsymbol{X}^{\mathrm{T}}\boldsymbol{S}\boldsymbol{X} + \boldsymbol{u}^{\mathrm{T}}\boldsymbol{R}\boldsymbol{u}, \quad V = \boldsymbol{X}^{\mathrm{T}}\boldsymbol{Y}\boldsymbol{X}. \tag{13.5.56}$$

式中

$$\boldsymbol{X} = \begin{bmatrix} P \\ -cP - aQ - bQ^3 \end{bmatrix}, \quad \boldsymbol{u} = \begin{bmatrix} 0 \\ u \end{bmatrix},$$
$$\boldsymbol{S} = \begin{bmatrix} s_1 & 0 \\ 0 & s_2 \end{bmatrix}, \quad \boldsymbol{R} = \begin{bmatrix} 0 & 0 \\ 0 & R \end{bmatrix}, \quad \boldsymbol{Y} = \begin{bmatrix} Y_1 & 0 \\ 0 & Y_2 \end{bmatrix}. \tag{13.5.57}$$

由解 HJB 方程得以下最优控制力

$$u^* = -\frac{1}{R}\boldsymbol{X}^{\mathrm{T}}\boldsymbol{Y}\boldsymbol{X} = -\frac{Y_2}{R}c(c'p + aq + bq^3). \tag{13.5.58}$$

式中 $c' = c + Y_1/cY_2$. 把 u^* 代入系统(13.5.37)并完成随机平均, 得到的是最优控制系统的平稳概率密度 $p^c(h)$, 继而可以得到最优多项式控制下的均方位移 $E[Q^2]_c$ 和均方控制力 $E[u^2]$. 由此得均方位移的衰减百分比

$$k = \frac{E[Q^2]_u - E[Q^2]_c}{E[Q^2]_u}. \tag{13.5.59}$$

与控制效率

$$\mu = k/E[u^2]. \tag{13.5.60}$$

式中 $E[Q^2]_u$ 是未控系统的均方位移. 可见, k 值和 μ 值越大, 控制效果越好.

给定系统(13.5.37)中参数 $a=1$, $b=0.2$, $c=0.1$, e=0.4, 对两种随机激励, 一是高斯白噪声, 其强度为 $2\pi K$=2π; 二是平稳宽带噪声激励, 其功率谱密度为

$$S(\omega) = \frac{\omega_g^4 + 4\zeta_g^2\omega_g^2\omega^2}{(\omega_g^2 - \omega^2)^2 + 4\zeta_g^2\omega_g^2\omega^2}S_0. \tag{13.5.61}$$

式中 $S_0 = 1$, $\zeta_g = 0.32$, $\omega_g = 20.3$, 分别用本节叙述的随机最优控制方法和改进的最优多项式控制方法(Zhu et al., 2001a). 图 13.5.1 至图 13.5.10 显示了高斯白噪声或平稳宽带噪声激励下, 评价控制效果的各项指标, $E[Q^2]_u, E[Q^2]_c$, $E[u^{(2)^2}], k$ 和 μ , 其中图 13.5.1 至图 13.5.6 是应用本节所述的最优控制方法, 图 13.5.7 至图 13.5.10 是应用改进的最优多项式控制方法. 从这些图中数据可以得到一些认识: ①图 13.5.1、13.5.3 和 13.5.4 的对比表明, k,μ 值对函数 $f_1(H)$ 并不敏感; ② 对比图 13.5.1 和图 13.5.5, 以及图 13.5.2 和图 13.5.6 表明, 本节所述最优控制方法在两种噪声情形下都是有效的; ③ 图 13.5.1 与图 13.5.2 比较表明, 增大 $\mathrm{d}V_2/\mathrm{d}H\big|_{H=0}$ 导

致 k 增大而 μ 显著减小; ④ 图 13.5.2 表明, 增大 R/s_2 导致 k 减小而 μ 显著增大; ⑤ 比较图 13.5.1 和图 13.5.7, 图 13.5.2 和图 13.5.8, 图 13.5.5 和图 13.5.9, 图 13.5.6 和图 13.5.10 表明, 本节所述的随机最优控制方法所得的控制策略比改进的最优多项式控制方法所得的控制策略更优.

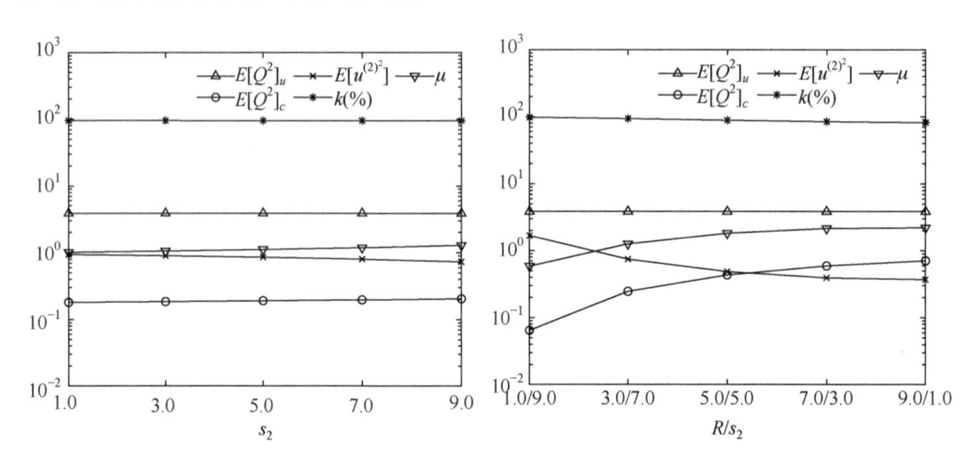

图 13.5.1 高斯白噪声激励, 本节所述控制方法, 各指标随成本函数参数 s_2 的变化, $s_1=s_3=0$, $R=1$, $\mathrm{d}V_2/\mathrm{d}h\big|_{H=0}=1.4$ (Zhu et al., 2001a)

图 13.5.2 高斯白噪声激励, 本节所述控制方法, 各指标随成本函数参数 R,s_2 的变化, $s_1=s_3=0$, $\mathrm{d}V_2/\mathrm{d}h\big|_{h=0}=3.3$ (Zhu et al., 2001a)

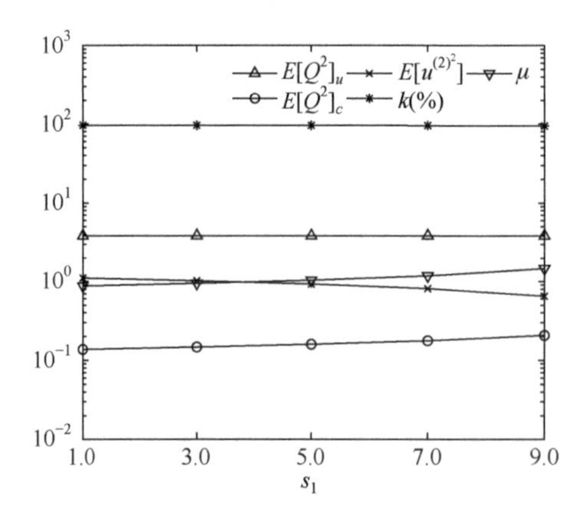

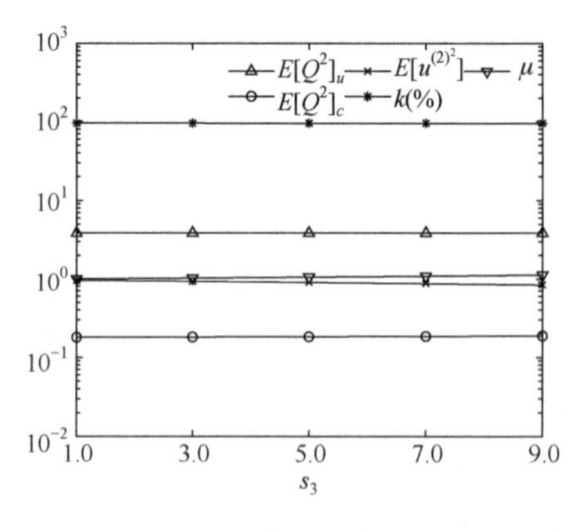

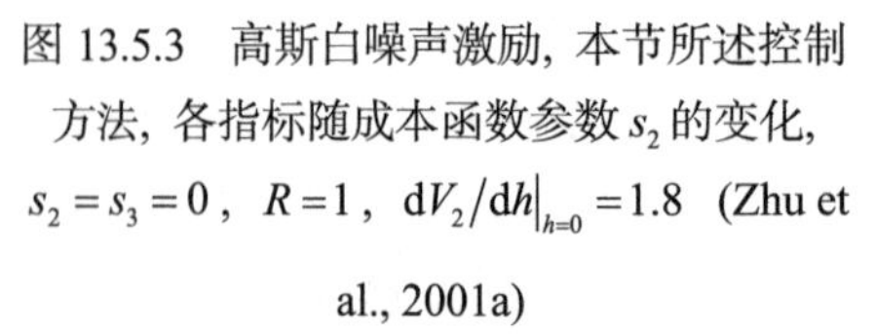

图 13.5.3 高斯白噪声激励, 本节所述控制方法, 各指标随成本函数参数 s_2 的变化, $s_2=s_3=0$, $R=1$, $\mathrm{d}V_2/\mathrm{d}h\big|_{h=0}=1.8$ (Zhu et al., 2001a)

图 13.5.4 高斯白噪声激励, 本节所述控制方法, 各指标随成本函数参数 s_3 的变化, $s_1=s_2=0$, $R=1$, $\mathrm{d}V_2/\mathrm{d}h\big|_{h=0}=1.4$ (Zhu et al., 2001a)

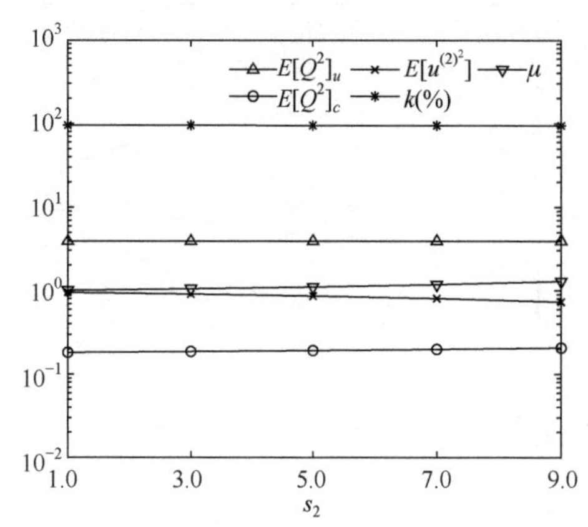

图 13.5.5　平稳宽带噪声激励, 本节所述控制方法, 各指标随成本函数参数 s_2 的变化, $s_1 = s_3 = 0$, $R = 1$, $\mathrm{d}V_2/\mathrm{d}h\big|_{h=0} = 1.4$ (Zhu et al., 2001a)

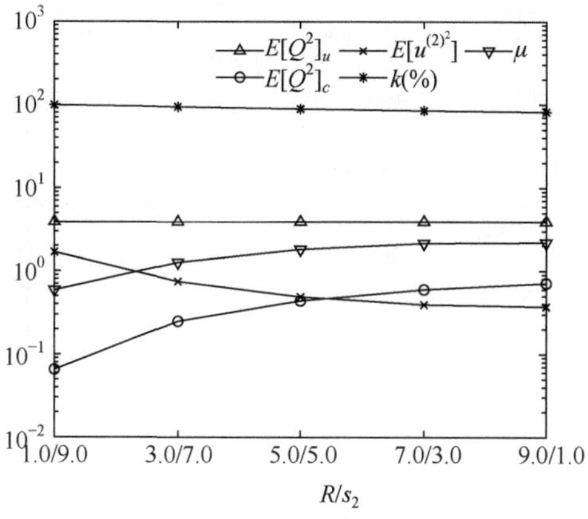

图 13.5.6　平稳宽带噪声激励, 本节所述控制方法, 各指标随成本函数参数 R,s_2 的变化, $s_1 = s_3 = 0$, $\mathrm{d}V_2/\mathrm{d}h\big|_{h=0} = 3.3$ (Zhu et al., 2001a)

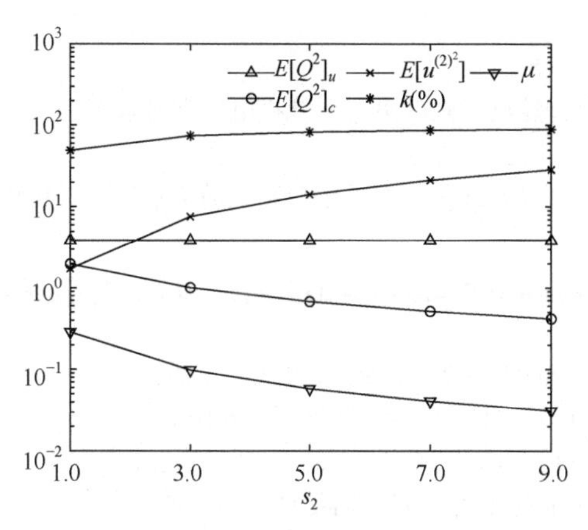

图 13.5.7　高斯白噪声激励, 改进的最优多项式控制方法, 各指标随成本函数参数 s_2 的变化, $R = 1$, $s_1 = 0$ (Zhu et al., 2001a)

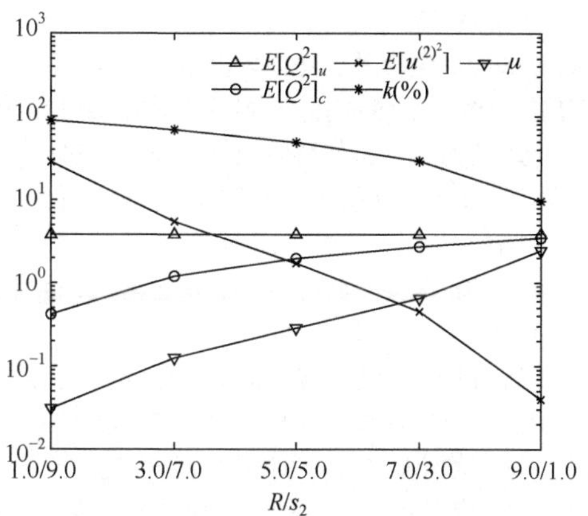

图 13.5.8　高斯白噪声激励, 改进的最优多项式控制方法, 各指标随成本函数参数 R,s_2 的变化, $s_1 = 0$ (Zhu et al., 2001a)

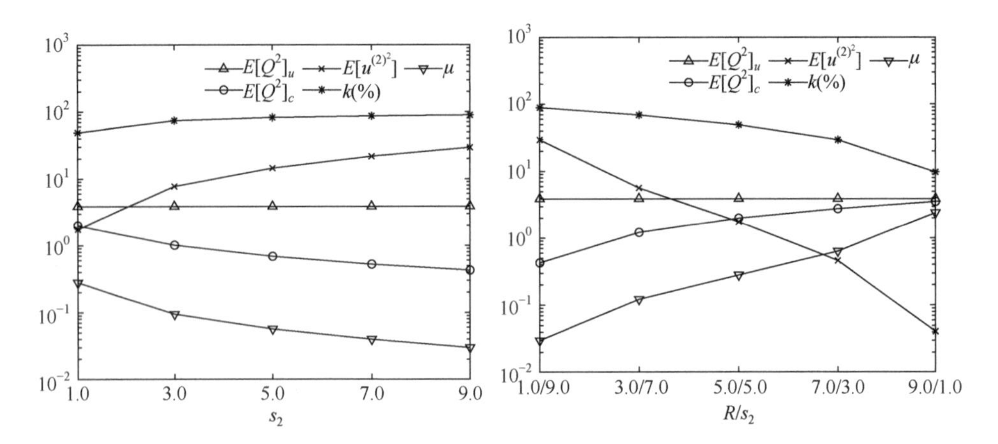

图 13.5.9　平稳宽带噪声激励, 改进的最优多项式控制方法, 各指标随成本函数参数 s_2 的变化, $R=1$, $s_1=0$ (Zhu et al., 2001a)

图 13.5.10　平稳宽带噪声激励, 改进的最优多项式控制方法, 各指标随成本函数参数 R, s_2 的变化, $s_1=0$ (Zhu et al., 2001a)

参 考 文 献

陈林聪, 朱位秋. 2010. 随机扰动下简单电力系统的可靠度反馈最大化. 动力学与控制学报, 8(1): 19-23.

鞠平. 2010. 电力系统建模理论与方法. 北京: 科学出版社.

鞠平, 李洪宇, 薛禹胜, 刘咏飞, 吴峰. 2013. 考虑随机激励的电力系统机电暂态过程模型. 河海大学学报: 自然科学版, 41(6): 536-541.

李洪宇, 鞠平, 陈新琪, 孙维真, 吴峰. 2015. 多机电力系统的拟哈密顿系统随机平均法. 中国科学: 技术科学, 45(7): 766-772.

刘咏飞, 鞠平, 薛禹胜, 吴峰, 张建勇. 2014. 随机激励下电力系统特性的计算分析. 电力系统自动化, 38(9): 137-142.

倪以信, 陈寿孙, 张宝霖. 2002. 动态电力系统的理论和分析. 北京: 清华大学出版社.

朱位秋. 2003. 非线性随机动力学与控制-Hamilton 理论体系框架. 北京: 科学出版社.

朱位秋, 蔡国强. 2017. 随机动力学引论. 北京: 科学出版社.

朱位秋, 应祖光. 2013. 拟哈密顿系统非线性随机最优控制. 力学进展, 43(1): 39-55.

Ariaratnam S T, Xie W C. 1992. Lyapunov exponent and stochastic stability of coupled linear systems under real noise excitation. ASME Journal of Applied Mechanics, 1992, 59: 664-673.

Arnold R N. 1961. Maunder L. Gyrodynamics and its engineering applications. New York: Academic Press.

Arnold L, Kliemann W, Oeljeklaus E. 1968. Lyapunov exponents of linear stochastic systems. Lecture Notes in Mathematics, Vol, 1186, New York: Springer-Verlag.

Asokanthan S F, Ariaratnam S T. 2000. Almost-sure stability of a gyro pendulum subjected to white-noise random support motion. Journal of Sound and Vibration, 235: 801-812.

Bellman R. 1957. Dynamic programming. Princeton: Princeton University Press.

Cai G Q, Yu J S, Lin Y K. 1994. Ship rolling in random sea. DE-Vol. 77, Stochastic Dynamics and Reliability of Nonlinear Ocean Systems, ASME.

Dalzell J F. 1971. A study of the distribution of maxima of non-linear ship rolling in a seaway. Report DL-71-1562, Stevens Institute of Technology, Hoboken, N.J.

Dalzell J F. 1973. A note on the distribution of maxima of ship rolling. Journal of ship research, 17(4): 217-226.

Deng, M.L., Mu, G.J., and Zhu, W.Q., 2021. Random response of wake-oscillator excited by fluctuating wind. Journal of Applied Mechanics, 88(10): 101002.

Facchinetti M L, de Langre E, Biolley F. 2004. Coupling of structure and wake-oscillators in vortex-induced vibrations. Journal of Fluids and Structures, 19: 123-140.

Fleming W H, Rishel R W. 1975. Deterministic and Stochastic Optimal Control. New York: Springer-Verlag.

Froude W. 1955. The Papers of W. Froude. Institution of Naval Architects.

Gabbai R D, Benaroya H. 2005. An overview of modeling and experiments of vortex-induced vibration of circular cylinders. Journal of Sound and Vibration, 282(3–5): 575–616.

Grim O. 1952. Rollschwingungen stabilitat und sicherkeit im seegang. Schiffstechnik, 1: 10-21. (in Germany)

Haesen E, Bastiaensen C, Driesen J, Belmans R. 2009. A probabilistic formulation of load margins in power systems with stochastic generation. IEEE Transactions on Power Systems, 24(2): 951-958.

Hartlen R T, Currie I G. 1970. Lift oscillator model for vortex-induced vibrations. American Society of Civil Engineers, Journal of Engineering Mechanics, 96: 577-591.

Huang Z L, Zhu W Q. 2000b. Lyapunov exponent and almost sure asymptotic stability of quasi-linear gyroscopic systems. International Journal of Non-Linear Mechanics, 35: 645-655.

Ju P. 2018. Stochastic Dynamics of power system. Singapore: Springer Nature Singapore Pte Ltd.

Khasminskii R Z. 1967. Necessary and sufficient conditions for the asymptotic stability of linear stochastic systems. Theory of Probability and Application, 11: 144-147.

Khasminskii R Z. 1968. On the averaging principle for Itô stochastic differential equations. Kibernetika, 3(4): 260-279. (in Russian)

Khasminskii R Z. 1980. Stochastic stability of differential equations. Alphen aan den Rijn: Sijthoff & Noordhoff.

Khasminskii R Z. 1996. On robustness of some concepts in stability of stochastic differential equations. Fields Institute Communications, 9: 131-137.

Kloeden P, Platen E. 1992. Numerical solution of stochastic differential equations. Berlin: Springer-Verlag.

Kozin F. 1969. A survey of stability of stochastic systems. Automatica, 5: 95-112.

Kozin F, Zhang Z Y. 1991. On almost sure sample stability of nonlinear Itô differential equations. Probabilistic Engineering Mechanics, 6: 92-95.

Krenk S, Nielsen R K. 1999. Energy balanced double oscillator model for vortex-induced vibrations. Journal of Engineering Mechanics, 125(3): 263-271.

Kundur P, Balu N J, Lauby M G. 1994. Power system stability and control. New York: McGraw-hill.

Lin Y K, Cai G Q. 1995. Probabilistic structural dynamics: advanced theory and applications. New York: McGraw-Hill.

Murray R M. 1997. Nonlinear control of mechanical system: a Lagrangian perspective. A Rev. Control, 21: 31-42.

Ochi M K. 1986. Non-Gaussian random process in ocean engineering. Probabilistic Engineering Mechanics, 1(1): 28-38.

Oseledec V I. 1968. A multiplicative ergodic theorem, Lyapunov characteristic numbers for dynamical systems. Transactions of Moscow Mathematical Society, 19: 197-231.

Roberts J B. 1982a. A stochastic theory for nonlinear ship rolling in irregular seas. Journal of Ship Research, 26(4): 229-245.

Roberts J B. 1982b. Effect of parametric excitation on ship rolling motion in random waves. Journal of ship research, 26(4): 246-253.

Roberts J B. 1985. Estimation of nonlinear ship roll damping from free-decay data. Journal of ship research, 29(2): 127-138.

Simiu E, Scanlan R H. 1996. Wind effects on structures: Fundamentals and applications to design, 3rd Ed., New York: Wiley.

Skop R A, Griffin O M. 1973. A model for the vortex-excited resonant response of bluff cylinders. Journal of Sound and Vibration, 27(2): 225-233.

Sri Namchchivaya N. 1987. Stochastic stability of a gyropendulum under random vertical support excitation. Journal of Sound and Vibration, 119: 363-373.

Talay D. 1999. The Lyapunov exponent of Euler scheme for stochastic differential equations. Stochastic Dynamics, Crauel H, Gundlach M. (Eds.), New York: Springer-Verlag, 241-258.

Wihstutz W. 1999. Perturbation methods for Lyapunov exponents. Stochastic Dynamics, Crauel H, Gundlach M. (Eds.), New York: Springer-Verlag, 210-239.

Zhu W Q. 2006. Nonlinear stochastic dynamics and control in Hamiltonian formulation. ASME Appl. Mech. Rev., 59(4): 230-248.

Zhu W Q, Huang Z L. 1998. Stochastic stability of quasi–non–integrable -Hamiltonian systems. Journal of Sound and Vibration, 218: 769-789.

Zhu W Q, Huang Z L. 1999. Lyapunov exponent and stochastic stability of quasi-Hamiltonian systems. ASME Journal of Applied Mechanics, 66: 211-217.

Zhu W Q, Huang Z L, Deng M L. 2002c. Feedback minimization of first-passage failure of quasi non-integrable Hamiltonian systems. International Journal of Non-Linear Mechanics, 37(6): 1057-1071.

Zhu W Q, Ying Z G. 1999. Optimal nonlinear feedback control of quasi-Hamiltonian systems. Sciences in China, Series A, 42: 1213-1219.

Zhu W Q, Ying Z G, Soong T T. 2001a. An optimal nonlinear feedback control strategy for randomly excited structural systems. Nonlinear Dynamics, 24: 31-51.

索 引

(按英语字母、汉语拼音排序)

英语字母

汉语拼音

B

C

D

F

G

H

J

K

L

M

N

P

Y

Z